Ancestors from Cambrian Explosion

寒武大爆发时的人类远祖

舒德干团队 著

西北大学出版社

图书在版编目(CIP)数据

寒武大爆发时的人类远祖/舒德干团队著. —西安:西北大学出版社,2016. 4

ISBN 978-7-5604-3768-2

Ⅰ. ①寒…　Ⅱ. ①舒…　Ⅲ. ①寒武纪—古动物学—文集—英文　Ⅳ. ①Q915. 641-53

中国版本图书馆 CIP 数据核字(2015)第 300650 号

寒武大爆发时的人类远祖

作　　者　舒德干团队　著
出版发行　西北大学出版社
地　　址　西安市太白北路 229 号
邮　　编　710069
电　　话　029-88302590
经　　销　全国新华书店
印　　装　西安奇良海德印刷有限公司
开　　本　787mm×1092mm　1/16
印　　张　27. 5
字　　数　553 千
版　　次　2016 年 4 月第 1 版　2016 年 4 月第 1 次印刷
书　　号　ISBN 978-7-5604-3768-2
定　　价　298. 00 元

本书关键词语

1. **进化论超越圣经神学**

——即使再好的宗教神学也是双刃剑：虚拟天神，崇尚信仰，既净化心灵也奴化灵魂；虽教化道德良心，却罔顾客观事实。与此相反，进化论以事实为基石，力行逻辑推理，求解自然和生命的真谛及内在规律。

古生物学探求生命历史的真实，既是进化论的科学支撑，也是进化论的核心追求。由《物种起源》和《人类的由来》奠基的进化论，已成为科学体系的第一原理，并彻底解答人文终极追问："我是谁，我从哪里来？"这便从根本上超越了圣经的臆测。

2. **揭示动物界的诞生历程**

——与圣经妄测动物起源迥异的是，5.6—5.2 亿年前的史实显示，生命演化在微观与宏观上皆呈现量变/质变的交替运作，催生 3 个动物亚界逐级有序地发展成型。

3. **寒武纪大爆发谜题新解**

——新假说揭示：生命基因进化与环境演化契合，引发动物门类的三幕式创新大爆发，依次缔造了动物界的 3 个亚界，完成了动物树整体框架的构型。

4. **发现人类远祖"天下第一鱼"（5.2 亿年前的昆明鱼目）：**

——凤姣昆明鱼/耳材村海口鱼/长吻钟健鱼，她们是首创人类头、脑、眼、脊椎和心脏的"夏娃"始祖。

5. **昆明鱼目的远亲近邻**

基础动物亚界（海绵、水母、珊瑚、栉水母）

原口动物亚界（节肢动物、叶足动物、腕足动物、蠕虫类等）

后口动物亚界（华夏鳗、长江海鞘、云南虫类、棘皮动物、古虫动物门）

舒德干简介

舒德干,男,汉族,1946 年 2 月出生于湖南湘潭,湖北鄂州人。

1969 年毕业于北京大学地质地理系古生物学专业,1981 年获西北大学硕士学位,1987 年获中国地质大学(北京)博士学位。现任西北大学地质系教授,西北大学博物馆馆长;全国模范教师,全国先进工作者。德国波恩大学和维尔茨堡大学洪堡学者,曾赴美国华盛顿市史密森研究院、英国剑桥大学做访问学者;2011 年被选为中国科学院院士。

对进化论感兴趣,主持翻译《物种起源》并撰写导读。主要从事早期后口动物演化及寒武大爆发研究,发现5.2 亿年前的人类远祖"天下第一鱼"并创建昆明鱼目,发现后口动物亚界的原始类群——古虫动物门,首次构建最早的动物界三分的谱系框架图。2008 年首次提出"三幕式寒武大爆发依次创建动物界三个亚界"新理论。获 2000 年度长江学者成就奖一等奖,2003 年度国家自然科学奖一等奖,2004 年度陕西省科学技术最高成就奖;以第一作者兼通讯作者在 Nature 和 Science 杂志发表 10 篇论文(含 3 篇 Nature Article 论文)。

舒德干团队近期工作照(左起为舒德干,刘建妮,张兴亮,张志飞,傅东静,韩健,Simon Conway Morris,欧强)

主要作者

舒德干

西北大学早期生命研究所及大陆动力学国家重点实验室,西安,710069,中国

中国地质大学地球科学与资源学院,北京,100083,中国

Conway Morris, Simon

Department of Earth Sciences, University of Cambridge, Cambridge CB2 3EQ, UK

张兴亮

西北大学早期生命研究所及大陆动力学国家重点实验室,西安,710069,中国

韩健

西北大学早期生命研究所及大陆动力学国家重点实验室,西安,710069,中国

张志飞

西北大学早期生命研究所及大陆动力学国家重点实验室,西安,710069,中国

刘建妮

西北大学早期生命研究所及大陆动力学国家重点实验室,西安,710069,中国

欧强

中国地质大学(北京)地球科学与资源学院早期生命演化实验室,北京,100083,中国

傅东静

西北大学早期生命研究所及大陆动力学国家重点实验室,西安,710069,中国

其他作者(按姓氏首字母顺序)

Brock, Glenn A.

Department of Biological Sciences, Macquarie University, New South Wales 2109, Australia

Budd, Graham E.

Uppsala University, Department of Earth Sciences, Palaeobiology, Villavägen 16, SE-752 36, Uppsala, Sweden

Butler, Aodhán

Uppsala University, Department of Earth Sciences, Palaeobiology, Villavägen 16, SE-752 36, Uppsala, Sweden

陈爱林

澄江动物群国家地质公园,澄江,652500,中国

陈良忠

云南地质科学研究所,昆明,650011,中国

陈苓

西北大学早期生命研究所及地质系,西安,710069,中国

Dunlop, Jason A.

Museum für Naturkunde, Leibniz Institute for Research on Evolution and Biodiversity at the Humboldt University Berlin, D-10115 Berlin, Germany

Emig, Christian

Centre d'Océanologie de Marseille, Rue de la Batterie-des-Lions, 13007 Marseille, France

Gee, H.

Gee, H. is a senior editor at Nature.

Geyer, Gerd

Institut für Palätontologie, Bayerische Julius-Maximilians-Universität, Pleicherwall 1, D-97070 Würzburg, Germany

郭俊锋

长安大学地球科学与国土资源学院,教育部中国西部矿藏和地质工程重点实验室,西安,710054,中国

Holmer, Lars E.

Uppsala University, Department of Earth Sciences, Palaeobiology, Villavägen 16, SE-752 36, Uppsala, Sweden

华洪

西北大学早期生命研究所及大陆动力学国家重点实验室,西安,710069,中国

胡世学

成都地质矿产研究所,成都,610081,中国

Isozaki, Yukio

Department of Earth Sciences and Astronomy, University of Tokyo, Tokyo 153-8902, Japan

Janvier, Ph.

Laboratoire de paléontologie, Muséum National d'Histoire Naturelle, 75005 Paris, France

Keupp, Helmut

Department of Earth Science, Freie Universität Berlin, D-12249, Berlin, Germany

Kinoshita, Shunchi

Tohoku University Museum, Tohoku University, 6-3 Aoba, Aramaki, Aoba-ku, Sendai, Japan

Komiya, Tsuyoshi

Department of Earth Sciences and Astronomy, University of Tokyo, Tokyo 153-8902, Japan

Kubota, Shin

Seto Marine Biological Laboratory, Field Science Education and Research Center, Kyoto University, Shirahama, Nishimuro, Wakayama, Japan

李国祥

中国科学院南京地质与古生物学研究所国家重点实验室,南京,210008,中国

刘户琴

西北大学早期生命研究所及地质系,西安,710069,中国

李勇

长安大学地球科学与国土资源学院,教育部中国西部矿藏和地质工程重点实验室,西安,710054,中国

罗惠麟

云南地质科学研究所,昆明,650011,中国

Maruyama, Shigenori

Earth-life Science Institute, Tokyo Institute of Technology, Tokyo,152-1551, Japan

Mayer, Georg

Animal Evolution and Development, Institute of Biology, University of Leipzig, Talstrasse 33, D-04103 Leipzig, Germany

Sasaki, Osamu

Tohoku University Museum, Tohoku University, 6-3 Aoba, Aramaki, Aoba-ku, Sendai, Japan

Skovsted, Christian B.

Department of Palaeozoology, Swedish Museum of Natural History, Box 50007, SE-10405, Stockholm, Sweden

Smith, A. B.

Department of Palaeobiology, The Nature History Museum, Cromwell Road, London SW7 5BD, UK

Steiner, Michael

Department of Earth Science, Freie Universität Berlin, D-12249, Berlin, Germany

Vannier, Jean

Université Claude Bernard-Lyon I, Centre des Sciences de la Terre. ERS 2042 du CNRS, 43, bd du 11 Novembre 1918, 69622 Villeurbanne, France

王海洲

Uppsala University, Department of Earth Sciences, Palaeobiology, Villavägen 16, SE-752 36, Uppsala, Sweden

闫刚

中国石油天然气总公司油气重点实验室,廊坊,065007,中国

杨晓光

西北大学早期生命研究所及大陆动力学国家重点实验室,西安,710069,中国

姚肖永

长安大学地球科学与国土资源学院,教育部中国西部矿藏和地质工程重点实验室,西安,710054,中国

姚洋

西北大学早期生命研究所及大陆动力学国家重点实验室,西安,710069,中国

Yasui, Kinya

Marine Biological Laboratory, Graduate School of Science, Hiroshima University, 2445 Mukaishima-cho, Onomichi, Hiroshima 722-0073, Japan

朱敏

中国科学院古脊椎与古人类研究所,北京,100044,中国

目 录

第三部分　原口动物亚界

第四部分 基础动物亚界

序一

达尔文革命与人类的由来
——澄江化石库的重大贡献

舒德干

达尔文的《物种起源》带给生命科学的颠覆性成果曾令著名精神分析心理学奠基人弗洛伊德(S. Freud)感慨至深,认为它彻底剥夺了人类自认由上帝特创的优越感,无情地将天之骄子废黜为动物的后裔,从而给人类朴素的自恋以极严重的打击。今天,在科学、政治、宗教、神学、心理学错综复杂的矛盾交织时代,回顾达尔文革命的来龙去脉,我们每个人都面临思想和行为的选择。

一、科学史上两次影响最为深远的思想革命

欧洲14—16世纪的文艺复兴运动最伟大的效应之一,就是将人类首次带入前所未有的科学实验时代,从而导引出一系列重大的科学发现和思想突破。此后,科学技术发展便开始步入加速轨道。技术的进步常常以科学发展为先导;而充当这个先导的先导无疑是科学思想革命了。众多科学分支都经历了数不清、大小不等、深浅不一的思想革命;但在科学史上,对驱动整个科学进步而不断发挥重大而深远影响的思想革命只有两次,一次是16世纪无机科学界的哥白尼革命,另一次则是19世纪生命科学界的达尔文革命。

近代科学先驱哥白尼通过精心的科学观测,在1543年行将辞世之际,发表了创世之作《天体运行论》,从而破天荒地推翻了古哲人亚里士多德的"地球中心论",开创了科学的天文学,首次将神创论的一统天下撕开一道长长的裂口,从根基上动摇了上帝在自然科学领域的精神统治地位。哥白尼革命首战告捷,极大地鼓励着新的思想解放,导引出一个又一个伟大的科学发现。约半个世纪之后,伽利略用自制的望远镜发现了木星、土星的卫星、金星的盈亏和太阳黑子等天文现象。他的《关于托勒密和哥白尼两大世界体系的对话》以及后来在宗教监狱中完成的《新科学对话》,不仅进一步支撑了哥白尼学说,而且成为后来牛顿提出力学三大定律的依据。1687年,牛顿的巨著《自然哲学之数学原理》问世,成为当时科学理论的顶峰。他那完整的力学体系,将过去人们认为互不相关的地上物体运动规律与天体运动规律概括进一个统一的理论体系之中。他"站在巨人肩膀上",集先师之大成,完成了科学史上第一次大综合,即天、地宏观运动大综合。显然,在整个无机界的统一理论体系中,再也无法继续保留上帝训导的教席了。一个半世纪之后,英法天文学家运用牛顿的万有引力定律对天王星进行数学运算,大胆推导出太阳系里还应该存在一个未知的海王星;之后不久,人们果真发现了海王星。至此,不仅能解释自然现象,而且还具有科学预言神力的牛顿学说取得了完全胜利。

在数、理、化、天、地、生等学科构成的自然科学金字塔体系中，位于塔尖的生命科学无疑最为复杂、最为玄妙。当18世纪科学自然观在无机科学界始占上风时，人类对有机界的认识仍然十分幼稚。传统神创论尽管在无机科学界节节失利，但在有机科学界的阵地仍固若金汤。

到了19世纪，由于细胞学说的问世，诚如恩格斯指出的，“有机的，即有生命的自然产物的研究，如比较解剖学、生理学和胚胎学才得到了稳固的基础”，从而大大激发了人们描述各种生命现象的热情，并由此引发学者们对更深层次哲学命题的思考。军人出身的法国博物学家拉马克于1809年第一个真正从科学的角度向“物种不变论”亮出挑战牌，但终因论证不足而告失败。整整半个世纪之后，《物种起源》以极其丰富而确凿的事实和严谨的逻辑、巧妙的思辨，不仅论证了生物进化、物种可变，而且还提出了令人信服的进化机制和“生命之树”猜想。达尔文主义第一次从生物遗传变异—自然选择—物种形成—生物共祖并“演化成树”的逻辑系列中成功地论证了生物与自然环境的对立统一，这也是继牛顿首次进行无机界运动大综合之后的又一次更高层次的科学大综合，即无机界与有机界运动的大综合。无疑，《物种起源》的问世，无可避免地引发了一场规模宏大、旷日持久的大论战。其结果是，除了抱残守缺的宗教界，进化论开始征服整个世界，并深刻地改变着全人类的自然观、世界观。在经过近一个半世纪风雨历程之后的今天，进化论已构成整个自然科学体系的理论基础。它不仅被公认为“生命科学的核心和灵魂”，而且，其演化思想还反过来引发了无机科学界的一场深刻革命。几百年来，无机科学界的领头者物理学一直以“还原论”为其学术指导思想，顽固坚持认为宇宙在时间和空间上的无限性，抱定“稳态宇宙观”，否定宇宙可能处于有始有终的演化进程之中，连最伟大的物理学家牛顿和爱因斯坦也莫能例外。然而，正是在达尔文关于有机科学界这一演化理论的启发下，基于星系的光谱“红移”现象、“宇宙微波背景辐射”及银河系年龄测定等一系列科学发现，传统宇宙观终于改弦易辙，一个崭新的“宇宙有其始也必将有其终”的“大爆炸”(Big Bang)演化理论终于成为当代科学界的共识。此外，如果将诺贝尔奖得主普里戈金的耗散理论应用于物理学、化学和生物学时，便会使“人们放眼向四周看去，发现一切皆在演化”，甚至连我们整个人类历史也无例外地运行在生物演化和文化演化的双重轨道之中。

二、达尔文对进化论的主要贡献

达尔文对生物进化论的主要贡献有三点：物种可变论、自然选择论和“生命之树”猜想。前两点已被各种教材反复陈述着，但最后一点却常常被忽视。

在开启生活和工作十分艰辛而精神上无比享受陶醉的五年环球航行(1831—1836)之前，达尔文是一个刚从剑桥大学基督学院毕业的学生。那时，他臣服于“上帝特创的所有物种永恒不变”的传统观念。然而，莱伊尔的《地质学原理》作为伴随他环球航行的“密友”，以其极富说服力的无机界渐变事实，深深地撞击着这位精于观察、乐于思考的年轻人的心灵。环球航行归来，自然界新鲜生动的演化事实逐渐动摇了他固有的自然神学世界观；尤其是1837年3月发生的一件事，使他彻底放弃了“物种不变”的旧理念。此前，达尔文将自己从加拉帕戈斯群岛收集的鸟类标本交给英国著名鸟类学家戈尔德研究。他原以为，这种从南美洲飞来群岛落户的鸟虽有变化，但充其量只代表同一物种下的不同亚种。不曾想，戈尔德明确地告诉达尔文，他采回的这些来自不同岛上的嘲鸫鸟标本（后来人们称之为达尔文雀），彼此差异很大，应该属于不同的物种。这令达尔文大感震动，使他明白：物种固定不变论已经站不住脚了。此后，他开始有意识地搜集各种“物种演变”的证据。同年7月，他便完成了第一本物种演变的笔记；七个月后，他又完成了第二本。到1844年，达尔文已经从形态学、胚胎发育学、生物地理学、古生物学四个主要方面收集到极为丰富的证据，成功论证了“物种可变”的思想。如同哥白尼的《天体运行论》反复推迟公开发表一样，达尔文这些极有说服力的资料也是15年之后才在《物种起源》上正式面世。然而，物种可变思想并非达尔文首创，至少已有30位学人先他试摸了上帝的老虎屁股。

几乎所有的学者都认为，自然选择学说是达尔文独创的进化论核心。这种说法不无道理，但不够严谨。《物种起源》从人们较为熟知的人工选择入手，将超过全书一半篇幅的笔墨尽情地泼洒在生殖过剩、生存斗争、适者生存等论述上；其结果是，主要靠推理而不是实证，达尔文便相当成功地让多数人接受了“自然选择”思想，这的确了不起。但是，我们同样会注意到，在《物种起源》的“引言”中，达尔文同样坦诚而明确地承认，早已有人捷足先登提出了自然选择思想。也就是说，尽管达尔文在自然选择思想论证上的贡献无人能望其项背，但他同样不拥有这一“无视上帝”思想的首创权。

但是，对于“生命之树”猜想，情况就不一样了。众所周知，进化论是生物学中最大的统一理论。那么，她核心的灵魂到底是什么呢？我国著名进化论者张昀的看法一语中的：“现代进化概念的核心是‘万物同源’及分化、发展的思想。”（1998年）如果将这句话应用到生命科学并说得通俗一些，那就是：地球上的所有生命皆源出于一个或少数几个共同祖先，随后沿着38亿年时间轴的延伸而不断分支和代谢，最终形成了今天这棵枝繁叶茂的生命大树。这似乎可以套用一句现代流行语：“One world，One family”，天下生命一家亲！至此，人们不禁会好奇地问，生命之树思想如此简单，又如此深刻，那她的缔造者到底是谁？已有的资料显示，在达尔文时代，前无古人。

尽管拉马克在物种渐变思想等方面为进化论奠基，遗憾的是，当时占统治地位的“生命自发形成论”束缚了他的思想，误导他提出了“平行演化”假说。这一失误使这位勇敢的进化论先驱与万物共祖的生命之树理论失之交臂，着实可惜！

达尔文不仅聪明过人，勇于探索，而且还十分幸运地分享到了当时科学进步的果实；到达尔文时代，“生命自发形成论”已经被许多科学实验证伪而遭抛弃。于是，当他在1837年确立了物种可变思想时，便在其第一本关于物种起源的笔记本中“偷偷地”画下了一幅物种分支演化草图（“Branching tree” sketch），这是第一幅“生命之树”的萌芽思想简图。正是这幅不起眼的草图，其深刻的思想开始不动声色地挑战“万能上帝六日定乾坤”的经典说教。细心的读者还发现一个很有意思的事，那就是22年后发表的《物种起源》尽管洋洋洒洒一大本，却只包含一幅插图。人们不难理解，深谋远虑的作者显然是要用它来表露自己学术大厦的核心思想。这幅图是他1837年那副草图的翻版，不过已规范了许多。喜爱华丽辞章的看客们也许已经注意到，在该书最后一章的最后一节，作者用浪漫散文诗式的语句表述了他对地球生命真谛的理解；而其最后一句更是全书的画龙点睛之笔，虽然有点含蓄，却又十分精到地表达了作者生命之树的伟大猜想。

《物种起源》问世不久，不少富有灵性的学者已经敏锐地感悟到，达尔文深刻思想的内核并不在生物是否进化和自然选择学说，而是在生命之树猜想。于是，德国著名进化论追随者海克尔便根据当时的形态学和胚胎学知识画出了各种“生命之树”，其中有些图谱至今仍被广泛引用，尽管现在看来已不够完美。

实际上，近几十年来，生命之树理论不仅被越来越多的生物学和古生物学证据所佐证，而且还不断地得到分子生物学新数据的强有力支撑。事实告诉人们，现存地球上的所有生命都享用同一套遗传密码，这从生命本质上证明了，她们理应同居一树，同根同源。至此，我们已经看到，达尔文的生命之树思想正在不断地并将最终完全改变整个人类的生命观、世界观！21世纪伊始，北美和欧洲科学界决定继承达尔文的遗愿，分别投入巨额资金，启动了规模庞大的“生命之树研究计划”。人们期待着，它将使这个“理论之树”逐步转变成一个日趋完善的“实践之树”。近年来，古生物学家正在积极地与现代生物学家联手，力图逐步勾画出综合历史生命信息与现代生命信息的各级各类动物之树、植物之树、真菌之树、原核生命之树，乃至统一的地球生命大树。尽管许多低等生命（诸如细菌、古细菌等）之间存在“基因横向转移”而导致复杂的网状谱系，但“动物树”却极少见到那种令人困惑的基因横向转移现象。于是，我们仍可满怀期待地在寒武纪大爆发前后找到地球上的动物树逐步成型的隐秘证据；这也许会唤醒人们在动物界的早期先民中努力探寻人类远祖的种种激情。

三、人类的由来

1. 人类探寻自身由来的简史

无论从微观遗传还是从宏观躯体构造上看，人与动物并无本质区别；甚至连使用工具、智能活动以及复杂情感这些高级属性，也并非人类的专利。然而，能有意识地追寻自己的祖先渊源、并能最终找到一条正确的溯源之路的，大概非我们这些“智人”莫属。

在人类尚未具有科学知识的早期时代，尽管赋有寻根探源的冲动，但由于缺乏探寻源头的科学洞察力，所以只能在黑暗中摸索，将自己对祖先的追思和崇拜寄托在两块祭牌上，一块是图腾，另一块是神话。

图腾一词源于印第安语“totem”，是血缘亲属的意思。图腾文化发源并鼎盛于石器时代。在原始人信仰中，常以为自己的氏族或部落来源于某种动物或植物，于是便将这些祖先尊奉为本氏族或民族的象征和保护神。历史上我国的图腾文化并不发达，而有记载的“准图腾”文化的兴盛也可能略晚一些，可以《礼记》中所说的“麟、凤、龟、龙”四灵为代表。郭沫若认为“凤是玄鸟，为殷民族的图腾”，“龙是夏民族的图腾”。其实，作为一种多种动物“模糊集合”的龙，早在八千多年前的新石器时代早期就已经出现了。图腾作为一个民族的崇拜物，常常会对这个民族的文化和心理产生巨大而深远的影响。即使是已“现代化”了的中国人，甚或彻底的唯物主义者，也常有意无意地自诩为“龙的传人”，希求从中获得龙的精神、龙的力量。我们还可以注意到，北京奥运吉祥物福娃虽然不是名义上的图腾，但还是深深地打上了中华民族图腾意识的烙印。

除了图腾，关于人类起源的种种传闻，更广见于形形色色的口传笔录的神话之中。这些神话大体上有这样几种类型：由神呼唤而出，靠莫名的神力由抟土造出，或由植物生出。特别凑巧的是，东、西方关于神仙用泥土造人的传说何其相似：上帝造亚当、夏娃与我国女娲造人的故事已是路人皆知。如果仔细审看各种动物变人的神话，则更耐人寻味：希腊信奉多神，其中有些氏族认为自己是天鹅变的，而另一些人则猜想是牛变的；澳洲神话说人是蜥蜴变的；而美洲神话更多样化，一些氏族来自山犬，一些出自海狸，一些源于猿猴。还有些欧洲神话甚至认为人的远祖与鱼相关。综上所述，可以看到一个有趣的现象，所有这些史前人类凭直觉猜想出来的祖先们尽管形态各异，但都有脊椎骨，都有头有脑；对此，如果我们稍作综合和推理的话，就会发现，它们共有的始祖就该是最早、最原始的“有头、有脊椎类”，即理念中的“天下第一鱼”了。

文艺复兴以来的人文艺术和科学革命对各种传统理念的冲击有如摧枯拉朽，但“人类中心论”太深入人心了，竟无人敢对此有丝毫异议。所有人都沉醉于万物之灵的自诩，悠然超乎自然之上，连最伟大的哲人也莫能例外。像亚里士多德、笛卡尔、康德，不管他们的哲学观点多么深刻犀利，但他们都恪守这一信念：人与动物之间一定存有不可逾越的鸿沟。于是，人人尽享“天之骄子”的美妙自恋，却无人能察觉落入神学桎梏的悲哀。众人皆醉他独醒：只有痴迷于与自然亲密接触的人，才有希望从审慎的观察和思考中超凡脱俗，获得真理的顿悟。正是达尔文第一次真正从科学上认识到万物共祖的生命之树，在那里，人类不过是动物大树上一片普通的小叶，当然也是极不寻常的幸运小叶。

2. 两部经典奠定了追溯人类由来的指南大纲

达尔文一生耕耘不息，著作等身，他为思想史和科学史做出划时代贡献的是两部关于“起源”的论著。在《物种起源》写作行将封笔之前，达尔文先生终于透露出了他最想说但又不便明言的心里话：“展望未来，我发现了一个更重要也更为广阔的研究领域。……由此，人类的起源和历史将得到莫大的启示。”待到12年后，他感到时机成熟了，该了却那份心愿了。于是，《人类起源》（即《人类的由来》）终于面世。行内之人都深谙，这两部起源论著一脉相承，表达了同一个核心思想，所以一个美国出版商在1936年干脆将它们做成一部合订本，希冀人们明白：无可抗拒的自然法则花了几十亿年终于建造了一棵随时间流动的生命之树，并在某个末端枝条上幸运地生出一片神奇的智慧小叶。

跟爱因斯坦对自己的理论深信不疑一样，达尔文和后继的进化论者都坚信这一猜想的正确。然而，他们也十分明白，如此石破天惊的猜想，与其他所有猜想一样，要想成为事实或真理，必须经受严格检验和证明。实际上，进化论猜想的证明有两条路径，一条是基于现代生物学多层次信息的间接证明；另一条更为重要，那就是历史生物学的直接证明或实证。显然，论证这棵“生命大树”与那片“小叶”之间的全部内在联系，至少可分成两步：第一步力图探寻连接该“小叶”与某一枝条的“叶柄”，第二大步则遵循各大小枝干之间的内在脉络，顺着叶柄—小枝—大枝—树干，一直回溯至树根。第一步因为时距短，我们不妨称作“人类的近期由来”，而由一系列重大创新事件串联而成的第二大步可统称为“人类的远古由来”。

实际上，达尔文的《人类的由来》试图论证的只是人类的近期由来。由于19世纪十分缺少古人类化石证据，其研究的方法基本上只局限于现代生物学的各种间接推测，诸如讨论人与动物之间“相同的形态解剖构造”“相同的胚胎期发育”“相同的残留结构”“共同的本能”和“相似的社会性行为”，等等。尽管如此，达尔文真不愧是天才中的天才：凭借他对非洲黑猩猩和大猩猩与人之间的相似性研究，他大胆预言，人类的祖先应来自古老非洲。而同时代另一进化论者海格尔（E. Haeckel）分析比较了世界上四种现存猿类后，以为亚洲的猩猩具有某种直立行走能力，应与人类关系最密切，在那里有希望找到人类进化历史上的“缺环”（missing links）。此后的一百多年间，不同的古人类学先驱者依照各自拥护的假说，分别奔波于非洲和亚洲的高原和河谷，深入荒野和洞穴，去寻觅各自心中的化石缺环。结果，两支队伍都取得了重大收获。

19世纪晚期，荷兰青年医生杜布瓦（E. Dubois）在海格尔观点的影响下，到遥远的东方去寻找缺环。他在印度尼西亚首先发现了“直立猿人”，俗称“爪哇人”。这一破天荒的发现“来得太早了”，以至于当时的“权威们”还没有做好接受新思想的准备，他们否定了这一伟大发现。但是，杜布瓦作为先行者，在寻找从猿到人的历史缺环中毕竟迈出了关键的第一步。40年后，中外学者合作在我国周口店的发掘取得了巨大成功，“北京猿人”很快得到了国际学术界的广泛认同。此时，学术界才开始反思，“爪哇人”的学术地位因此重获新生；真可谓“北京人”救了“爪哇人”！科学界这种悲喜剧颇耐人寻味。

尤为可喜的是，在非洲寻觅人类近期祖先的探索取得了更加辉煌的历史性突破。这里的化石比亚洲更丰富、更完好，演化序列更趋完整：从撒海尔人乍得种—地猿始祖种—始祖南猿，到包括“露西”在内的阿法南猿，直到已经学会制作工具的能人—直立人、高智慧的克罗马农人，缺环系列的填补越来越密集。可以毫不夸张地说，“人类近期由来”的“考古型”论证已经取得了决定性的成功。

3. 人类远古由来中的几次重大里程碑创新

从人类的近期由来向远古由来不断追寻，即由人猿超科沿历史长河溯流而上，直达地球上最古老的单细胞生命，其时间跨度是近期由来的百倍以上。毋庸置疑，其间的缺环系列自然会长得多；而且，越是远古，化石信息就越稀少而模糊，探索的旅程就越艰难。从方法论上看，有两种途径去追溯那些可能存在的缺环系列，一是顺着时间轴的流向由远至近，另一种则由近及远，逆流而上，追根溯源。以一部《自私的基因》誉满全球的道金斯（R. Dawkins），是当代著名的进化论学者。最近，这位牛津大学“西蒙尼科学讲座”教授的大部头著作《人类祖先的故事》就是遵循“天下生命一家亲”的理念，由近及远地追根溯源的有益尝试。他依据现代人与其他各种生命形式之间亲缘关系远近程度的差异，一代一代地往远古追溯不同类群等级之间的共同祖先；由现代人起步，直到最原始的单细胞生命，一共追索出39“代”

共祖。微观和宏观的生物学信息都显示，黑猩猩与现代人的血缘最亲近，他们享有约六百万年前的倒数第1“代”共祖；再往前，人类、黑猩猩及其最近共祖与大猩猩共享着约七百万年前的倒数第2“代”共祖……如此一直可追溯至38亿年前最早、最原始的生命——那应该是普天之下所有生命的老祖宗，即倒数第39“代”共祖，或顺数第1“代”共同祖先，俗称“露卡”（Luca - last universal common ancestor）。这种逐“代”拜谒祖先的逻辑推理固然有趣，但缺点也很明显，即各“代”祖先所做出的创新性贡献大小不一，甚至彼此间差距悬殊。如果改用“由远及近”的思路来追寻人类远古先民的遗传足迹，并优先关注历史长河中那些影响最深远的重大器官构造创新事件，那我们便能看到更简捷、脉络更清晰的演化图景。

粗略估算，从露卡演化到人类的38亿年的历程中，那些既能为躯体构型水平升级，又为地球生物多样性扩展作出划时代贡献的重大创新事件总共有5次：①发生在约27亿年前的真核细胞形成；②发生在5.6—5.4亿年前的双胚层动物首次爆发；③三胚层动物出现及随之而来的鳃裂形成（鳃裂引发了新陈代谢重大革新并导致后口动物亚界诞生）；④躯体支撑纵轴（脊索）的出现；⑤头/脑和脊椎的形成。

现代分子生物学数据和化石分子证据都显示，生命第一次伟大创新大约发生于太古宙晚期。遗憾的是，尽管有理论推测，远古多种原核细胞可能经过“内共生”方式形成真核生命，但要找到真实的直接化石证据来重建这一奇妙过程，可能有如蜀道之难。

第二次重大创新是由单细胞原生生物过渡到具有初级组织和简单网状神经系统的双胚层动物（如水母和珊瑚），发生于前寒武纪晚期。分子生物学信息表明，这一突变事件进展十分迅速，其过程和机理仍是未解之谜。目前，古生物学也缺少可靠证据。

令人充满期待的是，接下来三次发生在后口动物亚界（包括半索类、棘皮类、尾索类、头索类及脊椎类）中的重大器官创新事件，不仅在现代分子生物学、胚胎发育学和形态构造上留下了重要线索，而且极有可能在早寒武世澄江化石库中保存珍贵的历史记录。实际上，近二十年来在这两方面的研究都取得了长足进展，正在为人类知识库添加有说服力的新知。

后口动物亚界的起点出自某种原口动物胚胎早期偶然发生的口与肛门的颠倒或反转，与之伴生的成体形态学标志则是意义非凡的鳃裂。鳃裂到底是个什么样的构造呢？它是消化道前段（咽腔）两侧向外的开口，可以是一对，也可以是多对，其基本功能是排出废水：含有食物颗粒的水流从口部进入咽腔后，食物在这里被分离出来并送入后面的肠道进行消化，而剩余的废水则通过鳃裂排出体外。在一些较为进步的后口动物类群中，鳃裂外侧还配有鳃囊，里面含有丰富的鳃丝，因而具有呼吸功能。显然，鳃裂构造虽然简单，却引发了动物界新陈代谢的巨大革命：它在动物体内成功地形成了连续的单向水流，从而大大提高了取食和呼吸的能量效益。我们人类作为“最高等”的后口动物，鳃裂虽然在成年期已经退化消失，但当胚胎长到四周时，仍会在颈部出现了像鱼那样的鳃裂和骨质鳃弓。

接下来影响深远的第二次构造创新便是躯体纵向支撑轴的形成，也就是脊索构造的诞生。我们都知道，人类之所以能从动物中成功分离出来，关键性的第一步是直立行走。显然，假如没有纵向支撑轴，他们将永远无法“挺直脊梁”，直立行走只能是黄粱美梦。

后口动物亚界中最后一次意义最为重大的创新应当是头和脑的形成（包括眼睛等感觉器官）；与此同时，其橡皮棒状的脊索构造也被更为坚固而灵活的节节串联的脊椎软骨所取代；随着运动能力的大幅提升，心脏也应运而生。至此，理念中的“天下第一鱼”应运而生，动物界就此实现了由早期的无脊椎动物世界迈向有头有脑的脊椎动物统领新世界的伟大转折。

4. 澄江化石库对追溯人类早期由来的贡献

(1) 澄江化石库的后口动物“5+1”成果超越布尔吉斯页岩的辉煌

早在19世纪30年代，牛津大学著名的柏克兰（W. Buckland）就观察到了寒武纪早期各种动物突然大量出现的奇特现象，这位神创论者得意洋洋地借它着力讴歌了上帝的英明和伟大。二十多年后，达尔文更清楚地意识到了这一难题对其学术主张构成的严重挑战。后来，这一事件被广泛认同为生命演化史上最壮观而又难于理解的一幕，并被形象地称为“寒武纪大爆发”。

自动物出现伊始，几乎所有的重要地质年代划分都建立在各种动物类群的兴衰更迭之上。古生代、中生代、新生代之初各有一次大规模的动物爆发，而且都发生在大绝灭之后。然而，仔细考究，便会发现古生代之初的爆发（即狭义的寒武纪大爆发）在性质上与后两次明显不同。中生代和新生代之初爆发的动物与此前绝灭的动物在“门级”“亚门级”水平上几乎没有差别；而寒武纪大爆发新生的动物门类与此前的埃迪卡拉期鼎盛动物门类迥然不同。换句话说，前者只是动物界在较低阶元（纲、目级以下）上的“改朝换代”，而后者则代表着高阶元（门级）类群的“创新升级”。所以，这一独特的动物界“升级型”爆发性事件，便理所当然地构成了将地球历史划分为显生宙和隐生宙两大时段的分水岭。如此宏伟的事件，必然包含极富挑战性的科学难题，也因此会“引无数英雄竞折腰”，让一代又一代优秀学者将自己的青春和智慧慷慨地献给了对这一神秘事件的探究。

1909年，加拿大著名的中寒武世布尔吉斯页岩软躯体化石库进入科学的视力圈。此后的70年里，它作为观察寒武纪大爆发的科学窗口，一直独领风骚，为进化生物学贡献了一批传世的成果，同时也成就了 Walcott，Whittington，Valentine，Conway Morris，Gould 等一批院士级学者和科学名人的学术事业。然而，迄今为止的百年探索，也留下莫大遗憾。人们原指望在这个古生物乐园能欣赏到动物界里全部三个亚界早期精彩的生活画卷，尤其盼望能看到包括人类在内的后口动物亚界祖先们的全家福，但是，尽管该化石宝库在揭示原口动物亚界和双胚层动物亚界的早期多样性上做出了杰出贡献，但在对后口动物亚界的初期面貌的认识上进展甚微。现生后口动物亚界包含五大类群：棘皮类、半索类、头索类、尾索类和脊椎类。然而，在布尔吉斯页岩中，除了棘皮动物之外，人们至今只见到少数颇有争议的脊索动物。于是，1984年后，人们转而寄厚望于更古老的中国澄江软躯体化石库。在起初的十年，一大批优秀的中外学者为此付出了艰辛努力，发现了大量原口动物和低等动物，但学界未见任何后口动物的报道。十分可喜的是，1995年以后的十年里，情况发生了重大转机：西北大学研究团队不仅陆续发现了所有五大类群的原始代表，而且还发现了已绝灭的第六大类群(古虫动物门)。至此,在认识寒武纪大爆发时的动物界全貌、尤其在揭示后口动物亚界的早期谱系演化和脊椎动物起源的实际论证上,澄江化石库明显超越了布尔吉斯页岩。

(2)“非常5+1”书写早期后口动物亚界的完整家谱

目前学界已取得共识:后口动物谱系在较早时期便开始分化为步带类和脊索类两大类群;前者分化成两支(棘皮动物门和半索动物门),而脊索类则沿着尾索动物、头索动物、脊椎动物的路径,步步为营,向前推进,最终,不经意间导引出以脑取胜的灵长类。现代后口动物亚界谱系分析显示,步带类和脊索类的尚未知晓的共同祖先,作为后口动物亚界的“根”,应该具有双重属性:既保留原口动物亚界与后口动物亚界共有的原始特征——躯体呈简单分节,更具有令后口动物亚界分道扬镳的独有创新性状——鳃裂构造。说来也巧,Nature以“Article”报道的绝灭类群古虫动物门正好满足这种双重属性。目前,国内外的学术界几乎一致认同了它的后口动物属性。

此外,后口动物亚界现生五个类群的原始祖先也都陆续浮出水面:

A. 现生棘皮动物多具有典型的五辐射对称和钙质骨板,进化论者一直想搞清楚,在尚未形成钙质骨板之前,那些两侧对称的远古祖先到底会是什么样子?Nature杂志上的又一篇“Article”报道的古囊动物,为我们提供了一个有说服力的候选者,因为它们兼有古虫动物原始分节性的残迹,更兼有早古生代原始棘皮动物特有的各种锥形开口。该杂志为这一发现特意配发了专评《棘皮动物门的根》,认同古囊动物很可能是棘皮动物演化早期的一个根。

B. 现生半索动物兼有脊索动物的背神经索和非脊索动物的腹神经索,其形态范围十分之宽广,既包括能自由运动的蠕虫状类群,也有“花状”的固着类群。那么,它们的早期祖先会有何尊容?五亿多年前的云南虫类极为奇特,为了读懂它的生物学属性,古生物工作者伤透了脑筋。但经过仔细考究和分析,人们终究辨识出它的庐山真面目。它的躯体构型与古虫动物近似,有时还能清晰见到它兼有背神经索和腹神经索。另一方面,它缺少脊索动物特有的肌节,其背神经索的前端尖细,并未扩大成脑,因而没有也不可能具有眼睛。所有这些特征都告诉我们,它们尚未进化成脊索动物,与脊椎动物更没有关联。实际上,它仍然停留在与半索动物相似的进化水平上。

C. Nature杂志在报道华夏鳗时,还配发了题为《化石珍品》的专评,认为它的所有形态学特征都最接近头索动物。

D. 值得一提的是,保存状态极佳的长江海鞘标本,尽管其下部构造与火炬虫相似,但最能标记它本质属性的上部构造明确告诉人们,它与火炬虫有本质区别,而与现生海鞘一脉相承。Nature杂志也为它的面世配发了题为《云南精美的软体化石》的肯定性专评。

E. 当然,最震撼学界的发现是天下第一鱼“昆明鱼目”(包括昆明鱼、海口鱼、钟健鱼)浮出水面。1999年,昆明鱼和海口鱼刚一露面,法国著名的古鱼类学家便在Nature杂志发表了专题评述,欣喜若狂地宣告特别新闻:中国逮住了第一鱼!现在,这些先祖已经获得了最广泛的认同,图文并茂地走进世界越来越多的教材、百科全书、辞典和博物馆。

(3)三大创新事件铸成人类早期由来的里程碑

A. 基因重复、基因组重复、躯体构造部件的简单重复，这些都是动物演化创新时最常采用的策略。结果，在许多低等三胚层动物中，我们常会见到一些躯体呈简单重复分节的蠕虫状生灵。尽管我们尚不清楚后口动物的直接祖先，但可以肯定，后口动物亚界内的鼻祖已经成功地进化出了鳃裂构造。古虫动物门是目前发现的唯一一类既保留躯体的原始分节性，又创生出了简单鳃裂构造的动物类群。因而，从进化生物学上看，它们无疑属于后口动物亚界始祖的范畴。此后，基因演化和生态压力使它们迅速分化为两大“集团”：叫做步带类的一类相当“保守”，始终满足于低级神经系统和无头无脑的“平民”生活；而另一类则十分“激进”，积极进取，奔着前途无量的具有单一背神经中枢的脊索动物勇往直前。

B. 文昌鱼是一种无头无脑的现生“假鱼”。它并非真正的鱼类，而是较为低等的头索动物。其五亿多年前的祖先在澄江化石库被发现并报道过两次。这种被称作华夏鳗的动物，其躯体前部宽大咽腔里生有密集型鳃裂，而中、后部清晰的“人”字形肌节则是它真实身份的标记。从形态功能学上看，“人”字形肌节总是与脊索构造密切共生的。只有两者协调合作，才可能驱动动物游泳前行。显然，比起古虫动物仅仅依靠外部环节的串联来维持躯体的形态和运动，华夏鳗首创的这种“脊索 + 肌节”的躯体造型不仅具有明显的生存优势，而且还为那些头脑发达且最终晋升为动物界“统治阶级”的脊椎动物的诞生奠定了基础。

C. 在过去十多年里，昆明鱼目在学术界历经反复检验，现在已经被广泛认同为名副其实的第一鱼或鱼类的始祖。在形态学上，无头类之所以能跃进成“羽翼丰满”的有头类或脊椎动物，实际上完全得助于分子层次和胚胎发育层次上的伟大创新：在所有无脊椎动物中，决定躯体纵向基本构型特征的同源异形基因框(Hox gene cluster)都只有一组，而在脊椎动物中却跃变为多组；同样重要的是，脊椎动物胚胎早期首次进化出了极为活跃的神经嵴(neural crest)细胞。正是它们，导致头颅等众多构造的形成。另一方面，我们还注意到，跟许多较高等脊椎动物的生殖器官演化通常滞后于营养器官一样，第一鱼的生殖腺也保留着无头类的多重生殖腺的原始特征，并未完成生殖腺的“集中单一化”。这一事实也恰好证明了第一鱼在脊椎动物范畴的始祖属性。尽管如此，自昆明鱼目诞生之后，后口动物亚界的演化便开创了新纪元：从第一鱼幼稚的雏形脑逐步迈向人类几乎无所不能的超级智慧大脑，五亿多年漫长的智慧演化史从中国的澄江起步。

中华民族历来有感念祖先功德的传统。为此，人们还专设了清明节，以感怀黄帝以来的祖先们传给我们的生命基因和文化基因。在尽享生命精彩和欢乐的今天，如果我们的心胸更开阔一些、思想更深邃一些，也许会萌生出另一个心中的清明节，默默感念那些为人类基因库做出了重大贡献的先民们：初创原始鳃裂的古虫类，保留脊索构造的华夏鳗和最先创生出头、脑和心脏的昆明鱼、海口鱼。她们已经走进我们的视线，走进了各种教科书和百科全书，将会留在人类一代又一代子孙的记忆中。衷心感谢诸多远古祖先创造基因和传递基因的不懈努力，才造就了我们今日完美的身躯和神奇的大脑！

序二

寒武大爆发时的人类远祖及其远亲近邻

舒德干，Simon Conway Morris

我是谁？我从哪里来？出于天生的好奇，许多人都会扪心自问。我对着镜子凝视，不仅看见了自己，更看见了我自己更深层次的涵义。首先，我是一个人，现代智人（Homo sapiens）中的一分子。同时，我们也是一个非同寻常的物种，一个喜欢提问题的物种。什么是人类？他们从哪里出现，何时出现的呢？大多数人都乐于追寻自己家庭的历史，但追溯至地质历史深处时会感到迷茫，到底谁才是我们的真正祖先呢？达尔文为我们提供的真知灼见是，我们不仅由动物逐步传衍而来，而且我们的根还埋得很深很深，一直延伸到生命本身的终极源头。几百万年前的人类祖先是一种古猿，它刚刚从其直接祖先那里学会直立行走，然后又目睹自己的大脑随演化进程而不断增大。如果继续将我们的寻祖故事追溯到3亿5千万年前，祖先们先经历了原始哺乳类，接着抵达爬行类阶段，最终抵达了那些刚刚学会爬行于陆地的鱼类时期。但这并不是故事的结尾，人类的起源还可追溯到大约5亿2千万年前宏伟的寒武纪动物门类大爆发时期：此时昆明鱼目（Philippe Janvier 恰当地称之为"天下第一鱼"）横空出世，脊椎动物大家庭也由此诞生。

一百多年来，对全球数十个寒武纪与前寒武纪分界线附近的化石宝库的广泛深入探究，产生了一系列重要研究成果。尤其是对早寒武世澄江动物群的研究，不仅让我们首次看到了动物界演化的基本框架（其中包括两侧对称动物的三大类群，分别是后口动物、蜕皮动物和触手担轮类），更重要的是，我们还看到了最古老的鱼类以及它们的无脊椎动物祖先。

本文集中的所有论文，除了最后一篇外，其余都来自于对澄江动物群的研究。澄江动物群之所以特别重要，就在于它含有各种各样的早期后口动物。本文集既提供了对第一鱼（即昆明鱼目）及其同时代的后口动物近亲们的详细研究，也对其他多种类群，比如三叶虫、腕足动物、叶足动物、蠕虫类及奇特的文德生物进行了详细探索。

本书包括四个部分。第一部分探索寒武大爆发的属性。与流行的"突然"爆发论不同的是，我们提出，寒武大爆发主要包括三大幕，共跨越了约四千万年。在这次生命进化的创新大爆发中诞生了整个动物树。首先，我们在埃迪卡拉纪（即前寒武纪最末期）看到了基础动物亚界大爆发。接下来是寒武纪初期爆发第一幕（梅树村期），它既延续了基础动物亚界的第二次爆发，更重要的是发生了原口动物亚界的首次门类创新爆发（原口动物是指胚胎时期原生口的起源，即"第一口"的起源）。最后便到了澄江动物群时期，此时三个主要动物亚界同时爆发，这也是后口动物亚界（按字面上意思，后口动物称"第二口"动物）的首次门类创新大爆发。

第二部分构成本书的核心。本部分主要报道了 Nature 和 Science 杂志上发表的论文，包括对现生后口动物五个类群最古老的代表性化石的研究，以及对后口动物亚界中一个绝灭门类——古虫动物门的研究。澄江动物群中最进步的脊索动物代表着最早期的脊椎动物，它们的发现导致了一个新目（昆明鱼目）的创建，目前它包括三个物种，即凤姣昆明鱼、耳材村海口鱼和长吻钟健鱼。这些“第一鱼”既有真正的头（所以又称有头类），包括一个脑、成对的眼睛和其他感觉器官，还有一个原始的脊椎骨（因而堪称脊椎动物）。较为低等的脊索动物既没有真正的头（称无头类），也没有脊椎骨（因而学术上称无脊椎动物），它们是类似皮卡鱼的华夏鳗和长江海鞘。它们可分别与头索动物（文昌鱼）及尾索动物（被囊类）相比较。古囊类很可能是一类软躯体棘皮动物的祖先，它也在澄江动物群中被发现。另一类称作云南虫类的类群一直备受争议，它应该代表着低等后口动物的一个旁支，或与半索动物密切相关。澄江后口动物中一个最有意义的类群是绝灭的古虫动物门。它们没有头和肌节，但已经演化出五对原始鳃裂。古虫动物类一直吸引着广泛的关注，尽管充斥着争论，但压倒性的证据表明，这些奇特的动物应该位于后口动物谱系的根底。

第三部分记载了蜕皮动物和触手担轮类（也称冠轮类）的一些主要类群，它们共同构成了原口动物亚界，成为动物界中最大的一个亚界。谈到蜕皮动物，值得一提的是始莱氏虫（*Eoredlichia*）和云南头虫（*Yunnanocephalus*）。这些华南最著名的三叶虫第一次被发现保存有漂亮的软躯体构造，其中包括消化道及其邻近的盲肠，以及触角和双分支附肢。一种小的幼虫状节肢动物曾经被认为是纳诺虫（*Naraoia*）的幼虫。然而，重新研究大量保存很好的标本证明，它是一个新节肢动物 *Primicaris larvaformis* 的成年标本，其幼虫状形态来自于幼态持续的异速生长；它反映了躯体构型和附肢的原始状态，暗示其在节肢动物谱系中处于基底位置。双瓣壳节肢动物，如昆明虫（*Kunmingella*）和等刺虫（*Isoxys*）在澄江动物群中极为丰富。它们不仅保存了常见的软躯体构造，如附肢和眼睛，而且异乎寻常的是，还在昆明虫标本上发现了保存精美的卵，在等刺虫标本上发现了毒腺。

鳃曳类也属于蜕皮类，因而是节肢动物的近亲。今天鳃曳类已不常见，然而在寒武纪情况恰好相反，其形态分异度很高，属种也很多。各种各样的叶足动物，实际上是带腿的蠕虫，是我们认识节肢动物早期演化的关键，它们还可能与鳃曳类有密切关联。叶足动物在澄江化石库也很常见，其中最有意义的是滇虫（*Diania*）和爪网虫（*Onychodictyon*）。前者之所以重要，是因为它表皮强烈角质化的附肢是由一系列关节单元构成的（恰如苍蝇的腿），因此它比其他已知叶足动物更接近节肢动物。与此相反，爪网虫则揭示了叶足动物缺少特化的口器，因此便引发了新的争议：在泛节肢动物中，口部构造是否为单一起源？此外，爪网虫还指示了泛节肢类曾经历了“头部仅由一个体节构成”的关键演化环节。

在触手担轮类中，形态分异最大、数量最丰富的类群是腕足动物，它包括舌形贝类和小嘴贝类。然而，对其他化石的亲缘关系的解译还存在困难，尤其是瘤状杯形虫。现在，它已被重新解译为内肛动物门内一个体表具有骨片的干群。如果这一解译正确的话，那么它对该类群最早期的演化具有重要意义，而且还可延伸更广泛的涵义。

第四部分记载了某些更原始的动物类群。这些原始动物，比如刺细胞动物（如水母、珊瑚）和栉水母，对我们理解早期动物演化至关重要。这些基础动物亚界的代表发现于寒武纪刚开始的梅树村期和紧随其后的澄江动物群时期，它们与前寒武纪末期的类群同样丰富，甚或更为丰富。本文集报道了其中两个重要类群。直到现在，我们对早期的立方水母仍然知之甚少，且主要限于美国犹他州的中寒武世和伊利诺伊州的石炭纪马宗溪化石库。幸运的是，毫无疑义的立方水母发现于陕西省南部的梅树村期地层。在这些胚胎化石中保存了精美的解剖构造，尤其是胃板和导管囊；更重要的是，它们意外地显示出了完美的五辐对称，这意味着立方水母在寒武纪黎明初现时已经表现出意想不到的复杂性。

文德生物过去被认为是文德纪（或埃迪卡拉纪）特有的生物。然而，一种蕨叶状化石春光虫（*Stromatoveris*）却发现于澄江动物群。它与埃迪卡拉纪的文德生物十分相似，其至为精美的保存状态显示蕨叶具有紧密排列的羽状分支，且很可能由纤毛构成，代表着具有栉水母典型梳状排列纤毛板的祖先类型。因而，该发现对于我们理解栉水母动物门（以及相关的双胚层动物）的早期演化历史提供了关键线索，说明该门类有些种类是从蕨叶状生活习性独立演化而来。

总之，本书的宗旨是站在鸟瞰整个动物界起源的高度，试图探秘寒武大爆发时动物谱系树枝繁叶茂的框架全貌。另一方面，假如我们这些具有超强自我认知能力的人类仍然乐以天之骄子自居，自私地将探索的主要好奇心集中在五亿多年前自身的直系祖先上（其实所有的基因原本就是自私的，这也是人文科学的出发点和落脚点），那人们关注的焦点便自然而然地锁定于天下第一鱼的辉煌面世，其余千百物种只能屈居这个幸运夏娃的远亲近邻、七姑八姨。

本文集的主要贡献者有舒德干，Simon Conway Morris，张兴亮，韩健，张志飞，刘建妮，欧强，傅东静等。感谢这些论文被相关出版社和作者允许重印。感谢程美蓉等人。感谢下述基金的资助：中国科技部（2013CB835000）；高等学校博士学科点专项科研基金（20116101130002）；“111 项目”（W20136100031）；教育部大陆动力学国家重点实验室；国家自然科学基金（NSFC 40830208，41272019，41202007，41372021，41102012）；陕西重点基金（2012JZ5002），教育部新世纪优秀人才项目（NCET-13-1008），重点高校研究基金（2012097）。

注：本文集的主要成果曾获国家自然科学奖一等奖、长江学者成就奖一等奖等奖项，并被收录入多国教材、辞典和百科全书。

第一部分

寒武纪大爆发的属性

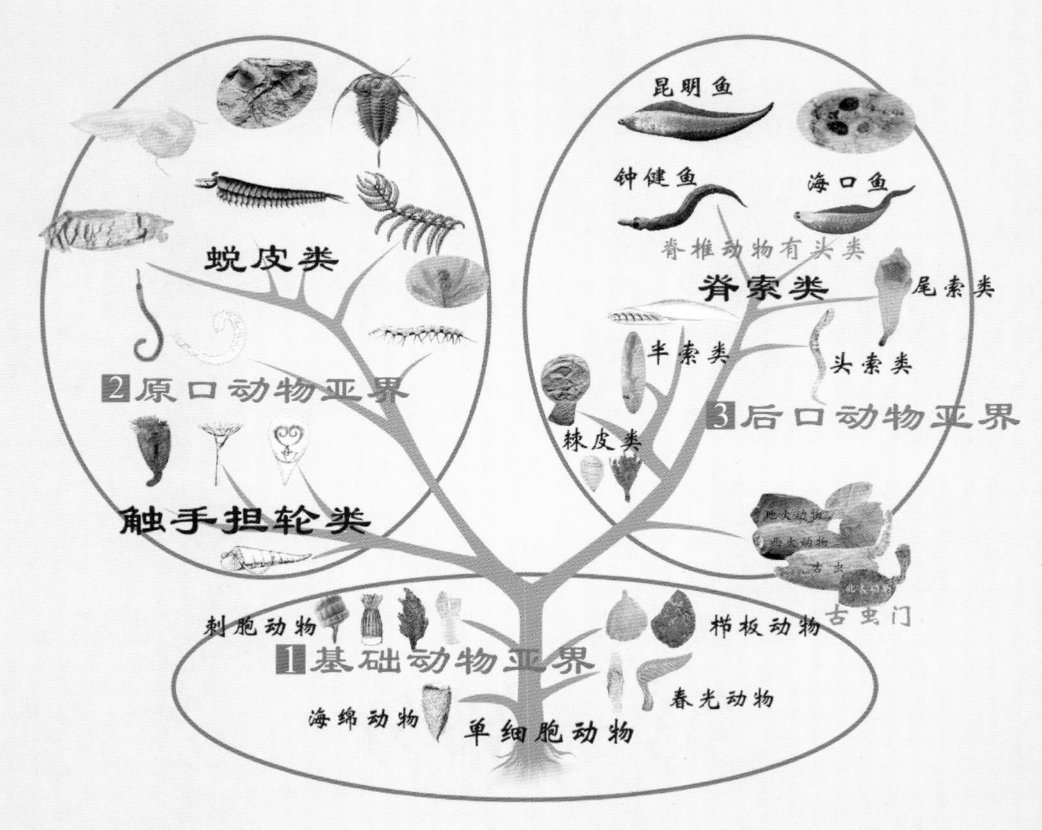

寒武大爆发动物树

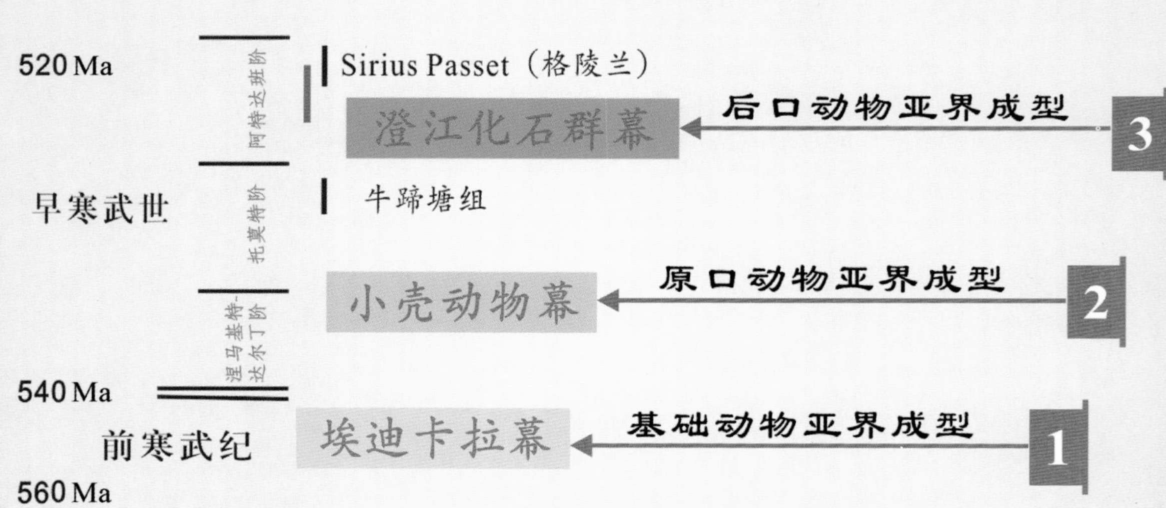

寒武纪大爆发包括3幕，依次形成3个动物亚界

寒武纪大爆发及动物树的诞生

舒德干[*]

* 通讯作者 E-mail：elidgshu@ nwu. edu. cn

（注：该文由 Elsevier 出版的同名作者的 *Cambrian Explosion：Birth of Tree of Animals* 编译而成，略有增删。）

摘要　由“真动物”构成的动物界（不包括海绵）通常被划分为双胚层动物、原口动物和后口动物三个亚界。寒武纪大爆发经历了爆发的前奏—序幕—主幕三个阶段，其中后两个阶段处于早寒武世初期（依次以小壳化石的首次辐射和澄江动物群爆发为代表），另一个则发生在“寒武前夜”（即前寒武纪末期），以埃迪卡拉生物群为代表。这次独特的三幕式大爆发分步完成了动物形态演化谱系树（简写为 TOA）的成型。已有化石证据显示，动物树的三大主体或三个亚界的起源及其早期辐射分别发生于寒武纪大爆发这三个主要阶段。澄江化石库中发现的早期后口动物亚界涵盖了该亚界中所有六大分支（棘皮类、半索类、头索类、尾索类、脊椎类和绝灭了的古虫类）的原始类群，澄江动物群时代标志着寒武纪大爆发的顶峰，她完成了动物树框架的成型，从而也就宣告了寒武纪大爆发的基本终结，其学术重要性超越了中寒武世的布尔吉斯页岩：因为前者位于动物树形成的“源头”，而后者仅代表此后的“一段流程”。在动物演化历史上四个最具转折意义的重大创新事件（即多细胞动物起源、两侧对称动物起源、后口动物起源和脊椎动物起源）中，第一个发生在埃迪卡拉纪甚至更早的时期，其余三个则可通过梅树村化石群和澄江化石群观察到其完成的主体过程。已灭绝的古虫动物门，是初具鳃裂构造的原始分节动物，作为由原口动物向后口动物过渡的一个珍稀“缺环”，很可能代表着后口动物亚界的一个根。古囊类兼有两侧对称的古虫类和一些原始棘皮动物的镶嵌体征，最可能代表棘皮动物的一个根。在早寒武世动物演化谱系中，后口动物的“顶端类群”的代表是被誉为“第一鱼”的昆明鱼目，目前已知包括昆明鱼、海口鱼和钟健鱼，它们具对眼、脊索与串珠状脊椎软骨共存的原始脊椎，代表了真正的脊椎类或有头类始祖。相反，包括云南虫属和海口虫属的云南虫类，既没有成对的眼睛也没有可信的脊椎软骨，而且其背神经索也未扩大成脑，甚至不具备低等脊索动物的肌节，因此与真正的有头类或脊椎动物无关。其实，这类奇特动物与古虫类共享相似的躯体构形，应该代表着低等后口动物中的一个侧枝。自达尔文以来，进化生物学一直在动物世界的悠长演化历程中，努力追寻“人类远古由来”的一些重大形态学创新事件的证据；无疑，古虫动物门原始鳃裂构造的出现以及第一鱼之头颅和原始脊椎软骨的形成，应是这条历史长河中人们期待已久的两大里程碑。

关键词 寒武大爆发;动物树;澄江化石库;后口动物亚界;古虫动物门;脊椎动物起源

1. 引言

在太阳系中,我们的地球是最奇特而美妙的星球,她充满了生气,各种生命在这里繁衍生息,而那些鲜活的后生动物(即相对于单细胞原生动物的多细胞动物)更使她锦上添花。然而,后生动物中的一些主要类群(即除海绵类之外的"真动物",包括双胚层动物、原口动物和后口动物三个亚界)究竟是何时出现、怎样出现,它们的早期演化方式如何,一直是困扰生物学家和地质学家的重大难题。它们是渐次出现,还是突然出现?它们的演化是绝对等速渐进,还是遵循由量变到质变的幕式推进?

早在19世纪30年代,William Buckland(牛津大学古生物学科的领衔人物)就观察到了早期动物在地层中突然出现的奇特现象[1]。到1859年,达尔文在"物种起源"一书中也清晰地意识到了这一难题的挑战性。随后,这一事件便被广泛认同为是生命演化历程中最壮观又难于理解的一幕,并被形象地昵称为"寒武纪大爆发"[2]。由此,这一独特的动物类群爆发性事件,便理所当然地构成将地球历史划分为显生宙和隐生宙两大时段的绝好地标。

在过去的60年里,尤其是近30年来,围绕着隐生宙与显生宙交界处发生的各种生物事件及非生物事件,吸引着一批又一批名家学者为弄清它们的真相而慷慨地奉献自己的青春和才智。一时间假说纷纭[3-27],莫衷一是[25,28-30]。争论的焦点主要集中在:

(1)寒武纪大爆发是一次真实的生物演化事件,还是因后期埋藏改造或地层缺失所造成的一种假象?

(2)后生动物在其被发现的最早化石记录之前,是否还存在一段很长的鲜为人知的历史?

(3)这次大爆发的主要诱因是什么?

(4)寒武纪大爆发与动物树(TOA)的形成之间存在怎样的关系?

本文在对前三个问题进行简要回顾之后,将着重探讨第四个问题。

2. 寒武纪大爆发

2.1 寒武纪大爆发的实质

经过半个多世纪对全球晚前寒武纪及早寒武世非变质沉积地层进行的广泛而深入的研究表明,寒武纪大爆发(或称寒武纪生物大辐射)是一次真实的动物演化事件,并非是由埋藏改造或是地层缺失所引起的假象。后生动物的这次快速分异至少有三方面的化石记录为证[13]:骨骼化石的突然出现[31,32],遗迹化石多样性及复杂性陡增[33,34]以及保存颇佳的生物化石库[35-42]。

寒武纪大爆发作为一个整体,主要由三个阶段(或幕)组成。第一个是"寒武前夜"(即前寒武纪晚期,以埃迪卡拉生物群为代表),为时间跨度相对较长的前奏阶段,紧随其后的是早寒武世的两个连续爆发阶段:即以"小壳化石"(SSFs)的首次大量出现为代表的序幕和以澄江动物群为代表的主幕。后两个动物群几乎涵盖了现代后生动物的所有门类。那些至今尚未发现的门类主要是些微小动物和/或寄生虫类,它们在显生宙后来的地层中也几乎同样未能留下记录。

因此，可以有把握地说，“几乎所有重要的现生动物门类在早寒武世都已经出现了”。此外，在早寒武世还出现了一些已绝灭了的门类，如古虫动物门[43]。另一方面，晚前寒武纪除了少量像 *Cloudina*[4,44,45]，*Namacalathus*[46]，*Conotubus*[47] 这样的外骨骼化石和一些遗迹化石外，并未见到像早寒武世时的具矿化骨骼的生物，更不用说澄江动物群型或布尔吉斯页岩型的软躯体化石了。值得注意的是，假如在前寒武纪真的存在着像早寒武世那样的小壳动物的话，那它们应该很容易被保存在地质记录中。正因为在前寒武与寒武纪之间存在一个如此之大的化石间断，才使我们不得不相信寒武纪大爆发确有其事。美国科学院院士、寒武大爆发专家 Valentine（1994）[48] 曾写道：“这次生物辐射事件是如此壮观……爆发这个词用得实在是惟妙惟肖，因为它不仅演化出了绝大多数代表现生动物门类的躯体构型，而且在前寒武与寒武纪交界处还产生了不少如今根本见不到的绝灭种类。”总之，化石证据告诉人们，动物“形态演化树”（并非代表更早些时期动物起源的“遗传演化树”）主要是在这次奇妙的生物大爆发中形成的。

2.2　谱系演化的“爆发引线”（fuse）

有关寒武纪大爆发，我们所面临的首要问题就是：它究竟是缓慢而长期的连锁反应还是一次骤变[21,49,50]？至今，我们尚未认识到其间的所有进化事件，但是，从已有的化石记录来看，有些后生动物类型的确在埃迪卡拉时期就已经存在了[10,14,51－53]。虽然 Seilacher（1989，1992）[5,12] 认为大多数埃迪卡拉化石都不是后生动物，并创建“文德生物”一词来统指这个类群，但是他仍然认为有些遗迹化石还是由蠕虫状两侧对称动物留下的。这说明了，寒武纪生物应该源出于某些埃迪卡拉期的生物。那么，这些始祖型生物又该具备怎样的躯体构型呢？目前，大多数古生物学家容易常看到的是埃迪卡拉生物群与寒武纪生物群之间的区别，而不是两者间的演化联系。现实也的确如此，所有试图将埃迪卡拉生物当作显生宙后生动物始祖的解释都存有争议。尽管如此，回溯到埃迪卡拉生物中去探索寒武纪动物爆发的起源却又是十分必要的。例如，努力识别寒武纪一些幸存的文德生物就不失为一个好方法[13,55－57]。毋庸置疑，努力辨识这两种外形截然不同的生物类群之间的内在联系，其重要性不言而喻。

某些双胚层动物和其他低等动物，在埃迪卡拉纪甚至更早的时期就已经出现了。然而，在这次生物大辐射事件之前，这段不为人知的起源历史究竟会有多长？换句话说，经过了多长时间的“谱系演化引线”才导致了这次大爆发？人们试图凭借分子钟方法来回答这个问题[28,58,59]，然而此法也并非灵丹妙药，Donoghue 和 Smith 对此做了详尽分析[60]，大多数测算出来的年龄都比化石记录早得多。但也有一些学者如 Ayala 和 Rzhetsky（1998）[59] 声称，“利用分子钟所得的结果证实了古生物学的观点”。现在大多学者认为，将分子钟用于早期生物进化速率研究还值得商榷。Graur 和 Martin 更是将此方法称为做“无用之功”[61]。尽管这种分子工具的使用结果目前仍有待商榷，但无论如何，我们仍然相信，今后会有更精密、更先进的技术手段带给我们更加满意的结果。

迄今为止，在前寒武时期还极少发现可

靠的后生动物的实体化石记录。然而，按照“微小动物群”假说，埃迪卡拉纪之前的动物可能非常之小，仅几个毫米，如同现代动物的幼虫，根本不能保存为化石。但有一点值得注意，遗迹化石的分异与小壳化石的分异基本同时发生，并不比后者早[33,62]。然而，假如一些来自澳大利亚西部斯特林山脉[63]更早的遗迹化石证据得到证实的话，那么后生动物的根底类群（当然并不包括冠群后生动物）便有望追溯到中元古代。

2.3 寒武纪大爆发的主要激发因素

有关寒武纪大爆发的诱因问题，比“引线”长短之谜更加令人好奇。动物爆发通常包含两类不同的生物演化事件：一是各门类动物的起源，另一个是其后的大辐射。一个类群的首次出现与它的形态起源密切相关。为了研究引发寒武纪大爆发的原因，Signor 和 Lipps（1992 年）提出了 14 个问题[30]（后来又被 McCall（2006）归纳为 6 个方面[64]）。为了回答这些问题，Signor 和 Lipps 博采众长，将那些彼此关联的诱发因素归并为外因和内因两大块。在所有这些爆发诱因中，大气氧含量和海水化学变化似乎是最主要的外部动因，而内因中则以遗传因素最为关键，它们很可能交互作用，才导致了大批动物类群的爆发效应。另一方面，也有人用生态学中的“收成理论”[65]以及捕食者效应（所产生的强选择压迫使动物硬骨骼频繁出现和加速发展）来解释动物的快速辐射和地层中化石材料的迅速增加[1,66]。

显然，如果没有氧气，动物既不会出现，也无法延续。已有的资料显示，早期地球的大气中缺乏自由氧，大气中开始出现自由氧是在早元古代[67]。以此推测，后生动物的起源与辐射必然发生在大气中积累了足以维持其生命活动和繁殖过程的自由氧之后[68]。这种推测不仅得到了大量元古宙沉积记录的支持，而且一些最新的资料显示，干群后生动物构成了埃迪卡拉生态系统的主体。它们的大量出现，很可能正好与大气氧含量水平的增加有关[69-72]。

新近的研究表明，构造事件也可能间接影响了动物的进化。Valentine 和 Moores（1972）认为，早期动物的出现和辐射与新元古代 Rodinia 大陆解体和随之而来的 Gondwana 超大陆的形成以及冰川作用（Marinoan）有关[73]。这些作用包括了大陆及板块的运动和变化，海平面的升降以及大洋化学性质（尤其是碳酸盐和磷酸盐）的变化[74-77]。然而，这些板块裂解事件与动物进化之间的因果关系尚有待研究。另外，有人认为 Acraman 陨星撞地球事件在早期后生动物进化中也起了重要作用[78]。

毫无疑问，在后生动物的进化过程中，调控基因的进化是后生动物进化创新的关键[1,25]。导致寒武纪大爆发的启动，生物自身的演化进程很可能比外部环境因素更为重要。Valentine 就此给出了这样的结论：寒武纪大爆发之所以如此迅猛，是因为很多后生动物祖先那时已经达到了相当的复杂程度（约 40—50 种细胞的水平，具软躯体解剖结构）。坚韧外骨骼的出现，更促使了动物类群在较短的地质时间内产生大规模的适应性辐射[48]。值得一提的是，用不同动物类群之间的杂交假说来解释动物爆发事件，听起来很有趣[79]，似乎有些滑稽。至少，这还有待发育学、分子生物学以及化石证据的佐证。

虽然我们在探究后生动物起源问题上，

目前还如同盲人摸象，最多也只是了解了冰山之一角，但是越来越多地学以及生物学的实证和理论积累，必将帮助我们在破解这个经典谜题的道路上不断前行。

3. 动物谱系树（TOA）

3.1　生物谱系树（TOL）

达尔文主义有两个思想精髓：其一是生物谱系树（TOL，即万物共祖），其二是自然选择理论。前者的最初表达方式是他在1837年刚完成环球旅行后，在其物种演化笔记中绘制的极简洁的“动物演化分叉树略图”[80]，22年后又以《物种起源》一书中唯一的一幅插图正式发表。他的这种树式的演化模型显然与当年拉马克的“平行演化”理论大相径庭（图1）。达尔文的生物谱系树理论作为进化生物学的核心，经历了生命科学发展中的各种检验，如今已经成为学界的共识。

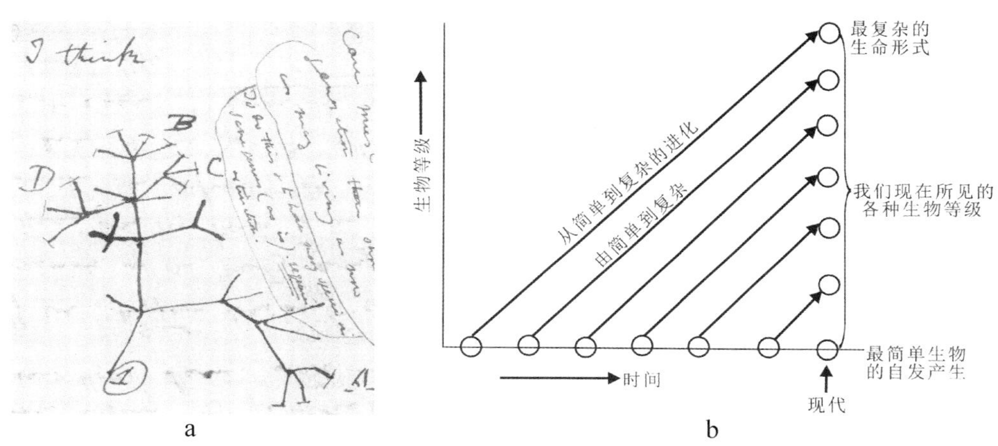

图1　a，1837年达尔文在其“物种演化”笔记簿上勾画的“分支树”草图，尝试用以阐述他的理论[80]；b，拉马克的“平行演化假说”：在地球的整个进化历史中，持续不断地“自发”产生出各种最简单的生命，因此现代生物并非共祖[81]（据Blower，1989）。

生物演化的谱系树是如何建立的？总的来说，有以下三个途径：①包括发育学在内的传统的形态学方法；②分子学方法；③古生物学方法。从方法论上看，前两者属于“间接法”，而后者则是“直接法”。因此，古生物学方法（兼以传统形态学及分子手段）反映的是生物最真实的历史纪录，原则上讲，它应该能给我们提供一个最为可靠的生物谱系树。

自19世纪德国动物学家E. Haeckel创立传统的形态学方法起，各种各样树状的演化谱系层出不穷。而且，这些谱系演化图也随着现代分子生物学的进步以及古生物学重大发现的涌现而不断被修正和补充。

各种生物的基因组中都蕴含着有关该生物演化历程的大量信息。蛋白质和核酸以氨基酸和核苷酸的线性重复方式玩着排列组合的数字游戏，其中核甘酸仅4种，而氨基酸也只有20种。通过对比这些信息，人们就不难计算出不同物种之间亲缘关系的远近。分子生物学便是依靠这一原理独自绘制出有关生物演化关系图谱的[82]。分子生物学的另一个重要的贡献就是调控基因的发现。正是这些特殊基因控制着身体分节的发生,而躯体各种不同形式的分节特征正是动物原始性的一种客观度量[83]。

由于化石记录在质和量上的不完整性,长久以来,在探索物种演化关系时古生物学方法一直得不到重视[10]。十分幸运的是,这种尴尬局面已经开始得到扭转,至少在动物界是这样。这在很大程度上得益于许多保存完好的化石宝库为实证研究提供了重要的生物学信息。尤其是那些处于关键性地史时期的化石库,如靠近冠群三胚层动物源头的早寒武世澄江化石库和靠近双胚层动物源头的埃迪卡拉中期的瓮安生物群[42,80]。

基于分子水平的DNA序列研究所产生的生命演化全景树,对过去的生物分类体系进行了很大的修改:以三超界系统(细菌、古细菌和真核生物)的分类格局取代了原有的五界系统。通过对不同生物的基因序列的比较,人们还发现,在某些生命类群之间存在着大量的横向基因迁移现象,尤其是在细菌和古细菌之间。因此,人们普遍认为,所有现生生物最近的共同祖先很可能不是一个单一物种,而是彼此可以交换基因的物种群。于是,生命演化树上的三个主枝(超界)就并非如先前认为的那样,从一个单一的基部衍生而来。事实上这棵大树的基部或根部本身相互交织、盘根错节[84]。目前已知最大的横向基因迁移发生在现生真核生物祖先的最初形成、演化阶段,它们以内共生细菌的方式最终获得了线粒体和叶绿体[85]。尽管在现代的藻类和植物之间也发现有基因迁移,但是尚未在动物中发现类似现象。因此,原则上讲,与其他生物类群的演化树相比,重建动物演化树(确切说是“子树”)应该简单得多。

3.2 动物谱系树(TOA)

综合形态学、发育学和分子生物学的证据,可将动物界划分为三个亚界:双胚层动物、原口动物和后口动物亚界。在前寒武纪末期至显生宙初期,后生动物各门类如何起源、演化并最终成型,是进化生物学领域一个悬而未决的大问题,一直困扰着众多的古生物学者。于是,包括达尔文在内的先贤们(C. Lyell, C. R. Darwin, C. D. Walcott)及现代的众多著名学者(P. E. Cloud, B. Runnegar, S. M. Stanley, J. W. Valentine 和 S. Conway Morris)都提出不少假说,试图解释这些生命历程中关键的转折事件。但迄今为止,所有这些理论还未取得共识。研究中的困难主要来源于所涉及的各种现象的极端复杂性。大量后生动物化石记录看起来似乎是在很短的地质时期“突然”出现[30]。然而,近六十年的化石积累以及地质年代学所取得的最新成果已经表明,早期动物虽快速分异,但并非完全等时。这个过程持续了大约五千万年[72],并呈现出三个不同的辐射阶段:即埃迪卡拉期、梅树村期和筇竹寺期大辐射。

动物进化学家已经获得共识,要建立较完善而客观的动物演化树,首先至少应该搞清动物演化史上四个最具转折意义的重大创新事件,即多细胞动物起源、两侧对称动物起源、后口动物起源和脊椎动物起源[41]。第一个事件发生在埃迪卡拉时期或更早些,而后三个事件则很可能完成于寒武纪早期。

对早寒武世澄江动物群以及小壳动物群近三十年的深入研究，为探究生命大爆发提供了大量珍贵的信息。尤其是最古老后口动物谱系的系列性发现，使我们对后两次创新事件有了更清晰的认识[41,42,86,87]。

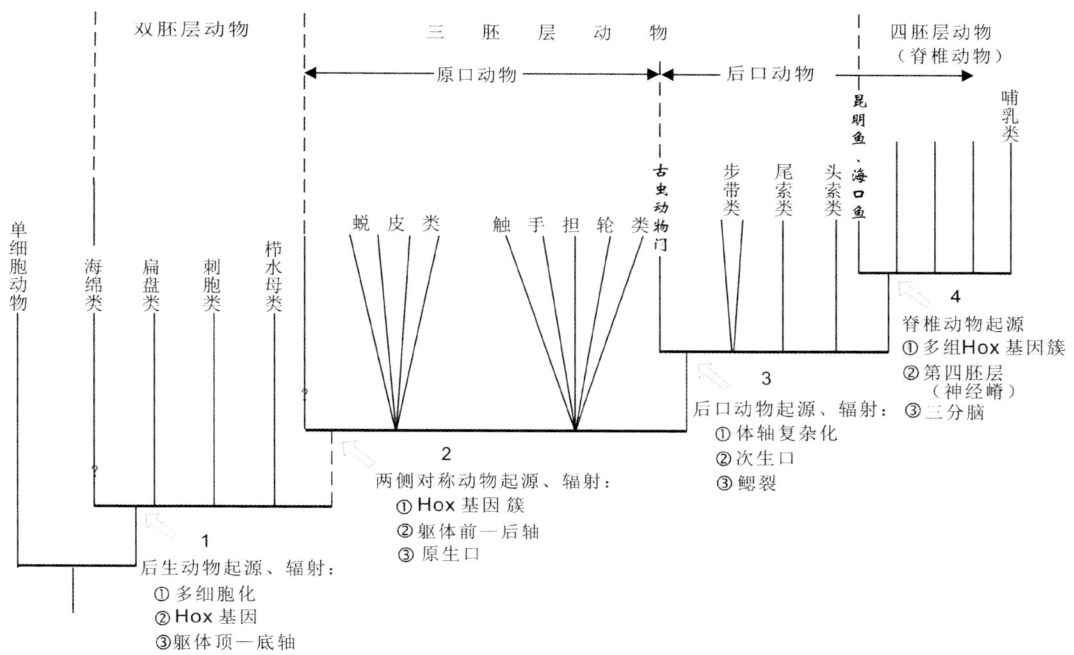

图 2　动物演化史上的四次创新里程碑。创新的主要标志有：细胞类型的增加，Hox 基因的增加和复杂化，躯体轴的改变和复杂化，胚层的增加，口的反转及鳃裂的出现。四胚层动物的概念参照文献 252，253 以及文献 41。

4. 埃迪卡拉生物群

在澳大利亚西部发现的距今约 35 亿年前（太古宙）的燧石及叠层石中的微生物，是前寒武纪已知最早的生命形式。尽管仍有学者对此持有异议（Brasier，2005），但还是得到了大多数人的认可[67]。最早的真核生物化石发现于美国密歇根州的 Negaunee 铁建造中，距今约 20 亿年（早元古代）[15,88,89]。它们已经形成了螺旋带状碳质结构，与中元古代（16 亿—10 亿年前）发现的 *Grypania spiralis* 相似[90]。然而，可靠的后生动物证据则仅限于前寒武末期。这段时期称作文德期（欧洲西部的前寒武纪末期）或震旦纪（华南类似时期，但所指时间跨度略宽）[91]，或埃迪卡拉期（南澳类似时期）。2004 年在意大利佛罗伦萨召开的国际地学大会上，已经决定将“埃迪卡拉纪”作为指代这一时期的正式术语。

4.1　研究简史

埃迪卡拉型化石最早在澳大利亚南部发现。最初发现的所谓软躯体后生动物，主要始自弗林德斯山脉发现的埃迪卡拉化石。然而，更早些时候在英国的列斯特郡也曾见过类似的宏体化石，但当时被认为属无机成因。1872 年，E. Billings 描述了纽芬兰的 *Aspidella terranovica*，最近被认为是最早发现的埃迪卡拉型软躯体化石[64]。显然，1946年R. Sprigg在艾德雷德北600 km的埃迪卡拉山发现这类化石前，没有人知道在新元古代存在着如此丰富的后生动物类群[51,64,92]。在此后的半个多世纪里，经过广泛调研发现，除了南极洲以外，埃迪卡拉时期的后生动物在全球广泛分布。McCall总结了全世界所有的化石产地[64]，下面列述其中一些具有代表性的地区：Charnwood Forest，英国的列斯特郡[93,94]；纳米比亚[95,96]；白海、乌拉尔山、西伯利亚和乌克兰－波多利亚[97,98]；加拿大东部的纽芬兰；加拿大西北部[99,100]；澳大利亚：Amadeus盆地、北部大陆[101]；金伯利[102]和尚有争议的西澳大利亚斯特林山脉[103]。另外还有欧洲：威尔士、英格兰、爱尔兰、挪威、西班牙、萨丁岛；北美：美国和墨西哥；非洲、南美和可能的南极洲；亚洲：伊朗、阿曼、蒙古、印度。而中国的一些产地尤为重要：湖北三峡、辽宁、安徽、贵州瓮安、陕南及黑龙江[104,105]。

古生物的群落特征与其所处的古生态环境之间存在着紧密联系。所有的埃迪卡拉型生物组合及其分布都受到沉积相的控制。至今，人们已经识别出了6种不同类型的生物组合：①Avalon型：深海；②埃迪卡拉型/微生物膜：浅海三角洲前缘地带；③Nama内栖型，见于河口沙坝；④陡山沱型：浅水台地相磷酸盐中保存的微体真核生物；⑤庙河型：深海静水相保存的宏体藻类；⑥具矿化骨骼的*Cloudina*型：碳酸盐相[47,105-107]。

4.2 几种主要假说

4.2.1 传统观点

总体来说，与寒武纪化石相比，埃迪卡拉化石保存质量较差，而且与显生宙其他生物在外形上相差甚远。但是，Glaessner通过逻辑分析以及实验比较，认为大部分埃迪卡拉生物与现代动物类群可以类比[3,4]。不少古生物学者，尤其是澳大利亚的研究者都效仿此法[108-113]。他们还将这类化石作为后生动物的祖先，并试图找出可与其进行类比的现生类群。然而，Pflug（1972）则认为，其中一些类群应属于已灭绝的门类[114]。

4.2.2 文德生物假说

Seilacher（1989，1992）提出了一个革命性假说[5,12]：由于大多埃迪卡拉化石都与已知显生宙后生动物存在着本质区别（缺乏功能性的可移动附肢、口、肠，集中的感觉器官和肌肉组织，假分节和假两侧对称），因此它们不是真正的后生动物（尽管他承认一些埃迪卡拉遗迹化石是由蠕虫状体腔动物留下的）。他建立了一个新的界，即文德生物界来统指埃迪卡拉型宏体生物。最近他又对这一假说作了一些修改（埃迪卡拉生物群包括两个主要类群：Xenophyophoria和Vendobionta）[115]。他认为，埃迪卡拉中的水母状生物可能是一个混合类群，其中一些具放射状取食沟，而另一些则具文德生物特有的放射状或同心状构造。如果不考虑躯体的对称性，形态各异的化石便可以置入同一构型模式之中，即“叶状充气被”或“气垫”。他认为这类生物靠化学内共生方式取得营养[5]。McMenamin（1998）基本赞同文德生物假说，但同时他提出，埃迪卡拉生物群有可能与单细胞光合作用藻类形成了生物共同体。然而，这一观点却遭到了质疑，因为在纽芬兰和加拿大西北部的深水相中发现了气垫状的*Pteridinium*；这种生物完全处于透光带之下，任何藻类都无法进行光合作用[117]。另外，他还提出了一个更为离奇有趣的假说，认为文德生物可能演化出了动物的头和脑。

4.2.3　抽象形态学演化假说

和 Seilacher 一样，Fedonkin 也试图建立一个囊括所有埃迪卡拉生物分类群的基本框架[14,118]。然而，他的这个早期动物演化模型与 Seilacher 的文德生物思想迥异。他的假说主要建立于后生动物整个身体构型的对称性之上（即所谓的“抽象形态学”方法）。另一方面，Fedonkin 对埃迪卡拉动物群生物学特征的理解却与传统观点相同，即其中大多数可与现生门类类比，并认为它们是前寒武纪更古老的未知后生动物的后裔。

4.3　对早期动物树形成的贡献

迄今为止，已有的证据仍不足以对埃迪卡拉化石群在早期生物/动物树中的位置作出定论。然而，在早期生命研究中取得的所有实质性进展，或多或少使我们对此问题有了一定的认识。其中比较肯定的是，海绵在新元古代已经出现[120,121]。然而，Valentine 虽然承认“新元古代的水母可能是干群珊瑚类动物”（2004）[25]，但并不认为出现了冠群刺胞动物。于是，在这段地质时期，基本上没有冠群双胚层动物存在[52]。

文德生物群可能代表了一类已灭绝的自然类群，但是将所有其他埃迪卡拉生物化石都归入这个“单系群”之中很可能不大合适。埃迪卡拉型化石主要保存在砂质——粉砂质岩层中，因此保存质量较差。从某种程度上说，甚至难以确定它们到底是软躯体化石还是只是遗迹构造。因此，单凭这类保存较差、生物学信息较少的化石来确定文德生物的属性难以令人满意。为了更好地理解其本质属性，一种思路就是在特异埋藏的化石库（寒武纪以及更早的地层）中寻找保存质量上佳的类似化石。中寒武世布尔吉斯页岩中的 *Thaumaptilon*[55] 和早寒武世澄江化石库中的春光虫[56]、澄江海笔[57]都是很好的例子（图 3a）。然而，在前寒武纪地

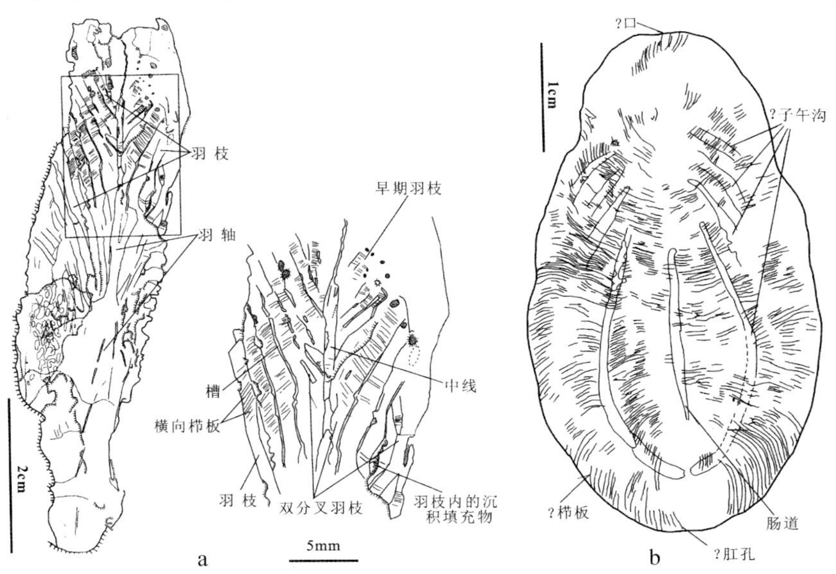

图 3　两个可能与栉水母有关的奇特生物：a，早寒武文德生物 *Stromatoveris psygmoglena*（美妙春光虫），参照文献 56；b，俄罗斯白海埃迪卡拉时期的 *Dickinsonia tenuis* 的显微结构，参照文献 122。

层中,偶尔也会遇见保存颇佳的类“文德”生物。如 Zhang 和 Reitner(2006)重新研究的白海化石库中的 *Dickinsonia*[122](图3b),他们认为这个存在争议的生物并非文德生物,而与栉水母有关。

在我国华南地区,贵州省的瓮安、湖北省的三峡,最近发现的一些可能的微观低等后生动物和胚胎化石同样值得关注[53,54,72,89,105,123-126]。对这类化石宝库的深入探索有可能进一步揭示出动物演化最初阶段的奥秘。大量埃迪卡拉化石的发现让我们看到了,双胚层动物第一次大辐射产生了成功的刺胞类躯体构型。基于真后生动物的 Hox 基因和 ParaHox 基因信息,Valentine(2001,2004)提出了后生动物的早期演化假说[25,119]。图 4a 是他的动物遗传演化树的概图。然而,我们所真正需要的却是基于真实历史证据的形态演化树。我们相信,随着对早期化石的不断深入研究,有望见到一个包括多个绝灭类群的“多分支树干”的早期动物演化谱系树。同时,也可期待在前寒武纪找到更多的干群双胚层动物、甚至某些可能存在的干群两侧对称动物。

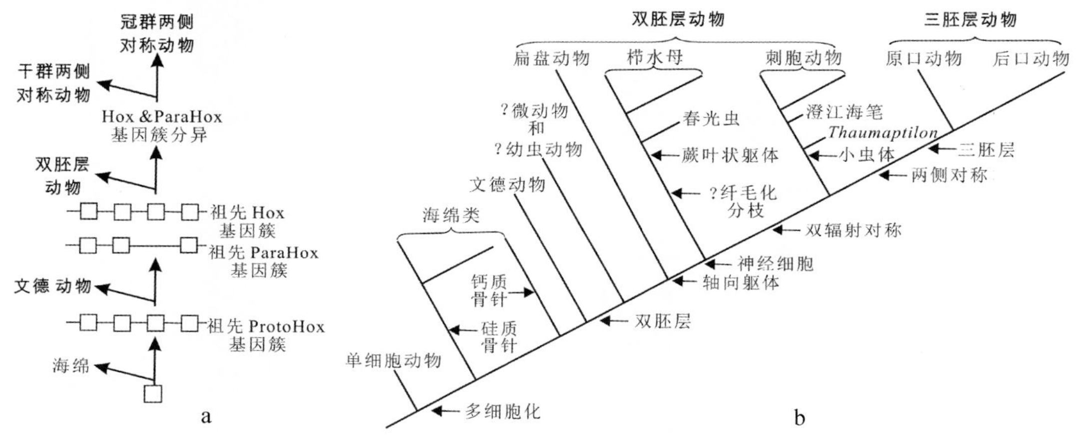

图 4 后生动物系统发生略图。a,基于 Hox 基因簇重建演化史的遗传谱系发育假说[119]。b,基于现存生物和化石类群建立的形态学谱系发育假说:文德生物在这里取其狭义,其中不包括 *Dickinsonia* 和类似的后生动物;许多前寒武纪胚胎和微小的成体化石被认为是干群后生动物的卵和幼虫形态[56]。

5. 早寒武世的动物群

5.1 动物树的幕式演化

寒武纪大爆发的精彩大戏似乎是在一幕一幕地上演着。如果说埃迪卡拉生物群代表了大爆发的前奏,并由此产生了真双胚层动物,那么早寒武世以梅树村动物群和随后的澄江动物群(连同格陵兰的 Sirius Passet 动物群)为代表的两侧对称动物的出现,则分别代表了这次大爆发中的序幕和主幕(最宏伟的辐射事件)[127-132]。

爆发的序幕事件主要是以多种具骨骼后生动物化石的突然出现[8,31,32,43,133-143]以及同时期遗迹化石分异度和复杂性的显著增加为标志的[33,62],它们也代表着显生宙的开始。早寒武世初期的梅树村动物群,富含骨骼化石和遗迹化石,并在全世界广泛分布。该动物群由四个小壳化石带组成,下部两个位于 Nemakit-Daldynain 阶,上部两个位于 Tommotian 阶[43]。

然而,就已知出产早期后生动物群落的软躯体化石库的情况估算,仅大约 1/10 的类群具有硬骨骼或矿化壳。因此,倘若仅依靠保存硬体的化石材料进行研究,就很难了解早期后生动物群落及其生态环境的整体面貌。近一个世纪前发现的中寒武世布尔吉斯页岩动物群之所以名声大噪,也正是由于其中大量软躯体化石对进化生物学研究做出了极大的贡献[1,25,36,37,144-153,]。布尔吉斯页岩动物群不仅含有像海绵这样的“侧生”后生动物,还包含真后生动物三个亚界的软躯体动物代表,如双胚层动物中的栉水母类和可能的刺胞动物[55,154]、原口动物中的各种泛节肢动物、腕足动物和曳鳃动物[146,155-160]以及后口动物中的棘皮动物和可能的脊索动物皮卡鱼[36,161-163]。如今,早寒武世澄江化石生物群已被证明更加接近寒武纪大爆发的“源头”,无论从其化石保存的质和量上,还是从其在探索动物树形成的实际贡献上看,它都超过了中寒武世布尔吉斯页岩动物群。实际上,澄江动物群时代既代表着寒武大爆发的顶峰,也标志这一超级辐射事件的结束;而布尔吉斯页岩时代只是代表着爆发结束一千万年后的一个历史断面。也就是说,前者紧靠动物树成形的“源头”,而后者则代表此后的一段“流”。在过去的二十多年中,我们对澄江化石生物群的研究,无论从广度还是深度上讲,都有了长足的进步[9,164-184]:最初十年(1984—1994)的发现基本上限于双胚层动物和原口动物,所见到的动物群面貌多为布尔吉斯页岩的翻版;但 1995 年,情况出现了重大转机[42,86]:除了双胚层和原口动物的发现继续深入扩展外[39,40,56,185-212],更令人振奋的是发现了后口动物亚界中的所有六大类群的早期分子,即不仅涵盖了现生五大类群的原始代表,而且还包括绝灭了的第六类群——古虫动物门[41,42,80,86,87,187,213-230],这应该是对布尔吉斯页岩动物群研究的主要超越。

5.2　澄江化石库中后口动物亚界的研究简史

由于所有的现生后口动物类群或者其早期祖先都具有特有的鳃裂构造,所以它们又可称为“鳃裂动物”。1995 年,在中国科学院南京地质古生物研究所召开的“寒武纪大爆发国际学术讨论会”上对两种动物的属性展开了热烈的讨论:一种是云南虫属,另一种是古虫属(Shu *et al.*, 1995)[231]。此后不久,Nature 杂志连续发表了两篇关于云南虫属的论文,前一论文将云南虫解释为“可能的脊索动物”[187],而随后的一篇论文则将云南虫解译为最古老的半索动物[214]。与此同时,Conway Morris 从西北大学的化石材料中识别出了一枚鳗鱼形的精致标本,并与舒德干和张兴亮合作,描述了早寒武世第一个类似名皮卡鱼的头索动物化石[215]。

1998 年年底,应罗惠麟及胡世学的邀请,舒德干和张兴亮到云南地研所对一些共同关注的标本进行了合作研究,其中就包括后来被证实为最古老脊椎动物的海口鱼。一周后,舒德干和张兴亮在西北大学的化石材料中也发现了一块类似的标本,并取名为昆明鱼。不久海口鱼标本被送到西北大学合作研究。在接下来的两个多月里,舒德干及其合作者从两块标本中识别出了几乎所有可见的脊椎动物特征,其中包括:背—腹鳍、鳃囊、鳃弓、W 形肌节、脊索以及围心腔。1999 年 3 月 10 日,舒德干应邀参加在中国地质大学(武汉)召开的国际学术讨论会,并在大会上正式报告了澄江化石库中最古老脊椎动物的发现。十天后,他又在中科院南古所就这一发现做了详细阐述。紧接着,在伦敦召开的早期脊椎动物演化重大事件的国际学术大会对这一新发现很快作出了强烈反响,舒德干也很快收到 Nature 的撰稿邀请。4 月初,Simon Conway Morris 和朱敏应邀到西北大学对这两枚珍稀标本做进一步考察和研讨。同年 11 月,Nature 杂志以“Article”形式发表了这一研究成果[215],并附以专题评论“逮住第一鱼”[232]。三年后,西北大学研究团队又发现了数百枚保存精美的早寒武世鱼化石,据此进一步揭示出了最古老脊椎动物的两个关键性状:原始脊椎和具对眼的头部[226]。其间,侯先光和张喜光也分别对昆明鱼和海口鱼发表了研究文章[223,229]。

古虫属,起初一直被描述成“奇异的节肢动物”。至 1995 年才首次被解译为后口动物[38,231]。舒德干、Simon Conway Morris 等人后来又论证了西大动物为后口动物[216]。两年后,相似的后口动物——地大动物被发现。它们与圆口虫一起,共同组建了一个新的绝灭动物门——古虫动物门[220]。如今,大多数学者都相信,具有五对鳃裂的各种古虫动物属于低等的后口动物而非节肢动物[25,225,233-238]。值得一提的是,有人报道称,在美国犹他州发现的一种中寒武世动物可能属于古虫类[239]。但是,它既没有成对的鳃裂也不具前位口,因而不大可能与古虫有关[41,80]。

有学者从海口地区发现了大约三百枚类似云南虫的动物标本,声称从中识别出了三分脑及对眼构造,依此建立了一个新属海口虫属,并认为是可能的有头类或脊椎动物[213]。然而,另一研究组在原产地附近的尖山剖面采集到 1400 余枚保存精美的相似化石,并命名为新种尖山海口虫。对这些化石的全面考察显示,所有云南虫类(包括海口虫属)根本不存在对眼、三分脑或任何肌节构造。迄今为止,澄江动物群的众多研究小组和个人都采集到保存颇佳的云南虫类化石,但还没有任何人报道过这类动物具有眼和脑。事实上,云南虫类与古虫类的躯体的基本构型很相似,将其置于低等的后口动物范畴似更为妥当[86,227]。

寒武椎管虫曾被认为是可能的棘皮动物[39],后来被证实为触手冠动物[192]。2003 年舒首次报道了真正的棘皮动物(见原文图 3-m)[86]。不久,在昆明地区两个不同产地又发现了更多的相似类群(古囊类)。次年,Nature 杂志又以“Article”形式发表了题为《澄江化石库中的原始棘皮动物》的研究成果[87]。与此同时,西北大学以及剑桥大学的研究团队认识到,早期后口动物亚界中的所有主要的演化分支(包括脊椎动物、头索类、尾索类和可能的原始半索类动物)以及一个绝灭了的基干类群古虫类都已被发现,于是便提出了一个早期后口动物谱系演化的基本框架[87,240]。尽管今天的动物学家常对化石的生物学信息的可信度十分挑剔,但著名的动物谱系大家 K. Halanych 仍在《动物谱系研究年评》中承认,“舒及其合作者在古生物学上的这些研究成果[216,217,219,220,226,227],正在不断地修正我们关于脊索动物早期演化的旧有观念”[241-243]。

6. 后口动物亚界的谱系演化:从古虫到脊椎动物

在进化生物学领域,后口动物亚界的演

化谱系一直备受关注，这不仅因为我们人类本身属于这个谱系，更重要的是，它包含了动物界进化的两个重要的里程碑事件：一个位于后口谱系的“顶端”，另一个位于该谱系的“根底”。现在分子生物学和发育生物学的进步已经对原有的整个动物树结构进行了重新评价和改进。虽然双胚层动物以及原口动物的谱系关系还很不清楚，但是，有关后口动物的谱系研究则已经取得了广泛共识[25,243-246]。将现代后口动物新建的演化谱系与寒武大爆发时期的关键化石材料相结合，我们能够建立一个更加完善的后口动物演化框架。

如 Gee 所述[244]，现代后口动物的“根”应该是躯体原始分节且具有鳃裂的祖先类型。这就暗示，躯体不分节且不具鳃裂的现生棘皮动物不可能充当这个后口动物家族的根底类群，它们只不过是由“根”部生出的退化或特化类群。那么，后口动物真正的根又在哪里？是在进化过程中灭绝了吗？如果是，它们应该具有怎样的形态构造？

随着大量保存精美软躯体构造的澄江后口动物化石的发现，我们几乎可以了解到早期后口动物演化的完整过程。来自分子生物学、发育生物学以及古生物学的所有证据都表明，整个后口动物亚界由三个主要类群组成：一个根底类群（古虫类）和两个冠群（步带类和脊索类）。步带类又分为两个门，即棘皮动物门和半索动物门；脊索类也可细分为脊椎动物和无脊椎构造的低等脊索动物头索类和尾索类。

6.1　最古老最原始的脊椎动物

自拉马克时代以来的两个世纪里，整个动物界一直被习惯地划分为脊椎动物和无脊椎动物两大类。无疑，探索这两大类动物之间的演化关系，或者说力图搞清脊椎动物在何时、何地、以何种途径源出于无脊椎动物的真实演化过程，便一直构成进化生物学中的一个核心命题。脊椎动物起源研究包括现代动物学的各种间接推测法和古生物学的直接实证法两条基本途径。

依据化石资料进行后口动物谱系演化探索的应首推“钙索动物假说”[247-249]。然而，该假说因存在着两个问题而很少被人认同[244,250]。问题之一是，它与现在已被广泛认同的现代动物谱系的演化观点相悖，尤其是在头索类和尾索类的关系上[244,251]；另一个问题是，所有的“钙索动物”化石，在时段上都远远落后于学术界认知的真实历史源头。也就是说，这些“钙索动物”的年代太新，根本不配作为脊椎动物的祖先。十分幸运的是，澄江化石库中最古老脊椎动物的发现为此难题的破解带来了希望。

从无头类跃进到有头类包含着一系列的胚胎发育和形态学上的创新，其中最重要的有三个方面：①胚胎早期发育阶段神经嵴的出现，它引发了成体中诸如背鳍和鳃骨等许多重要构造的形成[83,252,253]；②原始脊椎的出现强化了躯体中轴支持体系，从而为这一大类动物最终成功拓展一系列生态空间奠定了基础；③头部的视觉、嗅觉、听觉等感官的出现大大促进了脊椎动物的形态分异。早寒武世“裸体”昆明鱼和海口鱼的发现将已知最古老脊椎动物记录前推了约五千万年[215]，被誉为“天下第一鱼”[232]当之无愧。此后，西北大学研究团队又发现了早寒武世一种新的脊椎动物（长吻钟健鱼）（图 5l—m）[86]和数百枚精美的海口鱼标本（图 5b—e）。这些标本为研究提供了更多论证

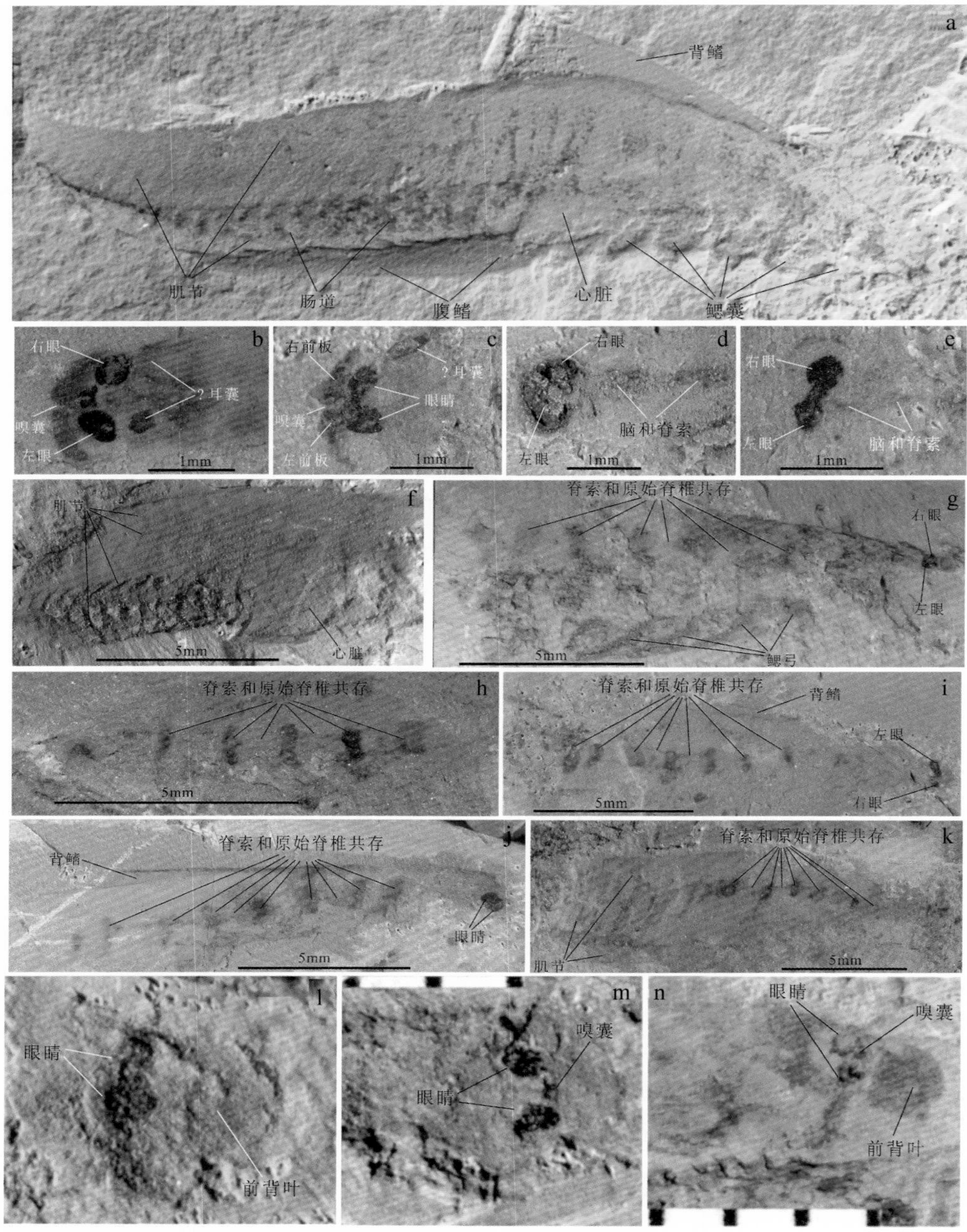

图5 “天下第一鱼”。a,凤姣昆明鱼的完整标本。b—e,头部保存了一对巨大的眼睛和其他感官的耳材村海口鱼,参照文献86, 215, 226。f,显示复杂的肌节和心脏。g—k,完好保存的原始脊椎、眼睛、背鳍、肌节和鳃弓。l—n,保存了对眼和独特前背叶的钟健鱼,参照文献86。

早期脊椎动物起源的有关头部感觉器官和脊椎等关键证据的详细信息。海口鱼似乎比现代无颌鱼更为“脊椎动物化”。但有趣的是,海口鱼头部却显示出一种奇特的形状组合:一方面,头部两侧一对外露的大眼睛,连同前端的单鼻孔和其后的一对嗅囊以及眼后可能存在的耳囊,表明它已有明确的脑分化,从而由低等脊索动物无头类跨入了高等脊索动物有头类的行列；然而，另一方面，尽管其眼体有相当发育，但并无明确的眼眶骨。实际上，这种动物尚未发育出真正完善的软骨型头颅。显然，在这方面它又不及现生的圆口类（无颌鱼中的一类）进步。更能显示海口鱼原始性的性状是，它与具有“集中型”生殖腺体的所有现生脊椎动物不同，仍保留着其无头类祖先所特有的多对“重复型”生殖腺。海口鱼这一混合性状显示，与其他脊椎动物中常见的生殖器官演化滞后情形一样，海口鱼生殖器官的演替也同样明显滞后于其非生殖器官的进化。由此可见，最古老脊椎动物独特的镶嵌构造特征很可能恰好代表着进化科学界期盼已久的由无头类进化到有头类的一个关键环节。实际上，对现生和化石低等鱼类进行分支谱系分析的结果也证实，海口鱼的确是已知最原始的有头类[25,232,237,243,254]。显然，第一鱼这一珍稀演化“缺环”的意义绝不在著名的始祖鸟和早期直立行走的“露西”之下。

6.2　早寒武世的无脊椎（低等）脊索动物

现生的脊索动物包括三大类群（亚门）：其中较高等的一类称为脊椎动物或有头类，而另外两类较低等，分别是无头的头索类和尾索类，都属于无脊椎动物。

中寒武世布尔吉斯页岩中名声很大的皮卡鱼前端具有一对奇怪的触角，在形态学上相当特化，很可能代表着一个偏离有头类祖先的旁支[215]。早寒武世的似头索动物华夏鳗尽管标本较少，内部构造信息不多，但它的形体、大小、背鳍、人字形肌节、咽腔、密集型鳃裂都表明，它是目前已知最接近无头类祖先的动物。特别值得一提的是，其形态学特征与云南虫类无任何相似之处。Nature 杂志发表华夏鳗研究论文时，还特意配发了一篇《稀世化石珍宝》的专评，其中特别提到“华夏鳗非常像一条文昌鱼”。对这样一个保存近乎完美的活埋动物化石，1997 年台湾一份刊物上的一篇文章却莫名其妙地说，“她是一枚压碎了的云南虫标本”，但没有给出任何说明[275]。我们跟广大读者一样，十多年来一直在期待这两位作者能给出只言片语的证据。实际上，华夏鳗与云南虫无论是外形还是内部构造皆毫无共同之处[276]。

云南虫属和海口虫属曾经被认为与头索类甚至是有头类有关，但更可能属于后口动物中的原始类群。关于这一点我们将在本文中“早寒武世的步带类”一节中详细论述。

长江海鞘（图 6a）是澄江动物群中的一种尾索动物[219]。它的躯体构型与现生的海鞘十分相似：身体的主要构造集中在上部，而基部的柄则起固着支撑作用。整个身体几乎完全由一被囊包裹，自上而下逐渐变窄。具顶部进水管和侧部出水管，一个巨大的中央咽腔占据了 2/3 的体积，消化道位于其下。长江海鞘的躯体构造也具镶嵌性，既有原始特征（进水口顶部的退化触手），又有创新性状（被囊、宽大咽腔、出水管、入水管）[256,257]。脊索动物的祖先到底是营自由生活还是固着生活，暂无定论[245,258,259]。长江海鞘的发现支持了这样的假说，即认为脊椎动物的进化要经历一个称为幼体成熟的阶段，而此前则出自一种营固着生活的触手冠祖先[256,258,260,261]。Nature 在报道长江海鞘的发现的同时，于 2001 年 5 月 24 日在该杂志网站发布了对其第 411 期的亮点论文

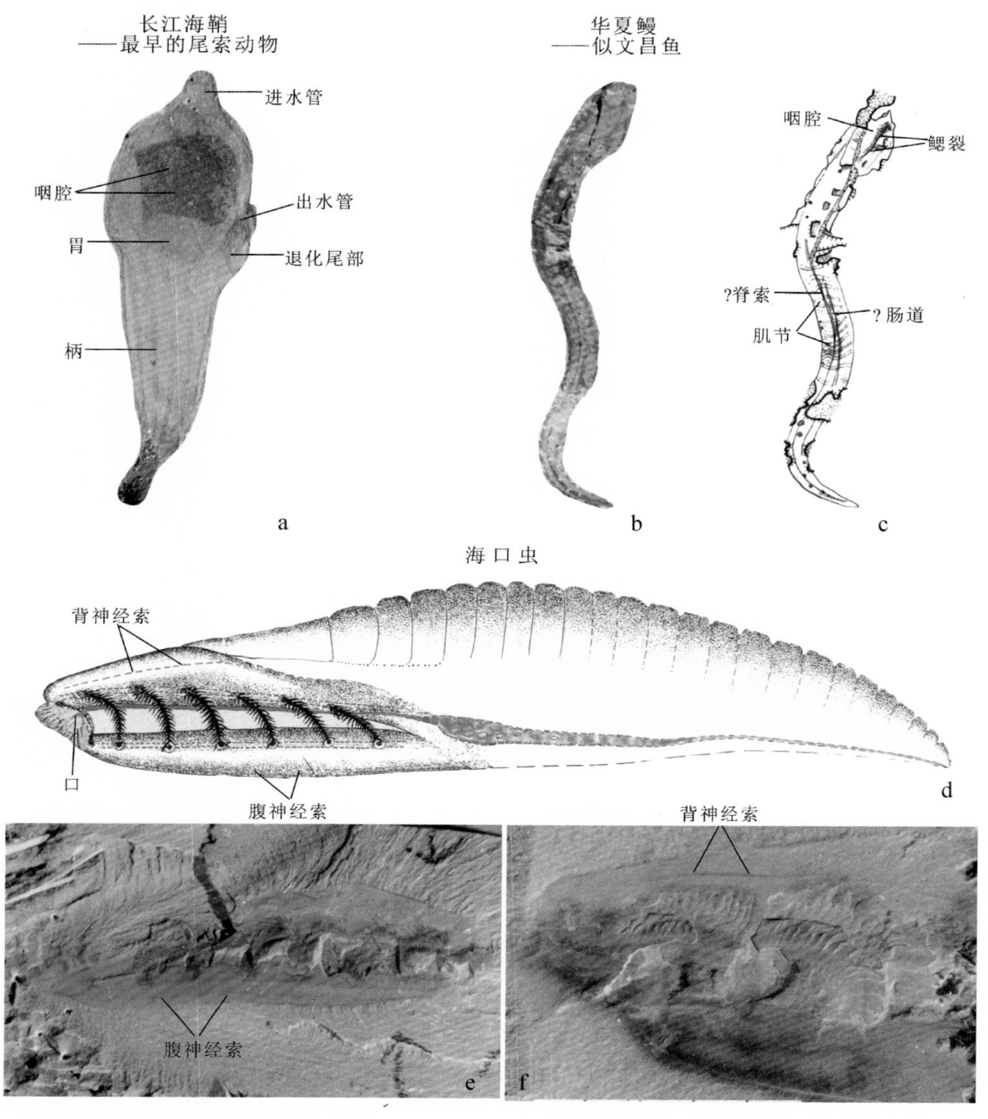

图6 早期低等脊索动物和其他低等后口动物。a,可能的尾索动物长江海鞘;b 和 c,可能的头索动物华夏鳗;d—f,干群半索动物海口虫;d,复原图;e 和 f,分别展示腹神经索和背神经索,请注意背神经索的前部未扩大成脑。参照文献 42, 86, 217, 219, 227。

(highlights)进行的专题评述,题目是《云南化石:精品中的精品》。文章指出:“最近刚从澄江化石库中鉴定出一个化石,它很可能是一类十分重要动物类群的最古老代表。这个保存极佳的化石生物与现生海鞘类十分相似。其兼具进步特征和原始性状的躯体构型,将有助于我们追索脊椎动物的起源。”有趣的是,对这样一个保存极佳的化石动物,有人不陈述任何理由便武断地认定它与火炬虫为“同物异名”。其实,尽管长江海鞘的下部与火炬虫相似,但其二者的躯体上部构造却有本质差别:长江海鞘顶部具一个进水管,与火炬虫顶部的五个分叉型触手截然不同[190,224,225,276]。假如长江海鞘与火炬虫可视为同物异名，那人们没有理由不认为鲨鱼与海豚属同一物种。

澄江化石库中还报道过另一类尾索动物山口海鞘[54,224,225]。但是，这一归类可能有问题[255]。最近在发现山口海鞘的同一地区我们也采集到类似标本，但它明显带有触手[42]。随后，对原作者描述过的化石标本重新研究显示，山口海鞘很可能原本也具有触手，非常不幸的是，作者在论文中编制化石图像时将它们裁掉了。于是，它到底应该归于海鞘类还是触手冠类，就很值得商榷了。

6.3　后口动物类群的根

6.3.1　现生后口动物谱系缺"根"的困惑

一百多年来，脊椎动物处于后口动物亚界谱系树最"顶端"的地位无人质疑，但其"根底"却一直坠入迷雾之中。有人主张后口动物谱系的根是半索动物，也有人以为是棘皮动物[237,251,260,261]，还有人认为根底可能埋藏在触手冠动物类群中间[245]，而分子生物学证据显示，根底应该是由半索动物和棘皮动物共同组成的复合类群步带类[244,246]。最近，包括分子生物学、发育生物学在内的综合研究得出了一个全新的概念，即后口动物谱系的根底类群不仅应该具有简单的鳃裂构造，而且其躯体还应该呈原始分节[244,263]。这也就是说，在后口动物谱系中至少还应该存在着一个比步带类更原始的根底类群。进化生物学对此做出的合理解释是：现生动物中之所以见不到这种根底类群，是因为它在长期的自然选择中被淘汰了。这样一来，揭示谜底的答案就应该隐藏在古生物学记录之中了。

6.3.2　古虫动物门是后口动物谱系的一个根

众所周知，"钙索动物"假说曾设想这类只保存生物硬体的奇特化石构成了后口动物谱系的"复合"根底类群。并以此来解释棘皮动物、半索动物、尾索动物、头索动物和脊椎动物的实证起源，但很少得到学术界的认同。与此相反，新建立的最古老的灭绝后口动物类群古虫动物门不仅具有简单的鳃裂结构，而且其躯体还保留着原始分节性状，与多学科综合分析所提出的后口动物谱系根底类群的标准不谋而合[41,42,220,235,255]，从而为难题的解译提供了一个合理的答案（图7）。概括起来说，支持这后一学术观点的要点包括：①鳃裂构造的出现，实现了动物体消化道前段（咽腔）连续的"单向水流"机制（即水流从口部进入，经咽腔分离食物后的废水再由鳃裂排出体外；在较进步的种类中，富含氧气的水流再通过鳃丝进行气体交换），从而引发了动物在取食和呼吸等基本新陈代谢作用上的效益革命。②跟所有其他后口动物成员一样，古虫动物门的"壳体"为皮膜包覆，因而可能是源于中胚层的内骨骼，而不同于节肢动物的外骨骼[220]。③古虫类的躯体分化为前后两部分：即前咽部和后肠部；咽部又次分为背区和腹区，且其间为鳃区所分隔；肛门末位。这一独特的构型与同时期的另一类低等后口动物云南虫类十分相近，从而显示出两者间较近的亲缘关系。④作为最早期的后口动物，古虫类的躯体仍然保留着原口动物与后口动物共同祖先的分节性状，只有少数属种发生了次生分节弱化或部分失去分节现象（如异形虫纲的后体）。⑤古虫动物门的"前位口"与其在后口动物谱系的根底地位是一致的，这是继承了原口动物与后口动物共同祖先的一种原始性状。⑥古虫类不具备节肢动物的任何独有性状或近裔特征，过去许多古虫复原图曾猜想它具有节肢动物的触角和对眼，但至今未能得到任何化石材料的支撑[39,220]。⑦古虫类的某些性状，如虫体的“蝌蚪”状形体以及前体的内柱构造（endostyle），似乎与尾索动物相关[233,234]。但是，内柱很可能与半索动物的上咽脊（epibranchial ridge）同源[264]，应该属于低等后口动物的一个原始性状，并非脊索动物的创新特征；而“蝌蚪”状形体的相似性可能只是一种表象性状，是平行演化的结果，与同源性无关。而且，古虫类既在后体上部缺少脊索构造，又在前体上不具有脊索动物特有的围咽腔构造（atrium），恰恰相反，古虫类的鳃囊构造与半索动物的鳃囊（gill sacs）却十分相似[234]。总之，各种证据都表明，古虫动物很可能代表着后口动物早期演化的一个“遗失”的根，或者是原口动物向后口动物演化过渡中的一个重要“缺环”（missing link）。

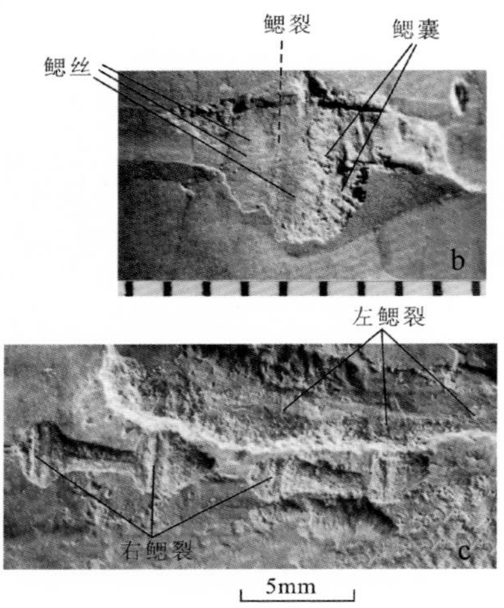

图7 已经灭绝的各种古虫动物。a，大型标本古虫动物属、西大动物属、地大动物属和小型标本北大动物属。b 和 c 为保存完好鳃裂的古虫属，参照文献 41，42，220，235。

6.4 早寒武世的步带类

现生的后口动物的谱系演化关系已日趋清晰。一些新的分子数据表明，棘皮动物是半索动物的姊妹群，它们被归入步带动物超门[244,246,265]。然而，这两类动物在形态上大相径庭，很难想象它们会有怎样一个共同的祖先。现代生物类群曾经历了一系列进化事件，其中间的过渡类型无疑能为难题的破解提供绝佳的线索。这些过渡类群都隐埋在化石记录中，而保存精美软躯体构造的澄江化石库中的重要缺环，不仅有古虫类，更有古囊类和云南虫类。

6.4.1 古囊类是棘皮动物早期进化中的过渡类群

基于二分的躯体构型，古囊类动物与两个类群比较相似[87]，一个是作为后口动物根底的、躯体分节并具鳃裂的古虫类[220,224,225,236]，另一个是古生代早期的棘皮动物海扁果。古囊类与古虫类总体上相似，身体分前后两大部分，尽管前部丧失分节性，但后部分节且具消化道。古囊类的躯体构型又与海扁果具有相似的解剖结构:躯体由两部分组成,具一系列锥状开口。另外,古囊类背部特征以及呼吸器官、口与肛门的顺时针排列,都与海扁果类似[87]。因此,古囊类连接了古虫类和海扁果,很可能代表着现生棘皮动物的一类远古祖先[87,240,255,268](图8)。

6.4.2　云南虫是半索动物进化初期的过渡类群

云南虫类是我国南方独有的一类奇特动物,因其躯体构型独特被列为后口动物中的一个独立的纲[269]。该纲目前仅包括两个属:云南虫属和海口虫属。云南虫属起初报道时被置于生物学不定地位[270],后来被改置于脊索动物[187]和半索动物[214]。不久,又有人宣称,在与云南虫十分相近的海口虫标本上可能存在三分脑、眼、咽齿、脊椎等脊椎动物性状特征,因而它可能代表一种有头类[213]。但是,最近,结合千余枚海口虫和云南虫标本的重新研究,可以得出如下几点新认识(图9)。

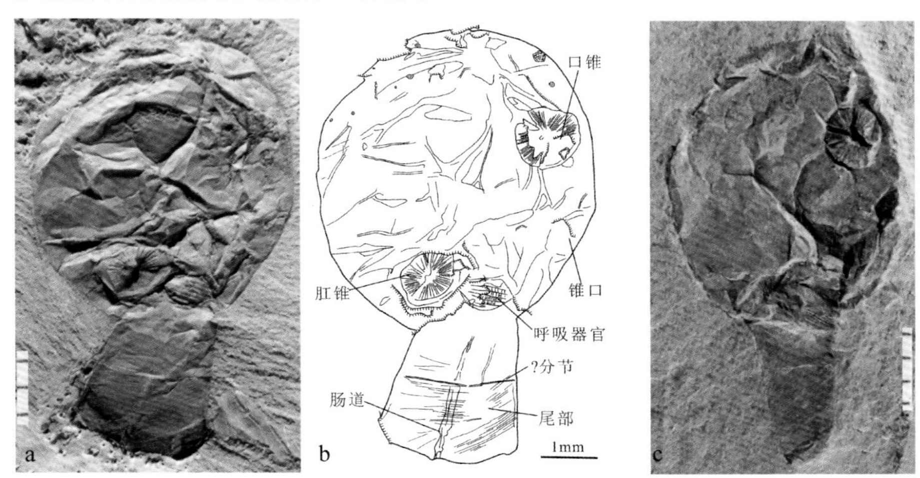

图8　棘皮动物的祖先古囊动物。a和b为缺环古囊。c为尖山滇池虫,参照文献86。

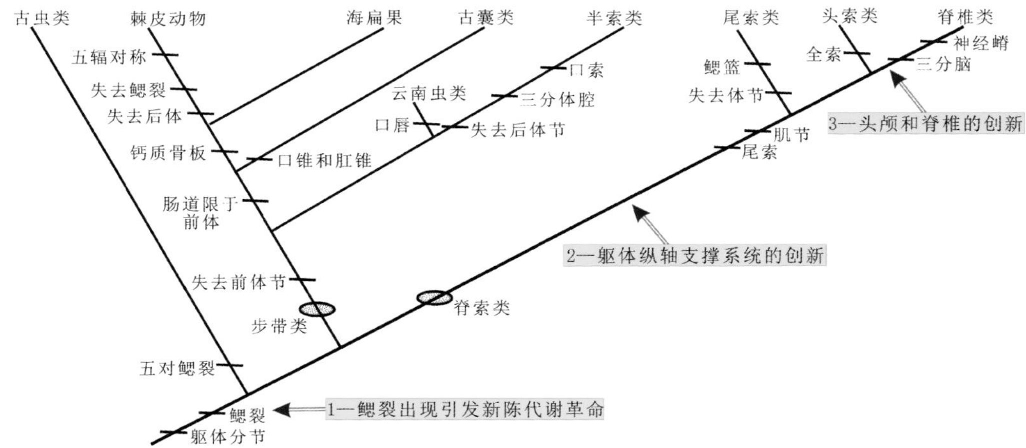

图9　早期后口动物谱系演化图(据舒德干等,2004),请注意导致脊椎动物起源的三次重大创新事件,参照文献41,42,87。

(1)云南虫类的躯体基本构型与古虫动物门(Vetulicolia)十分相似,而与脊索动物大相径庭[25,214,220,227,271]。前两类动物皆躯体分节,包括前体和后体两大部分,且前体被一个可伸展扩张的鳃区“中带”分成背、腹两个基本单元。

(2)云南虫类的背节十分特殊,不呈脊索动物的“锥套锥”的肌肉节构造,其表皮似呈环节动物或节肢动物角质化。尖山海口虫(以及整个云南虫类)的前体没有任何脊索的痕迹,其后体中是否存在脊索也成问题。现代埋藏学实验显示,由于脊索鞘在各种物理、化学条件下都较其他软躯体构造耐腐蚀而更易于保存为化石[36]。然而在尖山海口虫标本中较易见到后体中的肠道,但始终没有看到脊索的痕迹。而且,由于脊索作为支持躯体的纵向中轴构造常常十分粗壮坚挺,它不允许该动物体像云南虫那样呈高曲度状态保存[215,272]。

(3)云南虫类的呼吸系统十分独特,主要由跨联前体背、腹两个单元的六对双列梳形外鳃构造组成,更没有围鳃腔,与脊索动物的内鳃构造有本质区别。

(4)海口虫的循环系统主要由一对背大动脉和一对腹大动脉构造组成,这更与脊索动物明显不同。

(5)尖山海口虫的前体多为侧向原位保存,极少扭曲变形、破碎。然而在这些大量保存精美的标本上从未见到脑、眼睛、咽齿等脊椎动物构造的痕迹。即使有些标本可见清晰保存的背神经索,但其前端也呈逐渐变细尖灭态势,绝不扩大成脑(见图6f)。

(6)尖山海口虫的神经系统很可能兼有背神经索和腹神经索[86,227]。这一特征在现生动物中仅见于介于脊索动物和非脊索动物之间的半索动物[273]。因而,从进化生物学的观点看,海口虫甚至整个云南虫类的进化地位很可能与半索动物的干群相当。由于躯体构型的相似性,云南虫类另一个可能的生物学地位是与古虫动物门构成一个姊妹群[86]。

Valentine在《动物门类的起源》一书中经仔细分析后得出结论[25]:“现在看来,云南虫类不可能具有脊索构造。……它们要么代表着脊索动物祖先类群中的非脊索动物,要么构成后口动物谱系中的一种基干类群。”最近,Steiner、朱茂炎、赵元龙和Erdtmann等人不仅认为云南虫类不是脊索动物,而且还将它们直接归入古虫类范畴[274]。

6.5 后口动物演化谱系

随着早期后口动物谱系的“根底类群”古虫动物门和“顶端类群”脊椎动物以及介于其间的棘皮动物祖先古囊类、头索类、尾索类和可能的干群半索动物云南虫类的不断发现,其完整的谱系演化图正开始成型[41,42,87](图10)。

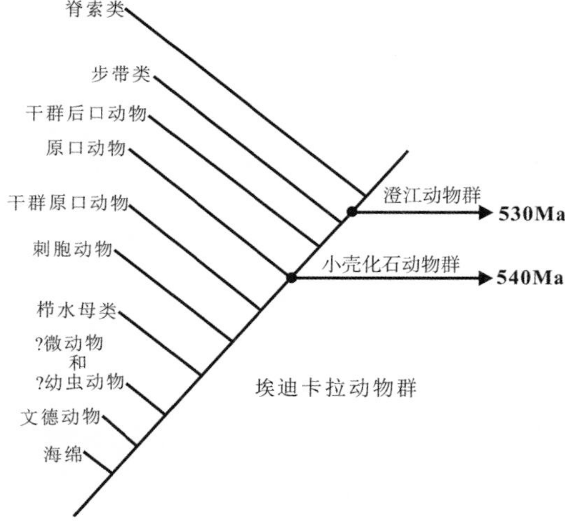

图10 主要动物类群首次出现的谱系演化略图

后口动物的祖征包括躯体分节和两辐对称，体前部具鳃裂，后部为分节状构造，具肠道和末端肛门。古虫动物门是已知后口动物中最为原始的类群，躯体分节，前体具五对鳃裂。因此，两个冠群后口动物（步带类以及脊索动物）的共同祖先应该是某种似古虫类动物。这个祖先类型通过前体失去分节和获得脊索而分别演化成最原始的步带类和脊索类。在步带类中，古囊类比半索动物更加进步，但是它们仍然保留着两辐对称体制以及最原始棘皮动物（即海扁果）的呼吸器官。在更加原始的步带类中，肠道仅限于前体。所有较进步的棘皮动物（包括海扁果）均拥有钙质骨板，而最原始的类群则保留有鳃裂。水管系统和步带显然是后来才演化获得的。云南虫/半索动物分支是以背、腹神经索的出现为标志。干群步带类通过失去后体分节甚至失去整个后体，朝着冠群步带类（棘皮动物和半索动物）逐步进化。尽管尾索动物与头索动物之间的关系尚无定论，但神经脊以及具发达感觉器官（包括对眼）的三分脑的出现，已经证实脊椎动物在澄江化石库时代开始粉墨登场了。

7. 结论

（1）动物演化史上四个最具创新意义的事件中，前两次事件发生迅速且时代久远。尽管埃迪卡拉生物群和瓮安生物群研究取得了一些重要成果，但后生动物和两侧对称动物起源仍然是生命史上的两个重大谜团。与此相反，早寒武世澄江动物群的深入探索和一些重要缺环的面世，不仅使脊椎动物的实证起源研究取得了突破性进展，而且也给后口动物谱系起源及其早期演化难题的破解带来了希望。

（2）分子进化生物学推测脊椎动物的起源事件很可能离寒武纪大爆发不远。昆明鱼、海口鱼的镶嵌演化特征表明，这些“天下第一鱼”既发育出了前位对眼、原始脊椎等有头类的初始创新性状，又保留着无头类的多重生殖腺特征，恰好代表着刚刚由无头类祖先迈进有头类范畴的初始过渡环节。

（3）绝灭类群古虫动物门的躯体呈原始分节、具有成对的简单鳃裂，在形态学上最接近分子发育生物学家企盼的后口动物谱系中的一类根底类群。两类步带动物的早期演化干群（古囊类和云南虫类）的发现，进一步支持了古虫动物门应该代表着后口动物谱系根底类群的思想。

（4）目前，虽然澄江化石库较完整的化石记录和分子生物学使我们能勾画出早期后口动物亚界的谱系演化图，但它们仍然不能为脊索动物门的起源提供确切的答案，这主要缘于尾索动物生物学地位的不确定性。实际上，舒德干等人提出的早期后口动物谱系演化假说尽管比“钙索动物”假说更接近历史的真实，但它仍只是一个演化框架。分子演化生物学的深入和古生物学新发现的不断面世，有望对这一框架进行补充和修正。

（5）有关早期生命的起源与演化，仍然存在许多未解的谜题。埃迪卡拉与寒武纪后生动物之间到底存在多大的代沟？中间还会有怎样的过渡类型？是否有可能在澄江化石库中找到对应于梅树村阶的骨骼化石？在澄江化石库中，能否期盼找到辐射对称与两侧对称生物之间的某些中间类型？要想更加深刻的理解动物树的产生，我们只能说，“路漫漫其修远矣，吾将上下而求索”。

致谢

感谢我的许多同事们先前在澄江化石库和其他早期生命研究上的贡献，感谢 S. Conway Morris 和 K. Yasui 审读初稿并提出宝贵的建议。感谢程美蓉、翟娟萍、郭宏祥、姬严兵和姚妍春在野外和实验室工作上的帮助。感谢两位博士生傅东静、姚肖永花费不少精力将原英文稿译为中文。本研究由国家自然科学重点基金（基金号：40830208）、"西北大学大陆动力学国家重点实验室科技部专项经费"、中国科技部"973"项目（2006CB806401）、教育部长江学者和创新团队研究项目提供支持。

参考文献

1. Conway Morris, S., 1998. The Crucible of Creation: The Burgess Shale and the Rise of Animals. Oxford University Press. 242 pp.
2. Cloud, P., 1948. Some problem and patterns of evolution exemplified by fossil invertebrates. Evolution, 2, 322-335.
3. Glaessner, M. F., 1958. New fossils from the base of the Cambrian in South Australia (preliminary account). Transactions of the Royal Society of South Australia, 81, 188-195.
4. Glaessner, M. F., 1984. The Dawn of Animal Life. Cambridge University Press, Cambridge. xl + 244 pp.
5. Seilacher, A., 1989. Vendozoa: organismic construction in the Proterozoic biosphere. Lethaia, 22, 229-239.
6. McMenamin, M. A. S., 2005. Vendian and Ediacaran. In: Selley, R. C., Cocks, L. R. M., Plimer, I. R. (Eds.), Encyclopedia of Geology, vol. 4. Elsevier, Amsterdam, pp. 371-381.
7. McMenamin, M. A. S. & McMenamin, D. L. S., 1990. The Emergence of Animal. Columbia University Press, New York.
8. Bengtson, S., Conway Morris, S., Jell, P. A., Runnegar, B., 1990. Early Cambrian fossils from South Australia. Memoirs of the Association of Australasian Palaeontologists, 9, 1-364.
9. Bergström, J., 1990. Precambrian trace fossils and the rise of bilateral animals. Ichnos, 1, 3-13.
10. Fedonkin, M. A., 1992. Vendian faunas and the early evolution of the Metazoa. In: Lipps, J. H., Signor, P. W. (Eds.), Origin and Early Evolution of the Metazoa. Plenum, New York, pp. 87-129.
11. Runnegar, B., 1992. Evolution of the earliest animals. In: Schopf, J. W. (Ed.), Major Events in the History of Life. Jones & Bartlett, Boston, MA, pp. 65-93.
12. Seilacher, A., 1992. Vendobontia and Psammocorallia: lost constructions of Precambrian evolution. Journal of the Geological Society (London), 149, 607-613.
13. Conway Morris, S., 1993b. The fossil record and the early evolution of the Metazoa. Nature, 361, 219-225.
14. Fedonkin, M. A., 1994. Vendian body fossils and trace fossils. In: Bengtson, S. (Ed.), Early Life on Earth. Nobel Symposium, vol. 84. Columbia University Press, New York, pp. 370-388.
15. Runnegar, B., 1994. Proterozoic eukaryotes: Evidence from biology and geology. In: Bengtson, S. (Ed.), Early Life on Earth. Nobel Symposium, vol. 84. Columbia University Press, New York, pp. 287-297.
16. Grotzinger, J. P., Bowring, S. A., Saylor, B. Z., Kaufman, A. J., 1995. Biostratigraphic and geochronologic constraints on early animal evolution. Science, 270, 598-604.
17. Collins, A. G., 1998. Evaluating multiple alternative hypotheses for the origin of Bilateria. Proceedings of the National Academy of Sciences of the United States of America, 95, 15458-15463.
18. Runnegar, B., 1998. Understanding the Ediacaran organisms; how to proceed? Abstracts with Programs-Geological Society of America, 30, 147.
19. Knoll, A. H. & Carroll, S. B., 1999. Early animal evolution: Emerging views from comparative biology and geology. Science, 284, 2129-2137.
20. Erwin, D. H., 1999. The origin of bodyplans. American Zoologists, 39, 617-629.
21. Conway Morris, S., 2000b. The Cambrian "explosion": Slow-fuse or egatonnage? Proceedings of National Academy of Sciences of the United States of America, 97 (9), 4426-4429.
22. Conway Morris, S., 2003. The Cambrian "explosion" of metazoans and molecular biology: would Darwin be satisfied? International Journal of Developmental Biology, 47, 404-415 (Special Issue).
23. Erwin, D. H. & Davidson, E. H., 2002. The last

common bilaterian ancestor. Development, 129, 3021-3032.

24. Valentine, J. W., 2002. Prelude to the Cambrian explosion. Annual Review of Earth and Planetary Sciences, 30, 285-306.
25. Valentine, J. W., 2004. On the Origin of Phyla. University of Chicago Press, Chicago. 614 pp.
26. Waggoner, B., 2003. The Ediacaran biotas in space and time. Integrative Comparative Biology, 43, 104-113.
27. Benton, M. & Ayala, F. J., 2003. Dating the tree of life. Science, 300, 1698-1700.
28. Runnegar, B., 1982a. A molecular-clock date for the origin of the animal phyla. Lethaia, 15, 199-205.
29. Runnegar, B., 1982b. The Cambrian explosion: animals or Fossils? Journal of the Geological Society of Australia, 29, 395-411.
30. Signor, P. W. & Lipps, J. H., 1992. Origin and early radiation of the Metazoa. In: Lipps, J. H., Signor, P. W. (Eds.), Origin and Early Evolution of the Metazoa. Plenum Press, New York, pp. 3-23.
31. Bengtson, S., 1992a. Protorozoic and earliest Cambrian skeleton metazoans. In: Schopf, W. J., Klein, C. (Eds.), The Protorozoic biosphere-Amultidisciplinary study. Cambridge University Press, pp. 1017-1054.
32. Qian, Y. & Bengtson, S., 1989. Palaeontology and biostratigraphy of the early Cambrian Meishucun stage in Yunnan province, South china. Fossils and Strata, 24, 1-156.
33. Crimes, T. P., 1992. The record of trace fossils across the Proterozoic – Cambrian boundary. In: Lipps, J. H., Signor, P. W. (Eds.), Origins and Early Evolution of Metazoa. Plenum Press, New York, pp. 177-202.
34. Fortey, R. A. & Seilacher, A., 1997. The trace fossil Cruziana semiplicata and the trilobite that made it. Lethaia, 30, 105-112.
35. Conway Morris, S., 1989. The Burgess shale fauna and the Cambrian explosion. Science, 246, 339-346.
36. Briggs, D. E. G. & Kear, A. J., 1994. Decay of the lancelet Branchiostoma lanceolatum (Cephalochordata): implication for the interpretation of softtissue preservation in conodonts and other primitive chordates. Lethaia, 26, 275-287.
37. Briggs, D. E. G., Erwin, D. H. & Collier, F. J., 1994. The Fossils of the Burgess Shale. Smithsonian Institution Press. 238 pp.
38. Shu, D., Zhang, X. & Chen, L., 1996c. New advance in the Study of the Chengjiang fossil Lagerstätte. Progress in Geology of China (1993 – 1996), 30th IGC, pp. 42-46.
39. Chen, J. & Zhou, G., 1997. Biology of the Chengjiang fauna. Bulletin of National Museum of Natural Science (Taichung), 10, 11-105.
40. 侯先光,杨·伯格斯琼,王海峰等. 1999. 澄江动物群: 5.3 亿年前的海洋动物[M]. 昆明:云南科技出版社.
41. Shu, D., 2005a. On the Phylum Vetulicolia. Chinese Science Bulletin, 50 (20), 2342-2354.
42. 舒德干. 2006. 澄江化石库中主要后口动物类群起源的初探[C]//戎嘉余,方宗杰,周忠和等. 生物的起源、辐射与多样性演变——华夏化石记录的启示. 北京:科学出版社. 109-124.
43. 李国祥,Steiner M.,钱逸等. 2006. 华南寒武纪早期骨骼动物的爆发性辐射[C]//戎嘉余,方宗杰,周忠和,等. 生物的起源、辐射与多样性演变——华夏化石记录的启示. 北京:科学出版社. 41-57.
44. Grant, S. W. F., 1990. Shell structure and distribution of Cloudina a potential index fossil for the terminal Proterozoic. American Journal of Science, 290A, 261-294.
45. Hua, H., Pratt, B. R. & Zhang, L. Y., 2003. Borings in Cloudina shells-complex predator – prey dynamics in the terminal Neoproterozoic. Palaios, 18, 454-459.
46. Grotzinger, J. P., Watters, W. A. & Knoll, A. H., 2000. Calcified metazoans in thrombolite-stromatolite reefs of the terminal Proterozoic Nama Group, Namibia. Paleobiology, 26, 334-339.
47. 华洪,陈哲,张录易. 2006. 后生动物骨骼化的起源[C]//戎嘉余,方宗杰,周忠和,等. 生物的起源、辐射与多样性演变——华夏化石记录的启示. 北京:科学出版社. 29-39.
48. Valentine, J. W., 1994. The Cambrian Explosion. In: Bengtson, S. (Ed.), Early Life on Earth. Nobel Symposium, vol. 84. Columbia University Press, New York, pp. 401-411.
49. Conway Morris, S., 2000a. Evolution: bringing molecules into the field. Cell, 100, 1-11.
50. Fortey, R. A., Jackson, J. & Strugnell, J., 2004. Phylogenetic fuses and evolutionary explosions; conflicting evidence and critical tests. In: Donoghue, P. C. J., Smith, M. P. (Eds.), Telling the Evolutionary Time: Molecular Clocks and the Fossil Record. CRC Press, Boca Raton, pp. 41-65.
51. Sprigg, R. C., 1988. On the 1946 discovery of the Precambrian Ediacara fossil fauna in South Australia. Earth Sciences History, 7, 46-51.
52. Fedonkin, M. A. & Waggoner, B. M., 1997. The late Precambrian fossil Kimberella is a mollusc-like trilaterian organism. Nature, 388, 868-871.
53. Xiao, S., Zhang, Y. & Knoll, A. H., 1998. Three-

dimensional preservation of algae and animal embryos in a Neoproterozoic phosphorite. Nature, 391, 553-558.

54. 陈均远. 2004. 动物世界的黎明[M]. 南京:江苏科学技术出版社.

55. Conway Morris, S., 1993a. Ediacaran-like fossils in Cambrian Burgess Shale-type faunas of North America. Paleontology, 36, 593-635.

56. Shu, D., Conway Morris, S., Han, J., Li, Y., Zhang, X. L., Hua, H., Zhang, Z. F., Liu, J. N., Feng, J., Yao, Y., Yasui, K., 2006. Lower Cambrian Vendobionts from China and Early Diploblast Evolution. Science, 312, 731-734.

57. 舒德干,2006. Conway-Morris S. 澄江化石库中的双胚层动物新知[J]. 地学前缘,13(6):223-227.

58. Erwin, D. H., 1989. Molecular clocks, molecular phylogenies and the origin of phyla. Lethaia, 22, 251-257.

59. Ayala, F. J. & Rzhetsky, A., 1998. Origin of metazoan phyla, Molecular clocks confirm palaeontological estimates. Proceedings of the National Academy of Sciences of the United States of America, 95, 606-611.

60. Donoghue, P. C. J. & Smith, M. P., 2004. Telling the Evolutionary Time: Molecular Clocks and the Fossil Record. CRC Press, Boca Raton. 288 pp.

61. Graur, D. & Martin, W., 2004. Reading the entrails of chickens: molecular timescales of evolution and the illusion of precision. Trends in Genetics, 20(2), 80-86.

62. Crimes, T. P., 1989. Trace fossils. In: Cowie, J. W., Brasier, M. D. (Eds.), The Precambrian – Cambrian Boundary. Oxford Monographs on Geology and Geophysics, vol. 12, pp. 166-195.

63. Rasmussen, B., Bengtson, S., Fletcher, I. R., McNaughton, N. J., 2002. Discoidal impressions and trace-like fossils more than 1200 million years old. Science, 296, 1112-1115.

64. McCall, G. J. H., 2006. The Vendian (Ediacaran) in the geological record: Enigmas in geology's prelude to the Cambrian explosion. Earth Science Review, vol. 77. Elsevier.

65. Stanley, S. M., 1973. An ecological theory for the sudden origin of multicellular life in the late Precambrian. Proceedings of the National Academy of Sciences of the United States of America, 70, 1486-1489.

66. McMenamin, M. A. S., 1986. The garden of Ediacara. Palaios, 1, 178-182.

67. Schopf, J. W., 1992. The oldest fossils and what they mean. In: Schopf, J. W. (Ed.), Major Events in the History of Life. Jones & Bartlett, Boston, pp. 29-63.

68. Cloud, P., 1968. Pre-Metazoan evolution and the origins of the Metazoa. In: Drake, E. T. (Ed.), Evolution and Environment. Yale University Press, New Haven, CT, pp. 1-72.

69. Knoll, A. H., 1999. On the age of the Doushantuo Formation. Acta Micropalaeontologica Sinica, 16, 225-236.

70. Canfield, D. E., Poulton, S. W. & Narbonne, G. M., 2006. Late Neoproterozoic deepocean oxygenation and the rise of animal life. Science. doi: 10.1126/ science. 1135013.

71. Fike, D. A., Grotzinger, J. P., PrattL, M., Summons, R. E., 2006. Oxidation of the Ediacan ocean. Nature, 444, 744-747.

72. Yin, L., Zhu, M., Knoll, A., Yuan, X., Zhang, J., Hu, J., 2007. Doushantuo embryos preserved inside diapause egg cysts. Nature, 446, 661-663.

73. Valentine, J. W. & Moores, E. M., 1972. Global tectonics and the fossil record. Journal of Geology, 80, 167-184.

74. Knoll, A. H., 1992. Biological and biogeochemical preludes to the Ediacaran radiation. In: Lipps, J. H., Signor, p. w. (Eds.), Origin and Early Evolution of the Metazoa. Plenum, New York, pp. 53-84.

75. Knoll, A. H. & Walter, M. R., 1992. Latest Proterozoic stratigraphy and Earth history. Nature, 356, 673-678.

76. Knoll, A. H., 1994. Neoproterozoic evolution and climate change. In: Bengtson, S. (Ed.), Early Life on Earth. Nobel Symposium, vol. 84. Columbia University Press, New York, pp. 439-449.

77. Maruyama, S., Santosh, M. & Zhao, D., 2007. Superplume, supercontinent, and post-perovskite: Mantle dynamics and anti-plate tectonics on the Core-Mantle Boundary. Gondwana Research, 11, 7-37.

78. Grey, K., Walter, M. R. & Calver, C. R., 2003. Neoproterozoic biotic diversification: Snowball Earth or aftermath of the Acraman impact? Geology, 31, 459-462.

79. Williamson, D., 2006. Hybridization in the evolution of animal form and lifecycle. Zoological Journal of the Linnean Society, 148, 585-602.

80. 达尔文. 2005. 物种起源[M]. 舒德干,等译. 北京:北京大学出版社.

81. Bowler, P., 1989. Evolution: The History of an Idea. the University of California Press.

82. Woese, C. R., 1996. Phylogenetic trees, Whither-microbiology? Current Biology, 6, 1060-1063.

83. Müller, W. A., 1995. Developmental Biology. Springer-Verlag, Heidelberg.

84. Doolittle, W. F., 2000. Uprooting the tree of life. Scientific American, 90-95 (February).

85. Clegg, M. T., Gaut, B. S., Learn, G. H., Morton, B. R., 1994. Rates and Patterns of chloroplast DNA evolution. Proceedings of the National Academy of Sciences of the United States of America, 91, 6795-6801.

86. Shu, D., 2003. A paleontological perspective of vertebrate origin. Chinese Science Bulletin, 48 (8), 725-735.

87. Shu, D., Conway Morris, S., Han, J., Zhang, Z., Liu, J., 2004. Ancestral echinoderms from the Chengjiang deposits of China. Nature, 430, 422-428.

88. Sun, W., 1994. Early multicellular fossils. In: Bengston, S. (Ed.), Early Life on Earth. Nobel Symposium, vol. 84. Columbia University Press, New York, pp. 358-375.

89. Xiao, S., 2005. Precambrian eukaryote fossils. In: Selley, R. C., Cocks, L. R. M., Plimer, I. R. (Eds.), Encyclopedia of Geology, vol. 4. Elsevier, Amsterdam, pp. 354-363.

90. Walter, M. R., Du, R. & Horodyski, R., 1990. Coiled carbonaceousmegafossils from the Middle Proterozoic of Jixian (Tianjin) and Montana. American Journal of Science, 290A, 133-148.

91. 邢裕盛. 1976. 中国震旦系[C]//《国际地质学交流论文集》编写组. 国际地质学交流论文集(二):地层学和古生物学. 北京:地质出版社. 1-12.

92. Sprigg, R. C., 1947. Early Cambrian (?) jellyfish from the Flinders Ranges, South Australia. Transactions of the Royal Society of South Australia, 71, 212-223.

93. Ford, T. D., 1958. Precambrian fossils from the Charnwood Forest. Proceedings of the Yorkshire Geological Society, 31, 211-217.

94. Brasier, M. D., Hewitt, R. A. & Brasier, J., 1978. On the late Precambrian – Early Cambrian Hartshill Formation of Warwickshire. Geological Magazine, 115, 21-36.

95. Richter, R., 1955. Die altesten Fossilien Sud-Afrikas. Senckenberg Lethaia, 36, 243-289.

96. Pflug, H. D., 1966. Neue Fossilreste aus den Nama-Schichten in Suedwest-Afrika (New fossil remains from the Nama beds of South-west Africa). Paläontologische Zeitschrift, 40, 14-25 (in German).

97. Sokolov, B. S. & Fedonkin, M. A., 1985. The Vendian System. Regional Geology, vol. 2. (English language translation of 1985 publication in Russian: Springer, Berlin, 1990).

98. Sokolov, B. S. & Iwanovski, A. B., 1990. The vendian system. Paleontology, vol. 1. Springer, Berlin (English language translation of 1985 publication in Russian).

99. Hofmann, H. J., 1981. First record of a late Proterozoic faunal assemblage in the North American Cordillera. Lethaia, 14, 303-310.

100. Narbonne, G. M. & Aitken, J. D., 1990. Ediacaran fossils from the Sekwi Brook and Mackenzie Mountains, Yukon, Canada. Palaeontology, 33, 945-980.

101. Glaessner, M. F. & Walter, M. R., 1975. New Precambrian fossils from the Arumbera Sandstone, Northern Territory, Australia. Alcheringa, 1, 59-69.

102. Grey, K., Griffin, T. J., 1990. King Leopold and Halls Creek Orogens: local sedimentary succession related to the orogens. Memoir-Geological Survey of Western Australia, 3, 249-255.

103. Cruse, T., Harris, L. B. & Rasmussen, B., 1993. Geological note: the discovery of Ediacaran trace and body fossils in the Stirling Range Formation, Western Australia. Implications for sedimentation and deformation during the :"Pan-African" orogenic cycle. Australian Journal of Earth Sciences, 40, 293-296.

104. Xiao, S., Shen, B., Zhou, C., Xue, G., Yuan, X., 2005. A Uniquely preserved Ediacaran fossil with direct evidence for a quilted bodyplan. Proceedings of the National Academy of Sciences of the United States of America, 102, 10227-10232.

105. 袁训来,肖书海,周传明. 2006. 新元古代陡山沱期真核生物的辐射[C]//戎嘉余,方宗杰,周忠和,等. 生物的起源、辐射与多样性演变——华夏化石记录的启示. 北京:科学出版社. 13-27.

106. 丁莲芳,李勇,胡夏嵩等. 1996. 震旦纪庙河生物群[M]. 北京:地质出版社.

107. Grazhdankin, D., 2004. Patterns of distribution in Ediacaran biotas and facies versus biogeography and evolution. Paleontology, 30 (2), 203-221.

108. Wade, M., 1968. Preservation of soft-bodied animals at Ediacara, South Australia. Lethaia, 1, 238-267.

109. Wade, M., 1972. Hydrozoa and Scyphozoa and other medusoids from the Precambrian Ediacara fauna, South Australia. Palaeontology, 15, 197-225.

110. Jenkins, R. J. F., 1984. Interpreting the oldest fossil cnidarian. Palaeontographica Americana, 54,

95-104.

111. Gehling, J. G., 1988. A cnidarian of actinian-grade from the Ediacaran pound subgroup, South Australia. Alcheringa, 12, 299-314.

112. Jenkins, R. J. F., 1992. Functional and ecological aspects of Ediacaran assemblages. In: Lipps, J. H., Signor, P. W. (Eds.), Origins and Early Evolution of Metazoa. Plenum Press, New York, pp. 131-176.

113. Gehling, J. G., Narbonne, G. M. & Anderson, M. M., 2000. The first named Ediacaran body fossil, Aspidella terranovica. Palaeontology, 43, 427-456.

114. Pflug, H. D., 1972. Zur fauna der Nama-Schichten in Sudwest-Afrika, Bau und systematische Zugchorogkeit. Palaeontologigraphica, 139, 134-170 (in German).

115. Seilacher, A., Grazhdankin, D. & Legouta, A., 2003. Ediacaran biota: the dawn of animal life in the shadow of giant protists. Paleontological Research, 7 (1), 43-54.

116. McMenamin, M. A. S., 1998. The Garden of Ediacara: Discovering the First Complex Life. Columbia University Press, New York.

117. Narbonne, G. M., 2004. Modular construction of early Ediacaran complex life forms. Science, 305, 1141-1144.

118. Fedonkin, M. A., 1985. Promorphology of theVendian Bilateria and the problem of the origin of metamerism of Articulata. In: Sokolov, B. S. (Ed.), Problematiki Pozdnego Dokembriya I Paleozoya. Nauka, Moscow, pp. 79-92.

119. Valentine, J. W., 2001. How were vendobiont bodies patterned? Palaeobiology, 27, 425-428.

120. Gehling, J. G. & Rigby, J. K., 1996. Long expected sponges from the Neoproterozoic Ediacara fauna of South Australia. Journal of Palaeontology, 70, 185-195.

121. Li, C. W., Chen, J. & Hua, T. E., 1998. Precambrian sponges with cellular structures. Science, 279, 879-882.

122. Zhang, X. L. & Reitner, J., 2006. A Fresh Look at Dickinsonia: Removing it from Vendobionta. Acta Geologica Sinica, 80, 636-642.

123. Xiao, S., Yuan, X. & Knoll, A. H., 2000. Eumetazoan fossils in terminal Proterozoic phosphorites. Proceedings of the National Academy of Sciences of the United States of America, 97, 13684-13689.

124. Yin, L., Xiao, S. & Yuan, X., 2001. New observation on spicule-like structure from Doushantuo phosphorites at Weng'an, Guizhou Province. Chinese Science Bulletin, 46, 1828-1832.

125. 袁训来,肖书海,尹磊明等. 2002. 陡山沱期生物群:早期动物辐射前夕的生命[M]. 合肥:中国科学技术大学出版社.

126. Chen, J., Bottjer, D., Gao, F., Ruffins, S., Oliveri, P., Dornbos, S. Q., Li, C. W., Davidson, E. H., 2004. Small Bilaterian Fossils from 40 to 55 Million Years before the Cambrian. Science, 305, 218-222.

127. Budd, G., 1993. A Cambrian gilled lobopod from Greenland. Nature, 364, 709-711.

128. Budd, G., 1996. The morphology of Opabinia regalis and the reconstruction of the arthropod stem-group. Lethaia, 29, 1-14.

129. Conway Morris, S. & Peel, J. S., 1995. Articulated halkieriids from the Lower Cambrian of north Greenland and their role in early protostome evolution. Philosophical Transactions of the Royal Society of London. Series B, 347, 305-358.

130. Williams, M., Siveter, D. J. & Peel, J. S., 1996. Isoxys (Arthropoda) from the Early Cambrian Sirius Passet Lagerstätte, north Greenland. Journal of Paleontology, 70, 947-954.

131. Budd, G., 1999. The morphology and phylogenetic significance of kerygmachela kierkegaardi Budd (Buen Formation, Lower Cambrian, N Greenland). Transactions of the Royal Society of Edinburgh. Earth Sciences, 89, 249-290.

132. Budd, G. & Jensen, S., 2000. A critical reappraisal of the fossil record of the bilaterian phyla. Biological Review, 75, 253-259.

133. Bengtson, S. & Yue, Z., 1997. Fossilized metazoan embryos from the earliest Cambrian. Science, 277, 1645-1648.

134. Peel, J. S., 1991. Functional morphology of the class Helcionelloida nov., and the early evolution of the 12 Mollusca. In: Simonetta, A. M., Conway Morris, S. (Eds.), The Early Evolution of Metazoa and the Significance of Problematic Taxa. Cambridge University Press, Cambridge, pp. 157-177.

135. Rozanov, A. Y. & Zhuravlev, A. Y., 1992. The Lower Cambrian fossil Record of the Soviet Union. In: Lipps, J. H., Signor, P. W. (Eds.), Origins and Early Evolution of Metazoa. Plenum Press, New York, pp. 205-282.

136. Bengtson, S., 1992b. The cap-shaped Cambrian fossil Maikhanella and the relationship between coeloscleritophorans andmolluscs. Lethaia, 25, 401-420.

137. Jiang, Z., 1992. The Lower Cambrian Fossil Re-

cord of China. In: Lipps, J. H., Signor, P. W. (Eds.), Origins and Early Evolution of Metazoa. Plenum Press, New York, pp. 311-333.

138. Popov, L. Y., 1992. The Cambrian Radiation of Brachiopods. In: Lipps, J. H., Signor, P. W. (Eds.), Origins and Early Evolution of Metazoa. Plenum Press, New York, pp. 399-423.

139. Landing, E., 1992. Lower Cambrian of Southeastern Newfoundland: Epeirogeny and Lazarus Faunas, Lithofacies-Biofacies Linkages, and the Myth of a Global Chronostratigraphy. In: Lipps, J. H., Signor, P. W. (Eds.), Origins and Early Evolution of Metazoa. Plenum Press, New York, pp. 283-309.

140. Feng, W., Mu, X., Sun, W., Qian, Y., 2002. Microstructure of Early Cambrian Ramenta from China. Alcheringa, 26, 9-17.

141. Feng, W. & Sun, W., 2003. Phosphate replicated and replaced microstructure of molluscan shells from the earliest Cambrian of China. Acta Paleontologica Polonica, 48, 21-30.

142. Li, G. & Xiao, S., 2004. Micrina and Tannuolina (Tannuolidae) from the Lower Cambrian of eastern Yunnan, south China. Journal of Paleontology, 78, 900-913.

143. 冯伟民,2006. 早寒武世单壳类软体动物最早的演化线系[C]//戎嘉余,方宗杰,周忠和,等. 生物的起源、辐射与多样性演变——华夏化石记录的启示. 北京:科学出版社. 59-72.

144. Walcott, C. D., 1911a. Cambrian geology and palaeontology 11, No. 3-middle Cambrian holothurians and medusae. Smithsonian Miscellaneous Collection, 57 (3), 41-68.

145. Walcott, C. D., 1911b. Middle Cambrian annelids. Cambrian geology and paleontology, II. Smithsonian Miscellaneous Collections, 57, 109-144.

146. Whittington, H. B., 1971. Redescription of Marella splendens (Trilobitoidea) from the Burgess Shale, Middle Cambrian, British Columbia. Geological Survey of Canada, Bulletin, 209, 1-24.

147. Collins, D. H., Briggs, D. E. G. & Conway Morris, S., 1983. New Burgess Shale fossils sites reveal Middle Cambrian faunal complex. Science, 222, 163-167.

148. Whittington, H. B., 1985. The Burgess Shale. Yale University Press, New Haven, pp. 1-151.

149. Gould, S. J., 1989. Wonderful Life: The Burgess Shale and the nature of history. Norton, New York. 347 pp.

150. Briggs, D. E. G. & Fortey, R. A., 1992. The Early Cambrian Radiation of Arthropods. In: Lipps, J. H., Signor, P. W. (Eds.), Origins and Early Evolution of Metazoa. Plenum Press, New York, pp. 335-373.

151. Butterfield, N. J., 1990. A reassessment of the enigmatic Burgess Shale fossil Wiwaxia corrugate (Matthew) and its relationship to the polychaete Canadia spinosa Walcott. Paleobiology, 16, 287-303.

152. Butterfield, N. J., 2002. Leanchoilia guts and the interpretation of three-dimensional structures in Burgess Shale-type fossils. Paleobiology, 28, 155-171.

153. Butterfield, N. J. & Nicholas, C. J., 1996. Burgess Shale-type preservation of both non-mineralizing and "shelly" Cambrian organisms from the Mackenzie Mountains, northwestern Canada. Journal of Paleontology, 70, 893-899.

154. Conway Morris, S. & Collins, D. H., 1996. Middle Cambrian ctenophores from the Stephen Formation, British Columbia, Canada. Philosophical Transactions of the Royal Society of London. Series B, 351, 279-308.

155. Briggs, D. E. G., 1976. The arthropod Branchiocaris, n. gen., Middle Cambrian, Burgess Shale, British Columbia. Geological Survey of Canada, Bulletin, 264, 1-29.

156. Conway Morris, S., 1977a. Fossil priapulid worms. Special Papers in Palaeontology, vol. 20. 95 pp.

157. Conway Morris, S., 1977b. A new metazoan from the Cambrian Burgess Shale, British Columbia. Paleontology, 20, 623-640.

158. Conway Morris, S., 1985. Cambrian Lagerstätten: their distribution and significance. Philosophical Transactions of the Royal Society of London. B, 311, 49-65.

159. Bergström, J., 1986. Opabinia and Anomalocaris: Unique Cambrian "arthropods". Lethaia, 19, 241-246.

160. Collins, D. H., 1996. The "evolution" of Anomalocaris and its classification in the arthropod class Dinocarida (nov.) and order Radiodonta (nov.). Journal of Paleontology, 70, 280-293.

161. Sprinkle, J., 1973. Morphology and evolution of blastozoan echinoderms. Museum of Comparative Zoology, Harvard University, Special Publication, Cambridge, MA.

162. Conway Morris, S. & Whittington, H. B., 1979. The animals of Burgess Shale. Schientific American, 241, 122-133.

163. Paul, C. R. C. & Smith, A., 1984. The early Radi-

ation and phylogeny of echinoderms. Biological Review, 59, 443-481.

164. 张文堂,候先光. 1985. Naraoia 在亚洲大陆的发现[J]. 古生物学报,24(6),591-595.

165. 候先光. 1987. 云南澄江早寒武世大型双瓣壳节肢动物[J]. 古生物学报,26(3),286-298.

166. 候先光. 1987. 云南澄江早寒武世三个新的大型节肢动物[J]. 古生物学报, 26(3),272-285.

167. 候先光. 1987. 云南澄江早寒武世两个保存附肢的节肢动物[J]. 古生物学报,26(3),236-256.

168. 陈均远,候先光,路浩之. 1989. 早寒武世高足杯状稀珍海生动物——Dinomischus(Entoprocta) 及其生态模式[J]. 古生物学报,28(1),58-71.

169. 陈均远,候先光,路浩之. 1989. 云南澄江下寒武统细丝海绵化石[J]. 古生物学报,28(1),17-27.

170. 候先光,陈均远. 1989. 云南澄江早寒武世节肢类与环节类中间性生物——Luolishania gen. nov. [J]. 古生物学报,28(2),207-213.

171. 候先光,陈均远. 1989. 云南澄江早寒武世带触手的蠕形动物——Facivermis gen. nov. [J]. 古生物学报, 28(1),32-41.

172. 候先光,陈均远,路浩之. 1989. 云南澄江早寒武世节肢动物[J]. 古生物学报,28(1),42-57.

173. Shu, D., 1990. Cambrian and Early Ordovician "Ostracoda" (Bradoriida) in China. Courier Forschung Institute Senckenberg, 123, 315-330.

174. Chen, J. & Erdtmann, B. D., 1991. Lower Cambrian lagerstätte from Chengjiang, Yunnan, China: Insights for reconstructing early metazoan life. In: Simonetta, A. M., Conway Morris, S. (Eds.), The Early Evolution of Metazoan and the significance of Problematic Taxa. Cambridge University Press, Cambridge, pp. 57-76.

175. Jin, Y. & Wang, H., 1992. Revision of the lower Cambrian brachiopod Heiliomedusa Sun and Hou, 1987. Lethaia, 25 (1), 35-49.

176. 舒德干,陈苓,张兴亮等. 1992. 云南澄江化石库早寒武世 KIN 动物群[J]. 西北大学学报:自然科学版,22(增刊),31-38.

177. Hou, X. G. & Bergström, J., 1994. Palaeoscolecid worms may be nematomorphs rather than annelids. Lethaia, 27, 11-17.

178. Shu, D. & Chen, L., 1994. Cambrian palaeobiologeography of Bradoriida. Journal of Southeast Asian Earth Sciences, 9, 289-299.

179. Chen, J., Zhou, G. & Ramsköld, L., 1995a. The Cambrian lobopodian Microdictyonsinicum. Bulletin of the National Museum of Natural Science, 5, 1-93.

180. Chen, J., Zhou, G. & Ramsköld, L., 1995b. A new Early Cambrian onychophoran like animal, Paucipodia gen. nov., from the Chengjiang fauna, China. Transactions of the Royal Society of Edinburgh. Earth Sciences, 85, 275-282.

181. Hou, X. G. & Bergström, J., 1995. Cambrian lobopodians: ancestors of extant onychophorans? Zoological Journal of the Linnean Society, 114, 3-19.

182. Hou, X. G. & Bergström, J., 1997. Arthropods from the Lower Cambrian Chengjiang fauna, southwest China. Fossils and Strata, 45, 1-116.

183. Bergström, J. & Hou, X., 1998. Chengjiang arthropods and their bearing on early arthropod evolution. In: Edgecombe, G. D. (Ed.), Arthropod fossils and Phylogeny. Columbia Univiversity Press, New York, pp. 151-184.

184. Hou, X. G., 1999. New rare bivalved arthropods from the Lower Cambrian Chengjiang fauna, Yunnan, China. Journal of Paleontology, 73, 102-116.

185. Shu, D., Geyer, G., Chen, L., Zhang, X. L., 1995a. Redlichiacean trilobites with preserved softparts from the Lower Cambrian Chengjiang fauna, Beringaria. Special Issue, 2, 203-241.

186. Shu, D., Zhang, X. & Geyer, G., 1995b. Anatomy and systematic affinities of Lower Cambrian bivalved arthropod Isoxys auritus. Alcheringa, 19 (4), 333-342.

187. Chen, J., Dzik, J., Edgecombe, G. D., Ramskoeld, L., Zhou, G. Q., 1995c. A possible early Cambrian chordate. Nature, 377, 720-722.

188. Hou, X. G., Bergström, J. & Ahlberg, P., 1995. Anomalocaris and other large animals in the Lower Cambrian Chengjiang fauna of southwest China. Geologiska Foreningens i Stockholm Forhandligar, 117, 163-183.

189. Zhu, M., 1997. Precambrian-Cambrian trace fossils from eastern Yunnan: implications for Cambrian explosion. Bulletin of the National Museum of Natural Science, 10, 275-312.

190. 罗惠麟,胡世学,陈良忠等. 1999. 昆明地区早寒武世澄江动物群[M]. 昆明:云南科学技术出版社.

191. Zhang, X. L., Han, J. & Shu, D., 2000. A new arthropod Pygmaclypeatus daziensis from the early Cambrian Chengjiang Lagerstätte, South China. Journal of Paleontology, 74 (5), 979-982.

192. Zhang, X. L., Shu, D., Han, J., Li, Y., 2001. New sites of Chengjiang fossils: crucial windows on the Cambrian explosion. Journal of the Geological Society (London), 158, 211-218.

193. Zhu, M., Zhang, J. M. & Li, G., 2001. The early Cambrian Chengjiang biota: quarries of non-mineralized fossils at Maotianshan and Ma'anshan, Chengjiang county, Yunnan Province, China. In: Peng, S., Babcock, L. E., Zhu, M. (Eds.),

Cambrian System of China. University of Science and Technology of China Press, Hefei, pp. 219-225.

194. Zhang, X. L., Han, J., Shu, D., 2002. The first occurrence of Burgess Shale arthropod Sidneyia (S. sinica) in the early Cambrian Chengjiang Lagerstätte and the revision of arthropod Urokodia. Alcheringa, 26, 1-8.

195. Zhang, Z. F., Han, J., Zhang, X. L., Liu, J. N., Shu, D. G., 2003a. Pediculate brachiopod Diandongia pista from the Lower Cambrian of South China. Acta Geologica Sinica, 77, 288-293.

196. Zhang, X. L., Han, J., Zhang, Z. F., Liu, H. Q., Shu, D., 2003b. Reconsideration of the supposed Naraoiid larvae from the Early Cambrian Chengjiang Lagerstätte, South China. Palaeontology, 46, 447-465.

197. Zhang, X. G., Hou, X., Emig, C. C., 2003c. Evidence of lophophores fossils: critical window on the Cambrian Explosion. Journal of the Geological Society (London), 158, 211-218.

198. Han, J., Zhang, X. L., Zhang, Z. F., Shu, D., 2003. A new platy-armored wormfrom the Early Cambrian Chengjiang Lagerstätte, South China. Acta Geologica Sinica, 77 (1), 1-6.

199. Zhang, X. L., Han, J., Zhang, Z. F., Liu, H. Q., Shu, D. G., 2004a. Redescription of the Chengjiang arthropod Squamaculaclypeata Hou and Bergström, from the Lower Cambrian, south-west China. Palaeontology, 47 (2), 1-13.

200. Zhang, Z. F., Han, J., Zhang, X. L., Liu, J. N., Shu, D., 2004b. Soft tissue preservation in the Lower Cambrian linguloid brachiopod from South China. Acta Palaeontologica Polonica, 49, 259-266.

201. Zhang, Z. F., Shu, D. G., Han, J., Liu, J. N., 2005. Morpho-anatomical differences of the Early Cambrian Chengjiang and Recent linguloids and their implications. Acta Zoologica, 277-288.

202. Han, J., Shu, D. G., Zhang, Z. F., Liu, J. N., 2004. The earliest-known ancestors of Recent Priapulomorpha from the Early Cambrian Chengjiang Lagerstätte. Chinese Science Bulletin, 49 (17), 1860-1868.

203. Huang, D., Vannier, J. & Chen, J., 2004. Recent Priapulidae and their early Cambrian ancestors: comparisons and evolutionary significance. Geobios, 37, 217-228.

204. Liu, J. N., Shu, D., Han, J., Zhang, Z. F., 2004. A rare lobopod with well-preserved eyes from Chengjiang Lagerstätte and its implications for origin of arthropods. Chinese Science Bulletin, 49 (10), 1063-1071.

205. Han, J., Zhang, X. L., Zhang, Z. F., Shu, D., 2006. A new theca-bearing Early Cambrian worm from the Chengjiang fossil Lagerstätte, China. Alcheringa, 30, 1-10.

206. Liu, J. N., Han, J., Simonetta, A. M., Hu, S. X., Zhang, Z. F., Yao, Y., Shu, D., 2006a. New observations of the lobopod-like worm Facivermis from the Early Cambrian Chengjiang Lagerstatte. Chinese Science Bulletin, 51, 363-385.

207. Liu, J. N., Shu, D., Han, J., Zhang, Z. F., Zhang, X. L., 2006b. A large xenusiid lobopod with complex appendages from the Lower Cambrian Chengjiang Lagerstätte. Acta Palaeontologica Polonica, 51, 215-222.

208. Zhang, Z. F., Shu, D. G., Han, J., Liu, J. N., 2006. New data on the rare Chengjiang (Lower Cambrian, South China) linguloid brachiopod Xianshanella haikouensis. Journal of Paleontology, 80, 203-211.

209. Zhang, Z. F., Han, J., Zhang, X. L., Liu, J. N., Guo, J. F., Shu, D., 2007a. Note on the gut preserved in the Lower Cambrian Lingulellotreta (Lingulata, Brachiopoda) from South China. Acta Zoologica (Stockholm), 88, 65-70.

210. Zhang, Z. F., Shu, D. G., Han, J., Liu, J. N., 2007b. A gregarious lingulid brachiopod Longtancunella chengjiangensis from the Lower Cambrian, South China. Lethaia, 40, 11-18.

211. Zhang, X. G. & Aldridge, R. J., 2007. Development and diversification of trunk plates of the lower Cambrian lobopodians. Palaeontology, 50, 401-415.

212. Zhang, Z. F., Robson, S., Emig, C., Shu, D., 2008. Early Cambrian radiation of brachiopods: A perspective from South China. Gondwana Research, 14, 241-254 (this issue). doi: 10. 1016/j. gr. 2007. 08. 001.

213. Chen, J., Huang, D. & Li, C. W., 1999. An Early Cambrian craniate-like chordate. Nature, 402, 518-521.

214. Shu, D., Zhang, X. & Chen, L., 1996a. Reinterpretation of Yunnanozoon as the earliest known hemichordate. Nature, 380, 428-430.

215. Shu, D., Conway Morris, S. & Zhang, X. L., 1996b. A Pikaia-like chordate from the Lower Cambrian of China. Nature, 384, 156-157.

216. Shu, D., Conway Morris, S., Zhang, X., Chen, L., Li, Y., Han, J., 1999a. A pipiscid-like fossil from the Lower Cambrian of South China. Nature,

400, 746-749.

217. Shu, D., Luo, H., Conway Morris, S., Zhang, X., Hu, S., Chen, L., Han, J., Zhu, M., Li, Y., Chen, L. Z., 1999b. Early Cambrian vertebrates from South China. Nature, 402, 42-46.

218. 舒德干, 陈苓. 2000. 最早期脊椎动物的镶嵌演化[M]. 现代地质, 14(3), 315-322.

219. Shu, D., Chen, L., Han, J., Zhang, X., 2001a. An early Cambrian tunicate from China. Nature, 411, 472-473.

220. Shu, D., Conway Morris, S., Han, J., Chen, L., Zhang, X., Zhang, Z., Liu, H., Li, Y., Liu, J., 2001b. Primitive deuterostomes from the Chengjiang Lagerstätte (Lower Cambrian, China). Nature, 414, 419-424.

221. Luo, H., Hu, S. & Chen, L., 2001. New Early Cambrian chordates from Haikou, Kunming. Acta Geologica Sinica, 75 (4), 345-348.

222. Holland, H. D. & Chen, J. Y., 2001. Origin and early evolution of the vertebrates: new insights from advances in molecular biology, anatomy, and palaeontology. BioEssays, 23, 142-151.

223. Hou, X. G., Aldridge, R. J., Siveter, D. J., Siveter, D. J., Feng, X., 2002. New evidence on the anatomy and phylogeny of the earliest vertebrates. Proceedings of the Royal Society of London. B, Biological Sciences, 269, 1865-1869.

224. Chen, A., Feng, H., Zhu, M., Ma, D., Li, M., 2003. A new vetulicolian from the early Cambrian Chengjiang fauna in Yunnan of China. Acta Geologica Sinica, 77 (3), 281-287.

225. Chen, J., Huang, D., Peng, Q., Chi, H., Wang, X., Feng, M., 2003. The first tunicate from the early Cambrian of South China. Proceedings of the National Academy of Sciences of the United States of America, 100 (14), 8314-8318.

226. Shu, D., Conway Morris, S., Han, J., Zhang, Z., Yasui, K., Janvier, P., Chen, L., Zhang, X., Liu, J., Li, Y., Liu, H., 2003a. Head and backbone of the Early Cambrian vertebrate Haikouichthys. Nature, 421, 526-529.

227. Shu, D., Conway Morris, S., Zhang, Z., Liu, J., Han, J., Chen, L., Zhang, X., Yasui, K., Li, Y., 2003b. A NewSpecies of Yunnanozoan with Implications for Deuterostome Evolution. Science, 299, 1380-1384.

228. Mallatt, J. & Chen, J. Y., 2003. Fossil sister group of craniates: Predicted and found. Journal of Morphology, 258 (1), 1-31.

229. Zhang, X. G., Hou, X., 2004. Evidence for a single median fin-fold and tail in the Lower Cambrian vertebrate, Haikouichthys ercaicunensis. Journal of Evolutionary Biology, 17, 1157-1161.

230. Hu, S., Luo, H., Hou, S., Erdtmann, B. D., 2007. Eocrinoid echinoderms from the Lower Cambrian Guanshan Fauna in Wuding, Yunnan, China. Chinese Science Bulletin, 52, 717-719.

231. Shu, D., Zhang, X. & Chen, L., 1995c. Restudy of Yunnanozoon and Vetulicolia. International Cambrian Explosion Symposium in Nanjing. Abstracts, 26-33.

232. Janvier, P., 1999. Catching the first fish. Nature, 402, 21-22.

233. Gee, H., 2001a. On the vetulicolians. Nature, 414, 407-409.

234. Lacalli, T. C., 2002. Vetulicolians-are they deuterostomes? chordates? BioEssays, 24 (3), 208-211.

235. Conway Morris, S., Shu, D., 2003. Deuterostome Evolution, in McGraw-Hill yearbook of Science and Technology. McGraw-Hill, New York, pp. 79-82.

236. Luo, Huilin, Fu, X. P., Hu, S. X., Li, Y., Chen, L. Z., You, T., Liu, Q., 2005. New vetulicoliids from the Lower Cambrian Guanshan Fauna, Kunming. Acta Geologica Sinica, 79 (1), 1-6.

237. Benton, M., 2005. Vertebrate Palaeontology, Third Edition. Blackwell Publishing, Oxford.

238. Selden, P. & Nudds, J., 2005. Evolution of Fossil Ecosystems. Manson Publishing (second impression), London UK.

239. Briggs, D. E. G., Lieberman, B. S., Halgedah, S. L., Jarrard, R., 2005. A new metazoan from the middle Cambrian of Utah and the nature of the Vetulicolia. Palaeontology, 48 (4), 681-686.

240. Smith, A., 2004. Echinoderm roots. Nature, 430, 411-412.

241. Halanych, K. M., 1995. The phylogenetic position of the pterobranch hemichordates based on 18S rDNA sequence Data. Molecular Phylogenetics and Evolution, 4 (1), 72-76.

242. Halanych, K. M., Bacheller, J. D., Aguinaldo, A. M., Lisa, S. M., Hillis, D. M., Lake, J. A., 1995. Evidence from 18S rDNA that the lophophorates are protostome animals. Science, 267, 1641-1643.

243. Halanych, K. M., 2004. The new view of animal phylogeny. Annual Reviews of Ecology and Evolutionary Systematics, 35, 229-256.

244. Gee, H., 2001b. Deuterostome phylogeny: the context for the origin and evolution of the vertebrates. In: Ahlberg, P. E. (Ed.), Major Events in Early Vertebrate Evolution. Taylor & Francis, London, pp. 1-14.

245. Nielsen, C., 2001. Animal Evolution: interrelationships of living phyla, 2nd Edition. Oxford University Press, Oxford. 563 pp.

246. Winchell, C. J., Sullivan, J., Cameron, C. B., Swalla, B. J., Mallatt, J., 2002. Evaluating hypotheses of deuterostome phylogeny and chordate evolution with new LSU and SSU ribosomal DNA data. Molecular Biology and Evolution, 19 (5), 762-776.

247. Jefferies, R. P. S., 1986. The Ancestry of the Vertebrates London: (British Museum (Natural History). Dorset Press, pp. 86-125.

248. Jefferies, R. P. S., 1997. A defense of the calcichordates. Lethaia, 30, 1-10.

249. Jefferies, R. P. S., 2001. The origin and early fossil history of the acustico-lateralis system, with remarks on the reality of the echinoderm-hemichordate clade. In: Ahlberg, P. E. (Ed.), Major Events in Early Vertebrate Evolution. Taylor & Francis, London, pp. 40-66.

250. Gee, H., 1996. Before the Backbone. Views on the Origins of Vertebrates. Chapman and Hall, London.

251. Schaeffer, B., 1987. Deuterostome monophyly and phylogeny. Evolutionary Biology, 21, 179-235.

252. Hall, B. K., 1998. Germ layers and the germ-layer theory revisited: Primary and secondary germ layers, neural crest as a fourth germ layer, homology, demise of the germ-layer theory. Evolutionary Biology, 30, 121-186.

253. Hall, B. K., 1999. The Neural Crest in Development and Evolution. Springer-Verlag, New York.

254. Dawkins, R., 2004. The Ancestor's Tale-A Pilgrimage to the Dawn of Life. Weidenfeld & Nicolson. 528 pp.

255. Conway Morris, S., 2006. Darwin's dilemma: the realities of the Cambrian "explosion". Philosophical Transactions of theRoyal Society B, 361, 1069-1083.

256. Romer, A. S., 1971. The Vertebrate Story. University of Chicago Press.

257. Satoh, N., 1994. Developmental biology of ascidians. Cambridge University Press, New York.

258. Berrill, N. J., 1957. The Origin of Vertebrates. Oxford University Press, Oxford. 1955.

259. Wada, H. & Satoh, N., 1994. Details of the evolutionary history frominvertebrates to vertebrates, as deduced from the sequences of 18S rDNA. Proceedings of the National Academy of Sciences of the United States of America, 91, 1801-1804.

260. Garstang, W., 1928. The morphology of the Tunicata and its bearing on the phylogeny of the Chordata. Journal of the Microscopical Society, 72, 51-87.

261. Romer, A. S., 1964. The Vertebrate Body, Third edition. W. B. Saunders Company. 626 pp.

262. Kardong, K., 2006. Vertebrates-Comparative Anatomy, Function, Evolution, Second edition. McGraw-Hill, Boston. 782 pp.

263. Stollewerk, A., Schoppmeier, M. & Damen, W. G., 2003. Involvement of Notch and Delta genes in spider segmentation. Nature, 423, 863-865.

264. Ruppert, E. & Barnes, R., 1994. Invertebrate Zoology, 6th ed. Saunders College Publishing, New York.

265. Bromham, L. D. & Degnan, B. M., 1999. Hemichordate and deuterostome evolution: robust molecular phylogenetic support for a hemichordate + echinoderm clade. Evoutionary Development, 1, 166-171.

266. Lefebvre, B., 2003. Functional morphology of stylophoran echinoderms. Palaeontology, 46 (4), 511-555.

267. Sprinkle, J., 1992. Radiation of Echinodermata In: Lipps, J. H., Signor, P. W. (Eds.), Origins and Early Evolution of Metazoa. Plenum Press, New York, pp. 375-398.

268. Smith, A., 2005. The pre-radial history of echinoderm. Geological Journal, 40, 255-280.

269. Dzik, J., 1995. Yunnanozoon and ancestry of chordates. Acta Palaeontologica Polonica, 40, 341-360.

270. Hou, X. G., Ramsköld, L. & Bergström, J., 1991. Composition and preservation of the Chengjiang fauna: A Lower Cambrian soft-bodied biota. Zoologica Scripta, 20, 395-411.

271. Shu, D. & Conway Morris, S., 2003. Response to Comment on "A New Species of Yunnanozoan with Implications for Deuterostome Evolution". Science, 300, 1372 and 1372d.

272. Smith, M. P., Sansom, I. J. & Cochrane, K. D., 2001. The Cambrian origin of vertebrates. In: Ahlberg, P. E. (Ed.), Major Events in Early Vertebrate Evolution. Taylor & Francis, London, pp. 67-84.

273. Pough, F. H., Heiser, J. B. & McFarland, W. N., 1989. Vertebrate Life, Third edition. Macmillan Publishing Company, New York, pp. 904.

274. Steiner, M., Zhu, M., Zhao, Y., Erdtmann, B. D., 2005. Lower Cambrian Burgess shale-type fossil associations of south China. Palaeogeography, Palaeoclimatolo-gy, Palaeoecology, 220, 129-152 (Special Issue).

（舒德干　审校）

后生动物的诞生与早期演化

舒德干，Yukio Isozaki*，张兴亮*，韩健，Shigenori Maruyama

*通讯作者 E-mail：isozaki@ea.c.u-tokyo.ac.jp；xzhang69@nwu.edu.cn

摘要　重建动物谱系树长期以来是生物学和古生物学研究的重大命题。近年来华南埃迪卡拉纪至寒武纪时期古生物学和地层学研究取得许多新的进展，作者在评述这些新成果的基础上，结合现代基因组生物学内容对动物谱系树进行了修正。根据门一级动物门类化石在地史时期的首现次序，本文着重探讨了动物早期多样性增长的模式。分析结果表明，埃迪卡拉纪和寒武纪过渡时期动物门类化石的首次出现具有突发性和不等时性，根据时间顺序大致可分为三个阶段。第一阶段以埃迪卡拉纪末期一些基础动物的出现为标志，这个时期几乎没有可靠两侧对称动物的化石记录。第二阶段发生于寒武纪纽芬兰世（第 1 和第 2 期），以触手担轮类动物的出现为代表，包括钙化的基础动物和可能在纽芬兰世末期开始出现、目前尚存争议的蜕皮动物，但没有后口动物化石记录。第三个阶段发生在寒武系第 3 阶，包含所有超门级两侧对称动物。部分触手担轮类、大多数蜕皮动物以及所有后口动物都在这一阶段首次出现。由于埃迪卡拉纪几乎没有确切的两侧对称动物化石，因此，狭义的寒武纪大爆发是指两侧对称动物门类在埃迪卡拉纪—寒武纪过渡时期 25 Ma 时间内快速出现的生物演化事件。高精度年代和化学地层分析、生物事件与环境变化的内在关系、生物矿化的生理学和生物学解释以及海洋中部未明生物群及其环境等科学问题的探索将是后续研究的关键所在，这些问题的解决将有助我们全面探究寒武纪大爆发的本质属性。

1. 简介

“寒武系”（Cambrian）一词于 1835 年由 Adam Sedgwick 首次用于描述英国威尔士北部和坎伯兰郡的“寒武系层序”（Sedgwick and Murchison，1835）。此后，在丹麦哥本哈根召开的第 21 届国际地质大会上，寒武系正式成为古生界最底部的地层系统并一直沿用至今。现在的寒武系仅相当于 1852 年 Sedgwick 所定义的下寒武统的一部分，用以表述经历漫长的前寒武纪之后地球的首个地质年代。寒武纪起始于距今大约 5.41 亿年前（Peng *et al.*，2012），是地球生命历史过程中最重要的转变时期之一，也是被称作动物黄金时期的显生宙的开端。这个关键转变不仅驱动了动物的高度多样化的起源，而且在决定整个显生宙动物演化过程等方面具有重大意义。寒武纪的生物面貌与前寒武纪截然不同，动物的体型大小、多样性和复杂程度在这一时期都得到快速增长。由于躯体骨骼化，在寒武纪及其之后的地层中动物化石产地显著增多。

后生动物门类在埃迪卡拉纪至寒武纪过渡时期相对较短的地质历史时限内首次大量出现，这一独一无二的重大生物演化事件被称为“寒武纪大爆发”。这个术语由Cloud（1948）年创建。此后，根据 Charles D. Walcott 和英国剑桥大学工作组对加拿大布尔吉斯页岩生物群的开创性研究，Glould（1989）特别强调这一事件在地球生命演化史上具有重大意义。至此，寒武纪大爆发成为深入人心的重大科学命题。20 世纪末至 21 世纪初，中国华南地区关于动物的早期演化研究取得了振奋人心的进展（Shu，2008）。最近，诸如古囊动物、鱼类以及古虫等门类化石在云南澄江动物群陆续被发现（图 1），这些化石很好地填补了包括脊索动物在内的动物早期演化过程中的许多中间缺失环节。

新的同位素年代地质学研究必然会改变演化生物学家之前关于动物早期演化的总体认识（Bowring *et al.*，1993）。目前，这一演化事件更多被理解为 5.8 亿—5.0 亿年前漫长地质历史中动物化石不断涌现的自然现象，而非此前所认为的很短时间内发生的孤立生物演化事件。无论是动物的分异度还是躯体构型的趋异度，都在寒武纪早期 5.41 亿—5.20 亿年较短时限内得到空前的增长。此外，生物辐射演化在随后的奥陶纪时期也大大提速，这就是学术界所谓的“奥陶纪生物大辐射”（Droser and Finnegan，2003；Servais *et al.*，2010）。无论如何，对于形成这一巨大转变的诱因、时限以及环境变化引发何种生物反馈等问题仍有待深入研究（X. L. Zhang *et al.*，2014；Z. F. Zhang *et al.*，2013）。

另一方面，古生物化石证据与分子生物钟的比较研究显著地推动了动物谱系树的构建（Dunn *et al.*，2008；Erwin *et al.*，2011）。此外，地球上的寒武纪大爆发生命演化事件可能为其他类地行星上生命演化（或分异）所需要的临界条件提供了关键线索。目前，人们越来越频繁地谈论乃至寻找外星的其他生命形式，因为包括一些类地行星在内，太阳系以外已发现大约有 1000 个星系（Marcy，2009）。

根据来自华南的最新化石证据，本文评述了寒武纪大爆发时期绝无仅有的动物多样化演化事件，并对原有动物谱系树进行了修正。

2. 研究进展概述

舒德干（2008）在 6 年前对寒武纪大爆发研究进行了全面的总结和评述，内容涵盖 Buckland（1837）和 Darwin（1859）等早期的学术观点以及历年来 450 余篇（部）学术著作对寒武纪大爆发的研究和认识。在最近 6 年，寒武纪大爆发研究持续深入，取得了很重要研究进展，主要包括以下 5 个方面：①地质年代学，②古生物学研究新发现，③小壳化石研究进展，④寒武纪集群绝灭事件，⑤动物门类起源与早期演化。下面简要介绍前四方面的研究进展。关于动物门类起源与寒武纪大爆发的研究进展将在下一节中单独讨论。

2.1　地质年代学

近十余年以来，埃迪卡拉系和寒武系的年代地层学在时间范围内得到了广泛而深入的研究，我国华南是很关键的研究区域。

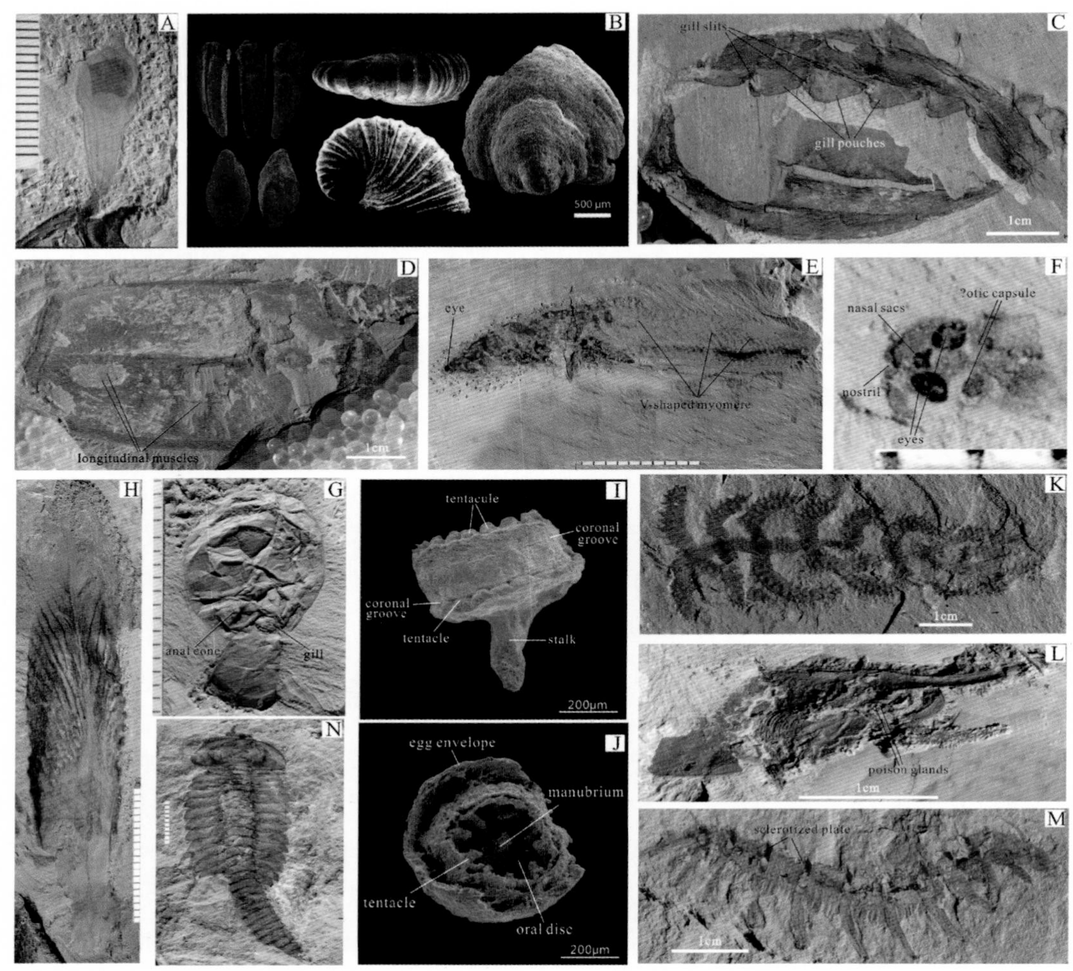

图 1 寒武纪大爆发时期的一些重要化石代表。比例尺:A,E—H 标尺间隔为 1 cm;B 为 500 μm;C,D,K—N为 1 cm;I,J 为 200 μm。除图 I、J 标本采自陕西省外,其余化石标本均来自中国云南。图 A,C—H,K—N 采于玉案山段(寒武系第 3 阶);图 B 采于中谊村段(寒武系第 2 阶)。图 I、J 采于陕西宽川铺组(寒武系第 1 阶)。A,最古老的古囊化石 *Cheungkongella ancestralis*,海口耳材村(Shu *et al.*, 2001a);B,澄江附近红家冲的小壳化石(Sato *et al.*, 2014);C、D,两件古虫动物化石,晋宁二街(Ou *et al.*, 2012a, 2012b);E,采自海口尖山的最古老鱼化石 *Haikouichthys ercaicunensis*(Shu *et al.*, 2003);F, 海口鱼头部放大图;G,具软躯体的古老棘皮动物化石 *Vetulocystis catenata*,尖山(Shu *et al.*, 2004);H,栉水母状埃迪卡拉生物 *Stromatoveris psygmoglena*,晋宁二街(Shu *et al.*, 2006);I、J,采自陕西宁强地区的刺胞动物 *Eolympia*(I)和未命名的箱水母化石(J)(Han *et al.*, 2010, 2013);K,被称为“行走仙人掌”的叶足类化石 *Diania cactiformis*,海口耳材村(Liu *et al.*, 2011);L,具毒腺的双瓣壳节肢动物 *Isoxys*,海口耳材村(Fu *et al.*, 2011);M,被视为泛节肢动物基干类群化石的 *Onychodictyon ferox*,海口耳材村(Ou *et al.*, 2012a, 2012b);N,脑部构造可分成三部分的干群节肢动物化石 *Fuxianhuia protensa*,晋宁二街(Ma *et al.*, 2012)。

地层学研究新进展对动物的早期演化提供了较精确的地质年代标尺。自 Bowring *et al.*（1993）的标志性年龄数据之后，近些年在华南又获得许多有价值的同位素年龄数据（Condon *et al.*，2005；P. Liu *et al.*，2009；Xiao and Laflamme，2009；Sawaki *et al.*，2010；Liu *et al.*，2013；Zhu *et al.*，2013；Tahata *et al.*，2013；Okada *et al.*，in this issue）。

2.1.1　埃迪卡拉系

关于埃迪卡拉系的再划分，目前提出两种方案，即 2 统 4 阶或 5 阶的方案（Narbonne *et al.*，2012）。本文倾向于 2 统 5 阶的划分方案，Gaskiers 冰期之下的下统拟划分为 2 个阶，Gaskiers 冰期之上的上统拟划分为 3 个阶。大型具刺疑源类化石、陡山沱组“胚胎”化石以及复杂宏体碳质印膜化石在埃迪卡拉系底部就开始出现，而埃迪卡拉型软躯体化石、两侧对称动物遗迹化石以及后生动物矿化管状化石在晚埃迪卡拉世才出现。

2.1.2　寒武系

寒武系 4 统 10 阶的再划分方案已正式确立，并被广泛接受和使用（Peng *et al.*，2012）。在寒武系内部，目前已建立 5 个全球层型剖面和点位（GSSP），其中 3 个位于我国华南。寒武系的第 3、4 统（大致上对应于以前的中、上寒武统）具有许多可供全球对比的层位；每统再划分为 3 个阶，共由 6 个阶组成，其中 4 个阶的全球层型剖面和点位已正式确立。寒武系的第 1、2 统（大致相当于原来的下寒武统）各包括两个阶，代表寒武纪大爆发的关键时期，其间后生动物经历了快速的多样化演化过程。目前只有第 1 统和第 1 阶的底界正式确立，分别命名为纽芬兰统和好运阶，第 2 统和第 2—4 阶的底界还没有正式确立。虽然第 1、2 统所含生物群区域性特征显著，可供全球或洲际对比的层位相对较少，但是该地质历史时期年代地层框架的建立对研究寒武纪大爆发的阶段性及持续时限非常关键。

2.2　特异埋藏化石库研究进展

华南埃迪卡拉系和寒武系备受古生物学研究关注。数十个保存精美的软躯体化石生物群在这里相继被发现，较完整地呈现了埃迪卡拉纪至寒武纪关键转变时期海洋生物群落的演化过程。动物化石新类型不断地在这里被发现，为研究寒武纪大爆发提供了无与伦比的“科学窗口”。

根据化石的赋存岩性和保存方式，华南埃迪卡拉纪和寒武纪的软躯体化石生物群可以分成两种保存类型，即奥斯特型（磷酸盐化）软躯体化石生物群和布尔吉斯页岩型化石生物群。前者据产自瑞典寒武系芙蓉统的奥斯特生物群命名，后者据产自加拿大寒武系第 3 统的布尔吉斯页岩生物群命名。下面将按照保存类型和由老到新的年代顺序分述古生物学研究最新进展。

2.2.1　奥斯特型生物群

埃迪卡拉纪磷酸盐化的瓮安生物的时代目前还存在噶斯奇厄斯（Gaskiers）冰期之前与之后的争议（Zhu *et al.*，2007；Xiao and Laflamme，2009）。其中含有大量具有细胞分裂特征的球形微体化石，曾被解释为动物胚胎化石（Xiao *et al.*，1998）、巨型硫细菌化石（Bailey *et al.*，2007）。最新的研究认为它们属于非后生动物的全动物（non-metazoan holozoan），主要是因为化石体现了无休止的细胞分裂过程，但没有体现细胞分化、组织分化以及幼虫和成虫等能反映动物属性的特征（Butterfield，2011；Huldtgren *et al.*，2011）。已报道的其他动物化石包括海绵动物（Li *et al.*，1998）、刺胞动物（Xiao *et al.*，2000；Liu *et al.*，2006）和两侧对称动物（Chen *et al.*，2004）。然而，所有关于这些化石的动物属性的认识还存在着争议，没有被学术界广泛认可。到目前为止，瓮安生物群中还没有发现确切无疑的后生动物化石。

与此相反，寒武纪的奥斯特型生物群含有丰富多样的后生动物化石，小壳化石动物群就是典型代表。在华南寒武纪地层中发现三个奥斯特型软躯体化石动物群。好运期的宽川铺动物群中含有刺胞动物的胚胎、幼虫和成虫化石，据此建立了早期刺胞动物完整的发育序列（Liu *et al.*，2009；Yao *et al.*，2011）。最近又在该动物群中发现了小型海葵和立方水母化石（Han *et al.*，2010，2013）。寒武系第3阶的黑林铺组灰岩结合中产有磷酸盐化的甲壳动物化石，保存了细微的软体组织结构，为研究甲壳动物和其他节肢动物的发育和谱系演化提供了珍贵的化石材料。另外，在寒武系古丈阶和排比阶的灰岩中也发现了磷酸盐化的曳鳃动物胚胎化石（Dong *et al.*，2004）。

2.2.2 布尔吉斯页岩型生物群

布尔吉斯页岩型软躯体化石库广泛地分布在我国华南地区下埃迪卡拉统至寒武系芙蓉统的细碎屑岩相地中。早埃迪卡拉世的蓝田生物群以复杂形态的宏观藻类为主，此外还含有一些可能的刺胞动物化石（Yuan *et al.*，2011）。其中许多宏观藻类化石可以向上延续到晚埃迪卡拉世的庙河生物群，也以宏观藻类化石为主。庙河生物群中的 *Eoandromeda* 具有八触手螺旋体结构，澳大利亚的埃迪卡拉生物群中也有类似的化石，被认为可能属于刺胞动物或栉水母动物（Zhu *et al.*，2008；Tang *et al.*，2011）。埃迪卡拉纪末期的高家山生物群产自灯影组中部的粉砂质泥岩中，含有一些宏体管状化石：*Cloudina*，*Conotubus*，*Gaojiashania* 和 *Shaanxilithes*，通常认为是后生动物形成的管体，但实际上能反映后生动物属性的关键结构特征并没有保存下来。最近，依据大量的化石标本对这些管状生物化石的形态特征和可能的生活方式进行了有意义的讨论，但是它们的亲缘关系仍然没有定论（Cai *et al.*，2010，2011，2012，2013）。

华南地区的寒武纪布尔吉斯页岩型生物群在区域上分布更加广泛，涵盖浅水台地相和深水斜坡相；在时代上集中在寒武纪的第3—5期。前三叶虫的纽芬兰世是寒武纪大爆发的最关键时期，但是目前还没有发现该期的布尔吉斯页岩型生物群。在过去的五年里，不断地有新动物属种和保存完好的化石标本在这类生物群中发现。

特别值得一提的还是澄江生物群，是研究早期后口动物演化独一无二的化石宝库（Shu *et al.*，2010），在其中发现了世界上最早的羽鳃类半索动物（Hou *et al.*，2011），新化石证据进一步加强了古虫动物门属于后口动物的学术观点（Ou *et al.*，2012a，2012b；Smith，2012；图1C，D）。然而，更多的新发现还在原口动物谱系中。最新研究表明，腕足动物在寒武纪第2世时期不仅形态分化，而且在生态上快速扩张（Zhang *et al.*，2011a，2011b，2011c；Wang *et al.*，2012）。叶足动物形似带腿的蠕虫，可能是有爪动物、缓步动物，甚至是节肢动物的祖先，因此长期受到关注。叶足动物化石在华南寒武纪生物群中十分丰富多样，最近又发现三种新类型（Liu *et al.*，2011；Ou *et al.*，2011；Steiner *et al.*，2012）。其中，*Diania cactiformis* 具有骨化分节的附肢，可能代表由叶足动物向节肢动物演化的过渡类型，揭示了肢节演化可能先于体节演化（Liu *et al.*，2011）。

节肢动物是寒武纪最丰富多样的门类。每年都有新种属被研究报道和旧种属被重新研究（Fu and Zhang，2011，Zhang *et al.*，2012），其中也不乏重要的新发现。捕食型节肢动物 *Isoxys carvirostratus* 在其螯肢基部发育有毒腺，表明利用毒腺攻击或防御敌害的生活策略在寒武纪第 2 世就已出现（Fu *et al.*，2011）。在节肢动物 *Fuxianhuia Protens* 的头部发现三分结构的大脑，表明节肢动物复杂的中枢神经系统在寒武纪早期就开始演化发育。另外，在摩洛哥的奥陶纪地层中也发现布尔吉斯页岩型生物群，但是在华南的奥陶纪地层中目前还没有发现类似的生物群。

2.3　小壳化石

小壳化石的分异演化记录了后生动物矿化的最初过程，代表了寒武纪大爆发的重要一幕。寒武系的第 1、2 统含有丰富多样的小壳化石。华南寒武纪的小壳化石在钱逸等人的书中进行了全面的总结（钱逸等，1999）。在过去的十年里，仅有少数小壳化石属种被发现和研究，更多研究关注小壳化石的生物地层学、矿物学和分异演化模式。

在位于加拿大纽芬兰岛的寒武系底界金钉子剖面上，小壳化石首先于寒武系底界之上 400 m 的层位。在华南，寒武系的底界还没有精确确立。Steiner 等（2007）将华南的小壳化石建立了 6 个生物组合带，5 个带位于纽芬兰统，另外一个带位于寒武系第 3 阶，自下而上分别为：①Anabarites trisulcatus-Protohertzina anabarica Assemblage Zone（好运阶中部），②Paragloborilus subglobosus-Purella squamulosa Assemblage Zone（好运阶上部），③Watsonella crosbyi Assemblage Zone（第 2 阶下部），④poorly fossiliferous interzone（第 2 阶中部），⑤Sinosachites flabelliformis-Tannuolina zhangwentangi Assemblage Zone（第 2 阶上部），⑥Pelagiella subangulata Taxon-range Zone（第 3 阶）。

据李国祥等人的小壳化石数据库（Li *et al.*，2007），在第一化石带出现 19 个属，第 2—4 化石带出现 140 属，第 5 化石带出现 50 属。可见，小壳化石的属级多样性高峰出现在寒武系第 1 和第 2 阶过渡阶段的第 2 和第 3 化石组合带（Li *et al.*，2007）。如果将在 200 Ma 的时间尺度上，衡量新属的数量，华南小壳化石新属的出现体现了一大一小两个脉冲式阶段，大脉冲阶段发生在第 1 阶晚期，小脉冲阶段在第 2 阶晚期，两个脉冲期之间存在一段时间间隔（Maloof *et al.*，2010）。华南的新属两脉冲增长模式不同于全球的三脉冲增长模式，全球模式还包括了好运阶早期的一个小脉冲。

另外，对小壳化石的矿物学也进行了深入的探讨。由于成岩作用的改造，很难确定小壳化石的原生矿物学特征，但是仍然有一些广泛接受的标准可以用来推测化石的原生矿物类型（Porter，2007）。动物的骨骼主要由三种矿物类型构成：碳酸钙矿物（文石和方解石)、磷酸钙矿物(磷灰石)和硅质矿物(A-型蛋白石)。小壳化石涵盖了所有这三种矿物类型(Li *et al.*, 2007, 2011; Kouchinsky *et al.*, 2012)。硅质矿物主要见于海绵骨针,在小壳化石中非常常见。碳酸盐矿物和磷酸盐矿物是最常见的生物矿物,在小壳化石中居于同样重要的地位。碳酸盐矿物中,文石骨骼出现较早,方解石骨骼直到纽芬兰世末期才开始出现(Porter, 2007; Kouchinsky *et al.*, 2012)。生物骨骼矿物学的变化可能与海水化学成分的变化有关(镁钙离子浓度比值)。最近 Wood and Zhuravlev(2012)提出海水化学变化和捕食压力共同决定生物矿化作用。

2.4 集群绝灭事件

早寒武世是动物门类多样性快速发展时期,之后的显生宙很少有新门类的产生。在这种情况下,研究者们更多地关注寒武纪大爆发事件,相比之下忽略了寒武纪的集群绝灭事件。后生动物属级多样性增长模式与门类多样性的增长模式有着显著的差异。属级多样性增长模式并非持续升高的过程,而是呈现出几个快速降低的时期(Zhuravlev and Riding, 2001; Li *et al.*, 2007)。生物多样性的快速变化受生物类型的起源与绝灭双重控制。在寒武纪至少可以识别出三次集群绝灭事件,例如早寒武世末期,莱德利基虫类全部绝灭,古杯动物几乎全部绝灭。

根据华南的化石资料和碳同位素数据,在埃迪卡拉纪和寒武纪时期存在多达七次集群绝灭事件(Zhu *et al.*, 2007)。换言之,在埃迪卡拉纪与寒武纪过渡时期,不仅有新门类的不断诞生,同时还伴随着生物类别的绝灭事件。因此,寒武纪大爆发不单纯是生物门类快速出现的单一事件。

由于化石记录的不完整性,目前还没有足够的统计数据来估计以上提到的七次绝灭事件的规模是否可以达到古生代与新生代之交的大绝灭的程度(Jin *et al.*, 2000; Erwin, 2006)。

3. 埃迪卡拉纪至寒武纪动物的演化

现生后生动物(多细胞动物)包括38 个门级分类单元,其中基础动物门类为并系类群含 6 个动物门,两侧对称动物为单系类群含 32 个动物门。根据谱系关系,两侧对称动物又可以划分为基础两侧对称动物(3 个门)、原口动物(23 个门:8 个蜕皮动物门 + 14 个冠轮动物门 + 毛颚动物门)和后口动物(6 个门)等几个超门级单系类群(Nielson, 2012)。毛颚动物在原口动物内的归属还存在是蜕皮动物还是冠轮动物的争议,因此将其暂置于原口动物内,不确定具体位置(图 2)。下面我们将以年代地层单位阶为时间尺度,从动物门类及门以上类群的化石在地质历史时期的首次出现时间顺序来讨论寒武纪大爆发。

3.1 地史时期动物门类的首次出现

分子化石记录研究表明后生动物海绵的演化历史可以向前追索到成冰纪(Love *et al.*, 2009)。除此之外,埃迪卡拉纪之前几乎没有可靠的后生动物化石记录。尽管在埃迪卡拉纪(635 Ma—541 Ma)出现了许多类型的复杂多细胞宏体生物化石和可能的动物胚胎化石(Xiao *et al.*, 1998; Fedonkin *et al.*, 2007),但是绝大多数化石很

<table>
<tr><th>Cryogenian</th><th>Ediac 4</th><th>Ediac 5</th><th>Camb 1</th><th>Camb 2</th><th colspan="2">Camb 3</th><th>Camb 5</th><th>Camb 9</th><th>Post-Cambrian</th><th>No fossil record</th></tr>
<tr><td colspan="11">this study</td></tr>
<tr><td>?Silicea</td><td>?Cnidaria
?Ctenophora
?Placozoa
?Mollusca</td><td>Silicea
?Annelida</td><td>Cnidaria
Ctenophora
Mollusca
Cambroclavids
Chaetognatha</td><td>Calcarea
Archaeocyatha
Brachiopoda
Tianzhushanellids
Stenothecoids
Mobergellids
?Priapula
?Arthropoda</td><td>Vertebrata
Urochordata
Cephalochordata
Pterobranchia
?Enteropneusta
Echinodermata
Vetulicolia</td><td>Annelida
Sipuncula
?Phoronida
?Entoprocta
Loricifera
Priapula
Arthropoda
Lobopodia
Onychophora</td><td>Tardigrada</td><td>Bryozoa</td><td>Homoscleromorpha (C)
Nemertini (C)
Platyhelminthes (Pa)
Rotifera (Eo)
Entoprocta (J)
Nematoda (D)
Nematomorpha (K)</td><td>Acoela
Nemertodermatida
Xenoturbellida
Gastrotricha
Gnathostomulida
Micrognothozoa
Cycliophora
Phornida
Kinorhyncha</td></tr>
<tr><td colspan="11">Erwin et al. (2011)</td></tr>
<tr><td></td><td></td><td></td><td>Cnidaria
Chaetognatha
Phoronida
Brachiopoda
Hyolitha
Mollusca
Coeloscleritophora</td><td>Calcarea
Archaeocyatha
Demospongiae
Hexactinellida
Priapula</td><td>Vertebrata
Urochordata
Cephalochordata
Hemichordata
Echinodermata
Vetulicolia
Cambroernids</td><td>Ctenophora
Annelida
Sipuncula
Nematomorpha
Loricifera
Lobopodia
Rusophycus
Arthropoda</td><td>Tardigrada</td><td>Bryozoa</td><td>Homoscleromorpha (C)
Rotifera (Eo)
Platyhelminthes (Pa)
Entoprocta (J)
Nemertini (C)
Nematoda (K)</td><td></td></tr>
</table>

图2　动物门类化石在地质历史时期的首次出现时间。埃迪卡拉纪—寒武纪首现的动物门类根据地质年代予以分类（图上）。埃迪卡拉系第1至第3阶、寒武系第4、6至8以及第10阶由于没有动物新门类出现而没有列出。寒武纪之后，以缩写字母标示化石首次出现的时代，其中D指志留纪，C指石炭纪，J指侏罗纪，K指白垩纪，Pa指古新世，Eo指始新世。为便于比较，Erwin等（2011）所列类似门类化石目录列于下方。字体加粗的动物指本文关于该门类化石的归属与Erwin等（2011）有异。大部分动物门类在寒武系前3个阶已经出现，一些动物的祖先类型则出现于埃迪卡拉纪晚期。只有8个门是寒武系第3阶之后陆续出现，而另外9个现生动物门没有化石记录。

难直接归入目前已知的后生动物各个门类，因此它们与现生动物的亲缘关系目前还没有定论。如果它们真属于后生动物，绝大多数在动物谱系树上位于海绵动物之上、两侧对称动物之下（Davidson and Erwin，2009），尽管有些化石体现了两侧对称性，例如 *Dickinsonia*，*Spriggina* 等（图 2）。在埃迪卡拉纪的众多化石中，只有 *Kimberella* 被较广泛地认为是两侧对称动物（Fedonkin and Waggoner，1997）。鉴于埃迪卡拉纪的许多化石的分类归属目前还存在较大的争议，下面在讨论动物门类的化石记录首次出现时，仅考虑较广泛认为可能归入现生动物门类的化石。寒武纪的动物化石，除少数类型属于绝灭了的动物门（例如古杯动物门和古虫动物门），绝大多数可以归入现生动物门类（图 1，2）。另外，虽然埃迪卡拉纪至寒武纪的遗迹化石记录也可以反映动物的早期演化，但是遗迹化石存在一虫多迹和多虫一迹的现象，据此难以确定其门类归属，因此下面的讨论不包括遗迹化石。

3.2 门、纲和科一级动物类群的增长模式

动物门类在化石记录上的首次出现是相对突然的，集中在寒武系前 3 个阶。晚埃迪卡拉世仅出现少数门类，比较肯定的是硅质海绵动物门和软体动物门。另外，刺胞动物、栉水母动物等基础动物门类也可能在晚埃迪卡拉世就已经出现（Shu *et al.*，2013）。寒武系前 3 个阶，动物门类的数量快速增长，新门类不断地出现。尤其是在第 3 阶，门类数量跳跃式增长，新出现 14 个动物门（图 3）。不可否认，动物门类数量在寒武纪第 3 阶急速增长很大程度上是由于对同期特异埋藏软躯体化石库（例如澄江生物群）的高强度挖掘和研究的结果。截至寒武系第 3 阶，共有 20 个现生动物门类相继出现，另外还包括 6 个已经绝灭了的动物门（图 1，3）。其余的 18 个现生动物门类中，有 9 个门没有化石记录，另外 9 个门是在第 3 阶之后陆续出现的（图 1，2）。实际上，除了苔藓动物门之外，那些没有化石记录和晚出现的动物门类都没有矿化骨骼，在正常的埋藏条件下不易保存成化石。因此，它们很有可能在寒武纪早期就出现了，等待我们去发现和研究。

动物新纲数量的增长模式与门类数量的增长模式类似，在寒武系好运阶开始快速增长，第 3 阶进一步跳跃式增长，一直到奥陶纪不断地有新纲出现，而在此之后的显生宙时间里很少再有新纲出现（Erwin *et al.*，2011）。同样，奥陶纪之后出现的新纲大多数为没有骨骼的软躯体动物，保存潜力很小，所以它们也有可能起源于更早的地质历史时期。

根据现有化石记录可知，基础动物门类在晚埃迪卡拉世就已出现，虽然钙化的门类钙质海绵和古杯动物门在寒武纪早期才出现。另一方面，除了 *Kimberella* 之外，埃迪卡拉纪再没有确切的两侧对称动物化石。与寒武纪相比，埃迪卡拉纪的后生动物多样性程度和个体数量相当有限，表明以后生动物为主导的海洋生态系统还没有形成。动物门和纲的数量在寒武系前 3 阶快速增长，之后很少有新门和新纲出现。因此，寒武纪大爆发很大程度上是两侧对称动物门类在寒武纪最初的 20 Ma 时间内的快速出现事件。其中，冠轮动物门类的出现模式相比较而言不太突然，持续时间较长，从晚埃迪卡

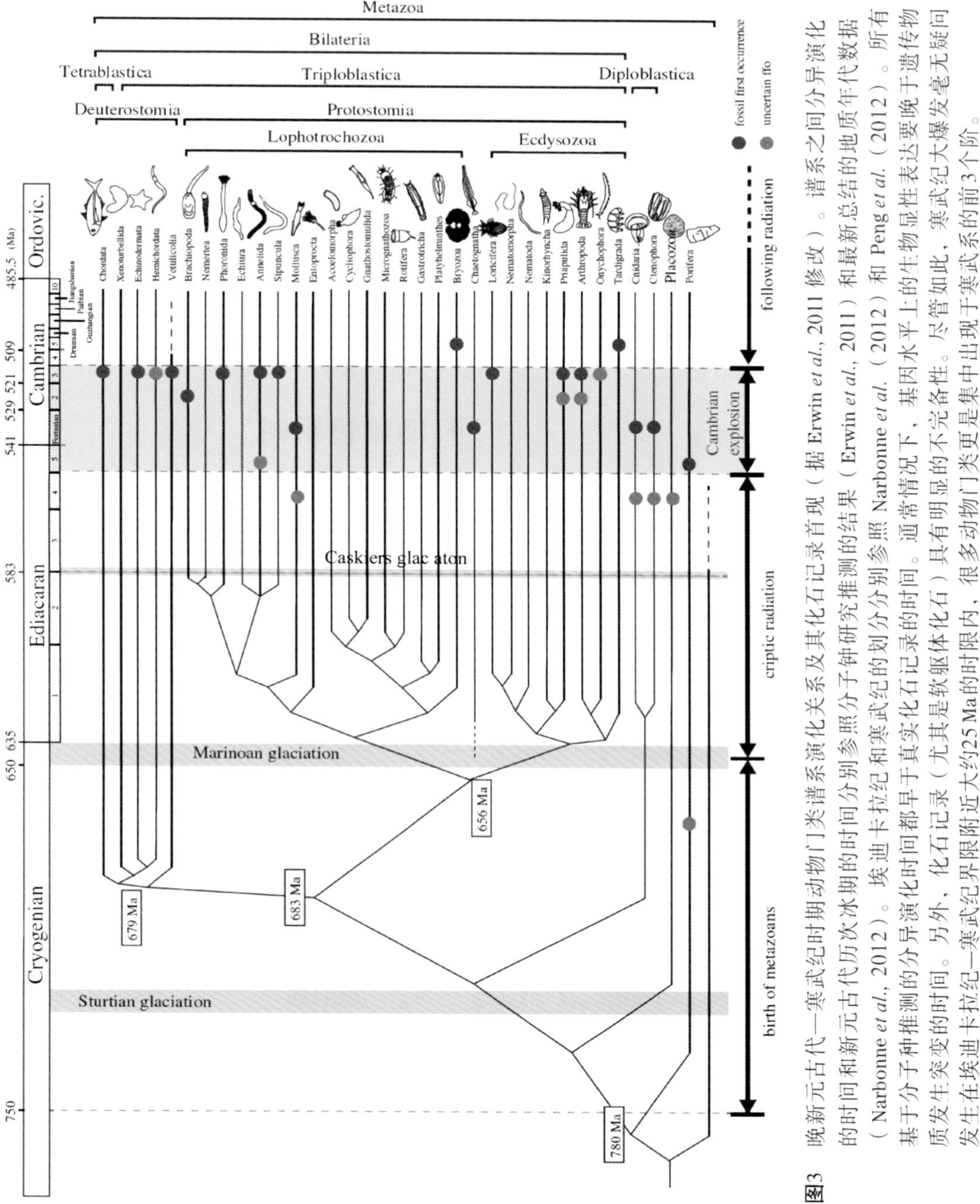

图3　晚新元古代—寒武纪时期动物门类谱系演化关系及其化石记录首现（据 Erwin *et al.*, 2011 修改）。谱系之间分异演化的时间和新元古代历次冰期的时间分别参照分子钟研究推测的结果（Erwin *et al.*, 2011）和最新总结的地质年代数据（Narbonne *et al.*, 2012）。埃迪卡拉纪和寒武纪的划分分别参照 Narbonne *et al.*（2012）和 Peng *et al.*（2012）。所有基于分子种推测的分异演化时间都早于真实化石记录的时间。通常情况下，基因水平上的生物显性表达要晚于遗传物质发生突变的时间。另外，化石记录（尤其是软躯体化石）具有明显的不完备性。尽管如此，寒武纪大爆发毫无疑问发生在埃迪卡拉纪—寒武纪界限附近大约25 Ma的时限内，很多动物门类更是集中出现于寒武系的前3个阶。

拉世开始至寒武系第3阶不断有新门类相继出现；蜕皮动物和后口门类出现方式比较突然，几乎全在寒武系第3阶突然出现（图1）。

由此可见，在埃迪卡拉纪和寒武纪过渡时期动物门类化石的首次出现不是同时的，根据出现的先后次序可以大致划分为三个阶段。第一阶段主要是一些基础动物门类在晚埃迪卡拉世首次出现，几乎不涉及两侧对称动物。第二阶段大致上和动物门类的首次广泛矿化事件相对应(Kouchinsky *et al.*, 2012),发生在寒武纪纽芬兰世,主要涉及小壳化石中的许多冠轮动物门类和少数蜕皮动物门类,同时还包括钙化的基础动物门类。第三阶段发生在寒武系第3阶,代表寒武纪大爆发的主幕(舒德干等,2009),涉及所有两侧对称动物超门级类群,许多冠轮动物门类、大部分蜕皮动物门类和所有后口动物门类在这一阶段首次出现。

3.3 寒武纪大爆发概述

综上所述,除了普通海绵动物的分子化石之外,晚埃迪卡拉世之前(—582 Ma)还没有可靠的动物实体化石记录,晚埃迪卡拉世(582 Ma—541 Ma)出现的动物主要是基础动物门类,而且多样性程度低、数量有限,不足以主导海洋生态系统。寒武纪初期的两千万年时间内(541 Ma—521 Ma),两侧对称动物门类大量出现并伴随着众多门类广泛的骨骼矿化过程。从严格的时间意义上讲,寒武纪大爆发的本质实际上是两侧对称动物门类在寒武纪初期爆发式出现的生物演化事件。这一事件至少涉及20个现生动物门类和6个绝灭门类,几乎涵盖了所有具矿化骨骼的现生动物门类。这些动物门类一出现就迅速向寒武纪初期海洋的各个生态领域扩散,并在海洋生态系统中占据主导地位。因此,寒武纪大爆发导致了以后生动物为主导的海洋生态系统的初次建立。

需要指出的是,还有18个现生动物门类在寒武纪大爆发时期没有出现,很可能是由于这些门类不具备矿化骨骼,保存为化石的机会较小所致。另外,寒武纪大爆发时期出现的20个现生动物门类中,包括有12个没有矿化骨骼门类,都是在特异埋藏的软躯体化石库中发现的,其中几乎所有后口动物门类的最早化石代表都是在澄江生物群中发现的。据此可以推测,没有矿化骨骼的动物门类的实际出现时间很可能早于我们现在已知的化石首次出现时间。因此,以上讨论的动物门类的出现时间次序和模式很有可能随着更早期软躯体化石库和新化石类型发现而发生变化,需要在将来的研究过程中不断完善。

4. 动物谱系树

到目前为止,学术界在构建动物谱系树方面已经进行了很多尝试。按照构建方法和采用的数据库类型,这些构建方法可分为以下四种类型:①仿照自 Haeckel(1866)以来基于形态特征数据的传统方法;②结合化石数据和现代动物发育生物学的方法(Margulis and Schwatz, 1982; Shu, 2008);③运用现代动物基因组比较的分子生物学方法(Dunn *et al.*, 2008);④根据化石记录和分子系统发育学的综合方法(Carroll, 2008; Carroll *et al.*, 2001)。20世纪下半叶,第三种方法曾经被视为能构建真实动物谱系树的捷径。然而,随着基因横向漂移的发现,这种方法的偏颇之处还是逐渐显现出来,尽管对整个"动物界"影响不大。无论如何,从发展的角度来看,比较合理的做法是用最新研究方法来检验过去究竟发生了什么,而不是只停留在理论分析的层面上。

凭借过去20年间古生物学、地质学研究的最新数据(图1)并结合其他研究领域的成果,本文重建了埃迪卡拉纪—寒武纪转变时期更加完整的动物谱系树(图3,4)。

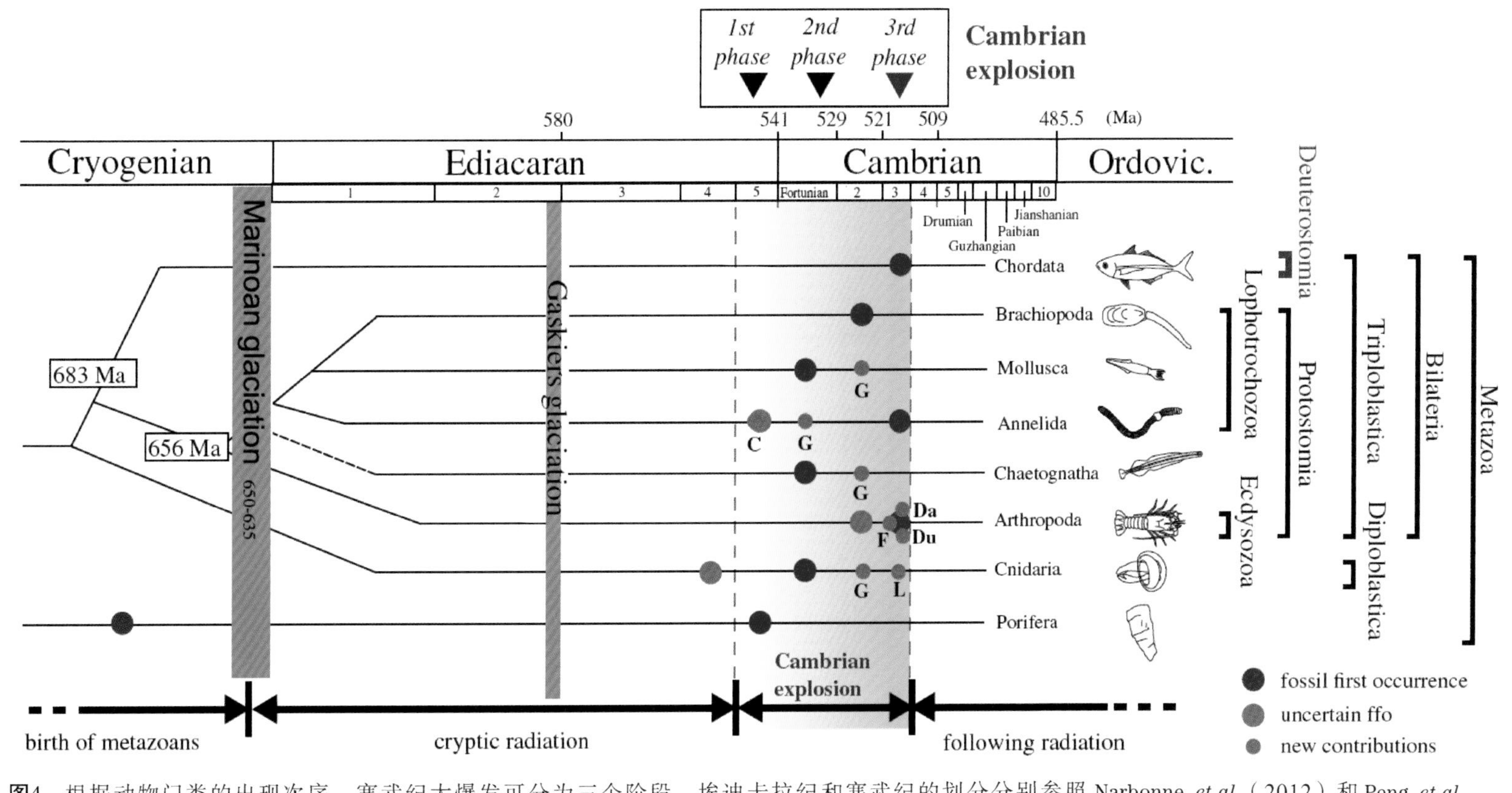

图4 根据动物门类的出现次序，寒武纪大爆发可分为三个阶段。埃迪卡拉纪和寒武纪的划分分别参照 Narbonne *et al.*（2012）和 Peng *et al.*（2012）。每个类群的首现化石用实心圆标注（见正文及图2、3）。三个阶段分别发生于埃迪卡拉纪晚期、寒武纪纽芬兰世（第1、2期）和寒武纪第3期，并有相应的门类化石代表。很多门、纲一级的动物在寒武系前三个阶迅速出现，之后则急剧减少。寒武系前三个阶动物的爆发性出现代表寒武大爆发的顶峰，包括脊索动物在内，很多动物门类开始涌现。橘黄色圆点代表华南地区古生物学研究新成果（C: Cai *et al.*, G: Guo *et al.*, 2014–in this issue, F: Fu and Zhang, Da: Dai and Zhang, 2014–in this issue, Du: Duan *et al.*, 2014–in this issue, L: Lei *et al.*, 2014）。

正如图 2 至图 4 所示，体现动物形态发生根本性变化的生物多样化事件发生在寒武纪早期。小壳化石和寒武纪早期的系列特异埋藏化石群无论在过去还是将来都是探索寒武纪大爆发的主要信息窗口。

5. 亟待解决的关键问题

如上所述，来自华南的地层学、古生物学证据为解读寒武纪生命大爆发的本质提供了极其重要的线索。根据最新的研究成果，本文对埃迪卡拉纪—寒武纪转变时期的生命演化进行了重新概述。然而，要探明过去 600 Ma 前后发生这一最重大生物事件发生的根本原因和过程，仍然需要更多地质数据来佐证。以下几方面的研究内容亟待进一步的验证和阐释。

（1）寒武系年代地层学在过去 20 年取得长足进展，然而寒武系大多数阶一级年代地层单位的底界仍然没有得到精确控制（Peng *et al.*，2012）。

（2）围绕埃迪卡拉纪—寒武纪的研究新进展为探索生物与环境的协同演化关系提供了新的窗口。多参数的化学地层对比可用于检测包括海水化学特征等在内的环境因素发生了哪些全球性变化。此外，如 Cook 和 Sherlgold（1984）所言，小壳化石与大量磷酸盐沉积之间有密切关系，这些化石有助于更深入了解生物多样性、生物矿化与环境扰动之间的内在联系。华南寒武系下部的磷矿层含有大量的小壳化石，表明华南因为地幔热柱作用形成的大陆裂谷浅水环境出现一种特殊的环境条件，这种特殊环境使得小壳化石完成了首次多样化（Sato *et al.*，2014）。这个观点区别于之前普遍认为大量磷的富集是海岸上升流作用的结果的观点，这将引发后续的研究和讨论。

（3）很多动物类群因为缺乏生物矿化硬骨骼而没能保存为化石。对寒武纪早期软躯体化石的认识很大程度上是对众多特异埋藏化石库进行高强度挖掘和研究的结果。由此可知，许多软躯体化石真实出现的时间应该在其最早化石记录之前。上述关于动物多样性增长模式的讨论势必会随着一些早于澄江动物群的特异埋藏化石库化石的不断发掘和研究而发生变化。因此，需要将来进一步验证。

（4）生物矿化的演化本身也需要兼顾传统古生物学和生物学的观点，即基于现代相同生物门类的生理学方法。感觉器官尤其是眼睛（Parker，2003）的获得，毫无疑问会与早期生物矿化有着直接关系。分子钟分析与真实化石记录的验证比较研究也将变得更加必要。

（5）根据华南地区的标准地层系统，关于埃迪卡拉系—寒武系地层的全球性对比需要考虑表面环境变化。由于寒武纪时期华南位于南半球的中纬度地区（Rito *et al.*，2014），低纬度地区以及北半球中—高纬度地区的同期地层可以为全球范围内动物演化、辐射模式的研究提供重要信息。随着二叠—三叠纪界限事件研究的顺利推进（Isozaki，1997；Isozaki and Ota，2001；Isozaki *et al.*，2007；Kani *et al.*，2013），我们需要对海洋中部的地层及其化石开展系统研究，即对深海燧石和埃迪卡拉纪—寒武纪时期中部海洋山体浅海的古环礁碳酸盐岩进行研究（Ota *et al.*，2007；Uchio *et al.*，2008；Kawai *et al.*，2008；Nohda *et al.*，2013）。

致谢

感谢 Thomas Servais 和另一位匿名审稿人为本文提出建设性意见，感谢 Kentaro Yamada 对文稿起草工作的帮助。国家重点基础研究发展计划（“973”项目）（2013CB835000）、“111”项目（P201102007）、国家自然科学基金项目（40830208，40925005，41272036，41272019）、大陆动力国家重点实验室特别基金项目以及日本科学促进会项目（20224012，20144083，2322401）联合资助。

参考文献

1. Bailey, J. V., Joye, S. B., Kalanetra, K. M., Flood, B. E., Corsetti, F. A., 2007. Evidence of giant sulphur bacteria in Neoproterozoic phosphorites. Nature, 445, 198-201.
2. Bambach, R. K., 2006. Phanerozoic biodiversity mass extinctions. Annual Review of Earth Sciences, 34, 127-155.
3. Bowring, S. A., Grotzinger, J. P., Isachsen, C. E., Knoll, A. H., Pelechaty, S. M., Kolosov, P., 1993. Calibrating rates of early Cambrian evolution. Science, 261, 1293-1298.
4. Brasier, M. D., Green, O. & Shields, G., 1997. Ediacaran sponge spicule clusters from southwestern Mongolia and the origins of the Cambrian fauna. Geology, 25, 303-306.
5. Buckland, W., 1837. Geology and Mineralogy Considered with Reference to Natural Theology. William Pickering, London.
6. Budd, G. E., 2008. The earliest fossil record of the animals and its significance. Philosophical Transactions of the Royal Society B, 363, 1425-1434.
7. Butterfield, N. J., 2011. Terminal developments in Ediacaran embryology. Science, 334, 1655-1656.
8. Cai, Y., Hua, H., Xiao, S., Schiffbauer, J. D., Li, P., 2010. Biostratinomy of the late Ediacaran pyritized Gaojiashan Lagerstätte from southern Shaanxi, South China: importance of event deposits. Palaios, 25, 487-506.
9. Cai, Y., Schiffbauer, J. D., Hua, H., Xiao, S., 2011. Morphology and paleoecology of the late Ediacaran tubular fossil *Conotubus hemiannulatus* from the Gaojiashan Lagerstätten of southern Shaanxi Province, South China. Precambrian Research, 191, 46-57.
10. Cai, Y., Schiffbauer, J. D., Hua, H., Xiao, S., 2012. Preservational modes in the Ediacaran Gaojiashan Lagerstätte: pyritization, aluminosilicification, and carbonaceous compression. Palaeogeography, Palaeoclimatology, Palaeoecology, 326-328, 109-117.
11. Cai, Y. P., Hua, H. & Zhang, X. L., 2013. Tube construction and life mode of the late Ediacaran tubular fossil Gaojiashania cyclus from the Gaojiashan Lagerstätte. Precambrian Research, 224, 255-267.
12. Cai, Y. P., Hua, H., Schiffbauer, J. D., Sun, B., Yuan, X., 2014. Tube growth patterns and microbial mat-related lifestyles in the Ediacaran fossil *Cloudina*, Gaojiashan Lagerstätte, South China. Gondwana Research, 25, 1008-1018 (in this issue).
13. Caron, J., Conway Morris, S., Shu, D. G., Soares, D., 2010. Tentaculate fossils from the Cambrian of Canada (British Columbia) and China (Yunnan) interpreted as primitive deuterostomes. PLoS One, 5 (3), e9586.
14. Carroll, S. B., 2008. Evo-devo and an expanding evolutionary synthesis: A Genetic theory of morphological evolution. Cell, 134, 25-36.
15. Carroll, S. B., Grenier, J. K. & Weather, S. D., 2001. From DNA to Diversity: Molecular genetics and the evolution of animal design. Blackwell, Oxford.
16. Chen, J. Y., 2004. The Dawn of Animal World. Jiangsu Science and Technology Press, Nanjing (366 pp. in Chinese).
17. Chen, J. Y., Huang, D. Y., 2002. A possible Lower Cambrian chaetognath (arrow worm). Science, 298, 187.
18. Chen, J. Y., Zhou, G. Q., 1997. Biology of the Chengjiang fauna. Bulletin of National Museum of Natural Science, Taichung Taiwan, 10, 11-105.
19. Chen, J. Y., Bottjer, D. J., Oliveri, P., Dornbos, S. Q., Gao, F., Ruffins, S., Chi, H. M., Li, C. W., Davidson, E. H., 2004. Small bilaterian fossils from 40 to 55 million years before the Cambrian. Science, 305, 219-222.
20. Chen, J. Y., Schopf, J. W., Bottjer, D. J., Zhang, C. Y., Kudryavtsev, A. B., Tripathi, A. B., Wang, X. Q., Yang, Y. H., Gao, X., Yang, Y., 2007. Raman spectra of a Lower Cambrian ctenophore embryo from southwestern Shaanxi, China. Proceed-

ings of the National Academy of Sciences USA, 104, 6289-6293.

21. Cloud Jr., P. E., 1948. Some problems and patterns of evolution exemplified by fossil invertebrates. Evolution, 2, 322-350.
22. Condon, D., Zhu, M. Y., Bowring, S., Wang, W., Yang, A., Jin, Y., 2005. U-Pb ages from the Neoproterozoic Doushantuo Formation, China. Science, 308, 95-98.
23. Conway Morris, S. & Peel, J. S., 2008. The earliest annelids: Lower Cambrian polychaetes from the Sirius Passet Lagerstätte, Peary Land, North Greenland. Acta Palaeontologica Polonica, 53, 137-148.
24. Cook, P. J. & Shergold, J. H., 1984. Phosphorus, phosphorites and skeletal evolution at the Precambrian-Cambrian boundary. Nature, 308, 231-236.
25. Dai, T., Zhang, X. L. & Peng, S., 2014. Morphology and ontogeny of *Hunanocephalus ovalis* (trilobite) from the Cambrian of South China. Gondwana Research, 25, 991-998 (in this issue).
26. Darwin, C., 1859. On the Origin of Species by Means of Natural Selection. John Murray, London.
27. Dong, X. P., Donoghue, P. C. J., Cheng, H., Liu, J. P., 2004. Fossil embryos from middle and late Cambrian period of Hunan, South China. Nature, 427, 237-240.
28. Dong, X. P., Bengtson, S., Gostling, N. J., Cunningham, J. A., Harvey, T. H. P., Kouchinsky, A., Val'kov, A. K., Repetski, J. E., Repetski, J. E., Stampanoni, M., Marone, F., Donoghue, P. C. J., 2010. The anatomy, taphonomy, taxonomy and systematic affinity of *Markuelia*: Early Cambrian to Early Ordovician scalidophorans. Palaeontology, 53, 1291-1314.
29. Droser, M. L. & Finnegan, S., 2003. The Ordovician radiation: a followup to the Cambrian explosion. Integrative and Comparative Biology, 43, 178-184.
30. Duan, Y. H., Han, J., Fu, D. J., Zhang, X. L., Yang, X. G., Komiya, T., 2014. The reproductive strategy of bradoriid arthropod Kummingella douvillei from the Lower Cambrian Chengjiang Lagerstätte, South China. Gondwana Research, 25, 983-990 (in this issue).
31. Dunn, C. W., Hejnol, A., Matus, D. Q., Pang, K., Browne, W. E., Smith, S. A., et al., 2008. Broad phylogenomic sampling improves resolution of the animal tree of life. Nature, 452, 745-749.
32. Edgecombe, G. D., Giribet, G., Dunn, C. W., Hejnol, A., Kristensen, R. M., Neves, R. C., Rouse, G. W., Worsaae, K., Sorensen, M. V., 2011. Higher-level metazoan relationships: recent progress and remaining questions. Organisms, Diversity and Evolution, 11, 151-172.
33. Erwin, D. H., 2006. Extinction: How life on Earth nearly ended 250 million years ago. Princeton University Press, Princeton.
34. Erwin, D. H., 2009. Early origin of the bilaterian developmental toolkit. Philosophy Transactions of the Royal Society London B, 364, 2253-2261.
35. Erwin, D. H., Lafiamme, M., Tweedt, S. M., Sperling, E. A., Pisani, D., Peterson, K. J., 2011. The Cambrian conundrum: early divergence and later ecological success in the early history of animals. Science, 334, 1901-1907.
36. Fedonkin, M. A. & Waggoner, B. M., 1997. The late Precambrian fossil *Kimberella* is a mollusc-like bilaterian organism. Nature, 388, 868-871.
37. Fu, D. J. & Zhang, X. L., 2011. A new arthropod *Jugatacaris agilis* n. gen. n. sp. from the Early Cambrian Chengjiang biota, South China. Journal of Paleontology, 85, 567-586.
38. Fu, D. J., Zhang, X. L. & Shu, D. G., 2011. A venomous arthropod in the early Cambrian sea. Chinese Science Bulletin, 56, 1532-1534.
39. Gehling, J. & Rigby, J. K., 1996. Long expected sponges from the Neoproterozoic Ediacara fauna of South Australia. Journal of Paleontology, 70, 185-195.
40. Gould, S. J., 1989. Wonderful Life: The Burgess Shale and the Nature of History. Norton, New York.
41. Grimaldi, D. A., Engel, M. S. & Nascibene, P. C., 2002. Fossiliferous Cretaceous Amber from Myanmar (Burma): Its Rediscovery, Biotic Diversity, and Paleontological Significance, 3361. American Museum of Natural History, pp. 1-71.
42. Guo, J., Li, Y. & Li, G., 2014. Small shelly fossils from the early Cambrian Yanjiahe Formation, Yichang, Hubei, China. Gondwana Research, 25, 999-1007 (in this issue).
43. Haeckel, E., 1866. Generelle Morphologie der Organismen II. Allgemeine Entwicklungs-geschichte Organismen, Berlin.
44. Han, J., Kubota, S., Uchida, H., Stanley, G. D. J., Yao, X. Y., Shu, D. G., Li, Y., Yasui, K., 2010. Tiny sea anemone from the Lower Cambrian of China. PloS One 5 (10), e13276. http://dx.doi.org/10.1371/journal.pone.0013276.
45. Han, J., Kubota, S., Li, G., Yao, X. Y., Yang, X., Shu, D. G., Li, Y., Kinoshita, S., Sasaki, O., Komiya, T., Yan, G., 2013. Early Cambrian pentamerous cubozoan embryos from South China. PloS

One 8, e70741.

46. Holmer, L., Skovsted, C. B., Larsson, C., Brock, G. A., Zhang, 2011. First record of a bivalved larval shell in Early Cambrian tommotiids and its phylogenetic significance. Palaeontology, 54, 235-239.
47. Hou, X. G., Aldridge, R. J., Bergstrom, J., Siveter, David J., Siveter, Derek J., Feng, X. H., 2004. The Cambrian Fossils of Chengjiang, China: The Flowering of Early Animal Life. Blackwell, Oxford (233 pp.).
48. Hou, X. G., Aldridge, R. J., Siveter, David J., Siveter, Derek J., Williams, M., Zalasiewicz, J., Ma, X. Y., 2011. An early Cambrian hemichordate zooid. Current Biology, 21, 612-616.
49. Hu, S. X., Steiner, M., Zhu, M. Y., Erdtmann, B. D., Luo, H. L., Chen, L. Z., 2007. Diverse pelagic predators from the Chengjiang Lagerstätte and the establishment of modern-style pelagic ecosystems in the early Cambrian. Palaeogeography, Palaeoclimatology, Palaeoecology, 254, 307-316.
50. Hua, H., Chen, Z., Yuan, X. L., Zhang, L. Y., Xiao, S. H., 2005. Skeletogenesis and asexual reproduction in the earliest biomineralizing animal *Cloudina*. Geology, 33, 277-280.
51. Huang, D. Y., Chen, J. Y., Vannier, J., Saiz Salinas, J. I., 2004. Early Cambrian sipunculan worms from southwest China. Philosophical Transaction of Royal Society of London, B Biol. Sci., 271, 1671-1676.
52. Huldtgren, T., Cunningham, J. A., Yin, C. Y., Stampanoni, M., Marone, F., Donoghue, P. C. J., Bengtson, S., 2011. Fossilized nuclei and germination structures identify Ediacaran "animal embryos" as encysting protists. Science, 334, 1696-1699.
53. Isozaki, Y., 1997. Permo-Triassic boundary Superanoxia and stratified superocean: records from lost deep-sea. Science, 276, 235-238.
54. Isozaki, Y. & Ota, A., 2001. Middle/Upper Permian (Maokouan/Wuchapingian) boundary in mid-oceanic paleo-atoll limestone in Kamura and Akasaka, Japan. Proceedings of Japan Academy, 77B, 104-109.
55. Isozaki, Y., Kawahata, H. & Ota, A., 2007. A unique carbon isotope record across the Guadalupian-Lopingian (Middle-Upper Permian) boundary in mid-oceanic paleoatoll carbonates: the high-productivity "Kamura event" and its collapse in Panthalassa. Global and Planetary Change, 55, 21-38.
56. Jin, Y. G., Wang, Y., Wang, W., Shang, Q. H., Cao, C. Q., Erwin, D. H., 2000. Pattern of marine mass extinction near the Permian-Triassic boundary in south China. Science, 289, 432-436.
57. Kani, T., Hisanabe, C. & Isozaki, Y., 2013. The Capitanian minimum of $^{87}Sr/^{86}Sr$ ratio in the Permian mid-Panthalassan paleo-atoll carbonates and its demise by the deglaciation and continental doming. Gondwana Research, 24, 212-221.
58. Kawai, T., Windley, B. F., Terabayashi, M., Yamamoto, H., Isozaki, Y., Maruyama, S., 2008. Neoproterozoic glaciation in the mid-oceanic realm: an example from hemi-pelagic mudstones on Llanddwyn Island, Anglesey, UK. Gondwana Research, 14, 105-114.
59. Kouchinsky, A., Bengtson, S., Runnegar, B., Skovsted, C., Steiner, M., Vendrasco, M., 2012. Chronology of early Cambrian biomineralization. Geological Magazine, 149, 221-251.
60. Landing, E., English, A. & Keppie, J. D., 2010. Cambrian origin of all skeletonized metazoan phyla-discovery of Earth's oldest bryozoans (Upper Cambrian, southern Mexico). Geology, 38, 347-350.
61. Lei, Q. P., Han, J., Ou, Q., Wan, X. Q., 2014. Sedentary habits of anthozoa-like animals in the Chengjiang Lagerstätte: Adaptive strategies for Phanerozoic-style soft substrates. Gondwana Research, 25, 966-974 (in this issue).
62. Li, C. W., Chen, J. Y. & Tzyen, H., 1998. Precambrian sponges with cellular structures. Science, 279, 879-882.
63. Li, G. X., Steiner, M., Zhu, X. J., Yang, A. H., Wang, H. F., Erdtmann, B. D., 2007. Early Cambrian metazoan fossil record of South China: generic diversity and radiation patterns. Palaeogeography, Palaeoclimatology, Palaeoecology, 254, 229-249.
64. Li, G. X., Zhu, M. Y. & Chen, Z., 2011. Animal skeletons, advent. In: Reitner, J., Thiel, V. (Eds.), Encyclopedia of Geobiology. Springer, Berlin, pp. 58-64.
65. Liu, P. J., Yin, C. Y. & Tang, F., 2006. Microtublar metazoan fossils with multi-branches in Weng'an biota. Chinese Science Bulletin, 51, 630-632.
66. Liu, J. N., Shu, D. G., Han, J., Zhang, Z. F., Zhang, X. L., 2007. Origin, diversification, and relationships of Cambrian lobopods. Gondwana Research, 14, 277-283.
67. Liu, P., Yin, C., Gao, L., Tang, F., Chen, S., 2009a. New material of microfossils from the Ediacaran Doushantuo Formation in the Zhangcunping area, Yichang, Hubei Province and its zircon SHRIMP U-Pb age. Chinese Science Bulletin, 54, 1058-1064.
68. Liu, Y. H., Li, Y., Gong, H. J., Zhang, Z. G., Ma,

Q. H. , Lu, X. Q. , Chen, J. , Yan, T. T. , 2009b. New data on *Quadrapyrgites* from the earliest Cambrian of South Chinav. Acta Palaeontologica Sinica, 48, 688-694.

69. Liu, J. N. , Steiner, M. , Dunlop, J. A. , Keupp, H. , Shu, D. G. , Ou, Q. , Han, J. , Zhang, Z. F. , Zhang, X. L. , 2011. An armoured Cambrian lobopodian from China with arthropod-like appendages. Nature, 470, 526-530.

70. Liu, P. J. , Yin, C. Y. , Chen, S. M. , Tang, F. , Gao, L. Z. , 2013. The biostratigraphic succession of acanthomorphic acritarchs of the Ediacaran Doushantuo Formation in the Yangtze Gorges area, South China and its biostratigraphic correlation with Australia. Precambrian Research, 176. http://dx. doi. org/10. 1016/j. precamres. 2011. 07. 009 (in press, online:).

71. Love, G. D. , Grosjean, E. , Stalvies, C. , Fike, D. A. , Grotzinger, J. P. , Bradley, A. S. , Kelly, A. E. , Bhatia, M. , Meredith, W. , Snape, C. E. , Bowring, S. A. , Condon, D. J. , Summons, R. E. , 2009. Fossil steroids record the appearance of Demospongiae during the Cryogenian period. Nature, 457, 718-721.

72. Ma, X. Y. , Hou, X. G. , Edgecombe, G. D. , Strausfeld, N. J. , 2012. Complex brain and optic lobes in an early Cambrian arthropod. Nature, 490, 258-261.

73. Maletz, J. , 2011. Radiolarian skeletal structures and biostratigraphy in the early Paleozoic (Cambrian-Ordovician). Palaeoworld, 20, 116-133.

74. Maloof, A. , Porter, S. M. , Moores, J. L. , Dudas, F. O. , Bowring, S. A. , Higgins, J. A. , Fike, D. A. , Eddy, M. P. , 2010. The earliest Cambrian record of animals and ocean geochemical change. Geological Society of America Bulletin, 122, 1731-1774.

75. Marcy, G. , 2009. Water world larger than Earth. Nature, 462, 853-854.

76. Margulis, L. & Schwatz, K. V. , 1982. Five Kingdoms: Illustrated Guide to the Phyla of Life on Earth. W. H. Freeman.

77. Marshall, C. R. , 2006. Explaining the Cambrian "explosion" of animals. Annual Review of Earth and Planetary Sciences, 34, 355-384.

78. Müller, K. J. , Walossek, D. , Zakharov, A. , 1995. Orsten type phosphatized soft-integument preservation and a new record from the Middle Cambrian Kuonamka Formation in Siberia. Neues Jahrbuch für Geologie and Paläontologie, 197, 101-118.

79. Na, L. & Li, G. X. , 2011. Nail-shaped sclerite fossils from the lower Cambrian Xihaoping Member of Fangxian, Hubei Province. Acta Micropalaeonlogica Sinica, 28, 284-300 (in Chinese with English abstract).

80. Narbonne, G. M. , Xiao, S. H. & Shields, G. A. , 2012. The Ediacaran period. In: Gradstein, F. M. , Ogg, J. G. , Schmitz, M. D. , Ogg, G. M. (Eds.), The Geologic Time Scale 2012. Elsevier, Amsterdam, pp. 413-435.

81. Nielsen, C. , 2012. Animal Evolution: Interrelationships of the Living Phyla, 3rd edition. Oxford University Press, Oxford (402 pp.).

82. Nohda, S. , Wang, B. S. , You, C. F. , Isozaki, Y. , Uchio, Y. , Buslov, M. M. , Maruyama, S. , 2013. The oldest (Early Ediacaran) Sr isotope record of mid-ocean surface seawater: chemostratigraphic correlation of a paleo-atoll limestone in southern Siberia. Journal of Asian Earth Sciences, 77, 66-76.

83. Okada, Y. , Sawaki, Y. , Komiya, T. , Hirata, T. , Takahata, N. , Sano, Y. , Han, J. , Maruyama, S. , 2014. New chronological constraints for Cryogenian to Cambrian rocks in the Three Gorges, Weng'an and Chengjiang areas, South China. Gondwana Research, 25, 1027-1044 (in this issue).

84. Ota, T. , Utsunomiya, A. , Uchio, Y. , Isozaki, Y. , Buslov, M. M. , Ishikawa, A. , Maruyama, S. , Kitajima, K. , Kaneko, Y. , Yamamoto, H. , Katayama, I. , 2007. Geology of the Gorny Altai subduction-accretion complex, southern Siberia: tectonic evolution of an Ediacaran-Cambrian intra-oceanic arc-trench system. Journal of Asian Earth Sciences, 30, 666-695.

85. Ou, Q. , Conway Morris, S. , Han, J. , Zhang, Z. F. , Liu, J. N. , Chen, A. L. , Zhang, X. L. , Shu, D. G. , 2012a. Evidence for gill slits and a pharynx in Cambrian vetulicolians: implications for the early evolution of deuterostomes. BMC Biology, 10, 81.

86. Ou, Q. , Shu, D. & Mayer, G. , 2012b. Cambrian lobopodians and extant onychophorans provide new insights into early cephalization in Panarthropoda. Nature Communications, 3, 1261.

87. Ou, Q. , Liu, J. N. , Shu, D. G. , Han, J. , Zhang, Z. F. , Wan, X. Q. , Lei, Q. P. , 2011. A rare onychophoran-like lobopodian from the lower Cambrian Chengjiang Lagerstätte, Southwestern China, and its phylogenetic implications. Journal of Paleontology, 85, 587-594.

88. Parker, A. , 2003. In the Blink of an Eye. Perseus, Cambridge (316 pp.).

89. Peel, J. S. , 2010. A corset-like fossil from the Cambrian Sirius Passet Lagerstätte of North Greenland and its implications for cycloneuralian evolution. Journal of Paleontology, 84, 332-340.

90. Peng, S. C. , Babcock, L. E. & Cooper, R. A. ,

2012. The Cambrian period. In: Gradstein, F. M., Ogg, J. G., Schmitz, M. D., Ogg, G. M. (Eds.), The Geologic Time Scale. Elsevier, Amsterdam, pp. 437-488.

91. Philippe, H., Derelle, R., Lopez, P. et al., 2009. Phylogenomics revives traditional views on deep animal relationships. Current Biology, 19, 706-712.

92. Poinar, G. J. & Buckley, R., 2006. Nematode (Nematoda: Mermithidae) and hairworm (Nematomorpha: Chordolidae) parasites in the early Cretaceous amber. Journal of Invertebrate Pathology, 93, 36-41.

93. Poinar, G. J., Kerp, H. & Hass, H., 2008. *Palaeonema phyticum* gen. n., sp. n. (Nematoda: Palaeonematidae fam. n.), a Devonian nematode associated with early land plants. Nematology, 10, 9-14.

94. Porter, S. M., 2007. Seawater chemistry and early carbonate biomineralization. Science, 316, 1302.

95. Qian, Y. (Ed.), 1999. Taxonomy and Biostratigraphy of Small Shelly Fossils in China. Beijing, Science Press (247 pp.).

96. Reitner, J., 1992. Coralline spongien: Der versuch einer phylogenetisch-taxonomischen analyse. Berliner Geowissenschaftish Abhandlung Reihe E (Paläobiologie), 1, 1-352.

97. Reitner, J. & Wörheide, G., 2002. A guide to the classification of sponges. In: Hooper, J. N. A., Van Soest, R. W. M. (Eds.), Systema Porifera. Kluwer Academic/Plenum, New York, pp. 52-68.

98. Rino, S., Komiya, T., Windley, B. F., Katayama, I., Motoki, A., Hirata, T., 2004. Major episodic increases of continental crustal growth determined from zircon ages of river sands; implications for mantle overturns in the Early Precambrian. Physics of the Earth and Planetary Interiors, 146, 369-394.

99. Rowland, S. M. & Hicks, M., 2004. The early Cambrian experiment in reef-building by metazoans. In: Lipps, J. H., Waggoner, B. M. (Eds.), Neoproterozoic-Cambrian Biological Revolutions. The Paleontological Society Papers, 10, pp. 107-124.

100. Sato, T., Isozaki, Y., Hitachi, T., Shu, D. G., 2014. A unique condition for early diversification of small shelly fossils in the lowermost Cambrian in Chengjiang, South China: Enrichment of phosphorus in restricted embayments. Gondwana Research, 25, 1139-1152 (in this issue).

101. Sawaki, Y., Ohno, T., Tahata, M., Komiya, T., Hirata, T., Maruyama, S., Windley, B. F., Han, J., Shu, D. G., Li, Y., 2010. The Ediacaran radiogenic Sr isotope excursion in the Doushantuo Formation in the three gorges area, South China. Precambrian Research, 176, 46-64.

102. Sedgwick, A., 1852. On the classification and nomenclature of the Lower Palaeozoic rocks of England and Wales. Quarterly Journal of the Geological Society, 8, 136-168.

103. Sedgwick, A. & Murchison, R. I., 1835. On the Silurian and Cambrian Systems, exhibiting the order in which the older sedimentary strata succeed each other in England and Wales. The London and Edinburgh Philosophical Magazine and Journal of Science, 7, 483-535.

104. Servais, T., Owen, A. W., Harper, D. A. T., Kröger, B., Munnecke, A., 2010. The Great Ordovician Bodiversification Event (GOBE): the palaeoecological dimension. Palaeogeography, Palaeoclimatology, Palaeoecology, 294, 99-119.

105. Shu, D., 2008. Cambrian explosion: birth of tree of animals. Gondwana Research, 14, 219-240.

106. Shu, D. G., Luo, H. I., Conway Morris, S., Zhang, X. L., Hu, S. X., Chen, L., Han, J., Zhu, M., Li, Y., Chen, I. Z., 1999. Lower Cambrian vertebrates from South China. Nature, 402, 42-46.

107. Shu, D. G., Chen, L., Han, J., Zhang, X. L., 2001a. An Early Cambrian tunicate from China. Nature, 411, 472-473.

108. Shu, D. G., Conway Morris, S., Han, J., Chen, L., Zhang, X. L., Zhang, Z. F., Liu, H. Q., Li, Y., Liu, J. N., 2001b. Primitive deuterostomes from the Chengjiang Lagerstätte (Lower Cambrian, south China). Nature, 414, 419-424.

109. Shu, D. G., Conway Morris, S., Han, J., Zhang, Z. F., Yasui, K., Janvier, P., Chen, L., Zhang, X. L., Liu, J. N., Li, Y., Liu, H. Q., 2003. Head and backbone of the Early Cambrian vertebrate Haikouichtys. Nature, 421, 526-529.

110. Shu, D. G., Conway Morris, S., Han, J., Zhang, Z. F., Liu, J. N., 2004. Ancestral echinoderms from the Chengjiang deposits of China. Nature, 430, 422-428.

111. Shu, D., Conway Morris, S., Han, J., Li, Y., Zhang, X., Hua, H., Zhang, Z., 2006. Lower Cambrian vendobionts from China and early diploblast evolution. Science, 312, 731-734.

112. Shu, D. G., Zhang, X. L., Han, J., Zhang, Z. F., Liu, J. N., 2009. Restudy of Cambrian explosion and formation of animal tree. Acta Palaeontologica Sinica, 48, 414-427 (in Chinese with English abstract).

113. Shu, D. G., Conway Morris, S., Zhang, Z. F.,

Han, J., 2010. The earliest history of the deuterostomes, the importance of the Chengjiang Fossil-Lagerstätte. Proceedings of the Royal Society Series B, 277, 165-174.

114. Skovsted, C. B., Brock, G. A., Topper, T. P., Paterson, J. R., Holmer, L. E., 2011. Scleritome construction, biofacies, biostratigraphy and systematics of the tommotiid *Eccentrotheca helenia* sp. nov. from the early Cambrian of South Australia. Palaeontology, 54, 253-286.

115. Smith, A. B., 2012. Cambrian problematica and the diversification of deuterostomes. BMC Biology, 10, 81.

116. Sperling, E. A. & Vinther, J., 2010. A placozoan affinity for *Dickinsonia* and the evolution of late Proterozoic metazoan feeding modes. Evolution & Development, 12, 201-209.

117. Steiner, M., Li, G. X., Qian, Y., Zhu, M. Y., Erdtmann, B. D., 2007. Neoproterozoic to early Cambrian small shelly fossil assemblages and a revised biostratigraphic correlation of the Yangtze Platform (China). Palaeogeography, Palaeoclimatology, Palaeoecology, 254, 67-99.

118. Steiner, M., Hu, S. X., Liu, J., Keupp, H., 2012. A new species of *Hallucigenia* from the Cambrian Stage 4 Wulongqing Formation of Yunnan (South China) and the structure of sclerites in lobopodians. Bulletin of Geosciences, 87, 107-124.

119. Szaniawski, H., 2002. New evidence for the protoconodont origin of chaetognaths. Acta Palaeontologica Polonica, 47, 405-419.

120. Tahata, M., Uenoa, Y., Ishikawa, T., Sawaki, Y., Murakamia, K., Han, J., Shu, D. G., Li, Y., Guo, J. F., Yoshida, N., Komiya, T., 2013. Carbon and oxygen isotope chemostratigraphies of the Yangtze platform, South China: decoding temperature and environmental changes through the Ediacaran. Gondwana Research, 23, 333-353.

121. Tang, F., Bengtson, S., Wang, Y., Wang, X. L., Yin, C. Y., 2011. *Eoandromeda* and the origin of Ctenophora. Evolution & Development, 13, 408-414.

122. Todd, J. A. & Taylor, P. D., 1992. The first fossil entoproct. Naturwissenschaften, 79, 311-314.

123. Uchio, Y., Isozaki, Y., Busulov, M. M., Maruyama, S., 2008. Occurrence of phosphatic microfossils in an Ediacaran-Cambrian mid-oceanic paleo-atoll limestone of southern Siberia. Gondwana Research, 14, 183-192.

124. Van Roy, P., Orr, P. J., Botting, J. P., Muir, L. A., Vinther, J., Lefebvre, B., Hariri, K., Briggs, D. E. G., 2010. Ordovician faunas of Burgess Shale type. Nature, 465, 215-218.

125. Wang, H. Z., Zhang, Z. F., Holmer, L. E., Hu, S. X., Wang, X. R., Li, G. X., 2012. Peduncular attached secondary tiering acrotretoid brachiopods from the Chengjiang fauna: implications for the ecological expansion of brachiopods during the Cambrian explosion. Palaeogeography, Palaeoclimatology, Palaeoecology, 323-325, 60-67.

126. Whittington, H. B., 1985. The Burgess Shale. Yale University Press, New Haven.

127. Wood, R. & Zhuravlev, A. Y., 2012. Escalation and ecological selectively of mineralogy in the Cambrian Radiation of skeletons. Earth-Science Review, 115, 249-261.

128. Xiao, S. H. & Lafiamme, M., 2009. On the eve of animal radiation: phylogeny, ecology and evolution of Ediacara biota. Trends in Ecology & Evolution, 24, 31-40.

129. Xiao, S. H., Zhang, Y. & Knoll, A. H., 1998. Three-dimensional preservation of algae and animal embryos in a Neoproteozoic phosphorite. Nature, 391, 553-558.

130. Xiao, S. H., Yuan, X. & Knoll, A. H., 2000. Eumetazoan fossils in terminal Proterozoic phosphorites? Proceedings of the National Academy of Sciences, USA, 97, 13684-13689.

131. Yao, X. Y., Han, J. & Jiao, G. Q., 2011. Early Cambrian epibolic gastrulation: a perspective from the Kuanchuanpu Member, Dengying Formation, Ningqiang, Shaanxi, South China. Gondwana Research, 20, 844-851.

132. Yuan, X. L., Chen, Z., Xiao, S. H., Zhou, C. M., Hua, H., 2011. An early Ediacaran assemblage of macroscopic and morphologically differentiated eukaryotes. Nature, 470, 390-393.

133. Zhang, X. G. & Pratt, B. R., 2012. The first stalk-eyed phosphatocopine crustacean from the Lower Cambrian of China. Current Biology, 22, 2149-2154.

134. Zhang, X. L. & Reitner, J., 2006. A fresh look at *Dickinsonia*: removing it from Vendobionta. Acta Geologica Sinica, 80, 636-642.

135. Zhang, X. G., Siveter, D. J., Waloszek, D., Maas, A., 2007. An epipodite-bearing crown-group crustacean from the Lower Cambrian. Nature, 449, 595-598.

136. Zhang, X. G., Maas, A., Haug, J. T., Siveter, D. J., Waloszek, D., 2010. A eucrustacean metanauplius from the Lower Cambrian. Current Biology, 20, 1075-1079.

137. Zhang, Z. F. , Holmer, L. E. , Ou, Q. , Han, J. , Shu, D. G. , 2011a. The exceptionally preserved Early Cambrian stem rhynchonelliform brachiopod Longtancunella and its implications. Lethaia, 44, 490-495.

138. Zhang, Z. F. , Holmer, L. E. , Popov, L. E. , Shu, D. G. , 2011b. An obolellate brachiopod with soft-part preservation from the early Cambrian Chengjiang fauna of China. Journal of Paleontology, 85, 462-465.

139. Zhang, Z. F. , Holmer, L. E. , Robson, S. P. , Hu, S. X. , Wang, X. R. , 2011c. First record of repaired durophagous shell damages in Early Cambrian lingulate brachiopods with preserved pedicles. Palaeogeography, Palaeoclimatology, Palaeoecology, 302, 206-212.

140. Zhang, Z. F. , Holmer, L. E. , Skovsted, C. B. , Brock, G. A. , Budd, G. E. , Fu, D. J. , Zhang, X. L. , Shu, D. G. , Han, J. , Liu, J. N. , Wang, H. Z. , Butler, A. , Li, G. X. , 2013. A sclerite-bearing stem group entoproct from the early Cambrian and its implications. Scientific Reports, 3, 1-10.

141. Zhang, Z. F. , Holmer, L. E. , Skovsted, C. B. , Brock, G. A. , Budd, G. E. , Fu, D. J. , Zhang, X. L. , Shu, D. G. , Han, J. , Liu, J. N. , Wang, H. Z. , Butler, A. , Li, G. X. , 2013. A sclerite-bearing stem group entoproct from the early Cambrian and its implications. Scientific Reports, 3, 1066.

142. Zhang, X. L. , Shu, D. G. , Han, J. , Zhang, Z. F. , Liu, J. N. , Fu, D. J. , 2014. Triggers of the Cambrian explosion: hypotheses and problems. Gondwana Research, 25, 896-909.

143. Zhu, M. Y. , Zhang, J. M. & Yang, A. H. , 2007. Integrated Ediacaran (Sinian) chronostratigraphy of South China. Palaeogeography, Palaeoclimatology, Palaeoecology, 254, 7-61.

144. Zhu, M. Y. , Gehling, J. G. , Xiao, S. H. , Zhao, Y. L. , Droser, M. L. , 2008. Eight-armed Ediacara fossil preserved in contrasting taphonomic windows from China and Australia. Geology, 36, 867-870.

145. Zhu, M. Y. , Lu, M. , Zhang, J. M. , Zhao, F. C. , Li, G. X. , Yang, A. H. , Zhao, X. , Zhao, M. J. , 2013. Carbon isotope chemostratigraphy and sedimentary facies evolution of the Ediacaran Doushantuo Formation in western Hubei, South China. Precambrian Research, 176. http://dx. doi. org/10. 1016/j. precamres. 2011. 07. 019 (in press, online:).

146. Zhuravlev, A. Y. & Riding, R. , 2001. Introduction. In: Zhuravlev, A. Y. , Riding, R. (Eds.), The Ecology of the Cambrian Radiation. Columbia University Press, New York, pp. 1-7.

（张兴亮　译）

寒武大爆发时的人类远祖

Ancestors from Cambrian Explosion

第二部分

后口动物亚界

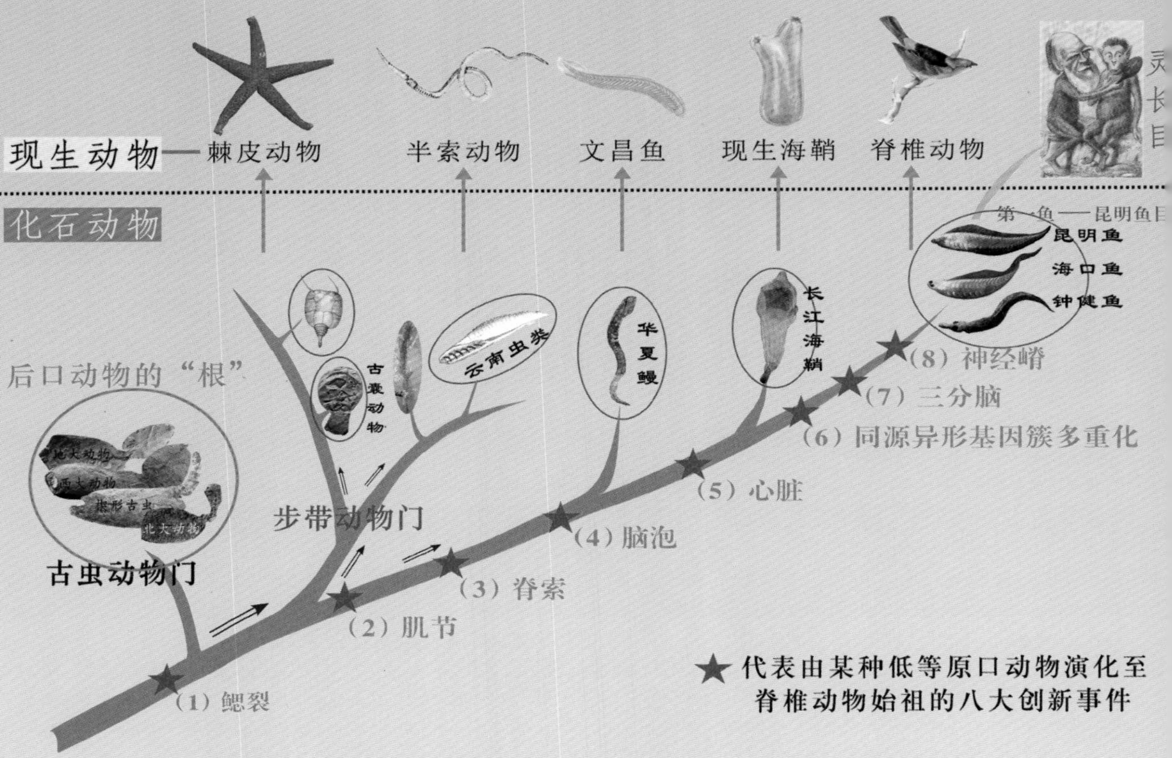

现生动物—棘皮动物　半索动物　文昌鱼　现生海鞘　脊椎动物

化石动物

后口动物的"根"

古虫动物门（地大动物、西大动物、楔形古虫、北大动物）

步带动物门

古囊动物

云南虫类

华夏鳗

长江海鞘

第一鱼——昆明鱼目（昆明鱼、海口鱼、钟健鱼）

（1）鳃裂
（2）肌节
（3）脊索
（4）脑泡
（5）心脏
（6）同源异形基因簇多重化
（7）三分脑
（8）神经嵴

★代表由某种低等原口动物演化至脊椎动物始祖的八大创新事件

早期后口动物亚界演化谱系图

地大动物
西大动物
楔形古虫
北大动物

古虫动物门

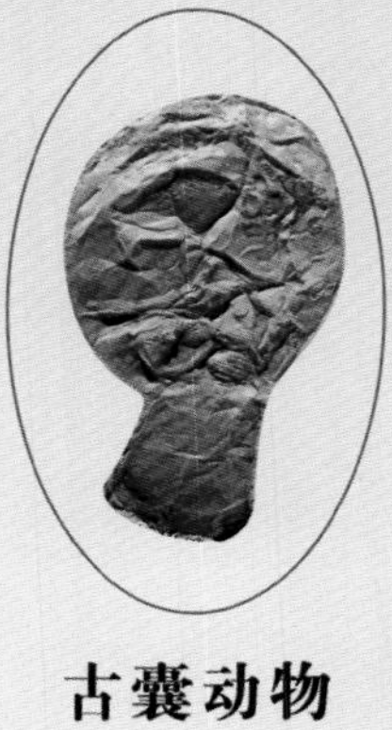

古囊动物

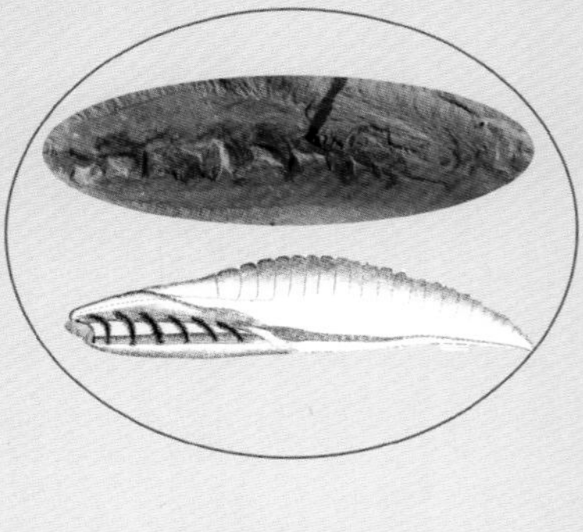

云南虫类

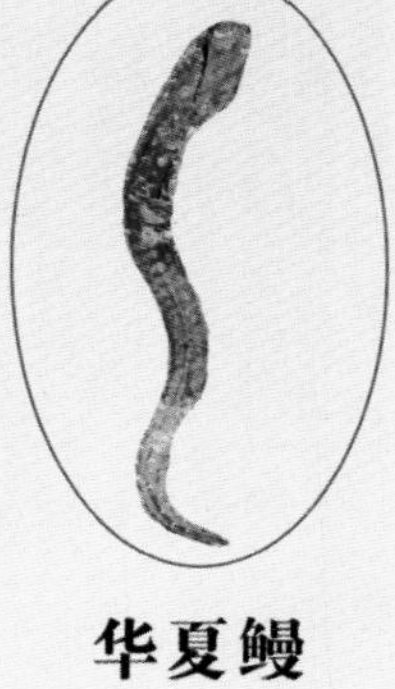

华夏鳗

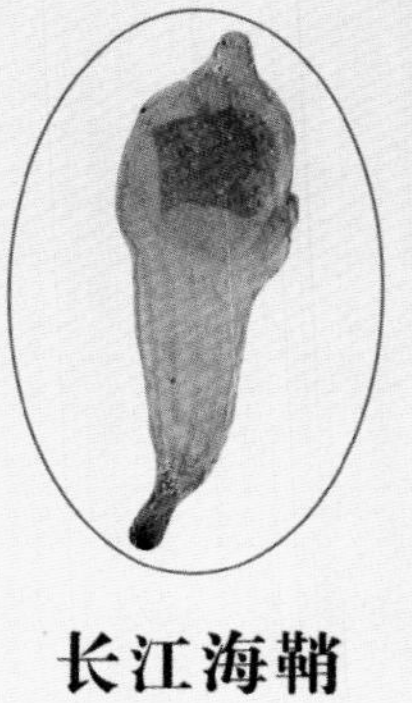

长江海鞘

昆明鱼
海口鱼
钟健鱼

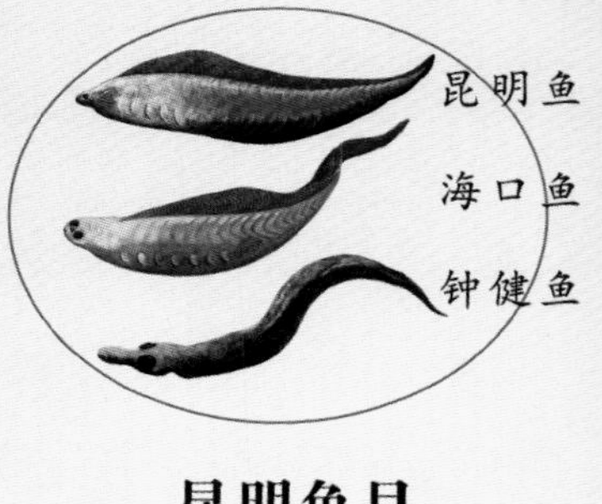

昆明鱼目

澄江化石库中主要后口动物类群起源的初探

舒德干*

*通讯作者 E-mail: elidgshu@nwu.edu.cn

摘要　寒武纪大爆发主幕是两侧对称动物(含原口类和后口类两大谱系)的一次超级起源辐射事件。多细胞动物起源、三胚层动物起源、后口动物起源和脊椎动物起源是动物界漫长演化历程中四次最重大的里程碑创新事件,也是动物演化研究上四个最令人困惑的起源难题。我们根据近二十年来对早寒武世澄江动物群的探索所揭示出来的大量有关爆发主幕的关键信息,首次勾勒出较完整的早期后口动物谱系演化图,从而使得对后两次生命创新事件的认知取得了实质性进展。尽管在现生后口类中只能看到脊索动物和步带动物两大类群(即冠群),但据分子发育生物学推测,在地史早期至少还应该存在着另一个能够繁衍出这两大冠群的灭绝始祖类群。这种遗失掉了的根底类群不仅应该具有原始分节的躯体,而且其前体还出现了简单的鳃裂构造,从而实现了取食和呼吸等基本新陈代谢过程的巨大变革。在中寒武世布尔吉斯页岩未能发现这种根底类群。有意义的是,澄江化石库中的古虫动物门很可能就是这种根底类群的代表,因为,其躯体二分,两侧对称,前体和后体皆呈原始分节;前体沿背腹向呈三分格局,其中区具五对简单鳃裂。古虫类(或其近亲)主要通过逐步失去躯体的分节性而最终演化出现生步带动物(含半索动物门和棘皮动物门):前体开始失去体节但仍保留背腹向的三分格局,且兼有背、腹神经索的云南虫类构成了古虫动物门与躯体完全失去分节性的半索动物门之间的某种中间环节;而前体失去体节并融合成一个古生代棘皮动物特有的囊体、后体仍维持分节状态的古囊类则代表了由古虫类向五辐射对称的棘皮动物迈进的初期过渡类型。昆明鱼、海口鱼、钟健鱼在头化、原始脊椎和神经嵴衍生构造等方面已演进成真脊椎动物或有头类,但至少其中一些属种的生殖系统还仍保留着无头类的属性,因而,它们不仅是已知最古老的脊椎动物,而且还代表着一类最原始的脊椎动物。这些后口动物系列的发现和论证使得古生物学在谱系学中的地位变得更加举足轻重。动物谱系学大家 K. Halanych(2004)在其综述性大作中指出:“舒及其合作者的古生物学研究成果(1999a, 2001a, 2001b, 2003b)正在不断地修正我们关于早期脊索动物演化的认识。”文章还简要讨论了一些澄江后口动物的属性辨识问题:①古虫类前体咽腔发育了明确的鳃裂构造,而不存在任何节肢动物的近裔特征,它们已被广泛接受为原始后口动物。②云南虫类的地位虽无定论,但 J. Valentine 最近的研究结论代表着目前的主流学派意见:云南虫类不具备脊索构造,它们最可能代表着后口动物谱系中的一种低等基干类群。③最近出现的几个“等式”皆未能得到事实的支持。(i)尾索动物长江海鞘标本的保存绝非“不完整”,恰恰相反,它至为完整而精美,其顶部进水管、侧部出水管和中央巨大咽腔的基本解剖构造格局与现生单体固着生活的海鞘动物十分一致，而与具双分叉触手的火炬虫相去甚远。(ii)圆口虫与西大动物不仅在前体构造上存在着明显区别，而且其后体的基本形态和体节数也大不相同。(iii)棘皮动物始祖类群中的古囊和滇池囊分别产于相隔数十公里的昆明海口地区和安宁市，其后体差别显著。(iv)昆明鱼与海口鱼在鳃区构造等方面存在着根本差别，不存在同物异名问题。

关键词　澄江化石库；后口动物起源；早寒武世脊椎动物；脊索动物；云南虫类；古囊动物；古虫动物门

1. 引言

在达尔文完成历时五年的环球航行归来的第二年(1837)，从加拉巴哥斯群岛带回来的雀类(finches)标本启迪了他的“物种可变”思想萌发。当年 7 月，达尔文开始撰写关于物种演变理论的笔记，并勾勒出了著名的“动物演化分叉树”轮廓图(“Branching tree” sketch)。尽管这种“树”的构形十分简单，但却清楚地给出了所有地球生物原本同宗共祖的深刻思想。从那时以来，试图勾画出一幅尽可能完善的符合动物真实演化历史的“动物树”，便构成了进化论的一个核心内容。22 年之后，达尔文借《物种起源》中的唯一插图进一步阐述了物种不断演变、灭绝、更替的思想，但受历史的局限，他终究未能勾画出动物演化树的轮廓(Darwin, 2005，舒德干等译)。接下来的几十年间，德国生物学家赫格尔提出了多种版本的演化树(常将人类置于树主干的顶端)。现在看来，这些当时的重要创新尝试似乎都显得有些幼稚。直到 20 世纪初，胚胎发育学的快速发展才使人们在占动物界物种 90% 以上的两侧对称动物中发现了两大类发育方式十分不同的动物，一类称作原口动物，另一类称作后口动物。它们不仅卵裂的方式不同，而且其口的形成途径也大相径庭：前者原肠胚的胚孔直接发育为成体的口，而后者恰好相反，其胚孔发育成了成体的肛门或被封闭，而在它的对端处通过外胚层内陷的方式形成了动物体的口。于是，根据形态学(包括比较解剖学、分类学和胚胎发育学)的进化信息便逐步形成了较为成熟的并广见于各类教材的动物演化树框架图：“树干”代表双胚层动物(即辐射对称的珊瑚、水母等刺胞动物等)，而由约 30 个三胚层动物门类(两侧对称动物)所构成的庞大“树冠”则被分成了原口动物和后口动物两大超级枝系。由于这种动物树主要是根据形态学单一标准建立的，我们不妨将它称作“单因子动物演化树”。

20 世纪 90 年代中期，分子进化生物学已经可依据 DNA、RNA 和蛋白质结构信息独立地建立各生物类群的演化谱系；其研究结果对单因子动物演化树中的原口动物谱系关系进行了较大的修正和调整，将它所包含的二十多个门类归并为蜕皮类(包括节肢动物门、线虫动物门、鳃曳动物门等)和触手担轮类(即成体具有触手或幼体经历担轮幼虫期的动物类群，包括软体动物门、腕足动物门、环节动物门等)两大超级类群，并将原来认为与节肢动物密切相关的环节动物分离出来，归入了触手担轮类。分子生物学尽管再次证实了所有后口动物构成一个单谱系，但对形态迥然不同的半索动物与棘皮动物之间紧密的亲缘关系仍做出了明确的肯定（Halanych，1995；Halanych *et al.*，1995；Gee，2001b；Winchell *et al.*，2002；Halanych，2004）。与此同时，这种综合了分子生物学和形态学双重信息的新型演化树应运而生。显然，它们更能反映动物类群之间的真实亲缘关系。这种被称为“双因子动物演化树”的新型演化树无疑是当代动物谱系研究的一个重大进展。在实际谱系分析中，分子生物学信息与形态学信息目前仍存在不少冲突（Nielsen，2001；Halanych，2004）。但从总体上看，随着分子生物学技术的提高和谱系分析机制的完善，两者的兼容性会越来越高。另一方面，尽管这种兼具现生动物宏观和微观演化信息的谱系树能帮助我们较为有效地间接推测各动物类群的起源关系及其演化脉络，但它仍然无法直接告诉人们各类群真实的远古祖先及其具体的演化路径。

要想搞清动物类群的实证起源及其更接近真实历史的早期演替关系，我们必须努力建立起既包含现代分子生物学和形态学信息、更包含生物直接的历史信息在内的“三因子动物演化树”。实际上，古生物学工作者一直在努力探寻那些生物学信息尽可能丰富、年代尽可能久远的原始祖先和已经“遗失掉了”的早期珍稀演化过渡环节，以检验、补充和修正“双因子谱系演化树”。然而，正如达尔文所指出的那样，各级各类生命的演化过渡类型无论是在地理分布上还是在时代延续上常常十分局限，因而其个体数量也十分稀少；门级、亚门级间的过渡类型尤为罕见。由于“化石记录保存的极不完整性”，它们保存为化石、尤其是软体构造化石的机会便少之又少，以至于绝大多数现代生物学家对于获得那样的演化信息几乎不抱幻想。在现代双因子动物演化树中，原口动物谱系包含的类群很多，各生命层次的演化信息也错综复杂。目前学术界对各类群之间演化关系的认识仍然存在着很大的分歧（Nielsen，2001；Halanych，2004）。作为后口动物谱系中的一个特殊成员，人类对于探索本谱系的演化一直怀有特别的热情（Dawkins，2004）。由于该谱系包含的类群数较少，其间的演化关系也相对简单，使得学术界在该谱系的一些基本演化关系分析上取得了越来越多的共识。在这种情况下，人们开始企盼三因子演化树研究会出现奇迹，能在近“源头”时段提供一些可靠的直接化石信息来进一步解决后口动物谱系各主要类群的实证起源问题。尽管中寒武世布尔吉斯页岩化石库曾为实证进化生物学做出过重要贡献，但它毕竟离动物门类起源的“源头”较远，而且其早期后口动物化石信息较为贫乏（Briggs *et al.*，1994；Conway Morris，1985，1998；Valentine，2002，2004）。早寒武世澄江化石库得天独厚，不仅在化石保存数量和质量上都明显优于布尔吉斯页岩型动物群，而且十分接近众多后口动物类群起源的源头时段（Shu *et al.*，1996c；舒德干，2003；Valentine，2004；Dawkins，2004）。人们期待，深入的野外和室内探索会给揭示该谱系各大类群的实证起源和早期演化带来新的希望。

2. 澄江化石库中的后口动物发现简史

早在1836年，牛津大学信仰神创论的地质古生物学家 W. Buckland 便已经察觉到了寒武纪大爆发现象(Conway Morris, 1998)。但历经一个半世纪之后,人们在寒武纪、尤其是在早寒武世地层中发现的动物类群数仍然十分有限,以致寒武纪常被人们误称作“三叶虫时代”。1984年,侯先光在澄江帽天山发现了早寒武世部分动物的软躯体构造化石(张文堂、侯先光,1985),由此掀起了大规模的化石发掘、研究热潮。此后的20年,一大批中外地质、古生物学工作者为揭示寒武纪大爆发主幕的真实面貌做出了重要贡献。

从澄江化石库中所重点发掘和探索的动物类型来看,这20年大体上可以划分为两个阶段。前10年揭示出了众多动物类型(张文堂、侯先光,1985; Jin and Wang, 1992; Chen and Zhou, 1997; Hou and Bergström, 1997; Shu *et al.*, 1995b, 1996b;罗惠麟等,1999;侯先光等,1999; Zhang *et al.*, 2001),但人们的认知范围基本上局限于原口动物谱系,而对后口动物谱系的认识几乎为零。转机出现在1995年春天。那年4月,在南京召开的寒武纪大爆发国际学术讨论会上对两种动物的属性进行了热烈的讨论:一种是云南虫(*Yunnanozoon*),另一种是古虫(*Vetulicola*)。当时,对前者主要存在两种不同的意见:一种意见认为它与脊索动物接近,另一种意见则认为云南虫并没有形成真正的脊索和肌节构造,因而可能与更低等一些的半索动物相关。尽管存在上述分歧,但基于云南虫具有明显鳃弓构造的事实,大家都认同这种奇特的动物应属于后口动物范畴。至于古虫,意见分歧则更大,当时绝大多数学者认为它属于原口动物谱系中的节肢动物门,只有极少数人基于从解剖化石中发现的鳃裂和鳃丝构造,主张将它归入后口动物范畴(Shu *et al.*, 1995a)。半年之后,陈均远、周桂琴与波兰、瑞典、澳大利亚三国学者合作,在Nature杂志上发表了《早寒武世一种可能的脊索动物》的论文(Chen *et al.*, 1995),这是第一篇关于澄江化石库中后口动物研究的正式报道。再半年之后,舒德干、张兴亮、陈苓也在同一杂志上发表了一篇名为《云南虫被重新解释成已知最古老的半索动物》的论文(Shu *et al.*, 1996a)。从此,不仅引发了更热烈的讨论,而且还导引出一个接一个的早期后口动物的重要发现,引起了学术界的广泛关注。可以说,自1995年以后的10年,是澄江化石库中后口动物谱系探索发现的金秋时节。

1996年春,剑桥大学的Conway Morris访问西北大学,他在一批澄江蠕形动物化石中辨识出一枚形似鳗鱼的小标本。接着,他作为论文的通讯作者与舒德干、张兴亮合作,首次报道了接近于现生低等脊索动物文昌鱼和中寒武世皮卡鱼(*Pikaia*)的华夏鳗(*Cathaymyrus*)(Shu *et al.*, 1996a)。Nature杂志也同期发表了一篇对华夏鳗和云南虫的短小评述。数年之后,罗惠麟、胡世学等人又报道了一个来自昆明市海口地区的头索动物中新鱼(*Zhongxiniscus*)(Luo *et al.*, 2001)。华夏鳗与中新鱼在形态学上颇为相似,前者在岩层中为背、腹向保存,而后者为侧向保存,两者间的关系尚待更多的标本去验证。在现生低等脊索动物中,比头索动物更低等的是尾索动物,它们在早寒武世的原始代表长江海鞘(*Cheungkongella*)是稍晚一些时候被西北大学研究组发现和描述的(参加野外工作的有陈苓、韩健和舒德干等人)(Shu *et al.*, 2001a)。这枚唯一确知的早寒武世海鞘标本保存极为精美和完整，当它在 Nature 面世时，该杂志还特意在它们的网站上以“Yunnan fossils: Softly Softly”(《云南保存精美的软躯体构造化石》)为题发表了一个专题短评。两年之后，陈均远等人报道了另一种可能的海鞘状动物山口海鞘(*Shankouclava*)。

至此，澄江化石库中后口动物的探索其实才刚刚开始，真正的重头戏则主要沿着三条基本线索展开。一条围绕后口动物谱系的“顶端类群”(top group)脊椎动物的属性辨识展开，另一条沿着古虫动物门创建的脉络试图追溯后口动物谱系“根底类群”(root group)的起源，最后一条线索则着重追踪后口动物谱系中由形态相去甚远的棘皮动物门和半索动物门组成的奇特“复合类群”步带类(Ambulacraria)的起源及其早期演化。

早寒武世脊椎动物发现的始点可以追溯到 1997 年。那年夏天，罗惠麟、胡世学等人在海口地区找到一枚“像云南虫”的标本，一不经意，将它放在抽屉里锁了一年半。1998 年年底，他们邀来访的舒德干、张兴亮在云南地质科学研究所共同观察、讨论包括这枚化石在内的一些标本。半个月后，舒德干、张兴亮在西北大学早期生命研究所的标本室也发现了一枚相似但保存得更为完整的标本(参加那次云南野外采集的有韩健、张兴亮、舒德干和李勇等人)，并将这一消息及时告知了罗惠麟、胡世学。不久，胡世学携那枚后来定名为海口鱼(*Haikouichthys*)的标本到西北大学进行合作研究。此后的两个月，舒德干等人在这两枚标本上鉴定出了一系列脊椎动物的专有属性：背鳍、腹鳍、“之”字形肌肉节、围心腔、鳃囊及其软骨系统等。1999 年 3 月 10 日，舒德干应邀在中国地质大学(武汉)召开的一次国际学术会议上做报告，公布了中国发现最古老脊椎动物的初步研究结果。3 月下旬，他又在中国科学院南京地质古生物研究所召开的一次“攀登计划项目”小型学术讨论会上详细报告了这一发现。4 月初，他委托朱敏携带这两枚标本的彩色照片及其化石解译图到伦敦“早期脊椎动物演化的主要事件”国际学术讨论会上征求意见，当时立即在会上引起了“强烈反响”。不久，舒德干便收到 Nature 资深编辑 H. Gee 的约稿信。4 月中下旬，Conway Morris 和朱敏被邀请到西北大学，共同对这两个早期鱼类化石的细节特征做进一步推敲。前者在论文的英文表述的精雕细刻、后者在化石的数字化谱系分析等方面都做出了贡献。主要基于这两条鱼标本上鳃囊的数目及其构造差异，它们被确定为两个不同属种。舒德干、张兴亮、韩健共同命名了昆明鱼(*Myllokunmingia*)，而罗惠麟、胡世学、舒德干共同命名了海口鱼(Shu *et al.*, 1999b)。不久，舒德干等人进一步提出了“这两条鱼不仅是已知最早、而且也应该是最原始的脊椎动物，很可能代表着由无头类向鱼类骨干谱系演化的一种过渡类型”的观点(舒德干、陈苓，2000)。在这两枚珍稀标本被学术界广泛接受为真脊椎动物的同时，人们心中仍然存有疑虑和期待：作为最古老的脊椎动物，它们的脊椎骨该是什么样子呢？既然是最早的“有头类”，那么，它们到底具有哪些头部构造呢？幸运的是，几年之后西北大学研究组又发现了数百枚保存精美的早期鱼类标本。这些材料不仅催生了《早寒武世脊椎动物海口鱼的脊椎骨和头部构造》论文的面世，进一步满足了人们对脊椎动物祖先的好奇心

(*Shu et al.*, 2003a),而且还让人们认识了另一种早期脊椎动物——钟健鱼(*Zhongjianichthys*)(舒德干,2003)。钟健鱼的头部十分特别,其吻突很长、眼睛强烈后移。这些形态分异现象告诉人们,那时的脊椎动物演化辐射可能已经具有了较大的规模。此外,云南大学的侯先光、张喜光也先后在昆明海口地区各自发现了一枚早寒武世脊椎动物化石标本,将它们分别归于昆明鱼和海口鱼,补充描述了一些新信息(Hou *et al.*, 2002;Zhang and Hou, 2004)。张喜光发现的鱼标本上没有见到头部感官和原始脊椎构造,但较完整地保存了"中鳍褶"轮廓,这在过去已知数百枚海口鱼标本上从未见及。张喜光等人和 Janvier 对海口鱼的谱系分析也倾向于赞成舒德干等人 2000 年提出的早寒武世鱼类代表着由无头类向有头类演化的过渡类型的主张(舒德干、陈苓,2000;Janvier, 2003;Zhang and Hou, 2004)。

与澄江化石库中脊椎动物的探索发现相比,对后口动物谱系"根底类群"古虫动物门的追踪则要艰难得多。在舒德干等人为 1995 年南京国际寒武纪大爆发学术讨论会提供的五篇论文摘要中,有一篇的题目是《云南虫和古虫的再研究》(Shu *et al.*, 1995b)。该研究的前半部分内容不久后在 Nature 杂志上发表并得到较广泛的支持;后半部分虽然也很快面世,却不为当时的学术界所认同(Shu *et al.*, 1996c),在此后相当长的时间里,绝大多数人仍以为它是一种节肢动物。1997 年由张兴亮等人在昆明海口耳材村发现的一个保存颇佳但令人费解的大型化石意外地开启了一条逐步改变人们观念的曲折之路。这个后来被命名为"西大动物"(*Xidazoon*)的标本在某些基本特征上很像古虫。但由于其前体呈斜背腹向保存,因而很难辨识出其关键的鳃部构造。在合作研究初期,Conway Morris 指出,西大动物奇特的双环式口部构造可能与北美石炭纪的"皮鱼"(*Pipiscus*)存在着某种联系。于是,他与舒德干专程赶到英国伯明翰大学考察保存在那里的皮鱼化石标本。然而,虽经反复比较和切磋,仍然难以确定西大动物的生物学地位。抉择的艰难让他们在合作论文中不得不为这种当时难以读懂的动物属性设想了三种可能。当然,作者们更倾向于认为"西大动物与年轻的脊椎动物皮鱼之间存在着较为紧密的亲缘关系",于是,西大动物便有可能"代表着后口动物谱系中的一个基干类群"(stem group),而且"与云南虫存在着某种谱系关联"(Shu *et al.*, 1999a)。

幸运的是,接下来的一系列发现使这种化石属性不明的尴尬局面逐渐得到改善。先是发现了众多保存五对鳃囊构造的西大动物标本,其躯体构造与古虫属(尤其是罗惠麟等人后来描述的"方口古虫")的一致性将两者紧密地联系在一起。接着,大量保存内部细节的古虫标本的解剖结果向人们显示,它们不仅具有鳃囊、鳃丝,而且还具有后口动物特有的"共近裔特征"鳃裂构造(图 1a—d)。不久,在远离澄江和昆明海口的大板桥地区,舒德干等又发现了新属"地大动物"(*Didazoon*,其名称来源于"中国地质大学"),终于促成了后口动物谱系"根底类群"古虫动物门的建立(Shu *et al.*, 2001b)。此后,由澄江化石办公室、南京大学和中国科学院南京地质古生物研究所三个单位联合发现的巨型古虫类代表俞元虫(*Yuyuanozoon*)也很好地支持了古虫动物门隶属于低等后口动物的思想(Chen A. *et al.*, 2003)。此外,西大研究小组近年来在古虫动物门中又发现了不少被称作北大动物的微小个体类型,尽管它们的体重仅约为普通大型个体的千分之几,但其躯体构型却十分一致(舒德干,2005)。罗惠麟、胡世学在稍晚期地层中还发现了新的古虫类代表,这些新材料都显示出了清晰的后口动物属性(Luo *et al.*, 2005)。越来越多的事实证实,古虫动物门是早寒武世一类分异度较高的原始后口动物类群。结合现代分子发育生物学信息,这类具有简单鳃裂构造和原始分节特征的动物构型使人们相信:它们确实代表着后口动物谱系的一个根底类群(root group)(Holland *et al.*, 1997;舒德干,2003;Stollewerk *et al.*, 2003;Conway Morris and Shu, 2003, Shu, 2004;Shu *et al.*, 2004;舒德干,2005)。

现代分子生物学的进步,复活了 19 世纪一个生物学概念"步带类"(Ambulacraria)(Metschnikoff, 1881 from Gee 2001a;Bromham and Degnan, 1999;Halanych, 1995;Winchell *et al.*, 2002)。这个超门级的动物类群包含着两个形态上相去甚远的类别:体呈五辐射对称、不具鳃裂的棘皮动物门和体呈两侧对称、具有鳃裂构造的半索动物门。同时,现代生物学中"步带类"概念的重新确立却给古生物学追寻它们的实证起源带来了更严峻的挑战:如果古虫类真是它们发源的"根底"的话,那么这类共同祖先到底是如何分道扬镳并最终形成了步带类中这两个形态迥然不同的门类呢?对此,当今的动物学研究者一直沉默无语,学术界期待古生物学对早期绝灭低等后口动物的探索能提供某些答案。由云南虫和海口虫组成的云南虫类,是一类十分奇特的绝灭动物,同时也是澄江动物群中争论最多的一个类别,仅在 Nature 和 Science 杂志上专门讨论其生物学属性的论文便有六篇,其中三篇认为它们可能属于脊索动物甚至脊椎动物(Chen *et al.*, 1995, 1999, Mallatt and Chen, 2003),另三篇则认为它们并不具备脊索动物的基本属性。尤其是对数以千计的海口虫个体的仔细观察表明,这种动物没有而且也不可能具有脊椎动物的脑和对眼,因而更可能与半索动物门或更低等的古虫动物门相关(Shu *et al.*, 1996a, 2003b, 2003c;舒德干, 2003, 2005;Shu, 2004)。虽然对云南虫类的地位目前尚未取得一致意见,但学术界的主流思想已经明显支持"非脊索动物"观点。寒武纪大爆发研究的著名理论家 J. Valentine 在他的总结性专著《动物门类的起源》(2004)中指出:云南虫类"不可能具有脊索构造。……它们要么代表着脊索动物祖先类群中的非脊索动物,要么构成后口动物谱系中的一种基干类群"。神经系统的基本特征是动物门类分野的主要标志之一。在现生动物中,脊索动物门的神经索位于背侧,而大多数无脊索动物门类的神经索位于腹侧,只有半索动物门兼有背、腹神经索。特别有意义的是,云南虫类标本中同时清晰地保留着背、腹神经索(图 1e, f, g, k)。于是,这种既具有古虫类的基本躯体造型、又具有半索动物门特有神经系统构造的灭绝类群,为我们探索半索动物门的早期起源分支带来了希望。

澄江化石库中一直缺乏可信的棘皮动物的报道(Shu *et al.*, 1996c;Chen and Zhou, 1997;Hou *et al.*, 1999;Luo *et al.*, 1999),这使得该类躯体造型极为特化的动物

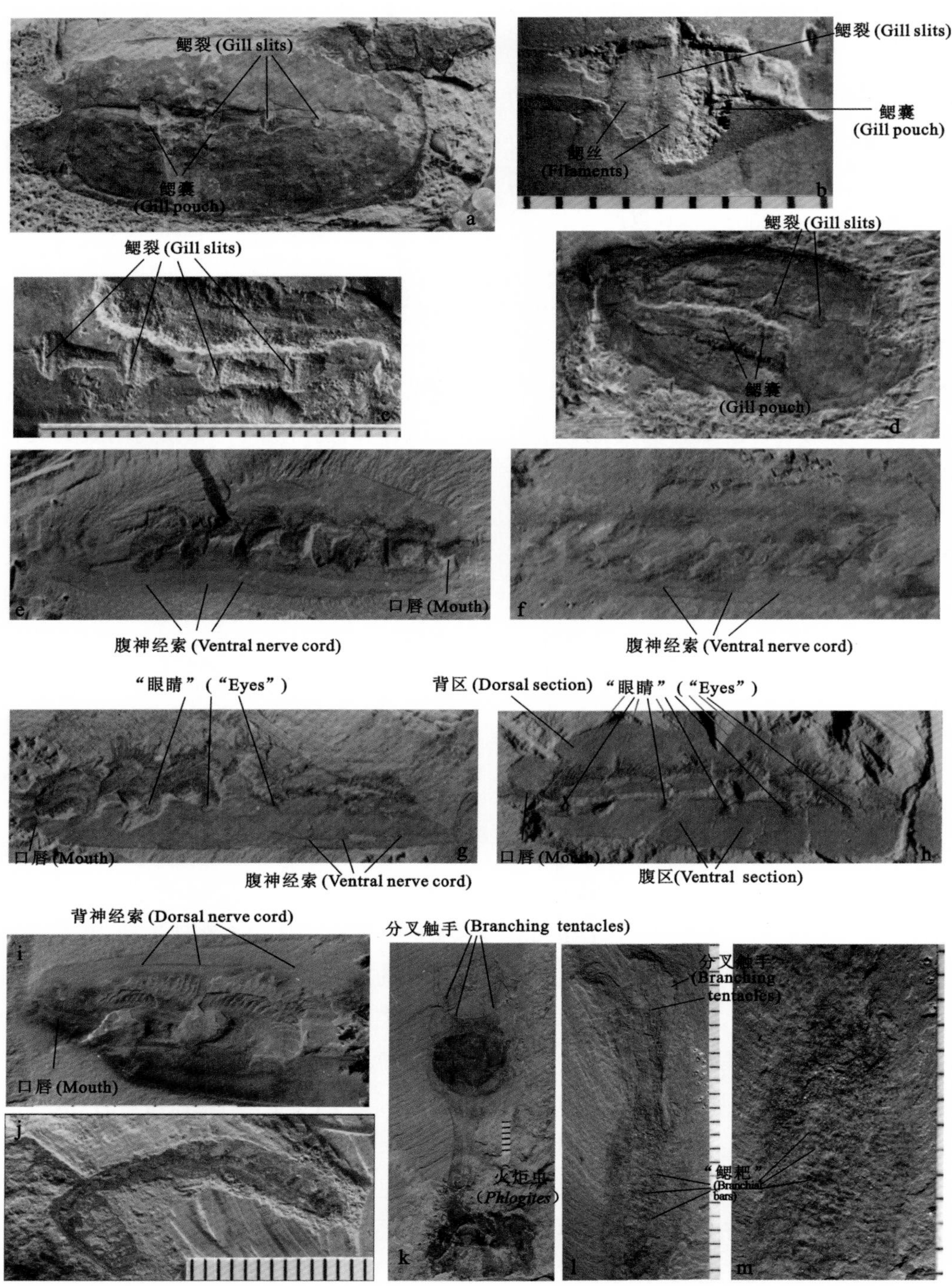

图 1 澄江化石库中的部分后口动物。a—d,楔形古虫,示鳃裂构造。a, d 引自 Conway Morris and Shu, 2003, 图 a 和 c; b, c 分别引自 Shu *et al.*, 2001b, 图 3e 和 g。e—i,尖山海口虫。i, 引自 Shu *et al.*, 2003b, 图 2G; j,铅色云南虫,引自 Shu *et al.*, 2001b, 图 6b。k,火炬虫。l, m,未命名物种。

类群的起源探索长期陷入困境。舒德干在对后口动物谱系演化和脊椎动物实证起源进行初步探索时，首次报道了一个与海林檎十分相似的棘皮动物化石标本（舒德干，2003）。不久，韩健、舒德干等人在海口地区又发现了一组与古生代海扁果及其他早期棘皮动物相近的动物类群。

于是，他们有机会第三次以“研究论文”（Article）形式在 Nature 杂志著文。这篇题为《中国澄江化石库发现棘皮动物始祖》的文章报道了一批盼等了很久的历史过客（Shu *et al.*, 2004）。这些古囊类动物躯体二分，前段已经丧失分节性，演变成与海扁果或海林檎相似的囊状棘皮动物，而后段仍保留分节状，中贯消化道，酷似古虫类。至此，从澄江化石库这个观察寒武纪大爆发主幕奥秘的独特窗口里，人们不仅见到了现生后口动物所有三个门类的众多祖先代表，而且还发现了该谱系中的一个灭绝类群古虫动物门。基于此，结合现代生物学渐趋成熟的后口动物谱系演化研究成果（Gee, 2001b），舒德干等对早期后口动物谱系进行了初步综合研究，首次勾勒出了较为完整的早期后口动物谱系演化图（图 2c）（Shu *et al.*, 2004）。棘皮动物研究专家史密斯在 Nature 杂志同期的专题评述文章《棘皮动物的根》中图文并茂地肯定性地介绍了这一谱系演化思想（Smith, 2004, 图 2）。近十年来，K. Halanych 对现代动物学双因子树的建立和发展做出了重要贡献（Halanych, 1995；Halanych *et al.*, 1995；Gee, 2001b；Halanych, 2004），但他对古生物学能否为动物谱系学做出实质性贡献一直持怀疑态度。澄江化石库中早期后口动物的系列性发现深深触动了这位权威学者，他在最近一篇关于动物谱系演化的综述性大作中指出：“舒及其合作者的古生物学研究成果（1999b, 2001a, 2001b, 2003b）正在不断地修正我们对早期脊索动物演化的认识。”（Halanych, 2004）

3. 后口动物谱系起源及早期演化研究

古生物学者一般认为，在漫长的动物演化历程中，90% 以上的物种消失了；“源头”时段的原始类群更难在现生种类中留下直接的演化信息。因而，仅仅通过现生动物残存的进化信息去间接推论动物类群的起源及早期演化将永远无法敲定最终结论；另一方面，离开丰富的现代动物学信息的比较和推理，单靠化石去“实证”，也会显得茫然而苍白无力。只有两者的有机结合，才可望得到较为符合历史真实的结果。在动物类群起源和演化探索舞台上，过去一直由传统动物学扮演主角，但随着分子进化生物学的崛起、Evo-Devo（Evolutionary developmental biology）概念的演绎和古生物学上蕴藏关键演化信息的重要化石的大量面世，情况正在悄然发生变化，推动进化论发展的主角将可能被分子发育生物学和古生物学所取代（Conway Morris, 2000, 2003；Hall, 2002）。在追寻后口动物谱系至少五亿多年的演化历史过程中，学术界最关注的是它的“两头”：一头是现在，另一头在源头。现生后口动物谱系演化研究之所以相对深入，是因为人们很容易从现代生命的分子、细胞、器官构造、发育等各个生命层次上获得丰富的进化信息；而学术界之所以关注主要化石类群的起源和早期演化，是因为那里蕴藏着解决谱系实证起源和演化分支的关键信息。

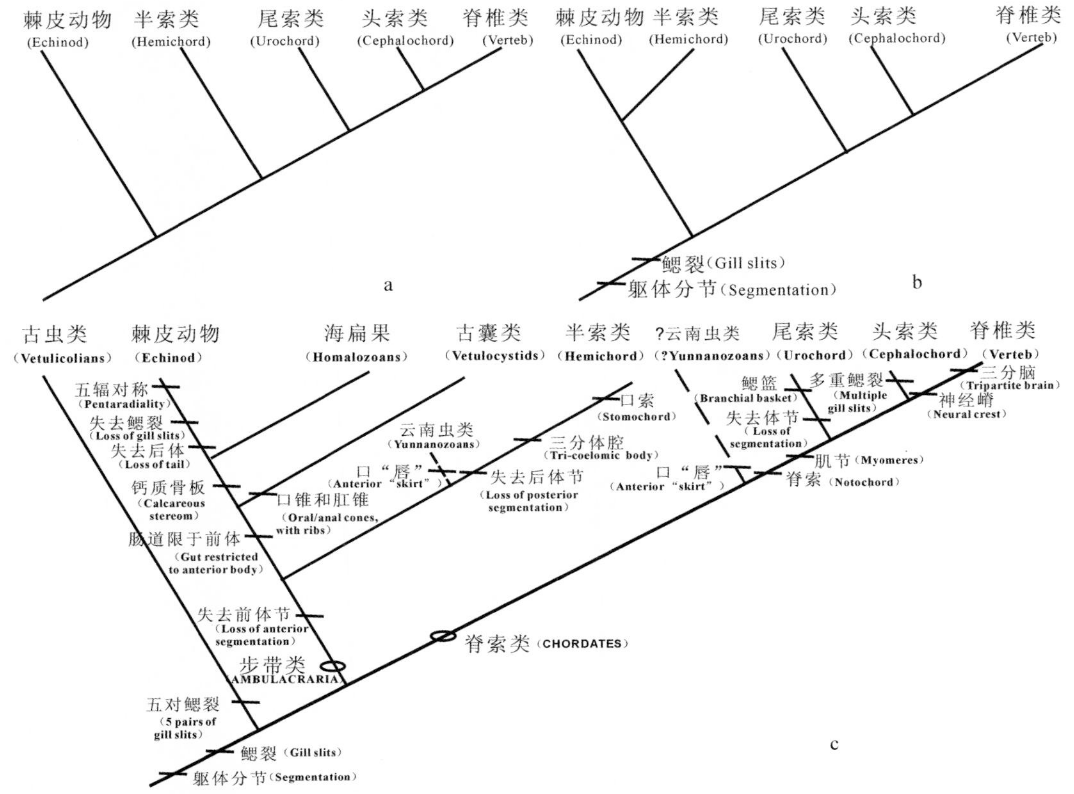

图 2 几种主要的后口动物谱系假说。a,经典单因子谱系图(据 Schaeffer in Gee, 2001b);b,双因子谱系图(据 Gee, 2001b, 图 1.2);c,三因子谱系图(据 Shu *et al.*, 2004;舒德干,2005)。

3.1 现生后口动物谱系研究简史

在一百多年的研究历史中曾出现过形形色色的谱系演化假说(Romer, 1964; Jefferies, 1986; Pough *et al.*, 1989; Kardong, 1998, 2002),其中影响较大的有下述几种。

(1)传统单因子谱系图。根据形态学(含发育学信息)单一标准得出的谱系图有许多种。早期影响较大的假说是 W. Garstang 于 1928 年提出的幼态发育(paedomorphosis)说(Pough *et al.*, 1989, p. 70; Kardong, 1998, p. 74);后来 Romer 等人修改发展了这一假说(Romer, 1964, p. 28),在学术界形成了较大影响;Schaeffer 十分聪明地避开了无法验证的脊椎动物早期幼态发育猜想,而主要依据可观察的后口动物早期胚胎发育特点建立了新的谱系图(图 2a)(Schaeffer, 1987),并得到了更广泛的认同而成为那个时代的"教科书观点"(Gee, 2001b, p. 2)。

(2)双因子谱系图。上述多种单因子谱系图的共同点是:尽管它们都将棘皮动物门和半索动物门置于后口动物谱系的底部,但它们彼此分立。20 世纪末期,大量分子生物学数据复活了"步带类"概念,它使棘皮动物门与半索动物门构成了一个紧密的姊妹群(图 2b)(Gee, 2001b; Winchell *et al.*, 2002; Halanych, 2004)。尽管双因子谱系图目前已经被广泛认同为"标准"观念，但它的致命弱点是缺失谱系的根底类群。

由于生命演化是一个漫长的历史过程，所以只有那些包含了直接久远历史信息的动物谱系图才更接近真实。于是，结合现代动物学双因子谱系信息和后口动物谱系近“源头”的历史信息，我们获得了三因子谱系图的初步方案（图 2c），它为人们探索各后口动物类群的起源和早期演化的真实面貌提供了可能。

3.2　现生后口动物谱系研究中的五大起源难题

各主要类群的起源问题是生物谱系演化关系探索中的核心命题。现生后口动物谱系共包括三个形态各异的动物门类，长期以来，由于缺乏对其祖先类群和演化过渡类群的了解，其起源问题便构成了后口动物谱系演化研究中的三个不解之谜。

具有神经嵴构造的“四胚层动物”脊椎动物是从三胚层无脊椎动物脱胎而来的地球“统治类群”。它们无论是在形态学还是在发育学、遗传学上都与无脊椎动物之间存在着巨大鸿沟（Dawkins，2004）。于是，脊椎动物的起源便构成了后口动物谱系中的第四大起源难题。实际上，它一直是进化生物学中十分令人关注的一个重大难题。

在现生后口动物谱系演化的各种假说中，要么直接将棘皮动物作为谱系的根底类群（图 2a），要么将包括棘皮动物在内的“复合类群”步带类作为根底类群（图 2b）。但是，现代分子生物学信息表明，后口动物谱系真正的根底类群应该是躯体原始分节且具简单鳃裂构造的类群（Holland *et al.*，1997；Gee，2001b；Stollewerk *et al.*，2003；Patel，2003）。这就意味着，躯体已经完全不分节的棘皮动物或整个步带类其实并不能代表后口动物谱系中最原始的类群。换句话说，已有的各种现生后口动物谱系图都是不完善的谱系图，它们都缺失了曾在谱系演化历史中存在过但后来又绝灭了的未知根底类群。从这个意义上看，后口动物谱系第五大起源难题，即该谱系根底类群的起源问题，便构成了该谱系演化研究中最大的一个难解之谜。对后口动物谱系探索中的这些起源难题，现生动物学只能提供某种解题的思路和线索，而破解奥秘的钥匙必然埋藏在古老的化石信息中。

3.3　早期后口动物谱系新假说为四个起源难题提供初步答案

三十多年来，“钙索动物”假说以古生代化石材料为依托，试图揭示出棘皮动物、半索动物、尾索动物、头索动物和脊椎动物的实证起源（Jefferies，1986，1997，2001）。然而，认同者却寥寥无几（Gee，2001b；Lefebvre，2003），其原因大概有：①各类群“钙索动物”化石只保留了动物体的硬体构造，它们都缺失了最能代表动物本质属性的软躯体构造信息，这大大增加了动物属性判断上的不定性，从而极大地削弱了它们在讨论动物演化关系时的“发言权”；②所谓能分别导源出棘皮动物、半索动物、尾索动物、头索动物和脊椎动物冠群的各类“钙索动物”化石，在时段上都远晚于其真实的历史源头，这使得人们在逻辑上更愿意相信这些“钙索动物”更可能代表着演化后期形成的特化类群，而与源头的真正祖先无关；③“钙索动物”演化图谱与现生动物演化图谱、尤其是分子进化生物学图谱存在着明显冲突。

与此相反，近来建立于最接近于各类后口动物起源源头时段的软躯体构造化石记录的新假说（Shu *et al.*，2004；舒德干，2005），与现生动物演化图谱相容性高，从而克服了“钙索动物”假说的三个基本缺陷。更有意义的是，新假说还包含了现生动物演化图谱所缺失的根底类群，于是，我们有理由期盼，这种更为完善、更接近历史真实的谱系演化假说能为某些起源悬案的破译提供初步答案。

（1）探索脊椎动物的实证起源的一个核心问题就是探寻最古老、最原始的脊椎动物祖先。尽管圆口类从石炭纪出现以来很少变化，但实际上它们的躯体构造已经十分特化，不可能代表脊椎动物谱系的直系祖先（Janvier，1998）。从逻辑上讲，真实的祖先类型不仅应该在时代上出现得很早，而且还应该在形态学上兼有原始脊椎动物及“前脊椎动物”的混合特征（舒德干、陈苓，2000）。用这个标准来衡量，海口鱼，也可能还有昆明鱼，就应该是已知最古老、最原始的脊椎动物。海口鱼不仅具有前位眼、原始脊椎、简单鳃骨、鳍条或无或弱等一系列脊椎动物的原始属性，而且还保留着无头类（如文昌鱼）的多重生殖腺特征。实际上，早寒武世脊椎动物的这种体器官与生殖器官的镶嵌演化是整个脊椎动物的普遍现象：海口鱼生殖系统的演化滞后性与已经成功登陆生活的两栖四足类却仍保留水中生殖的无羊膜卵以及被毛、哺乳的鸭嘴兽却仍维持卵生的情况如出一辙。目前，学术界越来越多的人取得共识：这些最古老的鱼很可能就代表着由无头类向有头类过渡的关键环节（舒德干、陈苓，2000；Shu *et al.*，2003a；Janvier，2003；Zhang and Hou，2004）。

（2）古虫动物门各属种的躯体皆二分，前后两部分皆分节，而且其前体都具有五对简单的鳃裂构造。这样的躯体构形显示，它们最接近分子发育生物学推测的后口动物根底类群，很可能就是后口动物谱系中已经灭绝了的最古老、最原始的代表（Holland *et al.*，1997；Stollewerk *et al.*，2003）。先后历经十年的热烈讨论，目前学术界几乎一致认同古虫动物门的后口动物属性（Gee，2001a；Lacalli，2002；Chen A *et al.*，2003；Valentine，2004；Luo *et al.*，2005），其中，有少数人认为古虫动物门可能代表着与脊索动物相关的较为进步的后口动物类群，但这种观点缺乏有力的证据（舒德干，2005）。

（3）如果古虫动物门果真代表着后口动物谱系根底类群的话，那么在其早期历史中还应该存在着由这个根底类群向两大类步带动物（棘皮动物门和半索动物门）分别演进的初始过渡类群。如果足够幸运的话，人们有希望在早期化石记录中找到它们的踪迹。新假说的谱系分析显示，古囊类和云南虫类在形态学上与这种推测的初始过渡类群相当一致。尽管古囊动物的前体已经完全失去分节性和两侧对称性并愈合成了早古生代常见的囊状棘皮动物，但其后体却仍然保留着古虫动物祖先的两侧对称性和分节性（Shu *et al.*，2004；Shu，2004）。另一方面，正如棘皮动物研究专家 A. Smith 所指出的那样，古囊类很可能代表着棘皮动物门的一个根，但只能代表根部演化系列中的一个环节（Smith，2004），要完全揭示棘皮动物的起源奥秘仍然任重道远。

（4）云南虫类的基本形态学特征很难与现生类群直接对比。因而，我们只有“抓住矛盾的主要方面”，在动物类群的主要“定义特征”（defining feature）上将它们同时与其他灭绝类群和现生类群进行类比和推理分析，才可能对其生物学地位有较为准确的理解。古虫动物门的主要定义特征之一是其前体三分，即背区、腹区和介于其间的鳃区。无独有偶，云南虫类的前体也呈极其相似的三分（Shu *et al.*，2003b）。从这个意义上看，两者应该构成一个姊妹群（舒德干，2003）。最近，Steiner 和朱茂炎等人甚至将云南虫和海口虫直接归入古虫动物类群（Steiner *et al.*，2005）。另一方面，尽管质地纤弱的神经构造通常很难保存为化石，但在数千枚海口虫标本中，仍在多枚保存极佳的标本中见到了清晰的背神经索和腹神经索（图 1e—i）。在现生动物界，只有半索动物门才同时兼有背、腹神经索构造。于是，前体开始失去体节并兼有背、腹神经索的云南虫类便应该代表着通体分节的古虫类向躯体完全失去分节性的半索动物门演化的某种早期过渡环节。值得注意的是，海口虫的背神经索的前端逐渐变尖，从未扩大成脑（图 1i），当然这种动物也就不可能发育出与脑相关的眼睛等感官构造了。

古囊类和云南虫类分别被论证为古虫动物门与步带类中的两类群（棘皮动物门和半索动物门）之间的某种过渡类型，这进一步支持了古虫动物门极可能代表着后口动物谱系的一个根底类群的猜想（Shu *et al.*，2004；Shu，2004；舒德干，2005）。

目前，澄江动物群研究尚不能为后口动物谱系演化中脊索动物门的起源谜团的破解提供有说服力的答案。这是古生物学的憾事，更是现生动物学的憾事，分子生物学目前尚不能完全确定尾索动物的演化地位，因为大分子（LSU rRNA）与小分子（SSU rRNA）测序分析的结果之间存在着明显差别（Winchell *et al.*，2002）。而且，Garstang 和 Jefferies 坚持脊椎动物与尾索动物构成姊妹群的观点也并非完全没有道理（Pough *et al.*，1989；Jefferies，2001）。也就是说，古、今动物学目前仍无法完全确定脊索动物门的起源事件到底是发端于尾索动物还是头索动物。

3.4　几个澄江后口动物属性的辨识问题

（1）由于在古虫类前体上辨识出了确实无疑的鳃裂构造（图 1a—d），而不存在任何节肢动物的独有性状或近裔特征，所以古虫类已被广泛接受为后口动物（Chen *et al.*，2003；Valentine，2004；Luo *et al.*，2005；舒德干，2005）。

（2）关于云南虫类的生物学地位仍然争论激烈，离定论尚远，但越来越多的证据表明它们不存在脊索构造（Briggs and Kear，1994；Smith *et al.*，2001）。继 Valentine 的“非脊索动物”观点之后（2004），Steiner、朱茂炎、赵元龙等人最近也认为云南虫类不是脊索动物，而应该属于古虫类范畴（2005，p. 148）。这样一来，它们就根本不可能与具脑和眼睛的有头类有什么直接关联。过去声称的云南虫类的“脑”其实不过是背大动脉前段的膨大，而所谓“眼睛”更是在鳃弓或口裙弓棒与背大动脉连接处由于保存因素所形成的“圆疤”的误读：实际上，那种“眼睛”在前体的背、腹区可多达七对（图 1e，g，h）。此外，“肛后尾”也不是该动物的原生构造：云南虫类标本后体的扭曲挤压常能形成大小不一、形态各异的假

"肛后尾"。一些标本中分节背板可部分地与咽区、肠区分离保存的事实(图1j),更使人们怀疑"肌节"属性的真实性(Shu *et al.*, 1996a)。

(3)最近在对澄江化石库中的后口动物进行评述时出现了几个"等式"或同物异名(陈均远,2004)。然而,它们没有一个能够得到事实的支持,舒德干最近对此做了较详细的讨论(舒德干,2005)。此外,值得一提的是,陈均远等人报道的山口海鞘(*Shankouclava*)看起来具有某些尾索动物的属性,但其分节构造却令人费解,而且,单体固着生活的山口海鞘与现生营群体生活的简鳃被囊动物到底是否存在着亲缘关系也仍是一个谜(Chen J. *et al.*, 2003;陈均远,2004)。2005年年初,西北大学研究组在山口村发现了与山口海鞘相近的标本,尤其是其躯体中的横格状构造与山口海鞘的关键性鉴定性状"鳃耙"(branchial bars)几无二致,但新标本却清晰地保存了分叉触手(图1l, m)。当年夏天,舒德干和韩健等人在澄江重新观察原山口海鞘标本时,发现其中四枚标本很可能保存了未被原作者描述的触手构造(如陈均远等人2003年发表在PNAS杂志上的图1-F中两个交叉保存个体的顶部)。这样一来,它们到底是代表着某类具触手冠动物,还是属于真正的海鞘类,便需进一步研究。

4. 结语

(1)在近十年中,在离后口动物起源源头不远的澄江化石库不仅发现了各主要现生类群的古老代表,而且还发现了一个可能的绝灭根底类群——古虫动物门。这使我们得以结合现代生物学的演化信息,首次勾勒出早寒武世后口动物谱系图。

(2)古虫动物门的躯体呈原始分节、具有五对简单鳃裂,在形态学上十分接近分子发育生物学推测的后口动物谱系的根底类群。

(3)两类步带动物的早期演化类群(古囊类和云南虫类)的发现,进一步支持了古虫动物门很可能代表后口动物谱系根底类群的假说。

(4)作为早寒武世后口动物谱系的"顶端类群",脊椎动物既发育出了前位眼、原始脊椎等有头类的初始创新性状,又保留着无头类的多重生殖腺特征,很可能代表着由无头类刚刚迈进有头类范畴的初始过渡环节。

(5)目前,无论是古生物学还是分子生物学都不能为脊索动物门的起源提供确切的答案,这主要是由于尾索动物生物学地位的不确定性。实际上,舒德干等人提出的早期后口动物谱系演化假说虽然可能比"钙索动物"假说更接近历史的真实,但它仍只是一个演化框架。分子进化生物学的深入发展和古生物学新发现的不断面世,必然会对这一框架进行补充和修正。

致谢

本研究得到科技部国家重点基础研究发展计划项目(G2000077700)、国家自然科学基金重点项目(40332016)、长江学者和创新团队发展计划(PCSIRT)、高等学校博士学科点专项科研基金的资助。感谢韩健、S. Conway Morris、张兴亮、陈苓、张志飞、刘建妮等在过去不同合作研究阶段做出的贡献和郭宏祥、姬严兵、翟娟萍、程美蓉等在野外作业和室内工作中的帮助。

参考文献

1. Benton, M. J., 2005. Vertebrate Palaeontology (third edition), Blackwell Publishing, Oxford. 1-455.
2. Briggs, D. E. G. & Kear, A. J., 1994. Decay of the lancelet *Branchiostoma lanceolatum* (Cephalochordata): implication for the interpretation of soft-tissue preservation in conodonts and other primitive chordates. Lethaia, 26(3), 275-287.
3. Briggs, D. E. G., Erwin, D. H. & Collier, F. J., 1994. The Fossils of the Burgess Shale. Smithsonian Institution Press. 238pp.
4. Bromham, L. D. & Degnan, B. M., 1999. Hemichordate and deuterostome evolution: robust molecular phylogenetic support for a hemichordate + echinoderm clade. Evolutionary Development, 1(1), 166-171.
5. Chen J. Y., 2004. The Dawn of Animal World. Nanjing: Jiangsu Science & Technology Publishing House. 366pp (in Chinese) [陈均远. 2004. 动物世界的黎明. 南京:江苏科学技术出版社. 1-366].
6. Chen, A. L., Feng, H. Z., Zhu, M. Y., Ma, D. S., Li, M., 2003. A new vetulicolian from the early Cambrian Chengjiang fauna in Yunnan of China. Acta Geologica Sinica, 77(3), 281-287.
7. Chen, J. Y. & Zhou, G. Q., 1997. Biology of the Chengjiang fauna. Bulletin of National Museum of Natural Science (Taichung), 10, 11-105.
8. Chen, J. Y., Dzik, J., Edgecombe, G. D., Ramskoeld, L., Zhou, G. Q., 1995. A possible early Cambrian chordate. Nature, 377, 720-722.
9. Chen, J. Y., Huang, D. Y. & Li, C. W., 1999. An Early Cambrian craniate-like chordate. Nature, 402, 518-521.
10. Chen, J. Y., Huang, D. Y., Peng, Q. Q., Chi, H. M., Wang, X. Q., F. M., 2003. The first tunicate from the early Cambrian of South China. Proceedings of the National Academy of Sciences of the USA, 100(14), 8314-8318.
11. Conway Morris, S., 1985. Cambrian Lagerstätten: their distribution and significance. Philosophical Transactions of the Royal Society of London B, 311, 49-65.
12. Conway Morris, S., 1998. The Crucible of Creation: The Burgess Shale and the Rise of Animals. Oxford University Press. 242pp.
13. Conway Morris, S., 2000. The Cambrian "explosion": Slow-fuse or megatonnage? Proceedings of the National Academy of Sciences of the United States of America, 97(9), 4426-4429.
14. Conway Morris, S., 2003. The Cambrian "explosion" of metazoans and molecular biology: would Darwin be satisfied? International Journal of Developmental Biology, 47(7-8), 404-415.
15. Conway Morris, S. & Shu, D. G., 2003. Deuterostome Evolution, In McGraw-Hill Yearbook of Science and Technology, McGraw-Hill, New York. 79-82.
16. Dawkins, R., 2004. The Ancestor's Tale: A Pilgrimage to the Dawn of Life. Weidenfeld & Nicolson. 528pp.
17. Gee, H., 2001a. On the vetulicolians. Nature, 414, 407-409.
18. Gee, H., 2001b. Deuterostome phylogeny: the context for the origin and evolution of the vertebrates. In: Ahlberg, P. E. (Ed.), Major Events in Early Vertebrate Evolution Taylor & Francis, London. 1-14.
19. Halanych, K. M., 1995. The phylogenetic position of the pterobranch hemichordates based on 18S rDNA sequence Data. Molecular Phylogeny and Evolution, 4(1), 72-76.
20. Halanych, K. M., 2004. The new view of animal phylogeny. Annual Reviews of Ecology and Evolutionary Systematics, 35, 229-256.
21. Halanych, K. M., Bacheller, J. D., Aguinaldo, A. M., Lisa, S. M., Hillis, D. M., Lake, J. A., 1995. Evidence from 18S rDNA that the lophophorates are protostome animals. Science, 267, 1641-1643.
22. Hall, B. K., 2002. Palaeontology and evolutionary developmental biology: a science of the nineteenth and twenty-first centuries, Palaeontology, 45(4), 647-669.
23. Holland, L. Z., Kene, M., William, N. A., Holland, N. D., 1997. Sequence and embryonic expression of the amphioxus *engrailed* gene (*AmphiEn*): the metameric pattern of transcription resembles that of its segment-polarity homolog in *Drosophila*. Development, 124, 1723-1732.
24. Hou, X. G., Aldridge, R. J., Bergström, J., Siveter David, J., Siveter Derek, J., Feng, X. H., 2004. The Cambrian Fossils of Chengjiang, China – the Flowering of Early Animal Life, Blackwell Science Ltd, Oxford. 1 – 233.
25. Hou, X. G. & Bergström, J., 1997. Arthropods from the Lower Cambrian Chengjiang fauna, southwest China. Fossils and Strata, 45, 1-116.
26. Hou, X. G., Aldridge, R. J., Siveter, D. J., Siveter, D. J., Feng, X. H., 2002. New evidence on the

anatomy and phylogeny of the earliest vertebrates. Proceedings of Royal Society of London. B, 269, 1865-1869.

27. Hou, X. G., Bergström, J., Wang, H. F., Feng, X. H., Chen, A. L., 1999. *The Chengjiang Fauna: Exceptionally well-preserved animals from* 530 *million years ago*. Kunming: Yunnan Science and Technology Press. 170pp (in Chinese) [侯先光, 杨·伯格斯琼,王海峰,冯向红,陈爱林. 1999. 澄江动物群:5.3 亿年前的海洋动物. 昆明:云南科技出版社. 1-170].

28. Janvier, P., 1998. Early Vertebrates. Clarendon, Oxford Science Publications, 393pp.

29. Janvier, P., 1999. Catching the first fish. Nature, 402, 21-22.

30. Janvier, P., 2003. Vertebrate characters and the Cambrian vertebrates. C R Palevol, 2, 523-531.

31. Jefferies, R. P. S., 1986. The Ancestry of the Vertebrates. London: (British Museum (Natural History). Dorset Press. 86-125.

32. Jefferies, R. P. S., 1997. A defence of the calcichordates. Lethaia, 30, 1-10.

33. Jefferies, R. P. S., 2001. The origin and early fossil history of the acustico-lateralis system, with remarks on the reality of the echinoderm-hemichordate clade, In Ahlberg, P. E. (ed.). Major Events in Early Vertebrate Evolution Taylor & Francis, London. 40-66.

34. Jin, Y. G. & Wang, H. Y., 1992. Revision of the Lower Cambrian brachiopod *Heiliomedusa* Sun and Hou, 1987. Lethaia, 25(1), 35-49.

35. Kardong, K., 1998. Vertebrates-Comparative Anatomy, Function, Evolution (Second edition). McGraw-Hill, Boston. 747pp.

36. Lacalli, T. C., 2002. Vetulicolians – are they deuterostomes? chordates? BioEssays, 24(3), 208-211.

37. Lefebvre, B., 2003. Functional morphology of stylophoran echinoderms. Palaeontology, 46 (4), 511-555.

38. Luo, H. L., Fu, X. P., Hu S. X., Li, Y., Chen, L. Z., You, T., Liu, Q., 2005. New vetulicoliids from the Lower Cambrian Guanshan Fauna, Kunming. Acta Geologica Sinica, 79(1), 1-6.

39. Luo, H. L., Hu, S. X. & Chen, L. Z., 2001. New Early Cambrian chordates from Haikou, Kunming, Acta Geologica Sinica, 75(4), 345-348.

40. Luo H. L., Hu, S. X., Chen, L. Z., Zhang, S. S., Tao Y. H., 1999. Early Cambrian Chengjiang fauna from Kunming region, China, Kunming: Yunnan Science and Technology Press. 129pp (in Chinese) [罗惠麟,胡世学,陈良忠,张世山,陶永和. 1999. 昆明地区早寒武世澄江动物群. 昆明:云南科技出版社. 1-129]

41. Mallatt, J. & Chen, J. Y., 2003. Fossil sister group of craniates: Predicted and found. Journal of Morphology, 258(1), 1-31.

42. Nielsen, C., 2001. Animal Evolution: Interrelationships of Living Phyla (Second Edition). Oxford University Press, Oxford. 563pp.

43. Patel, N. M., 2003. The ancestry of segmentation. Developmental Cell, 5(1), 2-4.

44. Pough, F. H., Heiser, J. B. & McFarland, W. N., 1989. Vertebrate Life (Third edition). Macmillan Publishing Company, New York. 904pp.

45. Romer, A. S., 1964. The Vertebrate Body (Third edition). W B Saunders Company, 626pp.

46. Schaeffer, B., 1987. Deuterostome monophyly and phylogeny. Evolutionary Biology, 21, 179-235.

47. Shu, D. G., 2003. A paleontological perspective of vertebrate origin, Chinese Science Bulletin, 48(8), 725-735 [舒德干. 2003. 脊椎动物实证起源,48(6), 541-550].

48. Shu, D. G., 2004. Cambrian explosion and origins of major animal groups, Procediings of the 19th International Congress of Zoology, Beijing. 6-9.

49. Shu, D. G., 2005. On the Phylum Vetulicolia. Chinese Science Bulletin, 50(20), 2342-2352 [舒德干, 2005. 再论古虫动物门,50(19),2114 -2126].

50. Darwin, C., 2005. Origin of Species. Translation by Shu Degan *et al.*, Xi'an: Peking University Press (in Chinese) [Darwin Ch. 2005. 物种起源. 舒德干等译. 北京:北京大学出版社].

51. Shu, D. G. & Chen, L., 2000. Mosaic evolution of the oldest vertebrates. Geoscience, 14(3), 315-322 (in Chinese) [舒德干,陈苓. 2000. 最早期脊椎动物的镶嵌演化. 现代地质,14(3), 315-322].

52. Shu, D. G. & Conway Morris, S., 2003c. Response to Comment on "A New Species of Yunnanozoan with Implications for Deuterostome Evolution", Science 300, 1372 and 1372d.

53. Shu, D. G., Conway Morris, S. & Zhang, X. L., 1996a. A *Pikaia*-like chordate from the Lower Cambrian of China. Nature, 384, 157-158.

54. Shu, D. G., Zhang, X. L. & Chen L., 1995a. Restudy of *Yunnanozoon* and *Vetulicolia*, International Cambrian Explosion Symposium in Nanjing, Abstracts, 26-33.

55. Shu, D. G., Zhang X. L., & Chen L., 1996b. New advance in the study of the Chengjiang fossil Lagerstätte. Progress in Geology of China (1993 – 1996), 30th IGC. 42-46.

56. Shu, D. G., Zhang, X. L. & Chen, L., 1996c. Re-

interpretation of *Yunnanozoon* as the earliest known hemichordate. Nature, 380,428-430.

57. Shu, D. G., Zhang, X. L. & Geyer, G., 1995b. Anatomy and systematic affinities of Lower Cambrian bivalved arthropod *Isoxys auritus*. Alcheringa, 19 (4), 333-342.
58. Shu, D. G., Chen, L., Han, J., Zhang, X. L., 2001a. An early Cambrian tunicate from China. Nature, 411, 472-473.
59. Shu, D. G., Conway Morris, S., Han, J., Zhang Z. F., Liu J. N., 2004. Ancestral echinoderms from the Chengjiang deposits of China. Nature, 430, 422-428.
60. Shu, D. G., Conway Morris, S., Zhang, X. L., Chen, L., Li, Y., Han, J., 1999a. A pipiscid-like fossil from the Lower Cambrian of South China. Nature, 400, 746-749.
61. Shu, D. G., Conway Morris, S., Han, J., Chen, L., Zhang, X. L., Zhang, Z. F., Liu, H. Q., Li, Y., Liu, J. N., 2001b. Primitive deuterostomes from the Chengjiang Lagerstätte (Lower Cambrian, China). Nature, 414, 419-424.
62. Shu, D. G., Conway Morris, S., Han, J., Zhang, Z. F., Yasui, K., Janvier, P., Chen, L., Zhang, X, L., Liu, J. N., Li, Y., Liu, H. Q., 2003a. Head and backbone of the Early Cambrian vertebrate Haikouichthys. Nature, 421, 526-529.
63. Shu, D. G., Conway Morris, S., Zhang, Z. F., Liu, J. N., Han, J., Chen, L., Zhang, X. L., Yasui, K., Li, Y., 2003b. A new species of yunnanozoan with implications for deuterostome evolution. Science, 299, 1380-1384.
64. Shu, D. G., Luo, H. L., Conway Morris, S., Zhang, X. L., Hu, S. X., Chen, L., Han, J., Zhu, M., Li, Y., Chen, L. Z., 1999b. Early Cambrian vertebrates from South China. Nature, 402, 42-46.
65. Smith, A., 2004. Echinoderm roots. Nature, 430, 411-412.
66. Smith, M. P., Sansom, I. J. & Cochrane, K. D., 2001. The Cambrian origin of vertebrates. In Ahlberg, P. E. (ed.). Major Events in Early Vertebrate Evolution Taylor & Francis, London. 67-84.
67. Steiner, M., Zhu, M. Y., Zhao, Y. L., Erdtmann, B. D., 2005. Lower Cambrian Burgess shale-type fossil associations of south China. Palaeogeography, Palaeoclimatology, Palaeoecology. Special Issue, 220, 129-152.
68. Stollewerk, A., Schoppmeier, M. & Damen, W. G., 2003. Involvement of *Notch* and *Delta* genes in spider segmentation. Nature, 423, 863-865.
69. Valentine, J., 2002. Prelude to the Cambrian explosion. Annual Review of Earth and Planetary Sciences, 30(4), 285-306.
70. Valentine, J., 2004. On the Origin of Phyla. Chicago Press. 614pp.
71. Winchell, C. J., Sullivan, J., Cameron, C. B., Swalla, B. J., Mallatt, J., 2002. Evaluating hypotheses of deuterostome phylogeny and chordate evolution with new LSU and SSU ribosomal DNA data. Molecular Biology and Evolution, 19(5), 762-776.
72. Zhang, W. T. & Hou, X. G., 1985. Preliminary notes on the occurrence of the unusual trilobite *Naraoia* in Asia. Acta Palaeontologica Sinica, 24 (6), 591-595 (in Chinese) [张文堂,侯先光. 1985. *Naraoia* 在亚洲大陆的发现. 古生物学报,24(6), 591-595].
73. Zhang, X. G. & Hou, X. G., 2004. Evidence for a single median fin-fold and tail in the Lower Cambrian vertebrate, *Haikouichthys ercaicunensis*. Journal of Evolutionary Biology, 17(2004), 1157-1161.
74. Zhang, X. L., Shu, D. G., Han, J., Li, Y., 2001. New sites of Chengjiang fossils: crucial windows on the Cambrian explosion. Journal of the Geological Society, London. 158, 211-218.

(舒德干　译)

华南早寒武世脊椎动物

舒德干*,罗惠麟,Simon Conway Morris,张兴亮,胡世学,陈苓,韩健,朱敏,李勇,陈良忠

*通讯作者 E-mail：elidgshu@ nwu. edu. cn

摘要 早期脊索动物化石曾见于寒武纪(545 Ma—490 Ma 前),但其最早期的纪录却凤毛麟角,而且常存有争议,因而人们很难对脊索动物的起源和演化构建一个清晰的谱系图。过去所有保存软躯体构造的脊索动物化石,都局限于中寒武世的布尔吉斯页岩型头索动物状动物,而已知最早的确定无疑的无颌类仅见于早奥陶世(约 475 Ma 前),再向前追索至寒武纪,到底是否存在无颌类,则多有争论。本文报道的在早寒武世澄江化石库发现的两种确定无疑的无颌类化石,将其分布时域大大推前。其中一个与七鳃鳗较为相似,另一个则接近于更加原始的盲鳗。这些发现表明,最早的无颌类可能起源于寒武纪初始时期,而低等脊索动物从更原始的后口动物演变出来的时间,则是在埃迪卡拉期(即元古宙最晚期,555 Ma 前)或更早。

"寒武纪大爆发"是指在寒武纪早期,各种各样的多细胞动物门类突然大量涌现出来的生物创新事件[1,2]。大爆发中产生的不仅有大量的现生动物门类,而且还出现了一些已经绝灭了的疑难类群。中寒武世布尔吉斯页岩中保存的动物化石类型为研究寒武纪海洋生物群落提供了极为重要的信息[1]。最近对其丰富的动物类群的揭示,导引出一系列的谱系分析图谱[3,4],这与将原口动物分成蜕壳类群和触手担轮类群两大支系的观点大体一致[5]。但是,对三胚层动物中的第三大支系后口动物,人们则知之甚少。

寒武纪脊索动物化石记录极为贫乏。尤其值得注意的是,至今所发现的脊索动物,尽管与现生头索动物文昌鱼有很大差别,但几乎全都属于头索动物亚门[6-8]。仅有一枚尚未命名的化石例外,它与七鳃鳗幼虫或有可比之处[9,10]。一些有争议的鱼鳞化石仅限于晚寒武世[11]。而真牙形石这样的脊索动物也只出现于寒武纪最晚期[12],而且它与其他无颌类的关系尚不确定[12,13]。从副牙形石到真牙形石的演化过渡,表明该类群起源于中寒武世[14]。但人们对其早期代表的软体构造特征仍一无所知。

本文中我们描述了云南省昆明市海口镇下寒武统中发现的两种无颌类[15]化石(图 1)。其中一种比较原始的类型叫昆明鱼(新属),其鳃囊中可能具有半鳃结构;另一种为海口鱼(新属),具有明显鳍条支撑的背鳍以及鳃篮构造。二者共有的特征包

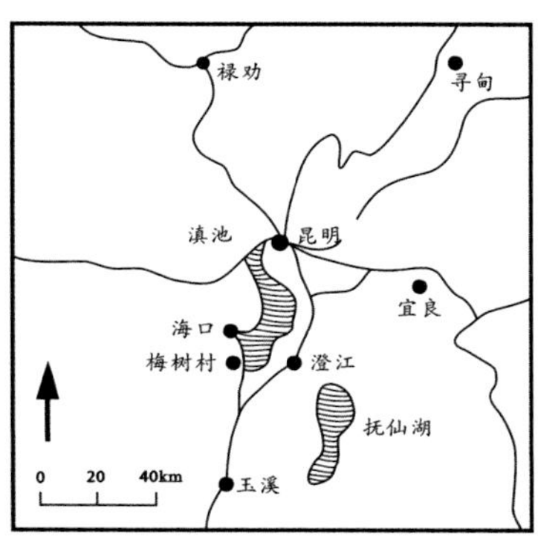

图1 云南省澄江县的地理位置图。软躯体化石最早于1910年在宜良县发现,但主要化石采集活动集中在抚仙湖附近的澄江县,以帽天山最为著名。本文描述的脊椎动物化石采自于滇池西边的昆明市海口镇。

括复杂的肌节、成对的腹鳍以及围心腔。这些发现不但将鱼化石的记录大为提前,而且还意味着,可能有更为原始的脊椎动物起源于早寒武世中期以前。

脊索动物门(Phylum Chordata)

脊椎动物亚门(Subphylum Vertebrata)

无颚纲(Class Agnatha)

昆明鱼 舒、张及韩,新属(*Myllokunmingia* Shu, Zhang and Han gen. nov.)

凤姣昆明鱼 舒、张及韩,新种(*Myllokunmingia fengjiaoa* gen. et sp. nov.)

词源:属名中的myllo,希腊语,意为鱼;昆明为云南省会;种名“凤姣”本意为美丽(取自发现者舒德干的母亲胡凤姣的名字,寓昆明鱼乃鱼之夏娃、人类之母)。

模式标本:ELI-0000201,保存于西安市西北大学早期生命研究所。

产地及层位:下寒武统筇竹寺组玉案山段(始莱德利基虫带)。标本采自云南省昆明市海口镇。

特征:身体侧视呈纺锤形,可分为头部和躯干部,背鳍前位;腹侧鳍从躯干下方长出,很可能为偶鳍,无鳍条;头部具5—6个鳃囊,每个鳃囊中具有半鳃结构,鳃囊可能与围鳃腔相通;躯干约有25个肌节,皆为双“V”形结构,腹部“V”字尖端指向后,背部“V”字尖端指向前;内部解剖构造包括咽腔、肠道、脊索以及可能的围心腔。

描述:凤姣昆明鱼(新属、新种),身体呈流线型,体长28 mm,最大高度6 mm(不包括背鳍),躯体最大高度距前端11 mm(图2a, 3)。表皮无骨骼或鳞片。身体分为两部分,头部包括鼻端和结构复杂的鳃;躯干部分节。帆状背鳍始于身体前端,向后逐渐达到最高,约1.5 mm,其后保存不清楚。身体腹侧面稍后部有一明显的鳍褶,它与躯体背腹中轴面成一夹角，这意味着该动物的鳍褶是成对的，另外一个鳍褶（即左鳍褶）应该掩埋在沉积物下面。背、腹鳍均无鳍条。

头部构造复杂（图2b, c）。最为明显的是一系列较大的具有横纹的后倾的腹部构造，在此解释为具半鳃结构的鳃囊。一些半鳃呈串珠状，可能暗示其原先状态呈折叠状或锯齿状。有4个鳃囊清晰可见，其中最后一个鳃囊较小；向前第5个鳃囊也较清晰，但第6个鳃囊的存在是推测出来的。在副型标本上，鳃囊的下面可以清楚地观察到一个纵向凸起（图2c），该构造在正型上可以观察到2—3个纵脊，它们正对应于围鳃腔（图3）；最后一个鳃囊好像缺少围鳃腔。鳃部并未观察到任何鳃篮或其他骨骼成分。头部其他地方星星点点地分布着一些暗色区域，除了一些分节的构造之外，在靠近躯干的边界处，这些暗色补丁的排列形式表明它们并不代表内骨骼构造。口可能位于身体最前端，尽管前面可能存在一个轮环（图2a, c），但细节难辨。鳃囊之后近似卵形的区域极有可能代表围心腔。

躯干呈明显的"S"形分节（图2a, 3），在此解释为肌隔，代表它活着时的约25个肌节。肌节侧视背方"V"字尖端前指，腹方"V"字尖端后指，因而在背部两侧肌节向后愈合，而在腹部向前愈合。躯干腹边缘暗色凸起区域应该代表沉积物充填的肠道，在副型标本上肠道更为清楚，一直可延伸到保存不完整的躯干后端，因而尚不能确定昆明鱼是否具肛后尾。在躯干中部有一相当明显的细条带，可能代表不完全保留的脊索（图2a, 3）。在躯干与腹鳍褶界线处有一窄线，且至少可观察到一个分叉结构。这些构造可能代表血管。

海口鱼 罗、胡及舒，新属（*Genus Haikouichthys* Luo, Hu and Shu gen nov.）

耳材村海口鱼 罗、胡及舒，新种（*Haikouichthys ercaicunensis* Luo, Hu and Shu sp. nov.）

图2 下寒武统无颌类脊椎动物昆明鱼。标号：ELI-0000201。a，完整标本，前端在右边，后尖不完整可能是由于弯折原因，标尺长5 mm；b，显示化石头部细节，侧重于鳃囊，标尺长5 mm；c，副型标本显示化石腹面围鳃腔构造，标尺长3 mm。

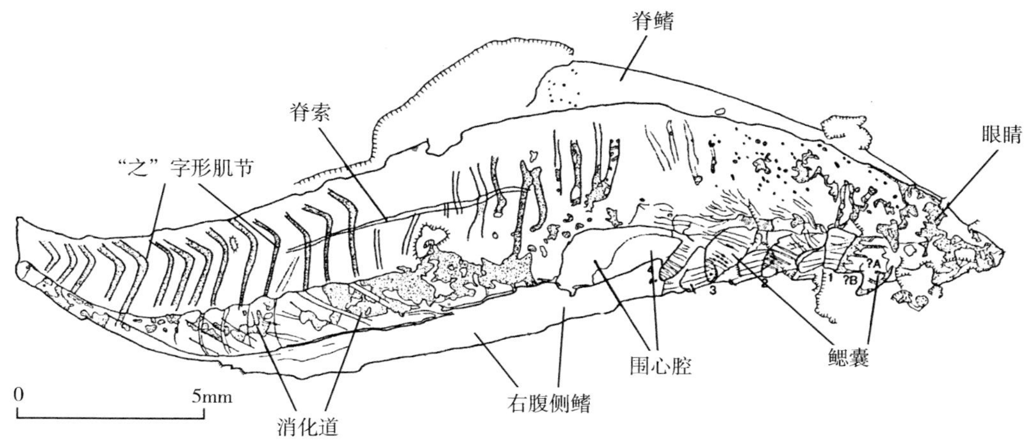

图 3　昆明鱼素描解译图。围鳃腔解译参照副型标本。数字 1—4 代表鳃囊，? A 和? B 为推测鳃囊，? A 的确定性稍小于? B。

词源：海口指昆明市海口镇，ichthyos 为希腊语，指鱼的意思；耳材村位于海口镇，化石采集于此。

模式标本：保存在云南地质科学研究所。标本号 HZ-f-12-127。

产地及层位：层位同昆明鱼，产地则为其东约 1 km。

特征：鱼体纺锤形，但比昆明鱼更为细长，身体分头部和躯干部；背鳍明显靠近身体前部，具鳍条。腹侧鳍在下腹部与躯干连接，很可能为偶鳍。头部至少有 6 个鳃弓，也可能多达 9 个。躯干肌节与昆明鱼相似，呈双"V"形。内部解剖学特征包括头颅软骨、围心腔、肠道以及一列生殖腺，生殖腺沿躯干腹侧排列。

描述：耳材村海口鱼保存不完全，鱼体的一端保存较完整，而另一端则由于腐烂而缺失。其可见长度为 25 mm（图 4a，c）。其中一个重要的问题是关于身体的前后定向。背鳍具明显的鳍条（图 4b），鳍条以与垂直方向呈 20°夹角向躯体的保存端倾斜。参照绝大多数鱼类的情况，这种鳍条倾向似乎表示，躯体保存的一端应为身体的后端。当然在现生无颌类中也有少数例外，如雄性七鳃鳗的第二鳍条在其成熟期为前倾[16]，盲鳗尾鳍的前部鳍条也呈垂直状态或者前倾[17]。将这块化石的保存部分定为身体后端，显然与其鳃篮、头颅软骨以及围心腔等复杂特征的定位明显冲突。因为无论是在现生还是绝灭无颌类中，其躯体后端皆不具有这样的构造。所以，这种异乎寻常的鳍条指向表明，要么它与七鳃鳗有相似的情况，要么是由于压歪变形所致。

在某些方面，海口鱼与昆明鱼很相似，整体形态差别不大，只是前者稍为细长些；头部与躯干部都易区分；二者躯干部的肌节形态相同；而较强后倾的"V"字形肌节可能是由于轻微斜向埋葬的结果。海口鱼的背鳍比昆明鱼更为明显（图 4a，c），不同之处在于它具有紧凑排列的鳍条（约每毫米 7 根，图 4b）；躯干与腹鳍褶之间的陡坎表明腹鳍褶是成对的。

身体前部一些结构清晰可辨（图 4b，c）。腹面有一系列棒状构造单元，每一个单元由两部分组成，一个棒条向后倾斜，而另外一个则大体平行于腹边缘。有六个这样的单元清晰可辨，还有两个不能完全确认，另有一个则是推测性的（图 4b，c），所以该构造的总数目可能高达九个，在此将它们解释为鳃篮构造的一部分。未见附生鳃和鳃丝结构。更前端有一堆复杂的矿化团块，我们暂时将其与七鳃鳗头颅软骨和眼进行类比[18]。靠近这个区域可见脊索的一小段。头部与躯干分界处存在一个三角形矿化的区域，有可能代表围心软骨或围心腔。但是这一推测应以紧随其后的成分不属于鳃篮的一部分为前提。如果这些成分属于鳃部结构的话，那么，围心腔的位置便应该位于紧随其后的二分区域。沿躯干腹面有一排略呈圆形的构造（约有 13 个），很可能为生殖腺（或者也可能解释为与盲鳗相似的黏液腺[18]）。躯干下部较浅的痕迹可能代表消化道，它向后沿一条暗色条带连绵延伸开去。

化石保存及生态学

与昆明鱼、海口鱼共同出现的动物群包括三叶虫类中的始莱德利基虫、云南头虫以及精美保存的节肢动物纳罗虫、瓦普塔虾。昆明鱼与海口鱼皆侧压保存（图 2a，4a），昆明鱼几近完整。由于埋葬的原因，其尾部急剧弯折入沉积物之中，所以未能观察到其尾部的最末端。鱼体这种保存特征，连同咽部充满泥质的现象，表明昆明鱼为活埋致死。与此相反的是，海口鱼身体平行于层面保存，身体后部没能保存下来很可能是由于腐烂的原因（图 4a，c）；化石躯体表面有硫化物矿物生长，以头部最为明显。澄江化石库中保存的脊索动物极其稀有（小于整个动物群的 0.025%），这可能是因为其游泳

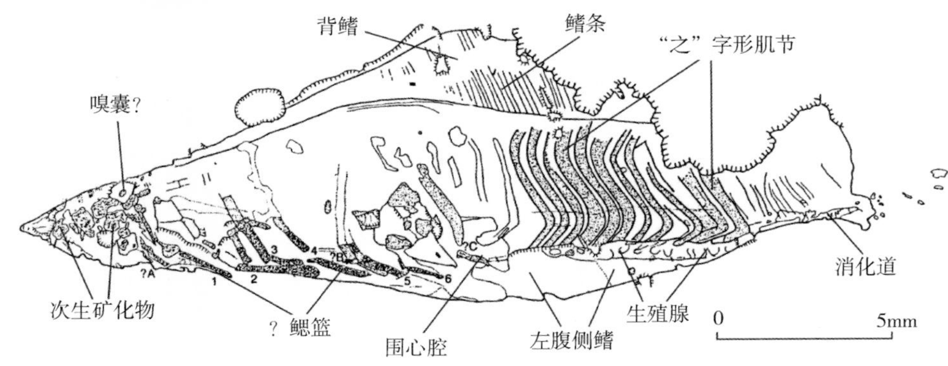

图 4 下寒武统无颌类海口鱼。标本号 HZ-f-12-127。a，整体标本，前端在左边，后端隐入沉积物，可能是因为腐烂的缘故。曾试图将后端修理出来，但未能成功，标尺长 5 mm。b，身体前部细节，显示推测的鳃棒、可能的内骨骼及围心腔，标尺长 5 mm。c，标本素描解译图，数字 1—6 为比较确认的鳃篮构造，?A—?C 不太确定，?C 前面三角形区域可解释为围鳃腔，?C 后颜色较浅部分亦有可能。

能力较强，使它们能够避免被海底泥流捕获的缘故。一般认为，这种灾难性的泥流埋藏是澄江化石库的主要埋藏方式[19]。

系统发育

为了探索昆明鱼和海口鱼的谱系位置，我们编制了一个由包括14个脊椎动物和2个外类群（海鞘类尾索动物、头索动物）共16个分类单元和116个性状构成的性状矩阵。这些性状大多数都来自于已有的矩阵V[20,21]。分析结果表明，昆明鱼和海口鱼确切无疑地属于无颌类，其分类位置距离七鳃鳗较近，而离盲鳗稍远（图5）。当性状确定依赖于某个具体的鉴定结果（如围心腔）或者事实上由于化石保存原因所导致的缺失（如髓弓弧片）时，我们采取了一种更加谨慎的态度，从而获得了较强支持的分支系统图。分析结果显示，海口鱼与七鳃鳗和莫氏鱼构成了一个单系群，但三者间的内部关系仍待解决。同时，昆明鱼显然更为原始些，它处于由海口鱼—莫氏鱼—七鳃鳗类和“甲胄鱼类”—颚口类两个支系组成的一个更大支系的基干位置。将这两个中国的鱼化石纳入到这个分支系统学进行分析，极大地扩展了我们对灭绝无颌类的了解，然而，它对现存早期脊椎动物分支系统的基本框架并没有实质性的改动[18,20-22]。

昆明鱼和海口鱼的发现对于人们认识脊椎动物谱系发生意义重大。这两个无颌类将以前的化石记录提早了至少二百万年[11,23]，甚至可多达五百万年（有关寒武纪和早奥陶世的同位素绝对年龄，请参考文献24及25）。昆明鱼和海口鱼之间的差异，表明当时很可能已经存在着多种多样的脊椎动物。这两种鱼都未见到有生物矿化结构，这也证实了骨组织的演化在脊椎动物谱系中发生较晚的观点[18,20]，尽管真牙形石以及副牙形石的化石记录显示，脊索动物在寒武纪时便开始了生物矿化作用[12,24]。这两个鱼化石都表明其腹鳍很可能是成对的。侧鳍褶的理论在学术界一直很有影响[21,26]，但在化石无颌类中只有缺甲类和莫氏鱼才见到这样的偶鳍[18,27]。偶鳍在早寒武世无颌类动物上的出现意味着，侧鳍褶可能是脊椎动物的一个原始的特征。与之相反，海口鱼背鳍中紧密排列的鳍条则可能是一种进步特征。

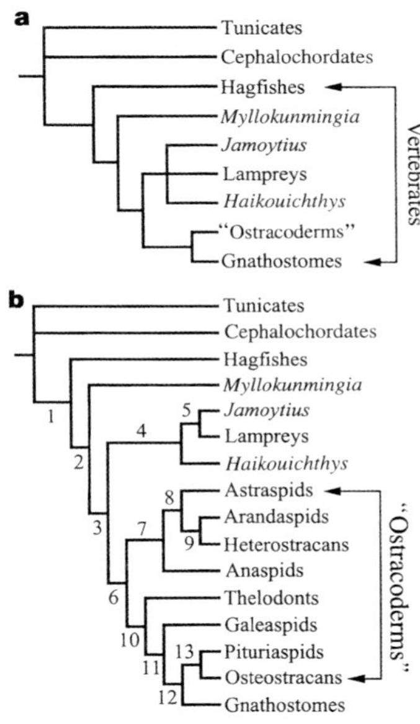

图5　包括昆明鱼和海口鱼在内的早期脊椎动物的分支系统分析。a，6个最简约树中的严格一致树；b，6个最简约树中的一个，其他5个应该显示出很小的差异。性状矩阵源自参考文献20，21。

更广泛的意义

寒武纪脊索动物门的化石记录非常罕见，而且多有争议。学术界普遍认为，早寒武世的华夏鳗以及中寒武世的皮卡鱼[6,7]

相当于头索动物亚门这一分支。个别人曾猜测华夏鳗可能为同时代云南虫的同物异名,但并未提出任何根据[28],实为无稽之谈。而且,云南虫本身到底是否属于脊索动物也大有问题[29,30],它更可能与西大动物和其他一些低等后口动物相关[31]。

早寒武世脊椎动物的发现对于推测脊索动物的演化时间表具有很好的指示性。昆明鱼和海口鱼在澄江动物群的发现表明,更为原始的类似盲鳗的脊椎动物极可能在下寒武统阿特达班阶开始时便已出现。这一发现将有助于阐明头索动物向早期脊椎动物的转变。最早的脊椎动物从头索动物中分异出来必须伴随身体基本构造的重组,尤其是神经嵴组织的有效表达[32]。而其主要生理功能的转变步骤则应包括神经系统的复杂精细化和咽腔积极呼吸作用的发生。然而,过去所揭示出来的寒武纪头索动物的解剖学特征表明,人们对"前脊椎动物"演化过程的了解还远远不够[6,7,9,10]。现在看来,过去引人瞩目的皮卡鱼[7,8],实际上不过是脊椎动物的一个旁系祖先:其形态十分特别,头部由两叶组成,每叶都带有一个纤细而明显的触手,其肌隔的形态恰好与昆明鱼和海口鱼相反,而且脊索终止于前端不远处。

脊索动物早期演化的主要步骤很可能发生于新元古宙晚期,但在埃迪卡拉生物群组合中还没有发现任何脊索动物的迹象。当然,其粉砂岩和砂岩也不适于精细构造的保存。值得一提的是,我们这两条鱼的发现决不能证明脊椎动物的起源时间比它们还要早好几亿年[33],实际上,那种说法的可靠性曾多次遭到置疑[2,34]。

方法

系统发育分析

本研究对由16个分类单元和116个性状构成的性状矩阵使用PAUP3.1软件进行分析。海鞘类作为支序图的根;所有的性状皆未加权;性状62、63和95排序;最后使用branch and bound搜寻算法获得最简约树。最简约树的树长为196,一致性指数为0.628,保持指数为0.700。

致谢

该研究得到中国国家自然科学基金委员会和科技部、美国地理学会、英国皇家学会、云南省科委和中国科学院的基金资助。我们感谢 Aldridge R. J., Janvier P. 和 Jefferies R. P. S. 的建议和帮助。李立宏, Last S. J., Capon S., Simons D. R. 协助绘图和照相。

参考文献

1. Conway Morris, S., 1998. *The Crucible of Creation: The Burgess Shale and the Rise of Animals* (Cambridge Univ. Press, Cambridge).
2. Valentine, J. W., Jablonski, D. & Erwin, D. H., 1999. Fossils, molecules and embryos: new perspectives on the Cambrian explosion. Development, 126, 851-859.
3. Conway Morris S. & Peel, J. S., 1995. Articulated halkieriids from the Lower Cambrian of North Greenland and their role in early protostome evolution. Phil. Trans. R. Soc. Lond. B, 347, 305-358.
4. Budd, G. E., 1997. in *Arthropod Relationships* (eds Fortey, R. A. & Thomas, R. H.) Syst. Ass. Spec. Vol., 55, 125-138.
5. de Rosa, R. et al., 1999. Hox genes in brachiopods and priapulids and protostome evolution. Nature, 399, 772-776.
6. Shu, D. G., Conway Morris, S. & Zhang, X. L., 1996. A *Pikaia*-like chordate from the Lower Cambri-

an of China. Nature, 384, 156-157.
7. Conway Morris, S., 1982. in *Atlas of the Burgess Shale* (ed. Conway Morris, S.) 26 (Palaeontological Association, London).
8. Briggs, D. E. G., Erwin, D. H. & Collier, F. J., 1994. *The Fossils of the Burgess Shale* (Smithsonian, Washington).
9. Simonetta, A. M. & Insom, E., 1993. New animals from the Burgess Shale (Middle Cambrian) and their possible significance for understanding of the Bilateria. Boll. Zool., 60, 97-107.
10. Insom, E., Pucci, A. & Simonetta, A. M., 1995. Cambrian Protochordata, their origin and significance. Boll. Zool., 62, 243-252.
11. Young, G. C., Karatajute-Talimaa, V. N. & Smith, M. M., 1996. A possible Late Cambrian vertebrate from Australia. Nature, 383, 810-812.
12. Donoghue, P. C. J., Purnell, M. A. & Aldridge, R. J., 1998. Conodont anatomy, chordate phylogeny and vertebrate classification. Lethaia, 31, 211-219.
13. Pridmore, P. A., Barwick, R. E. & Nicoll, R. S., 1997. Soft anatomy and the affinities of conodonts. Lethaia, 29, 317-328.
14. Szaniawski, H. & Bengtson, S., 1993. Origin of euconodont elements. J. Paleontol., 67, 640-654.
15. Luo, H. et al., 1997. New occurrence of the early Cambrian Chengjiang fauna from Haikou, Kunming, Yunnan province. Acta. Geol. Sin., 71, 97-104.
16. Marinelli, W. & Strenger, A., 1954. *Vergleichende Anatomie und Morphologie der Wirbeltiere*, 1. Lampetra fluviatilis (*L.*) (Franz Deuticke, Vienna).
17. Marinelli, W. & Strenger, A., 1956. *Vergleichende Anatomie und Morphologie der Wirbeltiere*, 2. Myxine glutinosa (*L.*) (Franz Deuticke, Vienna).
18. Janvier, P., 1996. *Early Vertebrates* (Oxford Univ. Press, Oxford).
19. Chen, J. Y. & Zhou, G. Q., 1997. Biology of the Chengjiang fauna. Bull. Natl Mus. Nat. Sci. Taiwan, 10, 11-105.
20. Forey, P. L., 1995. Agnathans recent and fossil, and the origin of jawed vertebrates. Rev. Fish Biol. Fisheries, 5, 267-303.
21. Janvier, P., 1996. The dawn of the vertebrates: character versus common ascent in the rise of current vertebrate phylogenies. Palaeontology, 39, 259-287.
22. Forey, P. L. & Janvier, P., 1994. Evolution of the early vertebrates. Am. Sci., 82,554-565.
23. Young, G. C., 1997. Ordovician microvertebrate remains from the Amadeus Basin, central Australia. J. Vert. Paleont., 17, 1-25.
24. Landing, E. et al., 1998. Duration of the Early Cambrian: U-Pb ages of volcanic ashes from Avalon and Gondwana. Can. J. Earth Sci., 35, 329-338.
25. Landing, E. et al., 1997. U-Pb zircon date from Avalonian Cape Breton Island and geochronologic calibration of the Early-Ordovician. Can. J. Earth Sci., 34, 724-730.
26. Goodrich, E. S., 1906. Notes on the development, structure, and origin of the median and paired fins of fish. Q. J. Microsc. Sci., 50, 333-376.
27. Ritchie, A., 1968. New evidence on *Jamoytius kerwoodi*, an important ostracoderm from the Silurian of Lanarkshire. Palaeontology, 11, 21-39.
28. Chen, J. Y. & Li, C., 1997. Early Cambrian chordate from Chengjiang, China. Bull. Natl Mus. Nat. Sci. Taiwan, 10, 257-273.
29. Chen, J. Y. et al., 1995. A possible early Cambrian chordate. Nature, 377, 720-722.
30. Shu, D. G., Zhang, X. L. & Chen, L., 1996. Reinterpretation of *Yunnanozoon* as the earliest known hemichordate. Nature, 380, 428-430.
31. Shu, D. G. et al., 1999. A pipiscid-like fossil from the Lower Cambrian of South China. Nature, 400, 746-749.
32. Gans, C. & Northcutt, R. G., 1983. Neural crest and the origin of vertebrates: A new head. Science, 220, 268-274.
33. Bromham, L. et al., 1998. Testing the Cambrian explosion hypothesis by using a molecular dating technique. Proc. Natl Acad. Sci. USA, 95, 12386-12389.
34. Ayala, F. J., Rzhetsky, A. & Ayala, F. J., 1998. Origin of the metazoan phyla: Molecular clocks confirm paleontological estimates. Proc. Natl Acad. Sci. USA, 95, 606-611.

(舒德干 译)

逮住天下第一鱼

Philippe Janvier

摘要 化石记录告诉人们，大多数动物类群是在550 Ma前突然涌现出来的。然而在这次生命"大爆发"事件中过去一直没有见到脊椎动物。现在，早寒武世岩层中发现的两个鱼形动物填补了这一空缺。

在过去的十年间，探索远古时期的脊椎动物一直是古生物学家最青睐的课题。传统古生物学资料显示，从现今向前追索到430 Ma前的早志留世，鱼类及其后裔的化石记录都相当丰富；再往前追至480 Ma前的奥陶纪，其化石记录则十分贫乏；而从480 Ma—550 Ma年前的早奥陶世至寒武纪以及更早的地史时期，则完全缺乏脊椎动物化石记录，即使偶有报道，也多存争议。本期刊载舒德干等人报道的从中国云南澄江化石库中发现的两个鱼形化石，很可能便是人们企盼已久的早寒武世脊椎动物[1]。

英国和澳大利亚古生物学家在奥陶纪初期地层中已经发现了脊椎动物化石[2]。奥陶纪脊椎动物的多样性比人们原先预想的要丰富得多，它们既包括原始的无颌类，也包括一些较为进步的有颚类[3]。然而，原先认为属于脊椎动物的那些寒武纪化石，全部限于晚寒武世，而且对其脊椎动物属性的可靠性尚存争议。这些晚寒武世的脊椎动物大多是一些真牙形动物。长期以来，人们对这类微小的分散牙形化石的来源争论不休，但现在已经弄明白，它是来自一类很可能属于脊椎动物的"鳗形"动物[4]。然而，有些古生物学家却对此不以为然，尽管他们也认同牙形动物与脊椎动物之间可能存在着某种联系[5,6]。

另一些可能的寒武纪脊椎动物是些小型甲片化石，其显微构造特征与奥陶纪至泥盆纪生存的一类无颌类"甲胄鱼"的骨片相似(图1)。需要再次强调的是，有些古生物学家认为这些甲片属于真正的脊椎动物[7]，而另一些专家则认为这些甲片来自一些与鲎虫相近的节肢动物[8]。所以，在志留纪以前的远古时代探寻脊椎动物，需谨慎行事。由于甲片化石本身信息有限，一不小心便会导致错误的解释，这便需要我们对化石材料反复进行艰苦的研究。

事实上，寒武纪骨片或牙形化石都不可能提供脊椎动物的"根"的信息。当前学术界提出来的能反映古代和现代脊椎动物演化关系的各种谱系树都表明，脊椎动物体内组织的矿化作用是后来才发生的事件。而且，无颌类甲胄鱼与有颚类脊椎动物的亲缘关系要比它们与七鳃鳗和盲鳗这两种现存既没有骨骼也没有牙齿的无颌类更为接近

(图 1)[9]。这就意味着,要搞清脊椎动物演化的最早期历史,只能靠追寻那些在特定条件下保存的软躯体构造特征的化石才能实现。在寒武纪有两个十分著名的化石产地异乎寻常地保存了软躯体构造化石,一个是加拿大的布尔吉斯页岩,另一个便是中国的澄江。与脊索动物或脊椎动物相似的一些化石在这两个地方都曾有报道,如布尔吉

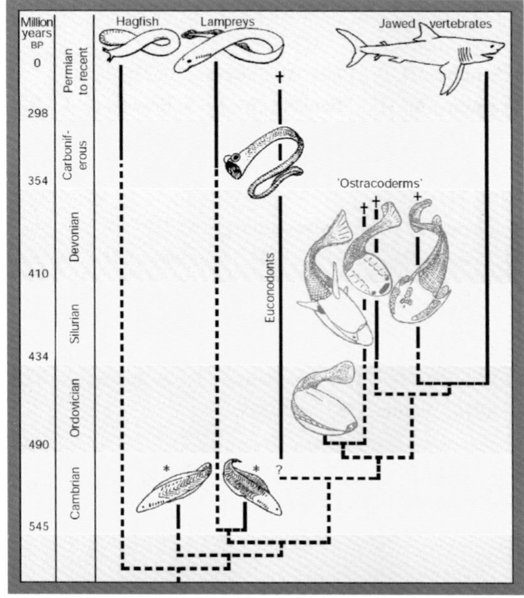

图 1　主要现生和化石脊椎动物谱系演化树。该谱系演化树表明,因为那些披盔戴甲的无颌类"甲胄鱼"(Ostracoderms)与有颌类脊椎动物的亲缘关系要比它们与现生无颌类脊椎动物七鳃鳗和盲鳗的关系更为密切,所以鱼骨骼出现的时间较晚,即在七鳃鳗和盲鳗分化之后。这就意味着,在寒武纪或其以前的很长一段时间里,脊椎动物没有矿化组织,因而它们只能在特殊条件下才能形成化石。舒德干等人在中国澄江化石宝库发现的这两个鱼化石(星号)便展示出了那种精美绝伦的软躯体构造细节。几乎无可置疑,它们属于脊椎动物,尽管其具体的谱系地位仍是推测性的。图中 BP 表示距今的年代。

斯的皮卡鱼和澄江的云南虫和华夏鳗[10-12](注:脊索动物是一个较大的动物类群,它包括脊椎动物在内)。尽管过去发现的这些动物可能与脊椎动物有较近的亲缘关系,但在脊椎动物专家看来,它们都还不是真正的脊椎动物。

舒德干等人从澄江化石库所发现的这两个化石是迄今所发现的最令人信服的早寒武世脊椎动物[1]。这两条鱼具有"之"字形肌肉节,较为复杂的软骨质头颅、鳃弓、心脏和鳍条,这些特征与现生七鳃鳗的幼体鱼十分相似(资料框 1)。然而,与我们所熟知的脊椎动物相比,它的一些细节又十分独特,这就是其背鳍的鳍条向前倾斜,这一点与大多数鱼的鳍条后倾形成对照。这一现象是否由于后期压歪变形所致,仍有待证实。令人惊奇的是,这些动物腹侧好像都长有条带状偶鳍。过去人们长期认为,偶鳍是在脊椎动物演进历史的较晚期,即七鳃鳗发生分化之后才开始出现的[9]。

在以往脊椎动物演化谱系的框架下,舒德干等人分析了这两个寒武纪动物的谱系地位。十分奇怪的是,其中一种鱼与七鳃鳗的亲缘关系较密切,而另一种鱼则构成除盲鳗之外的所有脊椎动物的姊妹群(图 1)。由于在对这两条鱼化石进行谱系分析的数据库(性状矩阵)中还缺失某些信息,而且有些软体构造信息还存在着多解性,因而上述分析结果尚不能视作最后定论。尽管如此,从广义上看,这一分析结果还是合情合理的,因为它表明七鳃鳗与其古老近亲早在寒武纪便开始分化了,这与以前的谱系分析结果相一致。

由于缺少化石资料,古生物学家和解剖学家常常靠想象来推测最古老的脊椎动物

该是什么样子。中国这两条鱼与过去的某些设想的祖先很接近,而与另一些猜测方案又相去甚远。我们一方面要关注哪种设想的脊椎动物祖先更合乎情理,另一方面更要努力探寻那些能证实这些猜想的古老化石。

资料框 1:如何辨识脊椎动物?

所有现生的脊椎动物都从其一个共同的祖先那里继承了几条其他类群所不具备的特征。由于所有这些特征起初都是由非矿化组织(包括软骨)构成的,因而在早期的脊椎动物化石中常无法保存下来。然而,从中国这两个保存极佳的早寒武世化石中,我们不仅能直接辨识出某些脊椎动物的特征,而且还能间接推知其他一些特征。比如,这两个化石都显示软骨头颅的印痕,这是脊椎动物的一条主要特征。另一基本特征神经嵴可由其保存的鳃骨得到间接证明。其中一条鱼的鳍条和可能包裹在鳃后方围心腔中的硕大心脏,也都是脊椎动物独有的特征。尽管"人"字形肌节也可见于头索动物,但更复杂的"之"字形肌节则只存在于脊椎动物。后一个特征至少可在其中一个化石中清楚地看出。

参考文献

1. Shu, D. G. et al., 1999. Nature, 402, 42-46.
2. Young, G. C., 1997. J. Vert. Paleontol., 17, 1-25.
3. Sansom, I. J., Smith, M. M. & Smith, M. P., 1996. Nature, 379, 628-630.
4. Aldridge, R. J., Briggs, D. E. G., Smith, M. P. et al., 1993. Phil. Trans. R. Soc. Lond. B, 340, 405-421.
5. Pridmore, P. A., Barwick, R. E. & Nicoll, R. S., 1997. Lethaia, 29, 317-328.
6. Schultze, H. P., 1996. Mod. Geol., 20, 275-285.
7. Smith, M. P., Sansom, I. J. & Repetski, J. E., 1996. Nature, 380, 702-704.
8. Peel, J. S., 1979. Rapp. Grφnland Geol. Undersφg., 91, 111-115.
9. Janvier, P., 1996. Palaeontology, 39, 259-287.
10. Conway Morris, S., 1982. in *Atlas of the Burgess Shale* (ed. Conway Morris, S.) 26 (Palaeontol. Assoc., London).
11. Chen, J. Y. et al., 1995. Nature, 377, 720-722.
12. Shu, D. G., Conway Morris, S. & Zhang, X. L., 1996. Nature, 385, 865-868.

(舒德干　译)

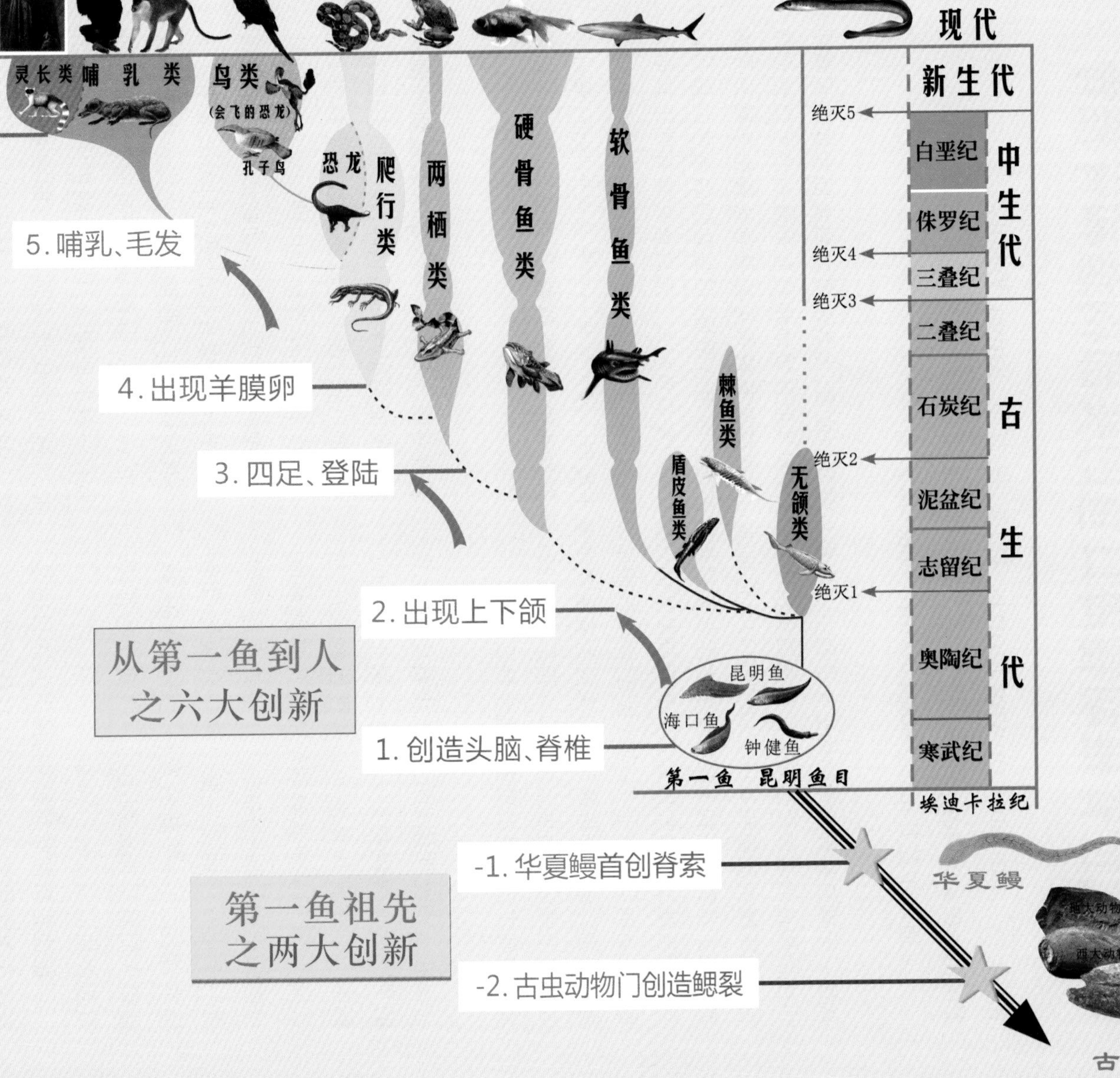
天下第一鱼的来龙去脉
现代
新生代
中生代
白垩纪
侏罗纪
三叠纪
古生代
二叠纪
石炭纪
泥盆纪
志留纪
奥陶纪
寒武纪
埃迪卡拉纪
绝灭5
绝灭4
绝灭3
绝灭2
绝灭1
灵长类
哺乳类
鸟类
(会飞的恐龙)
孔子鸟
恐龙
爬行类
两栖类
硬骨鱼类
软骨鱼类
棘鱼类
盾皮鱼类
无颌类
昆明鱼
海口鱼
钟健鱼
第一鱼 昆明鱼目
华夏鳗
古虫动物门
6. 灵长类
5. 哺乳、毛发
4. 出现羊膜卵
3. 四足、登陆
2. 出现上下颌
1. 创造头脑、脊椎
从第一鱼到人之六大创新
-1. 华夏鳗首创脊索
-2. 古虫动物门创造鳃裂
第一鱼祖先之两大创新

早寒武世脊椎动物海口鱼的头部构造和脊椎骨

舒德干*,Simon Conway Morris,韩健,张志飞,Kinya Yasui,
Philippe Janvier,陈苓,张兴亮,刘建妮,李勇,刘户琴
*通讯作者 E-mail:elidgshu@ nwu. edu. cn

摘要 无颚鱼在脊椎动物的进化过程中占据极为重要的位置,尤其是考虑到头部和以神经嵴所衍生的构造的起源更是如此。和文昌鱼相比,七鳃鳗和其他脊椎动物具有更复杂的可促使形成发达的眼睛的脑部和基板,以及听觉和嗅觉系统。这些感觉系统很可能是导致脊椎动物分异的激发器。尽管这些构造在较晚的古生代无颚类骨骼上已经相当明显,但是它们的更早的化石记录却相当缺乏。本文报道了下寒武统发现的众多耳材村海口鱼标本。海口鱼具有有别于其他无颚类化石的明显特征:头前叶状延伸构造、眼睛、鼻孔以及嗅囊;一条具有分离脊椎骨的脊索构造亦可识别。谱系分析表明海口鱼应为有头类的基干类群。因为共享一些有头类的特征,海口鱼与现代七鳃鳗的幼虫比较相似。但是,如果圆口纲脊椎动物是单系群的话,那么,成体的七鳃鳗和盲鳗则应该表现出更多的进步特征。

在云南昆明附近的澄江化石库中产出的早寒武世海口鱼过去只有一块不完整的标本[8]。尽管其脊椎动物属性已经被广为认同[9,10],但关于其解剖学特征及其谱系地位的结论仍是临时性的[11]。最近在海口附近一个化石产地又发掘出 500 余块海口鱼标本,揭示出一些新的意料之外的特征,这使得人们对早期无颚类的一些演化特征需重新评估。

在这些新性状特征中,最引人注目的是至少在 300 块标本上发现其身体前端具有一个前延的叶状体(通常不超过 1 mm 长)(图 1a—d)。它与头的其余部分被一个略微"内凹"所分隔。该叶状体上最显著的特征是其上具有一对卵形黑色斑,它们应该代表着对眼。尽管在一些标本上见到的圆形区域可能是眼球的晶状体,但其形态位置并不协调一致,难以确认。少数几个标本(图 1e, g)上眼的位置呈现内凹印痕,显示它具有较硬的巩膜层。在该动物活着时,眼睛可能较平,化石保存状况使人们无法推测其是否具有眼外肌。眼睛向上及其着生于叶状体的位置显示,其活动性很有限。两眼之间另有一对小型构造,其保存的色泽与眼睛相似。这可能代表嗅觉器官,即嗅囊(图 1a, d)。这种器官还可解释为松果体[12]。然而,从其相对大小、与眼的相对位置、成对出现及其保存状况显示出的坚韧性几个方面分析推测,它不大可能是松果体。沿着头部叶状体的前边缘有一对弓形构造,其间并不

直接相连，而是构成一个缺凹，该区域应该是单鼻孔（图 1a—d）。该弓形构造有显著的厚度，活着时呈板状，由软骨构成。除了这一对板状软骨，叶状体上其余部分皆柔软，并无任何硬化增厚。然而，由此向后的头部其他区域充满了成岩矿化作用的痕迹，它们原来可能是硫化物，但现在已被氧化。在以前描述的正模标本上我们曾试图将这些矿化物与七鳃鳗的各种软骨构造相比对，但新材料上显示的矿化现象表明其大小和位置皆不固定，因而原先的那些器官比对可能有问题。然而，有一对近圆形的区域的形态、大小、位置较为稳定，很可能代表着耳窝，尽管未见明显的内部构造。

尚未见到明晰的口部，但在紧靠叶状体之后的腹面有一个凹处，这里应该是其外部出口。另一种新观察的构造位于头和躯干的背部，它们是一系列从前向后延伸的近方形构造。它们有时被一条宽的暗色条带所串联。该构造的区位及形态学特征使人们相信，它应该是与脊索伴生的脊椎骨（图 1e—l）。单个脊椎骨的形态有点不固定，有时分叉，有时呈弓形，有时横向包裹整个脊索。总共可以观察到 10 个脊椎骨，而且它们还可能继续后延至更多，但被躯干的肌节掩盖而变得模糊。其原始成分可能是软骨，偶尔出现的成岩矿化作用也反映发生了一定的钙化。最后一个值得指出的在先前正模标本上未看到的特征是，在头部下方每两个相邻鳃弓之间存在薄片区域，其最大可能是代表着鳃。这些鳃区偶然还可鉴定出边界，这表明原先存在着鳃囊构造（图 1e，g，i—l）。整个鳃区表面毛糙不平，以此可与其他区域分别开来。

海口鱼新材料上所看到的其他特征进一步证实了我们以前论文中的观察[5]。较为完整的标本显示鱼体后部变得逐渐尖细（图 1f，h，j，l）。尽管尾部保存欠佳，但看不到有尾鳍的证据。一个背鳍和一个腹鳍褶得到进一步证实，但未能取得腹鳍成双的实证（图 1f，h，j，l）。背鳍中的鳍条仅偶然可见，很可能是由于背鳍原始厚度所致；但是，所见的鳍条与正模标本一样，皆向前倾斜。肌隔非常清晰，一些标本上肌节向后弯的部分会连续重复性地隆起。尽管观察不到更多的细节，但如果它们对应于性腺构造的话[5]（图 1j，l），便使人联想到文昌鱼的性腺也呈原始的按体节排列。沿着躯干腹部从前向后延伸的暗色条带很可能代表肠道。有些证据显示肛门离末端不远，这表示其肛后尾较小（图 1f，h，j，l）。在头区再次证实存在一系列后弯的鳃弓，每只鳃弓都构造单一（图 1e，g，i，k）。由于保存的原因，鳃弓的精确数目难定，但最可能是 7 个或 8 个。

海口鱼显然是一种会游泳的动物，尽管其活动能力的大小只能猜测。然而，我们注意到，与这种鱼共生的是西大动物那样的远岸生物，而且缺少底栖类型。这些鱼化石很可能是由于风暴作用而导致活埋的。大多数标本产自一系列的粒序层理中，其中细砂或粉砂层厚约 3 mm，而上覆的泥层可厚达 50 mm。典型的化石层靠近两者的界面，而且成群的鱼标本常显示定向排列。标本往往与层面平行，但如果鱼体斜穿层面，则位于泥岩的鱼体比保存于邻近粉砂层的部分通常要好得多。

海口鱼新发现的材料显示，我们过去关于最古老无颚类的认知很不完全。同时也告诉人们，圆口鱼类尽管自石炭纪以来几乎

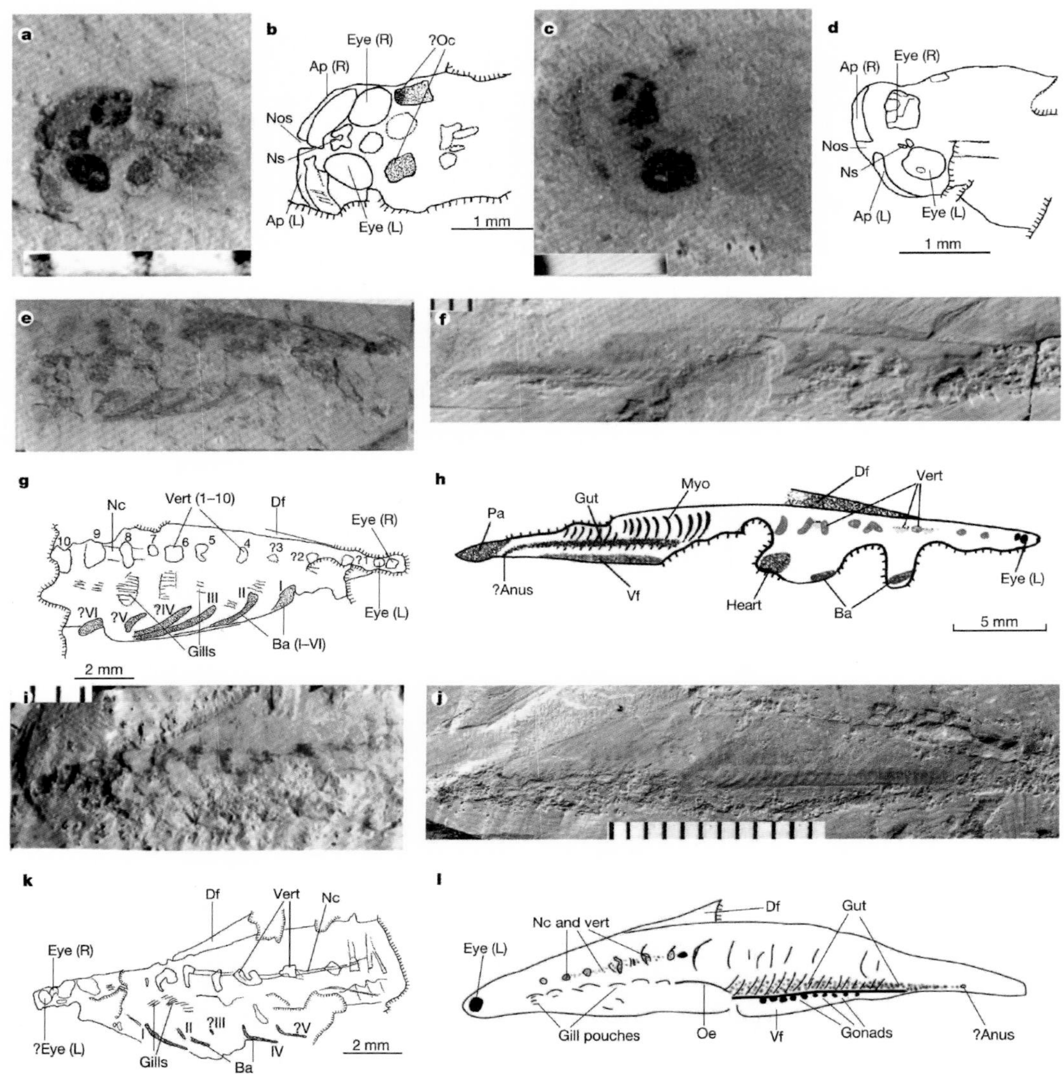

图 1 采自云南昆明市海口镇的耳材村海口鱼。a—d，头部细节，强调其前部构造，标本为背腹向保存。a，b，ELI-0001003(273)；c，d，ELI-00010013(323)。e，g，i，k，前部细节，强调脊索及与其相关的脊椎软骨、鳃弓。e，g，ELI-0001015(12B)，右边为鱼之前端；i，k，ELI-0001020(8)，左边为前端。f，h，j，l，近乎完整的标本。f，h，ELI-0001002(191)，右边为前端；j，l，ELI-00010001(172)，左边为前端。Ap，前板片；Ba，鳃弓；Df，背鳍，Myo，肌隔；Nc，脊索；Nc and vert，脊索及脊椎软骨；Nos，鼻孔；Ns，嗅囊；?Oc，听软骨囊；Oe，食道；Pa，肛后尾；Vert，脊椎软骨；Vf，腹鳍褶；L，左；R，右。

没发生什么变化，但其多个性状事实上已发生了显著的特化。尤其是海口鱼长有眼睛和嗅觉器官的前叶在早期有头类中是绝无仅有。但是，牙形动物[14]和奥陶纪的 arandaspids[15]中显著的前位眼与海口鱼倒有几分相似，尽管 arandaspids 的前位眼被解释为特化现象。已知前位眼还出现在一些“裸体”（即无外骨骼）无颚鱼中，最著名的有

Jamoytius,很可能还有似无甲类鱼 *Euphanerops*[4]。如果前位眼是脊椎动物的一个原始性状的话,那表示它是由类似文昌鱼的祖先的前端眼演化而来,尽管这需要经过各种变化,包括眼睛在一个稳定平台上的定位以及平衡发育机制,其中前庭与眼相关系统的形成是脊椎动物演化中至关重要的一步。前位眼现象也暗示着,我们通常所见到的后位眼是由于嗅觉器官连续增大而使吻突不断增大的结果。

海口鱼的听觉器官尚不能完全确定,这使得其在谱系演化中的角色更趋推测。然而,如果这些嗅觉器官鉴定可靠的话,那么其大小和位置与七鳃鳗和某些盲鳗(包括其化石代表[13])中见到的情况更相近,而与其他无颚类和颚口类有别。海口鱼的鳃弓不同于七鳃鳗复杂的鳃篮。其明显简单的构造与颚口类鳃弓系列的排列相当,特别是与其下方的角弓和底弓尤为近似。这说明,颚口类分节排列的鳃弓仍然保留了一些最原始的特征,尽管颚的起源过程经历了鳃弓发育的重新排列。脊椎软骨块之间相隔较远,很可能对脊索起支撑加强作用,这使人联想到七鳃鳗的 arcualia 构造。然而,海口鱼的脊椎骨块要更大些,间隔也更规整。

海口鱼具有成对的眼睛以及可能的嗅囊。这些有头类的重要特点表明它们至早寒武世时已经相当进步了。尽管海口鱼明白无误地是一种无颌鱼,但其精确的谱系地位仍难以确定,因为其一些奇怪的混合特征超出人们已往的期待。但无论如何,海口鱼的一些性状,如按体节分布的生殖腺以及前位眼皆表明,它应归于有头类的基干类群(图 2a)。它与其他无颌鱼相似的性状还包括原始脊椎和嗅囊。尽管与七鳃鳗大体相似,

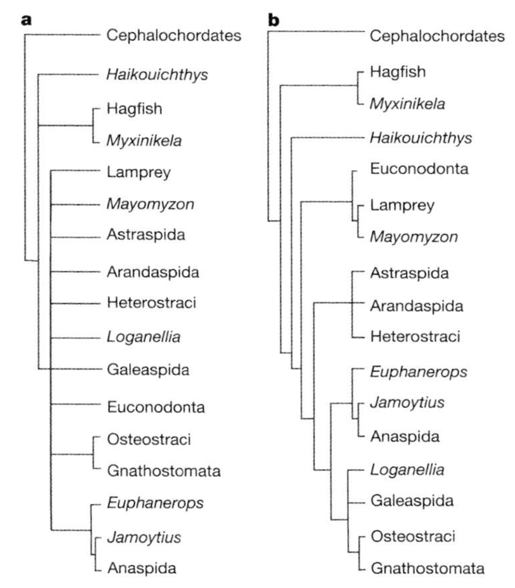

图 2 谱系分析。a, 23 个同等简约树严格一致(长 177 步;一致性指数 0. 64;保留指数 0. 64)。在此树中海口鱼与盲鳗类及所有其他脊椎动物构成三足鼎立,即是说,海口鱼是一个干群脊椎动物,该结果主要是基于它具有按体节分布的生殖腺的推测。b, 4 个同等简约树严格一致(长 175 步,一致性指数 0. 64,保留指数 0. 64),该结果是基于按体节分布的生殖腺这一性状(114)被忽略而得出的。在该树中,海口鱼是除盲鳗类之外的所有脊椎动物的姊妹群,与文献 5 中的昆明鱼一样。

但后者已十分特化。

来自澄江动物群的另一种无颌类昆明鱼,仍然只有一枚化石,它产自另一产地且层位略高处。它与海口鱼最大的区别是鳃囊数目要少些(5 个或 6 个),也没有弯曲的鳃弓,但可能具有排水鳃腔,其背鳍更为靠前,背鳍中更缺失明显的鳍条。毫无疑问,澄江化石库为我们提供了一个观察理解后口动物早期分化的独特窗口。继续野外发掘有望进一步拓展我们对包括脊椎动物在内的最古老后口动物类群的起源和演化的

认知。

谱系分析方法

本文的谱系分析是基于参考文献27的数据,运用文献28中的谱系分析包HENNIG 86 1.5以及文献29中的矩阵和树编辑TREE GARDENER计算完成的,其矩阵包括17个分类单元(其中4个为现生动物,13个为化石类群)和115个形态和生理性状信息(请参看本文的附件)。所有性状都标注为"有"或"无"。不能应用的性状标为"O",缺失的性状标为"?"。同理,最大集约树是通过ie＊指令获得的。

附件材料请见网站:http://www.nature.com.

致谢

本研究得到中国科技部、基金委、教育部以及美国地理学会、英国皇家学会、剑桥大学的圣约翰学院资助。感谢K. Kardong, B. J. Swalla,郭丽红,成秀贤,程美蓉和S. Last的技术帮助;姬严兵和郭宏祥参加野外化石采集。

参考文献

1. Northcutt, R. G., 1996. The origin of craniates: neural crest, neurogenic placodes, and homeobox genes. Isr. J. Zool., 42, S273-S313.
2. Holland, L. Z. & Holland, N. D., 2001. Evolution of neural crest and placodes: amphioxus as a model for the ancestral vertebrate? J. Anat., 199, 85-98.
3. Kleerekoper, H., 1972. *The Biology of Lampreys* Vol. 2 (eds Hardisty, M. W. & Potter, I. C.) 373-404 (Academic, London).
4. Janvier, P., 1996. *Early Vertebrates* (Clarendon, Oxford).
5. Shu, D. G. et al., 1999. Lower Cambrian vertebrates from south China. Nature, 402, 42-46.
6. Mallatt, J. & Sullivan, J., 1998. 28S and 18S rDNA sequences support the monophyly of lampreys and hagfishes. Mol. Biol. Evol., 15, 1706-1718.
7. Kuraku, S. et al., 1999. Monophyly of lampreys and hagfishes supported by nuclear DNA-coded genes. J. Mol. Evol., 49, 729-735.
8. Zhang, X. L. et al., 2001. New sites of Chengjiang fossils: crucial windows on the Cambrian explosion. J. Geol. Soc. Lond., 158, 211-218.
9. Janvier, P., 1999. Catching the first fish. Nature, 402, 21-22.
10. Shimeld, S. M. & Holland, P. W. H., 2000. Vertebrate innovations. Proc. Natl Acad. Sci. USA, 97, 4449-4452.
11. Holland, H. D. & Chen, J. Y., 2001. Origin and early evolution of the vertebrates: new insights from advances in molecular biology, anatomy, and palaeontology. BioEssays, 23, 142-151.
12. Cole, W. C. & Youson, J. H., 1982. Morphology of the pineal complex of the anadromous sea lamprey, *Petromyzon marinus* L. Am. J. Anat., 165, 131-163.
13. Bardack, D. & Zangerl, R., 1971. *The Biology of Lampreys* Vol. 1 (eds Hardisty, M. W. & Potter, I. C.) 67-84 (Academic, London).
14. Gabbott, S. E., Aldridge, R. J. & Theron, J. N., 1995. A giant conodont with preserved muscle tissue from the Upper Ordovician of South Africa. Nature, 374, 800-803.
15. Gagnier, P. Y., 1993. *Sacabambaspis janvieri*, vertébré Ordovicien de Bolivie: I: Analyse morphologique. Ann. Paléontol., 79, 19-51.
16. Gagnier, P. Y., 1993. *Sacabambaspis janvieri*, vertébré Ordovicien de Bolivie 2: Analyse phylogénétique. Ann. Paléontol., 79, 119-166.
17. Ritchie, A., 1968. New evidence on *Jamoytius kerwoodi* White, an important ostracoderm from the Silurian of Lanarkshire, Scotland. Palaeontology, 11, 21-39.
18. Lacalli, T. C., 1996. Frontal eye circuitry, rostral sensory pathways and brain organization in amphioxus larvae: evidence from 3D reconstructions. Phil. Trans. R. Soc. Lond. B, 351, 243-263.
19. Lacalli, T. C., 2001. New perspectives on the evolution of protochordate sensory and locomotory systems, and the origin of brains and heads. Phil. Trans. R. Soc. Lond. B, 356, 1565-1572.
20. Fritzsch, B., 1998. Evolution of the vestibule-ocular

system. Otolaryngology Head Neck Surg., 119, 182-192.

21. Kuratani, S. et al., 2001. Embryology of the lamprey and evolution of the vertebrate jaw: insights from molecular and developmental perspectives. Phil. Trans. R. Soc. Lond. B, 356, 1615-1632.
22. Cohn, M. J., 2002. Lamprey *Hox* genes and the origin of jaws. Nature, 416, 386-387.
23. Shigetani, Y. et al., 2002. Heterotopic shifts of epithelial-mesenchymal interactions in vertebrate jaw evolution. Science, 296, 1316-1319.
24. Shu, D. G. et al., 2001. Primitive deuterostomes from the Chengjiang Lagerstätte (Lower Cambrian, China). Nature, 414, 419-424.
25. Shu, D. G. et al., 2001. An early Cambrian tunicate from China. Nature, 411, 472-473.
26. Shu, D. G., Conway Morris, S. & Zhang, X. L., 1996. A *Pikaia*-like chordate from the Lower Cambrian of China. Nature, 384, 157-158.
27. Janvier, P., 1996. The dawn of the vertebrates: characters versus common ascent in the rise of current vertebrate phylogenies. Palaeontology, 39, 259-287.
28. Farris, J. S., 1988. HENNIG86, version 1.5. Program and user's manual (published by the author, Port Jefferson Station, New York).
29. Courrol Ramos, T., 1996. TREE GARDENER, version 1.0. 〈http://www.icn.unal.edu.co/extensio/servicio/servicio.html〉.

（舒德干　译）

脊椎动物实证起源

舒德干*

* 通讯作者 E-mail：elidgshu@nwu.edu.cn

摘要 早寒武世海口鱼和海口虫的发现涉及脊椎动物起源这一重大论题，近年来引起了热烈的讨论。大量海口鱼新材料不仅证实了原先认识到的背鳍、腹鳍、“之”字形肌节等重要性状，而且还揭示出原始脊椎和头部感官两类关键性特征，这种仍保留无头类原始生殖器官特征的脊椎动物很可能就是有头类始祖。在无颚纲中建立了一个新目昆明鱼目和新科昆明鱼科，描述了一个新属种长吻钟健鱼。新发现的1400余枚海口虫标本提供的多方位解剖学信息显示，其皮肤、肌肉、呼吸、循环等器官系统与脊索动物明显不同，相反，其躯体构型与古虫类相近，而兼有背、腹神经索的“过渡型”神经系统，与半索动物相一致。基于一系列最早期后口动物新发现，本文提出的脊椎动物起源分“五步走”的假说，在原口动物与脊椎动物之间架起了一座演化桥梁，其中后四步与现代动物谱系分析的“四步走”假说相一致，更增添了关键性的第一步。于是，华南便应该是世界上已知最早的脊椎动物发祥地。

关键词 脊椎动物起源；早期后口动物演化；脊椎动物海口鱼；长吻钟健鱼；非脊索动物海口虫；早寒武世澄江化石库

自 Lamarck 时代以来的两个世纪里，整个动物界一直被习惯地划分为脊椎动物和无脊椎动物两大类。自然，探索这两大类动物之间的演化关系，或者说力图搞清脊椎动物在何时、何地、以何种途径源出于无脊椎动物的具体演化过程，便一直构成进化生物学中的一个核心命题。脊椎动物起源研究包括现代动物学的各种间接推测法和古生物学的直接实证法两条基本路径。现代动物学中的形态分类学、胚胎发育学、生理生化学、分子生物学等分支学科都从各自的研究层次出发，在亿万年生命演化长河的现代断面上提取相关的历史残留信息，间接推断出形形色色的脊椎动物起源假说。

最早跳出神学意念并从科学角度提出的脊椎动物起源假说是法国进化思想启蒙者 G. Saint-Hillaire（1822）的“发育颠倒说”。他发现所有脊椎动物的中枢神经系统和心脏分别位于身体的背部和腹部，而这种器官布局恰好与节肢动物、环节动物等无脊椎动物相反。于是这一学派推测，在无脊椎动物胚胎发育的某个阶段发生了背腹颠倒，结果便产生了脊椎动物。尽管这一古典思想近年来又得到一些发育分子生物学研究结果的支撑，然而，人们终难相信，分别位于后口动物和原口动物两大谱系顶端的脊椎动物和节肢动物会有直接的亲缘关系，因为进化生物学的共识是，脊椎动物的起源不大可能与原口动物中的较高等类群直接相关，而应该根植于较低等的后口动物系列之中。在后口动物范围内探索脊椎动物起源且影响较大的当数 Garstang-Berrill 的幼态持续假说[1-3]。在经历了漫长而曲折的争论后，至20世纪80年代形成了基于分支系统学的“棘皮动物—半索动物—尾索动物—头索动物—脊椎动物”的演化理论[4]。但不久，分子生物学和胚胎发育学都证实了棘皮动物与半索动物构成一个自然集群，于是，便形成了近年来人们广泛接受的脊椎动物起源分“四步走”的方案[5-8]。然而，这里存在两个问题有待解决：①这个基于现代动物学的“四步走”假说到底是否符合历史的真实呢？②既然该假说认为后口动物的原始特征是躯体的分节性和咽腔型鳃裂，那么，在地史时期是否还存在着比这“四步走”中第一步（棘皮动物/半索动物）更为原始的绝灭后口动物呢？这些都有待真实可靠的早期“源头”化石记录直接证据的检验和证实。

依据化石资料进行脊椎动物起源探索的应首推“钙索动物说”[9,10]。然而该假说既与现代动物学的推测相左，又与化石记录不一致，因而不大被人接受[5]。显然，古生物学要想在脊椎动物的实证起源探索上走出困境，应该踏踏实实做两件基本工作。首先是基于可靠的保存丰富生物学信息的化石材料努力找寻最古老、最原始的脊椎动物，接着便是在此基础上逐步追溯它在后口动物谱系内的无脊椎动物祖先序列。

1995年以前的一个半世纪，人们逐步认识到在早寒武世几百万年短暂的生命爆发式演化时期里尽管“突然”产生了各种各样的动物门类，但是，除了极少数具有骨骼的棘皮动物之外，它们几乎全限于原口动物[11-16]。近几年来，我国早寒武世澄江软躯体化石库研究进展很快，先后发现了后口动物中几乎所有的主要类别，包括介于脊椎动物与非脊索动物之间的过渡类型“原索动物”（类半索动物、头索动物和尾索动物）[17-23]及其绝灭近亲[24,25]，直至真正的脊椎动物[26-28]。基于这些“源头”时段的实际材料，本文提出脊椎动物起源分“五步走”的新假说。

1. 海口鱼的新性状及其演化意义

在已知三十多个现生动物门类中，只有脊索动物门跨越脊椎动物和无脊椎动物两大类群，因而一直是脊椎动物起源探索的核心领域。脊索动物门包括三个亚门，即其幼体或成体尾部具有脊索构造的尾索动物亚门、脊索纵贯全身的头索动物亚门（因其几乎无脑的分化，也未形成集中的视、嗅、听觉等感觉器官故又被称为“无头类”）和脊椎动物亚门（因有脑的分化和明确的视、嗅、听感官而被称为“有头类”）。前二者统称为低等脊索动物，而脊椎动物则被称为高等脊索动物。从分子生物学观点看，低等脊索动物与其他所有非脊索动物一样，仅有一个能决定躯体轴向基本构型的同源异型基因簇（hox gene cluster），而后者则拥有多个同源异型基因簇[29]。同源异型基因体系的复杂化，必然导引出脊椎动物在形态构造上的巨大进步。

从无脊椎动物“无头类”跃进到脊椎动物包含着一系列的胚胎发育和形态学上的创新，其中最重要的有三个方面：①胚胎早期发育阶段神经嵴的出现，它引发了成体中诸如背鳍、鳃骨等许多重要构造的形成[29]；②原始脊椎的出现强化了躯体中轴支持体系，从而为这一大类动物最终登陆、上天等一系列生态空间的拓展奠定了基础；③头部的视觉、嗅觉、听觉等感官的出现引发并大大拓展了脊椎动物的形态分异。早寒武世“裸体”昆明鱼和海口鱼的发现将已知最古老脊椎动物记录前推了约五千万年，被 Nature 杂志评述为“逮住鱼的始祖”（“Catching the first fish”），从而给脊椎动物起源难题的破译带来了希望[30]。然而，这两种鱼起初报道时各自仅有一枚标本，其形态解剖学信息相当有限，尤其缺乏脊椎动物本应该具备的脊椎构造和头部构造两方面最关键的信息，使其进化地位难以敲定[31]。十分有意义的是，西北大学早期生命研究所新近发现的数百枚海口鱼软躯体构造标本，提供了大量新的重要生物学信息，其中正好包括头部构造和原始脊椎构造两方面的信息，成为研究脊椎动物重要器官起源演化并论证这种已知最古老鱼化石演化地位的可靠证据[28]。

现生最低等的脊椎动物是无颚鱼（又称无颌鱼）中的圆口类，它包括盲鳗和七鳃鳗两个类别。前者仅以纵贯躯干的粗壮脊索构成它的轴向支撑，脊索周围并无任何脊椎组分；后者的情形相似，所不同的是，在脊索的背方出现了很小的弧片状脊椎组分。而海口鱼则在脊索的周圈形成了按节分离排列的软骨型原始脊椎，显然强化了中轴构造对躯体的支撑作用。此外，这些原始脊椎的背方和腹方还出现了成对神经弧和血管弧的雏形。如果单从脊椎骨的发育程度上看，海口鱼似乎比现代圆口类更为“脊椎动物化”。但有趣的是，海口鱼头部却显示出一种奇特的性状组合：一方面，头部两侧一对外露的大眼睛，连同前端的单鼻孔和随后的一对嗅囊以及眼后可能存在的耳囊，表明它已有明确的脑分化，从而由低等脊索动物无头类跨入了高等脊索动物有头类的行列；然而另一方面，尽管其眼体相当发育，但并无明确的眼眶骨。实际上，这种动物还没有发育出真正的软骨型头颅。显然，在这方面它又不及现生圆口类进步。更能显示海口鱼原始性的性状是，它与具有“集中型”生殖腺体的所有现生脊椎动物不同，仍保留着其祖先类型的多对“重复型”生殖腺。海口鱼这一混合性状显示，与从鱼类进化到非羊膜卵低等四足类、或从爬行类分别进化到鸟类和低等卵生哺乳类时常见的生殖器官演化滞后情形一样，海口鱼生殖器官的演替也明显滞后于其非生殖器官的进化。由此可见，这一已知最古老脊椎动物独特的镶嵌构造特征很可能恰好代表着进化科学界期盼已久的由无头类进化到有头类的一个关键环节。实际上，对现生和化石低等鱼类进行分支谱系分析的结果也证实，海口鱼的确是已知最原始的有头类[28]。

耐人寻味的是，海口鱼的软骨型鳃骨与现生无颚鱼类的复杂鳃篮构造明显不同，而与颚口类（有颚类）的鳃弓系统在鳃弓的数量、位置、配置格局方面相近，尤其是其中对应的角弓和下弓非常相似。这一特征表明，海口鱼很可能与颚口类的早期起源[32,33]密切相关。这样一些原始的裸体鱼类，在形态学上既不同于现生圆口类无颚鱼，也有别于化石圆口类[34,35]，更异于早古生代形形色色的披盔带甲的“甲胄鱼”类[36]，因而有必要为它们建立一个新目——昆明鱼目（Myllokunmingiida）和新科——昆明鱼科（Myllokunmingiidae)。前者的定义是:表皮裸露,具背鳍、腹鳍、复杂肌节、原始鳃弓,头部感官发达,出现了分离型原始软骨脊椎,但仍保留着无头类的多对“重复型”性腺;后者的定义则是体呈纺锤形,眼位于头部的前背叶之上(即“前位眼”)。

2. 早寒武世脊椎动物的新发现

在云南省昆明市海口地区发现大量海口鱼的同一产地我们还发现了五枚较为特殊的鱼化石标本,其产出层位与海口鱼大体相同或略高,它们多保存于小型粒序层理顶面之上,代表着海洋风暴沉积事件的牺牲品。该新属种(长吻钟健鱼)的身体呈长棒形,眼睛位于头部前背叶之后,这与昆明鱼科的属种存在明显差别,因而暂置于昆明鱼目内的不定科。

Phylum Chordata

Subphylum Vertebrata

Class Agnatha

Order Myllokunmingiida (ord. nov.)(新目)

Family uncertain

Zhongjianichthys gen. nov.(新属)

Zhongjianichthys rostratus gen. et sp. nov.(新种)(图1,图2a—f)

词源:属名乃纪念我国古脊椎动物学奠基人杨钟健先生,种名乃示其“长吻”特征。

正模及相关材料:ELI-0001601(23),连同其余四块标本ELI-0001602—1605一起,皆保存于西北大学早期生命研究所。

产地及层位:云南昆明海口地区,尖山剖面,下寒武统筇竹寺阶,玉案山段。始莱德利基三叶虫化石带(*Eoredlichia* Zone)。

特征:体小而细长,长鳗形,身体包括头部和躯干两部分,但两者间并无明显分界;头部前端向前延伸成鸭嘴状吻突(前背叶);前背叶的前端两侧具一对吻板,其间为单鼻孔;眼一对,位于前背叶之后,两眼之间有一对嗅囊;皮肤裸露,无鳞和外骨板,但皮较厚,不见皮下肌节;前腹部至少可见五对简单鳃弓。

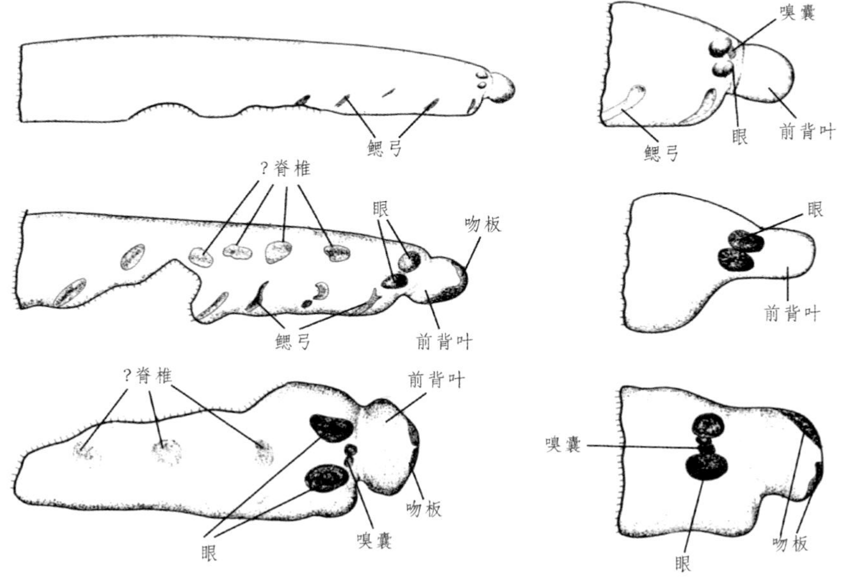

图1　长吻钟健鱼(*Zhongjianichthys rostratus*)解译图

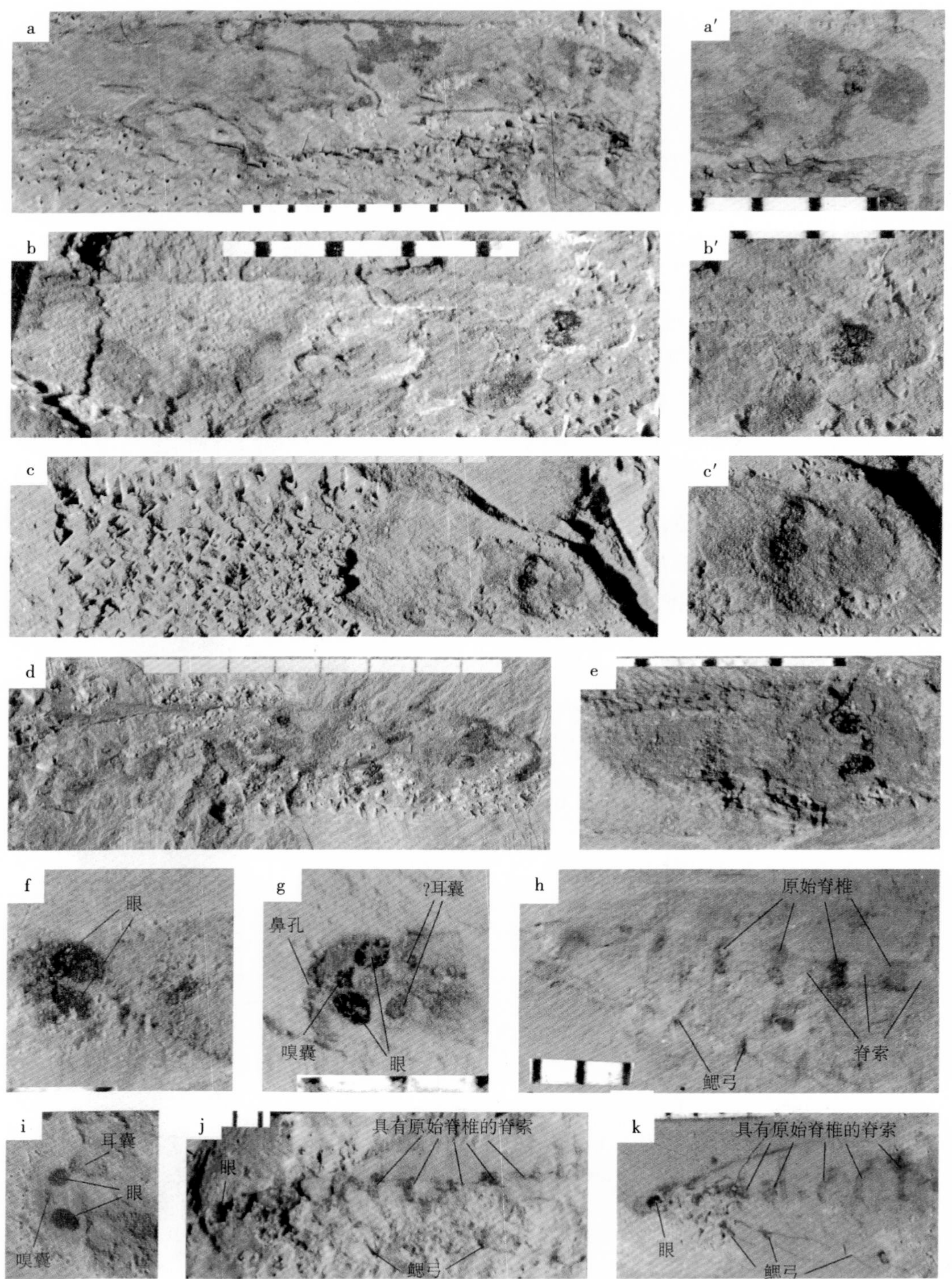

图2 a—e,*Zhongjianichthys rostratus* gen. et sp. nov.；f—k,*Haikouichthys ercaicunensis*，f,g,i 示头部细节构造。除 e,g,i 为背腹视外,其余皆为侧视。

描述与比较：本种体小，约长2—3 cm，呈长鳗形。身体前部构造保存良好，但后部较差，尾部不详。头部的前背端向前延伸成鸭嘴状吻突构造（前背叶），“鸭嘴”的后端两侧略向内收缩，而其前端两侧具有一对弓形吻板，吻板之间的凹缺很可能代表单鼻孔。前背叶之后有一对大眼睛，两眼之间或略偏前处有一对黑色小圆点，可能代表嗅囊构造。

本属种头上前背叶构造前端的吻板、单鼻孔以及一对大眼睛、嗅囊和简单鳃弓等基本特征组合虽然与海口鱼相似，但其前背叶的长度远远大于后者；而且海口鱼的眼睛位于前背叶之上，而本种的眼睛则位于前背叶之后。海口鱼躯干上常能辨识出皮下肌节构造，表明其皮肤很可能接近无头类的单层薄皮构造；而钟健鱼所有标本的躯干上都没有见到肌节印痕，而且前背部的脊椎构造和前腹部的简单鳃弓也只能偶然模糊见及，这很可能显示该属种皮肤增厚。新种体呈长鳗形，未见背、腹鳍，也与体呈纺锤形的海口鱼明显有别。

讨论：与海口鱼相比较，新属表现出一些进步特征和特化性状。其进步特征体现在：①相对于海口鱼前位眼的原始性状，本属种的吻部（前背叶）拉长，可能导致嗅觉构造增大，迫使眼睛后移，以至退于前背叶之后；②海口鱼标本上易于观察到体内的肌节、脊椎和生殖腺体，表明其皮肤较薄，与无头类情况相近，而后者恰好相反，其皮肤较厚，更接近有头类的情况。本属种的特化性状则主要表现在其鳗形躯体，背、腹鳍不发育，显示其游泳能力不及海口鱼，可能营底栖表生或间歇性钻泥沙生活。

3. 海口虫的再研究

云南虫类是我国南方特有的一类奇特动物，因其躯体构型独特而被列为后口动物中的一个独立的纲[37]。该纲目前仅包括两个属：云南虫属（*Yunnanozoon*）和海口虫属（*Haikouella*）。云南虫属起初报道时被置于生物学不定地位[38]，后来进一步研究后又被改置于脊索动物[22]和半索动物[18]。不久，又有人宣称，在与云南虫十分相近的海口虫标本上可能存在三分脑、眼、咽齿、脊椎等脊椎动物性状特征，因而它可能代表一种有头类[23]。最近，西北大学早期生命研究所在云南昆明市海口镇尖山剖面发现了1400余枚海口虫软躯体构造标本。该动物与海口虫属的模式种梭形海口虫（*Haikouella lanceolata*）十分相似，但背部分节构造的表皮因角质化微弱而极少保存，且其出现时代也明显早于后者，因而被命名为新种尖山海口虫（*Haikouella jianshanensis*）[39]。对其中保存精美的520枚尖山海口虫标本的深入研究（图3i—k），结合对大量梭形海口虫（图3h）和云南虫（图3l）标本的重新审订，可以得出如下几点新认识：

（1）云南虫类的躯体基本构型与古虫动物门（Vetulicolia）十分相似[24,40,41]，而与脊索动物大相径庭。两者皆躯体分节，包括前体和后体两大部分，前体被一个可伸展扩张的“中带”分成背、腹两个基本单元（图4）。

（2）云南虫类的背节十分特殊，不呈脊索动物的“锥套锥”构造[42,43]，其表皮似环节动物或节肢动物角质化[43]。尖山海口虫（很可能整个云南虫类）的前体没有任何脊索的痕迹[39]，其后体中是否存在脊索也成问题。现代埋藏学实验显示，由于脊索鞘在各种物理、化学条件下都较其他软躯体构造耐腐蚀而更易于保存为化石[44]。然而在尖山海口虫标本中较易见到后体中的肠道，但

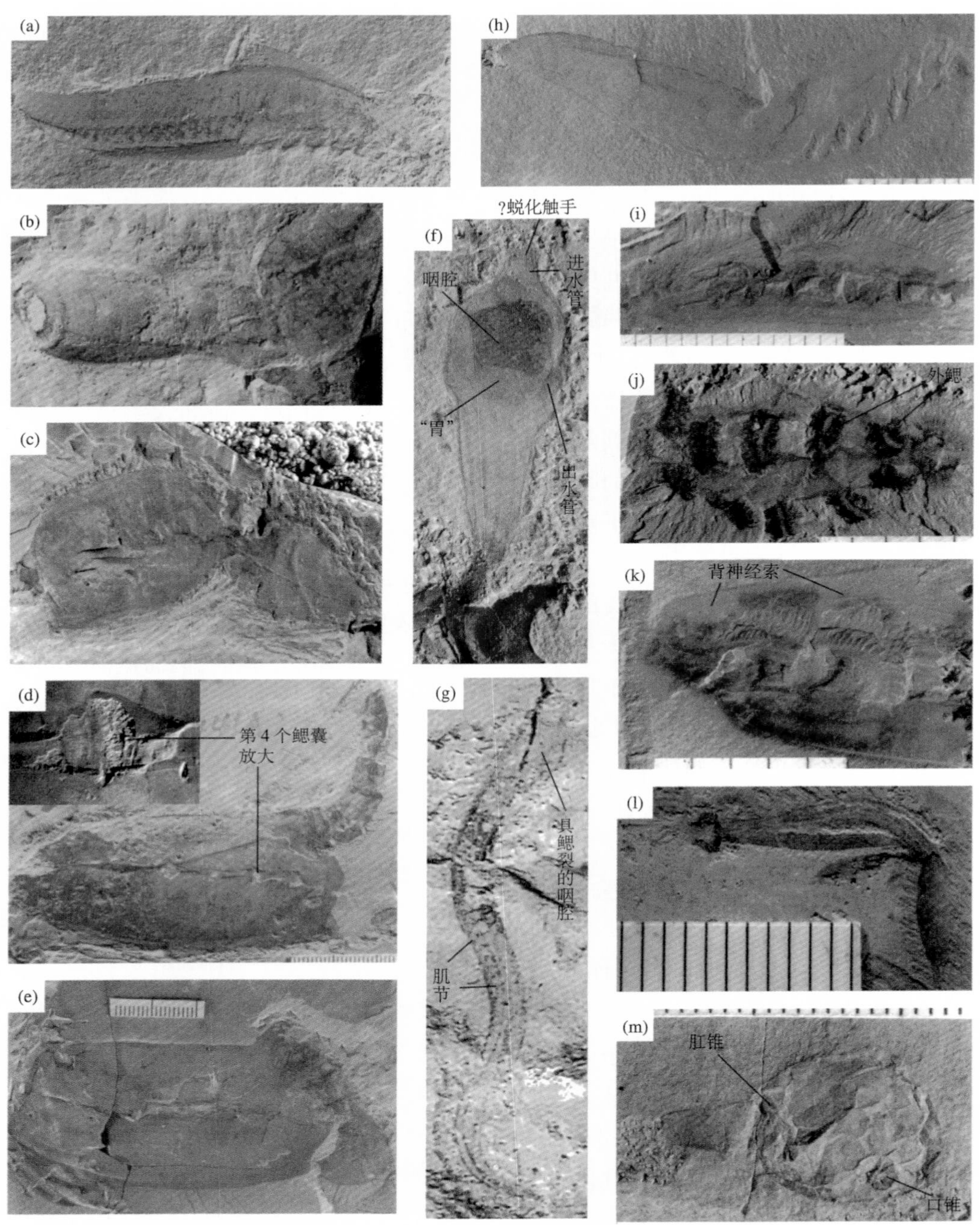

图 3 a, *Myllokunmingia fengjiaoa*（凤姣昆明鱼）；b, *Xidazoon stephanus*（皇冠西大动物）；c, *Didazoon haoae*（郝氏地大动物）；d, *Vetulicola cuneata*（楔形古虫）；e, *Vetulicola rectangulata*（方形古虫）；f, *Cheungkongella ancestralis*（始祖长江海鞘）；g, *Cathaymyrus diadexus*（[illegible]运华夏鳗）；h, *Haikouella lanceolata*（梭形海口虫）；i—k, *Haikouella jianshanensis*（尖山海口虫）；l, *Yunnanozoon lividum*（铅灰云南虫）；m, 可能的软躯体海林檎（棘皮动物）。

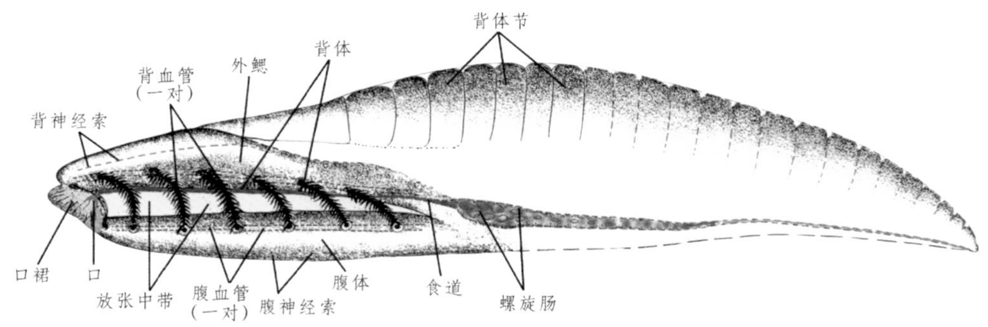

图4　尖山海口虫(*Haikouella jianshanensis*)模式复原图

始终没有看到脊索的痕迹。此外,由于脊索作为支持躯体的纵向中轴构造常常十分粗壮坚挺,它不可能使该动物体像云南虫那样呈高曲度状态保存[45]。

(3)云南虫类的呼吸系统十分独特,主要由跨联前体背、腹两个单元的六对双列梳形外鳃构造组成,也没有围鳃腔,与脊索动物的内鳃构造有本质区别。

(4)海口虫的循环系统主要由一对背大动脉和一对腹大动脉构造组成,这更与脊索动物明显不同[17]。

(5)尖山海口虫的前体多为侧向原位保存,极少扭曲变形、破碎,然而在这些大量保存精美的标本上从未见有脑、眼睛、咽齿等脊椎动物构造的痕迹。即使有些标本可见清晰保存的背神经索,但其前端也逐渐变细尖灭,绝不扩大成脑(图3k)[39]。

(6)尖山海口虫的神经系统很可能兼有背神经索和腹神经索[39]。这一特征在现生动物中仅见于介于脊索动物和非脊索动物之间的半索动物[17]。因而,从进化生物学的观点看,海口虫甚至整个云南虫类的进化地位很可能与半索动物相当。由于躯体构型的相似性,云南虫类另一可能的生物学地位是与古虫动物门构成一个姊妹群(比较图5c,d)。

4. 澄江化石库中的后口动物在追寻脊椎动物起源上的意义

从最古老、最原始的脊椎动物向前追溯它们在无脊椎动物中的祖先序列无疑更为艰难,因为那些软躯体构造动物通常极难保存化石记录。长期以来,除了极少数具钙质骨板的棘皮动物化石之外,在早寒武世及其以前的地层中尽管不乏原口动物的实体和遗迹化石的报道,但一直未能发现任何可靠的后口动物化石,这便使得脊椎动物的实证起源成了进化科学上的一个重大悬案,至今仍是神创论诋毁生物进化论的一个主要口实。

20世纪70年代以来,持钙索动物假说者一直在不断探索新的化石证据[9,10],但仍困难重重。与此同时,近年来在澄江化石库中发现的一系列生物学信息十分丰富的后口动物软躯体构造化石却为这一难题的破解提供了难得的实证材料[18-28],使我们有可能在早期脊椎动物和原口动物之间架起一座较为完善的演化"桥梁"。这座桥目前至少包括如下五个"桥墩"。

(1)昆明鱼和海口鱼的发现将脊椎动物早期历史前推了约五千万年[26,27],被学术界广泛认同为已知最古老的脊椎动物[30]。

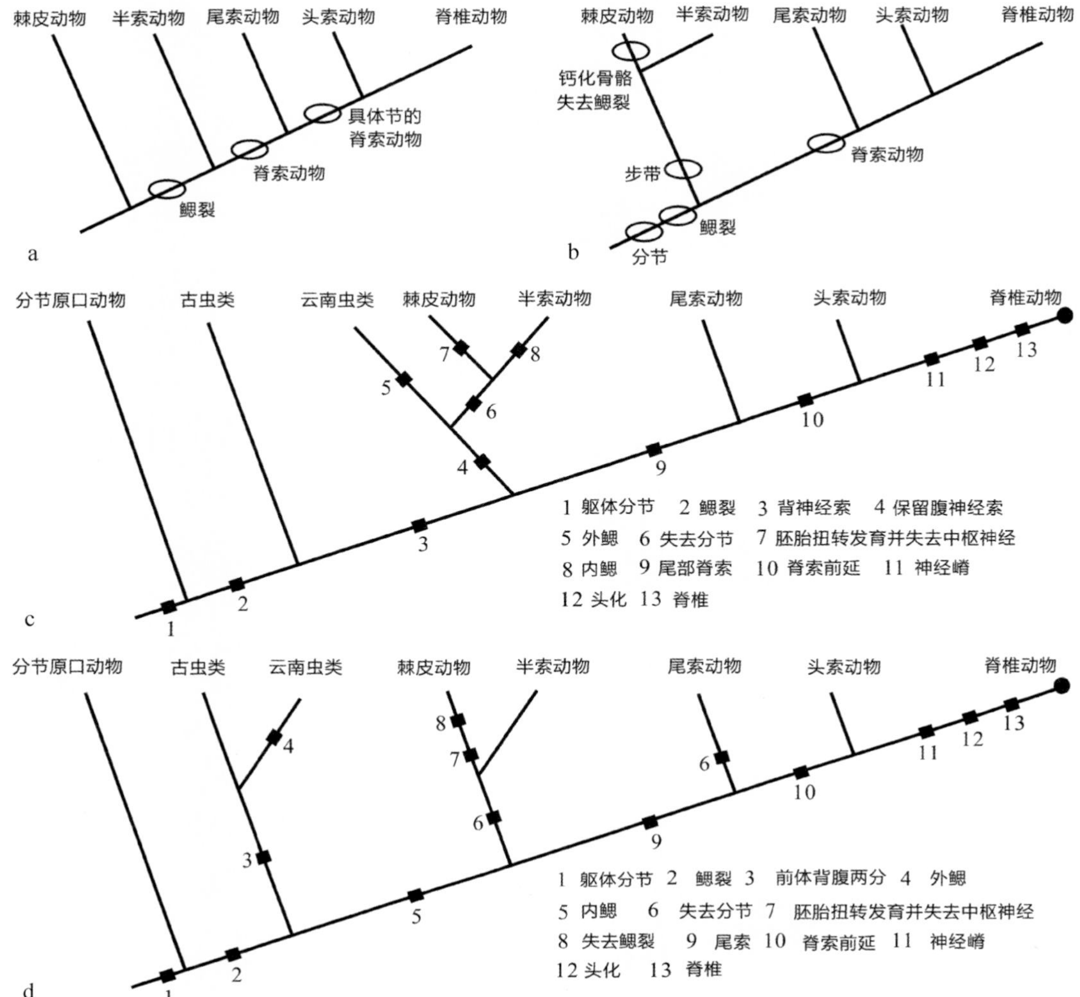

图5 后口动物谱系演化及脊椎动物起源图。a 据文献 4、b 据文献 5 修改；c，d，本文依据化石材料和现代动物学资料提出的两种可能的后口动物演化谱系；c，考虑到神经系统更替在演化中的重要性；d，考虑到躯体构型在演化中的重要性。

近年来大量海口鱼新材料更进一步证实，这种仍保留无头类祖先生殖器官特征的有头类确实代表着一类最原始的脊椎动物[28]，从而构成该桥“进步端”的一个坚实的“桥墩”。

（2）现代动物形态解剖学和发育学一直认为，与低等无颚类七鳃鳗和盲鳗亲缘关系最近的现生动物是头索动物（无头类）文昌鱼[17,46]。Schaeffer[4]通过对现生后口动物进行严格的分支系统学研究重新肯定了这一传统观念。这一观点近年来也得到分子生物学和神经解剖学资料的证实[6-8]。那么，在已知的现生和化石动物中，到底哪一种最接近脊椎动物的近祖形态呢？现生的文昌鱼由于脊索一直前伸至躯体的顶端，阻碍了“头化”发育的可能，所以一般认为这种十分特化的类型不大可能是有头类的直接祖先。

中寒武世布尔吉斯页岩中名声很大的

皮卡鱼前端具有一对奇怪的触角，形态学上更为特化，很可能代表着一个偏离有头类祖先形态的旁支[26,42]。早寒武世的类头索动物华夏鳗（可能还包括中兴鱼，这个侧向保存的化石标本与背腹向保存的华夏鳗在形态解剖构造上不存在实质性区别）尽管标本较少，内部构造信息不多，但它的形体、大小、背鳍、肌节、咽腔、密集型鳃裂表明，它是目前已知最接近有头类祖先的动物[19,47]（图 3g）。

（3）几乎所有形态学、发育学和分子生物学研究结果都认为头索动物的祖先应该根植于已经具备脊索和背神经索的尾索动物[5,48,49]，不管尾索类仅代表脊索动物门中一个低等的亚门[17]，还是将它单列为一个独立的门[7,50]。目前已知最古老的尾索动物是澄江化石库中的长江海鞘，它与现生海鞘 *Styela* 十分相似[20]。如果关于脊椎动物起源研究中的传统主流学派 Garstang-Berrill 假说正确的话[1,2]，长江海鞘进水管末端的退化触手将是对该假说的进一步支撑（图 3f）。

（4）从尾索动物向前追溯它们的非脊索动物祖先，其形态学跨度很大，因而论证难度也大。尽管如此，现代动物学的综合研究表明，这种祖先类型不仅应该具有真正的咽腔型鳃裂，而且还应该是躯体分节的[5]。半索动物和棘皮动物组成的姊妹群应该属于这一类群[5-8]，尽管两者都失去了躯体分节性，而后者更失去了鳃裂。美国等地曾报道过一些早寒武世具钙化骨板的棘皮动物[51]，澄江化石库中尚未见正式报道可靠的棘皮动物化石，但火炬虫的三辐对称及分支型触手有可能代表一种尚未发育出硬骨骼构造的棘皮动物祖先类型[52]。另外，澄江化石库中近来发现的“软皮”海林檎状动物很可能是早期棘皮动物的特化类型（图 3m）。如果认同在动物躯体神经系统由腹神经索型向背神经索型过渡代表着由非脊索动物向脊索动物演化的一条基本属性的话，那么，兼具背、腹神经索的云南虫类应该与半索动物处于同演进阶段，尽管两者形态学特征十分不同（图 5a）。实际上，在半索动物内部也存在类似情况：翼鳃类与肠鳃类两个基本分支尽管在形态上有天壤之别，但在演化谱系上仍密切相关。

（5）在现代动物学范围内，棘皮动物/半索动物代表着最低等的后口动物。但是，在远古时代是否还可能存在着更为低等的绝灭后口动物呢？既然躯体分节和鳃裂是整个后口动物的原始特征，而且前者可能为后口动物和部分原口动物所共有，而后者则代表着由原口动物向后口动物过渡时的主要形态学创新[5]，那么身体分节且初具鳃裂的古虫动物门便应该代表着已知最古老、最原始的后口动物了[24]。事实上，古虫动物门中的最低等类型西大动物出现于澄江软躯体化石群的最早期，其鳃裂构造十分简单，其中尚无鳃丝发育，可能仅做排水孔用[24,25]。古虫动物门中时代稍晚一些的古虫属的鳃裂开始复杂化，并出现了精细的鳃丝，呼吸功能明显（图 3d，e）。最近在澄江发现的巨形古虫类的鳃裂构造中还发育了细长而精致的鳃丝，可能代表着古虫类动物发展的顶峰（据陈爱林通讯）。古虫动物门的鳃裂构造十分特殊，它既不同于钙索动物的鳃裂[53]，也不同于云南虫类和现生半索动物的鳃裂，更不同于脊索动物的鳃裂[17]，很可能代表着由原口动物向后口动物演进时的一个特化分支。尽管它们在早寒武世盛极一时,但终究只代表了后口动物演化试验中的一次失败尝试,不久之后它们在与狭路相逢的脊索动物和攻击能力相当强的节肢动物的生存竞争中完全退出了生命历史舞台。低等古虫类动物在澄江化石库的后口动物序列中出现时间最早,这表明头索动物和脊椎动物的分节特征很可能不是后来独立获得的,而是从后口动物和原口动物共同的分节型祖先那里继承而来的。

总之,依据靠近脊椎动物“源头”时段软躯体后口动物化石系列揭示出来的脊椎动物起源分“五步走”的基本格局中,后四步与现代动物学的推测相一致,而关键性的第一步古虫动物门的出现则很可能代表着由原口动物向后口动物迈进的过渡型产物。一方面它产生了后口动物特有的鳃裂这一创新性状,另一方面却仍然保留着类似原口动物的分节特征,这种学术界期待已久的绝灭类群很可能正代表着脊椎动物起源演化“桥梁”的始端“桥墩”(图5c)。尽管如此,在这分“五步走”的框架中,在演化细节上仍缺乏一些过渡环节,尚需得到更多化石实证材料和分子生物学资料的检验和补充。

5. 结论

(1)海口鱼已经具备低等脊椎动物形态学和胚胎发育学上所有三个主要方面的基本性状,即原始脊椎、头部感觉器官及神经嵴的衍生构造(如背鳍和鳃弓);另一方面它却保留着无头类祖先的原始生殖构造特征。海口鱼这种独有的镶嵌构造特征表明,它不仅是已知最古老的、而且还很可能是最原始的绝灭脊椎动物。

(2)包括海口虫在内的云南虫类不具备脊椎动物(甚至脊索动物)的基本性状,而是一类具有外鳃且躯体构型与古虫动物近似的奇特低等后口动物,它们与脊椎动物起源没有直接关系。

(3)与昆明鱼和海口鱼同期出现的无颚鱼新属种长吻钟健鱼的发现显示,在早寒武世脊椎动物刚出现不久,这个地球上最有前途的动物类群便开始了它们的第一次多向辐射。

(4)基于一系列最古老后口动物化石提出的脊椎动物起源分五步走的实证框架,在脊椎动物“源头”时段的原口动物和脊椎动物之间的鸿沟上架起了一座演化桥梁:①古虫动物门开始出现鳃裂构造,引发了动物体在取食和呼吸两大基本新陈代谢作用上的重大革命,标志着从原口动物向后口动物迈出了至关重要的第一步;②接下来可能是云南虫类(含云南虫、海口虫)、半索动物和棘皮动物的多门类辐射(分别为外鳃型、内鳃型、发育扭转型并失去分节和鳃裂);③尾索动物长江海鞘的出现可能代表着由非脊索动物迈向脊索动物的始点;④进一步演化,最靠近脊椎动物的应当是似头索动物华夏鳗了;⑤有了神经嵴的产生、头化作用的实现及脊椎组分的出现,便诞生了有头类,最终使低等脊索类完成了向高等脊索类的跨越。

(5)现在一般都认同,生物演化史的重建将主要取决于分子生物学的进步和古生物学上的关键性新发现[54],而新的较合理的分子生物学分析结果与本文的脊椎动物实证起源的时间十分接近[55]。于是,我国南方便很可能是包括我们人类在内的整个脊椎动物总根底的主要发源地。

致谢

感谢陈苓、李勇、张兴亮、韩健、张志飞、

刘建妮、刘户琴、郭宏祥、姬严兵、程美蓉、翟娟萍等同志在野外工作和室内工作中的诸多帮助；衷心感谢张弥曼老师在学术研究中的指导和 S. Conway Morris, T. Lacalli, K. Yasui, S. Turner, P. Janvier, J. Bergstroem 对初稿的有益建议；更感谢两位不知名的评审专家有益的建设性意见；特别感谢 S. Conway Morris 曾在我们合作的数篇关于早期后口动物研究论文中做出的贡献。本工作受国家自然科学基金（批准号：32070207）和国家重点基础研究发展规划项目（G2000077702）资助。

参考文献

1. Garstang, W., 1928. The morphology of the Tunicata and its bearing on the phylogeny of the Chordata. J of the Microscopical Society, 72, 51-87.
2. Berrill, N. J., 1955. The Origin of Vertebrates. Oxford: Oxford University Press.
3. Romer, A. S., 1971. The Vertebrate Story. Chicago: University of Chicago Press.
4. Schaeffer, B., 1987. Deuterostome monophyly and phylogeny. Evoln. Biol., 21, 179-235.
5. Gee, H., 2001. Deuterostome phylogeny: The context for the origin and evolution of the vertebrates. In: Ahlberg P. E., ed. Major Events in Early Vertebrate Evolution: Palaeontology, Phylogeny, Genetics and Development. London and New York, Taylor and Francis Inc.
6. Bromham, L. D. & Degnan, B. M., 1999. Hemichordate and deuterostome evolution: Robust molecular phylogenetic support for a hemichordate + echinoderm clade. Evoln Dev., 1, 166-171.
7. Cameron, C. B., Garey, J. R. & Swalla, B. J., 2000. Evolution of the chordate body plan: New insights from phylogenetic analyses of deuterostome phyla. Proc. Natl. Acad. Sci. USA, 97, 4469-4474.
8. Lacalli, T. C., Holland, N. D. & West, J. E., 1994. Landmarks in the anterior central nervous system of amphioxus larvae. Phil. Trans. Royal Soc. Lond. B, 344, 165-185.
9. Jefferies, R. P. S., 1986. The ancestry of the vertebrates. London, British Museum (Natural History), Cambridge: Cambridge University Press.
10. Jefferies, R. P. S., 2001. The origin and early fossil history of the chordate acustio-lateralis system, with remarks on the reality of the echinoderm-hemichordate clade, In: Ahlberg P. E., ed. Major Events in Early Vertebrate Evolution: Palaeontology, Phylogeny, Genetics and Development, London and New York, Taylor and Francis Inc.
11. Shu, D. G., Geyer, G., Chen L. et al., 1995. Redlichiacean trilobites with preserved soft-parts from the Lower Cambrian Chengjiang fauna. Beringaria, Special Issue, 2, 203-241.
12. Shu, D. G., Zhang, X. L. & Geyer, G., 1995. Anatomy and systematic affinities of Lower Cambrian bivalved arthropod *Isoxys auritus*. Alcheringa, 19, 333-342.
13. Chen, J. Y. & Zhou, G. Q., 1997. Biology of Chengjiang biota. Bull, Natl. Mus. Nat. Sci. Taiwan, 10, 11-105.
14. Hou, X. G. & Bergström, J., 1997. Arthropods from the Lower Cambrian Chengjiang Fauna, Southwest China. Fossils and Strata, 45, 1-115.
15. Shu, D. G., Vannier, J., Luo, H. et al., 1999. Anatomy and lifestyle of *Kunmingella* (Arthropoda, Bradoriida) from the Chengjiang fossil Lagerstätte (lower Cambrian; Southwest China). Lethaia, 32, 279-298.
16. Zhang, X. L., Shu, D. G., Li, Y. et al., 2001. New sites of Chengjiang fossils: Crucial windows on the Cambrian explosion. J. Geol. Society, Lond., 158, 211-218.
17. Kardong, K., 1997. Vertebrates: Comparative Anatomy, Function, Evolution. Boston: McGraw-Hill.
18. Shu, D. G., Zhang, X. L. & Chen, L., 1996. Reinterpretation of *Yunnanozoon* as the earliest known hemichordate. Nature, 380, 428-430.
19. Shu, D. G., Conway Morris, S. & Zhang, X. L., 1996. A *Pikaia*-like chordate from the Lower Cambrian of China. Nature, 384, 157-158.
20. Shu, D. G., Chen, L., Han, J. et al., 2001. The early Cambrian tunicate from South China. Nature, 411, 472-473.
21. Shu, D. G., Chen, L., Han, J. et al., 2001. Chengjiang Lagerstätte and earliest-known chordates. Zoological Science, 18, 447-448.
22. Chen, J. Y., Dzik, J., Edgecombe G. D. et al., 1995. A possible early Cambrian chordate. Nature, 377, 720-722.
23. Chen, J., Huang, D. Y. & Li, C. W., 1999. An Early Cambrian craniates-like chordate. Nature, 402, 518-521.

24. Shu, D. G., Conway Morris S., Han J. et al., 2001. Primitive deuterostomes from the Chengjiang Lagerstätte (Lower Cambrian, China). Nature, 414, 419-424.

25. Shu, D. G., Conway Morris, S., Zhang, X. et al., 1999. A pipiscid-like fossil from the Lower Cambrian of South China. Nature, 400, 746-749.

26. Shu, D. G., Luo, H., Conway Morris, S. et al., 1999. Early Cambrian vertebrates from South China. Nature, 402, 42-46.

27. 舒德干,陈苓. 2000. 最早期脊椎动物的镶嵌演化. 现代地质,14,315-322.

28. Shu, D. G., Conway Morris, S., Han, J. et al., 2003. Head and Backbone of the Cambrian vertebrate *Haikouichthys*. Nature, 421, 526-529.

29. Mueller, W. A., 1998. Developmental Biology, Beijing: China Higher Education Press, Berlin, Heidelberg: Spring-Verlag.

30. Janvier, P., 1999. Catching the first fish. Nature, 402, 21-22.

31. Holland, H. D. & Chen, J. Y., 2001. Origin and early evolution of the vertebrates: New insights from advances in molecular biology, anatomy, and palaeontology. BioEssays, 23, 142-151.

32. Jarvik, E., 1980. Basic structure and evolution of vertebrates. 2 vols. New York, London: Academic Press.

33. Cohn, M. J., 2002. Lamprey Hox genes and the origin of jaws. Nature, 416, 386-387.

34. Bardack, D. & Zangerl, R., 1971. Lamprey in the fossil record, In: Hardisty M. W., Potter I. C., eds. The Biology of Lampreys, vol. 1. London: Academic Press, 67-84.

35. Bardack, D. & Richardson, E. S., 1977. New agnathous fishes from the Pennnsylvanian of Illinois. Geology, 33, 489-510.

36. Janvier, P., 1996. Early Vertebrates. Clarendon Press, Oxford.

37. Dzik, J., 1995. *Yunnanozoon* and ancestry of chordates. Acta Palaeont Polonica, 40, 341-360.

38. Hou, X. G., Ramskoeld, L. & Bergstroem, J., 1991. Composition and preservation of the Chengjiang fauna – a Lower Cambrian soft-bodied biota. Zool Scripta, 20, 395-411.

39. Shu, D. G., Conway Morris, S., Zhang, Z. F. et al., 2003. A New Species of Yunnanozoans with Implications for Deuterostome Evolution. Science, 299, 1380-1384.

40. Lacalli, T. C., 2002. Vetulicolians – are they deuterostomes? chordates? BioEssays, 24, 208-211.

41. Gee, H., 2001. On the vetulicolians. Nature, 414, 407-409.

42. Conway Morris, S., 1998. The Crucible of Creation: The Burgess Shale and the Rise of Animals. Cambridge: Cambridge University Press.

43. Bergestroem, J., 1997. Origin of high-rank groups of organisms. Paleontological Reserch, 1, 1-14.

44. Briggs, D. E. G. & Kear, A. J., 1994. Decay of the lancelet *Branchiostoma lanceolatum* (Cephalochordata): implication for the interpretation of soft-tissue preservation in conodonts and other primitive chordates. Lethaia, 26, 275-287.

45. Smith, M. P., Sansom, I. J. & Cochrane, D., 2001. The Cambrian origin of vertebrates, In: Ahlberg P. E., ed. Major Events in Early Vertebrate Evolution: Palaeontology, Phylogeny, genetics and development. London and New York: Taylor and Francis Inc.

46. Harvey Pough, F., Heiser, J. B. & McFarland, W. N., 1989. Vertebrate Life (Third Edition), New York: MacMillan Pulbishing Company.

47. Luo, H. L., Hu, S. X. & Chen, L. Z., 2001. New Early Cambrian chordates from Haikou, Kunming. Acta Geologica Sinica, 75, 345-348.

48. Gee, H., 1996. Before the backbone: Views on the Origins of the vertebrates. London: Chapman and Hall.

49. Nielsen, C., 2001. Animal Evolution: Interrelationships of living phyla. 2nd Edition. Oxford: Oxford University Press.

50. Wada, H. & Satoh, N., 1994. Details of the evolutionary history from invertebrates to vertebrates, as deduced from the sequences of 18S rDNA. Proc Natl. Acad. Sci. USA, 91, 1801-1804.

51. Paul, C. R. C., 1977. Evolution of primitive echinoderms. In: Hallam A, ed. Patterns of Evolution. Amsterdam: Elservier Scientific Publ. Comp.

52. 罗惠麟,胡世学,陈良忠,等. 1999. 昆明地区早寒武世澄江动物群. 云南科技出版社.

53. Domingues, P., Jacobson, A. G. & Jefferries R., 2002. Paired gill slits in a fossil with a calcite skeleton. Nature, 417, 841-844.

54. Conway Morris, S., 1994. Why molecular biology needs palaeontology. Development, (Suppl. for 1994), 1-13.

55. Ayala, F. J. & Rzhetsky, A., 1998. Origin of metazoan phyla, Molecular clocks confirm palaeontological estimates. Proc. Natl. Acad. Sci. USA, 95, 606-611.

(舒德干 译)

中国早寒武世澄江化石库中最原始的后口动物

舒德干*，Simon Conway Morris，韩健，陈苓，张兴亮，张志飞，刘户琴
李勇，刘建妮

*通讯作者 E-mail：elidgshu@nwu.edu.cn

摘要　保存极佳的寒武纪化石宝库（如中寒武统布尔吉斯页岩生物群和下寒武统澄江生物群）为研究寒武纪生命大爆发提供了最好的瞭望窗口。在大约40个这种类型的化石产地中，已经发现了从栉水母到无颌鱼等众多高分异度的动物类群。最近在华南云南省昆明市附近的澄江生物群发掘工作中，发现了几种新的化石类型。它们和以前报道的材料一起组成了后生动物的新类群——古虫动物门（Vetulicolia）。古虫动物门的一些特征，尤其是一系列的鳃裂，表明该门类为研究后口动物分异的早期阶段提供了新的线索和希望。

探讨后生动物躯体构型的起源和演化对于了解寒武纪生命大爆发至关重要。该领域研究成果斐然，跨越了分子生物学和古生物学两个学科[1,2]。现生各动物门类的形态差异很大，可能与它们的寒武纪祖先明显不同，然而，分子系统学的研究并不能阐释不同躯体构型是如何产生的，也不能揭露已灭绝生物的真实形态、生理机能及其栖息的生态环境。只有展现历史维度的化石记录使我们可以追索某个基干类群[3]的性状组合。

后口动物类群的形态变化多端，普遍共有的特征几乎不存在。除了一些胚胎发育特征，比如胚孔的发育命运——胚孔并未形成口而可为成体的肛门（但存在例外情况[4]），以及辐射卵裂，该类群所共有的最明显的宏观特征就是鳃裂[5,6]和内柱[7]（虽然对于原始的半索类肠鳃纲而言，该构造位于背侧，被称为上咽脊[8]）。然而，在现生棘皮动物中，鳃裂已经消失，内柱也未发现确切的迹象。此外，半索动物的口索与脊索/尾索动物的脊索是否同源仍然值得怀疑[8,9]。除了某些幼虫的显著相似性得到公认（尤其是肠鳃纲的柱头幼虫与某些棘皮动物幼虫的相似性），所有传统的对比方法（例如以胚胎学[10]为基础的对比研究）都收效甚微，直到分子生物学的兴起，后口动物研究才取得了长足的进展。学者正在达成共识[11-16]，认为脊索动物（脊椎动物和更为原始的头索动物）与尾索动物之间存在一系列颇有意义的相似性。同时越来越多的证据表明棘皮类和半索类具有更近的亲缘关系[14-16]。

即使如此，最早的后口动物的演化和生态仍带有很强的猜测性。本文报道了一系

列来自华南澄江化石库的化石，它们代表了至少四个分类单元。它们的共同特征是躯体两分，且前体具有显然为原始鳃裂的一系列穿孔。这一分支被称为古虫动物（vetulicolians）。陈均远和周桂琴[17]建立古虫动物纲（Vetulicolida），将古虫属（*Vetulicola*）和斑府虫属（*Banffia*）纳入其中。本文扩充该纲的概念以囊括西大动物属（*Xidazoon*）[18]、地大动物属（*Didazoon*）（新属）和圆口虫属（*Pomatrum*[19]），并定义了古虫动物门独特的躯体构型。这一动物类群可能代表原始的后口动物。

古虫动物门（新门）Phylum Vetulicolida nov.

古虫动物纲 Class Vetulicolida Chen and Zhou 1997[17]

地大动物科（新科）Family Didazoonidae Shu and Han fam. nov.

地大动物属（新属）Genus *Didazoon* Shu and Han gen. nov.

郝氏地大动物（新种）*Didazoon haoae* Shu and Han sp. nov.

词源：属名为中国地质大学的中文简称。种名献给郝诒纯先生，以纪念她对本项研究的鼓励。

正模：存放于西北大学早期生命研究所（西安）；标本编号：ELI-0000196。

相关材料：ELI-0000197—217。

产地及层位：下寒武统筇竹寺组玉案山段始莱德利基虫带。化石采集于昆明大板桥地区，位于澄江西北约 60 km 处，海口（该地区曾发现西大动物）东北50 km处。

特征：躯体两分且呈角质化；前体分节并具宽敞的口部；腹边缘平坦；躯体向后逐渐变宽。前体两侧各具五个圆形构造，呈向后开口的兜帽状；圆形构造的内部呈盆状，似与躯体内部相连。躯体中段明显收缩，将躯体分为前体和后体。后体分为七节，向前、向后均逐渐变尖，后终端呈圆形。内部消化道在前体可能宽敞，而在后体细窄而直（偶尔盘旋）。前体沿腹侧具可能代表内柱的暗色索状物。

郝氏地大动物的躯体由两部分组成（图 1a, c, d, f）。地大动物很可能与古虫属有亲缘关系（参考下文），由于古虫属分节的“尾部”（即后体）明显从背部伸出，那么地大动物的前后及背腹定向则可确定。前体侧视呈侧扁的近方形。前体的前边缘呈弧形，并出现较弱的褶痕（图 1a, b, d, e），指示宽敞的开口。前体内部被沉积物充填，因此指示活体的前体内腔非常宽阔。相比之下，在前边缘和背、腹边缘，躯体则更加扁平。尤其在腹边缘，躯体呈刃状（图 1a, b, d, e）；向后躯体逐渐变宽。前体的外部显示出一系列明显的分节，共分六节。连接两个体节之间的膜状物相当宽，这可能为前体提供了一定程度膨胀与收缩的灵活性。

前体两侧各有五个卵圆形的构造（图 1a—f），本文将其解释为鳃。最前面的第一个鳃最小，其后的两个似呈瓦状叠覆的鳃最大，末端的两个鳃则逐渐变小。每个鳃都具有一个外凸的兜帽状构造，有时还伴有同心纹，并且向后开口。内腔呈盆状。推断每个腔室的前端存在一个通往体内的开口。隐约可见的管状印痕可能代表鳃与鳃之间的联系通道。靠近腹边缘处存在一根索状物（图 1a, b, d ,e），可能代表内柱，因为它与消化道构成一个整体——该构造向后、向背侧延伸并与后体细窄的肠道相连。

前后体之间的收缩处出现褶痕，指示此

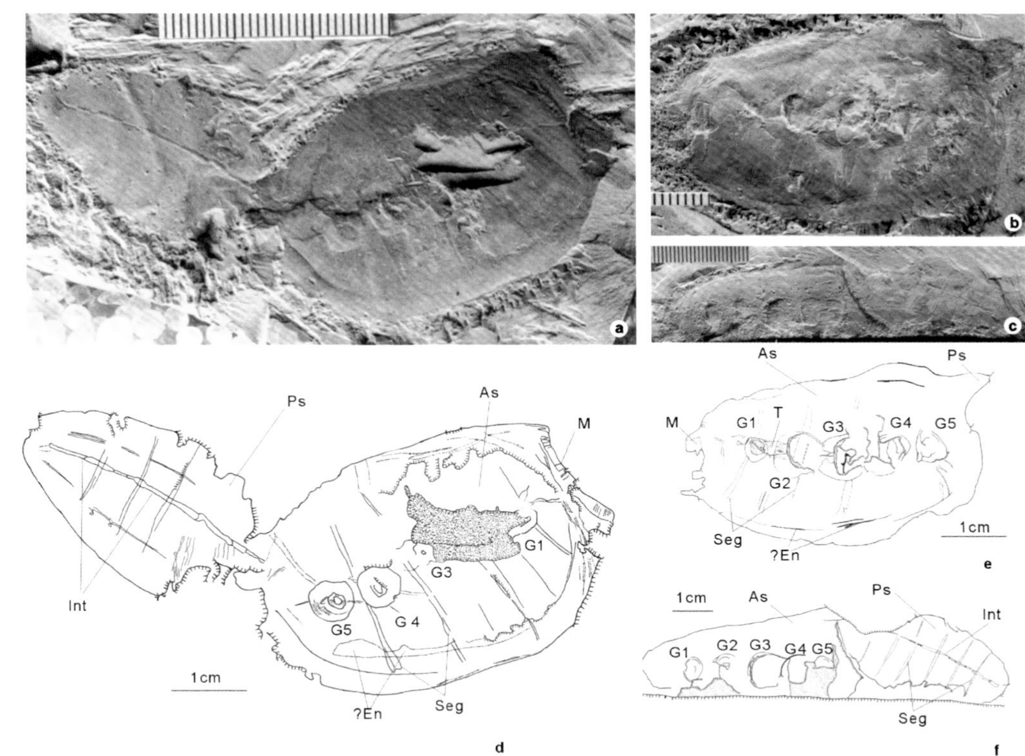

图1 下寒武统古虫类新属种郝氏地大动物(*Didazoon haoae* Shu and Han gen. et. sp. nov),采自云南大板桥。a,标本ELI-0000196,完整个体(对比d)。b,标本ELI-0000196,前体和残余的后体(对比e)。c,标本ELI-0000200A,前体不完整但保存有显著的鳃,分节的后体内保存有肠道(对比f)。a—c的比例尺见图中的毫米刻度尺。As,前体;?En,推测的内柱;G1—5,第1—5鳃;int,肠道;M,口部;Ps,后体;Seg,体节。

部位可能具有较大的柔韧性(图1a, d),并且前体和后体可能在一定程度上相互独立。其修长的后体在前后两端逐渐变得尖细,共由七个体节组成,最后一节有圆形终端。后体中出现一条狭窄的肠迹被很好地保存下来,有时还充填有细粒的物质。其中一枚标本的肠道充填物为螺旋状,这在古虫属中也可见到(图5a, b;附图Ⅲ)。靠近后体任一侧边缘出现狭窄的索状物,有时可见分支现象,可能代表血管组织。

1. 西大动物属和古虫属的新发现

后续的标本采集工作使我们获得了地大动物属[18]和古虫属[17,20,21]的新信息。从最初对西大动物描述以来,越来越多的标本发现于海口地区的马房和达子村[22]。这些化石显示出了一些非常重要但是过去未能识别的特征。尤其是西大动物前体出现一排共五个兜帽状构造(图2a, b, d, e;3c, d),与地大动物的鳃在形态、大小和位置上很相似。其中一枚标本上出现的暗色圆形区域可能指示通往内部的确切开口(图2d)。沿着正模右手边缘的一个迄今仍未辨识出来的阶梯状排列结构[18],可能就是这些开口在前体右侧的体现。显著的圆形摄食器官(口部)在一些标本上保存得很好

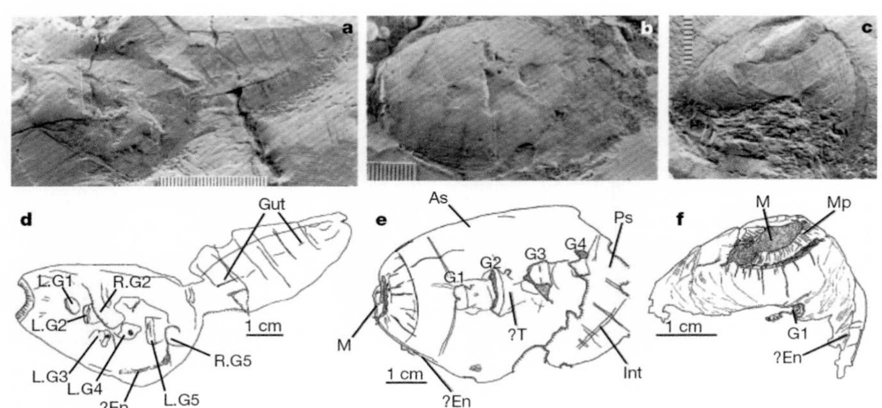

图 2 下寒武统古虫类皇冠西大动物(*Xidazoon stephanus*),采自昆明海口。a,标本 ELI-0000203A,完整个体;前体虽被挤压,但似乎仍保存了五个左鳃和两个右鳃,鳃内有可能的开孔(对比 d)。b,标本 ELI-0000202,保存鳃的完整个体(对比 e)。c,标本 ELI-0000204A,前体,不完整但口部保存良好(对比 f)。a—c 的比例尺见图中的毫米刻度尺。As,前体;? En,推测的内柱;L. G1—5,左侧第 1—5 鳃;R. G2,5,右侧第 2 和第 5 鳃;int,肠道;M,口部;Mp,口板;Ps,后体;? T,推测的管道(连接相邻的鳃囊)。

(图 2c, f;附图Ⅱ)。尽管发生了变形,口部仍显示出将近 30 个板状构造(口板),超过了在正模估计的数量[18]。在前体靠近腹侧直至后边缘处出现一片深暗色区域(图 2a, d),这是一个稳定的特征——地大动物的相应部位也出现非常相似的构造。我们暂时将其解释为内柱。前体的褶痕(图 2c,附图Ⅰ)指示活体的体壁可能较薄,虽然其中一块标本显示所推测的腹面呈龙骨状(附图Ⅰ)。

地大动物和西大动物的发现地点相隔 50 km,可能属于不同的动物组合带。尽管它们有很多相似之处,但上述差别也足以证明它们为不同的属。地大动物的前体角质化更强,并有一系列清晰的分节边界;而西大动物前体仅第一体节勉强可以辨认。此外,西大动物前体的褶痕及其后体区更易腐烂的现象都反映该属比地大动物柔韧性更强。地大动物的前边缘与长方形古虫(*Vetulicola rectangulata*)相似(图 4f,附图 I),但前者显得更为坚硬,因此其摄食器官的灵活性可能比后者差。地大动物的收缩部位似乎比西大动物更明显、更短。此外,它们鳃的结构也有区别(比较图 1a, d 和 2a, b, d, e)。

古虫属有两个种:楔形古虫(图 4a—e,附图Ⅰ)与长方形古虫(图 4f, g;附图Ⅰ)。它们的主要区别在躯体前端:前者表现为显著的瓣状延伸;而后者的前边缘基本平直(侧视),与地大动物类似。古虫属具强烈二分型躯体(图 4a),使人联想起叶虾类节肢动物。侧压的前体形成“甲壳”,由四块显著且相当坚硬的体板构成。前体有沉积物填充,表明其内部具有宽敞的空间。腹部形成龙骨状(图 4g)。前体两侧中线出现一条与五个开口相连的细窄的沟槽(图 4a—f,附图Ⅱ)。在前体末端的背侧出现一个居中的弧形突起(图 5f)。目前对前体内部的解剖构造知之甚少。化石解剖未能发现甲壳状前体内部存在肢体或其他附肢结构,亦

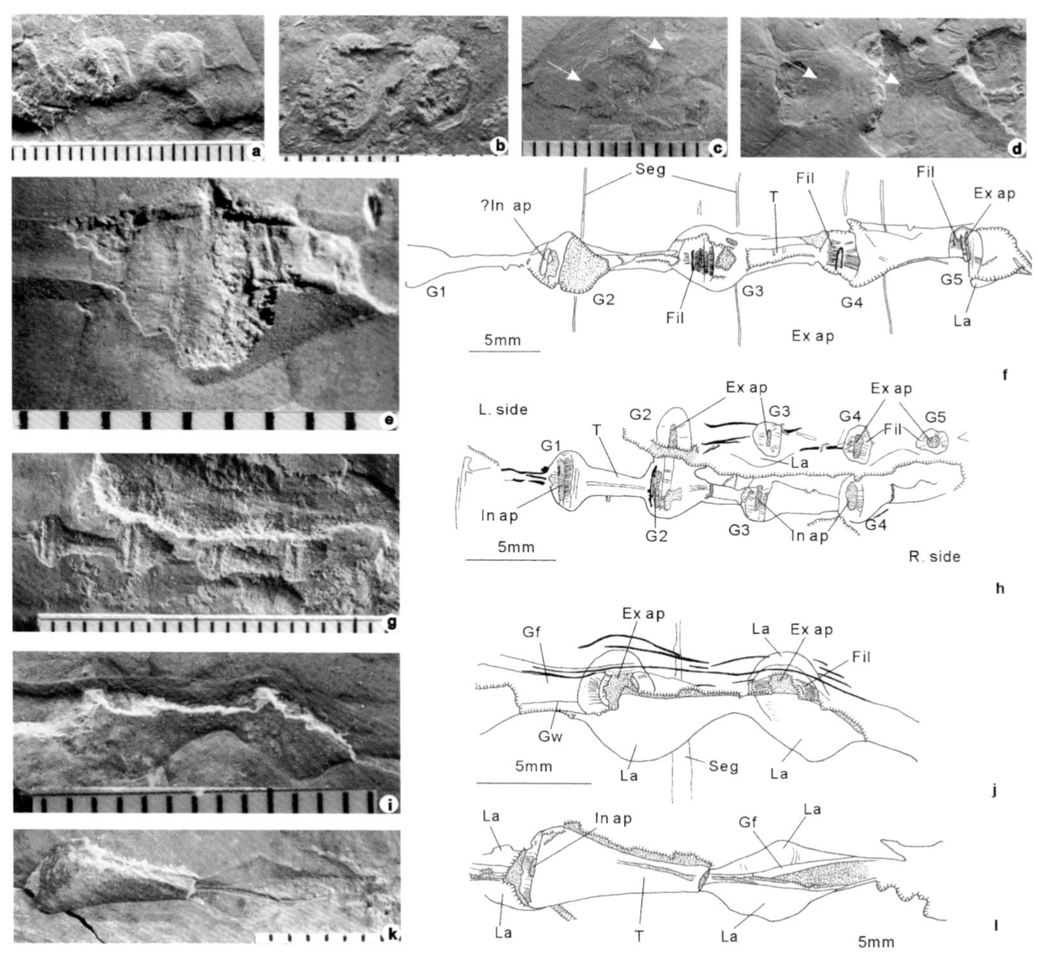

图3　古虫动物的鳃。a—d，分别为标本 ELI-0000196（地大动物）、201（地大动物）、203A（西大动物）、202（西大动物），显示鳃的结构细节（对比图 1a，2a）。e，f，标本 ELI-0000216（楔形古虫），显示左侧第 4 鳃（e）及左侧所有鳃（f）的细节（对比图 4a）。g，h，标本 ELI-0000215（楔形古虫），显示保存于两层沉积物（下层为左侧第 2—5 鳃，上层为右侧第 1—4 鳃）的鳃区细节（对比图 4e）。i，j，标本 ELI-0000210（长方形古虫），显示左侧第 4、5 鳃细节。k，l，标本 ELI-0000212（长方形古虫），显示鳃的内部细节。比例尺：a—e，g，i，k 中为毫米刻度尺。缩写说明：Ex ap，出水孔；Fil，丝状物（鳃丝）；Gf，槽底；Gw，槽壁；G1—5，第 1—5 鳃；In ap，入水孔；La，垂片；Seg，体节；T，管状物（鳃管）。

未发现存在眼睛的迹象。前人所做的复原图（参考文献 17，图 137；参考文献 21，第 38 页）中出现的附肢和眼睛是很可疑的。前体内表面分布的一系列钝钉状构造（由此前体呈现出特征性的“串珠状”外观）也许为某种组织（可能与摄食相关）提供附着之处。

前体最明显的特征为沿侧中线分布的一系列开口。左右两侧各有五个开口，且结构复杂。每个开口具有一个显著且宽敞的囊状构造，内部时有沉积物填充；当无沉积物填充时，底面则露出一条低缓的横脊和一些丝状构造（图 3e—l，附图 Ⅱ）。此构造前方出现一个陡坎状突起，接近其基底为一个细长的区域。通常该细长区域被沉积物填充，本文将其解释为入水孔。囊状构造的内腔有一个独特的现象——它向后延伸形成一个显著的、逐渐变窄的管道，该管道向后并向外侧延伸。目前尚不清楚此管道是否与后一个囊状结构的入水孔相连，或者也许它只是一个盲管。出水孔位于侧沟内，由一个椭圆形的开口及环绕周围的一系列细丝组成（图 3e—j，4c，附图Ⅱ）。在出水孔附近，背板和腹板的角质层形成近椭圆形构造（图3i，j；图4a，f），这些构造以前曾被错误地认为是出水孔，但它们位于出水孔的上方，显然代表了保护性的角质增厚部位。上述复杂结构可以解释为鳃，其内部具有用于呼吸的鳃丝。

后体形成尾部（图 4a，e；附图Ⅰ），由七个体节（并非之前报道的八个）构成，每个体节均发生强烈角质化并被较宽的膜状物隔开。第七体节具圆形末端。尾部腹背不对称，可能靠侧向摆动提供推动力。后部通常保存有肠道的痕迹，有时呈卷曲状并填充有显著的细粒物质（图 5b，附图Ⅲ）。

一种已报道但鲜为人知的澄江动物——具腹圆口虫（*Pomatrum ventralis*）[19]——使西大动物与地大动物间的联系得到了进一步的拓展。圆口虫的前体及口环与地大动物类似。在一枚不完整的圆口虫标本的前部可观察到两个方形的兜帽状构造，靠前端者明显小于后者，显然与地大动物的鳃同源。圆口虫与地大动物（及西大动物）最大的区别在于其后体，圆口虫的后体与古虫属类似，都是从背部向后延伸形成类似尾部的细长结构。

古虫动物类（地大动物属、圆口虫属、古虫属与西大动物属）的鉴别特征为躯体二分；前体宽敞，体侧具五对鳃孔；后体分为七个体节。这些不同的属可能有不同的生态习性。地大动物和西大动物可能营底栖（底表栖）生活，而古虫类的箱状前体与细长尾部则与节肢动物类似，笔者认为这是趋同演化的一个例子。由四块体板构成的甲壳在

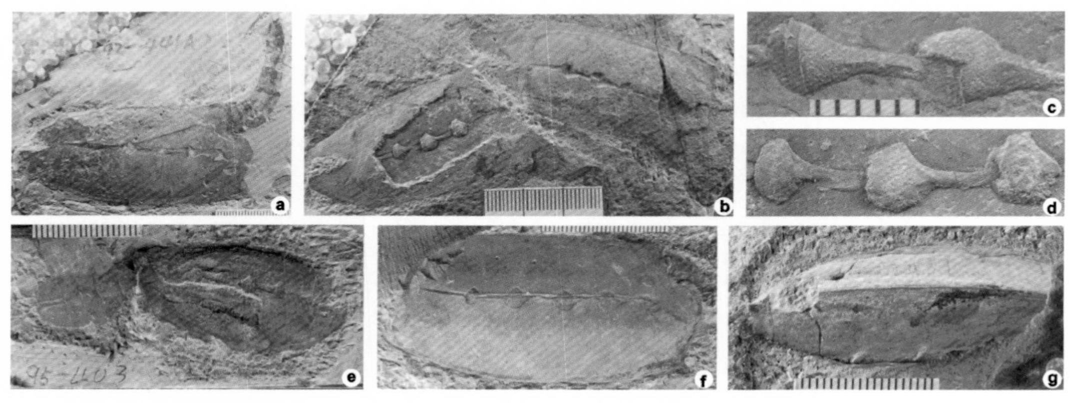

图4 采自澄江的楔形古虫（a—e）以及采自昆明海口的长方形古虫（f，g）。a，标本 ELI-0000216（对比图 3e，f）。b—d，标本 ELI-0000207，两个个体，保存于上层沉积物中的个体经修复揭露出右侧鳃囊（c）；下层沉积物中的个体保存有完好的鳃（细节见 d）。e，标本 ELI-0000215，显示完整的个体及前体两侧的鳃（对比图 3g，h）。f，标本 ELI-0000209，显示前体的鳃及其鳃外侧覆盖的垂片。g，标本 ELI-0000211A，前体腹视，显示锥状的口部。比例尺：见各图内的毫米刻度尺。

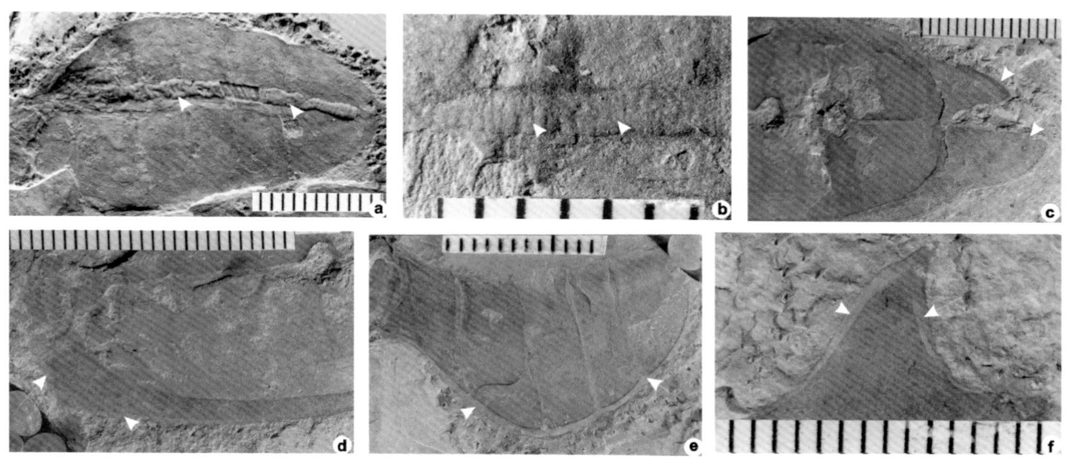

图 5　古虫动物的卷曲状肠道(a,b;箭头指示)及体表膜状物(c—f;箭头指示)。a,标本 ELI-0000197(地大动物属)。b,标本 ELI-0000309A(古虫属)。c—f,古虫属。c,标本 ELI-0000218 的前体。d,标本 ELI-0000218 前体的后腹部。e,标本 ELI-0000302B 的后体。f,标本 ELI-0000338A 的背“鳍”。比例尺见各图内的毫米刻度尺。

节肢动物中从未出现过。更重要的是,古虫类从未发现任何附肢的证据。此外,也没有证据表明古虫类有蜕壳的现象。古虫类的生长可能通过适应性调节完成,包围身体所有边缘并沿侧中线分布的体表膜状物(图 5c—f,附图Ⅳ)也表明它所包含的骨骼可能为内骨骼。

然而,古虫动物与节肢动物最鲜明的区别在于前体的五对鳃。西大动物、地大动物及圆口虫的鳃具有兜帽状构造,该构造可隐藏内部的鳃孔。而古虫属的鳃结构更加复杂,但由于躯体构型的整体相似性,且地大动物和圆口虫在形态上表现为西大动物和古虫属的过渡类型,因此古虫属的鳃与其他属的鳃同源。西大动物与地大动物的鳃相对较小,且尚未发现类似古虫属鳃中的丝状结构。古虫属的囊状的鳃可能代表了更活跃的生活方式和更坚硬的躯体,气体渗透率可能因此而整体降低。

2. 古虫动物门为后口动物

鳃裂无疑为后口动物的定义特征之一。在西大动物和地大动物中,该构造相对简单,主要功能可能为排出多余的海水。因此,它们已经拥有了后口动物鳃裂最原始的功能,尽管从功能上看,现代后口动物的鳃裂通常也用于呼吸和(或)滤食。必须承认,鉴于古虫这些鳃孔与现生最原始后口动物(目前被广泛认为是半索类柱头虫)鳃裂的不同,把古虫类体侧的鳃孔看作演化趋同现象的例子更为合理。然而,尽管后口动物中半索动物与头索动物的亲缘关系相对较远,但柱头虫与文昌鱼的鳃却有惊人的相似性,因此表明半索动物的鳃裂已经明显特化。如果鳃孔的原始功能确实为排水,那么大多数后口动物鳃裂的紧密排列则是为了满足呼吸作用的结果。此外,羊角目钙索动物(如靴头海果)的鳃裂(尽管此种解释仍存在争议)也较大,且间隔较宽,只有在某些进化的类型中（如 *Scotiaecystis*），鳃裂才排列得更紧密。

古虫类的另外两个特征与其后口动物的谱系位置相符。其一，为前体腹侧可能为内柱的暗色条带状构造；其二，为可能存在由中胚层衍生而来内骨骼。然而，古虫类与后口动物亲缘关系的进一步证据可能来自它们与澄江的云南虫类（以海口虫属[26]和云南虫属[27-29]为代表）可能存在联系。云南虫类曾被解释为有头类。然而，虽然很少有学者质疑比如鳃裂这样的构造，但云南虫有很多被解释为与有头类相关的解剖学特征，其实并不可靠。云南虫类似乎位于更靠近后口动物谱系树基部的位置，与半索动物更接近。尽管古虫动物类与云南虫类有明显的区别，但两者仍可能存在联系。前者躯体两分，而云南虫也分为具有吻、领和一系列鳃裂的前部和分节的角质化后部。云南虫体形修长，浑似鱼形，但前体和后体部分分离的证据（图 6；参考文献 28，图 2e，3d）表明其躯体构型可能起源于两个独立体区的重叠。

3. 讨论

古虫曾被广泛认为是“一种十分奇特的节肢动物”（但参考文献 34 持不同观点）。然而，本文将其前体的穿孔构造解释为鳃裂的前身——后口动物的一个定义特征。古虫类与云南虫类的相似性可能为我们了解后口动物的后续演化提供了一个重要线索——云南虫类鳃裂的排列方式与其他低等后口动物更接近。古虫动物的二分型躯体还令人联想到 Romer 在其“躯体—内脏”理论中提出一种假想动物[35]——假设一种躯体明确二分的生物体，其“躯体”单元（包括肌肉组织和分节的神经系统）与内脏单元（很大程度上由咽鳃篮构成）逐渐趋于整合。该理论尽管最初只适用于最原始的脊索动物，但用来解释干群后口动物的出现更为适宜。此外，卷曲状肠道在古虫（图 5a，b；附图Ⅲ）和云南虫（图 6；参考文献 28，图 2e，3d）身上常常可见（也见于较低等

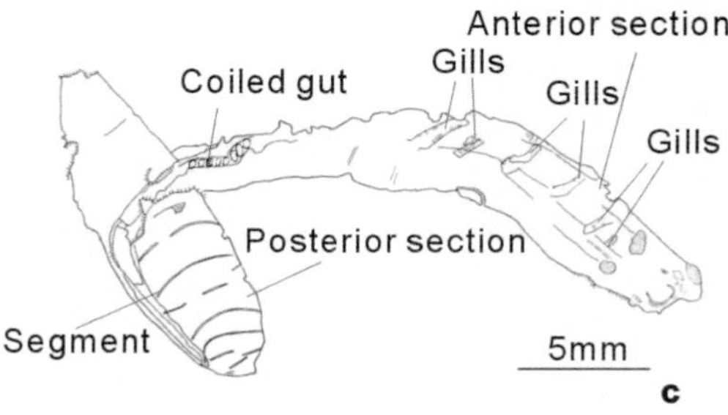

图 6 云南澄江早寒武世铅黑云南虫。a，标本 NWU30-1406A，完整个体（正面）；b，标本 NWU93-1406B（反面），显示后部的细节及与前部的连接；c，正反面复合的显微描绘图。比例尺：见毫米刻度尺（b）。

的鱼类中)，这也与古虫动物所处的后口动物谱系位置相符。卷曲的肠道还有另一种解释(但可能性较小)，即该构造可能为一系列堆叠起来的硬币状结构组成的脊索组织。但由于偶尔才出现卷曲，且卷曲状态无规律，将其解释为肠道则更为合理(见附图Ⅰ和Ⅲ)。

古虫动物门的祖先类型仍不明朗。这一演化分支最原始的代表可能为布尔吉斯页岩生物群和澄江生物群中均出现的斑府虫(*Banffia*)。目前尚无对斑府虫的详细描述，但它与古虫类的相似性包括由狭窄收缩区连接的二分型躯体以及分节的后体(虽然斑府虫前后体比其他古虫类更细长)。其前体的口部也有一圈角质化褶皱环绕(J. Caron，私人通信)，但尚未发现与古虫动物的鳃相当的构造。

如果古虫类代表了原始的后口动物，那么其躯体构型则可能指示了更早的起源——它们可能植根于原口动物之中。然而，至今在新元古代和寒武纪的化石记录中均未发现两者演化的过渡环节。古虫动物在早期后口动物演化中扮演的角色更令人着迷。现生后口动物各门类的形态差别巨大，而且都经历了长期演化。现生后口动物的基因表达方式存在区别(尤其在半索动物与更高级的脊索动物之间)，表明发生了基因的重新配置[38]，例如 *Branchyury* 基因[9,39]的使用以及神经系统的有效重组[40-42]。与此相反，鳃裂和可能的内柱则为原始特征。值得一提的是，古虫属的整体形态类似一个巨大的“蝌蚪”(图4a)——后口动物祖先具蝌蚪状体形的观念在探索脊索动物起源的问题上一直扮演着相当重要的角色。古虫类的推进型尾部及携带硕大摄食咽腔、具有咽裂的前体本身就可为脊索动物(包括钙索动物)躯体构型的后续演化提供灵感。最后，我们注意到干群后口动物及无颌鱼类的同时出现与新元古代末期和早寒武世的后生动物“大爆炸”正相呼应。

致谢

在本项研究中，舒德干、韩健、陈苓、张兴亮、张志飞、刘户琴、李勇和刘建妮获得中国科技部、自然科学基金委、中国教育部和美国国家地理联合资助；S. C. Morris 获得英国皇家学会和剑桥大学圣约翰学院联合资助。罗惠麟和胡世学为我们提供了圆口虫化石材料。感谢 R. J. Aldridge，P. Janvier 和 R. P. S. Jefferies 的评论；感谢郭丽红、成秀贤、郭宏祥、S. J. Last 和 S. Capon 提供的技术支持。

参考文献

1. Conway Morris, S., 2000. Evolution: Bringing molecules into the fold. Cell, 100, 1-11.
2. Valentine, J. W., Jablonski, D. & Erwin, D. H., 1999. Fossils, molecules and embryos: new perspectives on the Cambrian explosion. Development, 126, 851-859.
3. Budd, G. E. & Jensen, S., 2000. A critical reappraisal of the fossil record of the bilaterian phyla. Biol. Rev., 75, 253-295.
4. Fioroni, P., 1980. Zur Signifikanz des Blastoporus-Verhaltens in evolutiver Hinisicht. Rev. Suisse Zool., 87, 261-272.
5. Ogasawara, M. et al., 1999. Developmental expression of *Pax* 1/9 genes in urochordate and hemichordate gills: insight into function and evolution of the pharyngeal epithelium. Development, 125, 2539-2550.
6. Okai, N. et al., 2000. Characterization of gill-specific genes of the acorn worm *Ptychodera flava*. Dev. Dyn., 217, 309-319.
7. Ogasawara, M. et al., 1999. Ascidian homologs of mammalian thyroid transcription Factor-1 gene are

expressed in the endostyle. Zool. Sci., 16, 559-565.

8. Ruppert, E. E., Cameron, C. B. & Frick, J. F., 1999. Endostyle-like features of the dorsal epibranchial ridge of an enteropneust and the hypothesis of dorsal-ventral axis inversion in chordates. Invert. Biol., 118, 202-212.
9. Peterson, K. J. et al., 1999. A comparative molecular approach to mesodermal patterning in basal deuterostomes: the expression pattern of *Brachyury* in the enteropneust hemichordate *Ptychodera flava*. Development, 126, 85-95.
10. Schaeffer, B., 1987. Deuterostome monophyly and phylogeny. Evol. Biol., 21, 179-235.
11. Turbeville, J. M., Schulz, J. R. & Raff, R. A., 1994. Deuterostome phylogeny and the sister group fo the chordates: evidence from molecules and morphology. Mol. Biol. Evol., 11, 648-655.
12. Wada, H. & Satoh, N., 1994. Details of the evolutionary history from invertebrates to vertebrates, as deduced from the sequences of 18S rDNA. Proc. Natl Acad. Sci. USA, 91, 1801-1804.
13. Lacalli, T. C., 1997. The nature and origin of deuterostomes: some unresolved issues. Invert. Biol., 116, 363-370.
14. Bromham, L. D. & Degnan, B. M., 1999. Hemichordate and deuterostome evolution: robust molecular phylogenetic support for a hemichordate + echinoderm clade. Evol. Dev., 1, 166-171.
15. Cameron, C. B., Garey, J. R. & Swalla, B. J., 2000. Evolution of the chordate body plan: New insights from phylogenetic analyses of deuterostome phyla. Proc. Natl Acad. Sci. USA, 97, 4469-4474.
16. Gee, H., 2001. in *Major Events in Early Vertebrate Evolution* (ed. Ahlberg, P. E.) Syst. Ass. Spec., 61, 1-14.
17. Chen, J. Y. & Zhou, G. Q., 1997. Biology of the Chengjiang fauna. Bull. Natl Mus. Nat. Sci. Taiwan, 10, 11-105.
18. Shu, D. G. et al., 1999. A pipiscid-like fossil from the Lower Cambrian of south China. Nature, 400, 746-749.
19. Luo, H. L. et al., 1999. *Early Cambrian Chengjiang Fauna from Kunming Region, China* (Yunnan Sci. Technol. Press, Kunming).
20. Hou, X. G., 1987. Early Cambrian large bivalved arthropods from Chengjiang, eastern Yunnan. Acta Palaeont. Sinica, 26, 286-297.
21. Chen, J. Y. et al., 1996. *The Chengjiang Biota: A Unique Window of the Cambrian Explosion* (National Museum of Natural Science, Taiwan).
22. Zhang, X. L. et al., 2001. New sites of Chengjiang fossils: crucial windows on the Cambrian explosion. J. Geol. Soc. Lond., 158, 211-218.
23. Gilmour, T. H. J., 1979. Feeding in pterobranch hemichordates and the evolution of gill slits. Can. J. Zool., 57, 1136-1142.
24. Gilmour, T. H. J., 1982. Feeding in tornaria larvae and the development of gill slits in enteropneust hemichordates. Can. J. Zool., 60, 3010-3020.
25. Jefferies, R. P. S., 1986. *The Ancestry of the Vertebrates* (British Museum (Natural History), London).
26. Chen, J. Y., Huang, D. Y. & Li, C. W., 1999. An early Cambrian craniates-like chordate. Nature, 402, 518-522.
27. Chen, J. Y. et al., 1995. A possible early Cambrian chordate. Nature, 377, 720-722.
28. Shu, D. G., Zhang, X. L. & Chen, L., 1996. Reinterpretation of *Yunnanozoon* as the earliest known hemichordate. Nature, 380, 428-430.
29. Dzik, J., 1995. *Yunnanozoon* and the ancestry of chordates. Acta Palaeont. Polonica, 40, 341-360.
30. Holland, N. D. & Chen, J. Y., 2001. Origin and early evolution of the vertebrates: new insights from advances in molecular biology, anatomy, and paleontology. BioEssays, 23, 142-151.
31. Shu, D. G., Chen, L., Zhang, X. L. et al., 2001. Chengjiang Lagerstätte and earliest-known chordates. Zool. Sci., 18, 447-448.
32. Hou, X. G. et al., 1999. *The Chengjiang Fauna: Exceptionally Well-preserved Animals From 530 Million Years Ago* (Yunnan Sci. Technol. Press, Kunming).
33. Hou, X. G. & Bergström, J., 1997. Arthropods of the Lower Cambrian Chengjiang fauna, southwest China. Fossils Strata, 45, 1-116.
34. Shu, D. G., Zhang, X. L. & Chen, L., 1996. in *Progress in Geology of China* (1993-1996) (Papers to 30th International Geological Congress. 42-45 (Chinese Geological Society, Beijing).
35. Romer, A. S., 1972. The vertebrate as a dual animal-somatic and visceral. Evol. Biol., 6, 121-156.
36. Romer, A. S., 1964. *The Vertebrate Body* (Saunders, Philadelphia).
37. Walcott, C. D., 1911. Middle Cambrian annelids. Smithson. Misc. Coll., 57,109-144.
38. Taguchi, S. et al., 2000. Characterization of a hemichordate *fork head/HNF-3* gene expression. Dev. Genes Evol., 210, 11-17.
39. Tagawa, K., Humphreys, T. & Satoh, N., 1998. Novel pattern of *Brachyury* gene expression in hemichordate embryos. Mech. Dev., 75, 139-143.

40. Lacalli, T. C., 1994. Apical organs, epithelial domains, and the origin of the chordate central nervous system. Am. Zool., 34, 533-541.

41. Tagawa, K., Humphreys, T. & Satoh, N., 2000. *T-Brain* expression in the apical organ of hemichordate tornaria larvae suggest its evolutionary link to the vertebrate forebrain. J. Exp. Zool. (Mol. Dev. Evol.), 288, 23-31.

42. Nielsen, C., 1999. Origin of the chordate central nervous system and the origin of chordates. Dev. Genes Evol., 209, 198-205.

43. Gee, H., 1996. *Before the Backbone: Views on the Origin of the Vertebrates* (Chapman & Hall, London).

44. Shu, D. G. et al., 1999. Lower Cambrian vertebrates from South China. Nature, 402, 42-46.

(欧强 译)

附图

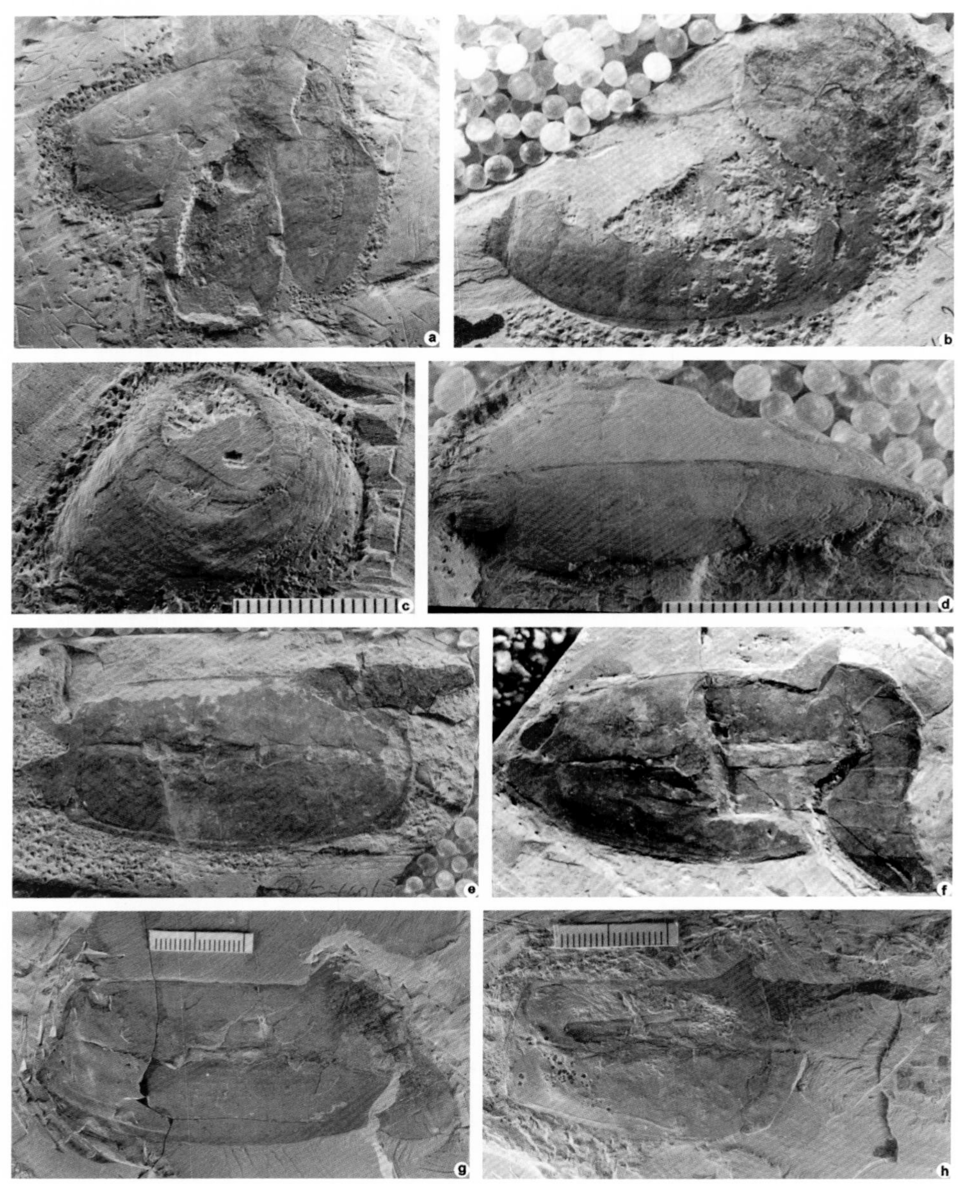

图 I　其他的古虫动物标本。a,b,郝氏地大动物(*Didazoon haoae*)。a, ELI-0000197, 两枚叠置的标本,上面的标本的后体具有肠道(显示螺旋排列的内容物), 下面的标本的前体解剖出鳃及可能的内柱。b, ELI-0000199, 前体不完整,后体弯曲。c, d, 王冠西大动物(*Xidazoon stephanus*)。c, ELI-0000206, 前体具口区。d, ELI-0000205A, 前体的腹视,示口锥及可能的内柱。e, f, 楔形古虫(*Vetulicola cuneata*)。e, ELI-0000214, 完整标本,鳃明显。f, ELI-0000485,完整标本,具明显鳃管。g, h, 方形古虫(*Vetulicola rectangulata*)。g, ELI-0000306B, 完整标本。h, ELI-0000318, 完整标本。比例尺:毫米。

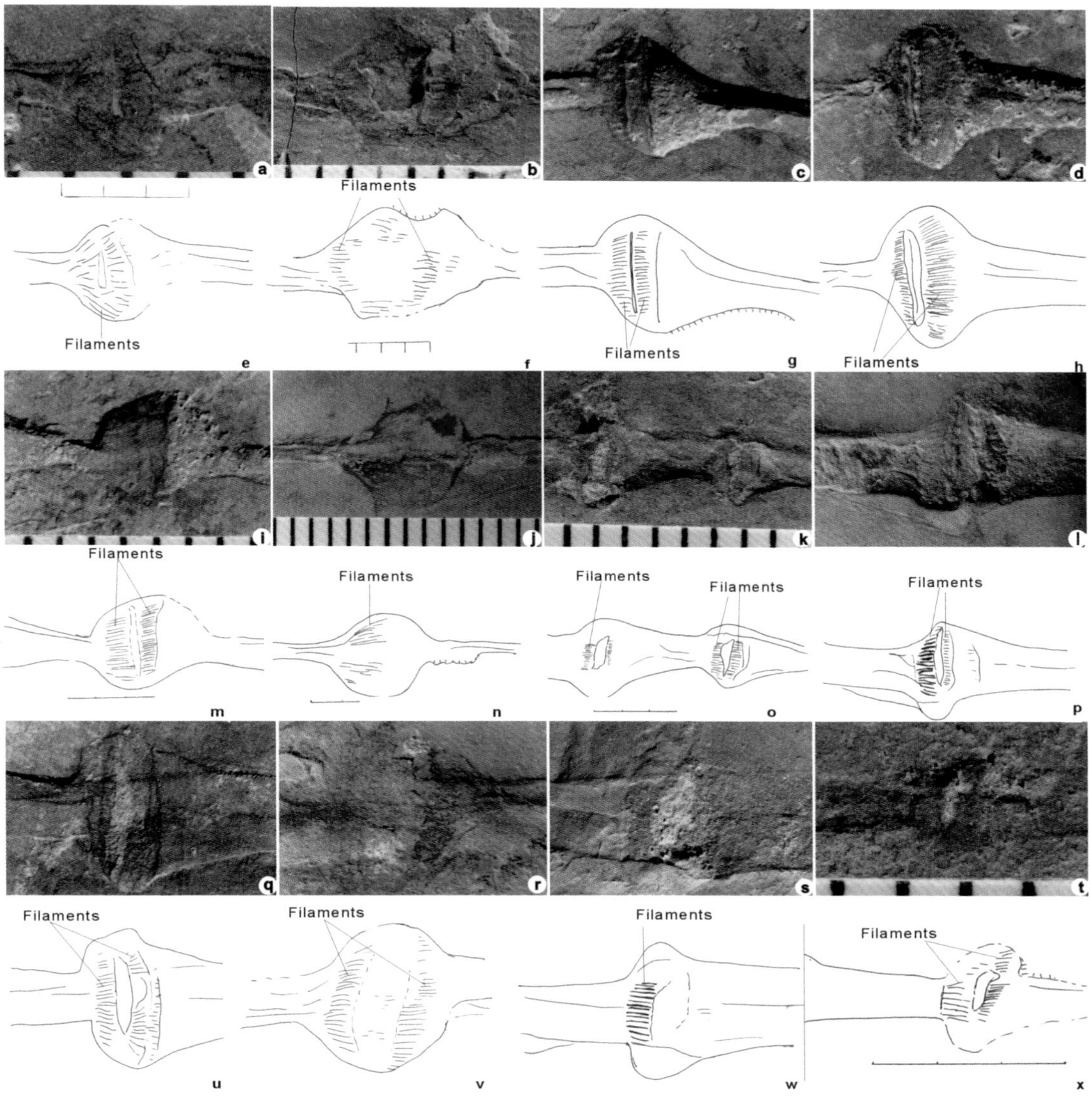

图Ⅱ　楔形古虫（c，g；d，h；i，m；k，o；q，u；t，x）和方形古虫(a，e；b，f；j，n；l，p；r，v；s，w)的鳃构造。a，e，ELI-0000317A；b，f，ELI-0000306B；c，g，ELI-0000207；d，h，ELI-0000215；i，m，ELI-0000207；j，n，ELI-0000337B；k，o，ELI-0000274；l，p，ELI-0000338A；q，u，ELI-0000214；r，v，ELI-0000306A；s，w，ELI-0000270；t，x，ELI-0000256。比例尺:毫米。

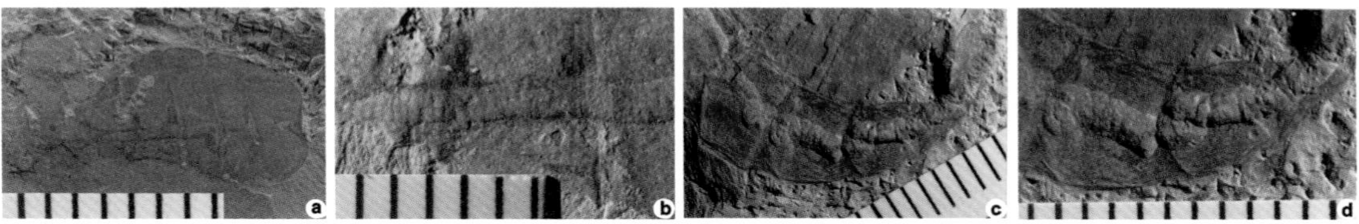

图Ⅲ　楔形古虫的螺旋肠道。a，b，ELI-0000309A；c，d，ELI-0000255。比例尺:毫米。

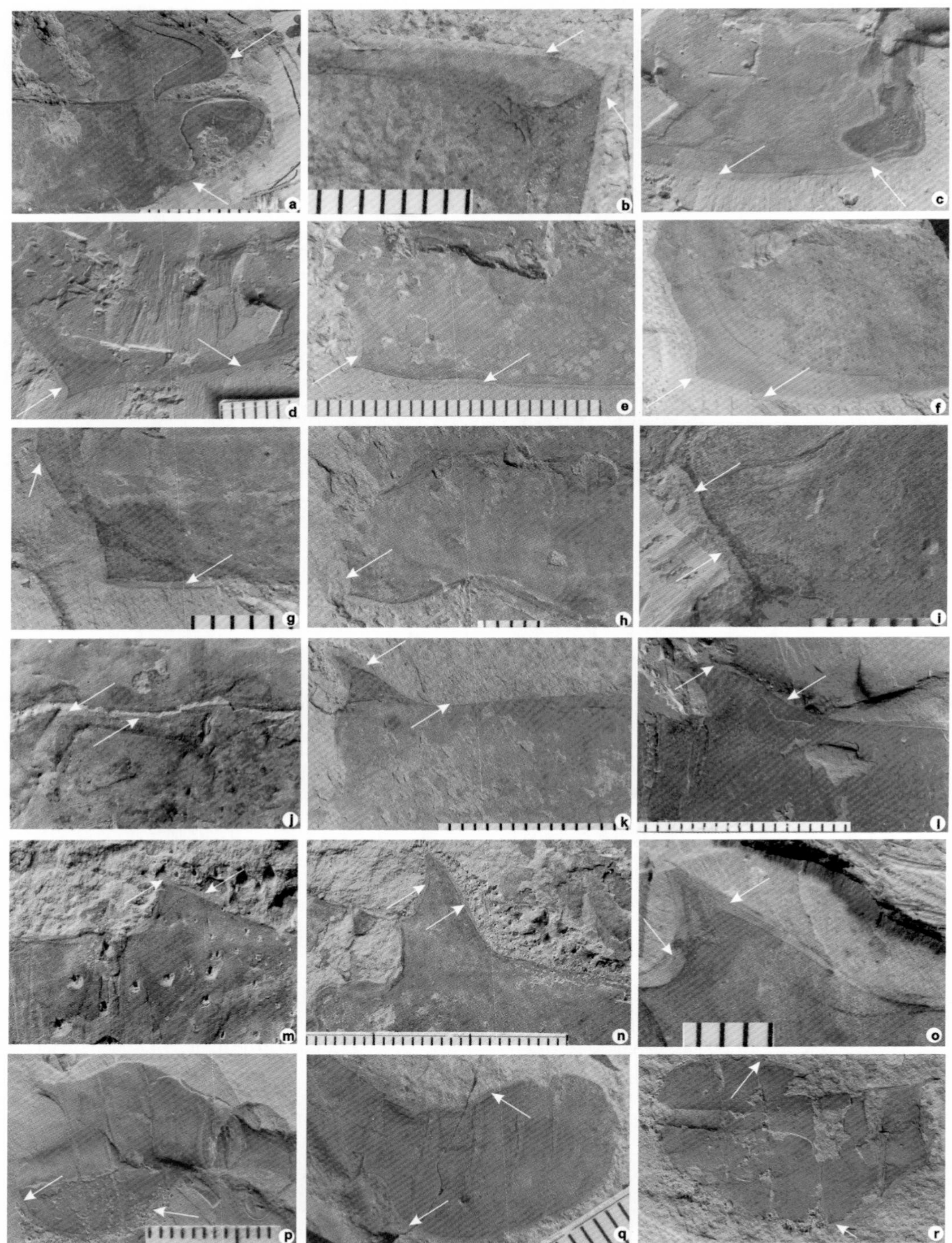

图Ⅳ 楔形古虫(a, g, h, k—n, p—r) 和方形古虫(b—f, i, j, o)的体表膜(箭头处)。a, b, 标本 ELI-0000346 和 ELI-0000264 的前部;c—i,标本 ELI-0000317A,317A,322,380,255,320,260 前体的后边缘和腹边缘;j,标本 ELI-0000338A 沿侧中线管和鳃的膜;k—o,标本 ELI-0000320, 319, 338A, 261, 210 的背鳍和后背边缘;p—r,标本 ELI-0000302A, 313, 312B 沿后体边缘的膜。比例尺:毫米。

论古虫动物门

Herry Gee*

* 通讯作者 E-mail:h. gee@ nature. com

摘要 依据寒武纪一些奇异的动物创建了一个新门类——古虫动物门。该门类所有成员皆已绝灭,其不寻常的解剖学特征激发人们对其生物学属性进行推测。

科学研究和发现过程中,人们常会碰到一些稀奇古怪的东西,这要求我们对其进行合理的解译。许多寒武纪(5.43 亿—5.1 亿年前)时的化石就属于这种情况,因为它们根本无法与现代生物进行比对。在该生命"爆发"过程中,戏剧性地产生了大量形形色色的躯体构型。由于所有现代生命都共享同一祖先,那么,即使最为奇特的生命也必定与某种可解读的现代生物或者早已绝灭的生物相关联。无疑,解读其间的亲缘关系极为不易。

舒德干及其同事们就碰到这样一个大难题,他们在本期杂志第 419 页(本书第 107 页)描述并研究了华南澄江动物群中的几个化石动物[1]。与加拿大稍晚一些的著名布尔吉斯页岩动物群相比,这些动物显得更不同寻常。舒等人描述研究的化石保存极为精美,体构很特别,躯体部分分节(请参看原杂志 420 页或本书第 109 页的图 1)。作者将这类化石动物与其他三类动物进行广泛比较研究之后,为其创建了一个新的门类。动物门类是一个自然分类单元,它们是具特有躯体构型的一群动物的集合体。作者称其为古虫动物门,隶属于后口动物"超级谱系"群。后口动物包括棘皮动物(如海星、海参及其同类)、半索动物(如不大引人注意的橡实虫和羽鳃类)以及脊索动物(如包括我们人类在内的脊椎动物和无头的文昌鱼)。它们之间的谱系关系请参见本文的图 1。

对疑难化石进行解读是一件有风险的事情。要将一种不同寻常的化石的成体判读为后口动物风险系数更大,因为后口动物的定义特征通常是依据其胚胎性状设定的,而这些胚胎性状在成体中消失了。分子生物学研究显示,半索动物与棘皮动物具有很近的亲缘关系,但前者具有咽鳃裂,而后者却没有,至少现生棘皮动物都不具有咽鳃裂[2]。上述情况告诉我们,脊索动物和半索动物成体的某些特征,尤其是咽鳃裂构造,很可能是整个后口动物类群的专有特征。舒及其同仁提供的证据显示,古虫类动物与脊索动物和半索动物一样都具有咽鳃裂,这一发现连同其他一些特征,将古虫动物的血缘与后口类群连在一起。如果这一结论正确的话,那么,古虫类便代表着一种全新的后口动物躯体构型，这也将给长期悬而未决的脊椎动物起源重大难题的破解带来希望。

古虫类动物长不过数厘米，它们具有几个鲜明特征，其中之一就是躯体明显二分。躯体的前半部分体积膨大，呈袋状，前端有一个很大的被称为口的开口，两侧具五对较小的开孔。舒德干等人将这五对侧孔解释为咽鳃裂。至少在一部分古虫标本前体内腔的下部有一个沟槽的痕迹，舒德干等认为这很可能是内柱构造。内柱是脊索动物的典型构造，通常是位于咽腔腹面的一个富含腺体的沟槽，它产生的黏液可以使咽腔的内部润滑，从而粘住食物小颗粒并使其聚集起来。顺便提一句，它还可使碘浓聚。古虫动物这种可能存在的内柱在位置上与被囊类尾索动物和头索动物文昌鱼很相似。在变态发育中，内柱到成体时便变成了甲状腺。一般认为，棘皮动物和半索动物都没有内柱，所以内柱很可能是脊索动物的独有特征。

古虫动物的后半部分常分成七节。肠道纵贯整个后体，这种情况与节肢动物非常相似。作者也的确提到这种动物看起来很像小虾。但是古虫并没有任何附肢，而且没有任何节肢动物会将其附肢转换成鳃裂构造。

古虫动物在后口动物演化历史上到底担当什么角色呢？作者断言，古虫动物应该代表着最基础的后口动物。也就是说，它们在棘皮动物、半索动物和脊索动物出现之前便已经从后口动物主干谱系分化出来了，并在不久后绝灭了。由于对一些非同寻常的化石解读的难度很大，所以作者采取了这种谨慎的做法。确定古虫动物在后口动物谱系中更精确的位置，我们需要更多的证据。然而，要做出客观的解释，我们还可以做些更大胆的推测。

我们将古虫动物的特征标定在后口动物谱系图中（见图1），你会发现古虫并非一般意义上的后口动物，而是与脊索动物亲缘关系更近。这就使得古虫动物与脊椎动物祖先探寻有更直接的关系。简言之，脊索动

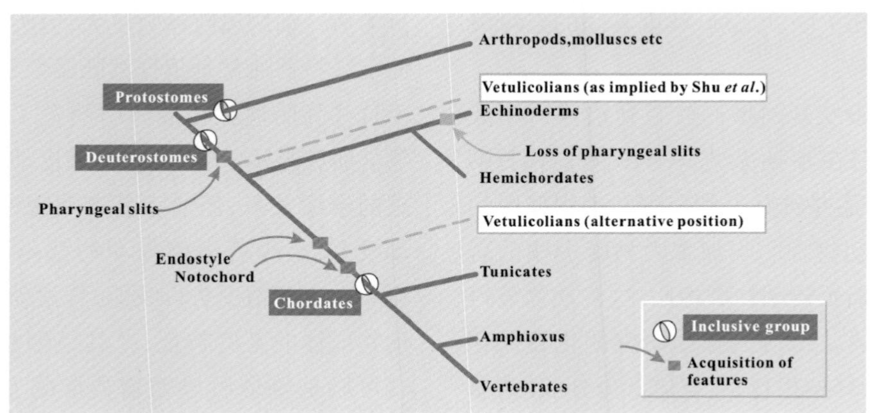

图1 后口动物亚界及古虫动物门在演化事件框架中的位置。舒德干及其同事认为古虫动物门是一类“基础的”后口动物——谱系上是所有现生后口动物的外群。但是，他们也指出这些化石具有内柱构造，这是脊索动物这种更排他的后口动物类群所特有的构造，因而意味着古虫动物可能在生命之树上占据更向冠群方向的位置。正如舒等人解译的那样，该化石缺少脊索构造，因而不可能属于脊索动物，但他们可以成为脊索动物的姊妹群。

物最晚的共同祖先很像是古虫动物。两者唯一的区别在于古虫动物缺少脊索构造。脊索是动物躯体中的一条纵向棒状支撑轴，它存在于脊索动物生活史中的某一阶段。头索动物文昌鱼终生拥有脊索，被囊类尾索动物长到成年时脊索会消失，而在绝大多数脊椎动物中，脊索被脊柱所替代。舒等人在古虫动物身上没有见到脊索构造。

无论如何，古虫动物的躯体构型与一般认同最原始的脊索动物接近。在20世纪70年代早期，Romer便推测[3]，脊椎动物的身体是两个独立部件的混合，即“体区”和“脏区”。脏区相当于内部器官、肌肉（十分平滑）及其相关的神经；体区包括骨骼、体壁肌肉（常具线纹）、中央神经系统及其感觉器官。

Romer用这种“二元动物”模型来推测脊椎动物的起源演化过程。他认为，原始的脊索动物，如被囊类，整个身体皆为脏区，只是一个袋囊状的咽腔和具有最原始神经器官的肠道。脊椎动物的起源是通过发育出了一个体区，该体区原本是动物后部的运动器官，正如被囊类的蝌蚪状幼虫的运动型尾巴。脊椎动物的体区不断向前背方生长，逐渐覆盖并包裹了脏区。

也许古虫最显著的特征就是其身体分成前、后两个区部，恰如Romer所猜测的那样。古虫动物之所以很可能成为脊椎动物祖先的一个重要标记就是，古虫动物的身体本身就像被囊类的蝌蚪状幼虫。

参考文献

1. Shu, D. G. et al., 2001. Nature, 414, 419-424.
2. Halanych, K. M., 1995. Mol. Phylogenet. Evol., 4, 72-76.
3. Romer, A. S., 1972. Evol. Biol., 6, 121-156.

（舒德干　译）

华南早寒武世“皮鱼”状化石

舒德干*，Simon Conway Morris，张兴亮，陈苓，李勇，韩健

* 通讯作者 E-mail：elidgshu@nwu. edu. cn

摘要　保存极为精美的化石对于我们认识早期后生动物的演化至关重要。布尔吉斯页岩型化石就是一个关键的信息来源[1-5]。这些化石为洞察后生动物、尤其是原口动物中基干类群的种系发生[2,3,6]及营养特化等相关问题提供了绝好契机[7]。分子生物学的种系发生的资料，正不断使后生动物之间的谱系演化关系图被重新审定[8,9]，但是要将分子生物学信息与古生物系统学整合协调起来并非易事[10,11]。显然，分子生物学不能提供关于基干类群的躯体构型起源的解剖学和功能演化方面的证据[2,6]。某些疑难化石具有独一无二的形态特征组合，尽管它们也许能被硬塞进一些绝灭门类[12]，但解释为定义明晰的主要基干群将更为适宜[2,3]。本文描述了一个与上石炭统“皮鱼”相似的动物化石[13,14]，该标本采自中国南部下寒武统。目前皮鱼被认为是无颌类脊索动物[13-15]。但是来自中国澄江化石库的材料显示，将皮鱼归入无颌类值得重新考虑。

门未定（Phylum Uncertain）

西大动物属 舒，康威·莫里斯，张

（*Xidazoon* Shu，Conway Moris and Zhang gen. nov.）

皇冠西大动物种 舒，康威·莫里斯，张

（*Xidazoon stephanus* Shu，Conway Morris and Zhang sp. nov.）

词源：属名为西安市西北大学的缩略，种名（希腊语）意为皇冠。

模式标本：ELI-0000194，现保存于西安市西北大学早期生命研究所。

产地及层位：下寒武统筇竹寺组，玉案山段（始莱德利基虫带），标本采自距澄江50 km的昆明市海口镇。

特征：躯体分为前体和后体两部分，与斑府虾相似，但前体更为隆起膨大且具有明显的口环。前体部具弱的横纹，但向后逐渐不明显。口环具25个板片，分为彼此连接的内环和外环。口环相似于皮鱼的板状口部，所不同的是板片更为硬化且其内环可折入咽部。后体中段较宽，向两端收缩变细，可分为6个硬化的体节，前端3个体节分化不大明显。后体同节肢动物的体节相似，但缺少任何附肢存在的证据；硬化的分节也相似于云南虫的后体部，但后者腹面不分节。后体末端具短刺状构造，消化道末端前阔后窄，开口于躯体末端，直肠可能具阔张肌。

描述：皇冠西大动物，新属新种，在一个岩石层面上保存了2或者3个个体（图1a，2），最完整的标本长8.5 cm。第二个个体显示了前部细节构造（图1d）。身体由两部分组成。前体较膨大，前端显著的口环环绕

着口部，可解释为取食口器。口器本身由板片组成，横向褶痕将其分为内环和外环。内环边缘呈脊状（图 1c），但无齿或其他构造。在第二块标本上（图 1d），口板近背方为浅的凹陷所分隔，它可能代表活动性的内板膜。第二块标本的前端不完全，标本过于压扁以至于不能精确估计其口板总数。保存较好的半部显示有 13 个板片，根据单个板片宽度估算，板片总数约有 25 个。口部洞开，除口板之外，无任何颚器或其他附生构造。口器之后的前体部分可能分隔为几个宽体节。

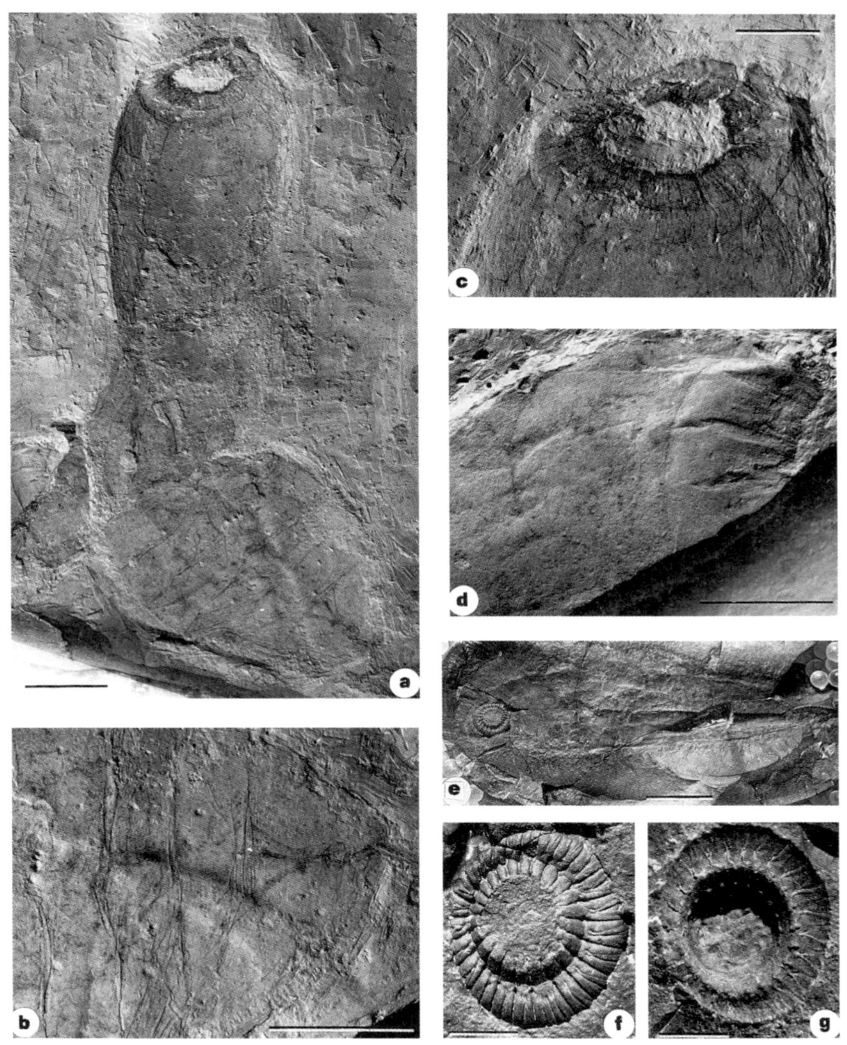

图 1　寒武纪化石 *Xidazoon stephanus* 新种和石炭纪无颚鱼（?）*Pipiscius zangerli*。a，完整标本及其左侧的一个不完整个体（与图 2 比较）；b，后体的细节特征：分节、肠道痕迹、可能的张肌和后体末端的刺（右侧）；c，完整标本取食口器；d，第二个不完整标本的取食口器；e，*Pipiscius* 完整的正模标本，正体（PF 8345）；f，正体的取食口器；g，副体的取食口器。比例尺分别为 10 mm（a，b，e），5 mm（c，d）和 2 mm（f，g）。

后体中间较粗，两端变细，由 6 个明显的体节组成(图 1b, 2)，前端具一系列更弱的横向环纹，表皮轻度硬化，分节边界或紧或松，表明具相对活动性较大的宽节间膜，末端具 2—3 个刺状突起。

内部构造知之甚少，但在身体中后部可观察到肠道痕迹，末端接近肛门处的分叉状构造可能代表张肌(图 1a, b; 2)。肠道痕迹向前延伸似乎更为宽阔，而在前体内部肠道可能十分膨大。

保存特征：化石保存类型和质量与云南虫等其他澄江动物化石相似[16-19]，其腐烂程度有限。显著特征如口板和后体分节，应为原生状态而非死亡后改造变形所致。

生态学：西大动物的生态学恢复尚不能确定，它可能为底栖生活，靠其前端口环周期性地收缩来卷入食物碎屑。身体前部膨大可能是由于沉积物充填的原因。另外一种可能性，就是其前端器官作为吸附器官固着在被捕食者或硬质基底上。

讨论：将西大动物和现生的星虫以及个体更小的圆环虫(Cycliophorans)等后生动物类群相比显然不大合适。同样，在种类繁多的布尔吉斯页岩型动物群组合中亦未见完全相似的类别。它与疑难化石“困惑斑府虾”倒有几分相似[5]，斑府虾前体长而光滑，后体明显分节，但缺少明显的西大动物样的口器。人们较熟悉的奇虾类虽然具有环状的取食结构，身体两分，后体也分节，但与西大动物存在着很多不同之处[20]。其口器形态多种多样[3,5,20]，但无任何一种与西大动物相似。此外，奇虾类的主要特征，如前部巨大的附肢及躯干侧叶构造，西大动物都不具备。

西大动物前部的口环与目前认为属于无颌类的皮鱼(*Pipiscus zangerli*)的取食器官(图 1e)比较相似。皮鱼是美国伊利诺伊州的 Mazon Greek 化石库中一种非常稀有的 3 亿年前的类别。其原始描述较为复杂[13]，但其口器描述很明确。它由两圈骨板组成，内环总数 23(尚无其他后生动物器官构件为 23)。过去认为外环也由 23 块板组成，但是，前方主齿板上还存在一个过去未被识别的衬板，所以其总数应为 24。该衬板构成口器两侧对称的轴线。

这些齿板上具箭头状裂缝，这使得齿板在取食过程中能有一定程度的形态变化[13]。西大动物和皮鱼的主要相似性就在于口器的双环结构以及内外环的连续性、口板数目及其与皮鱼“箭头状裂缝”(图 1f)相对应的“关联带”(图 1d)。但是，两者的口器并非完全相同。皮鱼的外环板片构造更为复杂，具三角形的镶嵌物。这些镶嵌物可以协调口器的运动，因而可能需要更加明显的骨化。箭头状裂缝具有深的坑状构造，可供肌肉伸入。所有这些特征在西大动物都不明显。最后，皮鱼的内环(构成所谓“领”)位于口之内侧，而西大动物的内环则构成口的外边缘。

关于西大动物与皮鱼的关系，存在着三种可能：

(1)环状口器仅为趋同现象。从许多吸附器以及其他生物的附着结构，可以看到其中的相似性，如外寄生的原生生物纤毛虫纲的虱车轮虫的附着器[21]和章鱼腕臂上的吸器[22]，当然这些与西大动物不存在种系关系。西大动物与皮鱼之间的相似点并不太多，最明显的是这由大约 25 个板片组成的双环式大口。这表明推断西大动物与皮鱼为趋同演化较为合理。

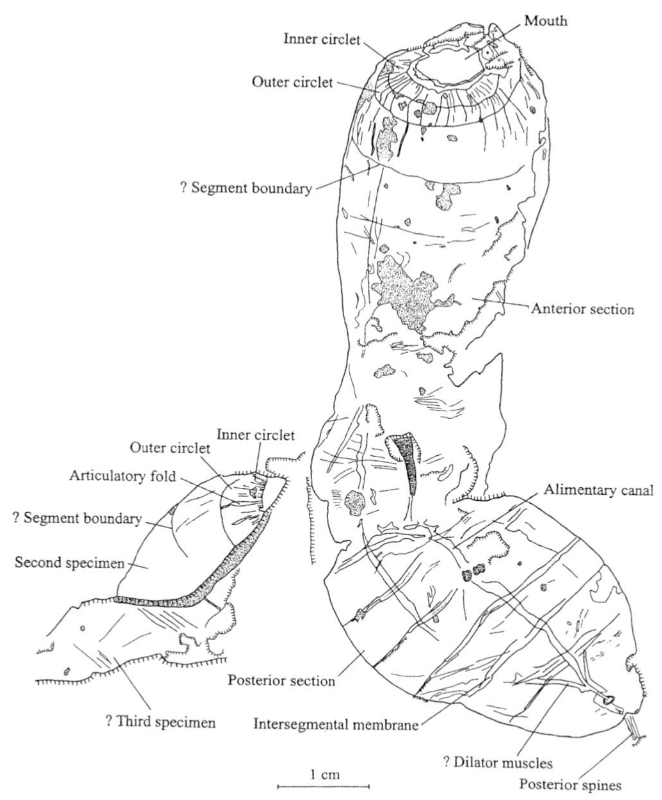

图 2　寒武纪化石 *Xidazoon stephanus* 新种的标本素描图(一块岩石上有 2 或 3 个化石)。

(2)西大动物与皮鱼有较近的亲缘关系,但将后者归入无颌类脊椎动物是错误的[13,14]。它们可能共同构成古生代一个亲缘关系不明的分支。从这个意义上看,它与 typhloesids[23] 和 tullimonstrids[24] 一样,都属于疑难类别。

(3)西大动物有可能代表着包括皮鱼在内的无颌类的祖先分子。这就暗示着这两个类别的取食口器为同源构造,而皮鱼的某些特征(如鳍条和可能的肌节)表明它与脊索动物存在亲缘关系。于是,这要求我们重新审视后口动物基干类群的构成。同时代的云南虫[16-19]与西大动物也可能存在联系。云南虫具有鳃,其表皮硬化分节与西大动物很相似。有一种对云南虫的复原图也同样描绘出一系列环口的板片[18]。西大动物的躯体两分性比云南虫更为明显,但其类似节肢动物分节的后体显示,它与原口动物可能存在着某种谱系关系[25]。坚持不懈地在下寒武统化石库深入调查研究,人们有可能会发现西大动物的一些近缘物种,这将有助于我们解决后生动物谱系演化研究中的矛盾状态。

致谢

感谢中国自然科学基金委和科技部、美国地理学会、英国皇家学会和剑桥大学圣约翰学院的支持。Crane P.(芝加哥的菲尔德博物馆)和 Smith M. P., Donoghue P.(伯明翰大学)帮助我们能直接观察研究皮鱼化石标本。Last S. J. 和 Simons D. R. 协助绘图和照相，Janvier P.，Norman D. B.，Jensen S. 提出很多有益的建议。

参考文献

1. Conway Morris, S., 1998. *The Crucible of Creation: The Burgess Shale and the Rise of Animals* (Oxford Univ. Press, Oxford).
2. Conway Morris, S. & Peel, J. S., 1995. Articulated halkieriids from the Lower Cambrian of North Greenland and their role in early protostome evolution. Phil. Trans. R. Soc. Lond. B, 347, 305-358.
3. Budd, G. E., 1997. in *Arthropod Relationships* (eds Fortey, R. A. & Thomas, R. H.). Syst. Ass. Spec. Vol., 55, 125-138.
4. Chen, J. Y. et al., 1996. *The Chengjiang Biota* (National Museum of Natural Science, Taiwan, c.).
5. Chen, J. Y. & Zhou, G. Q., 1997. Biology of the Chengjiang fauna. Bull. Natl Mus. Nat. Sci. Taiwan, 10, 11-105.
6. Budd, G. E., 1996. The morphology of *Opabinia regalis* and the reconstruction of the arthropod stem-group. Lethaia, 29, 1-14.
7. Butterfield, N. J., 1994. Burgess Shale-type fossils from a Lower Cambrian shallow-shelf sequence in northwestern Canada. Nature, 369, 477-479.
8. de Rosa, R. et al., 1999. Hox genes in brachiopods and priapulids and protostome evolution. Nature, 399, 772-776.
9. Ruiz-Trillo, I. et al., 1999. Acoel flatworms: Earliest extant bilaterian metazoans, not members of platyhelminthes. Science, 283, 1919-1923.
10. Conway Morris, S., 1994. Why molecular biology needs palaeontology. Development (Suppl.), 1-13.
11. Conway Morris, S., 1998. Metazoan phylogenies: falling into place or falling to pieces? A palaeontological perspective. Curr. Op. Genet. Dev., 8, 662-667.
12. Gould, S. J., 1989. *Wonderful Life: The Burgess Shale and the Nature of History* (Norton, New York).
13. Bardack, D. & Richardson, E. S., 1977. New agnathous fishes from the Pennsylvanian of Illinois. Fieldiana Geol., 33, 489-510.
14. Bardack, D., 1997. in *Richardson's Guide to the Fossil Fauna of Mazon Creek* (eds Shabica, C. W. & Hay, A. A.) 226-243 (Northeastern Illinois Univ. Press, Chicago).
15. Janvier, P., 1996. *Early Vertebrates* (Clarendon, Oxford).
16. Chen, J. Y. et al., 1995. A possible early Cambrian chordate. Nature, 377, 720-722.
17. Chen, J. Y. & Li, C. W., 1997. Early Cambrian chordate from Chengjiang, China. Bull. Natl Mus. Nat. Sci. Taiwan, 10, 257-273.
18. Dzik, J., 1995. *Yunnanozoon* and the ancestry of chordates. Acta Palaeont. Pol., 40, 341-360.
19. Shu, D. G., Zhang, X. L. & Chen, L., 1996. Reinterpretation of *Yunnanozoon* as the earliest known hemichordate. Nature, 380, 428-430.
20. Collins, D., 1996. The "evolution" of *Anomalocaris* and its classification in the arthropod class Dinocarida (nov.) and order Radiodonta (nov.). J. Paleont., 70, 280-293.
21. Nachtigall, W., 1974. *Biological Mechanisms of Attachment* (Springer, Berlin).
22. Packard, A., 1988. in *The Mollusca, Form and Function* Vol. 11 (eds Trueman, E. R. & Clarke, M. R.) 37-67 (Academic, San Diego).
23. Conway Morris, S., 1990. *Typhloesus wellsi* (Melton and Scott, 1973), a bizarre metazoan from the Carboniferous of Montana, USA. Phil. Trans. R. Soc. Lond. B, 327, 595-624.
24. Johnson, R. G. & Richardson, E. S., 1969. Pennsylvanian invertebrates of the Mazon Creek area, Illinois: The morphology and affinities of *Tullimonstrum*. Fieldiana Geol., 12, 119-149.
25. Holland, L. Z. & Holland, N. D., 1998. Developmental gene expression in Amphioxus: New insights into the evolutionary origin of vertebrate brain regions, neural crest, and rostrocaudal segmentation. Am. Zool., 38, 647-658.

（舒德干　译）

再论古虫动物门

舒德干*

* 通讯作者 E-mail：elidgshu@ nwu. edu. cn

摘要 多细胞动物起源、三胚层动物起源、后口动物起源和脊椎动物起源是动物界漫长演化历程中四次最重大的里程碑创新事件，也是动物演化史学上四个最令人困惑的起源难题。前两次生命大转折的历史信息深埋于前寒武纪的隐秘记录之中，至今学术界知之甚少。幸运的是，近二十年来对早寒武世澄江动物群的深入探索，揭示出了大量寒武纪大爆发主幕的关键信息，使得对后两次重大生命创新事件的认知开始取得实质性进展。昆明鱼、海口鱼等“天下第一鱼”被证明不仅是最古老而且也属于最原始的脊椎动物，代表着由无头类向有头类演进的关键过渡类群。现代动物谱系演化学家认为：“舒及其合作者的古生物学工作正在不断地修正人们关于脊索动物早期演化的观念。”而且，古虫动物门的发现和论证更使人们看到了探寻后口动物谱系起源的希望：这一初具鳃裂构造的绝灭类群很可能就是分子生物学和发育生物学所期待的后口动物谱系的一个根底类群。文中报道了北大动物等微体古虫类的发现，由大型个体向微型个体演化，代表着古虫类动物发展早期的一次特殊的生态适应过程。古虫类动物的前体（咽腔）构造彼此相近，而依据其后体解剖构造的明显差异，提出了古虫动物门新的分类体系，并建立了一个新纲异形虫纲。随着早期后口动物谱系的“根底类群”古虫动物门和“顶端类群”脊椎动物以及介于其间的古囊类、云南虫类、头索类、尾索类的不断发现，其完整的谱系演化图正开始成型。

关键词 古虫动物门；北大动物；后口动物谱系的根及早期演化；早寒武世；澄江动物群

1. 动物演化史上的四大创新里程碑与澄江动物群

1837年，即《物种起源》面世的22年前，达尔文便受到自己环球航行时从南美洲加拉帕戈斯群岛（Galapagos）采回鸟类标本变异成种事实的启示，天才地勾画出了改变自己神学自然观进而改变整个人类世界观的动物“演化分叉树”[1]。一百多年后，在经历了“新达尔文主义”和“现代达尔文主义”（即现代综合论）对达尔文思想两次较大的补充、修正之后，以推论为主的进化论开始进入了以“实证科学”为主体的进化生物学阶段。此时，学术界不再只满足于假说式的推论生物“分叉演化”思想，而是希望能建立起尽可能符合历史真实的生物演化树，以揭示生物演化的具体历程和规律，使进化论思想能得到实证和发展。动物进化学家已经获得共识，要建立较完善而客观的动物演化树，首先至少应该搞清动物演化历史上四个最具转折意义的重大创新事件[2-5]:①后生动物起源(即从单细胞动物过渡到多细胞动物);②两侧对称动物起源(即从双胚层动物推进到三胚层动物);③后口动物的起源(从原口动物和后口动物的共同祖先分化出真后口动物,其鳃裂构造的出现引发了新陈代谢的重大革命);④脊椎动物的起源(从三胚层动物发展到具神经嵴"胚层"的"四胚层动物")(图1)。前两次事件快速突变式地发生在寒武纪以前的较早时期,目前古生物学能提取到的可靠的直接证据极为有限。而后两次事件发生于寒武纪大爆发或离它不远的时段[6],20年来对我国早寒武世澄江化石库的探索获得了大量关于近"源头"时段的关键演化信息,使得对这两次起源事件的认识开始取得实质性进展。

作为动物界第一次起源、辐射事件,后生动物即多细胞动物起源、辐射以Hox基因的出现为标记(但尚未形成线性排列的Hox基因簇),动物体只有原生轴,即顶—底轴。18S rRNA等分子生物学信息显示,这一辐射进行得非常之快,以致目前尚难搞清各类群之间的分支形式。有三条化石的实证路线可供追索后生动物起源:实体化石、遗迹化石和生物标志物(biomark)。但是,到目前为止从这三方面所获得的信息都未能为难题的破译提供令人信服的答案,后生动物的出现仍然是生命史上的一个重大谜团[7]。后生动物的起源追索之所以艰难,更在于目前的分子生物学和发育生物学信息并不支持"双胚层动物"为单谱系起源[5,8-10]。这意味着,现存的几类双胚层动物(海绵、扁盘动物(Placozoa)、刺丝胞动

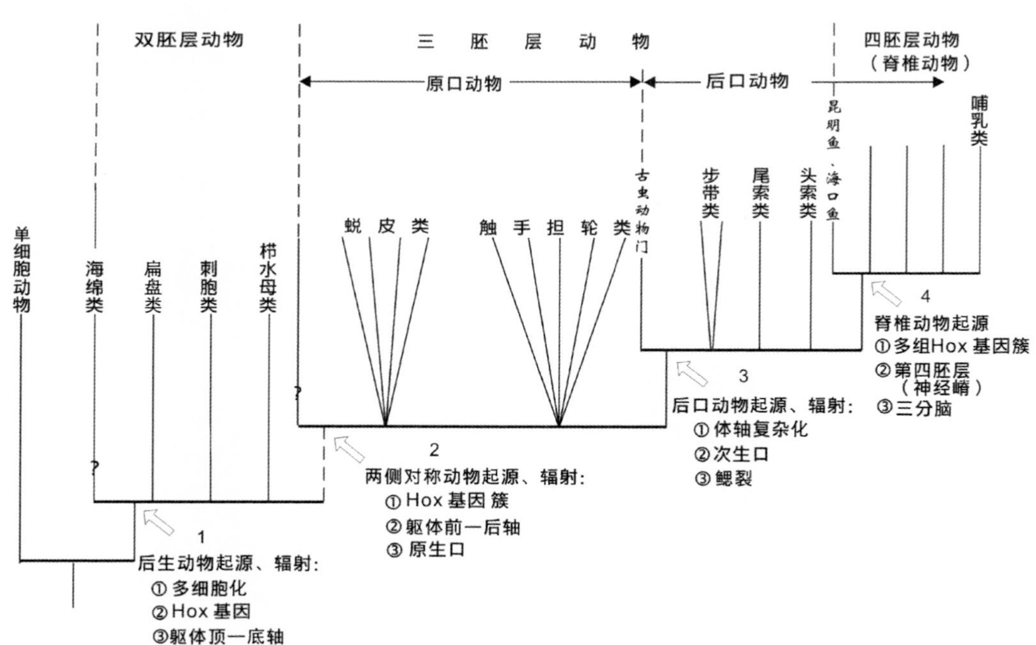

图1 动物演化史上的四次创新里程碑。创新的主要标志有:细胞类型的增加,Hox基因的增加和复杂化,躯体轴的改变和复杂化,胚层的增加,口的反转,鳃裂的出现。请注意:图中古虫动物门和昆明鱼、海口鱼的演化地位表明,它们分别包含着第三次和第四次创新事件的关键信息。

物和栉水母类）并不存在一个多细胞共同祖先，这自然使得双胚层动物的起源探索陷入了更大的迷茫。

第二次生命大辐射是三胚层动物（即两侧对称动物）的起源、辐射，它们是以线性Hox 基因簇（Hox gene cluster）的出现为标记，此时动物体也出现了与基因簇线性排列相一致的次生轴（即前—后轴）。与第一次大辐射的情况相似，18S rRNA 等分子信息显示，这一辐射事件进行得也相当快，目前仍然难以完全确立各类群之间的分支关系，这自然给这一起源探索带来了重大障碍。此外，尽管分子生物学和发育生物学信息强烈支持两侧对称动物为单谱系起源[5,8-10]，但对埃迪卡拉纪或更早的两侧对称动物化石属性的争论一直十分激烈，目前尚没有较为一致的“起源”说法[11-13]。近年来我国瓮安生物群的探索工作有了可喜的进展，但争议也更大[14-18]，目前远未到做结论的时候。

脊椎动物起源，即第四次动物起源和大辐射事件最受学术界关注，因为 200 年来，动物界一直被习惯性地划分为脊椎动物和无脊椎动物两大类群。而且近年来，这两者间的演化鸿沟更得到了遗传学的支持[6]。脊椎动物的起源以 Hox 基因簇的多重复制为标记，更兼“神经嵴胚层”的出现，引发了其形态学上的一系列重大革命。脊椎动物的起源曾在形态学、发育学、生物化学和分子生物学多个层次上进行过广泛的探索，然而假说纷纭，莫衷一是，大家都在等待最早期可靠的真实古生物学资料来拍板定案[19-22]。十分幸运的是，澄江化石库中的昆明鱼、海口鱼、钟健鱼等最古老脊椎动物的发现为难题的破译提供了关键性证据，开始部分解译了脊椎动物的实证起源[23]。这些“天下第一鱼”[24]不仅被反复证实为最古老的脊椎动物或有头类，而且其极为原始的“前位眼”“原始脊椎”以及从无头类那里继承下来的“多重生殖腺”等性状表明，它们还应该属于最原始的脊椎动物范畴[25-29]。这些系列性发现使得一些著名现代动物谱系学家开始改变了对古生物学的偏见，以致在《动物谱系研究年评》中指出：“舒及其合作者在古生物学上的这些研究成果[23]正在不断地修正我们关于脊索动物早期演化的观念。”[30]

分子生物学资料证实了比较解剖学或比较胚胎学家长期坚持的一个信念，即动物界的主体部分可以划分为两个亚界：后口动物亚界和原口动物亚界[5]。于是，后口动物的起源与辐射反映在遗传学上的变化虽然不如上述三个生命事件来得突出，但是它们在形态学和 DNA 方面的跳跃式变化表明它同样是影响生命演化进程的一次重大事件[3-5]。然而，比起脊椎动物的起源追踪，探索后口动物谱系的源头则要艰难得多。这首先是因为目前尚不能完全确定后口动物谱系与原口动物谱系间的具体演化关系[5]；其次，所有现代动物学的谱系演化假说都没能探查出任何真实可信的后口动物谱系的根底类群[5,19,20,31,32]。即使一些分子生物学和分子发育生物学研究结果推测后口动物谱系的根底类群很可能是一类开始发育出具鳃裂构造的原始分节动物，但是在现生动物类群中仍无法找到这样的原始类群。很有意思的是，正当现代动物学一筹莫展的时候，在寒武纪大爆发近源头时段发现了绝灭的古虫动物门，为这一难题的破译带来了希望[27,33-36]。该动物门刚一建立[33]，便赢得了众多正面的专题评论[34,37]。

实际上，舒德干等人[38-40]关于古虫动物门属于后口动物谱系的学术主张很快被越来越多的学者所接受，而成为当今的主流学派。但另一方面，对于古虫动物门在后口动物谱系中到底应该代表着一类最原始的根底类群，还是与较进步的脊索动物门相关，人们尚存疑虑[34,37]，本文拟对此做进一步的探讨。

2. 澄江化石库中古虫类动物的研究简史

早寒武世澄江化石库中的古虫属（*Vetulicola*）最早描述于 1987 年。由于其形态学特征、尤其是其后体的分节特征与一些节肢动物非常相像，所以被置于双瓣壳节肢动物[41]，而且此后长期被许多研究者归属于这一动物类群[42-44]。但是，在 1995 年春天，情况开始发生变化。这一年 4 月在中国科学院南京地质古生物研究所召开的“寒武纪大爆发国际学术讨论会”上对两种动物的属性进行了热烈的讨论：一种是云南虫属（*Yunnanozoon*），另一种便是古虫属。对于前者生物学属性的争论后来还扩大到包括海口虫属（*Haikouella*）在内的云南虫类（yunnanozoans）。对这类十分奇特的绝灭动物的属性学术界主要存有两种观点：一些学者认为它们具有脊索、肌节甚至三分脑和眼睛等性状，因而可能属于脊索动物甚至脊椎动物[45-49]。但是，随着数以千计保存精美的海口虫化石的面世和深入研究，越来越多的人发现，它们其实并不具备脊索动物甚至脊椎动物的这些基本属性，因而更可能与半索动物门或更低等的古虫类动物相关[50-54]。寒武纪大爆发研究的著名理论家 Valentine 在《动物门类的起源》一书中指出：“现在看来，云南虫类不可能具有脊索构造。它们要么代表着脊索动物祖先类群中的非脊索动物，要么构成后口动物谱系中的一种基干类群”[39]。最近，Steiner、朱茂炎、赵元龙和 Erdtmann 等人不仅认为云南虫类不是脊索动物，而且还将它们直接归于古虫类范畴[54]。

在 1995 年的国际会议上绝大多数学者坚持认为古虫属于节肢动物门，只有舒德干等少数人基于他们从解剖化石中发现的咽腔、鳃囊和鳃丝构造，主张应该将其归入后口动物范畴[1]。次年，这一学术主张正式发表[56]，但仍然没有引起人们的关注。

不久，在昆明海口地区发现的一个保存颇佳但令人费解的大型化石意外地开启了一条最终改变人们观念的曲折之路。这个后来被命名为“西大动物”（*Xidazoon*）的标本在某些基本特征上十分像古虫。但由于其前体呈斜背腹向保存，因而很难辨识出其关键的鳃囊构造。在西北大学与剑桥大学合作研究初期，Conway Morris 建议，西大动物奇特的双环式口部构造可能与北美石炭纪的“皮鱼”（*Pipiscus*）存在着某种联系。于是，他与舒德干专程赶到英国伯明翰大学考察保存在那里的皮鱼化石标本。但经反复比较和切磋，仍然难以确定西大动物的生物学地位。抉择的艰难让他们在合作论文中不得不为这种当时难以读懂的动物属性设想了三种可能，当然，作者们更倾向于认为“西大动物与年轻的脊椎动物皮鱼之间存在着较为紧密的亲缘关系并构成后者的先驱”。这样，西大动物便有可能“代表着后口动物谱系中的一个基干类群”，而且“与云南虫存在着某种谱系关联”[56]。

幸运的是，西大研究小组接下来的一系

列发现使这种化石属性不明的尴尬局面逐渐明朗起来。先是发现了众多保存五对鳃囊构造的西大动物标本，其躯体构造与古虫属（尤其是罗惠麟等人描述的“方口古虫”）的一致性将两者紧密地联系在一起[57]。接着，大量保存内部细节的古虫标本的解剖结果向人们展示，它们不仅具有鳃囊、鳃丝，而且还具有后口动物特有的“共近裔特征”或定义特征——鳃裂构造[33]。不久，在远离澄江和昆明海口的大板桥地区，他们又发现了新属“地大动物”（*Didazoon*），终于促成了后口动物谱系中古虫动物门的建立[33]。此后，由国内三个研究单位联合发现的巨型古虫类代表俞元动物（*Yuyuanozoon*）也很好地支持了古虫动物门隶属于低等后口动物的思想[38]。最近，罗惠麟、胡世学在稍晚期地层中还发现了新的古虫类代表，这些新材料都显示出了清晰的后口动物属性[40]。与过去发现的所有大型古虫类动物形成鲜明对照的是，西北大学研究小组近来在古虫动物门内发现了不少微小个体类型。这些“侏儒分子”尽管与它们对应的“大个子”同类在基本特征上十分相近，但其体积和重量却常常只有后者的数百分之一。这种可能由生态趋异造成的生物多样性显示，寒武纪早期出现的古虫动物门已经构成了一类分异度相当高的原始后口动物类群。

3. 古虫类动物躯体构造的几种基本类型

古虫动物门的形态解剖学基本特征是躯体分节，并由前体和后体两部分组成。前体为消化道的前段（咽部），可分为背区和腹区，其间又被由五对鳃囊构造组成的鳃区所分隔；后体（尾部）为消化道的后段（即肠部），肛门末位。绝大多数古虫类动物的后体由七节或更多一些体节构成，它包括三部分，即中轴区及其分别向背方和腹方延展形成的扁平背叶和腹叶，中轴区与背叶和腹叶保持分节一致性（图 2d—f）。根据“壳体”的硬化程度、前体的口部构造和后体的基本形态特征，可将古虫动物门的形态解剖构造划分为如下一些基本类型：

（1）按“壳体”的硬化程度可分为强硬化甚至矿化“壳”（如古虫属、北大动物属）和弱硬化“壳”（如西大动物属、地大动物属、异形虫属）两种基本类型。后者咽部的膨胀和收缩由柔韧的“皮壳”控制，而前者由于“壳”硬，其咽部的膨胀和收缩则主要由鳃区的横向扩展和聚合来调节。

（2）前体口部构造的基本形态共有三类：单环带口（如地大动物属、北大动物属）（图 2b）、双环带口（如西大动物属、圆口虫）（图 2a）和四叶口（如古虫属）（图 2c）。

（3）后体的形态包括两大类型，其中“分节型”又可再分为四个亚型：

A. 分节型：后体由七个或更多一些体节构成。

a. 古虫亚型：后体为强硬化“壳”或矿化“壳”，由前体背区的后端上部向后延伸而成，其中轴区由七个体节构成，但其背叶和腹叶只分别由四个体节和五个体节构成，组成背腹向不对称的尾（如古虫属、北大动物属）（图 2d）。

b. 西大动物亚型：后体为弱硬化“壳”，由前体背区的后端向后延伸而成，其中轴区由七个体节构成，且其背叶和腹叶也皆由七个体节构成，组成一个背腹向近于对称的尾（如西大动物属、地大动物属）（图 2e）。

c. 圆口虫亚型：与古虫亚型相似，但体

节数多于七节(如圆口虫属)(图 2f)。

d. 俞元动物亚型:后体由前体背区和腹区的后端共同向后延伸而成,包含七个体节(如俞元动物属)(图 2g)。

B. 异形虫型:后体无明显分节,而是覆以众多密集皱纹,可由前体背区和腹区的后端共同向后延伸而成(如异形虫属)(图 2h),也可单独由前体背区的后端延伸而成(如新种 Form A)(图 3g)。

在古虫动物门的所有成员中,其前体的基本构造格局(如背区和腹区的分化、具五对鳃囊和鳃裂构造等)十分相近,但其后体却可有显著区别(图 2—5)。于是,按照其后体的基本特征,该动物门可以划分为两个纲:古虫纲(Class Vetulicolida Chen and Zhou 1997)和异形虫纲(Class Heteromorphida 新纲)。前者的后体具有明显的分节性,而后者则代之以密集皱纹(比较图 2 的 d—g 与 h)。在这两个纲中,既各自包含许多常规大型个体成员,又都存在着一些微型代表。

4. 早寒武世微体古虫类的发现

近来,我们在云南省昆明市海口地区尖山剖面和耳材村剖面的澄江动物群分布层位中发现了较多的微小古虫类标本,其躯体的基本构型与大型个体的古虫类一致。根据其后体的性状特征,它们可分别归入古虫纲和异形虫纲。在古虫纲内,新发现的微体古虫类构成了一个新科北大动物科。该新科与地大动物科在躯体的二分格局、前体具五对鳃裂构造以及后体呈显著分节等基本特征上彼此相似,但两科的虫体大小和体重却相差百倍以上。

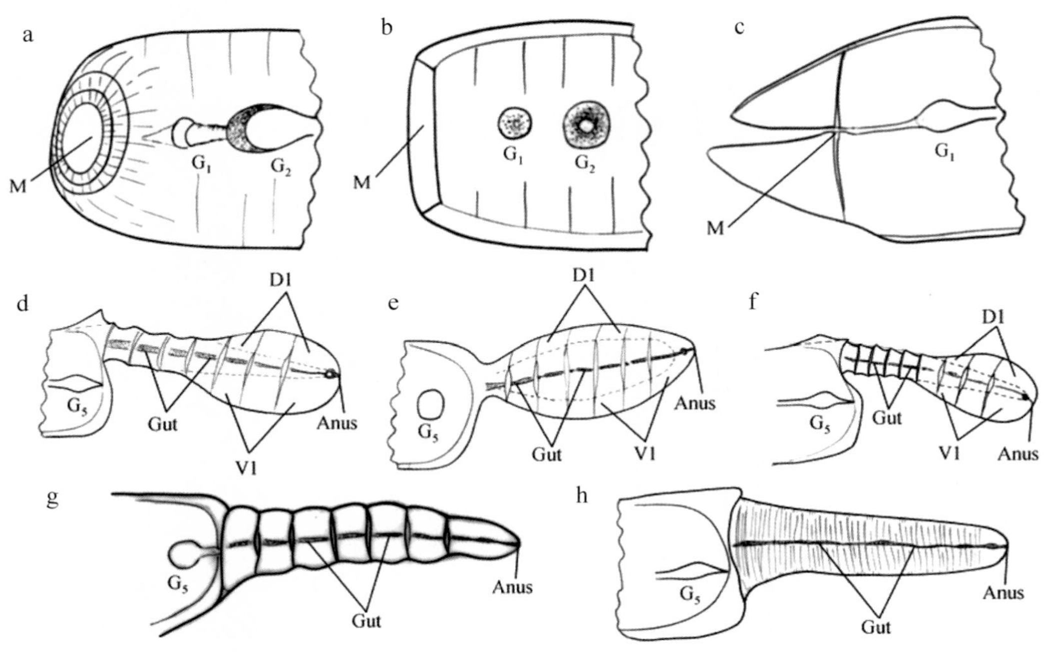

图 2 古虫类动物躯体构造的几种基本类型。Anus:肛门;Dl:背叶;G_1, G_2, G_5:第 1,第 2,第 5 鳃囊;Gut:肠道;M:口;Vl:腹叶。

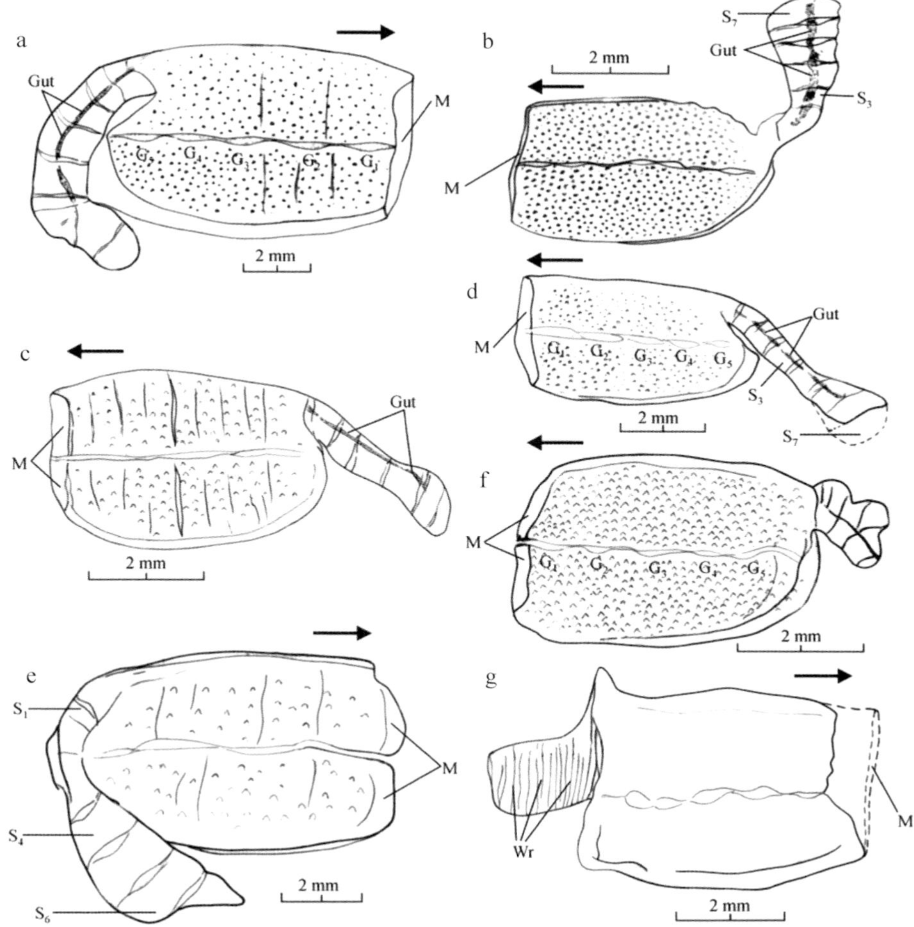

图 3　美丽北大动物（*Beidazoon venustum* gen. nov. sp. nov.）及其他微体古虫的化石解译图。a—f：*Beidazoon venustum*；g：Form A。G_1—G_5：第 1—5 鳃囊；Gut：肠道；M：口；S_1—S_7：后体的第 1—7 体节；Wr：皱纹。

古虫动物门 Phylum Vetulicolia Shu *et al.* 2001

古虫纲 Class Vetulicolida Chen and Zhou 1997

北大动物科 Beidazoonidae gen. nov.（新科）

北大动物属 *Beidazoon* gen. nov.（新属）

模式种：美丽北大动物 *Beidazoon venustum* gen. nov.，sp. nov.（新种）

美丽北大动物 *Beidazoon venustum* gen. nov.，sp. nov.

（新属、新种）（图 3a—f，4）

词源：属名源自北京大学的简称，种名乃示化石之精美。

正模及相关材料：正模标本 ELI-0000401，连同其余 14 块标本 ELI-0000402—414 皆保存于西北大学早期生命研究所。

产地及层位：云南昆明海口地区的尖山剖面和耳材村剖面，下寒武统筇竹寺阶，玉案山段。始莱德利基三叶虫化石带（*Eoredlichia* Zone）上部，其产出时代稍晚于西大动

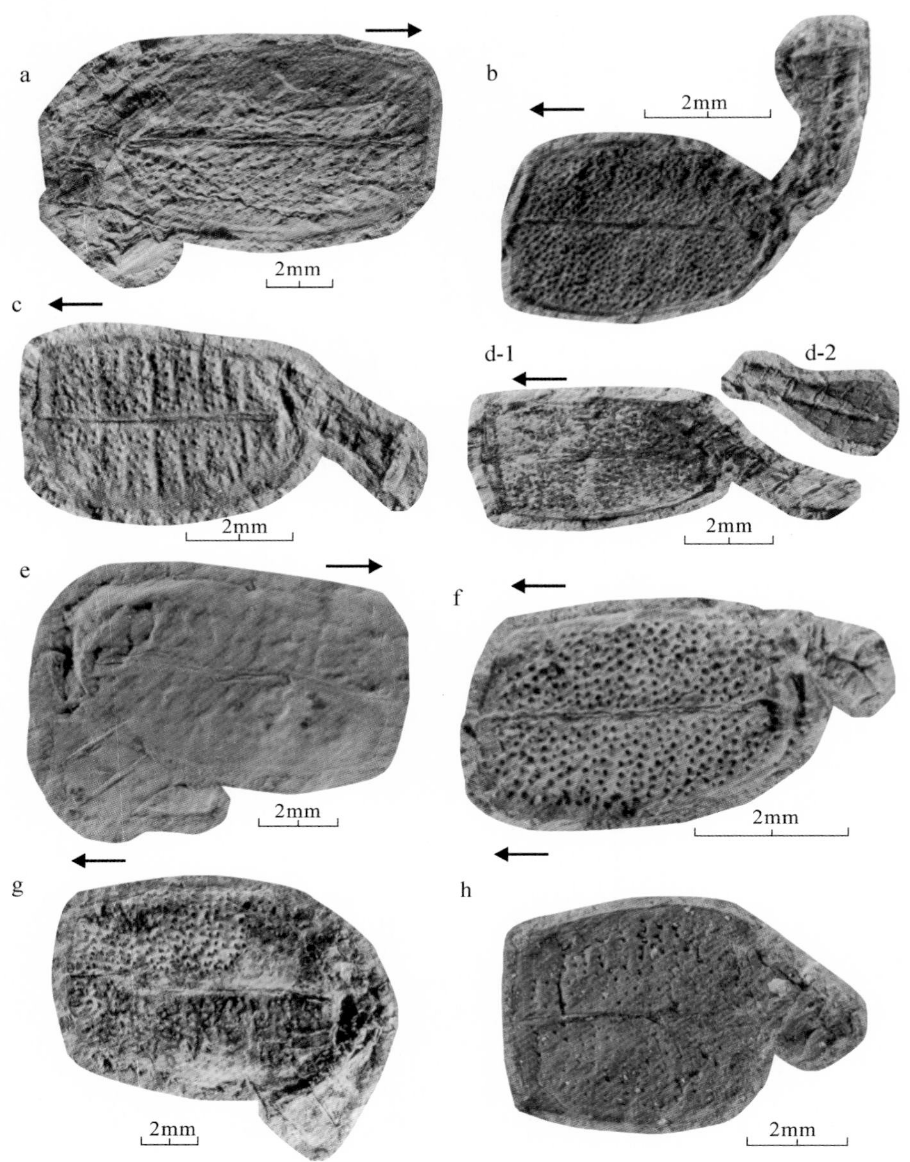

图 4 美丽北大动物(*Beidazoon venustum* gen. nov. sp. nov.)。箭头指向动物的前方。

物、海口鱼、钟健鱼。

特征:虫体微小,成年个体的体积大小和体重不足地大动物科成年个体的百分之一。躯体二分,外部强烈硬化甚至矿化成“壳”;前体为宽大的咽部,两侧近中部对称式地分布着一对沟槽,沿槽点缀五个鳃囊;“壳面”具数量众多的小瘤突,外层覆以薄被膜,因而该“壳”很可能为内骨骼。后体由七节组成,属古虫亚型。

描述与比较:新种体小,成年个体约长 1.4 cm,其体积大小和体重不足古虫属成年个体的百分之一。身体两侧对称,外部强烈硬化成“壳”;躯体二分,其形态学基本特征与地大动物科的方口古虫极为一致。其前体为宽大的咽部,两侧扁,前端口大,为单环型;“壳体”由四块坚实的板片组成,左右两

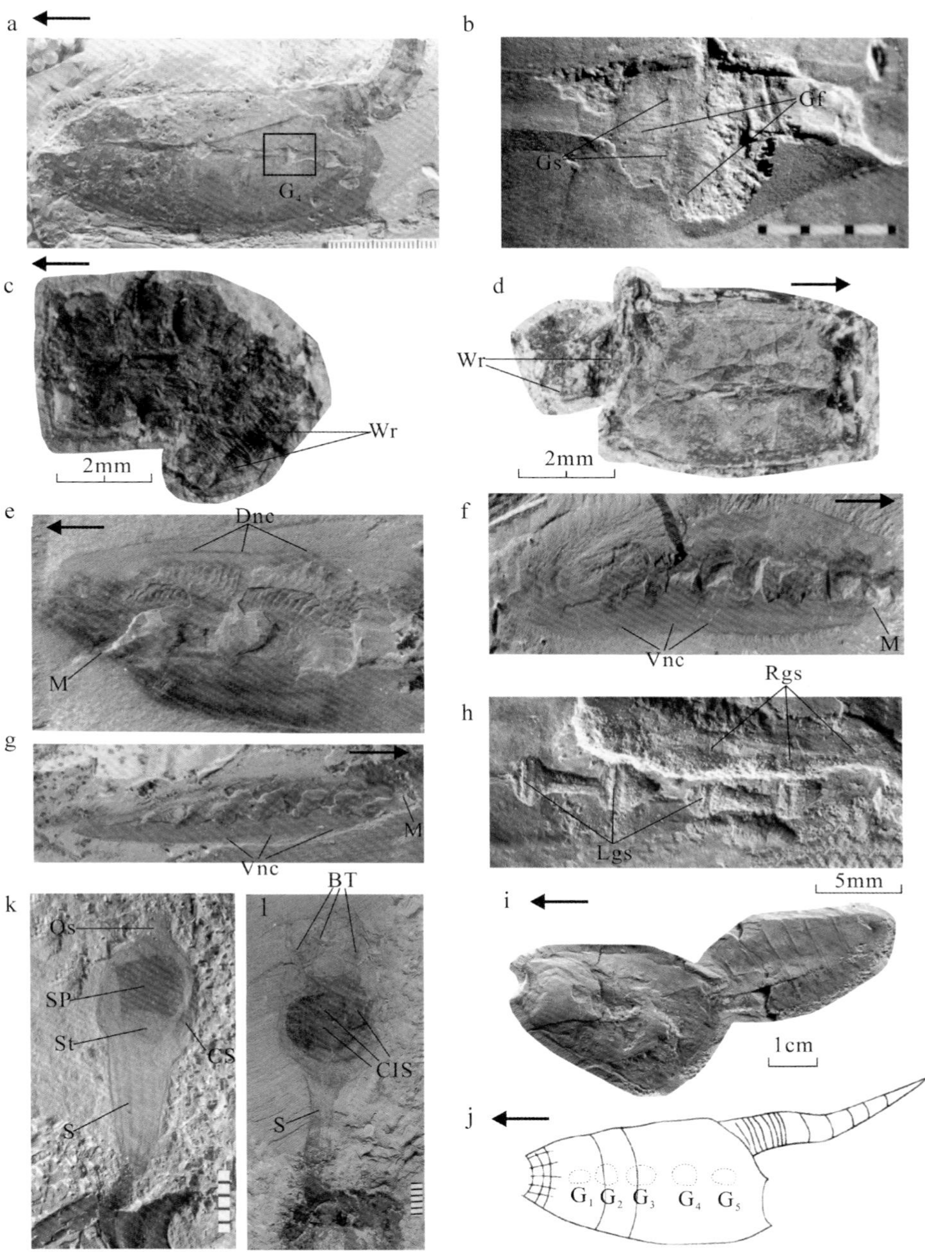

图 5　早寒武世部分后口动物。a,b 示古虫属的鳃构造,b 为 a 的左侧第 4 个鳃的放大,示纵向密集排列的鳃丝以及位于鳃丝下方并与之垂直的鳃裂构造;c,d 为未定新种 A;e—g 示 *Haikouella jianshanensis* 的背、腹神经索;h,示古虫属的左右鳃裂构造;i,j,比较西大动物与圆口虫的基本构造;i,*Xidazoon stephanus*;j,*Pomatrum ventralis*;k,l,比较长江海鞘与火炬虫的基本构造;k,*Cheungkongella ancestralis*;l,*Phlogites* sp. BT:分叉触手;CIS:复杂内脏器官;CS:出水管;Dnc:背神经索;G_1—G_5:第 1—5 鳃囊;Lgs:左鳃裂;M:口;Rgs:右鳃裂;Os:进水管;S:柄;SP:简单咽腔;St:胃;Vnc:腹神经索;Wr:皱纹。

侧各两块；背板片与腹板片之间被一窄深的纵向沟槽分隔，沿该槽均匀地点缀分布着五个窄长的鳃囊，推测它们与地大动物科的鳃囊属性相同，向内以鳃裂与咽腔相通[33]。“壳面”具数量众多的小瘤突，其外覆以薄被膜，因而该“壳”与古虫内骨骼“壳”的属性相同[33]。小瘤突的功用可能是增加体表面积，以提高动物体的呼吸效能。“壳”内咽腔的解剖学特征不详。后体（尾部）由前体的后背方延伸而成，包含七个硬化度很高的体节，属古虫亚型，后体有肠道纵贯，肛门末位。

新种在基本性状上与方口古虫最为接近（如单环型口和古虫亚型的后体），其主要区别是：①新种个体很小，其体重约为后者的1/300；②“壳面”点缀着数量众多的小瘤突。

异形虫纲 Class Heteromorphida (class nov.)（新纲）

鉴定特征：新纲的前体为膨大的咽部，由背区和腹区组成，其间由五对鳃裂组成的鳃区所分隔。但是，其后体不具清晰的分节性，而代之以密集的皱纹。

讨论：新纲的前体与古虫纲十分一致，但新纲的后体无明显分节性，而代之以密集的皱纹。

该新纲包括异形虫属（*Heteromorphus*）和新的未命名属种 Form A。

新种 Form A（图 3g；5c，d）

鉴定特征：①个体很小；②“壳体”硬化度高；③后体为前体背区的延伸。

讨论：该未命名的新种与异形虫属的主要区别是：①个体很小（约长 10 mm）；②“壳体”硬化程度很高；③后体仅为前体背区的延伸，而不是其背区和腹区的共同延伸。

5. 古虫动物门在后口动物谱系演化研究上的意义

（1）现生后口动物谱系缺“根”的困惑。在进化生物学中，后口动物谱系研究之所以备受关注，不仅仅因为我们人类属于这个谱系，更重要的是由于动物界演化史上四个最重大的创新事件中有两个与该谱系相关：一个在它的“顶端”，另一个在它的底部。一百多年来，脊椎动物作为最进步的“顶端”，其地位无人置疑，但其“根底”却一直堕入迷雾之中。有人主张后口动物谱系的根底是半索动物，也有人以为是棘皮动物[19,20,22,31]，还有人认为根底可能埋在触手冠动物类群中间[4]；而分子生物学证据显示，根底应该是由半索动物和棘皮动物共同组成的复合类群步带类[32,59]。最近，分子发育生物学、分子生物学和包括传统发育学在内的形态学的综合研究得出了一个全新的概念，即认为后口动物谱系的根底类群不仅应该具有简单的鳃裂构造，而且其躯体还应该呈原始分节[32,58,59]。Holland 等人发现文昌鱼的 *engrailed* 基因在早期胚胎期表达最前部八个体节的机制上与原口动物谱系的果蝇极为相似，于是得出结论说“所有后口动物的祖先都是原始分节的”[61]。后来 Stollewerk 等人改用蜘蛛做试验考察分节机制，也得出了同样的结论，认为“分节是所有两侧对称动物的原始特征”[60]。这也就是说，在后口动物谱系中至少还应该存在着一个比步带类更原始的根底类群。现代分子生物学已经否认了腕足动物等触手冠动物作为后口动物谱系根底类群的可能性[4,9,30]，那么，真正的根底类群到底在哪里呢？进化生物学可以为此做出合理的解释：现生动物之所以见不到这种根底类群，是因为它在长期的自然选择中被淘汰了。这样一来，揭示谜底的答案就应该隐藏在古生物学记录中了。

（2）古虫动物门是后口动物谱系的一个根。20世纪70年代以来，“钙索动物”假说试图以这类奇特的古生代化石材料为广义的后口动物谱系“复合”根底类群来解释棘皮动物、半索动物、尾索动物、头索动物和脊椎动物的实证起源[61-63]，但很少得到学术界的认同[32]，其原因有：①各类群“钙索动物”化石只保留了动物体的硬体构造，它们都缺失了最能代表动物本质属性的软躯体构造信息，这大大增加了动物属性判断上的或然性，从而极大地削弱了它们在讨论动物演化关系时的“发言权”。②所谓能分别导源出棘皮动物、半索动物、尾索动物、头索动物和脊椎动物冠群的各类“钙索动物”化石，在时段上都远远落后于学术界认知的真实历史源头，这使得人们在逻辑上更愿意相信这些“钙索动物”代表着演化后期形成的特化类群，而与源头时段的真正祖先无关。③“钙索动物”演化图谱与现生动物演化图谱、尤其是分子进化生物学图谱存在着严重冲突。与此相反，新近建立的最古老的绝灭后口动物类群古虫动物门不仅具有鳃裂构造，而且其躯体又保留着原始分节性状，与多学科综合分析所提出的后口动物谱系根底类群的标准不谋而合，从而为难题的解译提供了一个合理的答案[27,33,35]。概括起来说，支持这后一学术思想的要点还包括：①鳃裂构造的出现，实现了动物体消化道前段（咽腔）的“单向水流”机制（即水流从口部进入，经咽腔分离食物后再由鳃裂排除出体外。在较进步的种类中，富含氧气的水流再通过鳃丝进行气体交换），从而引发了动物在取食和呼吸等基本新陈代谢作用上的效益革命。②跟所有其他后口动物成员一样，古虫动物门的“壳体”为皮膜包覆，因而可能是源于中胚层的内骨骼，而不同于节肢动物的外骨骼[33]。③古虫类的躯体分化为前后两部分：即前咽部和后肠部；咽部又次分为背区和腹区，且其间为鳃区所分隔；肛门末位。这一独特的基本构型与同时期的另一类低等后口动物云南虫类十分相近，从而显示出两者间较近的亲缘关系。④作为最早期的后口动物，古虫类的躯体仍然保留着原口动物与后口动物共同祖先的分节性状，只有少数类型发生了次生分节弱化甚至部分失去分节性现象（如异形虫纲的后体）。⑤古虫动物门的“前位口”与其在后口动物谱系的根底地位是相一致的，这是继承了原口动物与后口动物共同祖先的一种原始性状。⑥古虫类不具备节肢动物的任何独有性状或近裔特征，过去许多古虫复原图曾猜想它具有节肢动物的触角和对眼，但至今未能得到任何事实的支撑[33,43,44]。⑦古虫类的某些性状，如虫体的“蝌蚪”状形体以及前体的内柱构造（endostyle），显示它们似乎与尾索动物相关[34,37]。但是，脊索动物的内柱很可能与半索动物的上咽脊（epibranchial ridge）同源[64]，其实属于低等后口动物的一个原始性状。而“蝌蚪”状形体的相似性可能只是一种表象性状，是平行演化的结果，与同源性无关。而且，古虫类既在后体上不具有脊索构造，又在前体上不具有脊索动物特有的围咽腔构造（atrium），恰恰相反，古虫类的鳃囊构造与半索动物的鳃囊（gill sacs）十分相近[37]。⑧最近发现的古囊类和云南虫类分别作为古虫动物门与棘皮动物门和半索动物门之间演化过渡类群的新论证,进一步证实了古虫动物门可能代表着比步带类更原始的一类后口动物根底类群[36,65],而与尾索动物无关。

(3) 早寒武世后口动物的谱系演化。中寒武世布尔吉斯页岩化石库曾为寒武纪生命大爆发奥秘的揭示和进化生物学的发展做出了重要贡献,但其后口动物化石资源却相当有限[7,13,66-72]。澄江化石库作为观察寒武纪大爆发主幕奥秘的一个独特窗口,已经为我们提供了较全面的最早期后口动物谱系的全貌轮廓[23-27,29-40,42-57,73-77],基于这些近“源头”处的软躯体构造化石记录,舒德干等人勾画出了新的谱系演化图(图6)[27,36]。该新假说与现生动物演化图谱相容性高,从而克服了上文提到的“钙索动物”假说的三个基本缺陷。而且,与所有其他后口动物谱系图相比[4,5,19,20,30,31,34,58,61,78,79],其最大的优点是填补了该谱系长期未知的根底类群。当然,该谱系图仍存在着一些尚待解决的问题:①它虽然与现生动物谱系图相兼容,也涵盖了绝大多数现生和化石的后口动物类群,但它只代表着一个演化框架,仍有不少演化过渡类型等待揭示。②目前分子生物学未能完全确定尾索动物的生物学地位,该谱系图对此也同样无能为力。③包括“钙索动物”在内的许多其他古生代棘皮动物化石在这个谱系图中的精确地位有待探索。④古虫动物门的根在哪里?它是与布尔吉斯页岩动物群中的斑府虫(*Banffia*)有关,还是与另一种更原始的未知分节动物相关,目前尚无结论。

(4)古虫动物门的演化趋势。近年来对古虫动物门的认知发展较快[33-40,54,56],但离对其内部解剖构造的深刻理解和对动物群面貌的全面揭示仍有很大距离,因而还不能准确理解该门内各类群间的演化关系。然而,形态功能分析和各动物类群的地层分布框架可以帮助我们认识古虫动物门的基本演化趋势。古虫类是最先出现鳃裂构造并由此引发取食、呼吸等基本新陈代谢作用革命的动物类群,所以其演化趋势也应该与

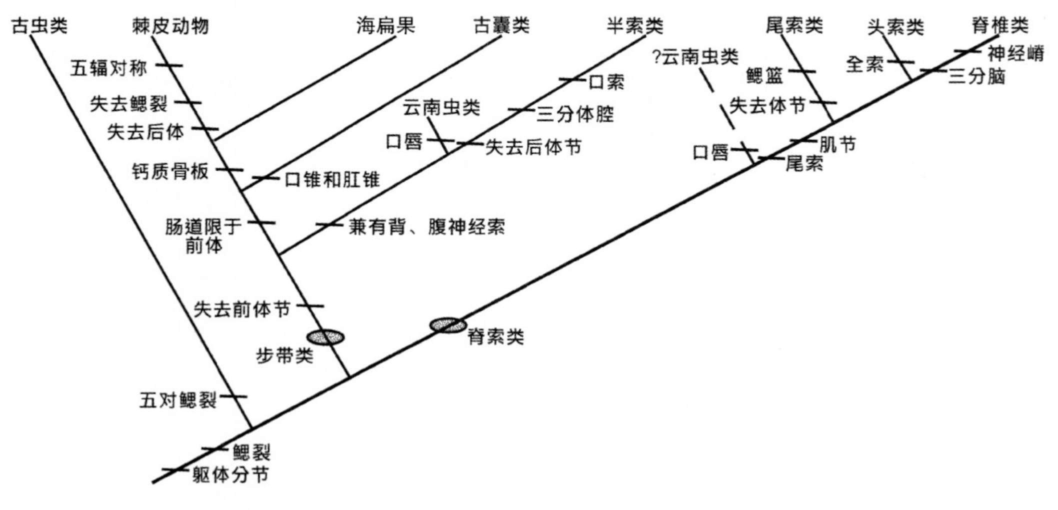

图6　早期后口动物谱系演化图(据 Shu *et al.*[36]修改)

它们在澄江动物群生态大背景下不断提高其运动、取食、呼吸、避难的效能相一致。从动物类群的地层时代分布上看,鳃丝构造以及硬化“壳体”出现都较晚。这样,我们可以推测,鳃裂构造起初的功用应该主要是排水,即服务于取食,鳃裂的呼吸作用是次生的。于是,古虫动物门的主体演化趋势可以归纳为:由表皮呼吸向鳃丝呼吸过渡;“壳体”由柔软向不断硬化、矿化发展;个体的大小则沿两个不同方向发展,一是保持大型躯体,同时伴以“壳体”的硬化和运动能力的增强,另一演化方向是个体大幅度缩小,“壳体”硬化度加强,随着动物的游泳能力和灵活性的增强,它们逃避敌害的能力也大为增强,于是,在早期错综复杂的生存斗争中为自己赢得了一个特殊的生态环境。

6. 结语

(1)动物演化史上四个最具创新意义的事件中,前两次事件发生得迅速且时代久远,尽管埃迪卡拉生物群和瓮安生物群研究取得了一些重要成果,但后生动物和两侧对称动物起源仍然是生命史上的两个重大谜团。与此相反,早寒武世澄江动物群的深入探索和一些重要发现的面世,不仅使脊椎动物的实证起源研究取得了突破性进展,而且也给后口动物谱系起源及其早期演化难题的破解带来了希望。

(2)分子进化生物学推测脊椎动物的起源事件很可能离寒武纪大爆发不远[5,6,80]。昆明鱼、海口鱼等的镶嵌演化特征表明,这些“天下第一鱼”既发育出了前位眼、原始脊椎等有头类的初始创新性状,又保留着无头类的多重生殖腺特征,恰好代表着刚刚由无头类祖先迈进有头类范畴的初始过渡环节。

(3)绝灭类群古虫动物门的躯体呈原始分节,具有成对的简单鳃裂,在形态学上最接近分子发育生物学企盼的后口动物谱系的一类根底类群。两类步带动物的早期演化类群(古囊类和云南虫类)的发现,进一步验证了古虫动物门应该代表着后口动物谱系根底类群的思想。

值得一提的是,最近有人借在美国犹他州中寒武世新发现的一个后生动物 *Skeemella* 讨论了古虫动物门的属性[81,82]。尽管他们声称这个动物可能与古虫类有关,然而,没有任何证据能显示它具备古虫动物门的两条最基本特征:五对鳃裂和前位大“口”。在所有已知古虫类动物(如古虫、西大动物、地大动物、圆口虫、北大动物等)标本上都能够辨识出前体两侧的鳃囊和最前端的各种环口构造(图 2),但这些构造在 *Skeemella* 上毫无踪影。正是古虫类动物的“进水大口—取食咽腔—排水鳃裂”所形成的体内“单向水流”机制引发了早期动物在取食和呼吸上的革命,也正是这种基础新陈代谢上的重大创新才导致了早期后口动物的诞生。此外,*Skeemella* 的后体也与所有古虫类动物相去甚远(图 2)。实际上,*Skeemella* 的前体和后体特征都显示出它应该属于双瓣壳节肢动物范畴,而与后口动物无关。

(4)目前,虽然澄江化石库较完整的化石记录和分子生物学使我们能勾画出早期后口动物演化图,但它们仍然不能为脊索动物门的起源提供确切的答案,这主要取决于尾索动物生物学地位的不确定性[58]。实际上,舒德干等人提出的早期后口动物谱系演化假说尽管比“钙索动物”假说更接近历史的真实,但它仍只是一个演化框架。分子演化生物学的深入和古生物学新发现的不断面世,必然会对这一框架进行补充和修正。

(5)最近有人在对澄江化石库中一些后口动物的属性进行讨论时提出了几个“等式”(或同物异名)[44,83]。然而,它们没有一个能够得到事实的支持。①圆口虫(*Pomatrum*)与西大动物绝非同物异名(请比较图5i与j):不仅两者的前体后部有明显区别(前者圆润,后者呈角状),更重要的是两者后体的基本形态和体节数互不相同:前者呈阔叶状,由七节构成;而后者为尖锥形,由八节构成[57]。②尾索动物长江海鞘保存十分完整而精美,并非如批评者所说的那样“保存不完整”。其典型的顶部进水管、侧部出水管和中央巨大咽腔的基本解剖构造格局与现生单体生活的海鞘动物十分相近,而与火炬虫相去甚远(请比较图5k与l):后者为三辐射动物,顶部具有三个(不是五个)双分叉触手而未见进水管,萼腔内的构造较为复杂。后者的亲缘关系尚不清楚,可能与原始棘皮动物或触手冠动物相关。显然,利用触手进行体外取食的火炬虫与利用进水管进行体内滤食的长江海鞘不大可能存在较近的亲缘关系。实际上,澄江化石库中众多固生动物存在着相当高的分异度,不仅长江海鞘与火炬虫之间存在重大差异,甚至过去归在火炬虫属内的一些类型也可能存在异物同名现象。③棘皮动物始祖类群中的古囊和滇池囊分别产于相隔数十公里的昆明海口区和安宁市,两个属的差别十分显著,尤其表现在它们后体的基本形态上:古囊的分节后体向后强烈扩大,而滇池囊则恰恰相反。这种差别应代表着动物体在形态学上的真实差别,绝非由于不同的化石埋藏所造成的假象,因为当古囊与滇池囊在埋藏体位完全相同时,两者的形态构造却差别悬殊(请比较图1a,d与图2a,b;Shu, 2004等)。与此相反,在同一属种内,即使埋藏体位十分不同,其形态学特征仍保持稳定一致(请参看图1和2;Shu, 2004等)。④昆明鱼与海口鱼在鳃区构造等方面存在着根本差别:前者的鳃囊不超过六个,而后者为八个;海口鱼不仅具有鳃丝,而且还具有与颚口类相似的鳃弓系统(它们在鳃弓的数量、位置、配置格局等方面彼此近似,尤其是其中对应的角弓和下弓非常相似),然而昆明鱼却不存在这些构造,而具特有的半鳃。而且,两者的背鳍在长度和结构上也有明显差别,因而不存在同物异名问题[23,25－28]。

致谢

作者对韩健、S. Conway Morris、张兴亮、陈苓、李勇、朱敏、K. Yasui、Ph. Janvier、张志飞、刘建妮、郭俊锋、姚洋等在不同合作研究阶段所做出的贡献;郭宏祥、姬严兵、程美蓉、翟娟萍等人在野外作业与室内工作上的帮助以及评议专家给予的建设性意见,在此一并致谢。本文为国家自然科学基金重点项目(批准号:40332016)、国家重点基础研究发展规划项目(批准号:G2000077700)以及长江学者和创新团队发展计划(PCSIRT)资助。

参考文献

1. 舒德干.《物种起源》导读. 见:舒德干等译. 物种起源(原著:达尔文,1859年). 西安:陕西人民出版社. 2001. 北京:北京大学出版社. 2005. 3-27.

2. Finnerty, J. R. & Martindale, M. Q., 1998. The evolution of Hox cluster: insights from outgroup. Curr.

Opin. Genet. Dev., 8, 681-687.

3. Knoll, A. & Carroll, S. B., 1999. Early animal evolution: emerging views from comparative biology and geology. Science, 284, 2129-2137.

4. Nielsen, C., 2001. Animal Evolution: interrelationships of living phyla, 2nd Ed. Oxford: Oxford University Press, 1-562.

5. Dawkins, R., 2004. The Ancestor's Tale – A Pilgrimage to the Dawn of Life. New York: Weidenfeld & Nicolson, 1-528.

6. Ayala, F. J. & Rzhetsky, A., 1998. Origin of metazoan phyla, Molecular clocks confirm palaeontological estimates. Proc. Natl. Acad. Sci, USA, 95, 606-611.

7. Signor, P. W. & Lipps, J. H., 1992. Origin and Radiation of the Metazoa. in Origin and Early Evolution of the Metazoa (eds. Lipps, J. H., Signor, P. W.), New York: Plenum Press, 3-23.

8. Collins, A. G., 1998. Evaluating multiple alternative hypotheses for the origin of Bilateria. Proc. Natl. Acad. Sci. USA, 95, 15458-15463.

9. Halanych, K. M., 1998. Considerations for reconstructing metazoan history: signal, resolution, and hypothesis testing. Am. Zool., 38, 929-941.

10. Ruiz-Trillo I., Riutort M., Littlewood D. T. J. et al., 1999. Acoel flatworms: earliest extant bilaterian metazoans, not members of Platythelminthes. Science, 283, 1919-1923.

11. Glaessner, M. F., 1984. The Dawn of Animal Life. Cambridge: Cambridge University Press.

12. Fedonkin, M., 1994. Vendian body fossils and trace fossils. in Early Life on Earth, Nobel Symposium No. 84, (ed. Bengtson, S.), New York: Columbia University, 370-388.

13. Conway Morris, S., 1985. The Ediacaran biota and early metazoan evolution. Geol. Mag., 122, 77-81.

14. 袁训来,肖书海,尹磊明,等. 2002. 陡山沱期生物群. 合肥:中国科学技术大学出版社. 171.

15. Xiao, S., Zhang, Y. & Knoll, A., 1998. Three-dimensional preservation of algae and animal embryos in a Neoproterozoic phosphorite. Nature, 391, 553-558.

16. Xiao, S., Yuan, X. & Knoll, A., 2000. Eumetazoan fossils in terminal Proterozoic phosphorites. PNAS, 97(25), 13684-13689.

17. Chen, J., Bottjer, D., Oliveri, P. et al., 2004. Small Bilaterian Fossils from 40 to 55 Million Years before the Cambrian. Science, 305, 218-222.

18. Bengtson, S. & Budd, G., 2004. Comment on "Small Bilaterian Fossils from 40 to 55 Million Years before the Cambrian". Science, 305, 1291.

19. Garstang, W., 1928. The morphology of the Tunicata and its bearing on the phylogeny of the Chordata. J. of the Microscopical Society, 72, 51-87.

20. Romer, A. S., 1964. The Vertebrate Body. Third ed., London: W. B. Saunders Company, 1-626.

21. Janvier, P., 1996. Early Vertebrates. Oxford: Clarendon.

22. Kardong, K., 1998. Vertebrates-Comparative Anatomy, Function, Evolution. Second ed., Boston: McGraw-Hill, 1-747.

23. Shu, D. G., Luo, H., Conway Morris, S. et al., 1999. Early Cambrian vertebrates from South China. Nature, 402, 42-46.

24. Janvier, P., 1999. Catching the first fish. Nature, 402, 21-22.

25. 舒德干,陈苓. 2000. 最早期脊椎动物的镶嵌演化. 现代地质, 14, 315-322.

26. Shu, D. G., Conway Morris, S., Han, J. et al., 2003. Head and Backbone of the Cambrian vertebrate *Haikouichthys*. Nature, 421, 526-529.

27. 舒德干. 2003. 脊椎动物实证起源. 科学通报, 48(6), 541-550.

28. Janvier, P., 2003. Vertebrate characters and the Cambrian vertebrates. Palevol, 2, 523-531.

29. Zhang, X. G. & Hou, X., 2004. Evidence for a single median fin-fold and tail in the Lower Cambrian vertebrate, *Haikouichthys ercaicunensis*. Journal of Evolutionary Biology, 17, 1157-1161.

30. Halanych, K. M., 2004. The new view of animal phylogeny. Annual Reviews of Ecology and Evolutionary Systematics, 35, 229-256.

31. Schaeffer, B., 1987. Deuterostome monophyly and phylogeny. Evol. Biol., 21, 179-235.

32. Gee, H., 2001. Deuterostome phylogeny: the context for the origin and evolution of the vertebrates, in Major Events in Early Vertebrate Evolution: Palaeontology, Phylogeny, genetics and development (ed. Ahlberg, P. E.). London: Taylor & Francis, 1-14.

33. Shu, D. G., Conway Morris, S., Han, J. et al., 2001. Primitive deuterostomes from the Chengjiang Lagerstätte (Lower Cambrian, China). Nature, 414, 419-424.

34. Gee, H., 2001. On the vetulicolians. Nature, 414, 407-409.

35. Conway Morris, S. & Shu, D. G., 2003. Deuterostome Evolution, in McGraw-Hill yearbook of Science and Technology. New York: McGraw-Hill, 79-82.

36. Shu, D. G., Conway Morris, S., Han, J. et al., 2004. Ancestral echinoderms from the Chengjiang deposits of China. Nature, 430, 422-428.

37. Lacalli, T. C., 2002. Vetulicolians-are they deuter-

ostomes? chordates? BioEssays, 24, 208-211.
38. Chen, A., Feng, H., Zhu, M. et al., 2003. A new vetulicolian from the early Cambrian Chengjiang fauna in Yunnan of China. Acta Geologica. Sinica, 77 (3), 281-287.
39. Valentine, J., 2004. On the Origin of Phyla. Chicago: Chicago University Press, 1-614.
40. Luo, H., Fu, X., Hu, S. et al., 2005. New vetulicolids from the Lower Cambrian Guanshan Fauna, Kunming. Acta Geologica Sinica, 79(1), 1-6.
41. 侯先光. 1987. 云南澄江早寒武世三个新的大型双瓣壳节肢动物. 古生物学报,26(3), 286-298.
42. Hou, X. G., Ramskoeld L. & Bergstroem J., 1991. Composition and preservation of the Chengjiang fauna – a Lower Cambrian soft-bodied biota. Zool. Scripta, 20, 395-411.
43. Chen, J. & Zhou, G., 1997. Biology of the Chengjiang fauna. Bulletin of National Museum of Natural Science (Taichung), 10, 11-105.
44. 陈均远. 2004. 动物世界的黎明. 南京:江苏科学技术出版社. 366.
45. Chen, J., Dzik, J., Edgecombe, G. D. et al., 1995. A possible early Cambrian chordate. Nature, 377, 720-722.
46. Chen, J., Huang, D. & Li, C. W., 1999. An Early Cambrian craniates-like chordate. Nature, 402, 518-521.
47. Dzik, J., 1995. *Yunnanozoon* and ancestry of chordates. Acta Palaeont. Polonica, 40, 341-360.
48. Holland, H. D. & Chen, J., 2001. Origin and early evolution of the vertebrates: new insights from advances in molecular biology, anatomy, and palaeontology. BioEssays, 23, 142-151.
49. Mallatt, J. & Chen, J., 2003. Fossil sister group of craniates: Predicted and found. Journal of Morphology, 258(1), 1-31.
50. Shu, D. G., Zhang, X. L. & Chen, L., 1996. Reinterpretation of *Yunnanozoon* as the earliest known hemichordate. Nature, 380, 428-430.
51. Smith, M. P., Sansom, I. J. & Cochrane, D., 2001. The Cambrian origin of vertebrates, in Major Events in Early Vertebrate Evolution: Palaeontology, Phylogeny, genetics and development (ed. Ahlberg, P.). London: Taylor & Francis, 67-84.
52. Shu, D. G., Conway Morris, S., Zhang Z. et al., 2003. A New Species of Yunnanozoan with Implications for Deuterostome Evolution. Science, 299, 1380-1384.
53. Shu, D. G. & Conway Morris, S., 2003. Response to Comment on "A New Species of Yunnanozoan with Implications for Deuterostome Evolution". Science, 300, 1372, 1372 d.
54. Steiner, M., Zhu, M., Zhao, Y. et al., 2005. Lower Cambrian Burgess shale-type fossil associations of south China. Palaeogeography, Palaeoclimatology, Palaeoecology, Special Issue, 220, 12-152.
55. Shu, D. G., Zhang, X. L. & Chen, L., 1996. New advance in the Study of the Chengjiang fossil Lagerstätte. Progress in Geology of China (1993 – 1996), 30th IGC, Beijing, 42-46.
56. Shu, D. G., Conway Morris, S., Zhang, X. L. et al., 1999. A pipiscid-like fossil from the Lower Cambrian of South China. Nature, 400, 746-749.
57. 罗惠麟,胡世学,陈良忠,等. 1999. 昆明地区早寒武世澄江动物群. 昆明:云南科技出版社.
58. Winchell, C. J., Sullivan, J., Cameron, C. B. et al., 2002. Evaluating hypotheses of deuterostome phylogeny and chordate evolution with new LSU and SSU ribosomal DNA data. Molecular Biology and Evolution, 19(5), 762-776.
59. Holland, L. Z., Kene, M., William, N. A. et al., 1997. Sequence and embryonic expression of the amphioxus *engrailed* gene (*AmphiEn*): the metameric pattern of transcription resembles that of its segment-polarity homolog in *Drosophila*. Development, 124, 1723-1732.
60. Stollewerk, A., Schoppmeier, M. & Damen, W. G., 2003. Involvement of *Notch* and *Delta* genes in spider segmentation. Nature, 423, 863-865.
61. Jefferies, R. P. S., 1986. The ancestry of the vertebrates. London: Cambridge University Press.
62. Jefferies, R. P. S., 1997. A defense of the calcichordates. Lethaia, 30, 1-10.
63. Jefferies, R. P. S., 2001. The origin and early fossil history of the chordate acustio-lateralis system, with remarks on the reality of the echinoderm-hemichordate clade, in Major Events in Early Vertebrate Evolution: Palaeontology, Phylogeny, genetics and development (ed. Ahlberg, P.). London: Taylor & Francis, 40-66.
64. Ruppert, E. E., Cameron, C. B. & Frick, J. F., 1999. Endostyle-like features of the dorsal epibranchial ridge of an enteropneust and the hypothesis of dorsal-ventral axis inversion in chordates. Invert. Biol., 118, 202-212.
65. Smith, A., 2004. Echinoderm roots. Nature, 430, 411-412.
66. Bergstroem, J., 1994. Ideas on early animal evolution, in Early Life on Earth, Nobel Symposium No. 84 (ed. Bengtson, S.). New York: Columbia University, 460-466.
67. Briggs, D. G., Erwin, D. H. & Collier, F. J.,

1994. The Fossils of the Burgess Shale. Washington: Smithsonian Institution Press, 1-238.

68. Christen, R., 1994. Molecular phylogeny and the origin of Metazoa, in Early Life on Earth, Nobel Symposium No. 84 (ed. Bengtson, S.). New York: Columbia University, 467-474.

69. Conway Morris, S., 1994. Early metazoan evolution: First steps to an integration of molecular and morphological data, in Early Life on Earth, Nobel Symposium No. 84 (ed. Bengtson, S.). New York: Columbia University, 450-459.

70. Conway Morris, S., 1985. Cambrian Lagerstätten: their distribution and significance. Philosophical Transactions of the Royal Society of London B, 311, 49-65.

71. Conway Morris, S., 1998. The Crucible of Creation: The Burgess Shale and the Rise of Animals. Cambridge: Cambridge Univ. Press, 1-242.

72. Valentine, J., 1994. The Cambrian explosion, in Early Life on Earth, Nobel Symposium No. 84 (ed. Bengtson, S.). New York: Columbia University, 401-411.

73. Chen, J., Huang, D., Peng, Q. et al., 2003. The first tunicate from the early Cambrian of South China. in Proceedings of the National Academy of Sciences of the USA, 100(14), 8314-8318.

74. Luo, H. L., Hu, S. & Chen, L. Z., 2001. New Early Cambrian chordates from Haikou, Kunming. Acta Geologica Sinica, 75, 345-348.

75. Shu, D. G., Conway Morris, S. & Zhang, X. L., 1996. A *Pikaia*-like chordate from the Lower Cambrian of China. Nature, 384, 157-158.

76. Shu, D. G., Chen, L., Han, J. et al., 2001. The early Cambrian tunicate from South China. Nature, 411, 472-473.

77. Zhang, X. L., Shu, D. G., Li, Y. et al., 2001. New sites of Chengjiang fossils: crucial windows on the Cambrian explosion. J. Geol. Society, Lond., 158, 211-218.

78. Berrill, N. J., 1955. The Origin of Vertebrates. Oxford: Oxford University Press.

79. Bromham, L. D. & Degnan, B. M., 1999. Hemichordate and deuterostome evolution: robust molecular phylogenetic support for a hemichordate + echinoderm clade. Evol. Dev., 1, 166-171.

80. Turner, S., Blieck, A. R. M. & Nowlan, G. S., 2004. Cambrian-Ordovician vertebrtes, in The Great Ordovician Biodiversity Event, IGCP410 (eds. Webby, B., Droser, M., Feist, R. et al). New York: Columbia University Press, 327-335.

81. Briggs, D. G., Lieberman, B. S., Halgedah, S. L. et al., 2005. A new metazoan from the middle Cambrian of Utah and the nature of the Vetulicolia. Palaeontology, 48(4), 681-686.

82. Briggs, D. G. & Fortey, R. A., 2005. Wonderful strife: Systematics, stem groups, and the phylogenetic signal of the Cambrian radiation. in Macroevolution: Diversity, Disparity, Contingency (eds. Vrba, E. S., Eldredge, N.). Kansas: The Paleontological Society, Lawrence, Supplement to Paleobiology, 31(2), 94-112.

83. Hou, X., Aldridge, R. J., Siveter, D. J. et al., 2002. New evidence on the anatomy and phylogeny of the earliest vertebrates. Proceedings of Royal Society of London, B, 269, 1865-1869.

（舒德干　译）

后口动物演化

Simon Conway Morris, 舒德干

不断涌现的分子生物学新信息以及惊人的古生物学新发现正在迫使人们从根本上重新评估动物界的早期演化。人们的新认知主要来自寒武纪动物大爆发,这是一场非常重要的进化事件,它催生了许多高等动物门类的形成和分化。这些门类的基本特征是两侧对称(所以称之为两侧对称动物)和具有三个胚层(因而又称为三胚层动物)。目前的证据显示,共有三大支两侧对称动物(它们各自又包含若干个动物门)。具体地说,它们就是蜕皮类动物(最引人注意的是节肢动物以及线形动物和鳃曳动物)、触手担轮类(又称冠轮类,包括环节动物门、腕足动物门和软体动物门)以及后口动物类(包括脊索动物门——它涵盖我们人类和所有脊椎动物,还有棘皮动物门(如海星等))。

蜕皮类与触手担轮类共同构成了原口动物超级类群("原口"是指该类动物的口来自原来的胚孔口,即所谓"第一口"或"原始口")。与此相对应的是,后口动物的口为胚胎发育过程中的"次生口"或"第二口"。该类动物的早期分化探索仍然问题成堆。然而,被称作古虫动物的一个化石类群对我们认识原始后口动物的演化握有破题的钥匙。

动物门类的起源

尽管分子生物学能为定义两侧动物的三大类群以及标定各动物门类之间的亲缘关系提供极重要信息,但该方法仅适用于现生动物研究。如果涉及动物门类的起源和早期演化史,尤其是在探索与动物躯体构型相关的取食、防卫、运动等问题时,分子生物学则无能为力。与此相反,化石记录在破解这些难题上则大有可为。一谈到寒武纪,布尔吉斯页岩型动物至为重要,尤其是不列颠哥伦比亚的中寒武世布尔吉斯页岩以及更早一些的中国云南省的澄江动物群(时代为早寒武世中期)。这些动物群中产出了大量保存精美的化石,它们代表着各个动物门类的基干类群。所谓基干类群,就是指它们具有某一动物门的部分主要特征,但并非全部主要特征。这些重要化石从根本上揭示出许多躯体构型的起源和早期演化,因而,大量极有意义的化石有助于阐释蜕皮类、触手担轮类和后口动物的起源。在一般人看来,这些相关的化石十分奇怪,其形态与我们在许多教科书中看到的推测祖先形态相去甚远。

后口动物

现生后口动物在形态上分化差异很大。

再比如说，棘皮动物（如我们熟知的海星和海胆）的躯体现在已演化成五辐对称的形态了。因而，很难对不同后口动物门类进行相互比较。再比如说，将一种鱼与一种海星进行比较研究，确实无法想象出它们的共同祖先会是什么样子。的确，各类后口动物除了其胚胎发育相似之外，它们唯一重要的共享性状就是鳃裂构造。鳃裂是体内咽腔与体外沟通的一些裂口，其作用就是将吞入的海水排出体外。鳃裂的主要功能是呼吸，也可以过滤获取水中的食物颗粒。除了已绝灭的钙索动物之外，棘皮动物的其他类群皆丢失了鳃裂构造。钙索动物的躯体二分，其巨大的前体具有鳃裂，而后体则细长而分节。尽管它们明显属于棘皮动物门，但仍有许多地方存疑，且不说还有一些假说认为它们与其他一些后口动物门类的起源相关。现在看来，澄江动物群中发现的古虫类（实际上代表一个动物门）已经使我们接近破解后口动物起源这一重大难题。

古虫动物

对古虫动物的本质属性的认知显然是最近才发生的事，尽管一个代表属"古虫属"早在1987年就被描述了，但当时它被认为是"一种非常奇怪的节肢动物"（请参看插图）。初看起来，将古虫化石置于节肢类并不令人奇怪，因为其形态真有些像鳃足虫，具有一个壳瓣状的前体和一条活动关节的尾。然而事实上，其前体由四块板片构成，背部两块，腹部两块；身体两侧以纵向中线分开。这种形态解剖构造完全不同于任何已知的节肢动物。更重要的是，它没有对应的附肢和眼睛。前体的内侧很可能衬有软组织，要不然就包容了一个巨大的内腔。最值得注意的是五个囊袋状构造，它们沿着两侧中线展布。该中线区域实际上是一条分隔背板和腹板的柔韧组织带。这些囊袋构造相当复杂，其内包含有众多细丝，还有进水孔和出水孔，它们是前体内腔与体外沟通的通道。显然，这些囊袋代表着原始的鳃裂（请参看插图）。

从古虫整个身体的形态推断，古虫的生活方式应该属于主动游泳型，由肌肉质尾的摆动提供游泳动力，前体背鳍和腹鳍负责身体的平衡稳定。海水从前方大口吸入巨大的前体内腔，但其食物是细小颗粒还是较大的猎物尚难确定。积极主动的生活模式需要高效的呼吸功能，这可由鳃囊中的鳃丝提取氧气而实现。

由于澄江动物群中发现了古虫动物门中其他一些相关属种，因而其生物学分类地位变得更为清晰。这些动物包括地大动物和西大动物，它们同样具有二分型躯体，且前体两侧也具有五对鳃囊，后体为分节的尾，前体与后体之间通过一段"束腰"连接。地大动物和西大动物的体形显示，它们的运动较古虫缓慢，其鳃的构造较为简单，也无相应的鳃丝，它们很可能通过柔软的表皮获得氧气，这与拥有较硬外壳的古虫完全不同。古虫动物门中各成员之间的谱系关系暂无定论，但很可能沿着增强运动能力的古虫属方向演进。

进化意义

具有鳃是古虫类归属后口动物类群的强有力证据。另一方面，其具体的解剖学特征以及它们的整体形态与过去人们猜测的后口动物祖先形态相去甚远。那么，古虫与后口动物祖先到底有何关系呢？现在，已经

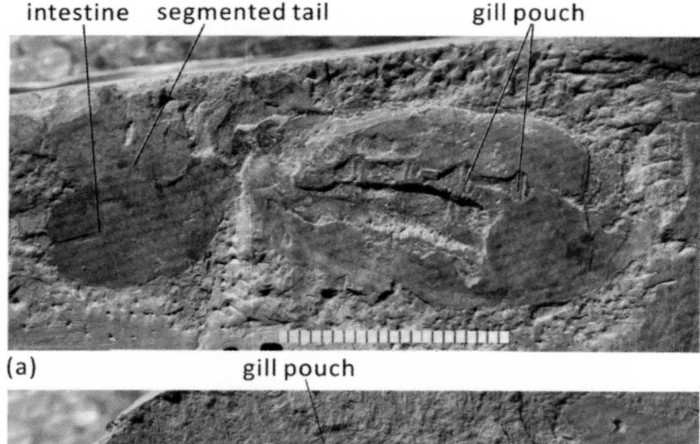

(a)

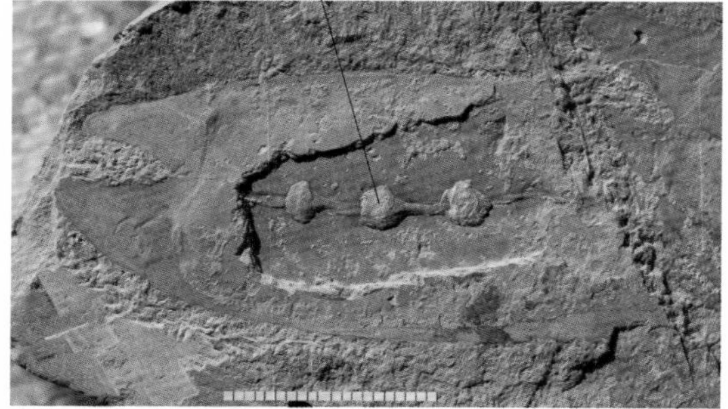

(b)

(c)

图1 古虫属(a)完整标本,前体两侧皆可见鳃囊,右侧在上,通过修理后暴露出左侧;尾部分节,内有消化道痕迹,标尺为毫米。(b)前体经修理后暴露出囊状鳃,呈内视。(c)近完整标本,沿侧中线显示鳃,前部4个鳃保存完好,随后的第5个鳃不够清晰;分节之尾部保存不完整。

出现一些线索能帮助我们解决古虫动物门在早期后口动物谱系演化中的角色问题。一个是我们曾提出的与另一类叫作云南虫类的澄江化石的关系。云南虫是无可争辩的后口动物,尽管其精确定位仍有争议。两种竞争性假说是,一种将它与半索动物相关联,另一种认为它属于鱼类,当然后一看法很难成立。云南虫的躯体构型二分,与古虫类相似。但是,云南虫的鳃不成囊状,其排列方式更像半索动物和文昌鱼(头索动物)等原始后口动物。因而,云南虫很可能代表着一类与半索动物相近并迈向脊索动物的重要里程碑式的中间过渡类型。古虫动物躯体的二分构型也使人们想起钙索动物,后者是一类早期奇怪的具有脊索动物特征的棘皮动物。古虫动物与钙索动物的相似性仅是大概的,最原始棘皮动物的起源以多孔的钙质骨板为标志,它们很可能与类似古虫的动物相当接近了。

未解决的问题

古虫动物本质属性的辨识提示了进化中的两个基本事实。首先,如果能获得有意义的化石,那么它们便能提供独特的进化信息。其次,我们研究所关注的生物常常与过去假说中所描绘的祖先形象相去甚远。然而,谈到古虫,我们设想所有问题都完满解决了也是不明智的,实际情况恰好相反。需要指出三点不足之处:①我们更倾向古虫代表着后口动物的基础类群,但其他的假说,比如说可能代表尾索动物祖先的观点也值得考虑;②模样古怪的亲戚们,比如钙索动物和云南虫类也将在进一步揭示后口动物谱系演化的细节上发挥重要作用,而且这些类群之间精确的亲缘关系认知仍是推测性的;③古虫动物及其近亲们显然是从某种更原始的、分节的原口动物演化而来。然而,该祖先的性质以及演化成古虫动物的中间过渡类型仍有待发现和鉴定。

寒武纪古虫动物对人们认知基础后口动物进化占有关键地位。钙索动物和云南虫很可能是对理解后口动物下一步的演化构成很有价值的标志性生物。显然,我们仍需要新的化石发现来进一步使后口动物谱系由低等到高等的完整演化步骤更细化和精准。

如需了解背景信息,请参阅《动物演化》《布尔吉斯页岩》《寒武纪》《头索动物》《发育生物学》《棘皮动物门》。

参考文献

1. Holland, N. D. & Chen, J. Y., 2001. Origin and early evolution of the vertebrates: New insights from advances in molecular biology, anatomy, and palaeontology. BioEssays, 23, 142-151.
2. Lacalli, T. C., 2002. Vetulicolians-Are they deuterostomes? chordates? BioEssays, 24, 208-211.
3. Shu, D. G. et al., 1999. Lower Cambrian vertebrates from South China. Nature, 402, 42-46.
4. Shu, D. G. et al., 2001. Primitive deuterostomes from the Chengjiang Lagerstätte (Lower Cambrian, China). Nature, 414, 419-424.
5. Shu, D. G. et al., 1996. Reinterpretation of *Yunnanozoon* as the earliest known Hemichordate. Nature, 380, 428-430.
6. Winchell, C. J. et al., 2002. Evaluating hypotheses of deuterostome phylogeny and chordate evolution with new LSU and SSU ribosomal DNA data. Mol. Biol. Evol., 19, 762-776.

(舒德干　译)

寒武纪古虫动物的咽鳃裂及其对后口动物早期演化的指示意义

欧强，Simon Conway Morris*，韩健，张志飞，刘建妮，陈爱林，张兴亮，舒德干*

* 通讯作者 E-mail：sc113@cam.ac.uk；elidgshu@nwu.edu.cn

摘要

背景：寒武纪古虫动物具有独特的躯体构型，它们在后生动物谱系树中所处的位置一直存在重要争议。因此，学术界对古虫动物的谱系位置的解释五花八门，从后口动物到蜕皮动物，众说纷纭，莫衷一是。这些分歧的焦点是该类群具有一个非常类似节肢动物的体形，但它们前体两侧却拥有可解释为咽孔的复杂构造。建立这些复杂构造的同源关系对于解决古虫动物在后生动物谱系中的位置最为关键。

结果：来自澄江化石宝库的新材料有助于解决这一问题。本文证实，古虫动物前体有争议的构造由侧沟和一系列开孔组成。开孔呈卵圆形，其伴随的复杂解剖学特征与控制开孔的开启和闭合功能相符。本文所解释的体壁肌痕及侧沟的收缩能力显示，古虫类通过泵送机制处理大量的海水。通过标本观察发现前体消化腔内收集的食物颗粒同时运送到背侧及腹侧的食物沟，之后再搬运至肠道。这种食物颗粒传送方式似乎从未在已绝灭的或现生的节肢动物（或任何其他蜕皮动物）中发现。然而，古虫动物前体两侧纵向分布的一系列穿孔却是后口动物的鉴定特征。

结论：如果当前的证据不支持古虫动物属于蜕皮类，那么其谱系地位存在两种可能性。第一种是古虫类的这些特征指示它们或者是普通两侧对称动物，或者是后口动物，然而，除了可观察到它们构成一个独特类群，目前的证据尚不能确定其更精确的谱系位置。我们认为，上述观点过于悲观，而倾向于第二种可能性——当前证据表明古虫类属于干群后口动物。后口动物包括人们最熟悉的脊索动物（文昌鱼、海鞘、脊椎动物）、步带动物（棘皮类和半索类）以及异涡虫。如果第二种可能性成立，那么可以表明：首先，干群后口动物与它们冠群后裔的相似度很低；其次，考虑到咽鳃裂是半索类、部分已绝灭的棘皮类和脊索类最重要的定义特征，在所有促使后口动物亚界走向繁盛的创新构造中，最早而且最重要的是咽鳃裂的出现。

1. 研究背景

分子生物学研究[1,2]已经颠覆性地改写了后生动物谱系演化历史的许多方面，并因此使进化生物学得以复兴，进而发现了许多过去不为人知的谱系关系。然而，分子生物学有一个不可避免的缺点——现生类群的形态都经历了长期的演化及分异，因此其共同祖先的特征往往只能通过随意的猜测获得。然而，通过直接研究化石记录中某些特定门类（或类群）的基干类群，理论上可使我们深刻理解一些重要类群的早期分化，因此可以分别重建它们的躯体构型[3]。事实上，现有的化石记录存在问题——尽管在许多情况下干群代表已被证明在记录过渡类型的特征方面具有重要价值，但寒武纪化石记录却存在太多似乎难以捉摸的动物类群。学术界对这些疑难类群的解释是如此五花八门，以至于有时这些化石类群在谱系研究中的作用受到了质疑[4,5]。同源构造的辨认是一个关键分歧，加上这些化石类群往往出现一些奇异的特征组合，因此更多的是导致争论而非达成一致。古虫动物尽管化石分布广泛且通常保存有精美的软躯体构造，但仍然是一个充满谜团和争议的类群。

古虫动物类群具有一种独特的躯体构型。前体显著，从卵圆形到方形，前端具有宽敞的口部；与之相连的后体可视为分节的尾部，肛门位于末端。尽管体形上与某些节肢动物非常相似，但所有各属（包括古虫属[6]、古卵虫属[13]、圆口虫属[14]、西大动物属[15]、地大动物属[16]、北大动物属[17]、俞元虫属[18]和斑府虫属[10]）既未发现蜕皮的证据，也未发现头部构造和（或）分节附肢的证据。然而，一些学者们却一直将古虫类与蜕皮大类[19]中的叶足类[20]、节肢类[6,10,21]、甚至动吻类[7,22,23]进行对比。另有学者提出一个激进的观点，将古虫类归入后口动物亚界，认为它们或者代表干群后口动物[13,16,17,24]，或者代表某种尾索动物[18,25,26]。争论的焦点在于如何认识古虫动物体侧构造的本质属性。然而，直至今天，学术界对这些构造的原始形态及功能仍未达成共识。这些构造存在多种不同解释：有学者认为是中肠腺[27]，另有学者认为是呼吸器官；但作为呼吸器官，又有两种不同解释——它们可能与甲壳类的鳃室对比[12,20,21,28]，反对者则认为它们可能代表后口动物特有的咽鳃裂[13,16,17,24]。如果能发现保存精良的古虫化石材料——这些材料不但能揭露出完整解剖学特征，并且足以使我们进行功能形态学分析——那么就有可能解决这一争论。本文提供的材料及证据表明古虫属的体侧构造形成一个整合的复杂结构，并且该复杂结构具有一系列（五个）明确的开孔。本文进一步提出，这些结构的功能是排出体内的海水，排出之前的海水曾被过滤，食物颗粒被运送至背侧及腹侧的食物沟，继而被传送到后体的肠道。

2. 研究结果

2.1　古虫属鳃裂的功能形态学

古虫属的化石材料很丰富，但只有很少的标本能保存得足够精良并且（或者）埋藏的位态恰到好处以至于可以揭露所有的重要细节。值得重视的是前体内部通常充填沉积物，由此似乎导致了死后腐烂。通过机械方法可移除前体内的沉积物，这意味着不但可观察到其外部形态，也可以提供内部结构及形态的详细视图。因此，对古虫的解释关键取决于单个化石标本的相对位态及埋藏特征。从外部观察，古虫属的前体实际上由四片骨板构成，骨板表面覆盖着一层薄膜。这些骨板在背中线和腹中线汇聚，而被沿侧中线出现的一条贯穿整个前体的显著沟槽（侧沟）所分隔。沟槽的边缘处颜色更暗,可能指示了边缘处的物质增厚以起到加固的功能。这一特征在五个半圆形区域(垂片)尤其显著。侧沟的背腹边缘同时增生,悬垂于侧沟之上。下文将论证侧沟可扩张并且这些凹陷区域包含有更加精致的组织。侧沟朝着前体的前端和后端两个方向逐渐尖灭,但在之间的内外表面出现一些复杂的结构。下文我们将阐明为何该区域容纳有穿孔结构(借此将古虫的内腔连通到体外),并进一步论证这些穿孔与后口动物典型的咽鳃裂同源。由于观察描述和解释(包括功能和谱系两方面的解释)这两部分需要分开,因此下面我们对古虫的鳃裂采用速记法进行描述。

从外部观察,侧沟在前端缓缓扩张直至陡然变宽以容纳第一个开孔。事实上这一现象向后又重复出现四次直至侧沟逐渐在前体后缘尖灭。当我们从内部观察,侧沟则高出周围的区域,指示了侧沟向内陷入前体的内腔,而侧沟的膨胀区域(五个囊状构造)形成一系列叠瓦状结构,每个囊状构造(鳃囊)均向后逐渐变小(图 1A—G)。沿着鳃囊的中线都出现了一个狭脊(附件 1)。定义鳃裂的五个开孔表现为体壁的五个卵圆形穿孔。然而,由于与侧沟相伴随,它们形成了更复杂的解剖结构。这些复杂结构只有通过特异埋藏、同时可提供内部和外部视图的化石材料才得以揭露。由于前体内部通常充填有沉积物,加上开孔的厚度有限,因此开孔在内部亦可见。如果将充填在侧沟的沉积物移除,那么开孔与周围区域的关系就更加明朗。

从内部观察,每个开孔朝前,并且开孔的方向与前体的侧壁接近平行(图 1A—G,2G)。被解释为入水孔的结构被一个具有放射状条纹的区域所环绕(图 1E),我们将该区域解释为具有活动性的膜状物。从外部观察,这些开孔或多或少呈裂隙状并常被沉积物所充填(图 2A—E,附件 1);开孔的边缘与侧沟形成一个整体,但不同的是,开孔的周围区域并非光滑而是出现褶皱或暗色条纹。在每个开孔的后缘出现一个横脊,而横脊表面出现相对显著的条纹(附件 1)。开孔的紧前方为一个膨大的区域,该区域出现低缓的褶皱,由此呈现出扇形的外观(图 2B,D—F)。这些褶皱的紧闭性以及该区域在宽度上的变化指示开孔的周缘具收缩性,并可能由此控制开孔的大小。对古虫属化石材料的开孔直径与鳃囊宽度之比进行测量统计也表明,围绕开孔的褶皱区起到类似于阀门或瓣膜的作用。尽管总体相关系数($r2 = 0.6086—0.7532$,参见附件 2 和 3)指示了等速生长,但较大的残差可能代表了开孔本身的扩张。

在侧沟被沉积物充填的标本中观察到的开孔似乎为孤立的,但正由于侧沟充填了沉积物才使该排水区域的细节得以观察。通常侧沟的垂片掩盖了开孔的上下边缘,通过机械处理手段将垂片揭除后,则可观察到具卵圆形轮廓的真实开孔(孔内通常也充填有沉积物)。开孔具不规则的钝齿状边缘,环绕开孔清晰地出现两个同心的环形区域,这两个同心环之间有一个暗色、狭窄的分隔区(图 2B,D—F;附件 1);两个同心环都出现反射状的丝状构造,但外环似乎更细且数目更多。在一些标本中,内环似乎发生褶皱,再考虑到内环具有齿状边缘(图 2D—F),因此指示了开孔至少可以部分闭合。无论从外部还是从内部观察,开孔的周围都出现放射状条带,由此指示开孔的周围区域很可能起到建造的作用或可起肌肉的作用，而开口周围的暗色组织可能指示了循环系统。

2.2　泵式动力学机制

前文证实的古虫属体侧穿孔（图1—3）与海水从口孔进入前体内腔、随后从两侧排出体外的过程相符（图2G，3D）。正如下文所论证的，不管这些体侧的开孔是否与后口动物的鳃裂同源，所推测的水流都会引发这样一个问题：古虫体内的水流是由何种动力学机制驱动？是被动地在前体内腔纤毛摆动作用下被驱动还是通过主动的泵吸和泵送作用进行驱动？许多滤食性后口动物——尤其肠鳃类、大部分尾索类（除了樽海鞘；见下文）、头索类、可能还包括一些已

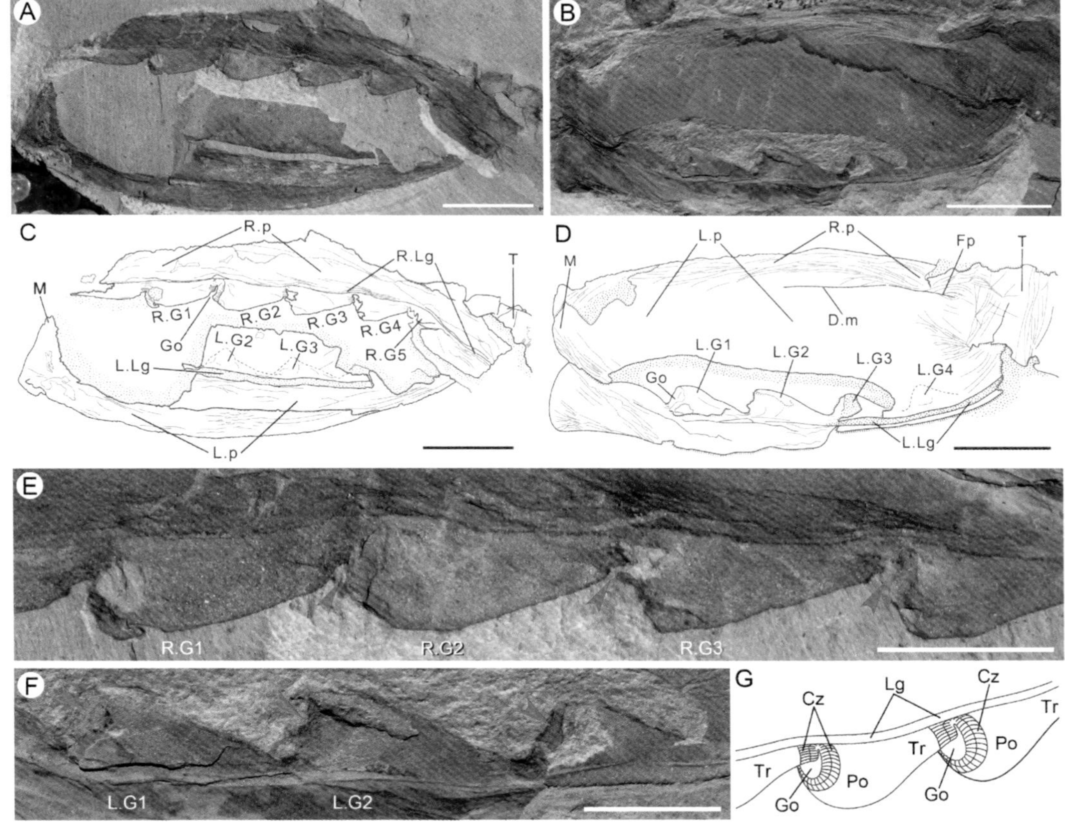

图1　长方形古虫（*Vetulicola rectangulata*）鳃系解剖学特征。A，B为斜侧压标本（分别为ELEL-EJ081561A和ELEL-EJ080255A），显示解剖后揭露的鳃系和鳃裂。C，D分别为A和B的线条解译图。E，F分别为A中右侧第1—4鳃和B中左侧第1—3鳃的放大视图。注意鳃裂（箭头指示；尤见E中右侧第2鳃）周围区域的条纹和褶皱。G为古虫鳃系重建示意图（内视；注意已将外骨板、垂片及侧沟的悬垂边缘移除），显示两个相邻的鳃、位于鳃囊前端的鳃裂及周围的同心双环褶皱带。缩写说明：Cz，同心环区；D. m，背中线；Fp，鳍状突起；Go，鳃孔（裂）；L. p，左侧骨板；L. G1—4，左侧第1—4鳃；L. Lg，左侧沟；M，口；Po，鳃囊；R. Lg，右侧沟；R. p，右侧骨板；R. G1—5，右侧第1—5鳃；T，尾部；Tr，鳃槽。比例尺：1 cm（A—D）；5 mm（E，F）。

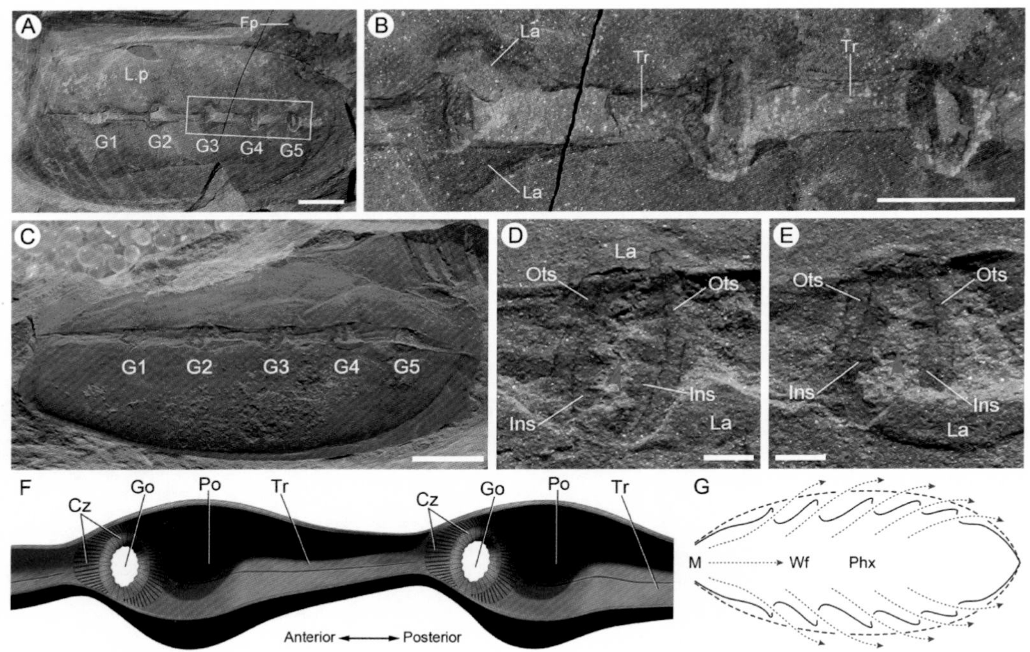

图 2 长方形古虫(*Vetulicola rectangulata*)鳃系及重建。A 为侧压标本 ELI-1037A(外视)。B 为 A 中第 3—5 鳃(方框内)的放大视图,显示鳃孔(箭头指示)及周围的褶皱区域(尤见第 3 鳃)。C 为侧压标本 ELI-1121A。D,E 分别为 C 中第 3 和第 4 鳃,都显示环绕鳃孔的同心双环区域;暗色细线将该区域分为内环和外环;内外环表面都出现放射状条纹。F 为相邻两个鳃的三维重建模型(外视);外骨板、垂片和侧沟的悬垂边缘均已移除以显示鳃裂细节;注意鳃孔位于鳃囊的前端并被同心双环所环绕,鳃囊向后收缩形成鳃槽。G 为古虫属纵切面(沿侧沟)示意图,蓝色虚线代表推测的摄食—呼吸水流;黑色破折线代表侧沟(具开启和闭合两种状态)。缩写说明:Cz,同心环区;Fp,鳍状突起;Go,鳃孔(裂);Ins,内环;La,垂片;L. p,左侧骨板;M,口;Ots,外环;Phx,咽;Po,鳃囊;Tr,鳃槽;Wf,水流。比例尺:1 cm(A—C);1 mm(D,E)。

绝灭的具鳃棘皮动物——都通过纤毛摆动机制驱动水流,因此学术界形成一个共识:后口动物的原始滤食方式是被动的。尽管不能排除古虫属也采用这种滤食方式,但古虫属的一些构造特征却指示它可能与一种更主动的水流驱动模式相符。我们认为,最令人信服的证据来自古虫属前体的结构,尤其是纵向的侧沟。侧沟对于体内水流的驱动起到了关键作用。尽管侧沟与前体其余部分的组成物质一致,但侧沟的活动性似乎更大[28]。这从不同标本中侧沟发生的变化来看尤其明显:有的标本侧沟事实上已闭合(图 4A),而有的标本侧沟则极度敞开(附件 1)。在极度敞开的标本中,侧沟的底壁出现一个狭窄的、位于中央的 V 字形纵向凹陷,向前分岔呈 Y 字形(附件 1)。我们认为这些特征与侧沟底壁的伸展有关。古虫类前体由四个半独立的骨板组成,而骨板沿背、腹中线及侧沟接合,因此一旦侧沟扩张,可导致内腔膨胀而吸入海水。相应的,前体的收缩则会使海水从鳃裂排出。前体骨板在背、腹中线的接合处[16]可能为相对薄弱的区域,具有类似合页旋转轴的功能,有助于前体的扩张和收缩。那么侧沟是否还有别的功能？比如古虫可能会吞咽较大的猎物，那么前体的扩张可协助它们捕获猎物。但整体而言，古虫动物的滤食证据似乎更充分。

支持古虫属通过前体扩张主动滤食的第二个证据是其整体形态。古虫属的整体形态指示其积极游泳的运动方式。理论上这种运动方式也会协助它们摄入海水。第三个证据（虽然不那么确切）是两侧的开孔相对较小，而根据所充填的沉积物推测得知前体内腔的体积很大，开孔的直径与内腔体积的比率很小（虽然难以估算），因此仅仅通过（鳃区）纤毛运动可能难以有效地排出海水。

我们认为古虫体内海水的吸入和排出过程很可能是通过控制口孔的大小和两侧开孔的大小进行协调。如果古虫的水流驱动是一个主动的过程，那么前体交替的扩容和收缩很可能通过肌肉组织来调控。通过观察特异保存的古虫属化石材料，我们揭露了前体一系列纵向排列的纤维束状构造（图4A，C—E；参考文献22）。与之类似的软组

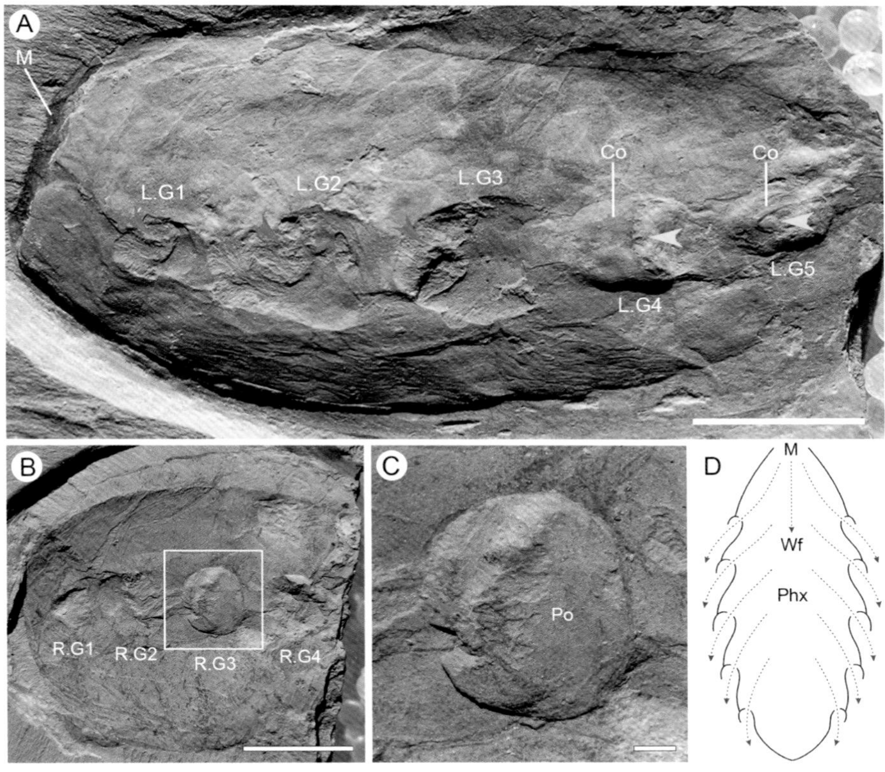

图3　郝氏地大动物（*Didazoon haoae*）鳃的结构。A为侧压标本ELI-2010A（外视），左侧第1—3鳃的兜帽状构造（鳃兜）移除后显示入水孔（鳃裂；红箭头指示），左侧第4、5鳃（完好无损，保存鳃兜）显示出水孔（黄箭头指示）。B为侧压标本ELI-JS1001A（内视）。C为B中的局部（白框内）放大图，显示右侧第3鳃，注意卵圆形的入水孔（箭头指示）及其周围的板片状构造和放射状条纹。D为地大动物纵切面（沿侧沟）示意图。蓝色虚线代表推测的摄食—呼吸水流。缩写说明：Co，兜帽状构造（鳃兜）；L. G1—5，左侧第1—5鳃；M，口；Phx，咽；Po，鳃囊；R. G1—4，右侧第1—4鳃；Wf，水流。比例尺：1 cm（A，B）；1 mm（C）。

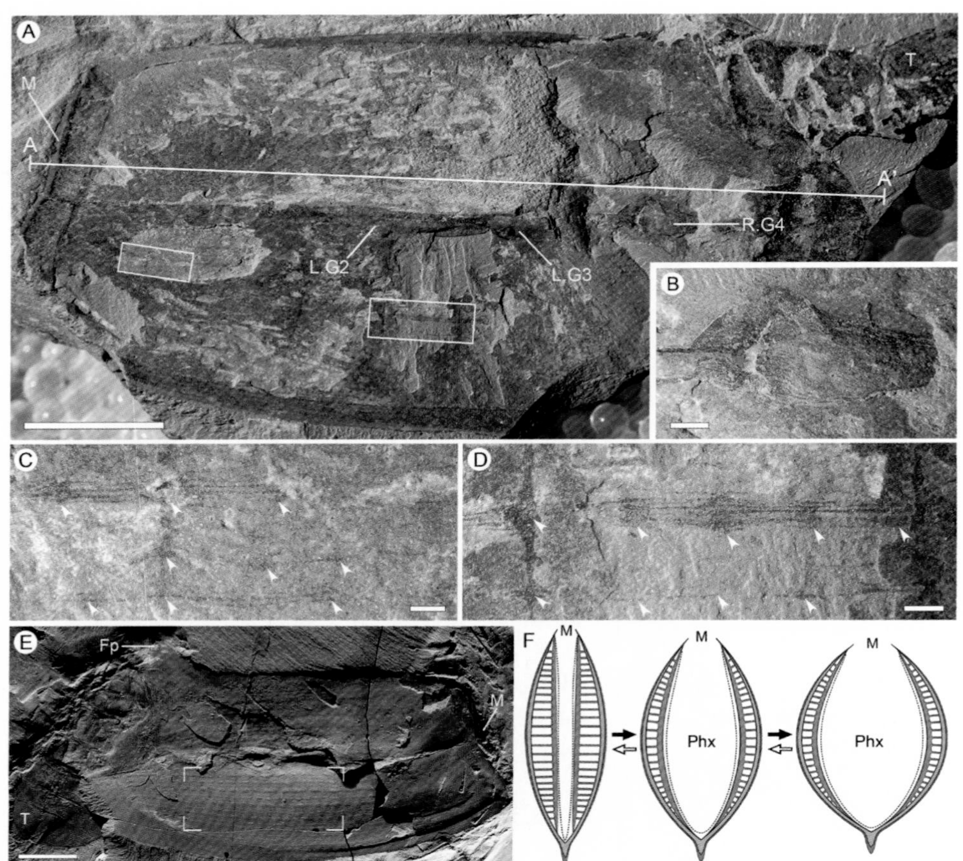

图4 长方形古虫(*Vetulicola rectangulata*)鳃的结构及体壁肌肉系统。A为侧压标本ELI-SJ0605A,显示骨板之下保存的肌肉束,注意侧沟处于闭合状态。B为A中的右侧第4鳃放大图(内视),显示鳃裂(红箭头指示)及周围的条纹。C,D分别为A中左、右白框的放大图,显示解释为纵肌的纤维状构造(成岩过程中被含铁矿物交代并经历后期氧化呈红褐色);注意它们呈连续的束状排列并出现在骨板之下(每束大约包含6根纤维),几乎横贯整个前体;注意在纵肌纤维束上等距离分布的膨大节点(白箭头指示),本文解释为水平肌束与纵肌连接部位(两者相互垂直)。E为侧压标本ELI-0000306,显示前体的一系列纵向排列结构(聚焦框内),推测为肌肉印痕。F为经过A中A—A'的水平切面示意图(蓝色代表皮膜,灰色代表骨板,红色代表肌肉系统),展示体壁肌肉系统(纵肌及水平肌)作用下的咽部扩张的动力学机制。缩写说明:Fp,鳍状突起;L. G,左侧鳃;M,口;Phx,咽;R. G,右侧鳃;T,尾部。比例尺:1 cm(A,E);1 mm(B—D)。

织(尽管排列较无序)曾被学者尝试性地与内部附肢或肌肉作对比[22]。本文暂时将这些构造鉴定为体壁肌肉组织。在此我们假设这些肌肉组织最初由纵向和与之垂直的水平方向的两种肌束组成,两者的共同收缩将决定前体内腔的大小(图4F)。这些构造可能还有其他的解释,尤其是它们可能代表滤食器官的某一部分,也值得关注。不过,支持侧沟具有扩张前体能力的证据(如前文所述)暗示了某种拮抗系统的存在。我们对该肌肉系统及其运动(体壁的固有弹性对其运动可能也有一定贡献)的重建为古虫体内水流的动力学机制提供了一个可行的模式。

2.3 古虫动物其他各属的鳃裂

古虫动物其他各属（比如地大动物、圆口虫、古卵虫、西大动物和俞元虫）前体都具有五对特征性的鳃孔（附件3）。地大动物新材料证实了前人的猜想[16]——地大动物的五个外部出水孔（其解剖学结构比古虫属相对简单）与前体的内部相连（图3）。而且，地大动物的鳃与古虫属的鳃可比性很大，因为从内部同样也观察到鳃裂的周围发生膨大并形成囊状构造（鳃囊），而且入水孔也与古虫属一样朝前端开口。地大动物入水孔的周围出现板片状构造（内视），可能指示其闭合的可控性；而入水孔四周的放射状条带则指示了鳃囊具有一定的可收缩性（图3C）。此外，尽管地大动物缺少像古虫属那么明显的侧沟，但每个鳃囊也向后延伸出一个低浅的槽状构造并叠加到后一个鳃囊之上。我们认为这种结构可能代表了侧沟的演化前身。假设古虫动物门的演化趋势是从运动能力较弱进化到运动能力较强，那么通过地大动物属（及与其形态相近的其他古虫属）与古虫属的对比可发现，后者尾部的分节性状发育更充分且鳃裂结构更复杂，这些变化或许可以反映出这么一个演化过程。在古虫动物门众多类群中，俞元虫属显得非同寻常，因为其前体两侧的鳃孔之后出现一系列的放射状构造（图5）。这些构造曾被解释为外部的鳃丝，因此可能用于呼吸。然而，这些放射状构造与古虫属伴随鳃裂出现的丝状构造非常不同（参考文献16；附件4）。我们对俞元虫的重新研究认为这些放射状构造实际上代表一些位于体壁内部的狭窄沟管，但如果它们代表血管，那么可能也在气体交换方面起到重要作用。

2.4 宽敞的滤食型咽部

古虫动物鳃孔的主要作用似乎是为了排出体内的大量海水。如果前体的内腔十分宽敞，那么至少部分气体交换可能发生在腔体的内膜。呼吸作用也可以在鳃区进行，这一假设与存在于鳃裂周围的血管（见前文描述）相符。鉴于此，将古虫的鳃孔构造解释为咽鳃裂应该是有理有据的。古虫属由于后体形成一个推进型尾部，而且前体的横截面侧扁[16]（即躯体相对更呈流线型，且难以稳定停留在海底），因此被解释为主动游泳的类群，这与古虫动物门其他各属形成鲜明对比。然而，本文赞同前人观点，认为古虫属与其他各属一样，都是滤食型生物。因此，我们推测食物颗粒的拦截和收集可能涉及一种黏液—纤毛滤食过程，该过程发生在一个宽敞的咽腔内部，而咽腔向后逐渐变小并与肠道的开口相连（图6F，G）。可以合理地假设，当海水被摄入咽腔后，海水中的食物颗粒被咽腔内部的一系列障碍物（很可能表面具纤毛）拦截并过滤。这一过程一定与海水通过鳃裂的排出作用紧密地整合在一起。肠道在后体中清晰可见（图6H，I），而肠道向前延伸的现象可在前体的背侧观察到（图6F；参考文献22）。然而，将后体肠道的在前体背侧断断续续的团块状延伸物解释为肠道[22]并不可取，因为相应的团块也出现在腹侧（图6A—E）。这一现象出现于古虫动物好几个属的标本中，其中包括亲缘关系较远的异形虫属（图6E），这可能与后口动物的食物沟位于腹侧的原始性状相符。尽管未能在一枚标本中同时观察到背侧和腹侧的食物团块，但这些在背侧或腹

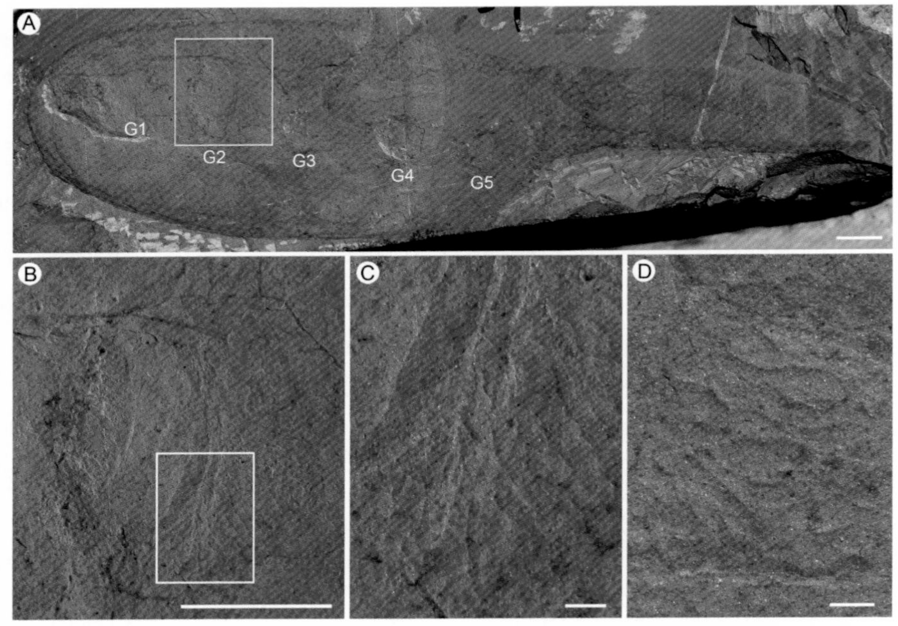

图 5　宏大俞元虫(*Yuyuanozoon magnificissimi*)鳃的结构。A 为完整的正模标本 CFM00059。B 为 A 中局部(白框内)放大,显示左侧第 2 鳃的鳃裂(红箭头指示)及其后的放射状构造。C,D 分别为 B 中局部(白框内)及 A 中第 3 鳃后方的细节放大,均显示放射状细丝构造,可能代表相互连通的内部窄管,可能代表循环系统的一部分(代表外部鳃丝[18]的可能性较小)。缩写说明:G1—5,第 1—5 鳃。比例尺:1 cm(A,B);1 mm(C,D)。

侧保存有食物团块的标本已是极度稀有——它们有可能记载了这些古虫摄食过程的突然中断而随即走向死亡。无论如何,背/腹侧食物团块的出现指示了当食物颗粒在咽部内表面被拦截后,朝着背中线或腹中线转移——而向哪一侧转移则取决于食物颗粒最初收集于鳃区的上侧或下侧。我们认为,沿着咽部的背中线和腹中线都存在将食物颗粒搬往后体肠道的食物沟。

3. 讨论与结论

3.1　古虫动物为后口动物成员

根据目前掌握的信息,古虫动物体侧的复杂构造(图 7)似乎与任何已知节肢动物的呼吸器官(尤其甲壳类的鳃室)[12,20,21,28]都不相同。即使有学者仍然认为它们属于节肢动物,那么也很难回答哪种已知节肢动物的鳃或呼吸器官如何能演变成为目前我们所观察到的古虫动物的咽鳃。尽管古虫属的外观与叶虾类非常相似[6],但古虫动物门的其他属种形态则与节肢动物相差甚远。此外,在已知的所有寒武纪双瓣壳节肢动物中,从未发现哪一类群与古虫属有明显的联系。最后需要指出,关于我们所了解的寒武纪节肢动物谱系演化历史,目前正形成一个广泛的共识[19,30],而古虫动物门的任何一个分支都难以纳入到该谱系中。

关于古虫动物门谱系地位的第二种可能性是,它们在后生动物谱系树上的地位仍悬而未决——尽管古虫属及其相关类群总体上通过两分的躯体及前体的五对咽鳃裂这两个明显的特征组合成一个进化分支。考

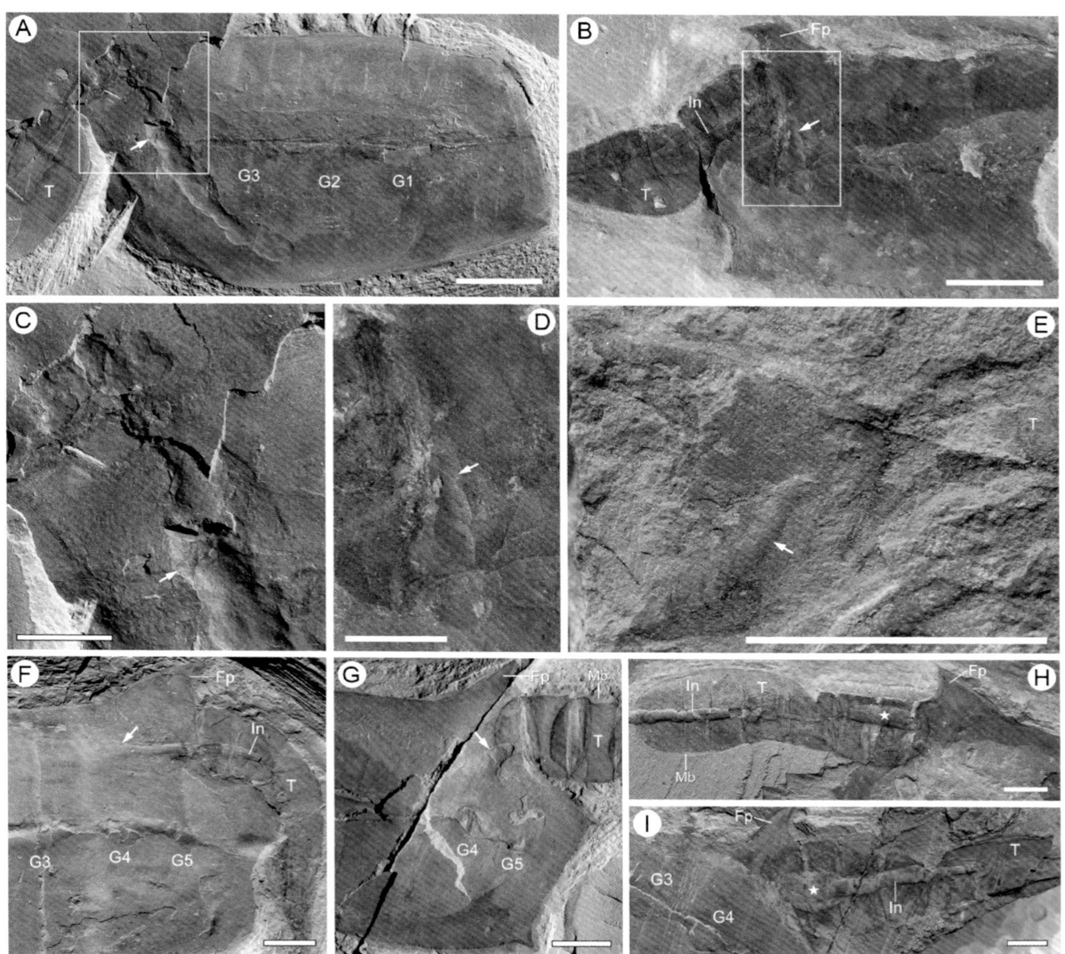

图6　古虫动物咽部的背、腹两侧食物沟。A,B 分别为串珠古虫(*V. monile*, ELI-SJ1221A)和长方形古虫(*Vetulicola rectangulata*, ELI-SJ1168A),均显示沿着咽腔后部的腹侧食物沟分布的食物团块残余物(箭头指示)。C,D 分别为 A 和 B 中白框内的放大,注意食物团块向后连续过渡为尾部的肠道充填物。E 为长尾异形虫(*Heteromorphus longicaudatus*, ELI-SJ1247),显示沿着腹食物沟分布的食物残余(箭头指示)。F,G 分别为长方形古虫标本 ELI-SS004A 和 ELI-SS002A,均显示食物残余及咽部向后收缩现象(箭头指示),指示了可能的食管。H,I 分别为长方形古虫标本 ELI-EJ05832 和 ELI-1033A,均显示后体内肠道前部的膨大部位(星号指示),可能代表胃部。缩写说明:Fp,鳍状突起;G,鳃;In,肠;M,口;Mb,皮膜;T,尾部。比例尺:1 cm(A,B,E);5 mm(C,D,F—I)。

虑到纳可托虾类(nectocariids)[31,32]和阿米斯克虫类(amiskwiids)[33]等一些寒武纪动物类群的谱系地位仍然悬而未决(但文献34,35 持不同观点),那么古虫类也许只好置于同样无法确定的尴尬地位,而我们仍需要继续努力去寻找保存更好的化石材料和(或)相关类群,以精准地确定该类群的谱系演化地位。

然而,古虫类的亲缘关系还存在第三种可能性——它们更可能为某一类后口动物。上文论述的古虫类通过咽部主动泵送海水的动力学机制可与后口动物一些进步类群

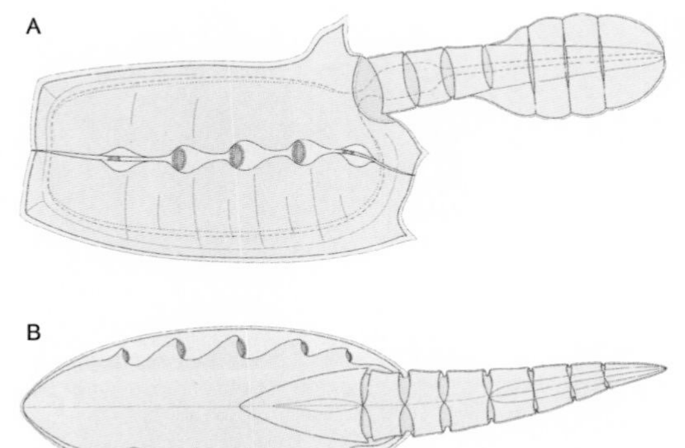

图 7 长方形古虫(*Vetulicola rectangulata*)重建示意图。A 为侧视图,左侧第 2—4 鳃的垂片已被移除以揭露鳃裂及其周围的构造;咽和消化道以破折线表示;背侧和腹侧食物沟以虚线表示;粉红色指示鳃裂。B 为背视图,概略性地指示内部鳃系的形态及排列方式。本图主要显示鳃的整体分布及与躯体其他部位的相互关系;鳃的实际形态(见其他图版)已简化处理。

对比。然而,由于古虫类特有的躯体构型,我们认为主动泵送海水的机制在一些进步类群(如有颌鱼类)是通过重新演化而来,因为除了咽鳃裂,古虫类与后口动物进步类群没有共享其他重要的特征。我们倾向于认为古虫类为干群后口动物的成员[13,16,17,24]。关键的论据是它们前体两侧的开孔可解释为咽鳃裂,而咽鳃裂被认为是后口动物亚界的鉴定特征[36]。除了微型动物腹毛类前端的微小咽孔[37],非后口动物的所有门类都未发现与咽鳃裂可对比的构造;而腹毛类的咽孔充其量只能勉强认为是咽鳃裂的同功构造。因此可以认为咽鳃裂并非趋同演化的结果,那么古虫类作为干群后口动物则意味着它们前体宽敞的内腔与后口动物的咽腔同源,它们前体的穿孔则代表了真正的咽鳃裂。

以上结论引发了我们对三个相互关联问题的思考:①在肯定古虫类属于后口动物的情况下,鳃裂的同源性对于古虫类其他特征有何指示意义?②古虫类对于我们认识后口动物(尤其对于脊索类、步带类和异涡虫类)的演化过程有何指示意义?③其他寒武纪后口动物类群能为古虫动物的早期演化提供什么线索?

我们的目的不只是提出问题,同时也希望确切地解答这些问题。争论的焦点在于同源性状的鉴别。Patterson[38,39]清晰地讨论了同源性,并提出了同源性状的三个判断标准:相似性、并存性以及(最重要的)一致性。其中相似性最不可靠,因为尽管古虫类前体两侧都具有开孔,但它们的鳃裂与任何其他后口动物的鳃裂都不尽相同。然而,在后口动物各类群(尤其在一些已绝灭的棘皮动物类群)中,咽孔形态的多样性非常丰富[40]。无论形态如何变化多端,咽孔都被普遍认为是后口动物亚界的共同衍征[36]。此外,发育生物学研究结果表明,最早的后口动物鳃裂从内胚层的囊状突起(咽囊)衍生而来[36],并且理论上原始的鳃裂可能只是一个简单的孔隙。至于 Patterson 关于同源性判断的第二个标准——并存性[38,39],我们至少可能断定:①古虫类不具有任何还可被解释为鳃裂的其他构造;②古虫类的鳃裂位于身体前部,这与后口动物的鳃裂位置相符。Patterson 提出的第三个标准(一致性)[38]意味着以"同源性状与共同衍征的等同性"为基础对所提出的同源性状进行检测,以使该同源性状与其他同源性状相辅相成,并通过它们共同定义某一个单系群。首先,除了后口动物,其他后生动物类群体侧都不具有一系列的开孔。尽管咽鳃裂作为后口动物的共同衍征是毫无疑问的[36]，但咽鳃裂在各类群中的解剖学形态变化很大。那么这个同源性状（咽鳃裂）与其他同源性状之间存在什么关系可以更加精确地确定古虫动物属于后口动物呢？前人对古虫动物谱系分析后得出的混乱结果[22]更突出了寻找可用于 Patterson 一致性检验的其他同源性状的困难性。由于古虫动物既没有分子生物学数据，也难以获得指示胚孔发育命运的胚胎发育信息，因此古虫类形成的可将后口动物联合起来的特征非常少[41]。我们之前已指出，古虫动物具有内柱和中胚层内骨骼[16]，但仍缺乏非常令人信服的直接证据。然而，仍然值得注意的是 Romer 提出的有预见性的假说[42]——脊椎动物（或许也适用于整个后口动物）的祖先类型由两个体区单元构成，其中“躯体”单元主要具肌肉组织，而“内脏”单元具鳃裂。Romer 将这一观念应用于脊索动物，但我们认为这一“两分型动物”的假说如果应用到古虫动物的躯体构型则正好相符[16]。

如果我们接受古虫动物属于后口动物这个观点，那么将会产生一个问题：它们与后口动物亚界的其他主要类群可能存在什么关系？正如前文所述，我们认为古虫动物位于后口动物树的基干类群是最佳解决方案。但正如寒武纪这些疑难类群通常遇到的情况一样，正确地鉴定它们的同源性状非常关键。在此情况下，纳克托虾（后人认为可能属于头足类）的研究历史[31,32,34,35]提供了一个有用的案例。将古虫类与步带类或脊索类联系起来的尝试大部分都以失败告终，因为它们之间不仅缺少明显的同源构造，而且部分后口动物类群的躯体构型已经发生彻底的重组（尤其是棘皮动物[43]），而分子生物学和古生物学证据共同表明，另一些后口动物类群（尤其是头索动物）或多或少地发生了退化[44,45]。退化最明显的后口动物是异涡虫类（以及无体腔扁虫），它们似乎是经历了极大简化的后口动物（目前构成异体腔类），并与步带类为姊妹群[46]。因此它们既不能为最原始的后口动物（遑论最原始的两侧对称动物[47]）的形态提供信息，也不能为古虫动物的谱系地位提供证据。

最后，我们可以讨论，除了真正的脊索动物及相关类群[24,45]之外，是否还存在另一些寒武纪动物可以为早期后口动物的演化提供信息呢？最值得一提的是云南虫类。我们已经论证了云南虫类与古虫动物之间的联系[16,24,48]，而且云南虫类可能与干群脊索动物的代表也存在联系[45]。正如古虫类一样，云南虫类独特的躯体构型导致其确切的谱系地位存在很大的争议，但它们属于后口动物的观点在学术界已达成了普遍的共识[16,20,24,48]。支持该观点的一个关键证据是云南虫类（尤其海口虫属[48]）具有一系列的丝状外鳃。然而，云南虫类至今仍未发现咽孔的确切证据。

本文的研究结果对于澄清云南虫类的谱系地位有指示意义，尽管古虫类曾被一些学者与节肢动物进行比较，但 Bergström[19] 赞同早期的观察结果[24,49]，认为云南虫类具有分节的角质外层而非肌节[48]。显然，云南虫类的这一特征并不能指示它们与节肢动物或蜕皮类有亲缘关系，也并不能使我们认同 Bergström[19] 的解释——它将我们早期描述的一枚云南虫标本[16]解释为蜕皮的证据。角质的外层指示了至少干群后口动物的部分成员拥有硬化的（尽管非矿化的）体表。此外，角质层残余的证据也在一种干群脊索动物“皮鱼(*Pikaia*)”中发现[45]。

总而言之,我们认为古虫动物前体两侧的构造不仅具有复杂的结构,而且具有通往体内的确切开孔,这些特征与它们的后口动物谱系地位相符。此外,化石证据表明古虫类的前体具有宽敞的咽腔,且咽腔的背侧及腹侧内表面都具有食物沟,这些特征也与后口动物的躯体构型相符;而咽裂的起源很可能是便于排出多余的海水。

后口动物各类群彼此的差异(不仅在异涡虫类、步带类和脊索类之间,而且在这些类群的内部)相当大。尽管当前后口动物类群已确立了基本可靠的分子谱系关系,但如何准确地勾绘出它们共同祖先的形态仍然是阻碍我们的一块绊脚石。似乎没有什么证据能表明古虫类与后口动物的哪个主要类群为姊妹群。比如,尚无证据表明古虫动物的鳃裂周围存在一个围鳃腔或鳃裂将海水收集起来并通过一个单一的开孔排出。因此(以及其他方面的原因),古虫类与尾索类不同[25]。然而,古虫类与尾索类存在一个可对比的地方。尽管几乎所有的尾索类[50]都是滤食动物,但在浮游的代表中,樽海鞘比较特殊,因为该类群通过肌肉组织的泵式传送机制驱动体内水流[51]。尽管这种泵式系统与樽海鞘的喷射推进运动方式相伴随[52],但它涉及体表被囊的拮抗系统,并且其起源可能与滤食作用有关[53],因此可能与古虫属的体壁肌肉系统同功。当然,考虑到古虫属宽大的推进式尾部,其泵式动力学机制只涉及海水在体内的驱动,而非指示该属也拥有类似樽海鞘的喷射推进运动方式。

我们认为,尽管存在一些不确定性,但古虫属及相关各属的解剖学证据表明它们属于后口动物类群。现代后口动物冠群各主要分支的巨大差异使得它们很难与古虫类直接对比,因此,我们无法确定古虫类的哪一个特征可以将该类群与步带类或脊索类联系起来。我们认为古虫类更可能属于后口动物基干类群的某一成员,为最早出现的后口动物类群之一。如果我们的解释正确,那么将产生一些重要的指示意义。首先,众多学者提出,祖先型后口动物为自由运动(而非海底固着)的动物[13,16,54,55],并且拥有膨大的咽腔,古虫动物正好与之相符。古虫类的这些特征,加上体侧的五对鳃裂、背腹两侧的食物咽沟,共同指示了它们比较原始的位置,同时也与前人提出的“滤食性咽部在所有后口动物的最近共祖中已经演化出来”的观点[36,56,57]相符。此外,我们还认为,至少在古虫属已经演化出通过咽部主动泵水的机制,而出现在樽海鞘和更进步的有颌鱼类的这一机制可能是独立演化的结果。

即使考虑到性状的遗失和简化以及曾经流行的同源比较(比如半索类的口索与脊索类的脊索的比较[58]),可以将后口动物统一起来的同源构造仍然非常少。咽鳃裂可作为定义后口动物的一个关键特征。例如,Cameron 曾提出,滤食作用在后口动物演化的很早阶段已出现,“显然咽鳃裂的演化出现是后口动物演化历史中最为重要的事件之一”[57]。我们认为,古虫动物的咽鳃裂有助于开启后口动物形态多样化的大门,最初是摄食效率的提高,随后是呼吸效率的提高[17]。步带类和脊索类的咽鳃裂形态都已演化得更为复杂而精致,两者咽鳃裂在形态细节上的相似性是趋同演化的结果,但它们咽鳃裂的形态多样性可能有助于后口动物亚界走向繁盛。我们还注意到后口动物演化历程中的另一些创新性状,例如后期演化出的围鳃腔(开创了另一种排水模式),又如咽部的食物沟,由最早古虫类同时存在于背腹两侧,后来分别演化为仅发育于腹侧(肠鳃类)或背侧(文昌鱼和海鞘)。此后,后口动物的许多演化事件都是在生态的驱动下发生的:后口动物或者偏好底栖固着生活并伴随着鳃裂的减少(如羽鳃类)或全部遗失(如棘皮类),或者增加运动能力。运动能力的增加可能最终导致了云南虫类后部背侧的分节[24,48]演化成脊索动物的肌节(伴随着脊索的相应演化)[45]。总而言之,“收集更多资料以确定古虫类谱系地位”的要求[4,5]在本文提供的特异保存化石材料中得到了满足。鉴于本文的研究结果,我们认为古虫动物可作为后口动物起源与演化历史中的一个重要里程碑。

材料与方法

本文研究材料包括古虫动物门各类群(7属10种)化石标本共480枚,采自中国云南昆明地区的五个澄江动物群化石产地(二街、三街子、尖山、棠梨坡和帽天山)。产出层位为下寒武统(距今约520 Ma)黑林铺组玉案山段。对其中约50枚三维保存的标本进行了“化石解剖”以揭露其内部解剖学形态。化石材料的形态细节使用德国蔡司显微镜(Zeiss Stemi-2000C; Jena, Germany)进行观察分析。

本文所涉及的化石标本存放于西北大学早期生命研究所(ELI)、中国地质大学(北京)早期生命演化实验室(ELEL)和云南澄江动物群国家地质公园(CFM)。

作者贡献

欧强、舒德干、S. Conway Morris 和韩健在本项研究中作出了同等贡献。所有作者都参与了古虫化石标本的分析以及研究结果的讨论。所有作者都已阅读并同意本文原稿的最后版本。

致谢

我们感谢程美蓉、翟娟萍、雷倩萍和王曼艳在野外及实验室工作中的帮助;感谢Viven Brown对于本文草稿的编辑;感谢四位匿名审稿人提供的出色而有益的批评。本项研究获得国家自然科学基金委员会(NSFC;项目编号:41102012,41272019,40802011,40830208,40602003,陕西-2011JZ006)、国家教育部博士点基金(20116101130002)、高等学校学科创新引智计划(P201102007)、中央高校基本科研业务费(2010ZY07,2011YXL013,2012097)、西北大学大陆动力学国家重点实验室科技部专项经费、剑桥大学圣约翰学院及考珀·里德基金(SCM)共同资助。

参考文献

1. Dunn, C. W., Hejnol, A., Matus, D. Q. et al., 2008. Broad phylogenomic sampling improves resolution of the animal tree of life. Nature, 452, 745-750.
2. Hejnol, A., Obst, M., Stamatakis, A. et al., 2009. Assessing the root of bilaterian animals with scalable phylogenomic methods. Proc. R. Soc. Lond. B Biol. Sci., 276, 4315-4322.
3. Budd, G. E. & Jensen, S., 2000. A critical reappraisal of the fossil record of the bilaterian taxa. Biol. Reviews, 75, 253-295.
4. Swalla, B. J. & Smith, A. B., 2008. Deciphering deuterostome phylogeny: molecular, morphological and palaeontological perspectives. Phil. Trans. R.

Soc. Lond. B Biol. Sci., 363, 1557-1568.

5. Donoghue, P. C. J. & Purnell, M. A., 2009. Distinguishing heat from light in debate over controversial fossils. BioEssays, 31, 178-189.

6. Hou, X. G., 1987. Early Cambrian large bivalved arthropods from Chengjiang. Acta Palaeontol Sinica, 26, 286-298.

7. Briggs, D. E. G., Lieberman, B. S., Halgedahl, S. L. et al., 2005. A new metazoan from the Middle Cambrian of Utah and the nature of Vetulicolia. Palaeontol, 48, 681-686.

8. Butterfield, N. J., 2005. *Vetulicola cuneata* from the Lower Cambrian Mural Formation, Jasper National Park, Canada [abstract]. Palaeont Assoc Newsl, 60, 17.

9. Zhang, X. L. & Hua, H., 2005. Soft-bodied fossils from the Shipai Formation, Lower Cambrian of the Three Gorge area, South China. Geol Mag, 142, 699-709.

10. Caron, J. B., 2006. *Banffia constricta*, a putative vetulicolid from the Middle Cambrian Burgess Shale. Trans. R. Soc. Edinb. Earth Sci., 96, 95-111.

11. García-Bellido, D. C., Paterson, J. R., Edgecombe, G. D. et al., 2010. A vetulicolid-banffozoan intermediate from the Early Cambrian Emu Bay Lagerstätte, South Australia. Programme & Abstracts of the Third International Palaeontological Congress, London, 2010, 177.

12. Yang, J., Hou, X. G., Cong, P. Y. et al., 2010. A new vetulicoliid from lower Cambrian, Kunming, Yunnan. Acta Palaeontol Sinica, 49, 54-63.

13. Vinther, J., Smith, M. P. & Harper, D. A. T., 2011. Vetulicolians from the Lower Cambrian Sirius Passet Lagerstätte, North Greenland, and the polarity of morphological characteristics in basal deuterostomes. Palaeontol, 54, 711-719.

14. Luo, H. L., Hu, S. X., Chen, L. Z. et al., 1999. Early Cambrian Chengjiang Fauna from Kunming Region, China Kunming, China: Yunnan Science and Technology Press.

15. Shu, D. G., Conway, Morris, S., Zhang, X. L. et al., 1999. A pipiscid-like fossil from the Lower Cambrian of south China. Nature, 400, 746-749.

16. Shu, D. G., Conway, Morris, S., Han, J., et al., 2001. Primitive deuterostomes from the Chengjiang Lagerstätte (Lower Cambrian, China). Nature, 414, 419-424.

17. Shu, D. G., 2005. On the phylum Vetulicolia. Chinese Sci. Bull, 50, 2342-2354.

18. Chen, A. L., Feng, H. Z., Zhu, M. Y. et al., 2003. A new vetulicolian from the Early Cambrian Chengjiang fauna in Yunnan of China. Acta Geol. Sinica, 77, 281-287.

19. Bergström, J., 2010. The earliest arthropods and other animals. In Darwin's Heritage Today. Proceedings of the Darwin 200 International Conference 24-26 October 2009: Beijing. Edited by: Long, M., Zhou, Z., Gu, H., Beijing, China: Higher Education Press, 29-42.

20. Chen, J. Y., 2009. The sudden appearance of diverse animal body plans during the Cambrian explosion. Int. J. Developmental Biol., 53, 733-751.

21. Chen, J. Y., 2008. Early crest animals and the insight they provide into the evolutionary origin of craniates. Genesis, 46, 623-639.

22. Aldridge, R. J., Hou, X. G., Siveter, D. J. et al., 2007. The systematics and phylogenetic relationships of vetulicolians. Palaeontol, 50, 131-168.

23. Lieberman, B. S., 2008. The Cambrian radiation of bilaterians: evolutionary origins and palaeontological emergence; earth history change and biotic factors. Palaeogeogr Palaeoclim Palaeoecol, 258, 180-188.

24. Shu, D. G., Conway, Morris, S., Zhang, Z. F. et al., 2010. The earliest history of deuterostomes: the importance of the Chengjiang Fossil-Lagerstätte. Proc. R. Soc. Lond. B Biol. Sci., 277, 165-174.

25. Lacalli, T. C., 2002. Vetulicolians – are they deuterostomes? Chordates? BioEssays, 24, 208-211.

26. Dominguez-Alonso, P. & Jefferies, R. P. S., 2003. What were the vetulicolids? In Abstracts of the 51st Symposium of Vertebrate Palaeontology and Comparative Anatomy. Edited by: Barrett PM. Oxford, UK: Oxford University Museum of Natural History, 15.

27. Butterfield, N. J., 2003. Exceptional fossil preservation and the Cambrian explosion. Integrative Comparative Biol, 43, 166-177.

28. Chen, J. Y., 2004. The Dawn of the Animal World. Nanjing, China: Jiangsu Science and Technology Press.

29. Daley, A. C., Budd, G. E., Caron, J. B. et al., 2009. The Burgess Shale anomalocaridid *Hurdia* and its significance for early arthropod evolution. Science, 323, 1597-1600.

30. Harvey, T. H. P., Vélez, M. I. & Butterfield, N. J., 2012. Exceptionally preserved crustaceans from western Canada reveal a cryptic Cambrian radiation. Proc. Natl. Acad. Sci. USA, 109, 1589-1594.

31. Kröger, B., Vinther, J. & Fuchs, D., 2011. Cephalopod origin and evolution: a congruent picture emerging from fossils, development and molecules. Bioessays, 33, 602-613.

32. Mazurek, D. & Zatoń, M., 2011. Is *Nectocaris pteryx a cephalopod? Lethaia*, 44, 2-4.
33. Conway, Morris, S., 1977. A redescription of the Middle Cambrian *Amiskwia sagittiformis* Walcott from the Burgess Shale of British Columbia. Paläont Zeitschrift, 51, 271-287.
34. Smith, M. R. & Caron, J. B., 2010. Primitive soft-bodied cephalopods from the Cambrian. Nature, 465, 469-472.
35. Smith, M. R. & Caron, J. B., 2011. *Nectocaris* and early cephalopod evolution: reply to Mazurek and Zatoń. Lethaia, 44, 369-372.
36. Gillis, A. J., Fritzenwanker, J. H. & Lowe, C. J., 2012. A stem-deuterostome origin of the vertebrate pharyngeal transcriptional network. Proc. Roy. Soc. Lond. B Biol. Sci., 279, 237-246.
37. Ruppert, E. E., 1982. Comparative ultrastructure of the gastrotrich pharynx and the evolution of myoepithelial foreguts in aschelminthes. Zoomorphology, 99, 181-220.
38. Patterson, C., 1988. Homology in classical and molecular biology. Mol. Biol. Evol., 5, 603-625.
39. Patterson, C., 1982. Morphological characters and homology. In Problems of Phylogenetic Reconstruction Syst. Assoc. Spec. Vol. 21. Edited by: Joysey KA, Friday AE. London, UK: Academic Press, 21-74.
40. Jefferies, R. P. S., 1986. The Ancestry of the Vertebrates. London, UK: Cambridge University Press.
41. Ruppert, E. E., 2005. Key characters uniting hemichordates and chordates: homologies or homoplasies? Canadian J. Zool., 83, 8-23.
42. Romer, A. S., 1972. The vertebrate as a dual animal-somatic and visceral. Evoln. Biol., 6, 121-156.
43. Zamora, S., Rahman, I. A. & Smith, A. B., 2012. Plated Cambrian bilaterians reveal the earliest stages of echinoderm evolution. PLoS One, 7, e38296.
44. Pani, A. M., Mullarkey, E. E., Aronowicz, J. et al., 2012. Ancient deuterostome origins of vertebrate brain signalling centres. Nature, 483, 289-294.
45. Conway, Morris, S. & Caron, J. B., 2012. *Pikaia gracilens* Walcott, a stem-group chordate from the Middle Cambrian of British Columbia. Biol. Rev., 87, 480-512.
46. Philippe, H., Brinkmann, H., Copley, R. R. et al., 2011. Acoelomorph flatworms are deuterostomes related to *Xenoturbella*. Nature, 470, 255-258.
47. Lowe, C. J. & Pani, A. M., 2011. Animal evolution: a soap opera of unremarkable worms. Current Biol., 21, R151-R153.
48. Shu, D. G., Conway, Morris, S., Zhang, Z. F. et al., 2003. A new species of yunnanozoan with implications for deuterostome evolution. Science, 299, 1380-1384.
49. Bergström, J., Naumann, W. W., Viehweg, J. et al., 1998. Conodonts, calcichordates and the origin of vertebrates. Mitteilungen Museum Naturkunde Berlin Geowissenschaftliche Reihe, 1, 81-92.
50. Robison, B. H., Rasskoff, K. A. & Sherlock, R. E., 2005. Adaptations for living deep: a new bathypelagic doliolid, from the eastern North Pacific. J. Marine Biol. Ass. UK, 85, 595-602.
51. Bone, Q., Carré, C. & Chang, P., 2003. Tunicate feeding filters. J. Marine Biol. Ass. UK, 83, 907-919.
52. Sutherland, K. R. & Madin, L. P., 2010. Comparative jet wake structure and swimming performance of salps. J. Exp. Biol., 213, 2967-2975.
53. Sutherland, K. R. & Madin, L. P., 2010. A comparison of filtration rates among pelagic tunicates using kinematic measurements. Marine Biol., 157, 755-764.
54. Lacalli, T. C., 2005. Protochordate body plan and the evolutionary role of larvae: old controversies resolved? Canadian J. Zool., 83, 216-224.
55. Satoh, N., 2008. An aboral-dorsalization hypothesis for chordate origin. Genesis, 46, 614-622.
56. Gonzalez, P. & Cameron, C. B., 2009. The gill slits and pre-oral ciliary organ of *Protoglossus* (Hemichordata: Enteropneusta) are filter-feeding structures. Biol. J. Linnean Soc., 98, 898-906.
57. Cameron, C. B., 2002. Particle retention and flow in the pharynx of the enteropneust worm *Harrimania planktophilus*: the filter-feeding pharynx may have evolved before the chordates. Biol. Bull., 202, 192-200.
58. Mayer, G. & Bartolomaeus, T., 2003. Ultrastructure of the stomochord and the heart-glomerulus complex in *Rhabdopleura compacta* (Pterobranchia): phylogenetic implications. Zoomorphology, 122, 125-133.
59. Hammer, ф., Harper, D. A. T. & Ryan, P. D., 2001. Paleontological statistics software package for education and data analysis. Palaeontol Electronica, 4, 1-9.

（欧强 译）

附件

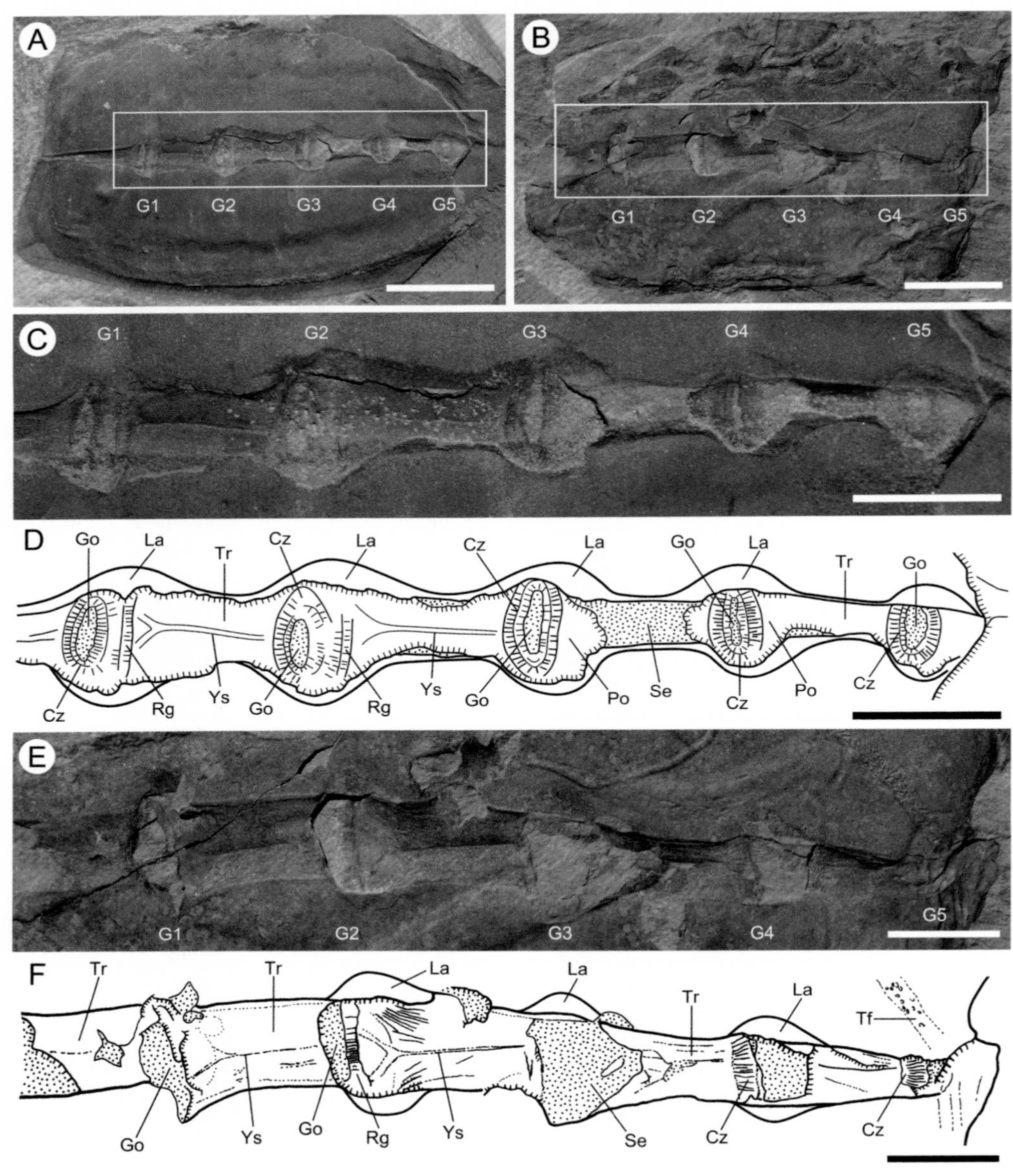

附件1 长方形古虫(*Vetulicola rectangulata*)的鳃区细节。A,B 分别为侧压标本 ELEL-SJ101975A 和 ELEL-EJ080158A。C,D 分别为 A 中白框内的放大图及投影描绘解译图,显示鳃裂、侧沟、侧沟基底、Y 字形中沟、鳃裂之后的横脊、垂片以及它们与相邻骨板之间的空间关系。E,F 分别为 B 中白框内的放大图及投影描绘解译图,显示敞开的侧沟、侧沟基底、Y 字形中沟、鳃裂、垂片以及它们与相邻骨板之间的空间关系。缩写说明:Cz,围绕鳃裂的同心环区;G1—5,第 1—5 鳃;Go,鳃孔(裂);La,垂片;Po,鳃囊;Rg,脊;Se,沉积物充填;Tf,遗迹化石;Tr,鳃槽;Ys,Y 字形构造。比例尺:1 cm(A,B);5 mm(C—F)。

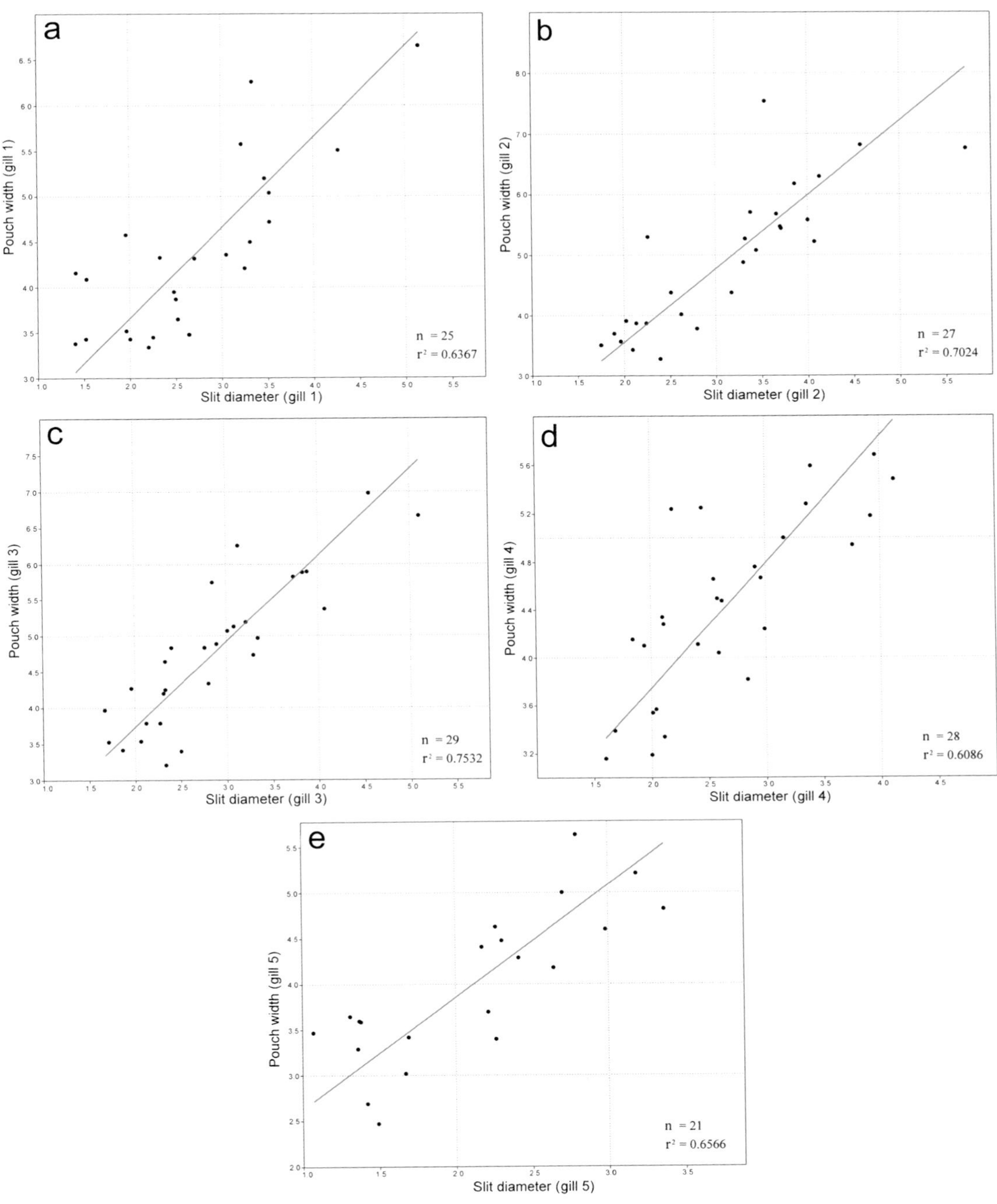

附件 2　古虫属(*Vetulicola*)鳃的几何形态统计。A—E 分别为第 1—5 鳃的鳃囊宽度与鳃裂长径的线性回归(相关性)分析。共测量了 37 个长方形古虫标本的 130 个保存精良的鳃(数据来源见附件 3);使用 PAST 软件进行分析[59];右下角显示所统计的鳃数目(n)及鳃囊宽度与鳃裂长径的相关系数(r)。

附件 3　古虫动物鳃的形态测量表（单位：mm）

No.	Taxon	Specimen	Gill 1				Gill 2				Gill 3				Gill 4				Gill 5			
			L.	S.D.	P.W.	P.H.	L.	S.D.	P.W.	P.H.	L.	S.D.	P.W.	P.H.	L.	S.D.	P.W.	P.H.	L.	S.D.	P.W.	P.H.
1	*Vetulicola rectangulata*	ELEL-EJ080255A	7.96	2.28		2.82	8.47	2.39		2.97	7.51	2.04		2.50	6.21			2.23				
2	*V. rectangulata*	ELEL-EJ081561A	7.55			3.07	7.73	1.94		3.41	7.55	1.68		3.23	6.74	1.56		2.89	10.60			1.95
3	*V. rectangulata*	ELEL-EJ081952	8.33			3.82	7.16			3.86	8.01			3.52	6.49			2.57				
4	*V. rectangulata*	ELEL-EJ080158	8.12	5.15	6.65	–	9.46	5.72	6.76	–	13.13	5.10	6.67	–	7.28	3.92	5.18	–				–
5	*V. rectangulata*	ELI-1027A	6.71	3.25	4.21	–	8.16	4.00	5.58	–	7.96	2.89	4.89	–	7.16	2.19	5.24	–	12.15		4.03	–
6	*V. rectangulata*	ELI-1033A	8.99	2.48	3.95	–	10.21	3.44	5.08	–	8.70	3.01	5.07	–	7.50	2.58	4.50	–	12.42	2.26	4.63	–
7	*V. rectangulata*	ELI-1036A	9.52	3.52	4.72	–	10.67	4.13	6.30	–	9.56	3.73	5.83	–	8.09	3.76	4.94	–				–
8	*V. rectangulata*	ELI-1037A	10.21	3.47	5.20	–	10.95	3.66	5.68	–	9.45	3.88	5.90	–	8.34	3.36	5.28	–	11.98	3.18	5.21	–
9	*V. rectangulata*	ELI-1121A	9.89	1.53	4.09	–	10.63	3.30	4.88	–	9.19	3.34	4.97	–	8.32	2.96	4.67	–	12.11	2.64	4.18	–
10	*V. rectangulata*	ELI-1070A	6.27	2.20	3.34	–	6.89	1.96	3.57	–	5.61	1.71	3.53	–	4.41	1.60	3.16	–	8.34	1.36	3.29	–
11	*V. rectangulata*	ELEL-SJ081080	6.98		3.32	–	7.05	2.79	3.78	–	6.28	2.50	3.40	–	6.00	2.84	3.82	–	10.28		3.02	–
12	*V. rectangulata*	ELEL-EJ080339	8.60		4.27	–	8.77		4.56	–	8.59	3.21	5.19	–	6.26	2.62	4.48	–	10.9	2.17	4.41	–
13	*V. rectangulata*	ELI-1015B	8.03	4.27	5.51	–	8.57	4.58	6.82	–	7.88	4.56	6.98	–	7.43	3.96	5.68	–	8.81	2.98	4.60	–
14	*V. rectangulata*	ELI-1088	6.45	2.48		3.48	7.65	2.88		3.86	8.13			3.71								
15	*V. rectangulata*	ELI-1081	5.94	1.40	3.38	–	6.24	2.13	3.87	–	5.45	1.67	3.97	–	4.35	2.04	3.57	–	4.50		3.45	–
16	*V. rectangulata*	ELI-1054A	8.69	3.34	6.26	–	10.24	3.54	7.54	–	8.96	3.13	6.26	–				–				–
17	*V. rectangulata*	ELI-1004A	8.84	2.33	4.33	–	9.26	4.07	5.22	–	8.80	4.07	5.37	–	7.05	4.12	5.48	–	7.07	3.36	4.82	–
18	*V. rectangulata*	ELI-1001A	9.03		5.26	–	8.64		5.19	–	7.50		6.07	–	6.17	3.40	5.59	–	9.35	2.79	5.63	–
19	*V. rectangulata*	ELI-1013B	6.02	1.41	4.16	–	8.74	1.34		–	7.82	1.96	4.27	–	6.79	2.01	3.54	–			2.50	–
20	*V. rectangulata*	ELI-SS004A	8.74	3.31	4.50	–	9.07	3.70	5.47	–	8.05	3.29	4.74	–	7.17	2.99	4.24	–	12.12	2.26	3.40	–
21	*V. rectangulata*	ELI-SJ1159A	9.03	3.52	5.04	–	8.70	3.71	5.44	–	7.38	3.83	5.89	–	7.70	2.45	5.25	–	11.38	2.30	4.48	–
22	*V. rectangulata*	ELEL-SJ10UNK1	6.94	2.52	3.65	–	7.72	3.17	4.38	–	6.50	2.33	4.65	–		2.41	4.11	–				–
23	*V. rectangulata*	ELEL-SJ10UNK2	7.72	2.70	4.32	–	8.27	3.32	5.27	–	7.36	3.08	5.13	–	6.02	2.55	4.66	–	9.14	1.37	3.60	–
24	*V. rectangulata*	ELEL-SJ101975A	7.01	1.96	4.58	–	7.83	2.26	5.30	–	6.81	2.40	4.84	–	5.87	1.84	4.15	–	7.76	1.38	3.59	–
25	*V. rectangulata*	ELEL-SJ081642B	7.33	2.00	3.43	–	7.56	2.02	3.91	–	7.2	2.27	3.79	–	6.70	2.11	4.28	–	12.63	1.69	3.42	–
26	*V. rectangulata*	ELI-1118	8.12	2.50	3.87	–	8.55	2.62	4.02	–	7.25	2.80	4.34	–	6.80	2.91	4.76	–	10.63	2.41	4.29	–
27	*V. rectangulata*	ELI-EJ05832				–	7.73	1.75	3.51	–	7.95	2.06	3.54	–	6.64	2.11	3.34	–	11.16	1.42	2.69	–
28	*V. rectangulata*	ELI-SJ0605A	10.51	2.25	3.45	–	8.06	2.39	3.28	–	8.02	2.33	3.21	–	6.46	2.00	3.19	–	20.21	1.49	2.47	–
29	*V. rectangulata*	ELI-SJ1156A	8.60	3.05	4.36	–	7.45			–	6.24			–	5.55	1.94	4.10	–	9.72	1.07	3.47	–

（续表）

30	*V. rectangulata*	ELI-1014A	7.50	2.64	3.48	–	8.39	2.09	3.43	–	7.59	1.86	3.42	–				–				–
31	*V. rectangulata*	ELI-1023A				–	6.95	3.38	5.71	–	8.17	2.85	5.75	–	6.82	2.59	4.04	–	8.80	1.31	3.65	–
32	*V. rectangulata*	ELEL-SJ101086B	8.75	3.22	5.578	–	10.54	3.86	6.18		7.92	2.76	4.84	–	9.01	3.16	5.00	–	11.94	2.70	5.00	–
33	*V. rectangulata*	ELI-1007A	6.78			2.64	7.65			2.75	6.93			2.97	5.21				8.29			
34	*V. rectangulata*	ELI-SJ1158A	7.21	1.96	3.52	–	8.74	2.24	3.87	–	7.39	2.31	4.20	–	6.90	2.10	4.34	–	12.01	2.21	3.70	–
35	*V. rectangulata*	ELEL-EJ080244A	6.30			–	8.13	2.51	4.38	–	10.20	2.33	4.25	–		2.68		–				–
36	*V. rectangulata*	ELI-UNK3	6.84	1.52	3.43	–	7.09	1.89	3.70	–	6.61	2.12	3.79	–	3.80	1.68	3.39	–	9.36	1.67	3.02	–
37	*V. rectangulata*	ELI-UNK4	3.29		2.25	–	4.90		2.16	–	3.57		2.54	–	3.19		2.36	–	5.88		1.96	–
38	*V. monile*	ELI-1122B	9.89	4.46	6.40	–	10.79	3.61	7.20	–		4.49	6.66	–				–				–
39	*V. monile*	ELEL-SJ10UNK5	6.63	1.10	2.25	–	6.96	1.56	2.63	–	5.81	1.05	2.66	–	4.94	1.03	2.37	–	8.34	1.07	1.90	
40	*V. cuneatus*	ELI-0000214	10.97	3.60	5.99	–	9.84	4.04	6.30	–	8.57	4.67	6.83	–	7.13	3.11	5.35	–	12.03	2.21	4.52	
41	*V. cuneatus*	ELI-0000215	4.99	2.30	3.35	–	5.35	2.25	3.58	–	4.52	1.58		–	4.13	1.67		–	6.22			–
42	*V. cuneatus*	ELI-0000218	6.99		3.57	–	7.44		4.19	–	6.24		3.76	–	5.12		4.18	–	9.00		3.53	–
43	*V. cuneatus*	ELI-0000207-2	7.86	2.96	4.20	–	7.49	3.04	4.33	–	7.09		3.66	–	6.72		2.91	–	8.83			–
44	*V. cuneatus*	ELI-0000207-1	7.33		4.38	–	8.49		4.49	–	7.07		4.68	–	5.78		4.33	–			3.62	–
45	*V. cuneatus*	ELI-0000320	6.39	2.02	3.49	–	6.46	2.02	3.55	–	6.56	2.11	3. 83	–	4.93		3.29	–	8.56			–
46	*Didazoon haoae*	ELEL-SJ081389	7.18	4.30	6.59	–	9.01		6.02	–	9.61		8.56	–	8.34		9.96	–	8.27		7.14	–
47	*D. haoae*	ELI-JS1001A	4.78		5.01	–	7.68		6.10	–	7.21		6.59	–	6.42		6.13	–				–
48	*D. haoae*	ELI-2001A	6.95		6.53	–	9.57		9.29	–	9.75		9.80	–	7.72		8.56	–	5.66		6.35	–
49	*D. haoae*	ELI-1006A				–	9.54		8.02	–	7.15		7.62	–	7.55		7.30	–	6.62		5.47	–
50	*D. haoae*	ELI-2010A	7.02	2.66	4.34	–	8.83	4.06	7.50	–	9.81	5.37	7.77	–	8.46	3.09	5.53	–	11.12	2.16	3.43	–
51	*D. haoae*	ELI-SJ2106A	7.83		6.04	–	7.26		8.30	–	6.70		8.10	–	8.59		7.95		15.38		6.59	–
52	*D. haoae*	ELI-SJ2107A	7.08		4.40	–	9.87		7.39	–	10.67		7.65	–				–				–
53	*D. haoae*	ELEL-SJ101067A	5.21		3.26	–	6.85		6.11	–	8.14		5.52	–	7.36		4.84	–	12.54		5.08	–
54	*D. haoae*	ELEL-SJ101095A	9.95		5.61	–	10.89		9.70	–	9.98		9.70	–	9.34			–	16.98		8.73	–
55	*D. haoae*	ELI-0000198	4.23		5.03	–	6.46		7.18	–	6.60		7.07	–	6.43		6.07	–	11.19		4.60	–
56	*D. haoae*	ELEL-SJ081138A	7.71		4.11	–	11.06		6.25	–	10.55		7.34	–	6.90		6.81	–	15.66		6.57	–
57	*Pomatrum ventralis*	YKLP 10914a	5.44		3.65	–	7.98		7.23	–	9.75		8.96	–	7.90		7.65	–	6.33		6.31	–
58	*Yuyuanozoon magnificissimi*	CFM00059	14.80			–	21.82	11.05	18.17	–	19.47		15.92	–	20.52		12.35	–	19.72		10.51	–

注：（ – ）代表由于标本的保存位态或保存状况导致无法测量的数据项。缩写说明：L，长度；P.H. 鳃囊高度；P.W.，鳃囊宽度；S.D., 鳃裂长径。

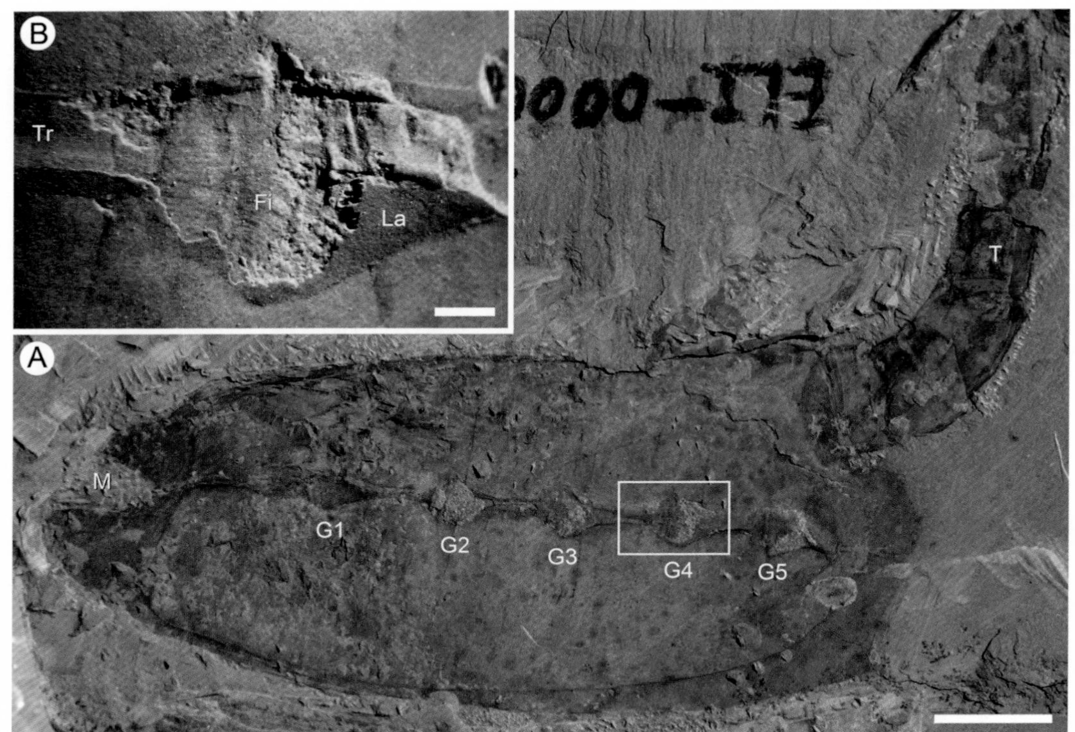

附件 4 楔形古虫(*Vetulicola cuneata*)的鳃丝。A 为侧压标本 ELI-0000216。B 为 A 中白框内的放大,显示成簇的鳃丝分布在鳃囊的表面(外视);红箭头指示横向的鳃裂。缩写说明:Fi,鳃丝;G1—5,第1—5鳃;La,垂片;M,口;T,尾部;Tr,鳃槽。比例尺均为 1 cm。

后口动物的黎明:澄江化石库至关重要

舒德干*,Simon Conway Morris*,张志飞,韩健
*通讯作者 E-mail: elidgshu@nwu.edu.cn; sc113@esc.cam.ac.uk

摘要　尽管后口动物演化的基本框架已经清晰,然而,由于其各个现生类群之间的形态分异十分强烈,致使人们对其远祖性质的认知依然一片迷茫。比如说,海胆与七鳃鳗的共同祖先会长什么样子呢? 要回答这样的难题,我们可以基于对保存极为精美的寒武纪化石库的深入探索获得答案,尤其是对世界著名的澄江化石库的探究(位于中国云南省)。该化石库之所以如此重要,是因为其后口动物极为丰富多样。它们包括一些已知最古老类群的代表,其中有地球上最早的脊椎动物;还有一些奇特类群,如古虫类和云南虫。对后面这两类动物的精准谱系定位,学者们一直存在强烈的意见分歧。

在本文中,我们不仅对澄江后口动物的已知分异度进行评述,而且强烈主张,古虫类和云南虫类代表着非常原始的后口动物类群。新的化石信息使我们坚信,云南虫类与任何脊索动物都不相干。

1. 绪言

在达尔文的划时代著作《物种起源》的众多著名论断中有一条是这样的:仅依据对后代的考察来推测其祖先模样的种种努力将是徒劳无功的(达尔文,1860),因为生物总在不断地变化,而且常会变得面目全非。尽管该宏论已经发表了150年,但至今并未得到学界充分的重视。在我们讨论寒武纪化石生物的属性时,这一点显得十分突出。最显著的例子表现在人们研究与澄江化石库极其相近的斯利帕斯特和经典的布尔吉斯页岩的化石材料上。因之,尽管极其丰富的软躯体化石材料为我们探索寒武纪大爆发属性提供了新的景观面貌,但也同时提出了一系列重要的进化生物学挑战。其中,尤为显著的难题就是如何解译那些似是而非的疑难化石类群(Gould, 1989; Conway Morris, 2003)。

回顾过去十年在该领域的研究,出现了两种有趣的极端的研究方法。尽管使用这两种方法无可厚非,但它们却有损于人们做进一步的深入研究。第一种方法是将某一研究类群尽可能密切地与某一个现生门类、甚或与某一门类内的主要类群进行类比。后面我们将要详细地讨论那样一个典型例子,就是将云南虫类归属于有头类(Mallat and Chen,2003)。我们将证明这其实是一

种“硬塞法”，与我们以前的观察结果以及新的证据相去甚远（也请参考 Shu *et al.*, 2003a, b; Conway Morris, 2006）。在这样一种研究方法中，大家都认为是一种化石属性存疑的化石，却被作者放入一个先入为主的模板之中。正如作者文章的副标题所宣称的那样：“预言与发现”（Mallat and Chen,2003）。原则上说，如果某一化石被正确分类之时，那样做是必须的。然而，对于云南虫，甚或是哈尔克里虫（Vinther and Nielsen, 2005），这样做就不对了。事实上，这种做法好像要迫人就范。X 构造看起来与 Y 构造相似（有些仅是大概近似而已），所以断言 X 与 Y 必定完全相同。

另外一种研究方法似更常见，然而也更易导致人们误解。这种极端思维方法总是质疑化石的任一性状在谱系分析中的可信性。其结果是，要么将所讨论的化石类群一股脑地推入“绝灭门类”的荒漠之中（由此再不做任何理性的分析），要么将它与大量本不相干的其他类群进行类比。这样的研究方法其实也不合逻辑。任何生物学家在缺少足够的知识信息（化石记录也常常信息不足）的情况下都可以探究一些重要的形态变化，其做法就是从远处着手（至少我们知道，在探索某些不重要的遗传变化上是如此）。在低阶元的现生生物研究中，这样的例子很常见，而且研究者很钟情于分子谱系分析资料分析，他们常常也能获得很好的物种分异度结果。然而，在研究化石材料时，鉴别设想的同源构造，宛如一场猜测游戏，至少在局外人看来是如此。事情的确如此，问题在于它与一个更严重的危险——即同功现象密切相关：两个看起来很相似的形态构造，如果不能辨识为平行演化的话，那将导致一系列完全错误的分类结果。加之化石性状少以及一些意外的（甚至是奇特的）性状组合（这种情况在主要生物类群的早期分化阶段尤为常见），谱系分析将面临崩盘的可能（Conway Morris, 1991）。原则上说，这种情况适用于我们下面要讨论的一类寒武纪动物，它就是古虫动物。

因而，上述两种极端的研究方法代表着两种极端的观点：极端乐观的肯定派与极端怀疑论。具反讽意义的是，这两种方法在任何学术推理中都很有用。在实际操作中，我们既要相信某些东西，与此同时也要时刻警惕，以不至于在光天化日之下被人误导。从这一点出发，我们将认真考察后口动物的早期化石记录。目前，我们无需对后口动物做多少介绍。后口动物是一个单谱系类群（Philippe *et al.*, 2005; Bourlat *et al.*, 2008; Dunn *et al.*, 2008），但其形态分异度极高：从远洋海参到大象，从群体海鞘到笔石。后口动物亚界的总体谱系关系已经较为明确。目前可以鉴别出两大分支。一支是步带类，包括半索动物门和棘皮动物门（参看 Bromham and Degnan, 1999; Bourlat *et al.*, 2008; Swalla and Smith, 2008），也可能还包括有一个存疑类群 xenoturbellids（参看 Fritzsch *et al.*, 2008）。另一大支是脊索动物，它包括头索动物、被囊类（或尾索动物）以及有头类（或脊椎动物）。其中有些类群，尤其是棘皮动物（参看 Mallatt and Winchell, 2007; Swalla and Smith, 2008）和被囊类（参看 Yokobori *et al.*, 2005; Zeng *et al.*, 2006; Swalla and Smith, 2008），其谱系关系明晰而稳定。然而，这种情况并非常规，而只是例外。比如说，在半索动物内两支的关系到底是并系，还是应该分成羽鳃类和肠鳃类两个门，目前尚无定论（参看 Mallatt and Winchell，2007），而三类脊索动物是否构成三足鼎立态势也一直处于热烈的讨论之中（参看 Stach，2008）。

化石记录对上述争论的贡献大小不一。在脊椎动物和棘皮动物这些矿化很好的案例中，其地史记录不错（即使不算优秀的话）。然而，在其余的类群中，要么只能提供局地信息（如笔石），要么化石极少。而且，当我们探索后口动物谱系树的基底情况时，至少从古生物学角度看，事情常常会引发争议。对此我们也无需大惊小怪。映入我们眼帘的化石中，许多都具有奇怪的解剖构造，即使它们能够归入某个已知类群。例如，将奇特的海桩类已经归入棘皮动物门，但仍然引发了不同意见的讨论。而且，有些类群化石分布有限，有时其保存信息也不完整，我们将它们归入诸如古虫动物门、古囊类和云南虫类，这些名词对现生生物学家相当陌生。

在此，我们依据澄江动物群的材料，对早期后口动物谱系关系提供概要的评述。我们总结了过去多年来在西安和剑桥的研究。跟我们以往的研究一样，本工作得出的结论与其他有些团队的结果显著不同。我们将集中讨论外表看起来十分奇特的古虫动物门和云南虫类，尤其是讨论其谱系关系的一些细节。我们之所以这样做，有两点理由。首先是因为我们要质询 Swalla 和 Smith（2008）的武断。他们认为，正因为在化石属性的解译上存在不同意见，所以使得对软体组织的鉴定变得可信度很小，几乎令人失望。尽管研究有难度，但是，正如上面提到方法论的缘故，任何解译总是不可避免地受预先的设想所支配。理想的情况是，我们需要先搞清哪些性状是原始的，但是，与其他科学领域一样，循环推理总是陷阱。所以，我们需要有一个工作假说。尽管我们完全赞同古生物学的解译必须基于现代生物学信息（尤其是分子生物学信息）建立的演化谱系之上，但是，Swalla 和 Smith（2008）关于古虫动物门和云南虫类研究所表现出来的怀疑一切的态度，似乎要为人们探索原始后口动物属性的努力紧闭大门，他们这种做法是很危险的。新的化石材料肯定会对现存的研究结果进行修正，但对早期后口动物基本状况的研究结果已经出现了。

2. 最早的后口动物：古虫动物门

关于第一批后口动物何时出现，至今尚无一致结论，甚至他们在后生动物树中的具体位置（参看 Philippe *et al.*，2005；Dunn *et al.*，2008；Bourlat *et al.*，2008）也不能为我们提供多少有价值的线索。目前学术界最大的共识很可能是，后口动物具有与鳃裂一致的咽腔开口。这意味着，它们具有某种很大的头。如果真是这样的话，那么最早的后口动物的身体应该是二分的（这也与 Romer（1972）早年提出的建议相一致），而且其神经系统可能是发散型的。假如现生的 xenoturbellans 可代表基础后口动物的话（Fritzsch *et al.*，2008），那么其发散型神经系统将很有标志意义（参考 Stach *et al.*，2005）。然而，它的形态解剖构造太简单了，无法为我们进一步探索早期后口动物的演化提供形态学参考价值。实际上，我们（Shu *et al.*，2001b；Shu，2005）已经提出，古虫动物目前是最早期后口动物的最佳候选者。然而，由于其形态上非常特殊，毫不奇怪，我们的观点被证明是一个争议话题。而且，尽管其地理分布范围很广（Butterfield, 2005），群内分异度很高（参看 A—L, Chen *et al.*, 2003; Shu, 2005; Caron, 2006），但其形态学特征强烈显示其单谱系性。该门类内部的形态一致性很难提供它与其他类群之间的亲缘关系的明确信息。

正如很久以前就被认知的那样，古虫动物门，尤其是其中的古虫属，与节肢动物具有明显的相似性（参看 Hou, 1987; Caron, 2001），特别是其介壳状的前体和分节的后体（尾部），而且后体分节处还具有节肢动物样的关节膜（图 1a—d）。将犹他州中寒武世的 *Skeemella clavula* 描述成可能的古虫类（Briggs *et al.*, 2005），其形态比古虫更像节肢动物。这似乎进一步支持将古虫类置入节肢动物门。然而，*Skeemella* 只有一块标本，而且将它置于古虫动物类可能有问题（Shu, 2005）。尽管人们总在争辩说，寒武纪节肢动物的分异度及其容量超出了我们今天的想象，但是有两件事我们应该看到。首先，早期节肢动物研究已经取得了令人印象深刻的进步（参看 Budd, 2002; Chen *et al.*, 2008; Harvey and Butterfield, 2008; Hendricks and Liebermann, 2008; Liu *et al.*, 2008; cf Caron, 2006），但所提供的节肢动物谱系图皆很难将古虫类囊括其中。其次，古虫化石十分丰富（至少五个收藏地拥有数以千计的标本）。其宽敞的介壳状构造内部不仅经常充填泥沙，而且还不时被破开，但我们既看不到里面的分节附肢，也见不到眼睛。此外，对节肢动物假说来说更为致命的是，沿着壳体两侧中线分布着五个显著的构造。舒德干等人（2001b）将它们解译为鳃的外开口（见附图1），从而使他们得出结论：古虫类是早期后口动物。

（1）古虫类的解剖构造

在回顾评述形态学可能的谱系关系时，Aldridge 等人（2007）实际上已经接受了我们对古虫的这种解译。然而，他们的物种似乎还包括了对我们建议的误解（Shu *et al.*, 2001b），而且在许多方面对古虫解剖构造认知上得出了与我们不一样的结论。谈到鳃裂构造，首先需要注意到，尽管大多数标本外表具有菱形构造，舒德干等人称之为垂片（lappets）（2001b；参看图 1c），但较少揭示出鳃裂的任何细节特征（如鳃丝等，附图 1a, d；也参看 Aldridge *et al.*, 2007, 图版3, 图8; 文中图 3, Chen, 2004, 图 499）。而且，这些标本确实显示了较为完整的内部细节（附图 1b；以及 Shu *et al.*, 2001b，图 3k, l, 4b, c, d），但外部信息（附图 1a, c, d；以及 Shu *et al.*, 2001b，图 3 e—j, 4e; Shu, 2008，图 7B，C）非常罕见（这需要适当地修理解剖）。关于这一点 Aldridge 等人（2007）没有认识到位，他们写道：“不清楚水是如何排出的……古虫有一个纵向长形的裂口，其内容纳数个囊袋，每个囊袋外面覆盖一个菱形覆盖片……舒德干等人显示的标本图片（2001，图 3g—i）的确表现出为众多细丝环绕的椭圆形开口，尽管所发表的照片不清晰；这些开口是从内部看到的，而没有显示其外部的形态（p. 152，我们使用了斜体字）。”

为了澄清我们的化石解译，我们首先强调，Aldridge 等人的图片（2007，尤其是图版 1，图 10；图版 1，图 9；图版 2，图 6，10；图版 3，图 7）和一些早年的出版物（参看 Chen and

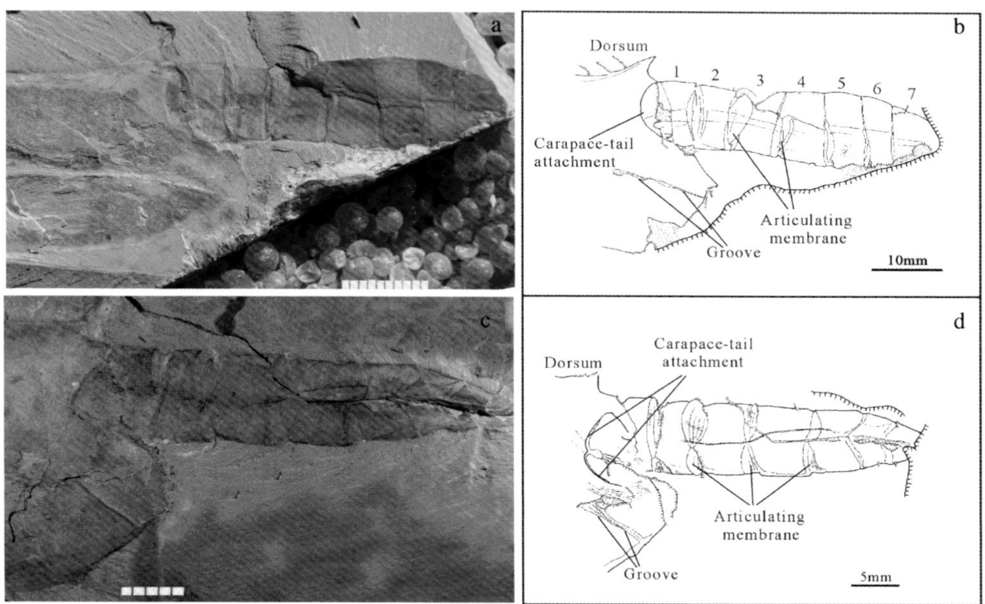

图 1　楔形古虫 *Vetulicola cuneata*，?后口动物基干类群，后体的细节（a–d）。a，b，ELI-0000301，躯体的后部，示尾的关节情况（a），解译图（b）；c，d，ELI-0000302，尾部的近腹部定向，注意缺失鳍（c），解译图（d）。所有标尺为毫米。本图及图 2 中的缩写：ELI，中国西北大学早期生命研究所。

Zhou，1997，图 134，135；Chen，2004，图 496，497；以及 Shu *et al.*，2001b，图 4f）称菱形覆盖片（或垂片）"覆盖着"开口，其实应该说位于开口（和相关纵槽）的两侧（附图 1c）。垂片最可能是角质加厚层，以支撑该区域。其次，我们早先鉴定出"外出水口"（附图 1a，c，d），也在我们的解译图中表达过（类似的例子请参看 Chen，2004，图 497B）。这些开口在槽内，紧挨垂片之下，呈卵形，并充以沉积物（附图 1c，d）（Aldridge *et al.*，2007 在描述其他古虫鳃裂时也见到该构造；请特别参看他们的图 7 和 8）。如果在这些开口之下显著的鳃囊内看到一个向前的口盖，（附图 1b）（舒德干等人解译为进水口，2001b；图 3k，l），那么，现有的证据使我们觉得不必对我们过去所做的复原图再进行什么修改。顺便提一下，我们应该指出，Aldridge 等人（2007）关于壳体"两侧的纵槽没有延伸到后边缘"的说法（p. 134）也是不对的。尽管该纵槽在后面相对变细，但其连续性肯定可以追索到后边缘（图 1a—d；也参看 Chen and Zhou，1997，图 134；Chen，2004，图 497A）。该事实有力地证实了古虫的前体是由 4 块板片构成的，并与任何已知节肢动物的壳体完全不同。

所有的作者都赞同，古虫属（以及其他属种，如地大动物（Shu *et al.*，2001b，图 1a，d），还可能有 *Banffia*（Caron，2006））的分节尾部内有一个肠道，有时肠道内有充填物，有时还会卷曲。然而，Aldridge 等人（2007，p. 152）竟然鉴定出了脊索（也参看 Swalla and Smith，2008，p. 1561）。假如该鉴定正确的话，这不仅对确定其后口动物的亲缘关系特别重要，而且还表明它更可能属于被囊类（尾索类）（Lacalli，2002；Gee，

2001)。然而,尚不清楚一条具有弹性的脊索棒到底与古虫动物尾部有何关联。实际上,这种关节型尾部不可能需要一种肌隔样式的排列方式。也正如这些研究者指出,从分隔前面三个体节的宽阔节间的空间判断(显然具有节肢动物样的膜),其最大的柔韧度位于前部(图 1a, b;也参看 Chen, 2004,图 500)。然而,他们认为这些体节可以像六角风琴那样运作(Aldridge 等人, 2007),实际上,这在功能上是有问题的。此外,壳体与尾部之间跨越着一个很大的半环形关联(图 1a, b),而且尾部姿态变化范围很大,可以陡峭地向下到平缓地向上翘(Aldridge 等,2007; Chen and Zhou, 1997,图 136)。在较远端的体节间隔变窄,暗示着各节之间的运动有限,因而驱动身体前进的击水动作应该集中在后部区域。

Aldridge 等人(2007)推测,后体的左右鳍对称,呈水平列置。他们提出,鳍之所以看起来不对称是因为尾部远端“扭曲”的结果。(参看他们的图版 1,图 1, 2)。然而,仔细考察其他的标本,事实并不支持这一结论。对此,有一个标本(图 1c, d)特别有说服力,尤其是对其尾部体节而言。该标本显然是斜向埋藏的,因为分隔第一节和第二节的节间膜未呈正常的透镜形(图 1a, b),而是向上错位的,与之相对的节间膜(由于与层面成一定角度埋藏而导致横向皱纹)朝向尾的下方。正如期待的那样,这种情况证明动物在生活时其节间膜是两侧列置的,因而两侧的节间膜向背、腹中线处皆渐渐变窄。在该标本我们是腹视动物,当向远处移动时,节间膜的两侧展布就变得更清晰了(最后两个节间膜向上,这与尾部远端柔韧性减小相一致)。也请大家注意到,该标本尾部有些窄,而在侧视时较宽,正如侧压的壳体(Shu *et al*,2001,图 4g)。至关重要的是,在那样一种标本中(图 1c, d),那种尾部的节间膜呈现严格的水平展示。因而,标本上尾部水平展示的缺失,强烈支持了尾部原本就应该是纵向列置,而非横向列置。而且,这也与尾部呈两侧定向时其柔韧性最强相一致。情况的确如此,当人们在侧向保存的标本上看到前面节间膜的透镜状形态时,很容易看到推动动物前进的驱动力是来自尾部的左右摆动,尽管如我们前面提到的那样,尾部的各个关节也允许它可有某些上下运动。此外,还有一个过去未提到的双型现象(?性双型)。那就是尽管尾部总由 7 节构成,但鳍的第一节有时出自第三体节(图 1a, b, Aldridge *et al.*,图版 2,图 1,7),有时出自第四体节(Aldridge *et al.*, 2007,图版 1,图 1,3;也参看 Chen, 2004,图 500)。

尾部分节是所有古虫动物的共同特征,尽管有些属种有些差别(最明显的表现在斑府虾(*Banffia*)(Caron, 2006)和异形虫(*Heteromorphus*)(参见 Aldridge *et al.*, 2007))。这暗示着,它们存在着有待探索的功能差别。无疑,这也具有分类学意义。例如,Aldridge *et al.* (2007)断定西大动物(Shu *et al.*, 1999, 2001)与圆口虫属于同物异名。他们认为“这两个属的模式种的典型标本的确区别很小”(p. 145)。事实并非如此,尽管它们之间存在某些相似,但两者区别明显(Shu *et al.*, 2001b, p. 421)。圆口虫的尾部较窄(尤其是 *P.* cf *ventralis* 的模式标本(Aldridge *et al.*, 2007,图版 5,图 1, 2;插图 8)),明显具有更多的体节(也参看 Aldridge *et al.*,图版 4,图 6,8),而且尾部插入前面壳体的位置更偏向背部。此外,西大动物最前面的鳃也明显更大些。在我们看来，这些差别足以构成它们的属级分野。

(2)古虫动物的亲缘关系

那么，古虫动物与其他类群有何亲缘关系呢？Aldridge 等人(2007)花了很长的篇幅讨论了多种可能性。然而，尽管他们做了宽泛的调研，但得出多重结果等于没有结果。毫不奇怪，其同源特征的不确定性也绝不能支撑其分支系统学分析的结果。其中最显著的是“分节性”(其性状 4)，该性状在原口动物与后口动物之间是趋同的。而且更有意义的是古虫动物本身的性状鉴定。正如我们看到的，他们所谓的“两侧的纵向裂线未达到前体的后端”(其性状 32)的说法在古虫属并不真实，而且也绝不可能看到该性状在圆口虫、地大动物和西大动物都“存在”，因为这些属种的五个鳃孔彼此孤立，沿着前体两侧纵向展布，其间并无裂线连接。与此相似的问题是，他们推测古虫躯体沿其轴线扭转(性状 3)，这也不被上述证据支持(同时，至少在西大动物和地大动物也不明显)。进行那样一种分支系统学分析的难度是显而易见的。实际上，在为古虫动物寻找一个安全可靠的谱系位置的探寻中，Aldridge 等人(2007)并未留下什么不可颠覆的谱系分析基石。因而，尽管我们同意他们对古虫动物的节肢动物属性的质疑，但他们提出古虫动物与动吻动物可能有关的猜想，这值得我们评说几句。他们提到两者的三条共裔特征，但其中两条肯定值得质疑。如“环绕身体的肌肉带”(Aldridge 等，2007，p. 157；性状 25)实在是太宽泛了，无法应用。他们不仅很少具体分析动吻动物的真实肌肉特征(如 Kristensen and Higgins，1991，pp. 394—397)，而且更需要对这些躯体构型中完全不同的分节动物进行评述。动吻动物与 *Skeemella* 的末端分叉也被他们用来推测后者属于古虫动物范畴(请参见上述分析)。然而，即使情况真如他们所述，如此微不足道的性状，实难用于那样的大尺度谱系分析。此外，Aldridge 等人(2007)还十分强调“口盘”性状。即使动吻动物有一个“被一圈板片环绕的口”(性状 18)，也没有证据表明西大动物(及其近亲)也存在与动吻动物相同的构造(参看 Adrianov and Malakhov 1996，图 2)。诚然，这两个类群的口环构建状态显示它们之间的相似性只是表面性的，无实质性意义。值得注意的是，古虫动物显然没有任何构造可与动吻动物的内翻构造相当。

我们的结论(Shu *et al.*，2001b；Conway Morris and Shu，2003；Shu，2005，2006，2008)是，将古虫动物置入后口动物亚界仍然是目前最好的假说，该理论也得到了许多学者的支持(Chen *et al.*，2002，Luo *et al.*，2005，Steiner *et al.*，2005，Benton，2005)。而且，Aldridge 等人(2007)最终也得出了同样的结论。那么，古虫动物在后口动物亚界中的具体位置在哪？如前所述，古虫动物门中的某些种类的桶状前体和分节后体曾被某些学者用来与被囊类比较(Gee，2001；Lacalli，2002)，它与后者的幼体和成体皆相似。Aldridge 等人(2007)尽管分析了该假说的一些难点，但仍基于古虫扭转的尾部特征支持了该假说，当然，这与我们的观察结果完全相反。这些作者甚至还期盼古虫动物具有一条脊索。然而如前所述，不仅在古虫身上从未见到那样的证据，而且更重要的是，分节后体的运作方式与节肢动物极其相似。于是，从功能学角度看，体内存在脊索构造是值得质疑的。而且，被囊类构成脊索类谱系内的三足鼎立格局，要想在这个有争议的框架中塞进古虫动物绝非易事（Stach, 2008）。所以，我们认为，古虫动物不仅是后口动物亚界中的一员，而且现有证据表明，其原始性使它应该在该亚门中占据基底位置。在讨论这一可能性时，Aldridge 等人（2007）实际上陷入了一种循环推理。他们提出，“二分躯体，鳃裂构造，分化的肠道以及硬化的体壁”是一些“肯定在所有古虫动物出现之前沿着后口动物基干类群就已经演化出来”的性状（p. 159）。然而，他们没有提供任何理由来说明，为什么古虫动物门本身没有资格成为后口动物的基干类群。

3. 寒武纪另一个令人头疼的类群：云南虫类

如果说古虫动物备受争议，那么云南虫类同样如此（图 2a—f；附图 2c，d）。与将古虫动物亲缘关系与动吻类和被囊类挂钩不同的是，对云南虫类（代表属种是海口虫（*Haikouella*）和云南虫（*Yunnanozoon*），这两者的显著差别在于鳃的性质）的生物学属性定位存在两种明显对立的观点。一方面，有人将它解译为有头类（Mallat and Chen, 2003; Chen *et al.*, 1995, 1999; Chen, 2004）；与此相反的观点认为它们应该更为原始，很可能与古虫动物门亲近（Shu *et al.*, 2003a，也参看 Steiner *et al.*, 2005, p. 148），或可与步带类干群相关（Shu *et al.*, 2004, Shu, 2005, 2008）。在古虫动物这一案例中，大家都同意（Shu *et al.*, 2001b; Aldridge *et al.*, 2007）：争论的焦点集中在鳃裂。而鳃裂构造的完全展现和认知，却仅见于少量保存极佳的特异标本上（这在古生物学上并非罕见）。而云南虫类案例则有所不同。我们拥有非常丰富的保存极佳的标本，然而同一构造会被不同学者做出完全相反的解译。尽管两组学者都鉴定出了头部，但 Mallat 和 Chen（2003）所指的“上颚动脉”被我们重建为一个裙状排列的构造（它为一个背部角质棒所支撑，该棒环绕前端，然后沿两侧下垂，围成了一个口腔）。初看起来，这种对立的解译似乎支持了 Swalla 和 Smith（2008）的抱怨：由于所有观点的说服力都不强，所以研究要取得任何新进展实际上已不大可能。但是，在此我们提出了新的证据，希望能推动研究继续前进。

（1）云南虫具有肌节吗？

我们的探索方法是选取一个云南虫的关键特征，具体地说就是其明显的背部体节，以证明这些构造与任何已知的脊索动物肌节没有可辨识的相似性，这与 Mallet 和 Chen（2002; Chen, 2004）的观点完全相反。确定肌节构造是求证云南虫属于脊索动物的关键，所以 Chen 和 Li（1997）写道：“辨识出肌隔（肌节间的隔片）是证实云南虫属于真脊索动物的一个最关键的证据。”（p. 265）所以，我们相信，仅依据这一点就有理由确定“有头类假说”能否成立。我们不必重复以前对该假说的批评（Shu *et al.*, 1996a, 2003a, b; Conway Morris, 2006; Shu, 2005, 2006, 2008），在此只提供新的信息。

很可能由于虫体原本两侧扁的缘故，所以大多数云南虫标本呈侧向保存。然而，云南虫(图2e，f)和海口虫(图2c，d)两者皆有背—腹向保存标本。那样的标本较为少见，但其真实性可由其鳃的分布特征得到证实。所讨论的两块标本皆呈两头尖的纺锤形，尽管海口虫标本不完整，但可看出其横截面明显较窄一些。正是这一特点，连同其鳃比云南虫明显更为发达的事实，都表明海口虫生活时更为活跃、在水中运动更快。此外，两块标本的尾部皆为匙形(云南虫的为菱形，而海口虫的则更长些)，而且很明显被一个稍微的收缩与躯干分隔开来。这可能相当于所谓的“尾突”(Chen *et al.*，1999，图4b)或“尾部”(Mallat and Chen，2003；Chen，2004，图542)。但其定向和形态不似任何已知的脊索动物；也没有任何证据显示它是旋转的等叉形尾。这个结论既可以

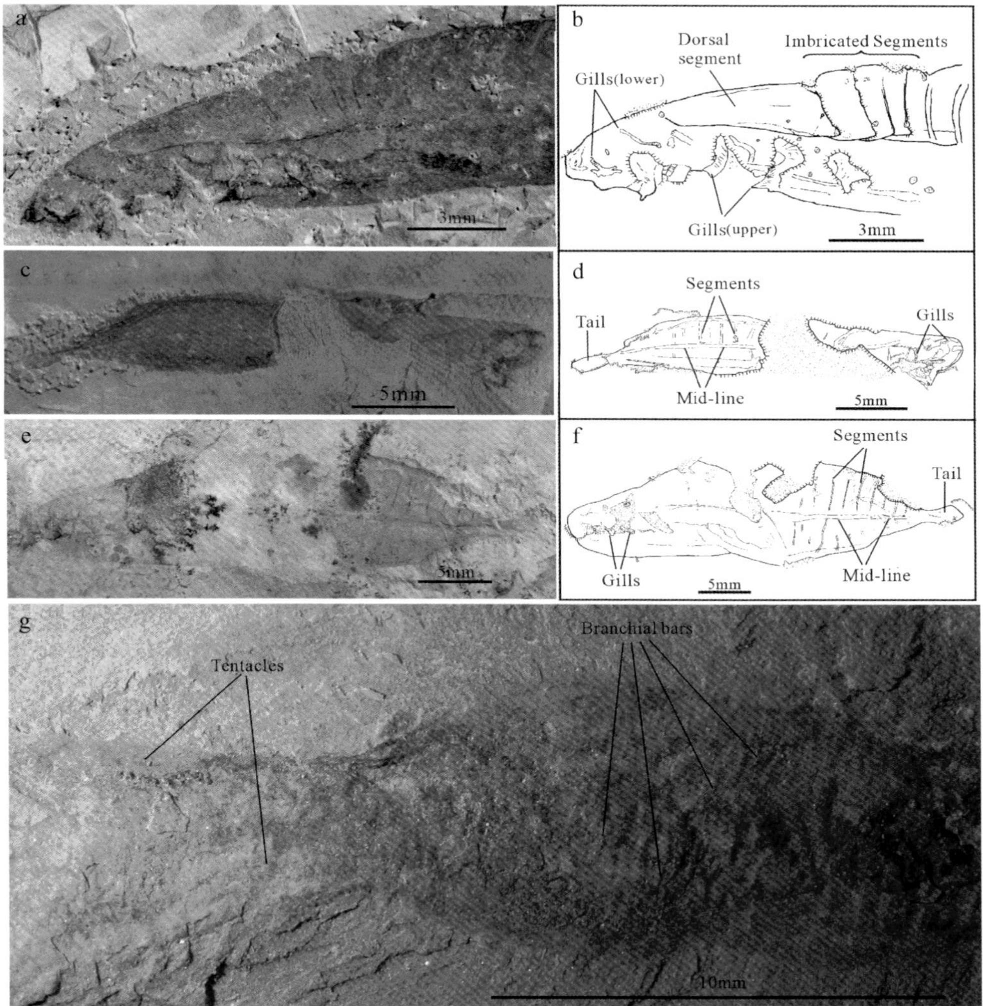

图2 云南虫类a—f，？步带类基干类群，以及一个山口海鞘g。a，b，ELI-EC-016，海口虫的前部，示背部分节的细节，包括前4节的扭转和叠覆(a)，解译图(b)；c，d，ELI-EC-021，背向保存的海口虫，具有尾，直的躯干节体被中线分开(c)，解译图(d)；e，f，NWU93-1418，背向保存的云南虫，具有尾，直的躯干节体被中线分开(e)，解译图(f)；g，ELI-2005-SK-001，请注意该标本与山口海鞘身体的相似性(参看Chen *et al.*，2003)，具有可能的咽鳃构造，但远端具有触手。所有比例尺为毫米。

被这里展示的标本所支持,也可以很容易在一些侧向保存的标本中得到证实。更为重要的是,在背 - 腹保存的标本中,其体节是横向伸展的,完全没有所有脊索动物肌节特有的V形终端形态。此外,体节之间并非彼此连接,而只是被一个中带简单分开。顺便提一下,我们还应该注意到,云南虫极不可能具有任何形式的脊索,因为它的位置距离背边太远。脊索的基本功能是附着和支持肌节。脊索与肌节相辅相成,从不单独出现。既然云南虫类不存在肌节,那么就既没有必要、也不可能具有脊索构造。

所以,体节之间的这种中隔(图 2c—f)强烈地暗示着,这些体节及其相关的肌肉实际上构成了彼此分隔的块体。还有些其他证据也支持上述判断,比如我们先前提供的图片(参看 Shu *et al.*, 2003,图 1C; Shu, 2003,图 3h),在那里可以看到躯干两侧明显错位。就我们所知,那种情况在我们的澄江软躯体脊索动物中从未见及(如 Shu *et al.*, 1999; Shu, 2003;也见 Zhang and Hou, 2004),因而云南虫类的体节很难与脊索动物的肌隔相提并论。问题并未到此完结。我们再看看最前面的体节(图 2a, b),它是一个特殊的三角形构造。再重复一遍,就我们所知,这绝非任何已知的脊索动物的肌节形态(如 Shu, 2003b; Conway Morris, 2006)。过去就指出过(如 Conway Morris, 2006),与任何已知的脊索动物不同,这些体节明显具有角质覆盖物(具明显的皱纹;也参看 Mallat and Chen, 2003,图 10)。有一枚标本能明显地证实其角质成分(图 2a, b),它的前四个体节清晰地叠覆着,而且还沿逆时针方向旋转,人们绝不会期待那是任何形式的肌节。所以,绝不能认为否定肌节假说的论证是“软弱无力的”,现在至少有四条证据(体节背视呈横向伸展而不是V形展布,侧视为分离的单元,外表具角质覆盖以及能够旋转)有力地支持了这一判断。所以,将那个体节构造的角色鉴定为脊索(Chen *et al.*, 1999; Mallet and Chen, 2003)肯定是有问题的,而且,脊索的坚韧性也极难与其躯体极度弯曲的形态相兼容(参看 Smith *et al.*, 2001)。Valentine (2004)在其对动物门类起源进行权威性的总览性评述的著作中也得出结论:“现在看来,云南虫具有脊索构造是不可能了”(p. 417)。

(2)云南虫的头

关于反对将云南虫置入脊索动物的论证已经在其他地方多次发表。无论如何,特别值得强调的是,大量的标本及其精美的保存使人们有信心对其进行形态复原。云南虫的头部构造是一个背视呈卵形至半圆形的暗色棒(Chen *et al.*, 1999,图 4a; Mallat and Chen, 2003,图 6; Shu *et al.*, 2003, 3G—J),但是,它明显地向腹部弯曲并支持一个裙状构造(Shu *et al.*, 2003,图 3A—F)。陈及其合作者也看到了同一构造,但将它解译为巨大的血管(要么是前鳃的(Chen *et al.*, 1999),要么是颚区的(Mallat and Chen, 2003)),它约占据头部的1/5。大家一致认同其构型是一个较为复杂的构造,但是具体解译却迥然不同。但无论如何,与我们主张的背部体节为非肌节属性的结论相呼应的是,我们在这里根本看不到类似已知脊索动物的任何特征。大家都认为口部是封闭的,但不应该先入为主地套用脊索动物的所谓“上唇和下唇”构造。而且,我们认为,他们居然会按照预先的设想,将一个弯曲的角质棒任意改为脊索动物的一个具体性状(血管)。在我们数以千计的标本中从未发现眼睛的可靠证据(到西安访问的学者以及其他研究机构的工作人员也都没有见到眼睛的证据)。而且,我们认为"鼻孔"的证据(Mallat and Chen, 2003,图7)也不能敲定。

所有人都认同云南虫的重要性状是鳃,而且仅此一点就可以确定其后口动物的亲缘关系。Mallat 和 Chen(2003)按照脊索动物的模式进行了鳃的复原。化石埋藏常常会穿过数层,所以可以较为准确地复原出鳃的排列情况。这不仅可容易辨识出左鳃和右鳃,而且我们的证据还显示,至少可以看到其大部分身体(包括较为宽敞的咽腔),恰如它们展布在沉积物不同的层面上(请特别参看舒德干等人2003年论文的图2G,H;本文图2a, b)。因而,将它们标注为鳃棒等构造(Mallat and Chen, 2003)似乎只是推测;他们提出相关的"心脏"也只是猜测。我们的结论是,我们不仅同意这些令人好奇的动物属于后口动物的观点,而且认为所有证据都表明它们应该处于后口动物谱系中较为基底的位置。考虑到动物向更为有效的运动方式演化的趋势,很可能存在这样一种演化情况:两分躯体的古虫动物向云南虫转化时,古虫动物的后体向前背方运移,并叠覆在前面的鳃区之上。我们的上述推论可以得到以前描述的一个云南虫标本的支持:背部体节大部分与其腹部分离,并向前延伸(附图2c, d,也参看 Shu *et al.*, 1996a,图1h, 2e; Shu *et al.*, 2001b,图6; Shu, 2008)。这说明从结构上看,这两个区域来源不同。

4. 对其他澄江后口动物的评述

由于古虫动物门和云南虫类具有重要的谱系意义,而且目前仍然意见有分歧,所以这个研究领域将会继续成为我们评述的焦点,但强调后口动物亚界令人印象深刻的总体多样性也是十分重要的。在本文附件材料中我们提供了对当前资料的分析,在此我们简要地评述四个关键问题:

(1)古囊类(附图2a, b)目前被解译成"前棘皮动物"的一个类群(Shu *et al.*, 2004; Shu, 2008)。如果正确的话,它们将是棘皮动物躯体构型发生关键创新(特别是典型的钙化骨板和水管系统)之前的一个祖先。而且,令人好奇的体形不对称的古囊类就构成了辐射对称棘皮动物之前的一个代表。

(2)华夏鳗(*Cathaymyrus*)(Shu *et al.*, 1996b)目前是早期头索动物的最佳候选者,将它解译为云南虫(Chen and Li, 1997)是不可能的。

(3)谈到被囊类(尾索动物),长江海鞘(*Cheungkongella*)(附图3d)目前仅有一枚标本(Shu *et al.*, 2001a)。形态上它与现生海鞘完全可以类比,尽管它与没有触手的火炬虫存在部分相似。另外,尽管山口海鞘被广泛接受为海鞘,然而,我们新发现的一个山口海鞘类的标本(图2g),经与山口海鞘原始标本(Chen *et al.*, 2003)进行比对后显示,该属种出人意外地具有触手状构造。于是,山口海鞘类很可能就不属于被囊类了。

(4)凤姣昆明鱼、耳材村海口鱼和长吻钟健鱼(附图4)代表着早期脊椎动物。它们具有众多令人信服的性状特征,包括鳃区构造，成对的眼睛、肌节，以及脊索和原始脊椎。这三个属种形态彼此不同，昆明鱼也不可能与海口鱼同物异名（Shu *et al.*，1999a，2003b；Shu，2003）。

5. 结论

有几个研究团队还继续活跃在对澄江化石库的采掘和研究中。可以肯定的是，新的发现将会不断修改已有的结论，尽管我们不希望完全颠覆这些成果（也参看 Halanych，2004）。但无论如何，我们认为目前的所有证据都继续支持古虫动物和云南虫类处于后口动物亚界中的原始地位，而且，尤其难以将云南虫类硬塞进更进步的由昆明鱼类代表的有头类，后者无可争辩地代表着澄江动物群中的无颚类。谈到早期后口动物的将来的研究，无疑澄江依然是未来希望的宝库之星。在皇家安大略博物馆新采集的大量标本中，尽管添加了许多皮卡鱼标本，但除了一个可能的步带类标本外（Caron，Conway Morris and Shu，论文稿提交），再没有新的后口动物发现。*Metaspriggina walcotti* 已经被重新描述为脊索动物，可能属于无颚类级别（Conway Morris，2008），但它仅有两枚标本。至今，第三位重要的布尔吉斯页岩型动物群—格陵兰北部的 Sirius Passet 动物组合尚未见到确凿无疑的后口动物化石材料。云南虫类、古囊类以及昆明鱼类目前仍仅见于澄江，尽管古虫属也在加拿大早寒武世地层中已有报道（Butterfield，2005），但材料较为破碎。至今，完全没有必要考虑修改我们现存的假说。

至于我们在本文中提出的批评建议，尽管我们相信它们将经受学术界进一步的检验，但至少我们对古虫动物类（以及它们的鳃构造）和云南虫类（以及它们的分节性）的观察研究将会导致学者间进一步的建设性对话。而且，在不同的化石解译意见交锋中还会出现一些更一般性的命题。尽管 Aldridge 等人（2007）与 Mallat 和 Chen（2003）依据本文开头介绍的两种截然不同的研究方法分别对古虫动物类和云南虫类进行了探索，但他们都同样强调分支系统学中性状的重要性。作为一种分析方法，无疑它不会有问题。然而，将它套用在早期后口动物演化研究上仍然是有问题的。正如它们所显示的那样，在许多情况下，谱系框架中的性状特征鉴定是值得商榷的。当然，这些问题还会继续讨论下去。然而，一个更一般性、更原则的问题可能会被忽略。新的躯体构型是通过器官改造、变化而出现的，尽管有些性状也能从无到有地创新，然而在其他情况下，一种性状也可转变成另一种（如鳞片变成羽毛）。比如说，如果那种叫做古囊的躯体二分的动物，前体很大（具有鳃裂），后体分节，它要变成另一种同样是躯体二分的动物，同样是前体很大（具有鳃裂）、后体分节，但中胚层却创新了钙质骨板，对此类变化我们自然毫不奇怪。这样一种显著而重要的进化转变，到底能否经得起目前的分支系统学的检验，那就说不定了。

附件材料请见网站：http://dx.doi.org/10.1098/rspb.2009.0646. or via http://rspb.royalsocietypublishing.org.

致谢

我们感谢戎嘉余教授、徐星教授、罗哲

西教授邀请提交本研究成果。感谢两名评审员提出了深刻而有价值的意见。感谢Vivien Brown，程美蓉和翟娟萍在文案工作和实验中的帮助。本研究得到中国自然科学基金委（Grant Nos. 40830208，40332016，40602003，40702003）、教育部基金、西北大学大陆动力学国家重点实验室、中国科技部基金（2006CB806401），英国剑桥大学的Cowper-Reed基金及圣约翰学院基金资助。

参考文献

1. Adrianov, A. V. & Malakhov, V. V., 1996. The phylogeny and classification of the class Kinorhyncha. Zoosyst. Ross., 4, 23-44.
2. Aldridge, R. J., Hou, X. G., Siveter, D. J. et al., 2007. The systematics and phylogenetic relationships of vetulicolians. Palaeontology, 50, 131-168. (doi: 10.1111/j.1475-4983.2006.00606.x)
3. Benton, M. J., 2005. *Vertebrate palaeontology*, 3rd eds. Oxford, UK: Blackwell.
4. Bourlat, S. J., Nielsen, C., Economou, A. D. et al., 2008. Testing the new animal phylogeny: a phylum level analysis of the animal kingdom. Mol. Phylogenet. Evol., 49, 23-31. (doi: 10.1016/j.ympev.2008.07.008)
5. Briggs, D. E. G., Lieberman, B. S., Halgedahl, S. L. et al., 2005. A new metazoan from the Middle Cambrian of Utah and the nature of the Vetulicolia. Palaeontology, 48, 681-686. (doi: 10.1111/j.1475-4983.2005.00489.x)
6. Bromham, L. D. & Degnan, B. M., 1999. Hemichordates and deuterostome evolution: robust molecular phylogenetic support for a hemichordate + echinoderm clade. Evol. Dev., 1, 166-171. (doi: 10.1046/j.1525-142x.1999.99026.x)
7. Budd, G. E., 2002. A palaeontological solution to the arthropod head problem. Nature, 417, 271-275. (doi: 10.1038/417271a)
8. Butterfield, N. J., 2005. *Vetulicola cuneata* from the lower Cambrian Mural Formation, Jasper National Park, Canada. Palaeontol. Assoc. Newsl., 60, 17.
9. Caron, J. B., 2001. The limbless animal *Banffia constricta* from the Burgess Shale (Middle Cambrian, Canada), a stem-group arthropod? Paleobios, 21 (Suppl. 2), 39.
10. Caron, J. B., 2006. *Banffia constricta*, a putative vetulicolid from the Middle Cambrian Burgess Shale. Trans. R. Soc. Edinb. Earth Sci., 96, 95-111.
11. Chen, J. Y., 2004. *Dawn of animal life*. Nanjing, China: Jiangsu Science and Technical Press. [In Chinese.]
12. Chen, J. Y. & Li, C. W., 1997. Early Cambrian chordate from Chengjiang, China. Bull. Natl Mus. Nat. Sci. Taiwan, 10, 257-273.
13. Chen, J. Y. & Zhou, G. Q., 1997. Biology of the Chengjiang fauna. Bull. Natl Mus. Nat. Sci. Taiwan, 10, 11-105.
14. Chen, J. Y., Dzik, J., Edgecombe, G. D. et al., 1995. A possinle early Cambrian chordate. Nature, 377, 720-722. (doi: 10.1038/377720a0)
15. Chen, J. Y., Huang, D. Y. & Li, C. W., 1999. An early Cambrian craniates-like chordate. Nature, 402, 518-522. (doi: 10.1038/990080)
16. Chen, A. L., Feng, H. Z., Zhu, M. Y. et al., 2003a. A new vetulicolian from the early Cambrian Chengjiang fauna in Yunnan of China. Acta Geol. Sin., 77, 281-287.
17. Chen, J. Y., Huang, D. Y., Peng, Q. Q. et al., 2003b. The first tunicate from the early Cambrian of South China. Proc. Natl Acad. Sci. USA, 100, 8314-8318. (doi: 10.1073/pnas.1431177100)
18. Chen, J. Y., Waloszek, D., Maas, D. et al., 2008. Early Cambrian Yangtze Plate Maotianshan Shale macrofauna biodiversity and the evolution of predation. Palaeogeogr. Palaeoclimatol. Palaeoecol., 254, 250-272. (doi: 10.1016/j.palaeo.2007.03.018)
19. Conway Morris, S., 1991. Problematic taxa: a problem for biology or biologists? In *The early evolution of Metazoa and the significance of problematic taxa* (eds A. M. Simonetta & S. Conway Morris), pp. 19-24. Cambridge, UK: Cambridge University Press.
20. Conway Morris, S., 2003. The crucible of creation: *The Burgess Shale and the rise of animals*. Oxford, UK: Oxford University Press.
21. Conway Morris, S., 2006. Darwin's dilemma: the realities of the Cambrian "explosion". Phil. Trans. R. Soc B, 361, 1069-1083. (doi: 10.1098/rstb.2006.1846)
22. Conway Morris, S., 2008. A redescription of a rare chordate, *Metaspriggina walcotti* Simonetta and Insom, from the Burgess Shale the (Middle Cambrian), British Columbia, Canada. J. Paleontol., 82,

424-430. (doi:10. 1666/06-130. 1)

23. Conway Morris, S. & Shu, D. G., 2003. Deuterostome evolution. In *McGraw-Hill yearbook of science & technology*, pp. 79-82. New York, NY: McGraw-Hill.

24. Darwin, C., 1860. *On the origin of species by natural selection, etc*, 2nd eds. London, UK: John Murray.

25. Dunn, C. W. et al., 2008. Broad phylogenomic sampling improves resolution of the animal tree of life. Nature, 452, 745-749. (doi: 10. 1038/nature06614)

26. Fritzsch, G., Böhme, M. U., Thorndyke, M. et al., 2008. PCR survey of *Xenoturbella bocki* Hox genes. J. Exp. Zool. Mol. Dev. Evol., 310, 278-284. (doi:10. 1002/jez. b. 21208)

27. Gee, H., 2001. On being vetulicolian. Nature, 414, 407-409. (doi:10. 1038/35106680)

28. Gould, S. J., 1989. *Wonderful life: The Burgess Shale and the nature of history.* New York, NY: Norton.

29. Halanych, K. M., 2004. The new view of animal phylogeny. Annu. Rev. Ecol. Evol. Syst., 35, 229-256. (doi: 10. 1146/ annurev. ecolsys. 35. 112202. 130124)

30. Harvey, T. H. P. & Butterfield, N. J., 2008. Sophisticated particle-feeding in a large Early Cambrian crustacean. Nature, 452, 868-871. (doi: 10. 1038/nature06724)

31. Hendricks, J. R. & Liebermann, B. S., 2008. New phylogenetic insights into the Cambrian radiation of arachnomorph arthropods. J. Paleontol., 82, 585-594. (doi:10. 1666/07-017. 1)

32. Hou, X. G., 1987. Early Cambrian large bivalved arthropods from Chengjiang, eastern Yunnan. Acta Palaeontol. Sin., 26, 286-298. [In Chinese, with English summary.]

33. Kristensen, R. M. & Higgins, R. P., 1991. Kinorhyncha. In *Microscopic anatomy of the invertebrates, Volume 4: Aschelminthes* (eds F. W. Harrison & E. E. Ruppert), pp. 377-404. New York, NY: Wiley-Liss.

34. Lacalli, T. C., 2002. Vetulicolians – are they deuterostomes? chordates? BioEssays, 24, 208-211. (doi: 10. 1002/bies. 10064)

35. Liu, J. N., Shu, D. G., Han, J. et al., 2008. Origin, diversification, and relationships of Cambrian lobopods. Gondwana Res., 14, 277-283. (doi:10. 1016/j. gr. 2007. 10. 001)

36. Luo, H. L., Fu, X. P., Hu, S. X. et al., 2005. New vetulicoliids from the Lower Cambrian Guanshan Fauna, Kunming. Acta Geol. Sin., 79, 1-6.

37. Mallat, J. & Chen, J. Y., 2003. Fossil sister group of craniates: predicted and found. J. Morph., 258, 1-31. (doi:10. 1002/ jmor. 10081)

38. Mallat, J. & Winchell, C. J., 2007. Ribosomal RNA genes and deuterostome phylogeny revisited: more cyclostomes, elasmobranchs, reptiles, and a brittle star. Mol. Phylogenet. Evol., 43, 1005-1022. (doi: 10. 1016/j. ympev. 2006. 11. 023)

39. Philippe, H., Lartillot, N. & Brinkmann, H., 2005. Multigene analyses of bilateran animals corroborate the monophyly of Ecdysozoa, Lophotrochozoa, and Protostomia. Mol. Biol. Evol., 22, 1246-1253. (doi:10. 1093/molbev/msi111)

40. Romer, A. S., 1972. The vertebrate as a dual animal-somatic and visceral. Evol. Biol., 6, 121-156.

41. Shu, D. G., 2003. A paleontological perspective of vertebrate origin. Chin. Sci. Bull., 48, 725-733. (doi:10. 1360/ 03wd0026)

42. Shu, D. G., 2005. On the phylum Vetulicolia. Chin. Sci. Bull., 50, 2342-2354. (doi: 10. 1360/982005-1081)

43. Shu, D. G., 2006. Preliminary study on phylogeny of Chengjiang deuterostomes. In *Origination, radiations and biodiversity changes – evidences from the Chinese fossil record* (eds J. Rong, Z. Fang, Z. Zhou, R. Zhang, X. Wang & X. Yuan), pp. 109-124. Beijing, China: Science Press. [In Chinese.] and 841-844. (English summary)

44. Shu, D. G., 2008. Cambrian explosion: birth of tree of animals. Gondwana Res., 14, 219-240. (doi:10. 1016/j. gr. 2007. 08. 004)

45. Shu, D. G. & Conway Morris, S., 2003. Response to comment on "A new species of yunnanozoan with implications for deuterostome evolution". Science, 300, 1372d. (doi:10. 1126/science. 1085573)

46. Shu, D. G., Zhang, X. & Chen, L., 1996a. Reinterpretation of *Yunnanozoon* as the earliest known hemichordate. Nature, 380, 428-430. (doi:10. 1038/380428a0)

47. Shu, D. G., Conway Morris, S. & Zhang, X. L., 1996b. A *Pikaia*-like chordate from the Lower Cambrian of China. Nature, 384, 156-157. (doi: 10. 1038/384157a0)

48. Shu, D. G., Conway Morris, S., Zhang, X. L. et al., 1999a. A pipiscid-like fossil from the Lower Cambrian of South China. Nature, 400, 746-749. (doi:10. 1038/23445)

49. Shu, D. G. et al., 1999b. Lower Cambrian vertebrates from South China. Nature, 402, 42-46. (doi: 10. 1038/46965)

50. Shu, D. G., Chen, L., Han, J. et al., 2001a. An early Cambrian tunicate from China. Nature, 411, 472-473. (doi:10.1038/35078069)

51. Shu, D. G., Conway Morris, S., Han, J. et al., 2001b. Primitive deuterostomes from the Chengjiang Lagerstätte (Lower Cambrian, China). Nature, 414, 419-424. (doi:10. 1038/35106514)

52. Shu, D. G., Conway Morris, S., Zhang, Z. F. et al., 2003a. A new species of yunnanozoan with implications for deuterostome evolution. Science, 299, 1380-1384. (doi:10. 1126/science.1079846)

53. Shu, D. G. et al., 2003b. Head and backbone of the Early Cambrian vertebrate *Haikouichthys*. Nature, 421, 526-529. (doi:10.1038/nature01264)

54. Shu, D. G., Conway Morris, S., Han, J. et al., 2004. Ancestral echinoderms from the Chengjiang deposits of China. Nature, 430, 422-427. (doi:10. 1038/ nature02648)

55. Smith, M. P., Sansom, I. J. & Cochrane, K. D., 2001. The Cambrian origin of vertebrates. In *Major events in early vertebrate evolution* (ed. P. E. Ahlberg), pp. 67-84. London, UK: Taylor & Francis.

56. Stach, T., 2008. Chordate phylogeny and evolution: a not so simple three-taxon problem. J. Zool., 276, 117-141. (doi:10.1111/j.1469-7998.2008.00497.x)

57. Stach, T., Dupont, S., Israelson, O. et al., 2005. Nerve cells of *Xenoturbella bocki* (phylum uncertain) and *Harrimania kupferri* (Enteropneusta) are positively immunoreactivce to antibodies raised against echinoderm neuropeptides. J. Mar. Biol. Assoc. UK 85, 1519-1524. (doi: 10. 1017/S0025315405012725)

58. Steiner, M., Zhu, M. Y., Zhao, Y. L. et al., 2005. Lower Cambrian Burgess Shale-type fossil associations of south China. Palaeogeogr. Palaeoclimatol. Palaeoecol., 220, 129-152. (doi:10.1016/j.palaeo.2003.06.001)

59. Swalla, B. J. & Smith, A. B., 2008. Deciphering deuterostome phylogeny: molecular, morphological and palaeontological perspectives. Phil. Trans. R. Soc. B, 363, 1557-1568. (doi:10.1098/rstb.2007.2246)

60. Valentine, J. W., 2004. *On the origin of phyla*. Chicago, IL: University of Chicago Press.

61. Vinther, J. & Nielsen, C., 2005. The early Cambrian *Halkieria* is a mollusc. Zool. Scr., 34, 81-89. (doi:10.1111/j.1463-6409.2005.00177.x)

62. Yokobori, S. I., Oshima, T. & Wada, H., 2005. Complete nucleotide sequence of the mitochondrial genome of *Doliolum nationalis*, with implications for evolution of urochordates. Mol. Phylogenet. Evol., 34, 273-283. (doi:10. 1016/j.ympev.2004.10.002)

63. Zeng, L. Y., Jacobs, M. W. & Swalla, B. J., 2006. Coloniality has evolved once in stolidobranch ascidians. Integr. Comp. Biol., 46, 255-268. (doi:10.1093/icb/icj035)

64. Zhang, X. G. & Hou, X. G., 2004. Evidence for a single median fin-fold and tail in the Lower Cambrian vertebrate, *Haikouichthys ercaicunensis*. J. Evol. Biol., 17, 1162-1166. (doi:10.1111/j.1420-9101.2004.00741.x)

(舒德干 译)

中国澄江生物群中的棘皮动物祖先

舒德干*,Simon Conway Morris,韩健,张志飞,刘建妮
*通讯作者 E-mail:elidgshu@nwu.edu.cn

摘要 后口动物是动物界中一个多样化程度极高的超门或亚界,不仅包括了我们人类所属的脊索动物门,还涵盖了与之迥异的棘皮动物门和半索动物门。从最新的分子生物学数据上看来,后口动物的谱系演化树现在已经趋于稳定。但是那些已经灭绝的位于后口动物之间的中间类型依然存有很大疑问,而这些中间类型很可能为现代后口动物的演化提供重要信息。中间类型的来源尤其有赖于那些特异埋藏的保存软躯体构造的化石库。在中国西南靠近昆明市一些化石产地的发掘工作已经显示了早期重要后口动物的多样性,例如古虫动物门(vetulicolians)、云南虫类(yunnanozoans)的发现。本文描述了一个新类型:古囊虫类(vetulocystids),它不仅与古虫动物具有相似性,而且与一类奇异的、谱系演化位置极具争议的原始棘皮动物海扁果类(homalozoans)非常相似。

后生动物谱系演化的一个悬而未决的重要问题是棘皮动物的起源及其最早期的演化。分子数据显示棘皮动物是半索动物的姐妹群[1,2],但是这两个动物门的趋异度(disparity)如此之高,在重构其同一祖先的形貌方面存在极大的争议。这主要是因为棘皮动物的躯体构型较之半索动物发生了根本性的转变,包括典型的五辐射对称[3],独特的水管系统和源自中胚层的钙质骨骼,咽鳃裂的失去[4],以及发育基因的大规模重新部署[5]。寒武纪棘皮动物的化石记录虽然较为丰富,但大多数早期类型形貌奇特[6-8],其谱系演化一直饱受争议。在某种程度上,围绕棘皮动物的各种中间类型与其他后口动物可能存在的相似性(比如鳃裂[10]),各种观点之间的分歧仍十分尖锐[4,6,9]。

著名的澄江化石库中保存了一些后口动物干群,最著名的即古虫动物门[13-15]和云南虫类[16,17]以及更多广为人知的类群,例如被囊动物(tunicates)[18,19]和脊椎动物(vertebrates)[20,21],为我们探索早期后口动物演化的关键步骤提供了非常重要的信息[11,12]。然而,在澄江化石库中,棘皮动物的化石记录却不尽如人意。其中有一种所谓的海百合[22]的形貌应更接近于触手冠类动物[12];所谓的始海百合类[11]与真正的始海百合鲜有相似性,实际它很可能属于节肢动物(arthropodan)。澄江生物群中缺乏包括棘皮动物在内的窄盐性生物,这与海水盐度降低的现象相一致。在此,我们描述了一个新的类群——古囊虫类,并将其解释为包

括原始棘皮动物海扁果类在内[7]的步带动物的干群[24,25]。我们识别并建立了两个新属新种:链状古囊虫(*Vetulocystis catenata*)和尖山滇池囊虫(*Dianchicystis jianshanensis*)。其他一些化石材料(均采自海口化石点)解剖特征差异明显,归入未定种A和未定种(图3),目前尚不足以建立正式的分类单元。

步带动物总群 Ambulacraria

步带动物干群 Vetulocystida

古囊虫科(新科)Vetulocystidae fam. nov.

缺环古囊虫 *Vetulocystis catenata* gen. et sp. nov.

语源学:vetus 拉丁语意为古老,属名指其囊状的外形;catena 拉丁语意为链条,特指可能已经消失的演化中间环节或"缺环"。

正模标本:ELI-Ech-04-001,存放于西安市西北大学早期生命研究所。

参考材料:ELI-Ech-04-002

化石产地:安宁附近,位于昆明以西30 km的山口剖面。

层位:下寒武统筇竹寺组玉案山段,寒武纪早期。

鉴定特征:躯体两分为球状前体囊和尾部后体。尾部明显由两节组成,后部膨大,其中间纵线可能代表末端有肛门的肠道。前体囊有三个主要开口:①位于右前侧部口部,呈一个金字塔形锥体,由大约55个小薄板构成。②左侧后背部开口,由许多肋状物构成的金字塔状锥体。③右侧背部的呼吸器有褶皱。

尖山滇池囊虫 *Dianchicystis jianshanensis* gen. et sp. nov.

语源学:属名指化石产地附近的滇池。种名以该种化石产出的尖山剖面命名。

正模标本:ELI-Ech-04-003,存放于西安西北大学早期生命研究所。

负模标本:ELI-Ech-04-004—006

化石产地:尖山,海口附近,位于昆明以南40 km。

层位:同上。

鉴定特征:与古囊虫相似,但尾部向后逐渐变细,并饰以倾斜的条痕。前体囊的前锥体有肋状结构,但并非由小薄板构成。一个不明显的沟槽横向穿过后体,可能是躯体分节的界线。

所有的材料均采自寒武系下部筇竹寺组,该地层在云南昆明地区出露广泛。保存状况最好的化石被划分为古囊虫和滇池囊虫两属,主要区别在于尾状后体结构。缺环古囊虫(图1)的两枚标本采自安宁山口剖面,滇池囊虫(图2)的四枚标本采自海口尖山地区。所有标本(包括未定种A和未定种B)显示了典型的澄江式风暴事件埋藏方式[23],呈分散保存,仅有一枚(未附图)可能由两个或更多腐解的个体叠加而成。

古囊虫科的解剖学分析

古囊虫科拥有一个共同的躯体构型,即由一个膨胀的前体囊和一个可能指示躯干后方的较短小的尾状结构组成(图1—3)。因为缺乏明确的轴向标记,除了前—后体轴以外,躯干其他部分的方向难以确定,并且在绘制与其他类群的对比图时有循环推理的风险。当前试探性地将带有两个锥体和呼吸器的表面看作背部。一般而言,前体囊长度大于宽度。鉴于前体囊形态具有较为稳定的分类学特征,更为圆滑的标本也许代表了前体囊本身的柔软性和改变形状的能力。除了未定种A的例外情况(图3a, c),其外表皮褶皱极其发育(图1a, d, f, g;2a—h;3d, g),而缺乏脆性断裂也表明了非生物矿化作用的成因。此外,尽管有大面积的网状结构,褶皱的轮廓却呈现不规则性,呈现多变的褶皱强度以及总体上变化剧烈并且十分不一致的角度关系。这些特征没有一个支持前体囊是由钙质片板组成并由缝合线分隔。除了两个锥体和呼吸器,前体囊的外表面光滑而且没有其他矿化的迹象。古囊虫内面的印模却揭示了更加不规则的

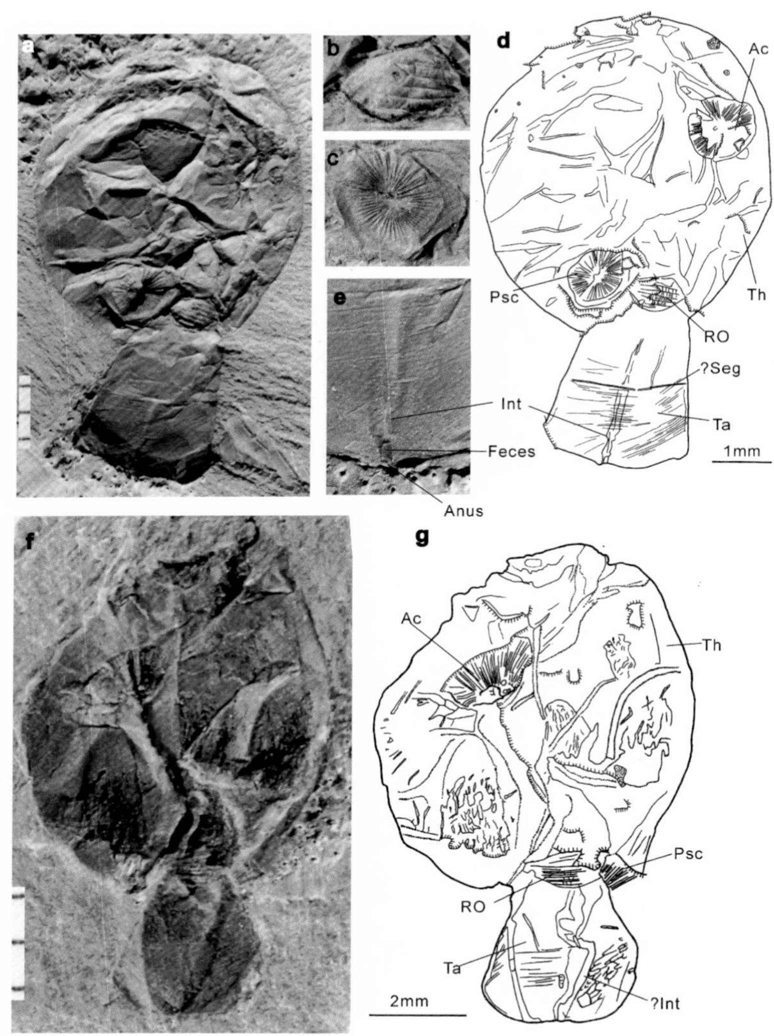

图1 缺环古囊虫(*Vetulocystis catenata*)的两块标本,产于云南昆明安宁。a—e,标本ELI-Ech-04-001A。a,完整标本,前锥部分隐没于囊部表面;b,呼吸器细节,注意左手方表皮破损;c,后锥;d,解译图;e,紧邻肛门的可能的消化道。f, g,标本ELI-Ech-04-002。f,完整标本,囊体内视图;g,解译图。彩图标尺每格1mm。缩略语:Ac,前锥;RO,呼吸器;Psc,后锥,?Seg,?分节界限;Int,可能的肠道;Ta,尾部;Th,囊。?表示解释存疑。

纹饰(图 1f, g)。在许多标本上,无定形的黑灰色物质填充于前体囊腔之中,可能是一些不明的软躯体残留。

前体囊带有明显的两个截头的锥体,每一个都由非常发育的汇聚于中心开口的辐射细肋构成(图 1a, c, d, f, g; 2a—i, l; 3a, c—g)。在滇池囊虫中,更靠近躯体前部的前锥(图 2a—d)包含一些非矿化的薄板状结构,每一个薄板上有 1 个中心肋和 1—2 个边肋,共计约 55 个肋。薄板都连接于一个公共的底部薄膜,并可能通过这一方式相互铰接。靠近锥体的末端开口处有更小的细肋插入,也许代表了末端开口的柔软性,以辅助闭合。在缺环古囊虫中,前锥的细肋(图 1a, f)与公共薄膜分别连接而不是与薄板相连。古囊虫类两个属的前锥体表现出一个明显的不同:在滇池囊虫中,前锥体通过一个基端收缩与前体囊表面相分离(图 2a—d),而古囊虫的相应结构有明显的凹陷并部分隐蔽于前体囊表面(图 1a, d)。这种差异可能是原生的,但也有可能是前锥体被一圈更柔软的表皮包围,以致其可以缩入前体囊中。未定种 B(图 3d, g)中,前锥并不明显,但是也体现了与滇池囊虫的相似性。前锥附近有一个有条纹的结构,可能属于口的一部分,但也可能是一个独立的器官。未定种 A(图 3a, c, e, f)中对应的锥体更加靠后,与其他古囊虫类不同。

缺环古囊虫和滇池囊虫后锥位置靠近前体囊和后体的连结点(图 1a, c, d; 2a—h, j)。后锥宽度不均的细肋,体现了其在生活时具有一定的柔软性。滇池囊虫的正模标本(图 2a, b)中,该锥体外形呈凸透镜状,但从这个种的其他标本和缺环古囊虫的标本看来,它应该更接近圆形。未定种 A 和 B 中(图 3a, c, d—g),后锥体位于前体囊中部,后者的后锥由更结实的薄板构成(图 3d, g)。

可能的呼吸器紧邻前体囊和尾部的联结点。呼吸器在未定种 A(图 3a, b, e)位置相对靠前,呈横向的凸透镜状;在未定种 B(图 3d, g)中更接近三角形。虽然总体上细节难辨,但在缺环古囊虫的正模标本上,这一结构格外清晰(图 1a, b, d)。呼吸器角质层的表面具有显著的脊突,每个脊突由窄沟分隔。此外,每个脊突有横向褶皱。呼吸器的内部结构仅限于猜测。但在另一个标本(图 1f, g)的对应区域似有一系列折叠结构位于一个空腔上,这也许说明在呼吸器内部有叶片结构。鳃的形态功能学以及其内部的水流方向仍不确定。滇池囊虫的正模(图 2a, b)有一个管状延伸物指向并可能连接后锥开口。该种的其他标本(图 2c—h)却显示呼吸器和后锥开口是分离的,这在未定种 A 和 B 中更为明显(图 3)。在缺环古囊虫中,呼吸器和后部开口并列排列(图 1a, d, f, g),因此有可能是相通的。

缺环古囊虫的尾部末端有轻微膨大(图 1a, d, f, g),正模标本有横向线理,可能代表躯干分节的边界。更细小的横向条痕应解释为表皮褶痕。其他标本中(图 1f, g),一个左右三分的结构可能代表了生物死后产生的褶皱,而其扁凸透镜外形可能是原生的。在正模中,一束中央线衍生到后体末端边缘(图 1a, d)。虽然看似结构复杂,但是其三维保存的形态以及末端包含沉积物等特征(图 1e),表明它可能代表一个含有未消化的食物的延伸到肛门的肠道。在另一个标本中(图 1f, g),可能的肠道走向更不清晰。将这个中央线状体认定为肠道却给

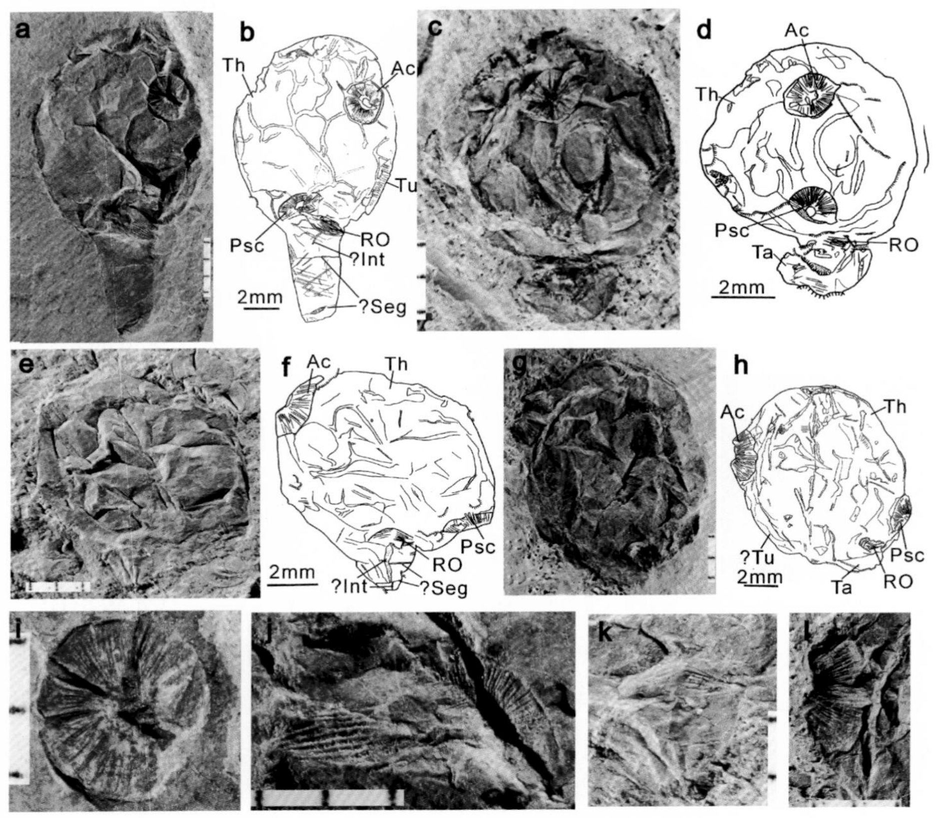

图 2　四枚尖山滇池囊虫(*D. jianshanensis*)标本,产自昆明海口。a, b, i, j,标本 ELI-Ech-04-003A; a,完整标本;b,解译图;i,前锥;j,呼吸器和后锥,标本反面。c, d,标本 ELI-Ech-04-004A; c,完整标本;d,解译图。e, f, k,标本 ELI-Ech-04-005; e,完整标本;f,解译图;k,呼吸器及尾部。g, h, l,标本 ELI-Ech-04-006; g,完整标本;h;解译图;l,示前锥细节。彩图标尺每格 1 mm。缩略语见图 1,另:?Tu,可能的管子。

后锥的功能判断带来了更大问题。滇池囊虫的尾状后体显示了一些重要差异,在正模中尾部向后逐渐变细并终结于一个钝圆形终端,尾部表面另有倾斜相交的条痕(图 2a, b)。在另一个滇池囊虫标本中(图 2e, f),尾部呈现的横向分隔可能代表躯体分节,其尾部显著的纵向结构更像生物体死后产生的褶皱而不是生前的肠道(图 2e, f, k)。

古囊虫类的功能生物学

功能解译对研究古囊虫类的古生态学和谱系演化位置有重要意义。古囊虫前体囊上的两个锥体很相似(图 1a, c, d, f, g; 2c, d, i, l),它们各自功能的判定也并不简单。我们将前锥体解释为口。与前锥最相近的特征存在于一些灭绝的棘皮动物。比如海桩类(stylophorans)可能的口部[26-28]也是锥状的;在一些五辐射对称的海蕾类(blastoids)中,口部被一系列顶板覆盖[29]。另一个可能的口部位置在前体囊前端,但一些标本(图 2g, h)显示这一区域有些凹陷,并且保存得既不规则也不稳定。后部开口(后锥)的主要功能可能是肛门,也许还有其他功能,譬如生殖孔。后锥与许多棘皮动物,例如海箭类(solutans)[30,31]、栉囊类(ctenocystoids)[32]、海林檎类(cystoids)[33]和一些始海百合类(eocrinoids)[34]的锥板状肛门相类似。将透镜状结构解释为呼吸器较为可信,但我们却难以确定其水流方向和呼吸交换的准确位置。我们假定:水流最初从口部进入身体,然后从呼吸器或后部开口流出。气体交换可能通过内腔中悬挂的片状组织实现。因为以上这些不确定性,与其他呼吸性结构的直接对比并非易事。但它仍然体现出与现代众多棘皮动物呼吸性结构的相似性,尽管这些对比不具有谱系演化方面的指示意义。此外,对比的精确性有赖于古囊虫类呼吸器的功能分布特征。因为如果水流从呼吸器本身流出,那就和某些海桩纲角首类(cornute stylophoroans)的薄片状鳃(lamellipores)有相似性[26-27]。如果气体交换发生在鳃的外表面,而与体内腔室没有直接联系,则可以与海林檎类(cystoids)的菱形呼吸孔相对比[33-35]。

古囊虫类可能营半固着生活,但是很可能可以通过尾部两侧移动而进行缓慢的运动。大部分时间它们是静止的,也许通过尾部插入沉积物中来提供锚点而使前体囊竖立起来,或者更可能处于半倒伏状态,并保持三个囊孔位于上方。鉴于前体囊表面三个开口已被认定,可以假设悬浮的食物颗粒(可能还有海水)通过肌肉收缩吸入口部。口部腔体应该很大,并且如果是这样,口腔

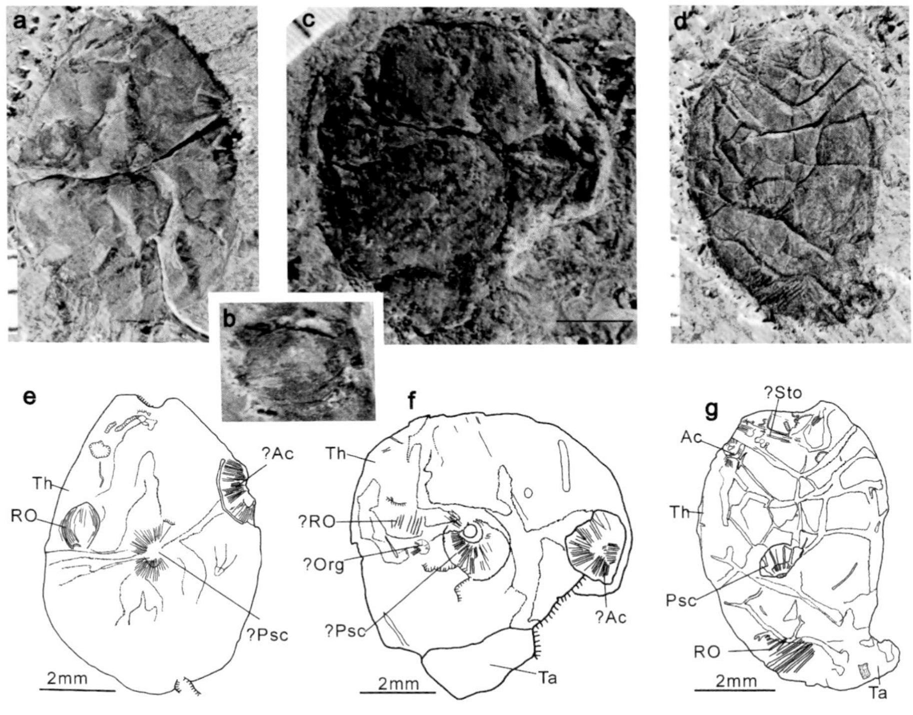

图3 未定种A(a—c, e, f)和未定种(d, g),均产自昆明海口。a, b, e,标本ELI-Ech-04-007; a,完整标本,由正面和反面构成;b,呼吸器;e,解译图,由正面和反面构成。c, f,标本LI-Ech-04-008; c,完整标本;f,解译图。d, g,标本ELI-Ech-04-009A; d,完整标本;g,解译图。彩图标尺每格1 mm,缩略语见图1,另:? Org,未知器官,? Sto,有条纹器官。

末端应与位于后部的呼吸器紧邻。滇池囊虫的一些标本有一个暗色的区域,有时可见微弱的分节,沿着前体囊的边缘分布(图2a, b, g, h)。这也许是一个特殊的位于前肠的器官。肠道在从后体末端穿出之前可能发生过环绕。

棘皮动物的进化链节点

众多的生物类群都采取了和古囊虫类相似的躯体构型,比如被囊动物。然而这个类群一般被放在更接近头索动物(cephalochordates)类或脊椎动物有头类(craniates)的位置,一些分子生物学数据[2]显示谱系演化位置的不稳定性,即棘皮动物在后口动物谱系中处于更加原始的地位。在这个模型中,两个锥体分别对应于被囊动物的围咽腔吸管和入鳃虹吸管。现生尾索动物*Chelyosoma*的虹吸管由两个带壳的锥体构成[36],所以古囊虫类的锥体和被囊动物的虹吸管之间只是大致相近。古囊虫类的呼吸器和被囊动物的鳃篮有一定可比性,但鳃篮占据了更大的身体空间,而且据目前所知,古囊虫类的呼吸器也不具有类似鳃篮的众多咽鳃裂这一微观结构。因此,古囊虫类和被囊动物难以直接精确对比。此外,澄江化石库中的被囊动物与古囊虫类也没有明显的相似特征。

但古囊虫类与两种躯体两分型动物却有着奇异的相似性。第一种是古虫动物,即具有躯体分节和鳃裂的后口动物干群[13,14,15]。第二种是早古生代被称为海扁果类的棘皮动物组合,其中包括海笔类(cinctans)、栉囊类(ctenocystoids)、海箭类(solutes)、海桩类(stylophorans)[7]。古囊虫类与古虫动物[13,14]的相似性较为一般,二者躯干都由带有咽部开口的较大前体和尾状后体(图1a, d)两部分构成,有尾部分节以及被暂定为肠道的中央线(图1e)。古囊虫类的躯体构型的解剖学特征和海扁果类也存在一致性。关于这类奇异的棘皮动物的解译极具争议,尤其是在判断这一类群是否属于多系起源,或是具有哪些可与棘皮动物[6,37]或是脊索动物[4,9,27]对应的关键特征等方面。尽管形态上有差异,海扁果类很可能代表早期棘皮动物演化的一系列关键阶段[8],比如保留了两分型躯体,在海笔类(cinctans)以及海箭类(solutes)[38]中的自由的臂或步带,以及与更原始的水孔相联系的水管系统。此外,咽部的鳃裂相应地逐渐退化并最终消失。两分的躯体构型也许是趋同演化的结果,古囊虫类拥有的一系列囊口似乎与海扁果类中同样的结构相对应。但因为这些开口在海扁果类[8,26,38,39]中的相对位置一直在变化(古囊虫类中也可能如此,尤其是通过未定种 A 和 B 来看),二者难以直接对比,可能反映了前体囊形态的广泛多变性以及咽腔和体腔结构重组的多变性。深入的研究更为困难,因为仅有部分海扁果类成员有步带的证据。海扁果类的尾部形态也是多变的,可能与从最初的适应运动生活转变为固着生活的固着器的功能性要求有关[40]。不管怎样,古囊虫类背面的总体形态分布和顺时针方向排列的口部、呼吸器(可能还是咽部的开口)和肛门与海扁果类是相似的。

我们尝试性地构建了一个临时谱系(如图4所示)。强调临时是因为:①古囊虫类的功能解译是建立在上述众多的假设之上的;②云南虫类的位置尚有争议,主要围绕其与半索动物[41]、原索动物(prechordates)[16]和脊椎动物[17]中哪一类的亲缘关系更为接近；③海扁果类在棘皮动物内部的分类位置[37]以及海扁果类内部各类群之间的关系也还有争议[7,8]；④后口动物的多个类群(门)解剖上趋异度很高，许多关键的中间阶段还不能确定。本文所示的谱系图主要基于两个假设：步带动物的概念，即棘皮动物和半索动物是姐妹类群[24,25]和古虫动物门是后口动物的干群[13,14]。

在这一谱系图中，古虫动物门在步带动物的早期演化中扮演了关键的角色，尤其是标志着一种活动的似古虫生物向半固着的两分型躯体动物的转化，预示着海扁果类棘皮动物的出现。相对于古虫动物门，古囊虫类的重要改变体现在包括呼吸器(假设与其他后口动物的咽部开口同源)从多个简化为单个的与尾部相连的结构，以及局限在前体囊内的消化道和随之而生的口锥和肛锥。总之，古囊虫类提供了一个联系古虫动物和海扁果类的关键结点，但还有两个问题有待澄清。第一，围绕后体中线是否是肠道(图1e)。如果真是这样，这表明古囊虫类消化道局限于前体囊之中的这一特征出现在比缺环古囊虫更为进化的古囊虫类之中，或出现在最早的海扁果类当中(图4)。第二个问题是关于有些古囊虫类的后体分节，它与海笔类[8]、海箭类[31,39]以及海桩类[26,27]的复杂而多变的尾部结构明显不同。

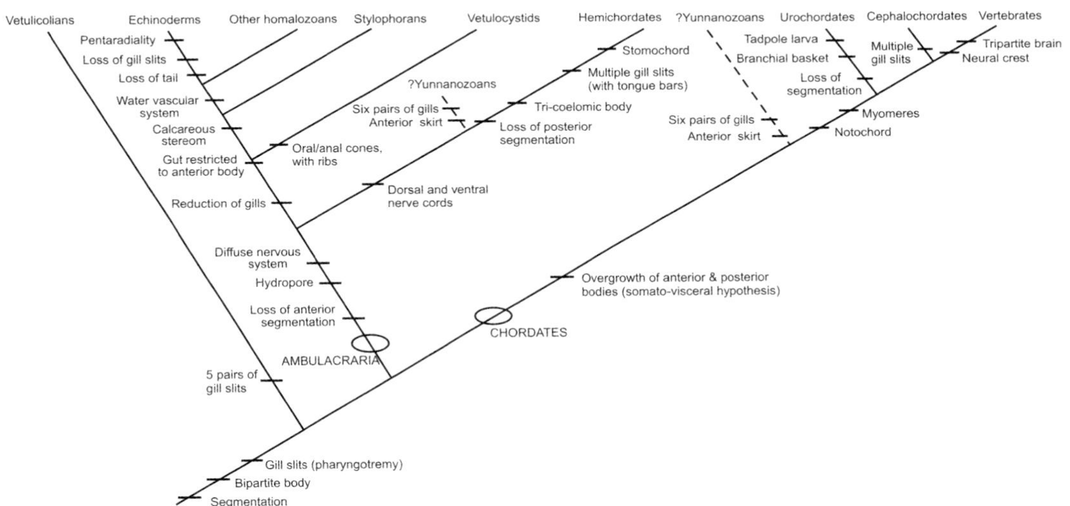

图4　早期后口动物谱系图。后口动物的原始特征包括躯干分节[25,43]、躯体两分以及前体具鳃裂[24,25,44]。后体分节的尾状结构具消化道和末端肛门[13,14]。古虫动物门[13,14]代表已知最为原始的后口动物，表现为身体完全分节和五对鳃裂，现生的步带动物[24,25]包括棘皮动物和半索动物。古囊虫类比半索动物演化程度更高，但仍然保留双分身体和一个呼吸器，后者代表最为原始的棘皮动物(海扁果类)的典型特征。在更为原始的步带动物当中，消化道沿后体延伸至尾部后端，在此关键特征出现前后，分支产生了古囊虫类，其消化道仅限于前体，我们倾向于前一种可能性。所有的棘皮动物包括海扁果类都具有骨实质组织(钙质骨板)，但最为原始的类型仍然具有鳃裂。水管系统和步带系统是后来才获得的。云南虫类位置存疑。我们假定有两种可能性，或者接近脊索动物[17]，或者接近半索动物[16,21,41,45]。有证据支持后面一种观点，如缺少有头类的特征，诸如眼睛、复杂的脑、脊索和肌节，但具有背腹神经索。

步带动物中，棘皮动物的水孔被认定为与半索动物的前体腔孔对应[4]。但这个同源结构在古囊虫类中很难识别，可能对应于未定种 A（图 3c，f）和 B（图 3d，g）中的一个费解结构（暂称之为未知器官和带条纹的器官（striated organ））。但是目前没有任何证据支持古囊虫类具有水管系统。我们推测与步带相关的水管系统和坚硬的钙质骨骼演化创新共同标志着真棘皮动物的开端。古囊虫类的发现进一步支持了将“钙索动物（calcichordates）”[27]解释为棘皮动物的观点，古囊虫类不应当被视为被囊动物、头索动物（cephalochordate）或脊椎动物起源的新材料[6,42]。相反，这些奇特的古囊虫类应是高度衍生的棘皮动物[6,37]，但在棘皮动物谱系树中可能占据着更基础的位置。

致谢

感谢中国国家自然科学基金、科技部（舒、韩、张、刘）、英国皇家学会、圣约翰学院卡普里德基金（S. C. M.）支持。感谢程美蓉、骆正乾、S. Capon 的技术支持。翟娟萍、姬严兵和郭宏祥野外化石采集。

参考文献

1. Bromham, L. D. & Degnan, B. M., 1999. Hemichordate and deuterostome evolution: robust molecular phylogenetic support for a hemichordate plus echinoderm clade. Evol. Dev., 1, 166-171.
2. Winchell, C. J., Sullivan, J., Cameron, C. B. et al., 2002. Evaluating hypotheses of deuterostome phylogeny and chordate evolution with new LSU and SSU ribosomal DNA data. Mol. Biol. Evol., 19, 762-776.
3. Sly, B. J., Hazel, J. C., Popodi, E. M. et al., 2002. Patterns of gene expression in the developing adult sea urchin central nervous system reveal multiple domains and deep-seated neural pentamery. Evol. Dev., 4, 189-204.
4. Gee, H., 1996. *Before the Backbone: Views on the Origin of Vertebrates* (Chapman & Hall, London).
5. Wray, G. A. & Lowe, C. J., 2000. Developmental regulatory genes and echinoderm evolution. Syst. Biol., 49, 28-51.
6. Lefebvre, B., 2003. Functional morphology of stylophoran echinoderms. Palaeontology, 46, 511-555.
7. Parsley, R. L., 1999. in *Echinoderm Research* 1998 (eds Candia Carnevali, M. D. & Bonasoro, F.) 369-375 (Balkema, Rotterdam).
8. Domínguez-Alonso, P., 1999. in *Echinoderm Research* 1998 (eds Candia Carnevali, M. D. & Bonasoro, F.) 263-268 (Balkema, Rotterdam).
9. Jefferies, R. P. S., 1997. A defence of the calcichordates. Lethaia, 30, 1-10.
10. Domínguez, P., Jacobson, A. G. & Jefferies, R. P. S., 2002. Paired gill slits in a fossil with a calcite skeleton. Nature, 417, 841-844.
11. Hou, X. G., Bergström, J., Wang, H. F. et al., 1999. *The Chengjiang Fauna: Exceptionally Well-Preserved Animals from 530 Million Years Ago* (Yunnan Science and Technology Press, Kunming).
12. Zhang, X. L., Shu, D. G., Li, Y. et al., 2001. New sites of Chengjiang fossils: crucial windows on the Cambrian explosion. J. Geol. Soc. Lond., 158, 211-218.
13. Shu, D. G. et al., 2001. Primitive deuterostomes from the Chengjiang Lagerstätte (Lower Cambrian, China). Nature, 414, 419-424.
14. Chen, A. L., Feng, H. Z., Zhu, M. Y. et al., 2003. A new vetulicolian from the early Cambrian Chengjiang fauna in Yunnan of China. Acta Geol. Sinica, 77, 281-287.
15. Lacalli, T. C., 2002. Vetulicolians – are they deuterostomes? chordates? Bioessays, 24, 208-211.
16. Shu, D. G. et al., 2003. A new species of yunnanozoan with implications for deuterostome evolution. Science, 299, 1380-1384.
17. Mallatt, J. & Chen, J. Y., 2003. Fossil sister group of craniates: Predicted and found. J. Morphol., 258, 1-31.
18. Shu, D. G., Chen, L. & Zhang, Z. L., 2001. An early Cambrian tunicate from China. Nature, 411, 472-473.
19. Chen, J. Y. et al., 2003. The first tunicate from the early Cambrian of South China. Proc. Natl Acad. Sci. USA, 100, 8314-8318.
20. Shu, D. G. et al., 2003. Head and backbone of the early Cambrian vertebrate *Haikouichthys*. Nature, 421, 526-529.
21. Shu, D. G., 2003. A paleontological perspective of

vertebrate origin. Chinese Sci. Bull., 48, 725-735.
22. Chen, J. Y. & Zhou, G. Q., 1997. Biology of the Chengjiang fauna. Bull. Natl Mus. Nat. Sci., 10, 11-105.
23. Babcock, L. E. & Zhang, W. T., 2001. Stratigraphy, paleontology, and depositional setting of the Chengjiang Lagerstätte (Lower Cambrian), Yunnan, China. Palaeoworld, 13, 66-86.
24. Halanych, K. M., 1995. The phylogenetic position of the pterobranch hemichordates based on 18S rDNA sequence data. Mol. Phyl. Evol., 4, 72-76.
25. Gee, H., 2001. in *Major Events in Early Vertebrate Evolution* (ed. Ahlberg, P. E.) 1-14 (Taylor & Francis, London).
26. Ubaghs, G., 1967. in *Treatise on Invertebrate Paleontology* Part S, Echinodermata 1, Homalozoa-Crinozoa (except Crinoidea) Vol. 2 (ed. Moore, R. C.) S495-S565 (Geological Society of America and Univ. Kansas, New York and Lawrence).
27. Jefferies, R. P. S., 1986. *The Ancestry of the Vertebrates* (Cambridge Univ. Press and British Natural History Museum, London).
28. Parsley, R. L., 1994. in *Echinoderms Through Time* (eds David, D., Guille, A., Féral, J.-P. & Roux, M.) 167-172 (Balkema, Rotterdam).
29. Beaver, H. H., 1967. in *Treatise on Invertebrate Paleontology* Part S, Echinodermata 1, Homalozoa-Crinozoa (except Crinoidea) Vol. 2 (ed. Moore, R. C.) S300-S350 (Geological Society of America and Univ. Kansas, New York and Lawrence).
30. Caster, K. E., 1967. in *Treatise on Invertebrate Paleontology* Part S, Echinodermata 1, Homalozoa-Crinozoa (except Crinoidea) Vol. 2 (ed. Moore, R. C.) S581-S627 (Geological Society of America and Univ. Kansas, New York and Lawrence).
31. Daley, P. E. J., 1995. Anatomy, locomotion and ontogeny of the solute *Castericystis vali* from the Middle Cambrian of Utah. Geobios, 28, 585-615.
32. Sprinkle, J. & Robison, R. A., 1978. in *Treatise on Invertebrate Paleontology* Part T, Echinodermata 2 Vol. 3 (eds Moore, R. C. & Teichert, C.) T998-T1002 (Geological Society of America and Univ. Kansas, Boulder and Lawrence).
33. Kesling, R. V., 1967. in *Treatise on Invertebrate Paleontology* Part S, Echinodermata 1, Homalozoa-Crinozoa (except Crinoidea) Vol. 1 (ed. Moore, R. C.) S85-S267 (Geological Society of America and Univ. Kansas, New York and Lawrence).
34. Ubaghs, G., 1967. in *Treatise on Invertebrate Paleontology* Part S, Echinodermata 1, Homalozoa-Crinozoa (except Crinoidea) Vol. 2 (ed. Moore, R. C.) S455-S495 (Geological Society of America and Univ. Kansas, New York and Lawrence).
35. Domínguez, P., Gil, D. & Torres, S., 1999. in *Echinoderm Research* 1998 (eds Candia Carnevali, M. D. & Bonasoro, F.) 269-273 (Balkema, Rotterdam).
36. van Name, W. G., 1945. The North and South American ascidians. Bull. Am. Mus. Nat. Hist., 84, 1-476.
37. David, B., Lefebvre, B., Mooi, R. et al., 2000. Are homalozoans echinoderms? An answer from the extraxial-axial theory. Paleobiology, 26, 529-555.
38. Jefferies, R. P. S., Brown, N. A. & Daley, P. E. J., 1996. The early phylogeny of chordates and echinoderms and the origin of chordate left-right asymmetry and bilateral symmetry. Acta Zool., 77, 101-122.
39. Daley, P. E. J., 1992. The anatomy of the solute *Girvanicystis batheri* (? Chordata) from the Upper Ordovician of Scotland and a new species of *Girvanicystis* from the Upper Ordovician of South Wales. Zool. J. Linn, Soc., 105, 353-375.
40. Daley, P. E. J., 1996. The first solute which is attached as an adult: a mid-Cambrian fossil from Utah with echinoderm and chordate affinities. Zool. J. Linn. Soc., 117, 405-440.
41. Shu, D. G., Zhang, X. & Chen, L., 1996. Reinterpretation of *Yunnanozoon* as the earliest known hemichordate. Nature, 380, 428-430.
42. Jollie, M., 1982. What are the "Calcichordata"? and the larger question of the origin of chordates. Zool. J. Linn. Soc., 75, 167-188.
43. Holland, L. Z., Kene, M., Williams, N. A. et al., 1997. Sequence and embryonic expression of the amphioxus *engrailed* gene (*AmphiEn*): the metameric pattern of transcription resembles that of its segment-polarity homolog in *Drosophila*. Development, 124, 1723-1732.
44. Cameron, C. B., 2002. Particle retention and flow in the pharynx of the enteropneust worm *Harrimania planktophilus*: the filter-feeding pharynx may have evolved before the chordates. Biol. Bull., 202, 192-200.
45. Smith, M. P., Sansom, I. J. & Cochrane, K. D., 2001. in *Major Events in Early Vertebrate Evolution* (ed. Ahlberg, P. E.) 67-84 (Taylor & Francis, London).

（韩健 译）

棘皮动物的根

Andrew B. Smith *

* 通讯作者 E-mail：abs@ nhm. ac. uk

摘要 基于从中国新发现的化石提出了关于棘皮动物起源的大胆主张。但是，在这段碎片化的生命演化历史中，仍缺失许多环节。

没有多少海洋动物能像棘皮动物那样立即就被人辨识出来，五重对称的海星和海胆的样子极为鲜明(图 1)，而且这种五辐形态很容易就将它们与两侧对称的亲戚们区分开来。棘皮动物的骨骼同样很特别，其钙质骨板的显微结构与瑞士奶酪很相似。最后一点就是，它们从幼体到成体需经历一种奇怪的不对称转换，即将幼体成对的体腔中的右边一套丢失掉。然而，棘皮动物并不总是具有这些性状，因而，探索他们的早期演化历史仍然极富争议。

在本期杂志的 422 页(本书第 186 页)，舒德干等人[1]从中国澄江动物群中报道了一个新的化石类群。这些化石大约有 5.2 亿岁：舒等人称它们为古囊类，而且将它们解释为已知最原始的棘皮动物。如果这个解释正确的话，这便将棘皮动物与另一类同为早寒武世的存疑类群古虫动物类联系在了一起。

图 1 海胆的对称性：棘皮动物中一种独特的五辐对称

化石只有在与现生生命比较时才显得有意义，而且还要求这些化石中所保存的器官构造的生物学功能可以被直接观察得到。当化石的形态构造与他们的现生亲戚相当接近时，进行古今比较研究是较为容易的。然而，像古囊类这样的化石与现生类群器官相似度并不太明显时，研究起来便会很困难。在过去，如果碰到这样的情况，人们便会简单地将它们独立出来，单列一个仅属于自己的高阶元分类单位，以避免麻烦。但今天，古生物学家要探索一条更为艰苦的求索之路，努力将那样的化石生物放进生命树中较为恰当的地方，以最为合适的方式(或最远离不靠谱的方式)解译它们的性状。

古囊类是一类奇妙且令人着迷的、同时又令人灰心丧气的类群。说令人着迷，是因为它们很可能告诉我们棘皮动物在变成现在这种独特形态之前到底长什么样子；说令人灰心丧气，是指在解译它们的基本解剖构造时的困难之大。在这方面，它们并非绝无仅有。另一个原始且完全绝灭的棘皮动物homalozoans，多年来也一直是古生物学家争论的源泉。

棘皮动物属于后口动物中的一个门类。后口动物是一个包括我们人类在内的超级类群（亚界），是一类形态分异广泛的生物，所包括的成员有脊椎动物（鱼类、四足类等）、尾索动物（被囊类和海鞘等）以及半索动物（羽鳃类和橡实虫）（图2）。分子生物学信息强烈支持如下的分类结论：脊椎动物与尾索动物归在一起作为一组，棘皮动物与半索动物归在一起作为第二组[2]。但是，单就形态学而言，棘皮动物总是由于其奇异的对称性和缺失鳃裂构造而被单列一旁。鳃裂在半索动物、尾索动物和较原始的脊椎动物中都存在，且是一些穿透紧随口后的消化道壁的开孔。它们被演化出来，是用来排除进入肠道的多余水分，且仅为后口动物所独有。Homalozoans之所以是一类重要的化石类群，是因为它们帮助填补了辐射型棘皮动物与其他后口动物之间的演化空缺。它们具有棘皮动物典型的骨骼构造和强烈不对称的发育过程。但是，homalozoans从未表现出辐射对称的任何迹象，而且更重要的是，它们具有鳃裂以及一个肛后的肌肉质附件。最后这两条特征很可能是所有后口动物共有的性状（译者注：实际上肛后的肌肉质附件或肛后尾只是一部分后口动物类群具有的性状）。那么，古囊类是否将我们的探索进一步引向棘皮动物的根底呢？

面对这样的化石，我们第一步是要确定其前和后以及定义身体的一些主要开口，必须考虑口、肛门、鳃裂和涉及水循环或生殖孔洞的各种可能性。在此，问题才真正开始，因为化石上并没有为我们准备标签。舒德干等人在他们的论文中给出了化石本身的照片以及他们的解读结果（见图1—3，原杂志第423—425页，本书第188—191页）。

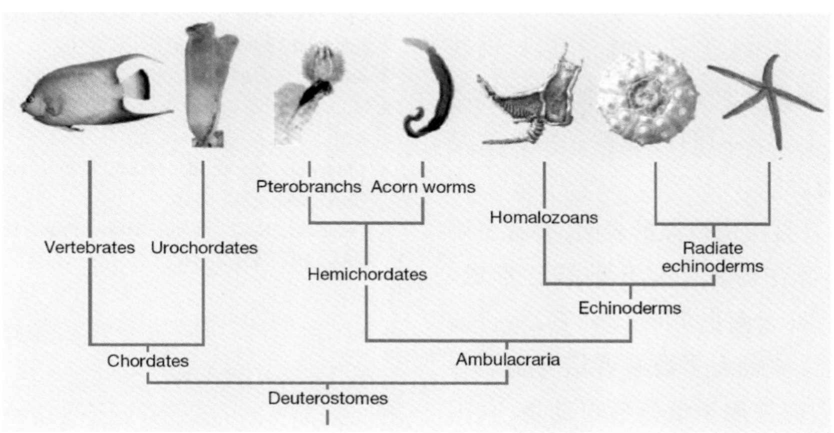

图2　主要的后口类群。舒德干等人将他们的古囊类化石解译为棘皮动物早期的一个类群，它出现于辐射形棘皮动物与绝灭了的homalozoans分化之前的一个分支。根据该观点，古囊类与另一个谜团类群古虫动物有亲缘关系，后者可能是在脊索动物与步带类分野之前便已经分化出来的一支后口动物类群。

在古囊类保存最好的标本中,的确有证据显示,有一条直的肠道沿着可能是分节的尾部向后伸展,并直达终端肛门,这与古虫动物的情形一样[3]。囊状的前部,或称萼部,有两个很大的且或多或少相近似的开孔,皆呈圆形轮廓,内有褶皱状锥体。前面的椎体如果当作口,那么后面的椎体就可能是肛门或生殖孔。在萼的基部有一个菱形的构造,舒等人将它解释为呼吸器官,可能是鳃。他们将古囊类鉴定为"基础"棘皮动物与这一器官构造解释相呼应,也与下述事实相契合:具有一个鳃而不是成对的鳃,暗示着棘皮动物的不对称发育;而且没有钙质骨板。

但是,其他的解释也是可能的。这两个圆形构造可能是鳃的开口(它们与在古虫动物中的位置相似[3]);口的前部以及所形成长的凹陷带,以及菱形构造解释为用于气体交换的表皮褶皱带(这类似于某些基干棘皮动物的那些构造),而不是解释为鳃。如是,那就使古囊类的棘皮动物亲缘关系含糊不清了。古囊类与古虫动物共享许多相似性,因而显然密切相关,但是,它们在后口动物大家庭中到底适于何处,仍然难以确定,因为还存在着上述不同的可能性。化石就是这个理,没有办法。

现在已有直接化石证据表明,所有主要后口动物类群在约5.2亿年前皆已形成。化石脊椎动物(云南虫类[4])(译者注:目前云南虫类已经被绝大多数学者认为是非脊椎动物,它们应该属于低等后口动物;真正被学界一致认同的最古老脊椎动物是昆明鱼目)、尾索动物(山口海鞘[5])(译者注:最可靠的早期尾索动物是长江海鞘,山口海鞘因具有触手应该被排除出尾索动物)和非对称及辐射型棘皮动物(homalozoans, helicoplacoids),现在全都被发现于早寒武世地层。火炬虫(*Phlogites*)这个具有触手的寒武纪化石[5],其地位不定,可能是一种半索动物,也可能是棘皮动物与半索动物共同祖先的一部分。所以,如果正如最近分子生物学研究结果所显示的那样[6],后口动物分异发生在5.75亿年前,那么,在后口动物起源与化石记录的出现之间,仍然存在着5千万年的空缺。在后口动物曲折的早期演化历史中,古囊类代表着迷局中的一个棋子或演化过渡环节,但其中许多棋子仍然缺失。

参考文献

1. Shu, D. G., Conway Morris, S., Han, J. et al., 2004. Nature, 430, 422-428.
2. Smith, A. B. et al., 2004. in *Assembling the Tree of Life* (eds Cracraft, J. & Donoghue, M. J.) Ch. 22 (Oxford Univ. Press).
3. Shu, D. G. et al., 2001. Nature, 414, 419-424.
4. Mallatt, J. & Chen, J. Y., 2003. J. Morphol., 258, 1-31.
5. Chen, J. Y. et al., 2003. Proc. Natl Acad. Sci. USA, 100, 8314-8318.
6. Peterson, K. J. et al., 2004. Proc. Natl Acad. Sci. USA, 101, 6536-6541.

(舒德干　译)

中国早寒武世被囊动物

舒德干*,陈苓,韩健,张兴亮

* 通讯作者 E-mail: elidgshu@nwu.edu.cn

摘要 正如加拿大布尔吉斯页岩化石库,中国下寒武统澄江化石宝库因为保存精致的生物软躯体构造[1-9]而驰名,并因此成为研究寒武纪生命大爆发的瞭望窗口。澄江生物群中可能的半索动物、脊索动物[5-7]和脊椎动物[9]尤其引人注目。作为脊索动物的最底端的支系[10],被囊动物(尾索动物)的详细演化过程对于认识导致脊索动物和脊椎动物起源[11-18]的关键性状获取顺序至关重要。然而,确切的被囊动物化石记录要么凤毛麟角,要么存有争议[4,9,19-24]。本文报道了澄江动物群中一种可能的被囊动物——始祖长江海鞘(*Cheungkongella ancestralis*),它与现生被囊动物的柄海鞘属(*Styela*)非常相似。这一发现对于认识脊椎动物的起源非常重要。

脊索动物门

尾索动物亚门

海鞘纲

始祖长江海鞘 新属新种

模式种:始祖长江海鞘(*Cheungkongella ancestralis*)

词源:属名(*Cheungkongella*)隐喻中国(China),并纪念“长江学者奖励计划”对本项研究的支持;种名指示该物种可能的原始分类位置。

正模:西安西北大学早期生命研究所(ELI):ELI-0000195。

层位和产地:下寒武统筇竹寺组玉案山段(始莱德利基虫带 *Eoredlichia* Zone)。标本由陈苓和韩健采自产出西大动物(*Xidazoon*)和无颌类脊椎动物昆明鱼(*Myllokunmingia*)的同一地点和层位。

特征:身体呈棒状,与现存海鞘类——柄海鞘(*Styela*)类似的二分型躯体:上部为主躯干,下部为固着柄(用于固着在坚硬基底表面的茎基)(图1)。身体整体被某种构造(本文解释为其分泌的被囊)所包裹。茎基向下逐渐变细,主躯干外形上呈桶状,其顶部为具短触手的入水口管,在口管下方(背侧)出现一个小的泄殖管。咽部占了整个身体体积的2/3以上。

描述:始祖长江海鞘(新属种)目前仅发现一枚标本,全长约25 mm。躯体由两部分组成:粗壮的茎基及其支撑的近球状主躯干。茎基(长约15 mm)向远端逐渐变细呈锥状,并固着在一种下寒武统标准化石——中间型始莱德利基虫(*Eoredlichia intermedia*)左活动颊的外表面之上。茎基表面具有皱纹(指示其体表可能包裹在被囊之内)以及显著的纵向肋状构造。茎基的远端呈现显著粗糙的表面,并且胶结了一些含有

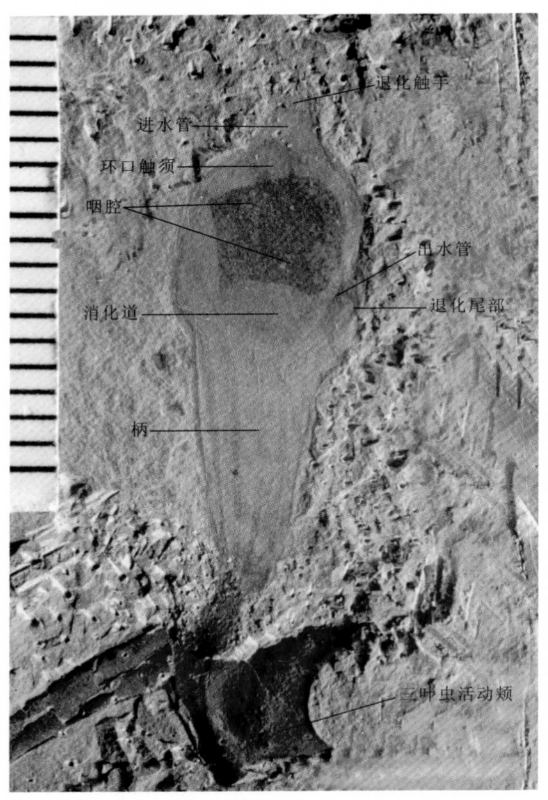

图 1 早寒武世尾索动物始祖长江海鞘(新属新种),采自云南昆明海口。标本编号:ELI-0000195,左视图。比例尺:1 mm。

石英颗粒的沉积物小团块。

被压扁的主躯干(长约 10 mm)存活时很可能近球形。其腹侧(泄殖孔的对侧)的皱痕指示了发生褶皱的坚韧被囊。正如所有单体海鞘一样,其顶部的漏斗状构造可解释为入水口管,其内部充填了一层沉积物。主躯干右侧下方(很可能代表了背侧的初始位置)出现的明显且狭长的延伸部位可解释为出水泄殖管,它与此处水平方向上出现的明显变化相符。出水管的下部和外侧是一个拱形的区域,其中可见一个向后弯曲的黑色隆起。这个结构很难解释,但当与现生海鞘类变态过程的最后一个阶段[25]相比较时,我们认为它很可能代表幼体尾部的残留部分。

体腔的上部具明显的暗色区域,其表面出现众多浅色斑点。暗色区域在腹侧下部(左下角)出现呈尾状向下延伸的构造。当与现生海鞘类对比时,这个有着右旋形态、较大尺寸以及位于相应位置的暗色区域被定义为咽部是非常合理的。至于浅色斑点是否代表了鳃孔还有待证实。

两个引人注目的构造分别位于入水口管的上下两侧。观察表明,管孔和咽部之间存在一个深灰色的区域,该区域内的一些纵向排列的构造可能代表了口触手。在入水口管之上,可辨认出一些短触手状的细丝,它们表面上与一些现生海鞘类的口管缘膜或口垂片相似,此外也与现生触手冠类的帚虫及下寒武统触手冠类寒武触手虫(*Cambrotentacus*)[4]的触手类似。我们建议把这种寒武纪被囊类动物定为滤食性生物,水流由入水口管进入,过滤后从出水泄殖管流出。

主躯干以及上 2/3 的固着柄被侧压保存在同一层面,但下 1/3 的固着柄陡然向沉积物内部弯曲并附着在一只三叶虫的活动颊表面,这指示了该被囊动物可能是原位埋藏的。固着柄下部胶结的石英颗粒明显比周围基质的粒度粗,表明实际上它曾栖息于一个更高能的沙质海底,之后才被搬运到埋藏点。在沉积过程中,较重的三叶虫骨片先沉陷,使得该被囊动物在沉积物快速沉降的过程中被束缚。其立体保存方式及精致触手的存留说明它仅发生了很少量的腐烂。

尾索动物被认为代表了脊索动物门最原始的演化分支[11,26]。脊索动物的祖先究竟是自由游泳型还是底栖固着型生物?这是一个长期悬而未决的问题[18,26,27]。传统假说认为脊椎动物是从某种类似尾索动物幼虫的动物通过幼态持续方式演化而来的，而脊索动物的祖先应该与底栖固着的触手冠类相似[12,13,27]。分子生物学最近研究得出的模型认为，包括尾索动物在内的脊索动物的祖先为自由游泳型[28-30]。

化石可保存现生类群中未见到的一系列特征，因此对于检验某种创新躯体构型（体制）起源过程中如何获得新性状的各种假说非常关键。对此化石标本的解释，虽然与当前基于分子生物学的假说相悖，但与传统观点相吻合（比如将其与触手冠类的口触手相比较时）。然而，仅凭单枚标本远不能下最后的定论。此问题的解决仍需开展进一步的古生物和分子生物学工作。

致谢

本工作得到了以下基金单位的支持：中国科学技术部、中国国家自然科学基金会、中国教育部长江学者奖励计划、陕西省科学技术委员会以及国家地理学会（美国）。感谢 B. J. Swalla 和 S. Conway Morris 给我们提出的建议。感谢 N. Satoh，K. Yasui，H. Wada，R. P. S. Jefferies 和 S. M. Shimeld 给我们提出的意见。

参考文献

1. Shu, D. G., Geyer, G., Chen, L. et al., 1995. Redlichiacean trilobites with preserved soft-parts from the Lower Cambrian Chengjiang fauna. Beringaria Spec. Iss., 2, 203-241.
2. Shu, D. G., Zhang, X. & Geyer, G., 1995. Anatomy and systematic affinities of Lower Cambrian bivalved arthropod *Isoxys auritus*. Alcheringa, 19, 333-342.
3. Hou, X. & Bergstrom, J., 1997. Arthropods of the Lower Cambrian Chengjiang fauna, southwest China. Fossils Strata, 45, 1-115.
4. Zhang, X. L., Shu, D. G., Li, Y. et al., 2001. New sites of Chengjiang fossils: crucial windows on the Cambrian explosion. J. Geol. Soc. Lond., 158, 211-218.
5. Chen, J. Y., Dzik, J., Edgecombe, G. D. et al., A possible early Cambrian chordate. Nature, 377, 720-722 (1995).
6. Shu, D. G. & Zhang, X. L., 1996. Reinterpretation of *Yunnanozoon* as the earliest known hemichordate. Nature, 380, 428-430.
7. Shu, D. G., Conway Morris, S. & Zhang, X. L., 1996. A *Pikaia*-like chordate from the Lower Cambrian of China. Nature, 384, 156-157.
8. Shu, D. G. et al., 1999. A pipiscid-like fossil from the Lower Cambrian of South China. Nature, 400, 746-749.
9. Shu, D. G. et al., 1999. Lower Cambrian vertebrates from South China. Nature, 402, 42-46.
10. Cameron, C. B., Garey, J. R. & Swalla, B. J., 2000. Evolution of the chordate body plan: new insights from phylogenetic analyses of deuterostome phyla. Proc. Natl Acad. Sci. USA, 97, 4469-4474.
11. Garstang, W., 1928. The morphology of the Tunicata and its bearing on the phylogeny of the Chordata. J. Microscop. Soc., 72, 51-87.
12. Romer, A. S., 1971. *The Vertebrate Story* (Univ. Chicago Press).
13. Gee, H., 1996. *Before the Backbone: Views on the Origins of Vertebrates* (Chapman and Hall, London).
14. Ogasawara, M., Di Lauro, R. & Satoh, N., 1999. Ascidian homologs of mammalian thyroid transcription Factor-1 gene expressed in the endostyle. Zool. Sci., 16, 559-565.
15. De Gregorio, A. & Levine, M., 1998. Ascidian embryogenesis and the origins of the chordate body plan. Curr. Opin. Genet. Dev., 8, 457-463.
16. Swalla, B. J. et al., 2000. Urochordates are monophyletic within the deuterostomes. System. Biol., 49, 52-64.
17. Nielsen, C., 1997. *Animal Evolution: Interrelationships of Living Phyla* (Oxford Univ. Press, Oxford).
18. Conway Morris, S., 1982. in *Atlas of the Burgess Shale* (ed. Conway Morris, S.) 26 (Palaeontological Association, London).
19. Briggs, D. E. G. et al., 1994. *The Fossils of the Burgess Shale* (Smithsonian, Washington).
20. Satoh, N., 1994. *Developmental Biology of Ascidians* (Cambridge Univ. Press, New York).
21. Mueller, K. J., 1977. Palaeobotryllus from the Up-

per Cambrian of Nevada – a possible ascidian. Lethaia, 10, 107-118.

22. Lehnert, O., Miller, J. F. & Cochrane, K., 1999. Alaeobotryllus and friends: Cambro-Ordovician record of probable ascidian tunicates. Acta Univ. Carol. Geol., 43, 447-450.
23. Lohmann, H., 1922. Oesia disjuncta Walcott, eine Appendicularie aus dem Kambrium. Mitt. Zool. Mus. Hamburg, 38, 69-75.
24. Zhang, A., 1987. Fossil appendicularians in the early Cambrian. Scient. Sinica B, 30, 888-896.
25. Meglitsch, P. A. & Schram, F. P., 1991. *Invertebrate Zoology* 3rd edn, 576-587 (Oxford Univ. Press).
26. Wada, H. & Satoh, N., 1994. Details of the evolutionary history from invertebrates to vertebrates, as deduced from the sequences of 18S rDNA. Proc. Natl Acad. Sci. USA, 91, 1801-1804.
27. Berrill, N. J., 1955. *The Origin of Vertebrates* (Oxford Univ. Press, Oxford).
28. Carter, G. S., 1957. Chordate Phylogeny. Syst. Zool., 6, 187-192.
29. Jollie, M., 1982. What are the "Calcichordata"? and the larger question of the origin of chordates. Zool. J. Linn. Soc., 75, 167-188.
30. Wada, H., 1998. Evolutionary history of free-swimming and sessile lifestyles in urochordates as deduced from 18S rDNA molecular phylogeny. Mol. Biol. Evol., 15, 1189-1194.

（欧强　译）

中国早寒武世一种类似皮卡鱼的脊索动物

舒德干，Simon Conway Morris*，张兴亮

* 通讯作者 E-mail：sc113@esc.cam.ac.uk

摘要　脊索动物的最早期演化历史以及它们与其他后口动物的亲缘关系至今仍颇有争议[1-3]。复兴的分子生物学[4]以及发育遗传学[5-7]研究结果尚未能与化石记录相互印证，且早中寒武世脊索动物化石记录尤其稀少。曾被推测为脊索动物的 *Emmonsaspis*[8]已被证明为一种叶状化石[9]；曾被认为是脊椎动物真皮护甲的磷酸盐骨片 hadimopanellids[10,11]，现在已被确认为原口动物古蠕虫类的角质膜[12,13]；其他一些被认为是脊索动物鳞甲的化石碎片则更加可疑[14]。在非常有限的脊索动物化石记录中，最著名的候选者当属布尔吉斯页岩中的脊索动物——皮卡鱼(*Pikaia*)[15]。本文描述了一种新的早寒武世脊索动物——好运华夏鳗(*Cathaymyrus diadexus* gen. et sp. nov.)，它与皮卡鱼相似，但比后者早约一千万年。华夏鳗最重要的构造为咽鳃裂。脊索动物的演化为寒武纪大爆发第一幕中不可或缺的一部分，而具神经嵴的有头类(脊椎动物)可能在中寒武世才演化出现。

中国云南省澄江化石宝库产出的一种早期脊索动物(正反两面)采集于 1995 年。该处地层早已由于其极其完整保存的软躯体动物群而著名[16,17]，与中寒武世的布尔吉斯页岩十分类似[18]。此种动物十分罕见，目前在已采集的上万块化石中仅发现一枚标本。此枚标本(图 1a)长约 22 mm，身体形状如鳗鱼状弯曲。身体前端似乎中度扩张并包含有一个凹陷的卵圆形区域，被沉积物部分充填。此结构推测可能代表咽部，其表面具紧密排列的横纹(每毫米宽度出现 16 条横纹)(图 1b)，可解释为鳃裂(图 2)。身体的其余部分出现分节现象，尽管保存较模糊，但这些横向结构的分布仍与肌节相一致，被肌隔所分隔。尽管它们呈清晰的 S 形，但其保存状况欠佳，身体两侧可能存在重叠(复合模)，使我们难以对这些肌节的布局进行精确描述。然而，某些肌节中出现的膝状弯曲(图 1a，2)可能说明它们具有比文昌鱼中简单的"V"字形更复杂的形状。一条相当显著但狭窄的中脊纵向延伸，可能是压实作用的产物，或者代表一种内部结构，如脊索(脊索在文昌鱼是相对不易腐烂的[19])。如果此构造为脊索，那么它似乎终止于离头区不远处。平行于这条突出的中脊有一个很模糊且更不连续的构造，可能为某种内部器官(如肠道)。身体后部终止于一个细小的尖端。此标本上未发现鳍或鳍条的证据。也许存在其他不同的解释，尤其本文解释为鳃裂的构造，可能实际上为类似

盲鳗尾部的鳍条,但可能性较低。

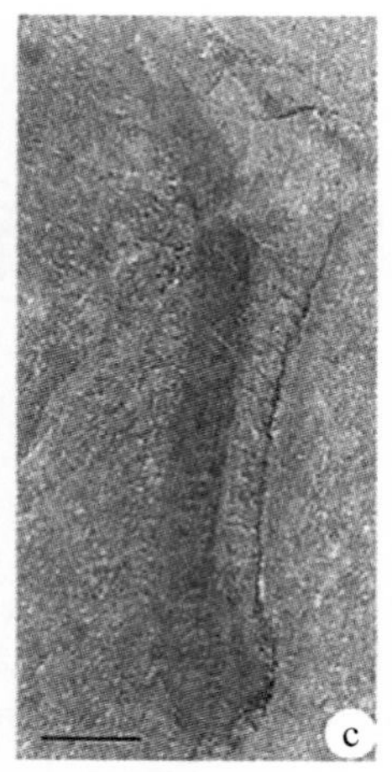

图1 寒武纪头索动物好运华夏鳗(新种)及纤细皮卡鱼。华夏鳗标本与层理面斜交,故正负模的前部和后部需要分别修复。在很多皮卡鱼标本中(包括标本USNM 198694),部分躯体被重叠在其他部位之下,这是由于侧压及湍急泥流搬运的结果。a,好运华夏鳗(标本NWU 95-1405)正反两面的合成照片。前部(与图2相比)镜像放置后与正常放置的后部对接。由于化石正反两面劈开时的倾斜开裂,导致正面仅包含化石前部而反面仅包含后部。仅身体中部很有限的一部分能在原始状态下看到正反两面。因此需要在标本正反两面都进行修复。比例尺:3 mm。b,好运华夏鳗前部细节,包括咽部与鳃裂。照片为正常放置。比例尺:1 mm。c,纤细皮卡鱼(USNM 198694),脊索在右侧延伸;注意肌节;后部蜷曲在身体其他部位之下。比例尺:5 mm。

这枚澄江化石(华夏鳗)与布尔吉斯页岩中的纤细皮卡鱼(图1c)惊人地相似。皮卡鱼通常被认为是一种原始脊索动物[15]。两者的相似性包括整体形状、前端的咽部(被沉积物充填,表明原来曾存在一个宽敞的区域)、肌节以及可能的脊索。然而,尽管布尔吉斯页岩的保存历史与澄江的沉积物不同,前者由于经历的压实与受热程度更大,实际上导致了变质岩的形成[20],但在皮卡鱼中并没有清晰地观察到类似本文中鳃裂的结构形态。未来澄江或附近地点更多此类化石的发现应解决以下问题:该物种是否与皮卡鱼一样具有特征性的双叶状头部,头部是否也具有细小的触手及从头区前端两侧伸出的一系列短小的附肢[15]。目前不能确定这些短小附肢与咽型鳃裂之间是否连通。皮卡鱼的横向结构比此澄江新属种(图1b)的间隔更宽,在皮卡鱼中,这些附肢从后部一直延伸到前端沉积物充填、被推测为咽部的区域。如果是连通的,它们可能代表了出水管。脊索在皮卡鱼[15](图1c)以及可能在这种澄江动物(图1a,2)躯体前端延伸不远的证据可能十分有意义。文昌鱼在胚胎发育过程中,尽管 *Brachyury* 转录子在整条脊索长度上都表达,胚胎晚期的脊索也仅仅延伸至吻部[21]。

寒武纪华夏鳗与皮卡鱼在早期脊索动物谱系中所处位置的深入研究还有待前者更多标本的发现,以及(或者)对皮卡鱼一百多枚标本的详细评定(据S. C. M.和D. Collins未发表的论文稿)。尽管现生头索动物目前已知仅有文昌鱼类的二属,但基于现有证据,既然它们缺少与神经嵴相关的组织,则将华夏鳗与皮卡鱼暂时归入该亚纲也合情合理。文昌鱼类仍保持其现存最原始脊索动物的地位，但其与寒武纪华夏鳗的不同特征（如脊索在前部的延伸以及鳃裂的排列方式）则代表了其特化的程度。对于目前饱受争议的钙索动物假说[22]，这种早寒武世脊索动物的发现更彰显了目前对钙索动物解剖学特征的解释（以及它们在进化树上的位置[3]）与地层学证据（指示脊索动物很早即出现于寒武纪）之间的不一致。

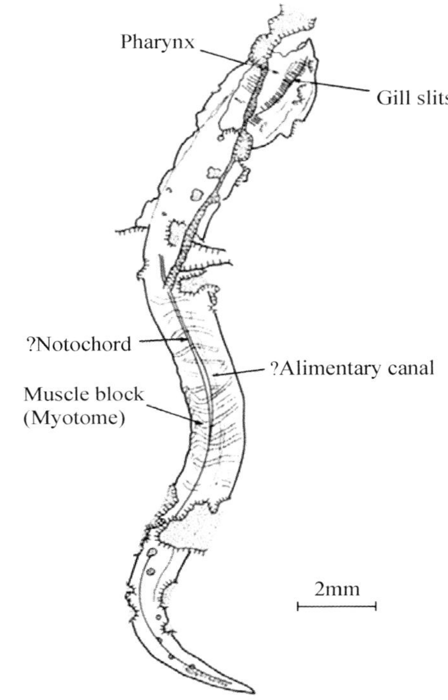

图2 好运华夏鳗（新种）显微描绘图片（与图1a对应）。此线条解译图为复合图，包括镜像的前部（正面）并与后部（反面）相连。具体说明见图1的注释。

近期，学术界对于同样产自澄江的早寒武世的铅色云南虫（*Yunnanozoon lividum*）[23]是否为脊索动物也产生了质疑[24,25]。例如，所谓的“脊索”似乎为被有机质充填的肠道；此外，推测的肌节并没有脊索动物的叠锥状肌肉组织迹象（也没有清晰出现在华夏鳗及皮卡鱼体表的S形特征），却被认为是角质化的体节，具有死后起皱现象的明显证据。本文所描述的标本同样也没有证据支持云南虫是脊索动物的观点[24-26]。与目前已知证据最相符的结论是，云南虫类与半索动物有一定亲缘关系[23]，但这个假设也需要进一步的研究讨论。举例来说，与柱头虫、文昌鱼和本文描述的华夏鳗相比，为什么云南虫被解释为“鳃裂”的构造间隔如此之大？

尽管某些证据显示澄江生物群与波托姆阶层位相当，但通常该生物群被认为整体属于晚阿特达班阶[27]。因此，它可能与布尔吉斯页岩的沉积时间存在约一千万年的间隔。布尔吉斯页岩型动物群表现出明显的保守性[18]，而产生具神经嵴的有头类的演化阶段很可能就发生在该时期。这是由于牙形石被识别为脊椎动物[28,29]，并且有证据证明，出现在中寒武世的副牙形石是牙形石的直系祖先[30]。关于半索动物/棘皮动物与脊索动物的演化历史，以及更重要的后口动物与原口动物分化问题的破解，仍有待化石证据的进一步发现。

脊索动物门

头索动物纲

好运华夏鳗（新属新种）

特征：鳗状头索动物；躯体前端（可能发生膨大）具有大的咽部与紧密排列的鳃裂；躯干具肌节，肌节的远端逐渐收敛形成细小的尖端。

模式种（已知唯一种）：好运华夏鳗

词源：好运华夏鳗（*Cathaymyrus diadexus* gen. et sp. nov.），拉丁文*Myrus*代表该化石“鳗鱼般的”体形，*Cathay*表示其发源地为中国。希腊文*diadexus*，预示好运，代表了对未来更多新发现的美好期望。

正模：标本号：N-WU 95-1405（西安，西北大学，地质学系）。

层位与分布：下寒武统筇竹寺组玉案山段（始莱德利基虫带）；标本采集于帽天山剖面以北3 km处的马鞍山剖面，为澄江地区新发现的丰富化石点。

致谢

我们感谢S. Last进行文字编辑，H. Alberti和S. Capon制图，D. Simons为化石拍照，R. P. S. Jefferies给出中肯的意见，感谢F. J. Collier和D. Erwin为我们从美国华盛顿市Smithsonian研究院借出皮卡鱼化石标本提供了便利条件。感谢国家自然科学基金、英国皇家学会以及圣约翰学院卡普里德基金（S. C. M.）的大力支持。

参考文献

1. Bone, Q., 1960. J. Linn. Soc. (Zool.), 44, 252-269.
2. Jollie, M., 1982. Zool. J. Linn. Soc., 75, 167-180.
3. Jefferies, R. P. S., Brown, N. A. & Daley, P. E. J., 1996. Acta Zool. Stockh., 77, 101-122.
4. Wada, H. & Satoh, N., 1994. Proc. Natl Acad. Sci. USA, 91, 1801-1804.
5. Satoh, N. & Jeffery, W. R., 1995. Trends Genet., 11, 354-359.
6. Holland, P. W. H. & Garcia-Fernandez, J., 1996. Dev. Biol., 173, 382-395.
7. Holland, P. W. H., Koschorz, B., Holland, L. Z. et al., 1995. Development, 121, 4283-4291.
8. Durham, J. W., 1971. Proc. N. Am. Paleont. Conv. H, 1101-1132.
9. Conway Morris, S., 1993. Palaeontology, 36, 593-635.
10. van den Boogaard, M., 1989. Scr. Geol., 90, 1-12.
11. Märss, T., 1988. Eesti NSV Tead. Akad. Toim. Geol., 37, 10-17.
12. Müller, K. J. & Hinz-Schallreuter, I., 1993. Palaeontology, 36, 549-592.
13. Conway Morris, S. Zool. J. Linn. Soc. (in the press).
14. Howell, B. F., 1937. Bull. Geol. Soc. Am., 48, 1147-1210.
15. Conway Morris, S., 1982. in *Atlas of the Burgess Shale* (ed. Conway Morris, S.) 26 (Palaeontological Association, London).
16. Chen, J. Y., Ramsköld, L. & Zhou, G. Q., 1994. Science, 264, 1304-1308.
17. Shu, D. G., Geyer, G., Chen, L. et al., 1995. Beringeria (special issue) 2, 203-241.
18. Conway Morris, S., 1989. Trans. R. Soc. Edinb. Earth Sci., 80, 271-283.
19. Briggs, D. E. G. & Kear, A. J., 1994. Lethaia, 26, 275-287.
20. Butterfield, N. J., 1996. Lethaia, 29, 109-112.
21. Conklin, E. G., 1932. J. Morph., 54, 69-151.
22. Peterson, K., 1995. J. Lethaia, 28, 25-38.
23. Shu, D. G., Zhang, X. L. & Chen, L., 1996. Nature, 380, 428-430.
24. Chen, J. Y., Dzik, J., Edgecombe, G. D. et al., 1995. Nature, 377, 720-722.
25. Dzik, J., 1995. Acta Palaeont. Pol., 40, 341-360.
26. Gould, S. J., 1995. Nature, 377, 681-682.
27. Zhuravlev, A. Yu., 1995. Beringeria (special issue) 2, 147-160.
28. Sansom, I. J., Smith, M. P., Armstrong, H. A. et al., 1992. Science, 256, 1308-1311.
29. Gabbott, S. E., Aldridge, R. J. & Theron, J. N., 1995. Nature, 374, 800-803.
30. Szaniawski, H. & Bengtson, S., 1993. J. Paleont., 67, 640-654.

（欧强　译）

云南虫被重新解释为最古老的半索动物

舒德干*,张兴亮,陈苓

*通讯作者 E-mail: elidgshu@nwu.edu.cn

摘要　作为显生宙以来最早的也是最重要的古生物化石产地之一[1,2],距今五亿三千万年[3]的澄江化石宝库中产出了数量极其丰富、种类众多、保存精美的软躯体动物化石以及保存软组织的硬体动物化石。它们包括高肌虫[4-6]、三叶虫[7,8]、甲壳动物[9]、腕足动物、蠕虫、海绵、藻类以及一些未知类型[10-13]。本文将其中的云南虫[14]重新解释为已知最古老的半索动物。尽管半索动物只是一个很小的类群,但由于它们具有脊索动物"一半"的典型特征,并且作为脊索动物和无脊索动物的中间类型[15],所以代表了进化生物学中一个非常重要的门类。半索动物由肠鳃类(柱头虫)和羽鳃类两个纲组成。除了已知可能的羽鳃动物化石——笔石[16-19]之外,半索动物的化石记录极其稀有[2,17,20]。尽管云南虫表面上与脊索动物相似,但其典型的三分的躯体构型与现生半索类肠鳃纲(柱头虫)大体一致。

与固着底栖的群体羽鳃纲不同,肠鳃纲为单体,可自由运动,并且多个属种在泥沙中营穴居生活。肠鳃纲仅包含 11 个已知的蠕虫状海洋属种,其中柱头虫属(*Balanoglossus*)最为常见。类似其他肠鳃类,柱头虫由三部分构成:吻(或前体)、领(或中体)和修长的躯干(或后体);躯干又可分为前部的鳃裂区和后部的消化区[15,22-24]。

与陈均远等人的化石材料[21]相比,我们的材料对于云南虫(图 1—4)的基本躯体构型的复原提供了一个更完整的思路。几个保存完好的个体清楚地显示出其躯体由三部分构成:吻、领和可以分为鳃裂区和肠区的躯干。在躯干后 6/7 的背侧有一个发育良好的分节构造。因为该构造较薄而硬度相对较大,不包含内部器官,所以本文把它解释为一种独特的、硬化的背鳍。

从各种标本中我们了解到,云南虫的领部为环状构造,领的腹侧有一个大的凹口。吻部作为一个实体器官位于领之前,侧视呈卵形,而背视或腹视呈舌形。化石中保存的吻伸出领外(图 1f, g, i;2a, b),但由于埋藏的倾斜度差异,吻会缩入领内或者重叠在领上(图 1c, e, h;2c, d)。陈均远等人曾报道过一块标本可清楚地看到一个近乎完整的领,但其吻部缺失,很可能是在修复过程中遗失(见参考文献 21 图 1a)。在少数标本中,吻的后部可观察到一条暗色、纵向的短线,我们暂时将其解释为口索(图 1g, 2b)。领的腹侧的凹口可能指示了口的位置(图 1c, f, g)。

陈均远等人辨认出紧邻领部之后的鳃

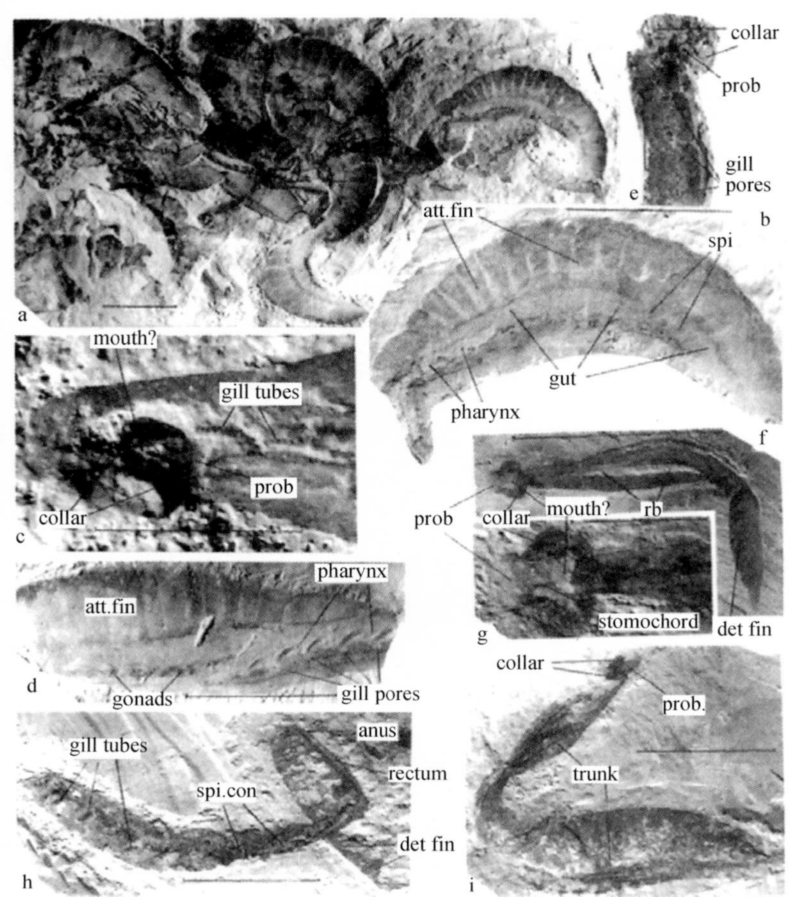

图 1 保存在 17 枚标本上的超过 40 个铅色云南虫(包括幼体和成体),采自马鞍山剖面,位于帽天山剖面以北 3 km(1991—1995 年陈均远在帽天山剖面采集云南虫材料[21])。比例尺:a, b, d, f, h, i: 10 mm;c, e, g:3 mm。a—d,分节的鳍附着在柔软的躯干背侧(att. fin),吻(prob.)、领(collar)、口(mouth)、咽(pharynx)、生殖腺(gonads)、肠内的螺旋瓣(spi)和鳃管(gill tubes)。a,标本 NWU93-1401A,超过 20 个个体保存在一起。b,a 中最右侧接近完整个体的放大,前 1/7 躯干向下弯曲。c,标本 NWU95-1402,显示领及其内部的吻,躯干最前端部分向后弯曲。d,标本 NWU93-1413,前后两端破损。e—i,前部躯干具有分离的刃状背鳍(det fin)(f, h 为死后分离);h 为具螺旋状充填物的肠道;f, g 显示可能的口索;f, h, i,扭曲且分离的软驱体。e,标本 NWU93-1403。f,标本 NWU93-1402,注意背鳍的分离在躯干上产生破裂带(rb)。g,标本 NWU93-1402。h,标本 NWU93-1406A,注意后肠直接位于背鳍之下,因此不存在容纳“脊索”的空间。i,标本 NWU93-1406A。

区具有 7 对鳃弓[21]。每个鳃“弓”由大约 20 个暗色小环组成(图 3a—c),为环状或螺旋状的硬化小管。在左右两侧的鳃区表面可见与 7 对鳃弓相对应的 7 对鳃孔。左右两侧的弯曲、环状鳃“弓”被一厚层沉积物分离开来,表明在被压实前,鳃“弓”凸向外侧并且倾向前—背侧。每个鳃“弓”的腹端都与鳃孔相连(图 1d, e;3b, c),在背侧似乎与咽部的左右两侧相连(图 4)。因此,云南虫的管状鳃“弓”与脊索动物的鳃弓[22]

有着本质的区别，而将其解释为一种独特的鳃管是最合适的，它可能与现生肠鳃类的鳃囊同源。

肠区位于咽部之后，由前肠和后肠组成。在至少四个化石标本中，肠道内部具有粪便的填充物。填充物呈螺旋状，位于作为主要消化场所的前肠（图 1h；3d，e），表明肠内具螺旋瓣。螺旋肠道可使食物在肠中停留更久且消化更有效率，在各种较低等的鱼类中独立发育。即使没有消化道填充物，有时仍可清晰地看到云南虫的螺旋瓣（图 1b；3f，g）。然而，后肠仅是一个后端有肛门的简单细长管道（图 1h）。此外，在某些标本中见到其他两种构造：①肠道之腹侧的小椭圆形构造（图 1d，3g）——侯先光等人已注意到这种构造[14]，后来陈均远等人将其正确地解释为生殖腺[21]；②一种显著的纵向暗线（图 1f，i），目前其性质尚未明确。

云南虫的成对鳃孔和鳃管是重要的共同衍征，因此它与半索—脊索动物类群[15,22-24]关系密切。云南虫三分的躯体构型使人联想起现生半索动物柱头虫（*Balanoglossus*），且其领部和前端的吻部分别与柱头虫的领和吻相似。云南虫可能的口索也是半索动物的鲜明特征。此外，不仅云南虫成对的鳃管及与之相连的鳃孔明显与柱头虫的鳃囊为同源构造，而且两种动物均由鳃区和肠区组成的躯干模式也近乎一致[15,23]。两者之间的主要区别在于柱头虫缺少云南虫的分节部位，但吻部比云南虫更为发达。这也许反映了底表栖的云南虫到穴居的柱头虫（*Balanoglossus*）的生态变化结果。分节构造很可能被底表栖的云南虫用作背鳍，但又与鱼类的背鳍在结构上有所不同，随后在穴居的后代中丧失。云南虫的后代还逐渐发育出强壮的吻部，使其掘穴更有效率。因此，如果我们的解释正确，可对云南虫进行复原（图 4）。

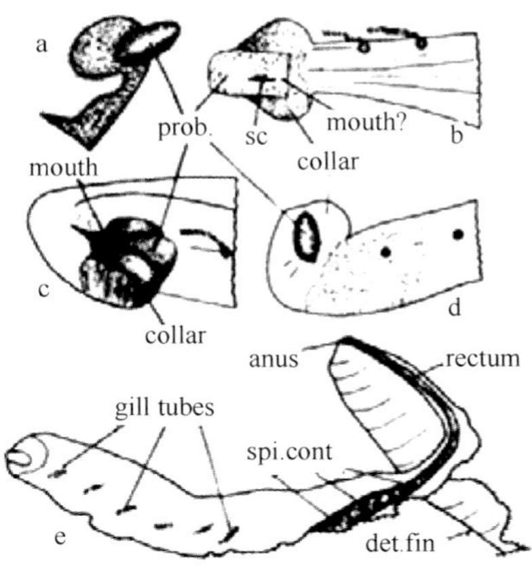

图 2　图 1c，e，g，h，i 的线条解译图，显示吻（prob.）及内部可能的口索（sc）、领和肠道细节。注意不同标本中吻和领的区别是由于保存的差异。各标本大小未按比例尺绘制。

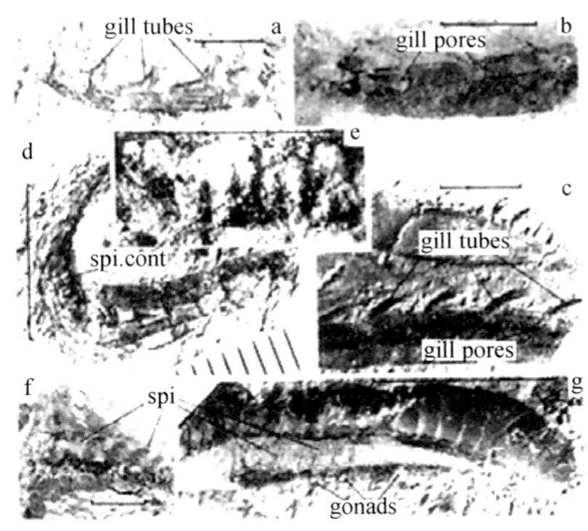

图 3　a—c，鳃孔和鳃管。a，标本 NWU93-1401A。b，标本 NWU93-1401B。c，标本 NWU93-1413。d—g，保存显著突起的螺旋状充填物（spi. cont）或前肠内的螺旋瓣，以及肠道腹侧的生殖腺。d，e，标本 NWU93-1411。f，标本 NWU93-1401A。g，标本 NWU93-1416。比例尺：a，b，c，e，f：3 mm；d，g：10 mm。

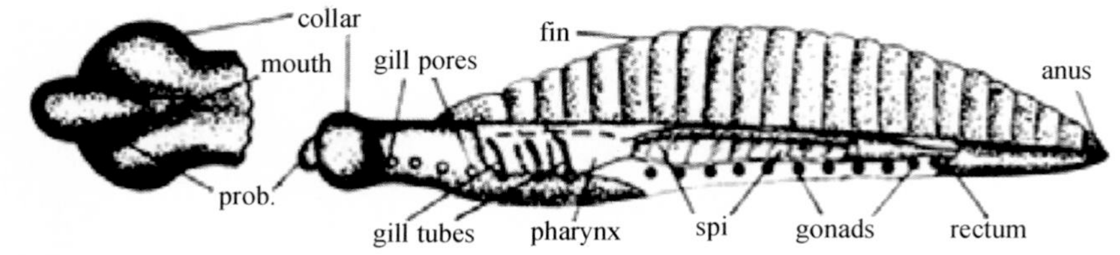

图 4 铅色云南虫复原图,显示其三分的躯体构型:吻(prob.)、领(collar)和躯干。同时也显示其鳃管、鳃孔、咽、螺旋肠、直肠、肛门、生殖腺、口以及分节的背鳍。

陈均远等人指出云南虫身体侧扁,因此运动方式可能为侧向波动[21]。我们认为,有着发达背鳍的云南虫可能是活跃的底栖游泳者。它使携带食物颗粒的水流进入口中,在咽部进行过滤后,直接进入肠道。经过滤的水流经咽内假定的鳃裂(可能未能被保存),进入鳃管进行气体交换,然后通过鳃孔流走。

陈等人基于云南虫的以下五个特征将其纳入脊索动物门:脊索、分节的肌肉、膨大的咽、鳃弓和生殖腺。他们给出了支持云南虫具脊索的五个原因,但无一有效:①他们声称,“脊索”“位于背部到咽部的位置”,但正如他们所描述的,事实上“脊索”向前穿过了咽(参考文献 21,p. 721),而脊索动物的脊索并非如此。②他们所阐述的“脊索”“通常是直的,指示其刚性”。然而,正如本文图 1a,b,h,i 和 3d 及他们文中的图 1a 和 2e 所示,大部分“脊索”是弯曲的,并且其前端可沿一定角度弯曲(图 1b)或向后弯折(图 1c,2c)。③似乎没有证据表明“脊索”比其上下的其他部位更能抵抗纵向压缩。④在所有标本中,其前端的形状都没有被清晰地保存下来,故称其“两端逐渐变细”是没有依据的。⑤如前所述,所谓的“脊索”可被解释为肠道。此外,他们在图 2 说明中描述道:位于咽部之后的“一些较宽的暗色条带横穿脊索……它们的性质不明”。然而,正如本文图 1h,2e 和 3d,e,f,g 所示,这些暗色条带可很容易地被解释为前肠的螺旋状充填物或螺旋瓣。因此,他们断言的“脊索”实际上代表了咽的上部和紧随其后的肠道。此外,他们声称该“脊索”为“棒状”,明显与他们所描述的“脊索与其他软组织一样扁平”相矛盾——根据腐烂模拟实验[25],头索类的脊索是最能抵抗腐烂分解的软体部分。因此,如果脊索真的出现在云南虫体内,它应该被保存为一种具有明显凸起的棒状暗色构造(而非一种苍白色的螺旋状或者粪便状构造),并且其躯干不应像标本 NWU93-1407A(图 1i)那样扭曲。

将云南虫背部的分节构造与头索动物的肌节相比也并不合理:①前者不像现生头索动物肌节那样呈 V 形,也不像中寒武统皮卡虫(*Pikaia*)肌节呈 S 形[26,27];②前者完全位于背侧,并且不像头索动物那样包含内脏;③其刃状外形暗示了一定程度的硬化,或者至少半硬化,因此也不应当代表肌肉组织(尤其从那些与躯干分离的标本来看)(图 1f,h)。

应该强调的是,尽管咽部、鳃管(“弓”)和生殖腺可出现在脊索动物中,但前两种构造是半索动物的关键性状,最后一种可出现在包括半索动物在内的各门类中。所有的这些事实皆支持一个结论:以上五个特征,再加上重要的三分躯体构型,强烈支持云南虫并非脊索动物，而与半索动物肠鳃类具有密切的近缘关系。

致谢

我们感谢 J. Dzik 的建议、与 L. Ramsköld 的讨论，以及李立宏和骆正乾对本文插图的整理。本项研究工作受到了中国国家自然科学基金的支持。

参考文献

1. Conway Morris, S., 1993. Nature, 361, 219-225.
2. Chen, J., Ramsköld, L. & Zhou, G., 1994. Science, 264, 1034-1068.
3. Bowring, S. A. et al., 1993. Science, 261, 1293-1298.
4. Huo. S. & Shu, D. G., 1985. *Cambrian Bradoriida of South China* (Northwest Univ. Press, Xi'an).
5. Shu, D. G., 1990. *Cambrian and Lower Ordovician Bradoriids from Zhejiang, Hunan and Shaanxi* (Northwest Univ. Press, Xi'an).
6. Shu, D. G., 1990. Cour. Forsch-Inst Senck., 123, 315-330.
7. Zhang, W., 1987. Acta palaeont. Sin., 26, 223-235.
8. Shu, D. G., Geyer, G., Chen, L. et al., Beringeria (suppl.), 2, 203-241.
9. Shu, D. G., Zhang, X. L. & Geyer, G., 1996. Alcheringa, 19, 333-342.
10. Hou, X. G., 1987. Acta palaeont. Sin., 26, 286-298.
11. Ramsköld, L., 1992. Lethaia, 25, 443-460.
12. Shu, D. G. et al., 1992. NW Univ. (suppl.), 22, 31-38.
13. Shu, D. G. & Chen, L., 1994. J. SE-Asian Sci., 9, 289-299.
14. Hou, X. G., Ramsköld, L. & Bergström, J., 1991. Zool. Scripta, 20, 395-411.
15. Barnes, R. S. K., Calow, P., Olive, P. J. W. et al., 1988. *The Invertebrates-a New Synthesis* (Blackwell Scientific, Oxford).
16. Kozlowski, R., 1949. Palaeont. Pol., 3, 1-235.
17. Broadman, R., Cheethan, A. & Rowell, A., 1987. *Fossil Invertebrates* (Blackwell Scientific, Oxford).
18. Bengtson, S. & Urbanek, A., 1986. Lethaia, 19, 293-308.
19. Durman, P. N. & Sennikov, N. V., 1993. Palaeontology, 36, 283-296.
20. Arduini, P., Pinna, G. & Teruzzi, G., 1981. Atti Soc. ital. Sci. nat. Museo civ. Storia nat. Milano, 122, 104-108.
21. Chen, J., Dzik. J., Edgecombe, G. D. et al., 1995. Nature, 377, 720-722.
22. Romer, A. S., 1964. *The Vertebrate Body*, (W. B. Saunders, Philadelphia).
23. Barnes, R. D., 1980. Invertebrate Zoology, 1018-1028 (Saunders College, Philadelphia).
24. Jefferies, R. P. S., 1986. *The Ancestry of the Vertebrates*, (British Museum, London).
25. Briggs, D. E. G. & Kear, A. J., 1994. Lethaia, 26, 275-287.
26. Conway Morris, S. (ed.), 1982. *Atlas for the Burgess Shale* (Palaeontological Association, London).
27. Briggs, D. E, G., Erwin, D. H. & Collier, F. J., 1994. *The Fossils of the Burgess Shale*, 197-198 (Smithsonian Institution Press, Washington, DC).

（欧强　译）

云南虫类的一个新种及其对后口动物演化的意义

舒德干*,Simon Conway Morris,张志飞,刘建妮,韩健,陈苓,张兴亮,Kinya Yasui,李勇

* 通讯作者 E-mail: elidgshu@nwu.edu.cn

摘要 云南虫类是早寒武世动物界中一类十分特殊的分支。尽管它被广泛认同是后口动物,但它在该亚界(或超门)内的具体位置仍有争议。本文描述了中国云南澄江动物群中的一个新种尖山海口虫(*H. jianshanensis*)。它保存了许多罕见的特征,包括独立于咽腔起源的外鳃。所以,脊索动物具有的典型鳃弓很可能是复合结构。在其他云南虫类化石中也没有发现类似脊索动物的构造。我们认为,云南虫类构成后口动物的一个基干类群,与古虫动物门密切相关。

云南虫类是一类特殊的后生动物,目前仅见于华南昆明的澄江化石库[1,2]。现在已知的有铅色云南虫[3]、海口虫模式种 *Haikouella lanceolata*[4] 以及一个新种尖山海口虫 *H. jianshanensis*。云南虫类的躯体构型是:前体较为细长,具有按节分布的鳃,以及一个较为膨大的后体,后体背部分节且为角质覆盖。云南虫类一直被描述成后口动物,但具体位置不定:有时被描述成后口动物的干群[5],或者半索动物[6],或者头索动物[7],甚或是有头类[4,8]。这些观点的分歧,部分来自对云南虫类躯体构型的不同解释,部分源自动物死后埋藏挤压变形使得前体的细节难以辨识[3,4,6,8]。基于尖山海口虫 1420 多块标本(其中 520 块保存优良,本种比云南虫类的另外两个物种的时代稍早)[3,4,7,8],我们在本文发现了许多过去未曾鉴定的性状。

尖山海口虫与云南虫类的另两个已知物种的主要区别在于鳃的大小。此外,与另两个物种[3,4,5-8]的区别还在于其背部分节单元的保存情况,后者保存良好,而本种仅偶尔保存(图 1A,B)。这可能是因为尖山海口虫的表皮角质层更薄些,因而降低了该区的保存机遇。躯体的前部由背、腹两个独立单元构成,各自成半个柱状体。(图 1G—J)。这两个单元被一个中带分开(图 1A—F, K)。腹部单元较为粗大,呈宽阔的船形,上边缘直,下边缘弯曲。背部单元的轮廓较为尖锐,且向后保存较差。

中带的角质膜很薄,易分解(图 1A—F, 2A—F),但偶尔也保存为光滑的薄膜(图 2G, H)。中带的高度通常向后逐渐变小,使背单元与腹单元靠近。然而,不同标本的

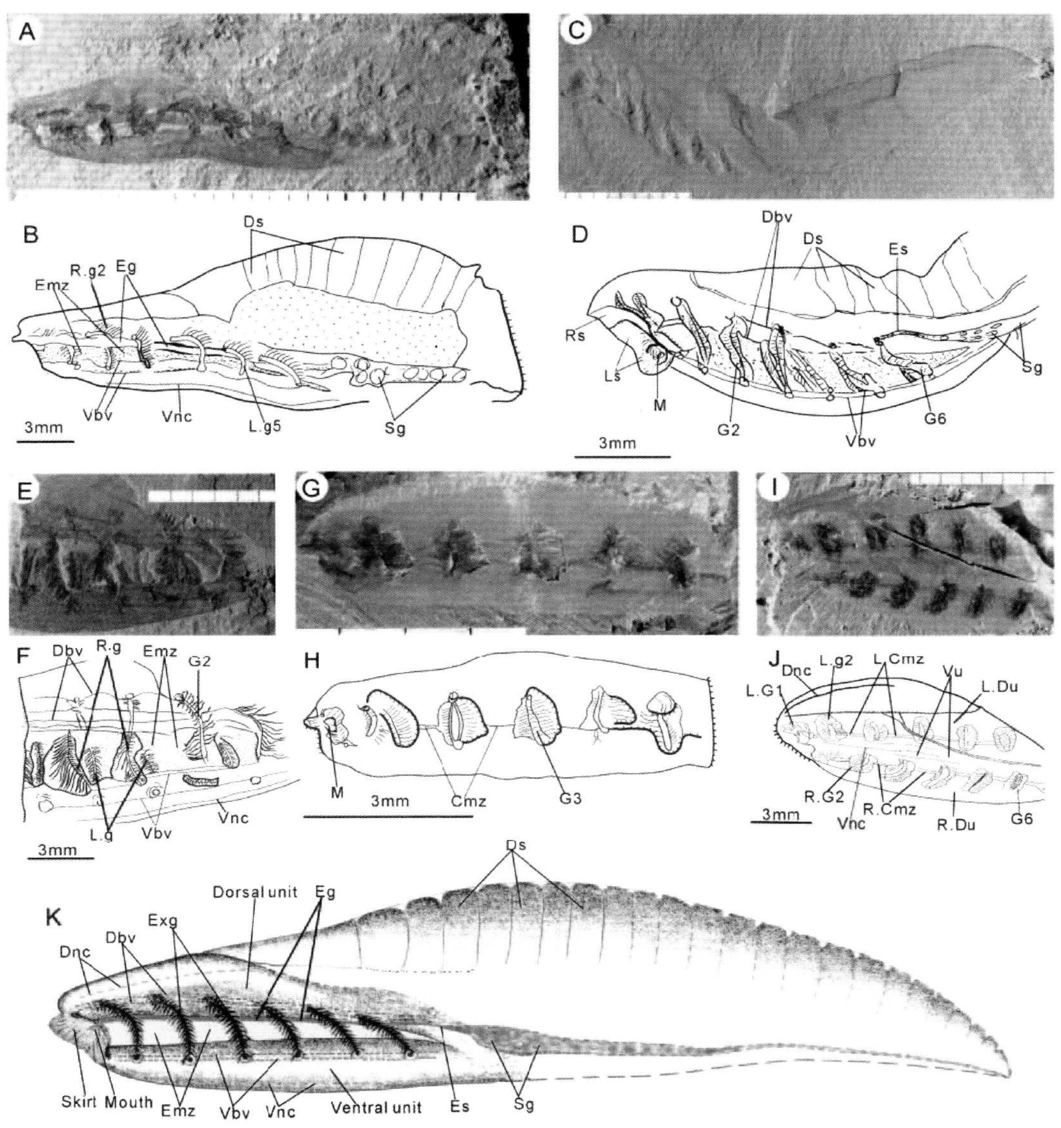

图 1　海口虫标本及尖山海口虫的复原图 A，B，E—J；C，D 为海口虫模式种。除了 I 和 J，所有标本皆为侧向保存。在 A 和 B 背部后面的体节隐约可见［标本(226)］。背部体节保存良好的完整标本（总共有 10 枚）见于 C。C 的解译图见 D。前体具有膨胀中带的标本［标本(010)］见 E 和 F，前体具有闭合中带的标本［标本(358)］见 G 和 H。斜视标本［标本(238)］见 I 和 J。K 是尖山海口虫的复原图。术语缩写如下：Cmz，闭合中带；Dbv，背部血管；Dnc，? 背神经索；Ds，背部分节；Du，背单元；Eg，? 上咽腔构造；Emz，膨胀的中带；Es，食道；Exg，外鳃；G1—G6，鳃弓 1—6；L. Cmz，左闭合中带；L. Du，左背单元；L. g1—L. g6，左鳃弓 1—6；Ls，左口裙；M，口；R. Cmz，右闭合中带；R. Du，右背单元；R. g1—R. g6，右鳃弓 1—6；Rs，右口裙；S，口裙；Sb，口裙的上棒；Sbsb，口裙与身体间的空间；Sg，? 螺旋肠道；Tmmz，覆盖中带的薄膜；Vbv，腹血管；Vnc，? 腹神经索；Vu，腹单元。比例尺为毫米。

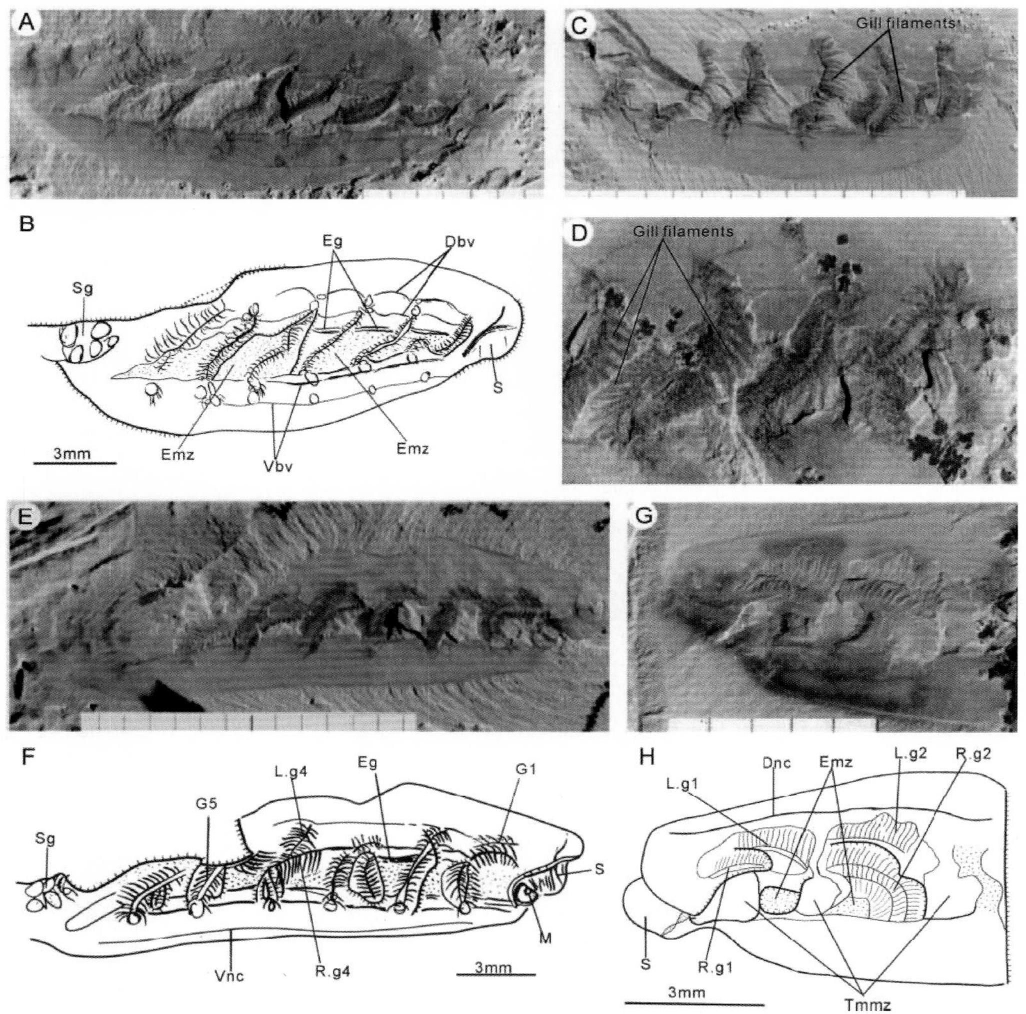

图 2 尖山海口虫的构造细节:示成对的背血管和腹血管(A,B),可能的背神经索(G,H),可能的腹神经索(E,F),覆盖中带的薄膜(G,H),以及鳃丝(C,D)。所有标本为侧视。标本号如下:A,B,131;C,146;D,099;E,F,299;G,H,088。缩写同图 1;比例尺为毫米。

中带宽度不等。其实,背单元与腹单元很少直接接触(图 1G, H),这表明整个前体在高度上可以膨胀和收缩。膨胀时,前体的前段较后段扩展的幅度要大些。

围绕前端的一个裙状构造(口裙)(图 3A—J),多少有些向外、向腹弯曲[9]。该裙上部是一个棒状物(图 3A, B),而向腹方伸展变细且含有明显的暗色线纹(图 3A, B, G—J)。口裙附着于腹单元前端的中区,其上边缘环绕并可能连接于背单元的前端(图 3A, B)。裙的下部自由下垂(图 3G—J)。于是,在口裙与前体其余部分留有一个空间(图 3A, B, E—H)。

与海口虫的模式种[4]一样,尖山海口虫两侧也有六对对称分布的鳃,每对鳃从其腹部插入处向前方倾斜。尖山海口虫的鳃很粗壮,而其单个三角形的角质鳃丝很细,这适于进行高效呼吸(图 2C, D)。前部的鳃

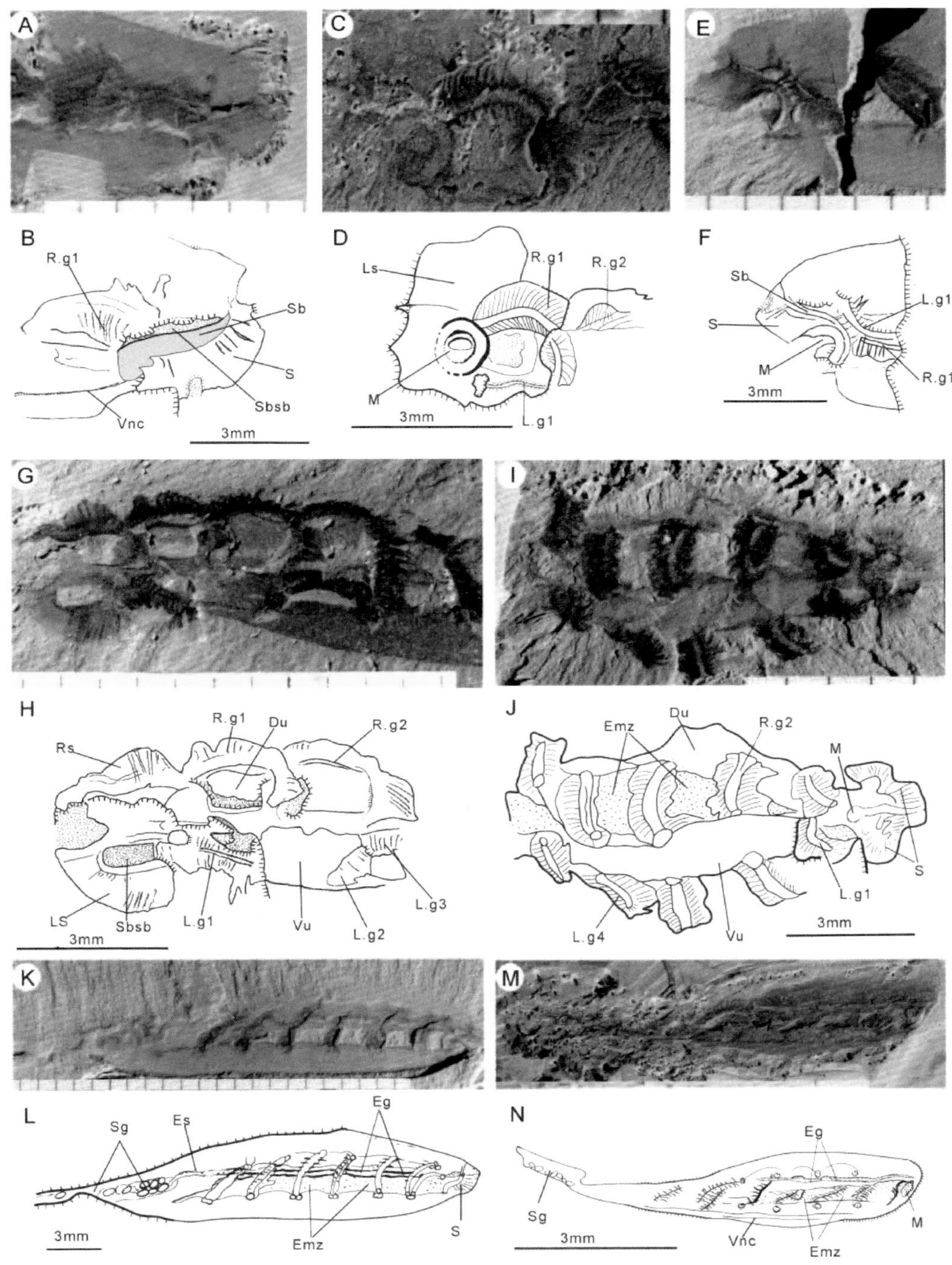

图 3　(A—N)尖山海口虫的构造细节，示口裙构造：口裙上棒(A, B, E, F)，口(C—F, I,J)，? 上咽沟(K—N)，食道及螺旋肠道(K,L)。除 C,D,I,J 外，全部为侧视。标本号如下：A,B,158；C,D,332；E,F,142；G,H,214；I,J,294；K,L,266；M,N,360。缩写同图 1；比例尺为毫米。

呈S形,向后往往变直长。鳃附着于腹单元,恰好位于一个圆形构造的背方,该圆形构造可能代表鳃的始端,也可能是咽腔的开口(图1A—F,2A—F,3K—N)。过去人们对海口虫模式种的观察研究认为[4],每个鳃的背端并没有固着,而呈自由活动状态,背腹向压缩的尖山海口虫化石的鳃也向外呈弓弯。然而,由于那样一种保存角度,人们无法确定鳃背端的性质(图1I, J;3I, J)。尖山海口虫侧向保存的标本能提供这些鳃的背端的附着证据,这包括:背端呈一致性的线性排列;而且,在中带膨胀的标本中,背单元与腹单元分离得越开,其弓形鳃就被拉得越直,尤其是前部区域(图1A—F,2A—D,3K—N)。每个鳃都有一个较宽的轴,轴两侧呈横向梳状排列着扁平的三角形叶状构造(图1E—J,2A—H,3C—J)。在侧向保存的标本中,两侧的鳃分别占据化石最上面和最底下的皮膜[10],而身体的其余部分则位于两者之间(图2G, H)。我们认为这种情况表明它们应该是外鳃。

口位于口裙包裹的后边深处。口在侧视时与一个后弯的暗区,或在背腹视时与一个半环形的暗区相伴(图3C—F);它最可能是一个角质棒。前肠可能宽大,向后变成窄细之肠。这后一区域成扇贝形或瘤形,暗示着内部构造复杂。在前体中带的紧上方有一个纵向的管状构造,其后端经由食道与肠道连接。该管有时压扁,(图1A,B;3K,L),有时呈三维立体保存(图3M, N)。其形态和位置显示它可能是某种上咽腔构造(上咽沟)。

在腹单元的两侧,有一条明显的平行于鳃基部的纵线,很可能代表一对腹血管[11](图1A—F;2A, B)。沿着腹边缘的暗线可能代表腹神经索(图1A, B, E,F;2E, F;3M, N)。在背单元,有一组类似的暗线,它们通常连接鳃弓的上端,应该代表一对背血管(图1E,F;2A, B)。有一条暗线偶尔在斜视(图1I, J)和侧视时(图2G, H)都能看到,这可能是背神经索。此外,在鳃的主轴观察到的窄条纹可能代表导管组织。

我们见到的尖山海口虫及另外两个云南虫类的所有标本中,从未见到所谓的眼睛[12]和三分脑。我们也从未在尖山海口虫标本中鉴定出脊索构造,尽管依据埋藏实验证据显示,脊索构造应该是一种结实且较易保存的构造[13]。此外,尽管背后部的体节在尖山海口虫仅偶尔保存,但它与澄江化石库中的真正鱼化石的脊索构造毫无相似之处[14,15]。我们既没有见到口腔的触须,也没有咽齿的证据[4]。限定口的角质棒曾经在海口虫模式种上图示过[4],却未必鉴别出来。我们在此鉴定的口裙也被他们先前图示过,却被鉴定为前鳃管、一个前突起或者叶状构造[4]。其他的构造如心脏和交媾器官[4,7,8],在我们见到的所有云南虫化石材料中皆未见到。

从前,云南虫的鳃被认为是内部构造[16],并被人为地整合进多孔的咽腔中,并与七鳃鳗的幼体相比较[4]。在尖山海口虫,鳃形成了外鳃弓,附着在背、腹单元的外表面。鳃位于外部使得咽孔解译就成问题了。中带的角质膜并没有开孔的证据。然而,与鳃的腹端相邻的清晰的圆形构造在铅色云南虫也可见及[7,8](每个圆形构造有一个中心带及外环轮)(图2A, B),很可能代表单个为窄边限定的开口。当然,另一种可能是,该圆形构造代表着鳃的附着盘。

我们先前提出云南虫类的谱系地位与

基干后口动物类群古虫类密切相关的建议[17]，可以支持我们对尖山海口虫的观察研究。尤其是其明显的背、腹单元与古虫的壳状前体十分相似，尽管古虫背、腹单元之间的角质中带可以扩展和收缩。我们姑且将腹单元的圆形构造鉴定为咽孔，它们位于古虫类咽孔（即鳃裂外孔）对应位置的腹方。所以，云南虫类可解释成后口动物的基干类群，但由于具有鳃，所以在谱系树上的位置应该比古虫类更趋向冠群。如果背、腹神经索的鉴定正确的话，那云南虫类就构成了肠鳃类半索动物的近亲，然而在其他方面，云南虫类的躯体构型则有明显差异。

建立后口动物的谱系树目前仍然有难度，这既因为各现生类群的属性差别巨大，又由于这些候选干群的性状看起来奇形怪状。尽管后口动物的分子生物学信息[18,19]提供了意想不到的新认识，但像钙索动物[20]、古虫动物门[17]以及云南虫类等类群对后口动物亚界的谱系重建仍具有核心价值。尤其是鳃弓这一鉴定特征实际上是一个复合构造：在明显的鳃弓出现之前，咽孔就在古虫动物中演化出来了[17]。因而，这些鳃只是在后来才迁移到体内更受保护的位置。

系统古生物学如下：

？古虫动物门

云南虫纲 Dzik, 1995[5]

云南虫科 Dzik, 1995[5]

云南虫属 Chen *et al.*, 1999[4]

尖山海口虫（新种）*Haikouella jianshanensis* n. sp.

词源：种名来自标本产出的云南海口的尖山。

模式标本：ELI-0010001（226）

其他的化石材料：超过 1420 块标本。

地层及产地：筇竹寺组，靠近玉鞍山段（*Eoredlichia* 带），下寒武统。标本采自云南省昆明市海口镇的尖山，位于耳材村以东约 2 km。

鉴定特征：躯体的前部由背、腹两个单元构成，其间由膜连接；六对外鳃同时附着于背、腹单元；鳃强壮，双列梳状排列；口裙伸展，附着于背、腹单元的前端。后体分节，角质化弱。口大，胃腔扩大，其后与细肠连接。

致谢

我们感谢中国国家自然科学基金委、科技部，美国地理学会、英国皇家学会、剑桥大学圣约翰学院。感谢程美蓉、郭丽红、成秀贤、翟娟萍、郭宏祥、姬严兵、S. Last 及 A. Allen 的技术性协助。谢谢 M. M. Smith 和一位匿名评审员进行了建设性对话。

参考文献

1. Zhang, X. L., Shu, D. G., Li, Y. et al., 2001. J. Geol. Soc. London, 158, 211.
2. Babcock, L. E., Zhang, W. & Leslie, S. A., 2001. GSA Today, 11 (no. 2), 4.
3. Hou, X., Ramsköld, L. & Bergström, J., 1991. Zool. Scr., 20, 395.
4. Chen, J., Huang, D. & Li, C., 1999. Nature, 402, 518.
5. Dzik, J., 1995. Acta Palaeontol. Pol., 40, 341.
6. Shu, D. G., Zhang, X. L. & Chen, L., 1996. Nature, 380, 428.
7. Chen, J. et al., 1995. Nature, 377, 720.
8. Holland, N. D. & Chen, J., 2001. BioEssays, 23, 142.
9. A somewhat similar conclusion was reached by Dzik (5), who identified two large ventrolateral lobes in *Y. lividum*. However, he compared this structure with the sclerotic ocular rings of the conodont animal.

10. In Burgess Shale-type preservation, turbulent burial introduces sediment into spaces and cavities of the animal. Subsequent compaction greatly reduces the thickness of this sediment and converts the fossil into a series of thin films. Typically, small scarps (denoted on the interpretative drawings as hachured lines, with the hachures pointing downslope) separate the various parts of the fossil and so allow inferences on their relative position and imbrication.
11. A similar structure is identified in *Y. lividum* [figure 3B in (7)], where it is identified as an endostyle. A ventral aorta is identified in figure 1 of (4), but as a single structure.
12. The failure to recognize eyes is unlikely to be a result of taphonomic circumstances, because well-developed eyes occur in the agnathan *Haikouichthys* (15), as well as in a number of Chengjiang arthropods.

13. Briggs, D. E. G., Kear, A. J., 1994. Lethaia, 26, 275.
14. Shu, D. G. et al., 1999. Nature, 402, 42.
15. Shu, D. G. et al., 2003. Nature, 421, 526.
16. The gill bars of yunnanozoans with spaced discs are described in (4) and (7), but these are more likely to be cuticular bands, marking in *H. lanceolata* and *H. jianshanensis* the insertion points of the extended filaments and leaves, respectively.
17. Shu, D. G. et al., 2001. Nature, 414, 419.
18. Cameron, C. B. et al., 2000. Proc. Natl. Acad. Sci. U. S. A., 97, 4469.
19. Winchell C. J. et al., 2002. Mol. Biol. Evol., 19, 762.
20. Dominguez, P., Jacobsen, A. G. & Jefferies, R. P. S., 2002. Nature, 417, 841.

(舒德干 译)

对《云南虫类的一个新种及其对后口动物演化的意义》评论的回应

舒德干*，Simon Conway Morris

*通讯作者 E-mail：elidgshu@nwu.edu.cn

澄江动物化石的复杂的埋藏情况和奇特解剖构造的结合导致了人们在它们谱系定位上的巨大分歧。云南虫类就是这一难题的典型代表。但是，Mallatt 等人[1]提出的云南虫类代表着某种原始脊椎动物的建议很难得到支撑。他们的论证围绕着六个关键的主张：存在眼睛、大的脑、与无颚类相似的前体、具有肌肉纤维的肌节和肛后尾。其中前三项尤其与脊椎动物有亲缘关系。然而，它们没有一项具有说服力。尽管本讨论集中在尖山海口虫的描述上[2]，但我们的化石解读也基于云南虫类另外两个物种（*Yunnanozoon lividum* 和 *H. lanceolata*）丰富的标本材料。

石化的眼睛在澄江动物群化石中比比皆是，在节肢动物[3]和毫无疑义的无颚鱼海口鱼[4,5]和钟健鱼[5]尤其明显。与此相反，Mallatt 等人鉴定的所谓眼睛却极不相同。而且不幸的是，Mallatt 等人没有给出任何细节说明他们到底有多少标本能显示那样的眼睛。我们的标本过千，其中许多精美地保存了前体，但没有一个能显示同样的构造。我们应该注意到在图 1A[1]中所示的两种极不相同的所谓眼睛，还应该看到，在图 1B[1]中的所谓眼睛非常靠近第一个鳃（未标注），其实它明显相似于我们所描述过的鳃弓终端[2]。所以，它其实构成了鳃弓的背部附着处。这一证据支持了我们的下述推测[2]：鳃的两端皆固着，这与他们早先的假设完全相反[6]。

我们还质疑[7,8]云南虫类既具有肌节又具有脊索的说法。辨识出肌肉纤维本身并不足道。而且，我们也曾指出，“肌肉纤维”在某些古虫也可见到。这一事实，连同 Mallatt 等人描绘的纤维大小和弯曲的样子表明，它们更可能是角质覆膜的褶皱。即使这些构造果真代表某种肌肉纤维，由于它们仅局限于最背部区域（图 1C[1]），所以它们绝不能说明这些肌肉块像脊索动物肌节具有典型的锥套锥构型。因此，云南虫类背部的分节没有任何经典的“V”或“W”肌节形态，而且，与脊椎动物（以及文昌鱼）的情况相反，云南虫类的所谓脊索位于腹部，根本无法起到与肌节协调配合的作用。

Mallatt 等人的其余说法更为草率离谱。尽管我们高兴地看到，他们同意我们关于口裙的解译，然而，与先前的研究相反[6]，我们未能看到他们如何将口裙与海口鱼[4]

或七鳃鳗幼体进行详细比较。谈到鳃弓的位置，我们要重申外鳃的证据[2]，这是基于仔细考察化石保存的相对层位得出的，而且这也与以前的图示一致[6]。Mallatt 等人鉴定出所谓很大的脑（以前解释为“三分脑”[6]）。但我们对此十分怀疑，理由有二。第一，在我们的材料中没有见到任何三分脑，而且这一现象也与成对神经索相一致[2]。第二，如果云南虫类属于原脊椎动物的话（对此说法我们坚决反对），那也很难想象它比文昌鱼还要分化得更多、更高级。文昌鱼只有一个很小很简单的脑，而且其后脑与中脑间的分化也极不明显[9]。基于其存疑的肠道末端就声称具有肛后尾是靠不住的，而且细小的“尾”构造极为少见，它很可能是标本褶皱和挤压的产物。

Mallatt 等人的推测之所以不可信，是因为他们对化石材料的解译很成问题，而且他们还假设后口动物谱系无法容纳古虫动物门[10]。认为古虫动物类和云南虫类属于后口动物的基干类群，便重新开启了许多正命题，既包括后口动物的早期演化，更涉及各种近裔特征的起源。尽管他们将古虫动物故意复原成具有眼睛和触角的奇怪动物[11]，但无论是这些构造本身，还是任何其他构造（如分节的腿——这又与节肢动物扯上了关系），皆未在数千枚古虫动物标本上真实地见到。我们同意 Mallatt 等人认为许多后口动物性状的起源还需要进一步探索的观点，但是，我们建议，将云南虫类和古虫动物门认定为后口动物的基干类群，将使各种悬案的破解工作焕发生机，其中包括咽孔的起源探索。

致谢

本研究得到中国科技部（G2000077702）、自然科学基金委（30278003 和 49972003）以及英国皇家学会的资助。

参考文献

1. Mallatt, J., Chen, J. & Holland, N. D., 2003. Science 300, 1372c; www. sciencemag. org/cgi/content/full/300/5624/1372c.
2. Shu, D. G. et al., 2003. Science, 299, 1380.
3. Hou, X. et al., 1999. *The Chengjiang Fauna: Exceptionally Well-Preserved Animals From 530 Million Years Ago* (Yunnan Science and Technology Press, Kunming, China).
4. Shu, D. G. et al., 2003. Nature, 421, 526.
5. Shu, D. G., 2003. Chin. Sci. Bull., 48, 731.
6. Chen, J., Huang, D. & Li, C., 1999. Nature, 402, 518.
7. Conway Morris, S., 2000. Proc. Natl. Acad. Sci. U. S. A., 97, 4426.
8. Smith, M. P., Sansom, I. J. & Cochrane, K. D., 2001. in *Major Events in Early Vertebrate Evolution: Palaeontology, Phylogeny, Genetics and Development* (Taylor & Francis, London), pp. 67-84.
9. Jackman, W. R., Langeland, J. A. & Kimmel, C. B., 2000. Dev. Biol., 220, 16.
10. Shu, D. G. et al., 2001. Nature, 414, 419.
11. Chen, J., Cheng, Y. N. & Iten, H. V. Eds., 1997. Bull. Natl. Mus. Nat. Sci. Taiwan, 10.

（舒德干　译）

第三部分

原口动物亚界

原口动物亚界演化略图

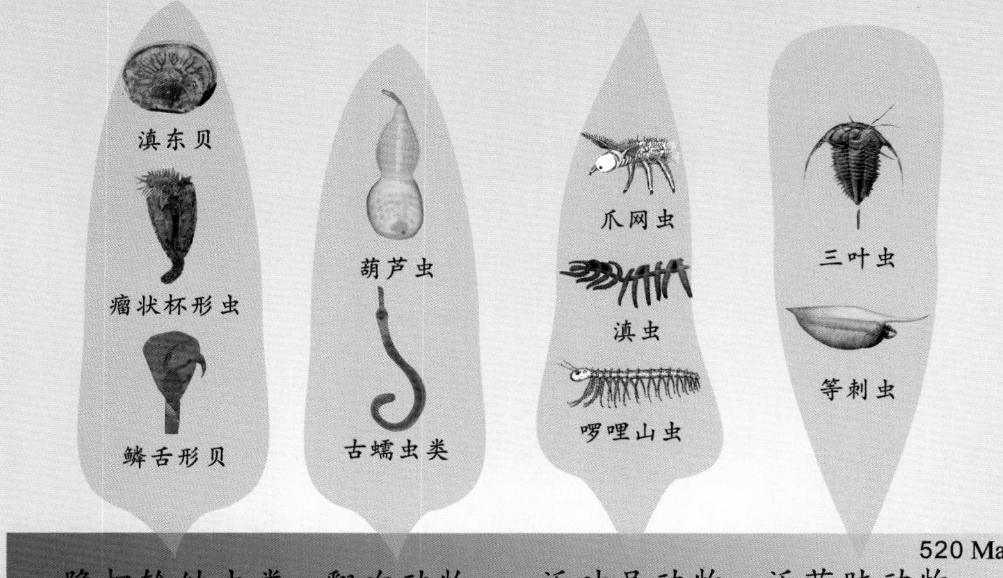

滇东贝
瘤状杯形虫
鳞舌形贝
葫芦虫
古蠕虫类
爪网虫
滇虫
啰哩山虫
三叶虫
等刺虫
520 Ma
隐担轮幼虫类
翻吻动物
泛叶足动物
泛节肢动物
寒武大爆发
542 Ma
触手担轮类群
蜕皮类群
原口动物

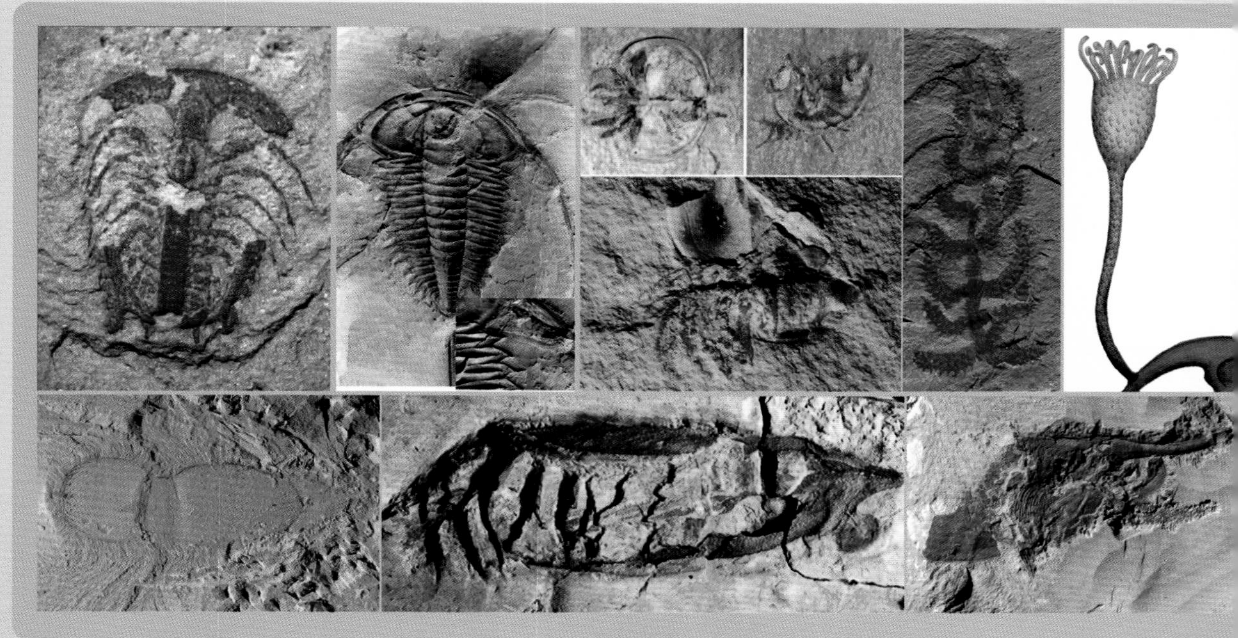

下寒武统澄江生物群（华南）软躯体始莱德利基三叶虫研究（节选）

舒德干*，Gerd Geyer，陈苓，张兴亮
* 通讯作者 E-mail：elidgshu@ nwu. edu. cn

摘要　本文报道了澄江化石库中具有软躯体构造的两个三叶虫属种，中间始莱德利基虫（*Eoredichia intermedia*）和云南云南头虫（*Yunnanocephalus yunnanensis*）。对两个属种外骨骼的形态特征进行了详细研究，补充和修订了前人的研究成果。重点描述了这两个属种的软躯体构造，包括消化道、毗邻的盲肠、触角以及双支型附肢的形态特征。对比现生生物相应的器官构造，讨论了两个属种个体的功能形态学和可能的生活方式。外肢的形态特征表明，其适于过滤和游泳，而不用于呼吸。同时，证实了外肢的鳃片状构造为覆瓦状排列。中间始莱德利基虫的附肢形态表明，它可能与其他较为原始的三叶虫类群 *Olenoides* 和 *Kootenia* 最接近。

关键词　下寒武统；三叶虫；莱德利基虫科；软躯体构造；形态；触角；双支型附肢；功能形态学；生活方式；谱系关系；扬子板块；华南

研究背景

在我国，三叶虫的研究历史已逾百年。近数十年的大量研究工作表明，中国的三叶虫对于世界三叶虫相关类群的研究，起着举足轻重的作用（Zhang *et al.*，1980；Lu and Chen，1989）。然而，我国早期的三叶虫研究，几乎都局限于分类学领域，而涉及其软躯体构造的报道可谓是凤毛麟角。但是，无论如何，仅仅依赖于传统的外骨骼研究结果，无力解决一些重要的科学问题，如系统分类、谱系关系、自然分类群以及功能形态学等。此时，迫切需要除硬体骨骼之外的软躯体构造信息（保存软躯体的稀缺化石），而这些软躯体信息正是三叶虫生物学和系统关系研究问题中无以企及的证据（Shu *et al.*，1992）。本文报道一个早期多节类三叶虫形态复原的方法，此外，尝试在属种描述时，考虑种内的形态变化。

三叶虫软躯体的早期研究

在过去的二百年中，三叶虫已描述了上万个属种，然而，发现具有软躯体构造的仅有约 20 种。这些具有一定软躯体的属种，几乎都来自欧洲和北美，属于中寒武世或更年轻的地层。其中一个特例是，宾夕法尼亚的一块 *Olenellus getzi* 标本，属于下寒武统 Kinzers 组（Dunbar，1925）。但是，随后的

研究认为,这块标本并不是三叶虫。

也许,目前学术界认知度最高的保存有软躯体构造的三叶虫应属纽约州奥陶纪的油栉虫 *Triarthrus eatoni*(Hall)(如 Beecher, 1893, 1894, 1895a; Walcott, 1894, 1918, 1921; Raymond, 1920; Størmer, 1939, 1951; Cisne, 1974, 1975, 1981; Whittington and Almond, 1987; Whittington, 1992)。

1939 年, Størmer 对 *Ceraurus pleuroxanthemus* Green 进行了深入的研究,揭开了三叶虫双支型附肢构造的奥秘,这项研究产生了深远的影响。其后对于有关三叶虫类群的研究,揭示了更多的解剖学信息,为我们理解三叶虫附肢的概念做出了更大的贡献,如耸棒头虫类三叶虫 *Olenoides serratus* (Rominger) (Walcott, 1912, 1918, 1921; Raymond, 1920; Whittington, 1975, 1992)和 *Kootenia burgessensis* Walcott (Walcott, 1918; Størmer, 1939; Whittington, 1975), 有关 *Cryptolithus tesselatus* Green 和 *Cryptolithus bellulus*(Ulrich)(Beecher, 1895b; Raymond, 1920; Walcott, 1921; Størmer, 1939; Campbell, 1975) 和 *Triarthrus eatoni* 等研究。然而,上述研究所得结论是,所有三叶虫的附肢形态几乎一致。但事实上,三叶虫的双支型附肢的形态千差万别(Bergström, 1969),因此,这些研究在某种程度上也限制了我们对于三叶虫附肢概念的理解。

此外,还有一些有关三叶虫软躯体的发现,如褶颊虫类的 *Elranthina cordillerae* (Rominger)(Walcott, 1918),还有 *Flexycalymene senaria* (Conrad) (Walcott, 1881, 1918), *Aateropyge* 属的一个种(Broili, 1930; Bergström, 1973)和 *Phacops* 属的一个种 (Seilacher, 1962; Stürmer, 1970; Bergström, 1973)等。然而,这些发现都没能对三叶虫附肢原有的传统概念进行修正。

产地和层位

本文所有材料都采自澄江化石库(*Lagerstätte*),它是保存大量软躯体后生动物的最古老的化石产地之一。近年来,随着大量早寒武世化石的发现,澄江化石库业已成为学术界讨论和研究的焦点。人们对布尔吉斯化石库的再度关注和寒武大爆发研究的不断升温,吸引了大量科学家加入到研究行列。有关这一研究领域的相关科研论文也越来越多,其中包括化石产地、保存环境、埋藏条件以及大量的生物分类学和解剖学的研究。虽然已经有一些关于纳罗虫(*Naraoia*)形态和系统学的研究成果(Zhang and Hou, 1985; Hou *et al.*, 1991),但是,典型的三叶虫的形态学和解剖学研究仍很缺乏(Chen and Erdtmann, 1991)。澄江生物群中,有五个具钙质外骨骼的三叶虫属种,本文将描述其中两个种的解剖学特征。一些属种,在澄江化石库中的产出层位最高,且标本较少,如关杨虫 *Kuanyangia* sp. (Zhang, 1987b)和马龙虫 *Malungia* sp.;还有一些产出层位最低,如尚未命名的始盘类(eodiscid),都未发现具有软躯体构造的化石。

1981 年,笔者之一(舒德干)在澄江的帽天山地区发现了大量壳体化石,包括三叶虫和高肌虫,同时还有双瓣壳节肢动物的附肢,随后,对这些发现进行了报道(Huo *et al.*, 1983; Huo and Shu, 1985; Shu, 1990)。第一块保存有软躯体的钙质壳三叶虫发现于1991年,随后两年又有一些新的材料发现(Shu *et al.*, 1993)。本文所涉及的材料来自澄江化石库的三个产地,分别为帽天山、大坡头和小滥田(图1)。

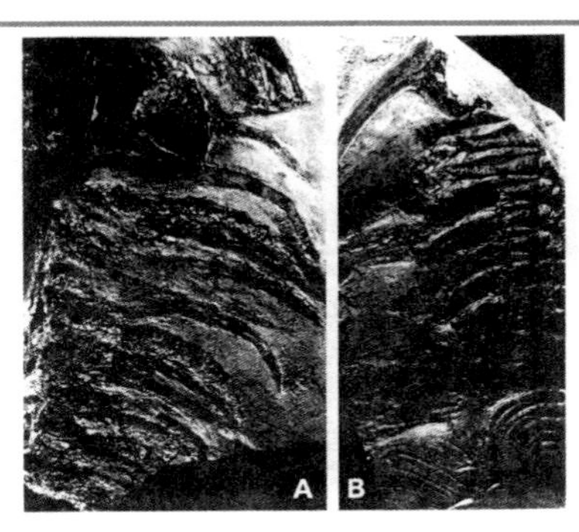

图1　中间始莱德利基虫(Lu, 1940)。A, NWUS 92-1018A。

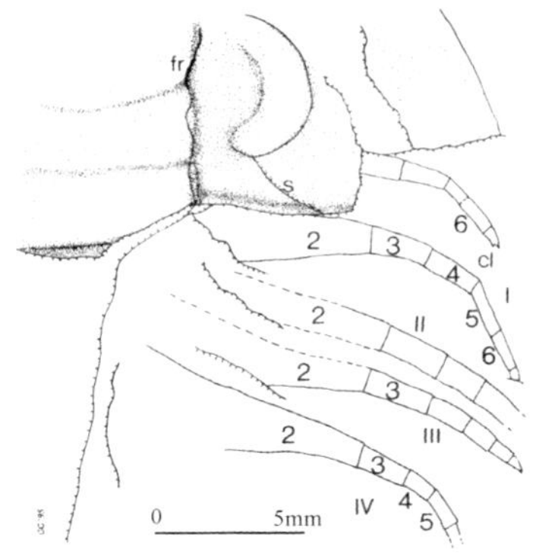

图2　中间始莱德利基虫(Lu, 1940)。NWUS 93-1018B (图9A)的说明图。展示壳背下方的内肢。阿拉伯数字表示足节,罗马数字表示胸节。最前部的可见的内肢属于后部头节的一部分。fr,破裂处;s,缝合处;cl,壳刺或爪状刺。文中有进一步解译。

之前的研究已对上述这些产地的情况做了详细的报道,本文不再赘述。此外,有关古地理的轮廓、埋藏环境、地层以及生物组合等方面可参见 Chen 和 Erdtmann (1991)以及 Hou *et al.*(1991)。

保存和埋藏

有关澄江化石库的形成机制,目前还不完全清楚。其沉积物主要是近乎纯净的泥岩和粉砂质泥岩与成层的砂岩互层。澄江采场上部0—1 m厚的透镜体单元,由丘状交错层理砂岩组成(E. Landing,野外观察,1992)。这种环境被认为是快速沉积相。其中的生物正是被快速埋藏,保存了原有的生活面貌,基本都是背部的外骨骼平行于层面保存,而腹面的附肢则穿透层面保存,与层面呈多种角度(图8)。在劈开壳体化石的时候,标本往往沿着生物背部外骨骼表面分开,因而在通常情况下,我们不能直接看到保存有软躯体的部分。

早期成岩作用导致生物的外骨骼部分被赤铁矿以及富铁的黏土矿物置换(Jin *et al.*, 1991)。在节肢动物附肢的研究中,我们观察到了两种重要的保存类型。第一种类型与布尔吉斯页岩型(Whittington, 1975)保存方式一致:个体的附肢相对于背部外骨骼有错位。这种保存方式暗示个体在埋藏前已经死亡:附肢明显脱节,这种脱节方式表明,原本连接附肢和外骨骼的肌肉腐烂,或是从原有着生部位脱节。外肢和内肢也改变了两者原有的相对位置,不再是外肢背向着生,内肢腹面着生,而是都平行于层面保存。

然而,另一种类型则更为普遍:外肢和内肢分别背向和腹向保存,这暗示着活体埋藏的保存方式。在这类标本中,附肢穿透数个岩石微层,重现了生物体最后的挣扎场面,但遗憾的是,个体最终没能从这种快速埋藏的厄运中逃脱。

形态描述

中间始莱德利基虫(*Eoredichia intermedia*)是下寒武统扬子板块(和南澳)鲜为人知的三叶虫之一。前人对其外骨骼的形态已进行了描述(*Lu*, 1940; Zhang, 1962, 1987b)。本文将关注除硬体以外更多的形态学特征,并对之前的研究成果加以补充。

似莱德利基科

Family Pararedlichiidae Hupe, 1953

始莱德利基虫属

Eoredlichia Zhang, 1951

模式种　中间始莱德利基虫

Eoredichia intermedia Lu, 1940

1. 背部外骨骼

2. 附肢

中间始莱德利基虫(*Eoredichia intermedia*)与其他三叶虫一样,第一对附肢或称触角为单支型。触角后附肢双支型,但形态并不完全一致,和其他三叶虫一样,附肢向体后逐渐变小。

触角:目前,在已研究的产自澄江的标本中,仅有五块中间始莱德利基虫保存了成对触角。触角的长度明显超过了头部。触角从头甲下部的前边缘伸出,通常是从鞍前叶的前侧角前方。这表明了三叶虫生前触角的着生位置。死后的挤压变形往往使触角保存得更靠侧面。

3. 唇瓣

“真”莱德利基虫唇瓣通常的连接模式被称为接触式(conterminant)(Fortey, 1990),其特征是唇瓣通过一个腹边缘板(rostral plate)与腹边缘(doublure)相连。中间始莱德利基虫的唇瓣也采用这种连接方式。因此,唇瓣一般不易发现(Fortey, 1990)。无论如何,我们可以通过中间始莱德利基虫背面的比较来发现唇瓣的连接部或是连接的软躯体部分。

图3　中间始莱德利基虫(Lu, 1940)。NWUS 93-1001;样本 D_2 区域。展示胸节后部的具有阔椭圆形桨状轴的外肢以及连接后边缘的丝状体。放大率5×。

4. 消化道(省略)

5. 功能形态学和生活方式(省略)

云南头虫科

Family Yunnanocephalidae Hupe, 1953

云南头虫属

Yunnanocephalus Kobayashi, 1936

模式种 云南云南头虫

Ptychoparia yunnanensis Mansuy, 1912

1. 背部外骨骼(省略)

2. 附肢(省略)

3. 唇瓣和腹边缘板(省略)

4. 功能形态学和生活方式(省略)

谱系分析和系统分类

高水平分类学(省略)

莱德利基三叶虫(省略)

系统分类的重要性

总体考虑(省略)

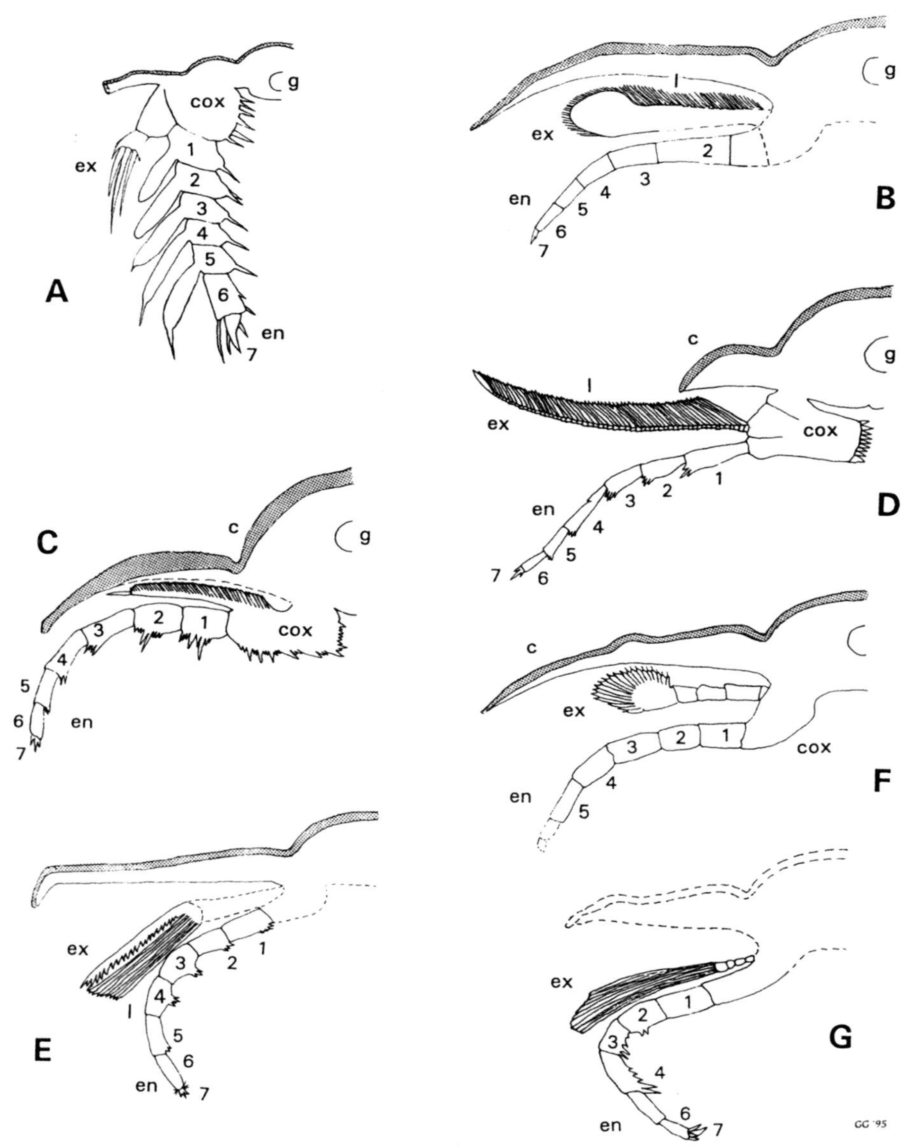

图4 豆形球节子虫和多节类三叶虫软躯体和附肢的横截面图示;无比例尺。A,豆形球节子虫(*Agnostus pisiformis*);第一个胸部附肢的截面;由 Müller 和 Walossek 复绘(1987,图 27F)。B,中间始莱德利基虫(*Eoredichia intermedia*);胸肢前部截面。C,锯肌拟油栉虫(*Olenoides serratus*);后视;由 Müller 和 Walossek 复绘(1987,图 27A),之后由 Whittington 修正(1975, 1980)。D,*Triarthrus eatoni*;体肢前视;由 Müller 和 Walossek 小幅度修正并复绘(1987,图 27C),之后由 Cisne 修正(1975, 1981)。E,*Cryptolithus tesselatus*;体肢;由 Müller 和 Walossek 小幅度修正并复绘(1987,图 27C),之后由 Harrington(1959)和 Bergström(1972)修正。F,*Ceraurus pleuroxanthemus*;体肢;由 Müller 和 Walossek(1987,图 27E)小幅度修正并复绘,之后由 Størmer(1939)修正。G,*Phacops* sp.;体肢;由 Müller 和 Walossek 复绘(1987,图 27D$_1$),之后由 Bergström(1969)修正。

始莱德利基虫属(*Eoredichia*)和云南头虫属(*Yunnanocephalus*)的附肢形态

始莱德利基虫属和云南头虫属都是已知最古老的真三叶虫类,其软躯体构造都具有很高的研究价值。莱德利基三叶虫,属于主要三叶虫谱系中的干群分子,这一点学术界已经基本达成共识。按照传统的观点,节肢动物软躯体附肢的排布方式(形态和数量),尤其是头部的,是节肢动物系统分析最可靠的依据。那么,始莱德利基虫属的形态特征,就暗示了它在大多数三叶虫中的原始地位。然而,这些形态构造对于谱系演化路径的重建究竟有多大的意义,目前还不清楚。三叶虫的附肢构造千变万化,因此,深究其系统分类关系可能并无太大的价值(Bergström, 1969)。事实上,三叶虫的附肢形态(Størmer, 1939, 1942, 1944, 1951)的确呈现出极大的差别(Bergström, 1969, 1973; Cisne, 1974, 1975, 1981)。

目前,对始莱德利基虫属附肢的形态所做的复原,与三叶虫躯干附肢(假设的)基本形态存在一定的差别,而始莱德利基虫已知的附肢的细节构造,还不足以直接认定其系统分类关系。三叶虫具双支型附肢,其中内肢的构造与大多数节肢动物的内肢构造大同小异。而主要的差别是在基节(coxae),通常情况下,基节与内肢远端节相比,它可以非常膨大。基节的内边缘常具基节齿或基节刺,基节的腹面也会有基节刺。但澄江的化石材料,其基节没有这些特征。始莱德利基虫属躯干部附肢的内肢节为简单的管状,横截面可能为椭圆形。其他三叶虫常见的齿和刺的构造,在始莱德利基虫属都未见到。虽然可能与保存状况不佳有关,但是这种保存方式所展示的比较柔韧的表皮构造表明,始莱德利基虫属确实相对原始。其内肢第二节通常较长,且形态特异,不太可能具有强壮的运动肌。附肢的主要运动方式是定向爬行。始莱德利基虫的内肢末端具一小爪。外肢的形态与已知三叶虫的外肢形态都不同。此外,*Ceraurus pleurexanthemus* 同样也缺乏内肢节刺,且与始莱德利基虫的内肢节长度相当,但是前者不具管状的长基节。

即便是近缘的三叶虫类群,外肢形态也不同。始莱德利基虫属的外肢由近体端的长柄(Shaft)和远体端的舌状叶(lobe)组成,柄上附有一系列长鳃丝,叶的侧边缘附有短鳃丝。相似的构造还见于 *Olenoides* (Whittington, 1975), *Naraoia* (Whittington, 1977; Zhang and Hou, 1985)和 *Emeraldella*(Bruton and Whittington, 1983)。这进一步强化了我们对于附肢、尤其是外肢基本形态的认识,它反映了功能形态学和生活方式的差别,进而揭示出了演化过程。无论如何,除了球接子外,三叶虫的附肢可以分为三种类型:

(1)始莱德利基型(*Eoredlichia*-type)。外肢具片状的叶,划分为近体端和远体端两部分:近体端的叶较大,后边缘具长鳃片;远体端的小叶具短刺。如 *Eoredlichia*, *Olenoides* 和 *Kootenia*。值得注意的是,这种类型的外肢与纳罗虫的外肢形态完全一致。

(2)三节虫型(*Triarthrus*-type)。外肢具长鳃片,直接与柄相连,柄的末端具匙状的小叶。如 *Triarthrus* 和 *Cryptolithus*。

(3)希若拉虫型(*Ceraurus*-type)。外肢呈扫帚状,近体端具数节,仅远体端小叶具鳃丝。如 *Ceraurus* 和 *Phacops*。

这三个类型不仅反映出一个演化序列，而且也代表了不同的功能类型。始莱德利基型（如 *Olenoides*）内部的形态变化反映出附肢的不断进化改良以及功能的适应性。尽管现有的数据并不完善，但是根据附肢对三叶虫进行的这三种分类与其他评价体系所做的高阶分类基本一致。具有始莱德利基型附肢的三叶虫，具有原始的接触型唇瓣（Fortey，1990），属于传统的始莱德利基虫目或是耸棒头虫目。具三节虫型附肢的三叶虫，具悬挂型唇瓣。具希若拉型附肢的三叶虫，兼具接触型与悬挂型唇瓣。附肢的形态本身不能确定三叶虫的系统分类地位，且重建三叶虫附肢的形态演化还需要其他的信息。但无论如何，对背部外骨骼形态、唇瓣的连接方式以及附肢的形态特征进行数据整合，将有助于攻克目前三叶虫分类体系存在的不足。

致谢

我们感谢 E. Landing 和 Albany 对文稿的意见和语言上的完善。尤其感谢 A. R. Palmer 和 Boulder 给我们提供有关始莱德利基虫分类学上和术语上的问题的信息。野外工作由中国国家自然科学基金资助。舒德干特别感谢洪堡基金对本文的资助。文章的准备由德国科学基金会海森堡授予 G. Geyer 资助完成。

参考文献

1. Beecher, Ch., 1893. On the thoracic legs of Triarthrus. -Amer. J. Sci. (Ⅲ) XLⅥ: 467, 3 figs.; New Haven, Conn.
2. Beecher, Ch. 1894. The appendages of the pygidium of Triarthrus. -Amer. J. Sci. (Ⅲ) XLⅦ, 298-300, 1 fig., pl. Ⅶ; New Haven, Conn.
3. Beecher, Ch. 1895a. Further observation on the ventral structures of Triarthrus. -Amer. Geol. XV, 91-100, pl. Ⅳ, 5; Minneapolis, Minn.
4. Beecher, Ch. 1895b. Structure and appendages of Trinucleus. -Amer. J. Sci. (Ⅲ) XLⅨ, 307-311; New Haven, Conn.
5. Bergström, J. 1969. Remarks on the appendages of trilobites. -Lethaia 2 (4), 395-414, 6 figs.; Oslo.
6. Bergström, J. 1973. Organization, life, and systematics of trilobites. -Fossils and Strata 2: 69 p., 16 figs., 5 pls., Oslo.
7. Bergström, J. 1992. The oldest arthropods and the origin of the Crustacea. -Acta Zoologica 73 (5), 287-291, 3 figs.; Stockholm.
8. Broili, F. 1930. Weitere Funde von Trilobiten mit Gliedmaβen aus dem rheinischen Unterdevon. -N. Jb. Min. Geol. Paläont., Beil. -Bd., Abt. B, 64, 293-306, 2 figs., pl. XⅫ; Stuttgart.
9. Bruton, D. L. & Whittington, H. B. 1983. *Emeraldella* and *Leanchoilia*, two arthropods from the Burgess Shale, British Columbia. -Philos. Trans. Royal Soc. London (B) 300, 553-585; London.
10. Campbell, K. S. W. 1975. The functional morphology of Cryptolithus. -In: Martinsson, A. (ed.). Evolution and morphology of the Trilobita, Trilobitoidea and Merostomata. Fossils and Strata 4, 65-86, 16 figs., 2 pls.; Oslo.
11. Chen Junyuan & Erdtmann, B.-D. 1991. Lower Cambrian fossil Lagerstätte from Cheng-jiang, Yunnan, China: Insights for reconstructing early metazoan life. -In: Simonetta, A. & Conway Morris, S. (eds.). The early evolution of Metazoa and the significance of problematic taxa, 57-76, 7 figs., 3 pls.; Cambridge (Cambridge University Press).
12. Chen Junyuan & Lindatröm, M. 1991. A Lower Cambrian soft-bodied fauna from Chengjiang, Yunnan, China. -In: Early Life. Proceedings of a Geological Society Symposium in Stockholm, March 22-23, 1990. Geol. Fören. Stockholm Förhandl. 113, 79-81; Stockholm.
13. Cisne, J. L. 1974. Trilobites and the origin of arthropods. -Science 186 (4158), 13-18, 3 figs.; Washington, DC.
14. Cisne, J. L. 1975. Anatomy of *Triarthrus* and the relationships of the Trilobita. -In: Martinsson, A. (ed.). Evolution and morphology of the Trilobita, Trilobitoidea and Merostomata. Fossils and Strata 4, 45-63, 13 figs., 2 pls.; Oslo.
15. Cisne, J. L. 1981. *Triarthrus eatoni* (Trilobita): anatomy of its exoskeletal, skeletomuscular, and di-

gestive systems. -Palaeontographica Americana 9 (53), 99-142, 27 figs., 23 pls.; Ithaca, N. Y.

16. Conway Morris, S. 1979. The Burgess Shale (Middle Cambrian) fauna. -Ann. Rev. Ecol. Syst. 10, 327-349; London.

17. Conway Morris, S. 1985. Cambrian Lagerstätten: their distribution and significance. -Philos. Trans. Roy. Soc. London (B) 311, 49-65, 1 fig., 1 tab.; London.

18. Dunbar, C. O. 1925. Antennae in Olenellus getzi, n. sp. -Amer. J. Sci. (Ⅶ) 9, 303-308, figs.; New Haven, Conn.

19. Fortey, R. A. 1990. Ontogeny, hypostome attachment and trilobite classification. -Palaeontology 33 (3), 529-576, 19 figs., 1 pl.; London.

20. Fortey, R. A. & Whittington, H. B. 1989. The Trilobita as a natural group. -Historical Biology 1989 (2), 125-138, 5 figs.; Chur, London, Paris, New York, Melbourne.

21. Geyer, G. In prep. The fallotaspidid trilobites of Morocco. -Beringeria; Würzburg.

22. Geyer, G. & Palmer, A. R. 1995. Neltneriidae and Holmiidae (Trilobita. from Morocco and the problem of Early Cambrian intercontinental correlation. -J. Paleont. 69 (3), 459-474, 7 figs.; Tulsa, Okla.

23. Harrington, H. J. 1959. General description of Trilobita. -In: Moore, R. C. (ed.) Treatise On Invertebrate Paleontology. Part O. Arthropoda. 1, *O*38-*O*117, figs. 27-75; Lawrence, Kans. (Univ. Kansas Press & Geol. Soc. Amer.).

24. Hou Xianguang & Bergström, J. 1991. The arthropods of the Lower Cambrian Chengjiang fauna, with relationships and evolutionary significance. -In: Simonetta, A. M. & Conway Morris, S. (ed. The Early Evolution of Metazoa and the Significance of Problematic Taxa. Proc. Int. Symp. Univ. Camerino, 27-31 March 1989, 179-187, 3 pls.; Cambridge (Cambridge University Press).

25. Hou Xianguang, Ramsköld, L. & Bergström, J. 1991. Composition and preservation of the Chengjiang fauna – a Lower Cambrian soft-bodied biota. -Zoologica Scripta 20 (4), 395-411, 9 figs., tabs. I-II; Stockholm.

26. Huo Shicheng & Shu Degan 1985. [Cambrian Bradoriida of South China]. -251 p., 37 pls.; Xi'an (Northwest University Press). -[In Chinese with English summary].

27. Huo Shicheng, Shu Degan, Zhang Xiguang, Cui Zilin & Tong Haoweng 1983. [Notes on Cambrian bradoriids from Shaanxi, Yunnan, Sichuan, Guizhou, Hubei and Guandong]. -Jour. Northwest Univ. 13, 89-104; Xi'an. -[In Chinese].

28. Hupe, P. 1953a. Contribution à l'étude du Cambrien inférieur et du précambrien III de l'Anti-Atlas marocain. -Notes Mém. Serv. géol. Maroc, 103: 402 p., 99 figs., 4 tabs., pls. I-XXIV; Bagnolet (Seine). -["1952"].

29. Hupe, P. 1953b. Classification des trilobites. -Ann. Paléontol. 39, 61-168 [1-110], 92 figs.; Paris.

30. Jin Yugan, Wang Huayu & Wang Wei 1991. Palaeoecological aspects of brachiopods from Chiungchussu Formation of Early Cambrian age, eastern Yunnan, China. -In: Jin Yugan, Wang Junggeng & Xu Shanhong (eds.) Palaeoecology of China. Vol. 1, 25-47, 7 figs., 1 tab., 3 pls.; Nanjing (Nanjing University Press).

31. Kobayashi, T. 1936. On the parabolinella fauna from province Jujuy, Argentina with a note on the Olenidae. -Jap. J. Geol. Geogr. XIII (1-2), 85-102, pls. XV-XVI; Tokyo.

32. Landing, E. 1994. Precambrian-Cambrian boundary global stratotype ratified and a new perspective of Cambrian time. -Geology 22, 179-184, 2 figs.; Boulder, Colo.

33. Lu Yenhao 1940. [On the ontogeny and phylogeny of *Redlichia intermedia* Lu (sp. nov.)]. -Bull. Geol. Soc. China XX (3-4), 333-342, pl. I; Peiping. -[In Chinese].

34. Lu Yenhao 1941. [Lower Cambrian stratigraphy and trilobite fauna of Kunming, Yunnan]. -Bull. Geol. Soc. China XXI (1), 71-90, 4 figs., pl. I; Peiping. -[In Chinese].

35. Lu Yenhao 1961. [New Lower Cambrian trilobites from Eastern Yunnan]. -Acta Palaeont. Sinica 9 (4), 299-328 [299-309 (Chinese), 310-328 (English)], pls. I-III; Beijing.

36. Lu Yenhao 1962. [Cambrian trilobites]. -In: [Index fossils of Yangtze region]. Inst. Geol. Palaeont. Acad. Sinica, 25-35, pls. 1-6; Beijing (Science Press). -[In Chinese].

37. Lu Yenhao & Chen Chuzhen 1989. Progress in recent 10 year's research on fossil invertebrates of China. -Acta Palaeont. Sinica 28 (2), 119-128; Beijing. -[In Chinese with English summary].

38. Lu Yenhao & Dong N. T. 1953. [Reinvestigation of the Cambrian standard sections in Shandong]. -Acta Geol. Sinica 32 (3), 164-201; Beijing. -[In Chinese].

39. Luo Huilin 1984. [The Qiongzhusian trilobite sequence]. -In: Luo Huilin, Jiang Zhiwen, Wu Xiche, Song Xuiliang, Ouyang Lin, Xing Yusheng, Liu Guizhi, Zhang Shishan & Tao Yunghe: [Sinian-Cam-

brian boundary stratotype section at Meishucun, Jinning, Yunnan, China], 35-36 [Chinese], 117-118 [English], pls. 15-16; Kunming (People's Publishing House). -[In Chinese and English].

40. Mansuy, H. 1912. IIe Partie. Paléontologie. -In: Deprat, J. & Mansuy, H. Etude géologique du Yun-Nan oriental. Mém. Serv. géol. Indochine I (II): 146 P., pls. I-XXV; Hanoi-Haiphong.

41. Manton, S. M. 1977. The Arthropoda. Habits, functional morphology, and evolution. -XX + 527 p., figs. 1.1-10.9 + fig. A. 1, 2 tabs., 8 pls.; Oxford (Clarendon Press).

42. Moore, R. C. (ed.). 1959. Treatise on Invertebrate Palaeontology. Part O. Arthropoda 1. -i-xix + 560 p., 414 figs.; Lawrence, Kans., Boulder, Colo. (Geol. Soc. America & Univ. Kansas Press).

43. Müller, K. J. & Walossek, D. 1987. Morphology, ontogeny, and life habit of *Agnostus pisiformis* from the Upper Cambrian of Sweden. -Fossils and Strata 19: 124 p., 28 figs., 33 pls.; Oslo.

44. Palmer, A. R. 1957. Ontogenetic development of two olenellid trilobites. -J. Paleont. 31 (1), 105-128, 9 figs., pl. 19; Tulsa, Okla.

45. Palmer, A. R. & Repina, L. N. 1993. Through a glass darkly: Taxonomy, phylogeny, and biostratigraphy of the Olenellina. -University of Kansas Paleontological Contributions, N. S. 3: 35 P., 13 figs., 2 tabs.; Lawrence, Kans.

46. Pillola, G. L. 1991. Trilobites du Cambrien inférieur du SW de la Sardaigne, Italie. -Palaeontographia Italica. Raccolta di Monogr. Paleont. LXXVIII: 174 p., 56 figs., 32 pls.; Pisa.

47. Ramsköld, L. & Edgecombe, G. D. 1991. Trilobite monophyly revisited. -Historical Biology 4 (4), 267-283, 1 fig.; Chur, London, Paris, New York, Melbourne.

48. Raymond, P. E. 1920. The appendages, anatomy, and relationships of trilobites. -Mem. Connecticut Acad. Arts Sci. VII: 169 p., 46 figs., pls. I-XI, New Haven, Conn.

49. Seilacher, A. 1962. Form und Funktion des Trilobiten-Daktylus. -Paläont. Z., H. Schmidt-Festband, 218-227, 2 figs., pls. 24-25; Stuttgart.

50. Shaw, F. C. 1995. Ordovician trinucleid trilobites of the Prague Basin, Czech Republic. -J. Paleont., Memoir 40: 23 p., 15 figs., 1 tab.; Tulsa, Okla.

51. Shu Degan 1990. [Cambrian and Lower Ordovician Bradoriida from Zhejiang, Hunan and Shaanxi Provinces]. -95 p., 46 figs., 20 pls.; Xi'an (Northwest University Press). -[In Chinese with English summary].

52. Shu Degan & Chen Ling 1993. [On soft-bodied fossil Lagerstätten]. -In: [Frontier of Geological Sciences in 1990s], 223-226; Wuhan (China Univ. Press). -[In Chinese].

53. Shu Degan, Chen Ling, Zhang Xingliang, Xing Weiqi, Wang Zehua & Ni Shiping 1992. [The Lower Cambrian KIN fauna of Chengjiang Fossil Lagerstätte from Yunnan, China]. -Jour. Northwest Univ. 22, 31-38, 1 fig., 2 pls.; Xi'an. -[In Chinese with English summary].

54. Shu Degan et al. 1993. New important findings from Chengjiang fossil Lagerstätte and their significances. -Proceedings of the First China Postdoctoral Academic Congress, 1993, Beijing, 2018-2021; Beijing (National Defence Press).

55. Størmer, L. 1939. Studies on trilobite morphology. Part I. The thoracic appendages and their phylogenetic significance. -Norsk geol. Tidsskr. 19, 143-273, 35 figs., 12 pls.; Oslo.

56. Størmer, L. 1942. Studies on trilobite morphology. Part II. The larval development, the segmentation and the sutures, and their bearing on trilobite classification. -Norsk Geol. Tidsskr. 21, 49-164, 19 figs., 2 pls.; Oslo.

57. Størmer, L. 1944. On the relationship and phylogeny of fossil and recent Arachnomorpha. A comparative study on Arachnida, Xiphosura, Eurypterida, Trilobita, and other fossil arthropoda. -Norsk Vidensk. -Akad. Oslo, Mat.-Naturv. Kl., Skr. 5: 158 p., 30 figs.; Oslo.

58. Størmer, L. 1951. Studies on trilobite morphology. Part III. The ventral cephalic sutures with remarks on the zoological position of the trilobites. -Norsk Geol. Tidsskr. 29, 108-158, 14 figs., pls. I-IV; Oslo.

59. Størmer, L. 1959. Arthropoda – General Features. -In: MOORE, R. C. (ed.). Treatise on Invertebrate Paleontology. Part O. Arthropoda 1: *O3-O16*; Lawrence, Kans. (University of Kansas Press & Geological Society of America).

60. Størmer, W. 1970. Soft parts of cephalopods and trilobites: some surprising results of X-ray examinations of Devonian slates. -Science 170 (3964), 1300-1302, 5 figs., title page; Washington, DC.

61. Walcott, Ch. D. 1881. The trilobite, new and old evidence relating to its organization. -Mus. Comp. Zool. Bull. 8, 191-230, pls. 1-6; Cambridge, Mass.

62. Walcott, Ch. D. 1894. Note of some appendages of the trilobites. -Geol. Mag., New Series (IV) I, 246-251, pls. VIII; London.

63. Walcott, Ch. D. 1912. Cambrian Geology and Pale-

ontology, Ⅱ, No. 6. Middle Cambrian Branchiopoda, Malacostraca, Trilobita and Merostomata. -Smithson. Misc. Coll. 57 (6), Publ. 2051, 145-228, fig., pls. 24-34; Washington, DC.

64. Walcott, Ch. D. 1918. Cambrian Geology and Paleontology, Ⅳ, No. 4. Appendages of Trilobites. -Smithson. Misc. Coll., 67 (4), Publ. 2523, 115-216, figs. 1-3, pls. 14-42; Washington. DC.

65. Walcott, Ch. D. 1921. Cambrian Geology and Paleontology, Ⅳ, No. 7. Notes on Structure of Neolenus. -Smithson. Misc. Coll., 67 (7), Publ. 2584, 365-456, figs. 11-23, pls. 91-105; Washington, DC.

66. Walossek, D. 1993. The Upper Cambrian *Rehbachiella* and the phylogeny of Branchiopoda and Crustacea. -Fossils and Strata 32: 202 p., 54 fig., 34 pls.; Oslo.

67. Walossek, D. & Müller, K. J. 1990. Upper Cambrian stem-lineage crustaceans and their bearing upon the monophyly of Crustacea and the position of *Agnostus*. -Lethaia 23 (4), 409-427, 7 figs., 2 tabs.; Oslo.

68. Whittington, H. B. 1975. Trilobites with appendages from the Middle Cambrian, Burgess Shale, British Columbia. -In: Martinsson, A. (ed.). Evolution and morphology of the Trilobita, Trilobitoidea and Merostomata. Fossils and Strata 4, 97-136, 30 figs., 25 pls.; Oslo.

69. Whittington, H. B. 1977. The Middle Cambrian trilobite Naraoia, Burgess Shale, British Columbia. -Philos. Trans. Royal Soc. London (B) 280 (974), 409-443; London.

70. Whittington, H. B. 1980. The significance of the fauna of the Burgess Shale, Middle Cambrian, British Columbia. -Proc. Geol. Assoc. 91 (2), 127-148, 12 figs., 4 pls.; London.

71. Whittington, H. B. 1989. Olenelloid trilobites: type species, functional morphology and higher classification. -Philos. Trans. Royal Soc. London (B) 324 (1221), 111-147, 54 figs., 8 pls.; London.

72. Whittington, H. B. 1992. Trilobites. -Ⅺ + 145 p., 14 figs., 120 pls.; Woodbridge (Boydell Press).

73. Whittington, H. B. & Almond, J. E. 1987. Appendages and habits of the Upper Ordovician trilobite *Triarthrus eatoni*. -Philos. Trans. Royal Soc. London (B) 317, 1-46, 41 figs., 10 pls.; London.

74. Zhang [Chang] Wentang 1951. [Trilobites from Shipai Shale and their stratigraphical significance]. -Huai Shun, Newsletter of the Geological Society of China 2 (1): 10; Beijing. -[In Chinese; "1950"].

75. Zhang [Chang] Wentang 1953. [Some Lower Cambrian trilobites from Western Hupei]. -Acta Palaeontologica Sinica 1 (3), 121-136 [Chinese], 137-149 [English], 1 tab., pls. I-IV; Beijing.

76. Zhang [Chang] Wentang 1962. [On the genus *Eoredlichia*]. -Acta Palaeont. Sinica 10 (1), 36-44, fig., pl. I; Beijing. -[In Chinese with English summary].

77. Zhang [Chang] Wentang 1966. [The classification of the Redlichiacea with description of new families and new genera]. -Acta Palaeontologica Sinica 14 (2), 135-184, 17 figs., pls. I-Ⅵ; Beijing. -[In Chinese with English summary].

78. Zhang Wentang 1980. A review of the Cambrian of China. -Journ. Geol. Soc. Australia 27, 137-150, 5 figs.; Sydney.

79. Zhang Wentang 1986. Correlation of the Cambrian of China. -Palaeontologia Cathayana 3, 267-285, 4 tabs.; Beijing.

80. Zhang Wentang 1987a. World's oldest Cambrian trilobites from eastern Yunnan. -Stratigraphy and Palaeontology of Systemic Boundaries in China. Precambrian-Cambrian Boundary 1, 1-16, 2 pls.; Beijing.

81. Zhang Wentang 1987b. [Early Cambrian Chengjiang fauna and its trilobites]. -Acta Palaeontol. Sinica 26 (3), 223-235, pls. I-II; Beijing. -[In Chinese with English summary].

82. Zhang Wentang & Hou Xianguang 1985. [Preliminary notes on the occurrence of the unusual trilobite *Naraoia* in Asia]. -Acta Palaeont. Sinica 24 (6), 591-595, 1 fig., pls. Ⅰ-Ⅳ; Beijing. -[In Chinese with English summary].

83. Zhang Wentang & Lin Huanling 1980. [Superfamily Redlichiacea]. -In: Zhang Wentang, Lu Yanhao, Zhu Zhaoling, Qian Yiyuan, Lin Huanling, Zhou Zhiyi, Zhang Sengui & Yuan Jinliang 1980. [Cambrian Trilobite Faunas of Southwestern China]. Palaeont. Sinica 159, N. S. B, 16, 61-229, fig. 46-84, pls. 14-70; Beijing (Science Press). -[In Chinese with English summary].

（傅东静　译）

华南早寒武世澄江化石库中所谓的纳罗虫幼体的重新解释

张兴亮*，韩健，张志飞，刘户琴，舒德干

* 通讯作者 E-mail：xlzhang@ pub. xaonline. com

摘要　华南下寒武统澄江生物群产出一类小型的、像幼虫一样的节肢动物，很多学者认为是纳罗虫的幼虫，而来自许多新产地的大量保存完好的标本中的新信息修正了最初的结论。相对较大的个体、稳定的形态以及异常的附肢构造表明这些标本代表一种名为幼虫状原始虾（*Primicaris larvaformis*）的新节肢动物的成年体，其幼虫状的轮廓被误认为是初期发育的异时过程。这种生物展现出躯体构型及肢体形态的原始面貌，暗示了其在蛛形节肢动物（arachnomorphs）甚至是节肢动物门里的基础位置，并且，其与文德期似节肢动物 *Parvancoina* 的相似处可能为文德期动物和寒武纪节肢动物之间提供了进化上的联系。

关键词　节肢动物门；寒武纪；澄江；异时性；躯体构造

华南早寒武世澄江化石库产出种类繁多的节肢动物（Shu *et al.*, 1995, 1999a; Hou and Bergström, 1997; Zhang, 1999; Zhang *et al.*, 2000）。其中，有一类个体很小，数量相对稀少，且至今没有做过详细研究（Hou *et al.*, 1991），一直被认为是纳罗虫的幼虫（Fortey and Theron, 1994; Chen *et al.*, 1996; Hou and Bergström, 1997; Hou *et al.*, 1999; Luo *et al.*, 1999）。最近，在贵州的中寒武世凯里生物群中也有此类节肢动物的发现（Zhao *et al.*, 1999）。

1997 年冬季，西北大学舒德干教授带领的团队对云南东部到中部开展了系统的研究工作，在此期间，数十个产出软躯体及轻度矿化骨骼化石（包括一系列不同的化石组合）的新化石产地被发现（Zhang *et al.*, 2001）。进一步研究中不仅有许多重要发现（Shu *et al.*, 1999b, c），而且也找到了大量这类小个体的节肢动物。目前，此类标本共三万枚，其中保存完整并具完美软躯体构造的有七十余枚，大多数采自耳材村和马房剖面。相关产地和层位的具体信息参见 Zhang 等（2001）。

根据此类小型节肢动物的附肢形态和异时发育过程，本文将其归入一个新属新种（*Primicaris larvaformis*），并给出了更加完整的系统古生物学描述。此外，*Primicaris larvaformis* gen. et sp. nov. 的躯体构型以及肢体形态都表现出原始的形态特征，这也为我们研究节肢动物的基本形态构型提供了新的思路。不仅如此，一些学者还认为，原始虾与文德期节肢动物 *Parvan-*

coina 相似(Conway Morris, 1993; Fortey *et al.*, 1996),本文将进一步阐明两者间形态的共同点及其可能的演化过程,这将有利于我们了解文德型生物对于早期节肢动物乃至后口动物形态演化的影响。

术语与研究方法

用于描述背甲形态的术语引自 Hou 等(1991)之前的描述。背部外骨骼的总体形态与无节幼虫期的三叶虫相似,因此必要时也引用 Whittington(Moore, 1959)、Chatterton 和 Speyer(Kaesler, 1997)等人描述三叶虫幼虫形态的术语。对于附肢的描述,引用“奥斯坦型”节肢动物的形态描述术语(Müller and Walossek, 1987; Walossek, 1993; Walossek and Müller, 1998)。然而,本文所用标本无法分辨附肢基部的底节(coxa)与基节(basipod),因此本文选用基部(basis)一词。标本相对于层面的保存位置用“平行”和“倾斜”来描述(Whittington, 1971)。没有“侧压”和“腹压”标本。

对于暴露不完全的标本,采用针和小刷进行修理。另外,此法还用于揭开部分背甲,暴露腹面附肢形态(图 5D)。标本照相使用 Zeiss Stemi 2000 双目显微镜的数字成像可视系统,双光纤照明低角度照明。原始彩色照片使用 Photoshop 6.0 软件处理为 8-bit 黑白照片。照片的处理过程采用 Bengtson(2000)所述的部分方法。图 2,3B 和 6 为化石素描图,使用 Wild M5 显微镜,并使用 Corel Draw 8.0 软件处理。

保存方式

所有的原始虾标本都收藏于西北大学早期生命研究所(ELI)。全部标本都为背腹压保存,除少数倾斜于层面外,其余都平行层面保存。前人报道的原始虾标本也都是平行层面保存(Hou *et al.*, 1991, p. 404, 图 5; Chen *et al.*, 1996, p. 174, 图 227—228; Luo *et al.*, 1999, 图版 2, 图 7—9; 图版 3, 图 2—4)。标本的压实程度不同,如一些标本的边缘脊和轴部较凸起,保存较立体(图版 1, 图 3—4; 图 1A);而这些构造在另一些标本中则呈压平状态保存(图版 1, 图 1—2)。在本文所观察的标本中,腹面构造可以通过观察腹面暴露的标本或腹面在背甲上强力压实留下的印痕而得到。这表明,此类标本不是印模化石。然而, Hou 和 Bergström(1997)认为,通常情况下,附肢的印痕在标本的正模中显示为浅沟,而在负模中为脊(图版 2, 图 3)。这种看似矛盾的保存方式实际并不难理解:附肢在腐烂后,留下了空隙,而背甲经过压实作用正好填充了这些空隙(Chen *et al.*, 1995),因此就在负模上留下了脊。

化石保存在细粒的黄绿色泥岩中,背甲和附肢似乎已经被黏土矿物置换,通过 SEM-EDAX 分析发现,这些黏土矿物可能是铝硅酸盐成分(Chen and Erdtmann, 1991)。化石个体通常保存为红褐色,因此与围岩的黄绿色形成鲜明对比。

系统古生物学

节肢动物门 ARTHROPODA

原始虾新属 *Primicaris* gen. nov.

命名依据: *Primi* 表示生物属于原始(primitive)类群, *caris* 表明与节肢动物的相关性。

模式种(唯一): 幼虫状原始虾新种 *Primicaris larvaformis* sp. nov.

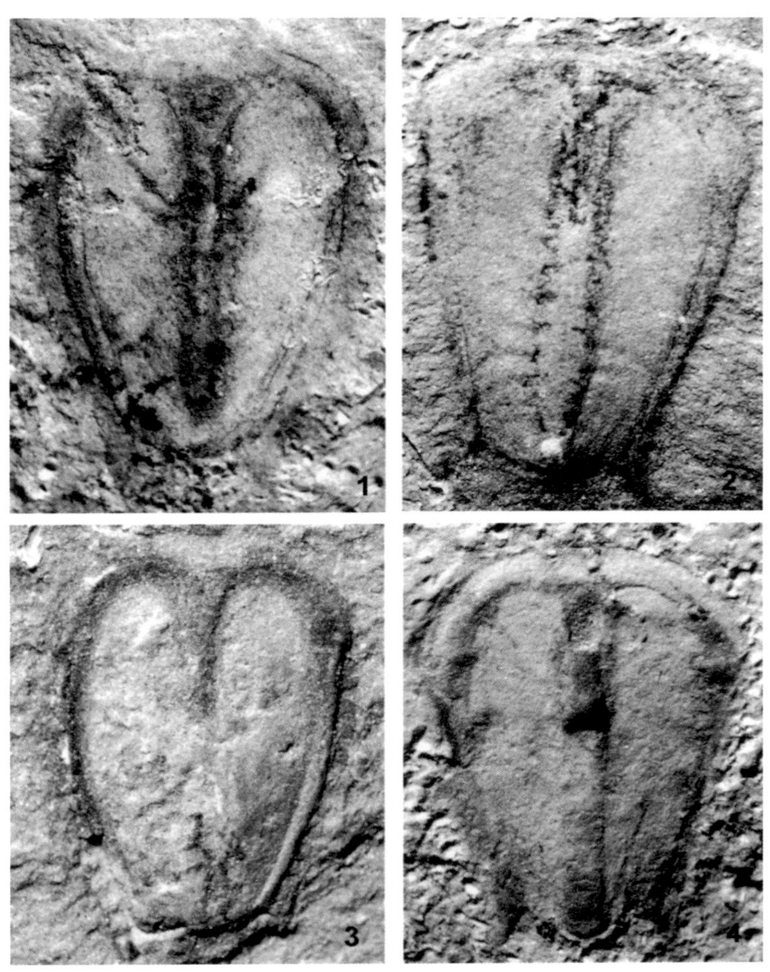

图版 1

图 1—4 *Primicaris larvaformis* gen. et sp. nov. 1, ELI-12001003,强烈压实的平行标本,展示了腹部衬里内脊的痕迹; ×23。2, ELI-12001004,强烈压实的向后倾斜标本,展示了体节和衬里内部脊,后部边缘向后凸; ×20。3, ELI-12001005,较低压实度的平行标本,展示了锋利的边缘脊; ×22。4, ELI-12001006,中等压实度的平行标本,具有边缘带并且轴区向上凸起; ×24。

鉴定特征:个体小的、类似于三叶虫幼虫的节肢动物;背甲完整,具有一对后刺和十对侧边缘刺;在腹面,一对单支型触角之后排列有十对双支型肢体。

幼虫状原始虾新属新种 *Primicaris larvaformis* gen. et sp. nov.

图版 1—2;图 1—3;5—6;7A,C

1991 ?*Naraoia* sp.; Hou *et al.*, p. 404, 图 5

1996 *Misszhouia longicaudata* 的幼虫;Chen *et al.*, p. 174,图 227—228

1997 *Naraoia spinosa* 的幼虫;Hou and Bengström, p. 50,图 46

1999 *Naraoia spinosa* 和 *Naraoia longicaudata*; Luo *et al.*, p. 43,图版 2,图 7—9;图版 3,图 2—4

1999 *Naraoia spinosa* 的幼虫;Hou *et al.*, p. 114,图 160

命名依据:依其相似于幼虫的形态特征。

正模标本和负模标本:ELI-12001012 和 ELI-12001013

产地和层位:华南(云南省)下寒武统 *Eoredlichaia* 带,筇竹寺组玉案山段。化石采集点为海口剖面,位于澄江化石库帽天山剖面以西 40 km(Zhang *et al.*, 2001)。其他材料:昆明地区其他剖面相同层位(玉案山段)的约 70 枚标本(Zhang *et al.*, 2001)。

鉴定特征:参见属的鉴定特征。

描述

幼虫状原始虾(*Primicaris larvaformis*)的整体轮廓为背视的背甲状,与幼虫期三叶虫相似,没有分节,亦无明显头部。背甲是一个整体,具前、侧边缘脊,有后刺和 10 对侧边缘刺。腹面具唇瓣,长度为身体矢量面长度的 1/4。具触角一对,由唇瓣两侧向前侧方伸出。触角后的附肢有 10 对,为同型的双支型附肢。无背眼。

测量

到目前为止,在我们采集的标本中已鉴定出 70 枚原始虾标本,其中 48 枚完整可测量。最长矢量面的范围在 2.08 mm 到 6.04 mm,平均长度 3.75 mm,其中 85% 的标本在 2.50 mm 到 4.50 mm 之间。最大宽度在背甲前 1/4 处,1.50 mm 到 4.20 mm 之间,平均宽度为 2.85 mm(图 4)。

背甲

背甲的轮廓为近圆形,向后渐窄(图版 1;图 7C)。前边缘略前凸,后边缘近乎平直。轴部清晰可见,明显凸起(图 1B—2),除了后部,整个背甲具边缘脊。没有表面纹饰。

背甲保存为红色的印记,边缘及轴部颜色较重(图版 2,图 1—2;图 3A, 5C, 7A),可能与边缘的内衬构造和中轴部加厚有关。轴区和边缘的厚度与不同标本的压实程度有关。在高度压实的标本中,这些部位并不凸起,但是仍可见腹面的印痕构造(图版 1,图 1—2)。在一些中度压实的标本中,如 ELI-12001006(图版 1,图 4),边缘带和轴区轻微上凸。标本 ELI-12001005 和 ELI-12001007(图 1A)压实度较轻,可见明显的边缘脊,且轴区显著向上凸起。

按照 Hou 等人(1991)先前的描述,观察到原始虾具有 11 对边缘刺,包括一对大的后刺,这与我们本文中的观察完全一致。在大多数标本中,大的后刺都保存下来,其余 10 对边缘刺也多少有所保存(图版 1,图 1;图 5A, 6A)。在 Luo 等人(1999)的报道中,原始虾的部分标本具有边缘刺,另有一些不具有边缘刺的构造,它们被认为应归属于两个不同的属种。而据我们的观察,虽然大多数标本都比较完整,但是保存有 10 对边缘刺的确实是极少数。有一些标本仅保存一侧的极小的边缘刺(图版 1,图 3)。应该注意的是导致缺少边缘刺构造的原因有许多。

Hou 等人(1991)在原始虾标本的后部观察到湾状形态,认为与刺状纳罗虫的后部构造一致(Hou and Bergström, 1997),这就意味着原始虾的后边缘也是向前弯曲的。然而,文中所展示的两个图版却并不一致。标本 CNI15284 (Hou and Bergström, 1997,图 46A—B)确实显示出湾状形态,但是很明显 CNI15281(图 46C—D)的后边缘是平直的。结合本文的材料,我们认为这种形态偏差是由于标本长轴相对于层面倾斜保存所造成的。背甲是向上拱起的，在平行层面保存的标本中，后边缘就略向后凸（图3，7C）。如果标本向前强烈倾斜，那么从视觉上会认为其后边缘向前弯曲（图版2，图2；图5D）。

图1　（文中）*Primicaris larvaformis* gen. et sp. nov. A，ELI-12001007，轻度压实的倾斜标本，边缘脊和轴区展现出明显立体保存，触角长于其他附肢；×17。B，正模标本，ELI-12001012，产自海口地区耳材村剖面（Zhang *et al.*，2001）；×17。

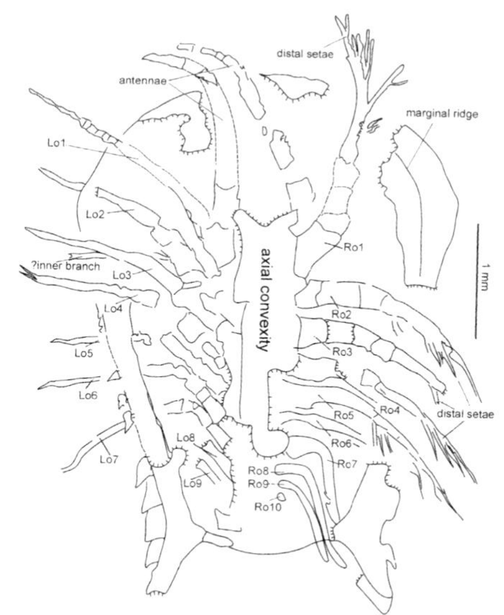

图2　（文中）正模标本素描图（ELI-12001012），展示附肢的细节。Lo1—Lo9，位于左边的肢的外部分支；Ro1—Ro10，位于右边的肢的外部分支。

内衬构造

在沿腹面劈开且压实度较轻的标本中，背甲的内衬最明显。图5A和6A显示，内衬向腹面拱起，形成围绕背甲腹面边缘的脊。在压实度较高的标本中（图版1，图1—2），可以测量其宽度。背甲的前端内衬宽度为背甲矢量面长度的8%；侧面内衬较窄，为5%。

唇瓣

唇瓣位于轴部前段，在压实度高的标本中，唇瓣沿着躯体矢量面较长，呈轻微立体保存（图版2，图3）。唇瓣的前端略宽，前边缘紧贴前部内衬的内边缘。在标本ELI-12001041的前中部，有一个长形的红色印痕，代表唇瓣的轮廓（图5A—B，6A）。

附肢

附肢的特征不仅可见于外露的附肢，也可见于背甲上留下的附肢印痕。标本 ELI-12001008（图版 1，图 1）、ELI-12001010（图版 2，图 3）、ELI-12001015（图 5C）以及 ELI-12001016（图 5D）显示了触角的形态和展布特征。与大多数澄江节肢动物类似，原始虾的触角为单支型，呈多分节的细长构造，基部位于唇瓣两侧，并向前侧部伸展。

由于原始虾的体型非常小，因此其触角后的附肢的形态，尤其是内肢的形态保存并不完好，然而以下形态特征是明确的：

（1）触角后的附肢为双支型附肢。在负模标本的左侧，可见每两个分叉源一个结合点，但是标本结合点的基部保存不清楚（图 3）。

（2）附肢的独特性。外肢细且多分节，远体端具刚毛（图版 1；图 1B—2）。形态与球接子 *Agnotus pisiformis*（Müller and Walossek，1987）的第二和第三对胸肢很相似。这种鞭状的外肢与纳罗虫的外肢完全不同。澄江其他节肢动物也未见此种外肢形态。内肢的形态特征并不清楚，但通过对标本 ELI-12001013 和标本 ELI-12001014 的仔细鉴定，发现内肢的形态可能与外肢的形态相似（图 3B，6A）。

（3）具双支型附肢十对。正模标本（图 1B—2）和负模标本（图 3）中，外肢明显为十对，形态一致，向体后逐渐变小。

躯体分异

除了外骨骼的后 2/3 有一些躯体分节的印痕外，并未发现躯体分异的证据（图版 1，图 2；图版 2，图 2—4；图 7A）。头与躯干的分界不可见。因此，无法与其他节肢动物进行对比，因为即使是三叶虫的幼虫也是可以识别出原头盖（protocranidium）和原尾甲（protopygidium）的（Chatterton and Speyer，1997）。

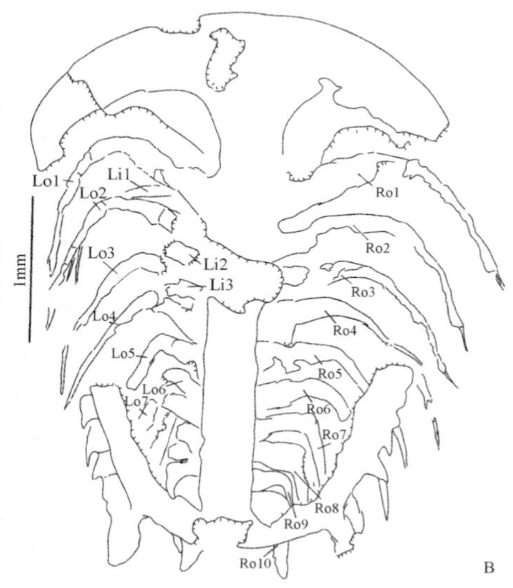

图 3 （文中）A，*Primicaris larvaformis* gen. et sp. nov.；负模标本，ELI-12001013，产自海口地区耳材村剖面（Zhang *et al.* 2001）；×20。B，负模标本素描图（ELI-12001013），展示附肢细节。Lo1—Lo7，位于左边的肢的外部分支；Ro1—Ro10，位于右边的肢的外部分支；Li1—Li3，位于左边的肢的内部分支。

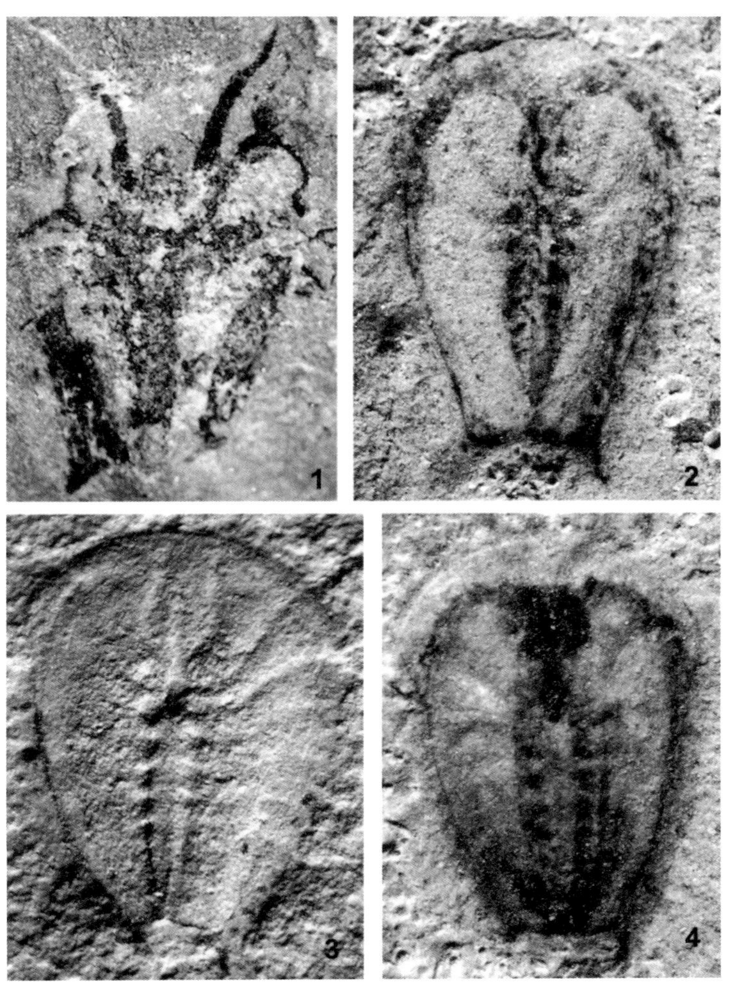

图版 2

图 1—4　*Primicaris larvaformis* gen. et sp. nov. 1，ELI-12001008，展示触角的细节；×20。2，ELI-12001009，样本向前倾斜，展示边缘和轴区的更加丰富的颜色以及后脊轻微地向上凸起；×20。3，ELI-12001010，展示附肢的印痕、体节和可能的唇瓣；×20。4，ELI-12001011，展示体节的印痕；×20。

挑战幼虫假说

原始虾（*Primicaris*）与三叶虫的幼虫外形相似，因此一直被认为是纳罗虫的幼虫，而纳罗虫是寒武纪的一种节肢动物，其成体仅有一个分节（Budd，1999）。Hou 等人（1991，1999；另见 Hou and Bergström，1997）认为这些标本属于刺状纳罗虫（*Naraoia spinosa*）的幼虫，原因是两者都具有 11 对边缘刺，包括大的后刺，以及后末端凹陷形成湾状。Chen 等人（1996）曾认为这类标本属于长尾周小姐虫（*Misszhouia longicaudata*）的幼体，与 *Eonaraoia longicaudata* 同物异名（Zhang，1995；Zhang and Shu，1996），但作者并未详述原因。Luo 等人(1999)将类似标本分为两类,认为边缘刺较小的那些是刺状纳罗虫,而不具边缘刺的是长尾纳罗虫(*Naraoia longicaudata*)。然而,他们所提供的化石图片质量不高,难以对细节进行分辨,一些标本没有边缘刺,很可能是后期保存所致。本文依托新的化石标本进行研究,发现此类化石并非纳罗虫的幼虫期,而且也不是澄江其他节肢动物的幼体。

迄今为止,澄江化石库发现并描述了两个纳罗虫属种,即 *Naraoia spinosa* 和 *Eonaraoia longicaudata*。最近发现的两个具外骨骼分节的 *Naraoia spinosa* 幼体标本,长度分别为4.56 mm 和4.80 mm(图7B),较纳罗虫的幼虫状标本(长度可达6.00 mm)小许多(图4)。此外,*Naraoia spinosa* 的外肢形态为桨状,边缘具小刺(Zhang *et al.*, 1996; Hou and Bergström, 1997),与 *Primicaris* 的外肢(鞭状,末端具刚毛)截然不同。Chen 等人(1997)给出的 *Naraoia spinosa* 幼体标本照片,其纤细的外肢杆也与 *Primicaris* 的外肢形态不同。虽然两者的外骨骼具有相同数目的边缘刺,但是前者作为后者幼体形态的可能性可以完全排除。

Eonaraoia longicaudata 与 *Primicaris* 的大小以及附肢形态都不同。首先,前者的外肢是分节的,且刚毛扁平,呈覆瓦状排列(Chen *et al.*, 1997),这与后者的外肢和刚毛形态(图1B—2)完全不同。目前,没有证据表明这两种形态在个体发育过程中存在着某种过渡关系。另一方面,前者的外骨骼大,成体的长度在40—50 mm(Zhang,1995),即使最小的个体,其大小也是后者的3—4倍。鉴定两者的形态差别具有极为重要的意义,因为这种差别反映了不同的异时发育机制。正如仅从大小来看,纳罗虫与普通三叶虫就没有区别。根据 Whittington(1977;另见 Fortey and Theron, 1994)对 *Naraoia compacta* 的测量,以及 Budd(1999)对 *Buenaspos forteyi* 的测量,这两个属种都是普通的三叶虫类型。然而,纳罗虫却在生长发育过程中一直保持了幼虫期的形态特征,仅是体型不断增大(Fortey and Theron, 1994)。根据异时发育的概念(McKinney and McNamara, 1991; Shea, 1999),这一过程可以通过形成超型来完成(Fortey and Theron, 1994)。但是 Budd(1999)并不同意这一观点,认为纳罗虫是幼态持续的(neotenic)起源。对于原始虾,情况又完全不同。由图4B中可见,其个体长度的分布与球接子类(Öpik,

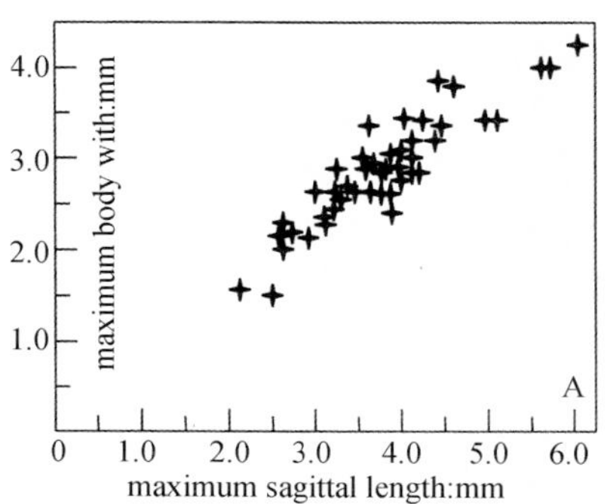

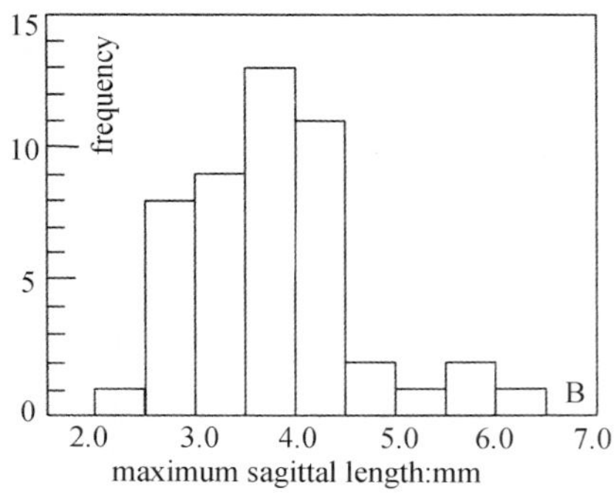

图4 (文中)*Primicaris larvaformis* gen. et sp. nov. 体型大小的数据分析。A,长/宽。B,长度分布。

1979；另见 Fortey and Theron，1994，图3A）相似。这两类的峰值都出现在小个体的标本。这就意味着原始虾与球接子的异时发育过程类似（Briggs and Fortey，1992；Fortey and Theron，1994），性成熟较早，通常个体在形态还很小的阶段已经发育成熟。这种所谓的大型纳罗幼虫是一种新的发育模式，而 *Eonaraoia* 是一种较大体型的纳罗虫，不具活动的胸部，它与这种发育模式不同。超型形成（hypomorphosis）是过型形成（peramorphosis）的三种模式之一，性早熟（progenesis）则是幼态的（paedomorphic）过程（Kluge，1988）。这两种过程的动力学作用是相反的。由于发育方式是确定的，因此不可能从一种过程转变为另一种过程。如果将现有的材料考虑在内，那么纳罗虫的幼态持续起源是非常有可能的。性早熟和幼态持续都可产生具幼体形态的成体，但是两者的过程不同。

还有第三种可能，标本中较小的个体可能代表 *Naraoia spinosa* 的幼虫，而较大的个体可能是 *Eonaraoia longicaudata* 的幼虫。然而，目前所观察的所有标本形态和附肢数目都一致。此外，形态统计的数据也不支持化石存在两个种混合的说法。因此，我们确信此类标本代表的是单一属种。

很明显，此类标本不可能是三叶虫的无节幼虫。原因很简单，前者的平均长度为3.75 mm，而后者仅为0.25—1.5 mm（Whittington，1959；Speyer and Chatterton，1989）。在澄江生物群中，与原始虾体型相当的三叶虫已经具有胸节（如图7D）。此外，云南头虫（*Yunnanocephalus*）幼虫的第2期（"degree 2"）时期体长仅1 mm（图7E）。

除了三叶虫和纳罗虫，澄江还有许多其他节肢动物。但是，根据体型的测量数据，也可以排除原始虾作为其他节肢动物幼虫的可能性。一些与原始虾大小相当的节肢动物，其外骨骼都已经具有分节，如 *Sinoburius lunaris*（Hou and Bergström，1997）。一些体型更大的节肢动物，可能有这样的幼体，但是这些节肢动物发育阶段的第0期（degree 0）和第1期（degree 1）标本都还未发现。唯一一种可能是属于 *Saperion* 的幼虫，*Saperion* 是一种体型非常大的节肢动物，外骨骼不分节，Ramdköld 等人（1996）认为这是一种后期的融合特征。但是，*Saperion* 具有20对附肢，而原始虾仅为10对。此外，*Saperion* 的体型过大（长度超过20 mm），将原始虾作为其幼虫，两者之间缺乏可靠的过渡阶段。再者，*Saperion* 的附肢形态与 *Eonaraoia* 的相似（Edgecombe and Ramsköld，1999），与原始虾的截然不同。

讨论

原始特征

节肢动物在寒武纪早期已具有较高的分异度（Ruppert and Bares，1994），这个类群的起源问题一直是学术界争论的焦点（Willmer，1990；Fryer，1996；Fortey and Thomas，1997；Edgecombe，1998）。其中，附肢的起源以及节肢动物原始特征的确定又是问题的重中之重。虽然，围绕这个议题已经提出了许多假说，但是都未能达成共识（Bergström，1992；Fryer，1992；Kukalovfi-Peck，1992；Shear，1992；Panganiban *et al.*，1995；Budd，1996，1997；Hou and Bergström，1997）。Budd（1993，

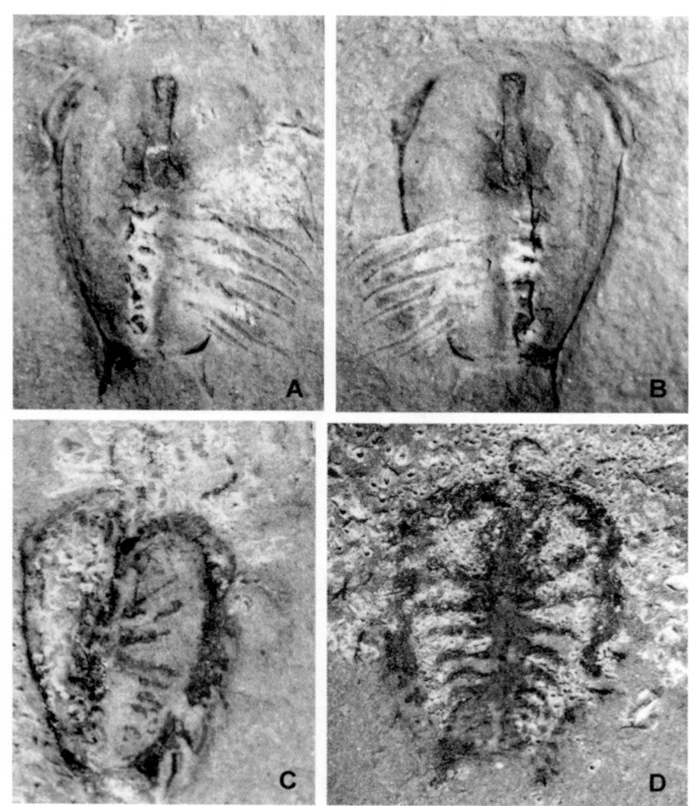

图 5　（文中）*Primicaris larvaformis* gen. et sp. nov. A—B, ELI-12001014。A,正模标本(腹视)；×25。B,负模标本,展示可能的唇瓣和触角型附肢；×25。C,ELI-12001015,已知的最小的标本,与更大的标本在形态上没有差异；×32。D,ELI-12001016；×17。

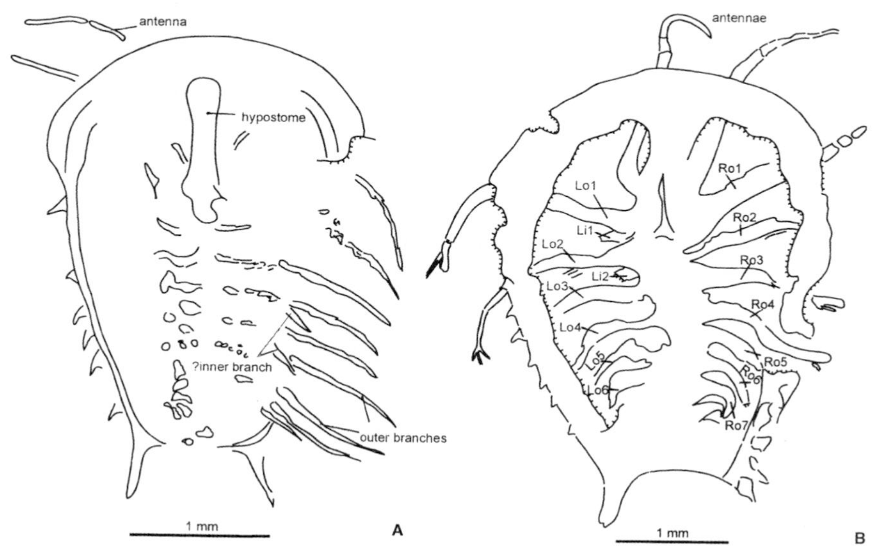

图 6　（文中）*Primicaris larvaformis* gen. et sp. nov. 的化石素描图。A,ELI-12001014(图 5A)的一部分。B,ELI-12001016(图 5D)。

1996,1999)提出的由叶足动物向节肢动物“节肢化”的演化过程,即 AOPK(*Anomalocaris – Opabinia – Pambdelurion – Kerygmachela*)理论,虽然得到一些分子生物学家的关注(Shubin *et al.*, 1997; Akam, 2000),但并没有实际的分子生物学的证据支持。有关这些假说,并不是本文讨论的重点。本文结合化石标本以及分子生物学成果,拟提出一个节肢动物可能的原始形态。

节肢动物单系群的理论已经被越来越多的学者接受(Ballard *et al.*, 1992; Chen *et al.*, 1994; Wills *et al.*, 1997; Akam, 2000; Fryer, 1996, 1997; Hou and Bergström, 1997),但是节肢动物内部各类群之间的关系,尤其是单支型类群(六足类+多足类)的分类地位仍不清楚(Raft, 1996; Budd, 1999)。近来的分子学研究结果支持六足类与甲壳类是姐妹群(Shultz and Regier, 2000),但多足类的分类地位仍悬而未决(Hwang *et al.*, 2001; Giribet *et al.*, 2001)。而且,具有单支型附肢的节肢动物化石记录出现较晚,最早出现的存疑单支型节肢动物是中寒武世的 *Cambropodus*(Robison, 1990),似多足类节肢动物最早在西伯利亚东部的晚寒武世出现,而真正令人信服的单支型节肢动物直到志留纪才出现(Jeram *et al.*, 1990)。因此,以下有关节肢动物起源的讨论只针对具双支型附肢的节肢动物。

躯体分异

传统观念认为,节肢动物的祖先型应具有大量同型体节。这个假设主要是基于有节类(Articulata)理论,包括环节动物门和节肢动物门。然而,越来越多的研究认为这两个类群实际是原口动物的两个不同的亚类,即冠轮动物和蜕皮动物(Halanych *et al.*, 1995; Aguinaldo *et al.*, 1997; Rosa *et al.*, 1999; Adoutte *et al.*, 2000)。当然寻找其他的可能性也是有必要的,Budd(1999)的探索性研究就是一个很好的例子。

寒武纪节肢动物的共同特征是,除了触角外头部的其他附肢几乎没有形态分异(Edgecombe and Ramsköld, 1999),背部可以划分为头部和躯干部。但是原始虾的躯体无论是背面还是腹面都没有这种分化。这种躯体分化与 Sirius Passet 生物群中的 *Kerymachela* 的躯体构型相似,被视为节肢动物与栉蚕类的中间过渡类型(Budd, 1996)。原始虾类假设的头区分化并不明显(Budd, 1999,图 30)。假设 *Kerymachela* 具有背部外骨骼,那么它与原始虾类便比较相似。这种躯体构型最有可能作为节肢动物的祖先形态。

外骨骼

分节的外骨骼曾被认为是节肢动物的一个离征(Nielsen, 1995)。现生和化石节肢动物的主要类群几乎都具有双瓣壳或是多分节的外骨骼,极少有像原始虾这样未分节的外骨骼。另有如 *Marrela* 这样的原始类型,它具有一个形态奇特的头甲、两对大而弯的刺。*Marrela* 被认为是节肢动物三大主要类群(三叶虫、甲壳类和有螯肢类)的原始形态(Briggs and Collins, 1988;Briggs *et al.*, 1994)。同样,布尔吉斯页岩节肢动物 *Burgessia*(Hughes, 1975)也具有一个不分节的背甲,覆盖着明显分节的躯体。

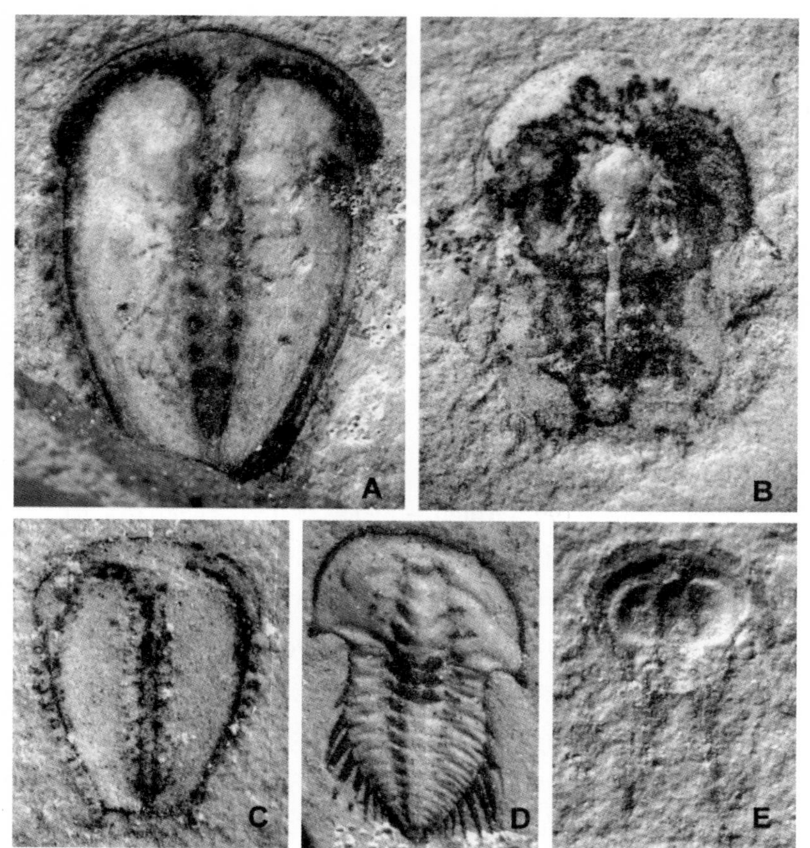

图 7 （文中）A, C, *Primicaris larvaformis* gen. et sp. nov. A, ELI-12001017，已知的最大标本，长度为 6.02 mm；×14。C, ELI-12001019，最完整的标本；×15。B, *Naraoia spinosa*；ELI-12001018，迄今已知的最小纳罗虫标本，只有一个铰合构造，成体形态；×13。D，与 *Primicaris larvaformis* 个体大小相当的三叶虫，图中展示一个成年形态。E, ELI-12001021，三叶虫第二阶段幼虫，最可能属于云南头虫（*Yunnanocephalus*）；×32。

原始的节肢动物具有单壳瓣的学术思想由来已久。值得一提的是，化石节肢动物以及现生非单支型类群的节肢动物在个体发育的早期阶段都具有单个外骨骼。三叶虫是节肢动物最早的分支类群之一，其发育过程的地质记录保存较好（Speyer and Chatterton, 1989）。原始虾与无节幼虫期的三叶虫外形相似，后者是在孵化后、出现分节前的最早的幼虫阶段，具有单一外骨骼和一对后刺。与原始虾和三叶虫幼虫相似，早寒武世的介形类节肢动物在幼虫期也具有单一壳瓣，到成虫期才发育为双瓣壳（Zhang and Pratt, 1993）。此外，一些现生的甲壳类群，如鳃虾，其幼虫阶段同样被覆单一壳瓣（Schram, 1986）。鉴于以上类群的发育过程，我们认为，原始虾的这种无分节的外骨骼应该代表一种原始的背甲特征，而发育的早期阶段出现这种单一壳瓣，正是节肢动物演化过程中单壳祖先的形态重演。

附肢

原始虾的附肢类型与寒武纪其他节肢

动物类似，躯干附肢同型，与触角形态分化不显著。球接子类（*Agnostus posiformis*）具有相似的附肢类型，被认为是干群蛛形节肢动物（arachnomorphs）或可能的甲壳动物（Walossek and Müller, 1990）。球接子头部的第二、第三对附肢的外肢与触角的形态更为相似（Müller and Walossek, 1987, 图6, 11）。因此，附肢的原始构造很可能为触角型。Hox 基因的研究结果同样支持这个观点。例如，对 *Drosophila* 的研究表明，Hox 基因 Antennapedia（Antp）的功能缺失会导致第二对腿转变为触角（Struhl, 1981），而在 *Tribolium* 中的研究表明，缺失全部的 Hox 基因会导致头、胸、腹部的分节发育触角型附肢（Stuart, 1991）。

传统观点认为，节肢动物的附肢是由叶足演化而来（Snodgrass, 1948; Manton, 1977）。Budd（1996）主张的叶足—节肢的演化理论最受关注。然而，古生物学家却认为节肢动物触角的起源以及叶足如何演化为触角的过程缺少明确的中间环节。相反，一些学者认为，叶足可能是由某种触角状的衍生物演化而来的（Panganiban *et al.*, 1997），因为现代栉蚕的第一对附肢为触角型，而其后的附肢却不同。同样的构造在化石节肢动物 *Kerygmachela*（Budd, 1999, 图 30）的复原图中也可见。这就表明，与触角形态相比，叶足可能是一种演化特征。因此，节肢动物的附肢很可能是由原口动物祖先的触角型衍生物直接进化而来。

与文德期生物 *Parvancorina* 的相似性及其意义

不少学者（Conway Morris, 1993; Fortey *et al.*, 1996）已经注意到原始虾与文德期生物 *Parvancorina minchami* 的外形很相似，后者也被认为属于节肢动物（Glaessner, 1979, 1984; Gehling, 1991; Jenkins, 1992; Fedonkin, 1992; Waggoner, 1996）。*Parvancorina* 的背甲状壳具有明显的边缘脊，向前侧方向伸展，还具背中脊，原始虾的不分节背甲同样具有边缘脊和立体保存的背中部，同时前者也可见类似原始虾附肢的鞭状分支（Glaessner, 1979）。

文德生物的生物属性一直是学术界热议的命题（Raft, 1996; McNamara and Long, 1998; Conway Morris, 1998; Pflug, 1973; Glaessner, 1984; Seilacher, 1992; Buss and Seilacher, 1994; Retallack, 1994; Runnegar, 1995; Waggoner, 1996; Gehling *et al.*, 2000），而一些学者反对这种非直接性的形态比较（Hou *et al.*, 1991; Hou and Bergström, 1997）。由于在节肢动物中找不到与 *Parvancorina* 形态相似的可靠的同源属种，因此它一直被认为是一种叶状体（Seilacher, 1989; Bergström, 1991）。然而，有一点是可以确定的，那就是 *Primicaris* 和 *Parvancorina* 都让人联想起三叶虫的无节幼虫。正如 Glaessner（1984, 121 页）所述，除了它们（*Vendia* 和 *Parvancorina*）和原始节肢动物类群有着相似的躯体构型外，我们无法确定它们的系统分类地位。他所复原的 *Parvancorina* 具有 25 对附肢（Glaessner,1979,图 18），这似乎与化石的实际情况不符。一些两侧对称的生物被认为与节肢动物有关，然而得出这一结论还存在两个难点。其一，保存的问题，砂岩中的化石生物往往没有保存细节构造。*Parvancorina* 的一些标本（Conway Morris, 1990,图 3A）前部附肢似乎着生在边缘脊上，这也引起一些学者对其节肢动物属性的质疑（Hou *et al.*，1991）。与这种保存在粗糙砂岩上的生物相比，我们的标本能获得更多的生物信息。其二，分节方式的独特性。它们的分节具交错性，并非真正的两侧对称，称为幻灯映像（Fedonkin，1992）或絮状构造（Seilacher，1989；Bergström，1991）。这种分节模式使人困惑，因为分节的发育过程不会产生这样的构造（Raft，1996）。然而，大部分 *Parvancorina* 的标本（Glaessner，1979，图 18，1984，图 2.4L；Robison and Kaesler，1987，图 13.8；Conway Morris，1990，图 3A；Raft，1996，图 3.1E；McNamara and Long，1998，p.25）并没有这种絮状构造，而且其他一些相关类群，如 Dickinsonia（Runnegar，1995）也未见这种构造。因此，文德生物群可能不应作为一个单系群进行研究，而应分个体分别对待。

不少证据都显示，节肢动物在前寒武纪就已经出现（Fortey *et al.*，1996；Wray *et al.*，1996；Ayala *et al.*，1998；Bromham *et al.*，1998；Valentine *et al.*，1999）。在前寒武纪的末期发现有节肢动物的遗迹化石（Crimes，1994），然而在三叶虫出现之前的地层中，至今未发现可靠的节肢动物（Robison and Kaesler，1987）。*Parvancorina* 与 *Primicaris* 的相似性，可以为文德生物与寒武纪节肢动物形态之间的鸿沟提供一个桥梁。这个过渡形态具有重要意义。首先，挑战了文德生物群理论，这个理论认为埃迪卡拉化石是一类已经完全绝灭的类群，没有遗留物种（Seilacher，1989；Bergström，1990）；其次，表明节肢动物的祖先型可能存在于前寒武纪，而无节幼虫型正是节肢动物的原始躯体构型。

致谢

我们感谢 S. Conway Morris 和 D. E. G. Briggs 阅读了本文的手稿以及 D. Bruton 和 G. Budd 的评论。我们也十分感谢 J. Reitner 允许我们使用哥廷根大学地球科学中心地球生物部的大量设备，感谢 G. Arp 提出的有用的计算建议，C. Kaubisch 对化石素描图以及 G. Hundertmark 对图片的帮助。本工作由中国科技部（G2000077700）和中国自然科学基金资助。张兴亮十分感谢中国留学基金委员会对在德国为期一年研究的资金支持。

参考文献

1. Adoutte, A., Balavoine, G., Latillot, N., lespinet, O., Prud'Homme, B. & Rosa, R., 2000. The new animal phylogeny: reliability and implications. Proceedings of the National Academy of Sciences, USA, 97, 4453-4456.
2. Aguinaldo, A. M. A., Turbeville, J. M., Linford, L. S., Rivera, M. C., Garey, J. R., Raff, R. A. & Lake, J. A., 1997. Evidence for a clade of nematodes, arthropods and other moulting animals. Nature, 387, 489-498.
3. Akam, M., 2000. Arthropods: developmental diversity within a (super) phylum. Proceedings of the National Academy of Sciences, USA, 97, 4438-4441.
4. Ayala, F. J. A., Rzhetsky, A. & Ayala, F. J., 1998. Origin of the metazoan phyla: molecular clocks confirm paleontological estimates. Proceedings of the National Academy of Sciences, USA, 95, 606-611.
5. Bengtson, S., 2000. Teasing fossils out of shales with cameras and computers. Palaeontologia Electronica, 3, 1-14.
6. Bergström, J., 1990. Precambrian trace fossils and the rise of bilateral animals. Ichnos, 1, 3-13.
7. Bergström, J., 1991. Metazoan evolution around the Precambrian and Cambrian transition. 25-34. In Simonetta, A. M. & Conway Morris, S. (eds). The early evolution of Metazoa and the significance of problem-

atic taxa. Cambridge University Press, Cambridge, 296 pp.

8. Bergström, J., 1992. The oldest arthropods and the origin of the Crustacea. Acta Zoologica, 73, 287-291.

9. Briggs, D. E. G. & Collins, D. A., 1988. Middle Cambrian chelicerate from Mount Stephen, British Columbia. Palaeontology, 31, 779-798.

10. Briggs, D. E. G. & Fortey, R. A., 1992. The early Cambrian radiation of arthropods. 336-374. In Lipps, J. H. & Signor, P. W. (eds). Origin and the early evolution of the Metazoa. Plenum Press, New York, 570 pp.

11. Briggs, D. E. G., Erwin, D. H. & Collier, F. J., 1994. The fossils of the Burgess Shale. The Smithsonian Institution, Washington, DC, 238 pp.

12. Bromham, L., Rambaut, A., Fortey, R., Cooper, A. & Penny, D., 1998. Testing the Cambrian explosion hypothesis by using a molecular dating technique. Proceedings of the National Academy of Sciences, USA, 95, 12,386-12,389.

13. Budd, G., 1996. The morphology of Opabinia regalis and the reconstruction of arthropod stem-group. Lethaia, 29, 1-14.

14. Budd, G., 1997. Stem-group arthropods from the Lower Cambrian Sirius Passet fauna of North Greenland. 125-138. In: Fortey, R. A. & Thomas, R. H. (eds). Arthropod relationships. Chapman & Hall, London, 383 pp.

15. Budd, G., 1999a. The morphology and phylogenetic significance of Kerygmachela kierkegaardi Budd (Buen Formation, Lower Cambrian, N Greenland). Transactions of the Royal Society of Edinburgh: Earth Sciences, 89, 249-290.

16. Budd, G., 1999b. A nektaspid arthropod from the Early Cambrian Sirius Passet fauna, with a description of retrodeformation based on functional morphology. Palaeontology, 42, 99-122.

17. Budd, G., Högström, A. E. S. & Gogin, I., 2001. A myriapod-like arthropod from the Upper Cambrian of East Siberia. Paläontologische Zeitschrift, 75, 37-41.

18. Buss, L. W. & Seilacher, A., 1994. The phylum Vendobionta: a sister group of the Eumetazoa? Paleobiology, 20, 1-4.

19. Chatterton, B. D. E. & Speyer, S. E., 1997. Ontogeny. 173-247. In Kaesler, R. L. (ed.). Treatise on invertebrate paleontology, Part O, Arthropoda 1, Trilobita, Revised. Geological Society of America, Boulder, and University of Kansas Press, Lawrence, 530 pp.

20. Chen, J. Y. & Erdtmann, B. D., 1991. Lower Cambrian Lagerstätte from Chengjiang, Yunnan, China: insights for reconstructing early metazoan life. 57-76. In Simonetta, A. M. & Conway Morris, S. (eds). The early evolution of metazoa and the significance of problematic taxa. Cambridge University Press, Cambridge, 296 pp.

21. Chen, J. Y., Edgecombe, G. G. & Ramsköld, L., 1997. Morphological and ecological disparity in naraoiids (Arthropoda) from the Early Cambrian Chengjiang fauna, China. Records of the Australian Museum, 49, 1-24.

22. Chen, J. Y., Zhou, G. Q. & Ramskäld, L., 1995. A new Early Cambrian onychophoran-like animal, Paucipodia gen. nov., from the Chengjiang fauna, China. Transactions of the Royal Society of Edinburgh: Earth Sciences, 85, 275-282.

23. Chen, J. Y., Zhu, M. Y. & Yeh, K. Y., 1996. The Chengjiang biota – a unique window of the Cambrian explosion. The National Museum of Natural Science, Taichung, Taiwan, 222 pp. [In Chinese].

24. Conway Morris, S., 1990. Late Precambrian and Cambrian soft bodied faunas. Annual Review of Earth and Planetary Sciences, 18, 101-122.

25. Conway Morris, S., 1993. Ediacara-like fossils in Cambrian Burgess Shale type faunas of North America. Palaeontology, 36, 593-635.

26. Conway Morris, S., 1998. The question of metazoan monophyly and the fossil record. 1-19. In Müller, W. E. G. (ed.). Molecular evolution: towards the origin of Metazoa. Springer Verlag, Berlin and Heidelberg, 185 pp.

27. Crimes, T. P., 1994. The period of early evolutionary failure and the dawn of evolutionary success: the record of biotic changes across the Precambrian-Cambrian boundary. 105-133. In Donovan, S. K. (ed.). The paleobiology of trace fossils. Wiley, Chichester, 208 pp.

28. Edgecombe, G. D., 1998. Arthropod fossils and phylogeny. Columbia University Press, New York, 347 pp.

29. Edgecombe, G. D. & Ramsköld, L., 1999. Relationships of Cambrian Arachnata and the systematic position of Trilobita. Journal of Paleontology, 73, 263-287.

30. Fedonkin, M. A., 1992. Vendian faunas and the early evolution of Metazoa. 87-130. In Lipps, J. H. & Signor, P. W. (eds). Origin and early evolution of the Metazoa. Plenum Press, New York, 570 pp.

31. Fortey, R. A., Briggs, D. E. G. & Wills, M. A., 1996. The Cambrian evolutionary "explosion": decoupling cladogenesis from morphological disparity.

Biological Journal of the Linnean Society, 57, 13-33.

32. Fortey, R. A. & Theron, J. N., 1994. A new Ordovician arthropod, Soomaspis, and the agnostid problem. Palaeontology, 37, 841-861.

33. Fortey, R. A. & Thomas, R. H., 1997. Arthropod relationships. Chapman & Hall, London, 383 pp.

34. Fryer, G., 1992. The origin of the Crustacea. Zoologica, 73, 273-286.

35. Fryer, G., 1996. Reflections on arthropod evolution. Biological Journal of the Linnean Society, 58, 1-55.

36. Fryer, G., 1997. A defence of arthropod polyphyly. 23-33. In Fortey, R. A. & Theron, J. N. (eds). Arthropod relationships. Chapman & Hall, London, 383 pp.

37. Gehling, J. G., 1991. The case of Ediacaran fossils roots the metazoan tree. Geological Society of India, Memoir, 20, 181-224.

38. Gehling, J. G. Narbonne, G. M. & Anderson, M. M., 2000. The first named Ediacaran body fossil, Aspidella terranovica. Palaeontology, 43, 427-456.

39. Giribet, G., Edgecombe, G. D. & Wheeler, W. C., 2001. Arthropod phylogeny based on eight molecular loci and morphology. Nature, 413, 157-161.

40. Glaessner, M. F., 1979. Precambrian. 79-118. In Robison, R. A. & Teichert, C. (ed.). Treatise on invertebrate paleontology, Part A. Geological Society of America, Boulder, and University of Kansas Press, Lawrence, 568 pp.

41. Glaessner, M. F., 1984. The dawn of animal life: a biohistorical study. Cambridge University Press, Cambridge, 244 pp.

42. Halanchy, K. M., Bacheller, J. D., Aguinaldo, A. M. A., Liva S. M., Hillis, D. M. & Lake, J. A., 1995. Evidence from 18S ribosomal DNA that the lophophorates are protostome animals. Science, 267, 1641-1643.

43. Hou, X. G. & Bergström, J., 1997. Arthropods of the Lower Cambrian Chengjiang fauna, southwest China. Fossils and Strata, 45, 1-115.

44. Hou, X. G., Wang, H. F., Feng, X. H. & Chen, A. L., 1999. The Chengjiang fauna. Exceptionally well-preserved animals from 530 million years ago. Yunnan Science and Technology Press, Kunming, 170pp. [In Chinese, English summary].

45. Hou, X. G., Ramsköld, L. & Bergström, J., 1991. Composition and preservation of the Chengjiang fauna – a Lower Cambrian soft bodied biota. Zoologica Scripta, 20, 395-411.

46. Hughes, C. P., 1975. Redescription of Burgessia bella from the middle Cambrian Burgess Shale, British Columbia. Fossils and Strata, 4, 414-436.

47. Hwang, U. W., Friedrich, M., Tautz, D., Park, C. J. & Kim, W., 2001. Mitochondrial protein phylogeny joins myriapods with chelicerates. Nature, 413, 154-157.

48. Jenkins, R. J. F., 1992. Functional and ecological aspects of the Ediacaran assemblages. 131-176. In Lipps, J. H. & Signor, P. W. (eds). Origin and early evolution of the Metazoa. Plenum Press, New York, 570pp.

49. Jeram, A. J., Selden, P. A. & Edwards, D., 1990. Land animals in the Silurian: arachnids and myriapods from Shropshire, England. Science, 250, 658-661.

50. Kluge, A. G., 1988. The characteristics of ontogeny. 57-81. In Humphries, C. J. (ed.). Ontogeny and systematics. Columbia University Press, New York, 236 pp.

51. Kukalovä-Peck, J., 1992. The "Uniramia" do not exist: the ground plan of the Pterygota as revealed by Permian Diaphanopterodea from Russia (Insecta: Palaeodichtyopteroidea). Canadian Journal of Zoology, 70, 236-255.

52. Luo, H. L., HU, S. X., Chen, L. Z., Zhang, S. S. & Tao, Y. H., 1999. Early Cambrian Chengjiang fauna from Kunming region, China. Yunnan Science and Technology Press, Kunming, 129 pp. [In Chinese, English summary].

53. Manton, S. M., 1977. The arthropods: habits, functional morphology, and evolution. Oxford University Press, Oxford, 527 pp.

54. McKinney, M. L. & McNamara, K. J., 1991. Heterochrony: the evolution of ontogeny. Plenum Press, New York, 437 pp.

55. McNamara, K. J. & Long, J., 1998. The evolution revolution. John Wiley & Sons, New York, 298 pp.

56. Müller, K. J. & Walossek, D., 1987. Morphology, ontogeny, and life habit of Agnostus pisiformis from the Upper Cambrian of Sweden. Fossils and Strata, 19, 1-124.

57. Nielsen, C., 1995. Animal evolution: interrelationships of the living phyla. Oxford University Press, Oxford, 467 pp.

58. Opik, A. A., 1979. Middle Cambrian agnostids: systematics and biostratigraphy. Bulletin of the Bureau of Mineral Resources, Geology and Geophysics, 172, 1-188.

59. Panganiban, G., Sebring, A., Nagy, L. & Carroll, S. B., 1995. The development of crustacean limbs and the evolution of arthropods. Science, 270, 1363-1366.

60. Panganiban, G., Irvine, S. M., Lowe, C., Roehl, H., Corley, L. S., Sherbon, B., Grenier, J. K., Fallon, J. F., Kimble, J., Walker, M., Wray, G. A., Swalla, B. J., Martindale, M. Q. & Carroll, S. B., 1997. The origin and evolution of animal appendages. Proceedings of the National Academy of Sciences, USA, 94, 5164-5168.

61. Pflug, H. D., 1973. Zur fauna der Nama-Schichten in Sudwest Afrika. IV. Microscopische Anatomie der petal Organisme. Palaeontographica, B, 144, 166-202.

62. Raff, R. A., 1996. The shape of life. Genes, development, and the evolution of animal form. University of Chicago Press, Chicago and London, 520 pp.

63. Ramsköld, L., Chen, J. Y., Edgecombe, G. D. & Zhou, G. Q., 1996. Preservational folds simulating tergite junctions in tegopeltid and naraoiid arthropods. Lethaia, 29, 15-20.

64. Retallack, G. J., 1994. Were the Ediacaran fossils lichens? Paleobiology, 20, 523-544.

65. Robison, R. A., 1990. Earliest known uniramous arthropod. Nature, 343, 163-164.

66. Robison, R. A. & Kaesler, R. L., 1987. Phylum Arthropoda. 205-269. In Boardman, R. S., Cheetham, A. H. & Rowell, A. J. (eds). Fossil invertebrates. Blackwell, Oxford, 713 pp.

67. Rosa, R., Grenier, J. K., Andreeva, T., Cook, C. E., Adoutte, A., Akam, M., Carroll, S. B. & Balavoine, G., 1999. Hox genes in brachiopods and priapulids and protostome evolution. Nature, 399, 772-776.

68. Runnegra, B., 1995. Vendobionta or Meta-zoa? Development in the understanding of the Ediacaran "fauna". Neues Jahrbuch fur Geologie und Palontologie, Abhandlungen, 195, 305-318.

69. Ruppert, E. E. & Barnes, R. D., 1994. Invertebrate zoology. Third edition. Saunders College Publishing, Philadelphia, 1056 pp.

70. Schram, F. R., 1986. Crustacea. Oxford University Press, New York, 606 pp.

71. Seilacher, A., 1989. Vendozoa: organismic construction in Proterozoic biosphere. Lethaia, 22, 229-239.

72. Seilacher, A., 1992. Vendobionta and Psammocorallia: lost constructions of Precambrian evolution. Journal of the Geological Society, London, 149, 607-613.

73. Shea, B. T., 1999. Heterochrony. 566-568. In Singer, R. (ed.). Encyclopedia of paleontology. Fitzroy Dearborn Publishers, Chicago, 2018 pp.

74. Shear, W. A., 1992. End of the "Uniramia" taxon. Nature, 359, 477-479.

75. Shu, D. G., Conway Morris, S., Zhang, X. L., Chen, L., Li, Y. & Han, J., 1999b. A pipiscid-like fossil from the Lower Cambrian of South China. Nature, 400, 746-749.

76. Shu, D. G., Luo, H. L., Conway Morris, S., Zhang, X. L., Hu, S. X., Chen, L., Han, J., Zhu, M., Li, Y. & Chen, L. Z., 1999c. A Lower Cambrian vertebrate from South China. Nature, 402, 42-46.

77. Shu, D. G., Vannier, J., Luo, H. L., Chen, L., Zhang, X. L. & Hu, S. X., 1999a. Anatomy and life style of Kunmingella (Arthropoda, Bradoriida) from the Chengjiang fossil Lagerstätte (Lower Cambrian; southwest China). Lethaia, 32, 279-298.

78. Shu, D. G., Zhang, X. L. & Geyer, G., 1995. Anatomy and systematic affinities of the Lower Cambrian bivalved arthropod *Isoxys auritus*. Alcheringa, 19, 333-342.

79. Shubin, N., Tabin, C. & Carroll, S., 1997. Fossils, genes and the evolution of animal limbs. Nature, 388, 639-648.

80. Shultz, J. W. & Regier, J. C., 2000. Phylogenetic analysis of arthropods using two nuclear protein encoding genes supports a crustacean + hexapod clade. Proceedings of the Royal Society of London B, 267, 1011-1019.

81. Snodgrass, R. E., 1938. Evolution of the Annelida, Onychophora and Arthropoda. Smithsonian Miscellaneous Collections, 97, 1-159.

82. Speyer, S. E. & Chatterton, B. O. E., 1989. Trilobite larvae and larval ecology. Historical Biology, 3, 27-60.

83. Struhl, G., 1981. A homoetic mutation transforming leg to antenna in Drosophila. Nature, 292, 635-638.

84. Stuart, J. J., Brown, S. J., Beeman, R. W. & Denell, R. E., 1991. A deficiency of homeotic complex of the beetle Tribolium. Nature, 350, 72-74.

85. Valentine, J. W., Jablonski, D. & Erwin, D. H., 1999. Fossils, molecules and embryos: new perspectives on the Cambrian explosion. Development, 126, 851-859.

86. Waggoner, B. M., 1996. Phylogenetic hypotheses of the relationships of arthropods to Precambrian and Cambrian problematic fossil taxa. Systematic Biology, 42, 190-223.

87. Walossek, D., 1993. The Upper Cambrian Rehbachiella and the phylogeny of Branchiopoda and Crustacea. Fossils and Strata, 32, 1-202.

88. Walossek, D. & Müller, K. J., 1990. Upper Cambrian stem lineage crustaceans and their bearing upon the monophyletic origin of Crustacea and the posi-

tion of Agnostus. Lethaia, 23, 409-429.

89. Walossek, D., 1998. Early arthropod phylogeny in the light of the Cambrian "Orsten" fossils. 185-231. In Edgecombe, G. E. (ed.). Arthropod fossils and phylogeny. Columbia University Press, New York, 347 pp.

90. Whittington, H. B., 1959. Ontogeny of Trilobita. 127-144. In Moore, R. C. (ed.). Treatise on invertebrate paleontology, Part O, Arthropoda 1. Geological Society of America, Boulder, and University of Kansas Press, Lawrence, 560 pp.

91. Whittington, H. B., 1971. The Burgess Shale: history of research and preservation of fossils. 1170-1201. In: Proceedings of the North American Paleontological Convention, Chicago, 1969. Allen Press, Lawrence, Kansas, 1674 pp.

92. Whittington, H. B., 1977. The Middle Cambrian trilobite Naraoia, Burgess Shale, British Columbia. Philosophical Transactions of the Royal Society of London, Series B, 280, 400-443.

93. Willmer, P., 1990. Invertebrate relationships. Patterns in animal evolution. Cambridge University Press, Cambridge, 383 pp.

94. Wills, M. A., Briggs, D. E. G., Fortey, R. A. & Wilkinson, M., 1995. The significance of fossils in understanding arthropod evolution. Verhandlungen Deutschen Zoologischen Gesellschaft, 88, 203-215.

95. Wills, M. A., Fortey, R. A., Wilkinson, M. & Sneath, P. H. A., 1998. An arthropod phylogeny based on fossil and Recent taxa. 33-105. In Edgecombe, G. E. (ed.). Arthropod fossils and phylogeny. Columbia University Press, New York, 347 pp.

96. Wray, G. A., Levinton, J. S. & Shapiro, L. H., 1996. Molecular evidence for deep Precambrian divergences among metazoan phyla. Science, 274, 568-573.

97. Zhang, X. G. & Pratt, B. R., 1993. Early Cambrian ostracode larvae with a univalved carapace. Science, 262, 93-94.

98. Zhang, X. L., 1995. Naraoiids from the Early Cambrian Chengjiang Lagerstätte. Unpublished Master's dissertation, Northwest University at Xi'an, China, 91 pp. [In Chinese, English summary].

99. Zhang, X. L., 1999. Cambrian explosion and some arthropods from the Early Cambrian Chengjiang Lagerstätte. Unpublished PhD thesis, Northwest University at Xi'an, China, 118pp. [In Chinese, English summary].

100. Zhang, X. L. Han, J. & Shu, D. G., 2000. A new arthropod Pygmaclypeatus daziensis from the Early Cambrian Chengjiang Lagerstätte, South China. Journal of Paleontology, 74, 979-982.

101. Zhang, X. L. & Shu, D. G., 1996. Preservation and post-mortem decay of naraoiids from the Early Cambrian Chengjiang Lagerstätte. Journal of Northwest University, 26, 454-458. [In Chinese, English abstract].

102. Zhang, X. L. & Geyer, G., 1995. A new genus of naraoiids. 30. In Chen, J. Y., Edgecombe, G. & Ramsköld, L. (eds). International Cambrian Explosion Symposium (April, 1995, Nanjing), Programme and Abstracts.

103. Zhang, X. L., Li, Y. & Han, J., 2001. New sites of Chengjiang fossils: crucial windows on the Cambrian explosion. Journal of the Geological Society, London, 158, 211-218.

104. Zhao, Y. L., Yuan, J. L., Zhu, M. Y., Yang, R. D., Guo, Q. J., Qian, Y., Huang, Y. Z. & Pan, Y., 1999. A progress report on research on the early Middle Cambrian Kaili biota, Guizhou, P. R. C. Acta Palaeontologica Sinica, 38 (Supplement), 1-15.

（傅东静　译）

早寒武世双瓣壳节肢动物耳形等刺虫形态及谱系关系研究

舒德干*,张兴亮,Gerd Geyer

*通讯作者 E-mail: elidgshu@ nwu. edu. cn

摘要　通过对华南早寒武世澄江化石库(云南)中的耳形等刺虫(*Isoxys autitus*)进行研究,揭示出耳形等刺虫成体的软躯体构造,如触角、双支型附肢、眼睛、胃部以及闭壳肌痕迹等特征。其中,2 对触角以及 11 对原始的双支型附肢特征表明,耳形等刺虫应属于干群甲壳动物。

关键词　耳形等刺虫;解剖结构;甲壳动物;澄江化石库;华南;筇竹寺组;下寒武统

在过去的数十年中,节肢动物的早期演化问题引起了越来越多科学家的关注(Hessler and Newman, 1975; Manton and Anderson, 1979; Schram, 1982; Cisne, 1982; Briggs, 1983; Walossek and Müller, 1990; Dahl and Strömberg, 1992; Bergström, 1992; Fryer, 1992; Walossek, 1993)。大量研究成果表明,化石材料对于解决这一难题具有极高的科学价值,对此科学界已经达成了广泛共识。而随后研究的焦点逐渐集中在寒武纪保存软躯体结构的节肢动物化石,因为它们为研究节肢动物主要类群的谱系关系提供了关键性证据。这些证据主要包括布尔吉斯页岩化石、瑞典的奥斯坦型化石以及来自澄江的重要软躯体化石。

早、中寒武世时期,等刺虫属(*Isoxys*)在全球范围广泛分布,如不列颠哥伦比亚(Walcott, 1908; Simonetta and Delle Cave, 1975; Conway Morris, 1979)、美国东部(Walcott, 1891; Campbell and Kauffman, 1969)、格陵兰岛(Conway Morris *et al.*, 1987)、南澳(Glaessner, 1979; Bengtson *et al.*, 1990)、中国(Jiang, 1982; Hou, 1987; Hou and Bergström, 1991)以及西班牙(Richter and Richter, 1927)。1891 年,Walcott 首次描述了早寒武世的等刺虫(*Isoxys chilhoweana*),此后的报道中,除了南澳袋鼠岛(Emu Bay Shale)的等刺虫(*Isoxys communis*)被称具有"腹部体节痕迹"外(Glaessner, 1979, p. 22—23),至今未发现其他可靠的有关等刺虫的软躯体结构信息。双瓣壳节肢动物的壳瓣具有趋同演化的特征,即不同的类群拥有外形相似的壳瓣。因此,这类动物分类地位的确定,必须依据附肢以及其他软躯体构造的特征(Robison and Richards, 1981; Briggs, 1983; Hou, 1987)。1982 年,蒋等人建立耳

形等刺虫(*Isoxys autitus*),最初是以 *Cymbia autitus* 进行描述的,其后,侯于1987年对该种进行了再研究(Hou, 1987)。然而,这些研究都未能解决耳形等刺虫软躯体构造的问题。

1981年,笔者与学生们在华南的云南省澄江县下寒武统筇竹寺组进行野外工作时,发现了大量的高肌虫类(bradoriids)和三叶虫类(trilobites),还有保存了附肢构造的双瓣壳节肢动物土卓虫(*Tuzoia*)。此外,在澄江化石库中,还发现了大量耳形等刺虫(*Isoxys autitus*)的壳瓣(Huo *et al.*, 1983; Shu, 1990a, b)。1991年至1994年的四年中,我们对这个世界闻名的化石库进行了大规模的密集开采,收获了保存软躯体结构的多门类化石,如高肌虫、三叶虫、其他节肢动物、节(肢)化动物、蠕形动物、真体腔动物、水母状动物、海绵类和半索动物,此外,还收获了数以千计的耳形等刺虫壳瓣(Shu *et al.*, 1992; Shu *et al.*, 1993)。

保存方式及研究方法

耳形等刺虫(*Isoxys autitus*)是澄江生物群中最常见的化石属种之一。其壳瓣的保存方式有分离的单瓣,也有保存完整的双瓣。一些壳的两瓣沿腹边缘完全闭合(图1D, E),一些有少许间距(图3A),亦有一些完全打开于同一层面呈现蝴蝶状(图1C)。

由于化石以侧压保存为主,因此原始的立体结构已经被改变,在石化的过程中,软躯体以及壳瓣通常被压扁保存。此外,另有一些标本相对于层面呈现出各种角度的侧压保存特征(图4A—E)。然而,在两壳瓣具有一定间距的标本中,仍发现有一些具有三维立体保存的软躯体构造。

等刺虫(*Isoxys*)是早期少数具有矿化壳的节肢动物之一。然而,其壳瓣的原生磷酸钙结构(Bengtson *et al.*, 1990)在早期成岩过程中被脱矿化。壳瓣外表面主要为有机质的上皮层,因此,大量标本的壳瓣外表面仍可见网纹状装饰结构(小六边形,图1, 2D, 4A)。同时,一小部分标本仍保存有原始的壳瓣形态结构。

对于壳瓣完全闭合的以及部分闭合的化石标本,其软躯体结构可以通过精细的化石解剖来呈现,笔者称之为“化石解剖技术(fossil dissecting method)”(Shu *et al.*, 1993),运用此种方法可将埋藏在壳瓣之下的软躯体构造发掘出来(图2,4)。Whittington 和他的同事已经成功地将此技术应用于布尔吉斯页岩化石库中产出的化石材料。即使壳瓣间隙没有保存软躯体结构,在一些标本中仍可能有躯体—体液(假设在躯体腐烂分解的早期有组织液流出)呈现出“暗色的痕迹”(图2D),如布尔吉斯页岩的 *Marrella*(Whittington, 1971)。

软躯体构造一般呈现出红色、棕红色或是深灰色,因此容易被识别,即使构造很小,或是表面界限不甚清楚。但另一方面,如果依照通常的方法为化石照相,这些颜色上的差别对于描述照片中的三维立体构造很不利。在单色照片中,软躯体部分通常为深色,表明此部位相对于亮色的围岩相对较低,即使此处是高于围岩的仍会显示深色。使用氧化镁覆盖化石表面,将化石统一白化,这样在照片中,不同突兀度的器官构造就会有更好的对比度。使用一些电子设备照相,之后可将照片进行亮度以及对比度的调整,以达到最佳的识别效果(如使用 Adobe Photoshop)。

图 1　A—C,耳形等刺虫壳瓣外表面。A,NWUS 91-302A,右侧壳瓣,×2.5;B,NWUS 91-303A,双瓣壳,×2.5;C,NWUS 91-309A,双壳瓣展开,×2。

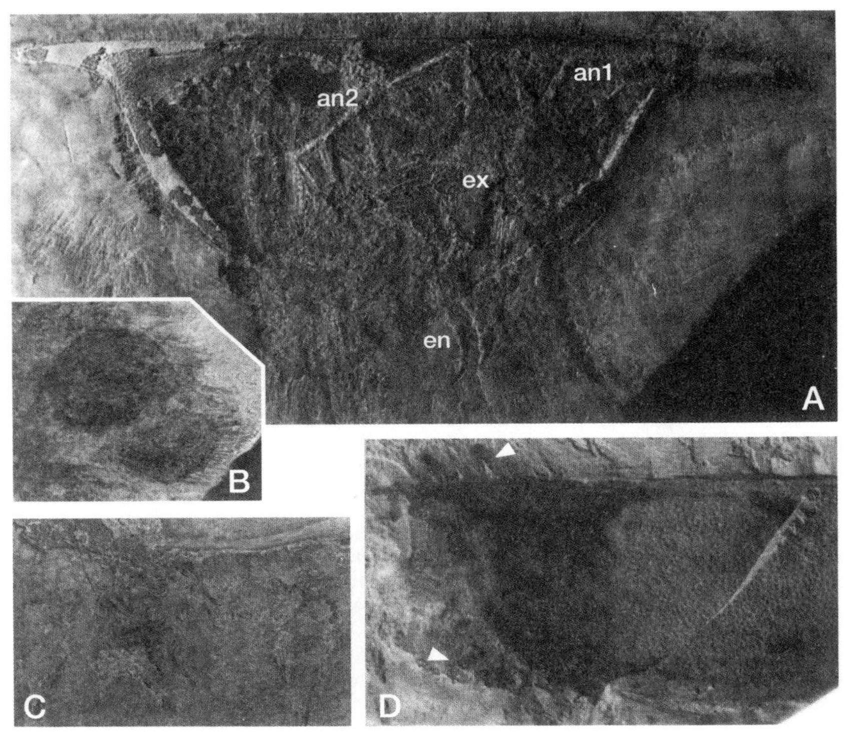

图 2　A,NWUS93-301B,侧视,展示第一触角、第二触角、外肢和内肢,×4.1;B,NWUS92-301A,触角细部结构,×14;C,NWUS91-310A,内肢细节,具爪状末端,×5;D,NWUS91-310A,壳瓣内外的深色痕迹可能为体液(箭头),×2.8。

形态描述

触角

耳形等刺虫(*Isoxys autitus*)具有两对触角,都位于壳瓣内侧。仔细研究对比其中三块保存有触角的标本发现,两对触角均位于口前。第一对触角相对较短、较粗,且明显不能伸及壳瓣边缘。第二对触角较长,且每个触角上具有四对刺或棘状分叉(图 2A,3)。这种极其复杂的结构与现生甲壳类的大触角相似。但是,这种构造同时也暗示出某些早期节肢动物所谓的"大附肢"的构造特征(Bruton and Whittington,1983),因此,此处使用"大触角"一词仍存在争议。显然,在壳瓣展开时,大触角完全可以从壳瓣的前边缘伸出。其形态特征表明，耳形等刺虫的大触角不仅具有感觉功能，同时还具有捕获食物的功能。

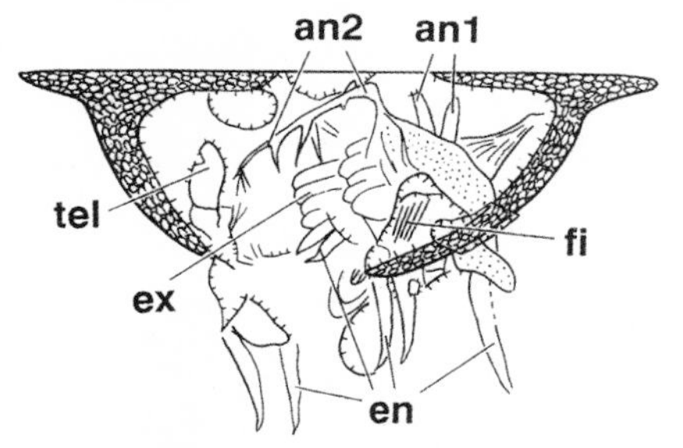

图 3 NWUS 93-301B 标本解译图。an1，第一触角；an2，第二触角；en，内肢；ex，外肢；fi，可能的鳃片状结构；tel，可能的尾节。

双支型附肢

耳形等刺虫（*Isoxys autitus*）具有 11 对双支型附肢。标本 NWUS92-310，壳体两瓣略展开，可见 11 对三维立体保存的双支型附肢（图 4A）。所有附肢的形态及大小基本一致。外肢片状、覆瓦状排列，凹陷处为背部弦状杆，其后部镶嵌有丝状刚毛（图 4C）。外肢的后腹边缘，其刚毛相对长且粗（图 4B）。外肢的形态结构表明其并非高效的游泳器官。

内肢杆状且较粗壮，向末端逐渐变细。节间膜明显，表明其具有较为灵活的运动方式。末端相对纤细，微曲，具爪状结构（图 2A，B）。

最前端的双支型附肢明显位于口部之后。头后未见其他特化的触角之后的附肢。然而，头、胸和腹部界限不明。同时，由于躯体具有同型的双支型附肢，因此，无法依据附肢形态的变化来划分体段“躯体分异（tagmata）”。

头部器官

NWUS92-310B 为一块侧压保存的标本（图 4D）。将其前背部解剖，以展示出更多的腹面器官。首先被揭示和辨识出的是第二对触角。随后，进一步的解剖将触角移除，显示出一个不规则的囊状构造——胃（图 4E）。胃的腹侧方向，有一舌状器官，向腹侧突起。由于其保存相对欠佳，无法对其属性做出定论。然而，其形态与位置表明它可能为一个唇瓣。在胃与可能的唇瓣之间可见新月形的口部，其开口端明显向后。在柄状眼之后，有一个近椭圆形构造，相对于研究标本倾斜保存。此构造仅见于标本 NWUS92-310B 中，且细部构造不清楚，因此暂时无法将其归入已知的生物构造（图 4E，箭头）。未见大颚和小颚，推测耳形等刺虫（*Isoxys autitus*）可能不具备此类结构。

眼

耳形等刺虫（*Isoxys autitus*）拥有一对球形或似椭球形的复眼。每个眼球着生在相对较长的眼柄上，眼柄基部位于胃的前方。这种布局在标本 NWUS92-310B 中最为清晰，其左侧眼球及眼柄被解剖出来（图 4E），右侧眼埋于基岩之下不可见。

躯体

将标本 NWUS92-310A 的双支型附肢移除，暴露出躯干的一小部分。可见两节背腹方向加长的隆起（图 4A，C）。由于其间距与相邻两对附肢的间距相当，因此我们有理由认为，这两个相邻的节正是躯干部的两个环状体节。在同一标本中，躯体后部相对变窄，呈现指状构造，其末端为其他特化构造，可能代表尾节。

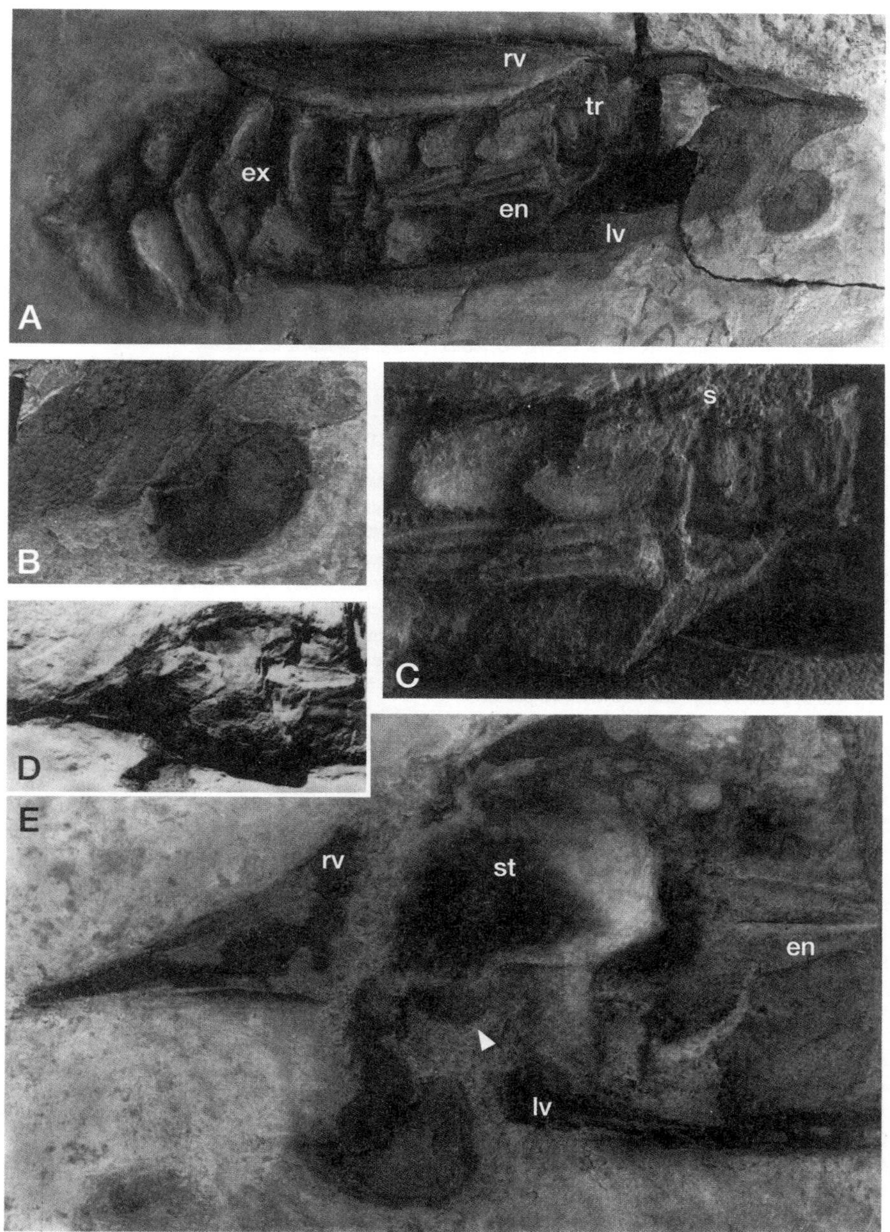

图4　A, NWUS92-301A,外肢和部分内肢;茎状眼; ×3.5;B,图A的细节展示,茎状眼, ×7.4;C,内、外肢细部结构, ×7.4;D,NWUS310B,背侧视, ×3.7;E,图D放大,展示左眼、一对后侧内肢、胃部,箭头所指为口部开口处的不明结构, ×9.5。

闭壳肌痕

与其他节肢动物类似,双瓣壳节肢动物在生长过程中也经历了一系列的幼虫期。通常情况下,在蜕壳上无法辨识闭壳肌的痕迹。然而,一些研究标本中,仍可见明显的闭壳肌的痕迹。埋藏学证据表明,耳形等刺虫的壳瓣为相对弱矿化,因此具有一定的柔韧性。通常,壳体表面光滑,无明显凹坑或脊突部(图1A)。但是,也有一些标本,在壳瓣的前腹部具有凹凸特征的结构(图1B,C)。这种凹凸结构由三部分组成,前背角处一个三角形的凹陷部分,前背部1/4处一个圆形的凹坑,以及两者之间一个十字形的沟。最前方的凹陷可能是由于凸起的壳瓣前部经侧压造成的。其余两个凹陷可能代表了闭壳肌的附着部位。在一些标本的壳瓣内表面,可见部分闭壳肌的痕迹。

目前,对于壳瓣前腹部这些凹陷的形成以及功能并不十分清楚,有可能仅为压实过程中壳瓣的挤压变形构造,也有可能是真正容纳闭壳肌的特殊结构。偶然情况下,一些被活埋或至少没有腐烂分解的标本,保存有一些连接于肌痕处的组织。这些壳的两瓣完全打开,平展保存于层面。然而,这些组织可能收缩位于闭壳肌连接处,较压实变形处更靠前。

分类与鉴定

澄江生物群中,已描述了两个等刺虫的属种。本研究所用材料,全部属于常见的耳形等刺虫(*Isoxys autitus* Jiang, 1982),有别于另一稀有等刺虫属种奇异等刺虫(*Isoxys paradoxus* Hou, 1987),前者的壳瓣前、后背刺等长,而后者则具有极长的后背边缘刺。前人已经对耳形等刺虫与其他等刺虫属种壳瓣的区别进行过讨论,此处不再累述(Jiang, 1982; Hou, 1987)。

本文通过研究,揭示出了更多的有关等刺虫的形态信息,在此也对等刺虫属种的鉴定特征做出如下修改:

等刺虫科(Family Isoxyidae),等刺虫属,单瓣次椭圆形,前后背边缘刺明显;2对触角,第一触角短且结构简单,第二触角长且分支;1对柄状眼;11对双支型附肢,外肢片状,内肢杆状。

系统分类

一直以来,由于缺乏可靠的形态学信息,耳形等刺虫(*Isoxys autitus*)准确的分类地位问题一直悬而未决(Delle Cave and Simonetta, 1991)。本文所揭示的大量新的软躯体形态特征,为研究耳形等刺虫的系统分类提供了更多的证据。然而,这些新的形态学证据仍不足以解决耳形等刺虫准确的分类学地位问题。许多重要的形态学特征,如头、胸部的界限,双支型附肢的完整结构,尤其是内外肢连接部基节(basipodite)的特征,触角后附肢基部内叶(proximal endite)存在与否尚不明确。

化石形态特征显示,耳形等刺虫(*Isoxys autitus*)具有两对触角确信无疑,而这正是甲壳动物的鉴定特征,因此,推测耳形等刺虫在分类学上属于甲壳动物。所有双支型附肢均为同型,包括触角后的头部附肢,未出现任何形态分异特征(即无大颚或小颚结构)。虽然可见第一触角,但由于缺乏具体的形态学信息,因此不足以确定其运动以及捕食能力,Walossek 和 Müller(1990)认为,这些形态特征代表了干群甲壳动物的主要离征。

耳形等刺虫的头、胸和腹部界限不明显,缺乏显著的躯体分异特征,因此,我们认为其演化地位可能较原始。然而,如果能证明,耳形等刺虫确实具有唇瓣的话,那么,之前将其作为早期原始干群的分类思想就是错误的。原因是,真正的干群甲壳类动物不具有唇瓣(Walossek and Müller,1990)。此

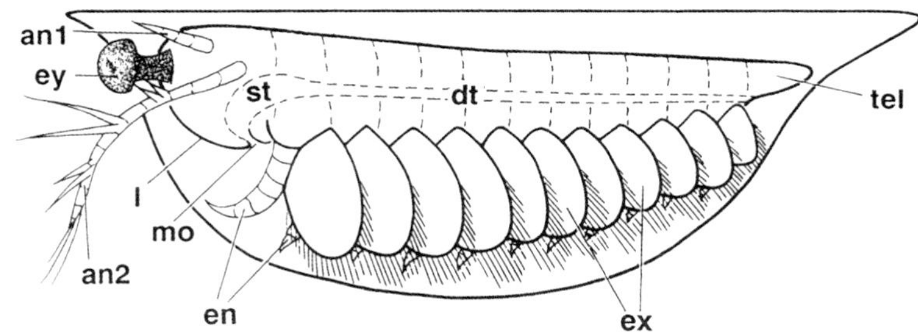

图 5　耳形等刺虫结构复原图。an1，第一触角；an2，第二触角；dt，消化道；l，唇瓣；en，内肢；ex，外肢；ey，眼；mo，口；st，胃；tel，尾节。

外，柄状眼的出现也可作为一个离征，但此特征在许多分类群中都可独立进化出现。

耳形等刺虫的形态有别于介形虫，前者的闭壳肌位于前背部，而后者的闭壳肌位于壳瓣的中心，且两者的双支型附肢结构也不同。等刺虫曾经被归入甲壳类 Thylacocephala 纲（Rolfe，1985；Arduini and Pinna，1989）。然而，由于触角后附肢并没有特化出用于捕食的形态，因此可以排除等刺虫作为 Thylacocephala 的可能。此外，等刺虫还具有一些原始特征，如缺乏步行足或可用于抓取的内肢，躯干部基本为简单的管状，头前部无明显的囊状膨大等。

耳形等刺虫（*Isoxys autitus*）与布尔吉斯页岩中的另一类双瓣壳节肢动物鳃虾（*Branchiocaris*）形态相似（Briggs，1986）。鳃虾也具有两对特化的附肢，被认为是"触角"，其他双支型附肢也同型。然而，鳃虾的两对触角与耳形等刺虫完全不同，为螯肢状附肢，这种附肢可能与甲壳类的触角不同源。因此，Briggs（1976，1983）曾质疑鳃虾类是否属于甲壳动物。

此外，耳形等刺虫还与完美加拿大虾（*Canadaspis perfecta*）形态相似。两者都具有一对柄状眼、两对触角以及双支型的躯干附肢，但是，两者也存在较为显著的差别。首先，加拿大虾的躯体明显三分：头、具双支型附肢的胸部和无附肢的尾部。其次，加拿大虾具有形态分异的触角后附肢，暗示其为甲壳动物。再次，耳形等刺虫的整个躯体被双瓣壳完全包裹，然而加拿大虾的腹部伸出壳瓣之外。

一般而言，晚寒武世的一些奥斯坦型（Orsten）化石被认为是冠群甲壳类的代表（Walossek and Müller，1990，1992）。而中寒武世布尔吉斯页岩中的加拿大虾，则被认为是严格定义的甲壳动物，或仅为干群甲壳类的早期分支（Briggs，1992；Bergström，1992）。

致谢

本文作者感谢编辑的帮助以及 Pickett，J. W. 博士和学生 Leonards，M. S. W. 对我们提出的宝贵建议。同时我们十分感激两位匿名评审的建设性批评。本文的野外工作由中国国家自然科学基金委资助。舒德干特别感谢洪堡基金对完成本文的帮助。

参考文献

1. Arduini，P. & Pinna，G.，1989. I Tilacocefali：una

nuova classe di crostacci fossili. Natura, 80 (2), 1-35.

2. Bengtson, S., Conway Morris, S., Cooper, B. J., Jell, P. A. & Runnegar, B. N., 1990. Early Cambrian fossils from South Australia. Memoirs of the Australasian Association of Palaeontologists, 9, 1-364.
3. Briggs, D. E. G., 1976. The arthropod Branchiocaris n. gen., Middle Cambrian, Burgess Shale, British Columbia. Geological Survey of Canada Bulletin, 264, 1-29.
4. Briggs, D. E. G., 1978. The morphology, mode of life, and affinities of Canadaspis perfecta (Crustacea: Phyllocarida), Middle Cambrian, Burgess Shale, British Columbia. Philosophical Transactions of the Royal Society, London, B 281, 439-487.
5. Briggs, D. E. G., 1983. Affinities and early evolution of the Crustacea: The evidence of the Cambrian fossils. In Crustacean phylogeny, Schram, F. R. ed., Balkema, Rotterdam, 1-22.
6. Briggs, D. E. G., 1992. Phylogenetic significance of the Burgess Shale crustacean Canadaspis. Acta Zoologica, 73(5), 293-300.
7. Bruton, D. L. & Whittington, H. B., 1983. Emeraldella and Leanchoilia, two arthropods from the Burgess Shale, British Columbia. Philosophical Transactions of the Royal Society, London, B 300, 31-36.
8. Campbell, L. & Kauffman, M. E., 1969. Olenellus faunas of the Kinzers Formation, southeastern Pennsylvania. Proceedings of the Pennsylvanian Academy of Science, 43, 172-176.
9. Cisne, J. L., 1982. Origin of the Crustacea. In The biology of Crustacea, Vol. 1, Abele, L. G. ed., Academic Press, New York, 65-93.
10. Conway Morris, S., 1979. The Burgess Shale (Middle Cambrian) fauna. Annual Review of Ecology and Systematics, 10, 327-349.
11. Conway Morris, S., Peel, Higgins, J. S., A. K., Soper, N. J. & Davis, N. C., 1987. A Burgess shale-like fauna from the Lower Cambrian of North Greenland Nature, 326, 181-183.
12. Dahl, E. & Strömberg, J. O., 1992. Introduction: Discovering crustacean diversity. Acta Zoologica, 73 (5), 271-272.
13. Delle Cave, L. & Simonetta, A. M., 1991. Early Palaeozoic Arthropods and problems of arthropod phylogeny; with some notes on taxa of doubtful affinities. In The early evolution of Metazoa and the significance of problematic taxa, A. M. Simonetta & S. Conway Morris, eds, Cambridge University Press, Cambridge, 189-244.
14. Fryer, G., 1992. The origin of the Crustacea. Acta Zoologica, 73(5), 273-286.
15. Glaessner, M. F., 1979. Lower Cambrian Crustacea and annelid worm from Kangaroo Island, South Australia. Alcheringa, 3, 21-31.
16. Hessler, R. R. & Newman, W. A., 1975. A trilobitomorph origin for Crustacea. Fossils and Strata, 4, 437-459.
17. Hou, X. G., 1987. Early Cambrian large bivalved arthropods from Chengjiang, eastern Yunnan. Acta Palaeontologica Sinica, 26(3), 286-298.
18. Hou, X. G. & Bergström, J., 1991. The arthropods of the Lower Cambrian Chengjiang fauna, with relationships and evolutionary significance. In The early evolution of Metazoa and the significance of problematic taxa, A. M. Simonetta & S. Conway Morris, eds, Cambridge University Press, Cambridge, 179-187.
19. Huo, S. C., Shu, D. G., Zhang, X. G., Cui, Z. L. & Tong H. W., 1983. Notes on Cambrian Bradoriids from Shaanxi, Yunnaa, Sichuan, Guizhou, Hubei and Guangdong. Journal of the Northwest University, 13, 89-104.
20. Jiang, Z. W., 1982. [Bradoriida]. In The Sinian Cambrian bonndary in eastern Yunna, China. Luo, H. L., Jiang, Z. W., Wu, X. C., Sung, X. L., & Ouyang L. eds, Yunnan People's Publishing House, Kunming, 211-215.
21. Manton, S. M. & Anderson, D. T., 1979. Polyphyly and the evolution of arthropods. In The origin of major invertebrate groups, House, M. R. ed., Academic Press, London, 269-322.
22. Moore, R. C. & Mccormick, L., 1969. General features of Crustacea. In Treatise on invertebrate paleontology, Moore, R. C. ed., Geological Society of America and University of Kansas Press, Lawrence, Kansas, 57-120.
23. Müller, K. J., 1983. Crustacea with Preserved soft parts from the Upper Cambrian of Sweden. Lethaia, 16, 93-109.
24. Richter, R. & Richter, E., 1927. Eine Crustacee (Isoxys carbonelli n. ap.) in den Archaeocyathus-Bildungen der Sierra Morena und ihre stratigraphische Beurteilung. Senckenbergiana, 9, 188-195.
25. Robison, R. A. & Richards, B. C., 1981. Large bivalve arthropods from the Middle Cambrian of Utah. Paleont. University of Kansas Palaeontological Contribution, 106, 1-19.
26. Rolfe, W. D. L, 1969. Phyllocarida. In Treatise on invertebrate paleontology, Moore, R. C. ed., Geological Society of America and University of Kansas Press, Lawrence, Kansas, 296-331.

27. Rolfe, W. D. I., 1985. Form and function in Thylacocephala, Conchyliocarida, and Concavicarida (? Crustacea): a problem of interpretation. Transactions of the Royal Society of Edinburgh, 76, 391-399.

28. Schram, F. R., 1982. The fossil record and evolution of Crustacea. In The biology of Crustacea, Vol. 1, Abele, L. G. ed., Academic Press, New York, 65-93.

29. Shu, D. G., 1990a. Cambrian and Lower Ordovician Bradoriida from Zhejiang, Hunan, Shaanxi. Northwest University Press, Xi'an, 1-95.

30. Shu, D. G., 1990b. Cambrian and Early Ordovician Ostracoda (Bradoriida) in China. Courier Forschungs-Institut Senckenberg, 123, 315-330.

31. Shu, D. G., Chen, L., Zhang, X. L., Xing, W. Q., Wang, Z. H. & NI S. P., 1992. The Lower Cambrian KIN Fauna of the Chengjiang fossil Lagerstätte from Yunnan, China. Journal of the Northwest University, 22, 31-38.

32. Shu, D. G., Chen, L. & Zhang, X. L., 1993. New important findings from Chengjiang fossil Lagerstätte. In Proceedings of the First China Postdoctoral Academic Congress. National Dcfence Industry Press, Beijing, 2018-2021.

33. Simonetta, A. M. & Delle Cave, L., 1975. The Cambrian non trilobite arthropods from the Burgess Shale of British Columbia. A study of their comparative morphology taxinomy and evolutionary significance [sic]. Palaeontographica Italica, 69, n. s. 39, 1-37.

34. Tasch, P., 1969. Branchiopoda. In Treatise on invertebrate paleontology, R. C. Moore, ed., Geological Society of America and University of Kansas Press, Lawrence, Kansas, 128-191.

35. Walcott, C. D., 1891. The fauna of the Lower Cambrian or Olenellus zone. Tenth Annual Report United States Geological Survey[for 1890], 509-760.

36. Walcott, C. D., 1908. Mount Stephen rocks and fossils. Canadian Alpine Journal, 1, 232-248.

37. Walossek, D., 1993. The Upper Cambrian Rehbachiella and the phylogeny of Branchiopoda and Crustacea. Fossils and Strata, 32, 202 p.

38. Walossek, D. & Müller, K. J., 1990. Upper Cambrian stemlineage crustaceans and their bearing upon the monophyletic origin of Crustacea and the position of Agnostus. Lethaia, 23, 409-427.

39. Walossek, D. & Müller, K. J., 1992. The "Alum Shale Window" - contribution of the "Orsten" arthropods to the phylogeny of Crustacea. Acta Zoologica, 73(5), 305-312.

40. Whittington, H. B., 1971. Redescription of Marella splendens (Trilobitoidea) from the Burgess Shale, Middle Cambrian, British Columbia. Geological Survey of Canada Bulletin, 209, 1-24.

41. Whttington, H. B., 1979. Early arthropods, their appendages and relationship. In: The origin of major invertebrate groups, House, M. R. ed., Academic Press, London, 253-268.

（傅东静　译）

早寒武世进攻型有毒节肢动物

傅东静，张兴亮*，舒德干

*通讯作者 E-mail：xzhang69@nwu.edu.cn

为了防御敌害或捕杀猎物，许多现生动物发育有专门分泌和储藏毒素的毒腺，然后再通过专门的组织和器官，例如表皮组织、螫针、螯肢、毒牙等，将毒素排出体外，使敌害或猎物中毒。我们将这类能产生毒素的动物统称为有毒动物。防御型有毒动物，例如蟾蜍、刺冠海胆、刺细胞动物等，通常是表皮分泌毒液。当其敌害接触或咬伤它们时发生中毒，毒液行被动防御功能。进攻型有毒动物，例如毒蛇、毒蜘蛛、蜈蚣、蝎子、鸡心螺等，体内分泌的毒液通过毒牙、螫针、螯肢等攻击性器官，在咬伤或刺伤其他动物的同时将毒液注射入敌害或猎物体内，从而使它们中毒。可见，进攻型有毒动物利用毒液主动攻击敌害或主动捕杀猎物。然而，我们对动物利用毒素进行防御或攻击其他动物的这种行为方式的起源与早期演化却知之甚少。在动物演化的早期阶段寒武纪还未曾见过有毒动物的研究。本文首次报道早寒武节肢动物弯喙等刺虫的毒腺化石。其毒腺与一对强健、尖锐的附肢相连，该附肢行螯肢功能。因此，弯喙等刺虫是目前已知最早的进攻型有毒动物。

弯喙等刺虫产于我国云南的早寒武世

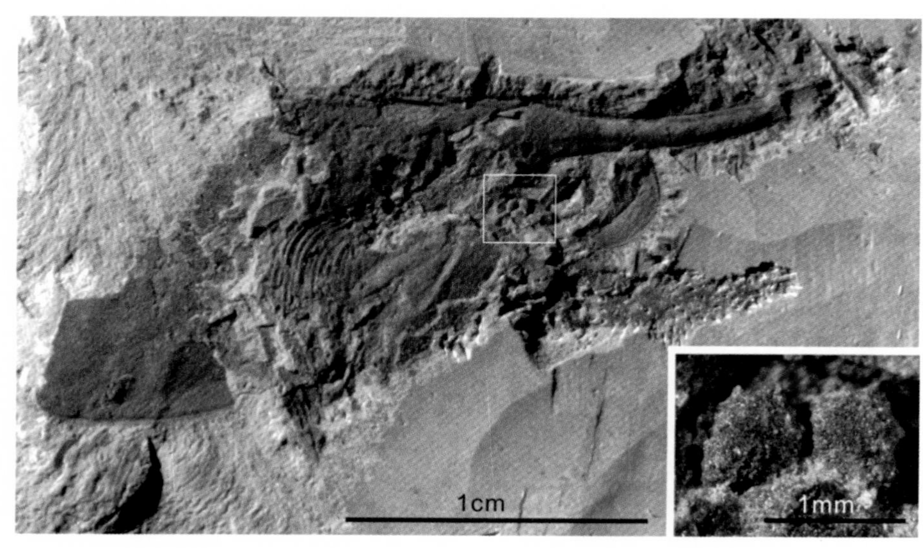

图1 早寒武世澄江生物群弯喙等刺虫，显示其毒腺和螯肢。

澄江化石库，成体长约 2—5 cm，周身被覆壳瓣，行游泳生活。壳瓣的前后两端均具有明显等大的刺，因而得名等刺虫。头部具有一对柄状眼和凶猛的捕食附肢（螯肢），螯肢末端具尖刺；躯干具有 14 对同型的双支型附肢。螯肢的根部保存有一对梨形构造，直径约 0.6 mm，其大小、形状和位置都与某些蜘蛛的毒腺非常相似，例如黑寡妇蛛（*Latrodectus mactans*），它的两个球形毒腺也位于头部螯肢（螯肢）的基部。尽管黑寡妇蛛的毒腺相对于其身体比较小，但其分泌的毒素足以让许多动物致命。由于弯喙等刺虫口前具有一对凶猛的附肢，很像有螯肢类的螯，因此，多数学者认为它是捕食动物。加之毒腺的发现，我们相信弯喙等刺虫可以利用毒素主动攻击敌害或捕杀猎物。它的攻击或捕杀行为很可能类似于现生的某些桨足类甲壳动物，利用强健的大附肢（螯肢）抓刺敌害或猎物，同时将毒液通过螯肢末端的尖刺注入敌害或猎物体内，致其昏迷或中毒死亡。

捕食与被捕食的生态竞争现象最早报道于新元古代末期的地层中，到早寒武世已经广泛存在。本文首次报道了澄江化石库中的进攻型有毒节肢动物弯喙等刺虫，它是目前已知最早的利用毒液主动攻击敌害或捕杀猎物的进攻型有毒动物。本项研究表明进攻型有毒动物在距今约五亿两千万年前的海洋中就已经出现，寒武纪海洋生物的生态竞争体现了较高的多样性和复杂性。

（傅东静 译）

寒武纪高肌虫的古生物地理学

舒德干*，陈苓

*通讯作者 E-mail：elidgshu@nwu. edu. cn

摘要 与介形虫、三叶虫以及其他底栖类群相似，寒武纪高肌虫的生物地理分布模式，主要受温度—纬度梯度及地理隔离因素的控制。早寒武世的生物地理可划分为暖水生物界（称“4A”界）及冷—凉水生物界（称“欧洲界”），取代了原有的“东”和“西”生物界的方案。基于低纬度位置和共有的底栖属种，将北美、亚洲和澳大利亚归入同一界。根据高肌虫和三叶虫的古生物地理分布数据，扬子、塔里木和哈萨克斯坦三个板块可组成一个更大的超扬子板块，在寒武纪时期与冈瓦纳大陆毗邻。

研究背景

古生物地理、古地磁和古气候数据对于古地理与板块运动研究具有重要意义，学术界对此已经达成了共识。目前，由于技术原因，在寒武纪地层中取得可靠的古地磁数据较早古生代之后的地层困难得多。如 Scotese 和 Mckerrow（1990）就指出，在波罗的海、华北和英格兰，寒武纪和奥陶纪可靠的古地磁研究结果还非常少。因此，寒武纪生物群的生物地理研究对于更好地认识古生物地理和板块运动极其重要。

高肌虫是寒武纪至早奥陶世介形虫状的甲壳动物，在亚洲、澳大利亚、欧洲及北美洲都有极广泛的分布（图 1）。在过去的十几年中，对于高肌虫的生物地层、生物地理、生态、壳瓣细微构造和软躯体构造的研究都取得了长足的进展（Müller, 1979; Huo and Shu, 1985; Shu, 1990a, b）。由于大多高肌虫为底栖，表现出生物地理分布上的地域性，因此，高肌虫可用于寒武纪古地理与板块构造研究。

在早寒武世最早的三叶虫 *Parabadiella*（=*Abadiella*）出现之前，最早的高肌虫，如 *Meishucunella*，*Nanchengella* 和 *Hanchiangella* 在华南已经出现（见图 5a，b，c），并位于低纬度地区。在那时，也就是寒武纪早期，小壳化石经历了短暂的爆发性演化辐射之后已经显著衰退，在海洋中为其他动物留下大量“空缺”生态位。高肌虫利用了这些有利的生态条件，迅速分异并在海洋中扩散开来。

生物地理单元

与介形虫、三叶虫及其他底栖生物类群相似，高肌虫的生物地理分布模式受到内、外因素的控制。内部因素主要包括生物对于环境的适应性以及浮游幼体的迁徙能力；

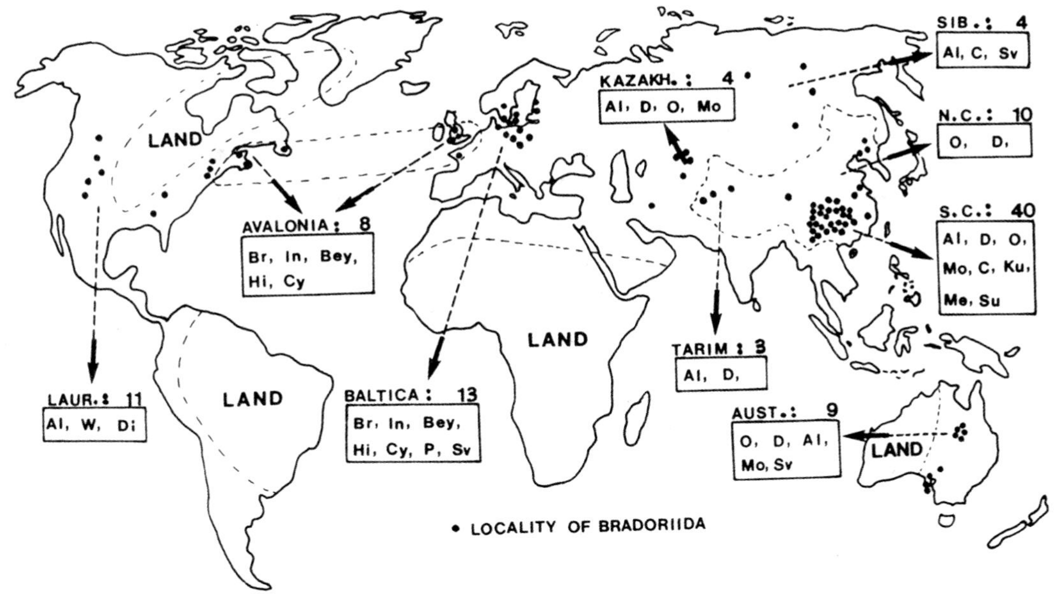

图 1　寒武纪高肌虫产地和所选类群的分布。阿拉伯数字代表特定域或区内高肌虫产地的数量。

外部因素主要包括温度—纬度梯度及地理隔离，如大陆和深海造成的隔离；另外，埋藏环境也是一个重要因素。

对于高肌虫的区域分布，本文中识别出了四个级别的生物地理单元：界（realm），域（region），区（province）和群落（biome）。通常认为，界是海洋生物最高的生物地理单元，主要受到纬度和海水温度的控制（Ross，1974）。域为第二级别的生物地理单元，主要以地理隔离为识别标志。区，可以是一个简单的古陆，如寒武纪的劳伦大陆（=北美），也可以是一个复杂的，如超扬子板块（有关讨论见下文），由多陆块组成。一个简单的区可由一个次级单元组成，即群落。但一个复杂的区则由两个以上的次级单元组成，即区和群落。最下层的生物地理单元为群落，与其他单元不同，它是一个生态生物地理单元。群落可以是与沉积相一致的集中分布模式（例如寒武纪时的北美），也可以是呈平行—带状—片状的绕大陆集中分布模式（例如在华南和澳大利亚，有关讨论见下文）。

生物地理界（Realms）

高肌虫的地理分布，基于其壳瓣的基本形态特征，全球分为两个界（Shu，1981；Huo and Shu，1985），与三叶虫的分界相似，一个是“西部”生物群界，以 *Indiana-Bradoria* 生物群为代表分子，壳瓣没有外边缘；另一个是“东部”生物群界，以“尖头虫（alutid）”生物群为代表（如 *Zepaera*，*Tsunyiella*，*Liangshanella*，*Kunmingella* 和 *Ovaluta* 等），具有明显的壳瓣边缘（图 5d，e，f，g，h，k，l，n）。

目前普遍认为，寒武纪大陆或板块位于低纬度地区（Ziegler *et al.*，1979；Palmer，1981；Lin，1985；Yin *et al.*，1988；Scotese and Mckerrow，1990）。然而，也有一些板块在此时期位于中、高纬度地区。在寒武纪和早奥陶世，阿瓦隆尼亚大陆（Avalonia）的浅水生物群与西冈瓦纳大陆(北非)相似,后者近南极,在志留纪 Wenlock 系之前没有暖水沉积(Scotese and Mckerrow, 1990)。所有这些证据都表明,在早古生代(Palmer 认为,摩洛哥、西班牙、法国的下寒武统具有较好的灰岩,北非可能在中寒武世之前还不冷),阿瓦隆尼亚大陆应该属于冷—凉生物地理界。根据高肌虫的生物地理研究可知,阿瓦隆尼亚大陆以“西部”*Indiana - Bradoria* 生物群为特征。此外,波罗的海与阿瓦隆尼亚大陆的生物群不仅在晚奥陶世和志留纪相似甚至相同(Cocks and Fortey, 1990; Berdan, 1990),而且在寒武纪就具有相同的 *Indiana - Bradoria* 生物群,虽然还有一些地方性属种的存在(如 phosphatocopines)。这就意味着,在寒武纪,阿瓦隆尼亚大陆和波罗的海可能与北非一起,组成了一个冷—凉水的生物地理界,称“欧洲界”(图 3)。

一般认为,华北、华南、澳大利亚及南极属于一个寒武纪生物地理界,称莱德利基界(Redlichiid Realm),处于热带、亚热带地区,都分布有莱德利基三叶虫类(Kobayashi, 1971; Cowie, 1971; Lu *et al.*, 1974; Jell, 1974; Palmer, 1981; Yang, 1988)。这一观点基本得到了高肌虫生物地理数据的支持,尤其是华南和澳大利亚有相同的尖头虫(alutid)生物群(Jones and McKenzie, 1980; Huo and Shu, 1985; Shu, 1990b)。此外,两地区的沉积和生物相分带(由内浅海到外深海带)可完全进行对比(Zhong and Hao, 1990)。但是,北美和纳米比亚的情况又如何呢?这将是本文的主要议题之一。

对于寒武纪生物地理的实际分区,不同学者使用了不同的术语,对于最高分类单元,有些使用“界(realm)”,有些使用“区(province)”,还有的兼用“界(realm)”和“区(province)”(Cowie, 1971; Lu *et al.*, 1971; Yang, 1988)。无论如何,大家一致认为,劳伦大陆作为一个独立的“西部”界(或称区),不同于“东部”中国—澳大利亚—南极界。然而,对本文作者而言,劳伦大陆似乎应该归属于亚洲—澳大利亚—南极界,即使它从共同的生物地理域分离出来。得出此观点的原因如下:

首先,根据现代的生物地理和古生物地层学理论,浅水底栖和游泳生物群的全球分布受控于纬度—温度因素(Ross, 1974, 1976; Yin, 1988)。古气候资料表明,北美、亚洲、澳大利亚和南极都位于低纬度地区。因此,它们可能都属于相同的暖水界。

其次,北美 Olenelline 生物群界与亚洲—澳大利亚—南极生物群界存在本质差别的结论仅是以三叶虫的资料得出的,然而,在寒武纪生物群中,“三叶虫仅占节肢动物的一小部分”,而且“虽然带壳体生物是现生群落的重要部分,但也只占到大概 2% ”(Conway Morris, 1990)。在过去的十多年,通过对早、中寒武世华南和北美的化石库进行比较研究(主要是软躯体),发现这两个地区存在许多具有相似生物地理分布的动物属种(图 2)。其中,最有趣的是内碎屑带节肢动物的地理分布(极有可能是底栖和地方性属种):吐卓虫(*Tuzoia*)分布于美国(犹他州、宾夕法尼亚、弗蒙特)、加拿大(不列颠哥伦比亚)、华南、中国东北部以及南澳(Robinson and Richards, 1981);等刺虫(*Isoxys*)分布于美国(田纳西州、宾夕法尼亚)、加拿大(不列颠哥伦比亚)、华南和南澳（Hou, 1987）；大型捕食类奇虾（*Anomalicaris*）分布于加拿大（不列颠哥伦比亚）、华南（Shu *et al.*, 1992）；纳罗虫（*Naraoia*）分布于美国（犹他州、爱达荷州）、加拿大（不列颠哥伦比亚）、华南。经过仔细研究这些保存精美的软躯体构造，Whittington 提出，“纳罗虫是底栖的捕食者，且为肉食性动物”（Whittington, 1977, p. 436）。所有这些都表明，北美和中国—澳大利亚不仅属于相同的生物地理界，而且在寒武纪时期，不同的域之间也存在着某种联系。这一假设也得到了其他证据的有力支持，如固着生活的海绵属种 *Leptomitus* 和 *Leptomitella*，以及稀有属种 *Dinomischus*（内杠动物），后者仅有六枚标本，分别发现于北美和华南（Chen *et al.*, 1989a, b）。此外，亚洲和澳大利亚许多有特色的三叶虫类型，如 Dorypygidae，同样也广布于北美（Cowie, 1971）。不仅如此，我国和澳大利亚的典型尖头虫类高肌虫也在北美广泛分布（如加拿大爱尔柏塔和不列颠哥伦比亚，美国怀俄明州和内华达州）（图 5k, l）。众所周知，在华南布尔吉斯页岩型生物群的年龄为早寒武世，而相似的生物群在加拿大直到中寒武世才出现。因此，生物群向加拿大的迁徙应该发生在中寒武世早期和/或早寒武世晚期。两地区相似的生物地理分类表明，这次迁徙一定发生在同样的生物地理界。假如这两个地区当时不属于同一个界，那么就不可能出现这些如此相似的化石组合。

图 2　华南和劳伦大陆寒武纪的一些属。展示的所有标本均来自华南澄江地区下寒武统。a, *Naraoia longicaudata*, Zhang and Hou, ×2.5; b, *Anomalocaris trispinata*, Shu *et al.*, ×1; c, *Isoxys auritus*, Jiang, ×2; d, *Tuzoia limba*, Shu, ×1; e, *Leptomitella* sp., ×3; f, *Leptomitus* sp., ×3。

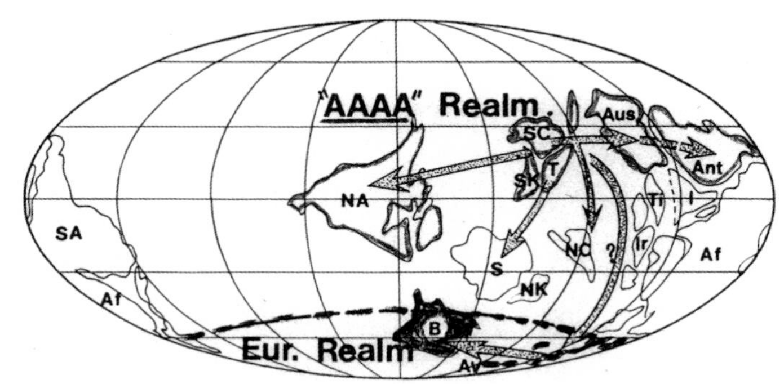

图 3　推测的高肌虫的古生物地理分布和迁徙。箭头代表高肌虫的迁徙方向。

"西伯利亚界"被认为是两个主要界的过渡界（Lu *et al.*，1974；Palmer，1981；Yang，1988）。然而，许多原因都可能造成这种不同生物群的混合特征，如板块运动、大洋碰撞、气候波动，等等，都会导致出现各种各样的"过渡界"。因此，我们比较认同Cowie（1971）和Jell（1974）的观点，西伯利亚和中国—澳大利亚—南极拥有相近的生物地理分类，而非一个独立的过渡界。这一观点得到了高肌虫研究数据的支持：西伯利亚不仅出现了典型的尖头虫，如 *Liangshanella*，而且还有 *Cambria*，后者仅限于西伯利亚和华南的少许地点（图 5i，j）。进一步的证据来自于早寒武世南澳的生物群（Jell *et al.*，1990；Bengtson *et al.*，1990）。"事实上，与澳大利亚最为相似的小壳化石组合来自蒙古（Voronin *et al.*，1982）和哈萨克斯坦（Missarzhevsky and Mambetov，1981）。"（Bengtson *et al.*，1990）如此，蒙古、哈萨克斯坦、西伯利亚与中国—澳大利亚—南极应该同属一个界。因此，根据相似的低纬度位置以及生物群，一个包含亚洲（Asian）、澳大利亚（Australia）、南极洲（Antarctica）和北美洲（N. America）在内的寒武纪暖水生物地理界被建立起来，并称为"AAAA"或"4A"界（图 3），其中，亚洲包括华南、华北、西伯利亚、塔里木、哈萨克斯坦和蒙古。

应该指出的是，高肌虫在冷—凉水欧洲界与暖水"4A"界分异度的不同是十分明显的。前者仅有 15 个高肌虫属种，而后者则报道有 80 余个有效的高肌虫属种。

寒武纪这两个界之所以出现这些差异，并非如前人所述，因其"东""西"位置不同造成，而是纬度高低的缘故。综合现有的高肌虫类和其他动物（三叶虫和小壳化石）的研究成果以及古气候的资料，在寒武纪时期，"西方"生物群界曾靠近南极地区，被重命名为冷—凉水欧洲界，由波罗的海、北非、阿瓦隆尼亚（包括英格兰）、比利时的阿登、法国北部、爱尔兰东南部、新纽芬兰的阿瓦隆半岛、加拿大新斯科省的大部分、新纽布兰省的南部以及新英格兰的一些海岸组成（Scotese and Mckerrow，1990）。劳伦大陆从"西方"界划出，归入暖水生物群的"东方"（"4A"）界。

生物地理域（Regions）

在界内，域的划分主要依靠地理隔离和生物群的特征。域的范围可大可小，一个域可小至阿瓦隆尼亚大陆，或大至劳伦大陆。即便是欧洲界也可以被划分为三个域：阿瓦隆尼亚、波罗的海和北非。阿瓦隆尼亚大陆有特色的冷水 *Bradoria* – *Indiana* 生物群；波罗的海作为一个独立的中纬度板块（Scotese and Mckerrow，1990），既有 *Bradoria* – *Indiana* 生物群的分子，同时还有许多地域性类型，如磷足类。北美暂时没有关于高肌虫类的可靠报道，但是该地区有典型的欧洲三叶虫类型，如 Holmiidae 和 Paradoxididae，由于某些原因，目前尚不清楚的是该地区还有一些暖界的典型三叶虫代表，如 Redlichiacea（Cowie，1971，图 1；与 Palmer 交流所得），因此有可能形成一个独立的域。

"4A"界中，有 80% 的区域为寒武纪陆块和台地的碎片，因此比欧洲界更加复杂。无论如何，在此界中已确认了至少五个域：①劳伦大陆。虽然劳伦大陆与华南共有不少底栖生物属种，但是，它与其他域的生物群特征都不同，因此一直被当作是一个单一的寒武纪板块。②西伯利亚。目前，西伯利亚作为一个独立的域已被多数学者认同（Scotese *et al.*，1979；Yang，1988；Palmer，1990）。这个生物地理域虽主要为暖水界，但产出两个主要域的高肌虫（Cambridae，Alutidae，Svealutidae）和三叶虫，使其具有某种中间域的特征。③澳洲—南极洲。通常认为澳洲—南极洲在冈瓦纳大陆东部彼此连接，但远离北美和西伯利亚，主要出产高肌虫类的典型分子 *Zepaera-alutid*。值得一提的是，澳洲的高肌虫和三叶虫与华南的几乎所有特征都极相似，而南极洲的三叶虫兼具澳洲和西伯利亚的生物地理分类特征（Palmer，1974）。④华南—塔里木—哈萨克斯坦。这三个区域现今彼此相距数千公里，因此最难确定。塔里木的大部分覆盖在寒武系之上的地层极厚，在其西、北边缘前寒武纪和寒武纪地层出露良好。已有相关研究证明，无论是沉积特征还是其生物群组合特征都与华南极其相似（Xiang *et al.*，1981；Yang，1987；Xing *et al.*，1989；Zhong and Hao，1990）。譬如，塔里木发现的将近 2/3 的寒武纪底栖属种在华南亦有报道（Yang，1987，表 1）。根据高肌虫的资料，整体的相似性非常明显，都含有 *Tsunyiella* – *Dabashanella* 生物群。因此，我们同意 Yang 的结论，即塔里木和华南可能属于同一个生物地理域，这不仅因为两者具有相似的沉积和生物群特征，还由于两者位于相同的古气候带，有很好的气候指标，即早寒武世古杯动物和中、晚寒武世石膏—白云岩沉积。现今，哈萨克斯坦位于西伯利亚的西南，它可能不是一个单独的大陆，而是"在古生代随火山灰和相关沟槽沉积的聚集而产生"的，且"它的组构与现今马来半岛、苏门答腊爪哇至亚洲东南部相似"（Scotese and Mckerrow，1990）。然而，他们认为哈萨克斯坦是"古生代西伯利亚大陆的一个延伸"，这可能是不正确的。我们的观点是，至少哈萨克斯坦的中、南和西部应该与塔里木—华南接近，甚至相连。近来，三叶虫和小壳化石证据表明，哈萨克斯坦的 Maly Karatau 地区拥有与塔里木和华南完全一致的生物群组合（Ergaliev，1980；Yin and Qian，1986；Yang，1988；Bengtson *et al.*，1990）。而且，最近的高肌虫证据也支持哈萨克斯坦与塔里木—华南的生物地理关系，不支持哈萨克斯坦与西伯利亚相接的说法。因此，在寒武纪，可能存在一个单独的"超扬子”板块，至少包括华南、塔里木和哈萨克斯坦的大部分。这样的假设还需要进一步得到古地磁数据的支持。⑤华北。华北可能是一个独立的古地理域。目前已有的构造数据表明，华北在古生代就与华南分离，直到二叠纪才并入西伯利亚（Lin *et al.*，1985）。华北与华南的生物群不同，整个华北板块没有古杯动物，除了东部和南部边缘地带外，也没有高肌虫类，且几乎没有小壳化石。此外，寒武纪华北生物群（82 属种）的多样性远低于华南（309 属种），且在华北发现的底栖属种中，仅有 1/5 出现在华南（Yang，1987）。

生物地理区（Provinces）

生物地理区（Province）是域（Region）的次级分类单元。有些简单域则没有必要进一步划分区，如寒武纪劳伦大陆（Laurentia）。然而，假设的超扬子域就可被划分为至少三个区（即华南、塔里木和哈萨克斯坦）。土耳其、伊朗、西藏、泰国—马来西亚和中—印组成基梅里（Cimmerian）大陆（Sengör，1984，1987），如此，则基梅里可能形成一个由多个区组成的生物地理域，但是这仍然需要进一步的生物和古地磁证据的支持。

生物地理群落（Biomes）

群落（也有学者称为生物相“biofacies”），狭义来讲并非一个生物地理单位，而是某种生态—生物地理单元，以岩相和生物群落来定义。通常来讲，一个发育良好的域或区，具有同心状分布的稳定生物群落，如果仅是一个寒武纪的碎片陆块，它应具有相互平行的带状生物群落。劳伦大陆是一个独立的大陆域，具有发育良好的同心状分布的生物群落，可谓是其他大陆的“模型”：中心陆区两侧围绕着碎屑质和碳酸盐岩条带，以浅水局限性近海环境为特征，以地方性三叶虫和其他节肢动物为主；另一个相反的地区则由碳酸盐岩带的外边缘滨海环境和碎屑岩条带的较深海环境组成，包含美国地方性三叶虫和大量的广布种（Palmer，1969，1974）。然而，不幸的是，在本域高肌虫未得到如三叶虫那样的深入研究。事实上，高肌虫研究在中国，尤其在华南已经具

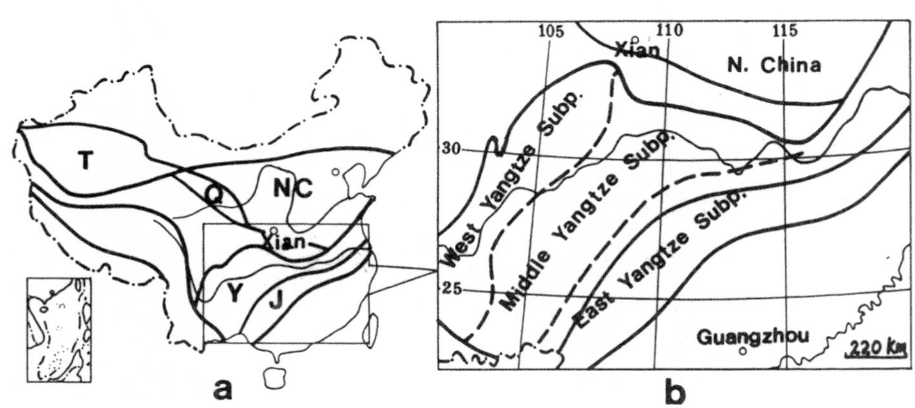

图 4 a 为中国寒武纪沉积区；b 为华南寒武纪生物地理区域。J = 江南；NC = 华北；Q = 祁连；T = 塔里木；Y = 扬子。

有一定的深度和广度。除了大量学术论文之外，还出版了有关我国高肌虫研究的三部重要的专著（Huo and Shu，1985；Shu，1990；Huo *et al.*，1991）。在全世界已有的102个高肌虫产地中，一半以上在中国，此外，大约2/5集中在华南（图1）。全世界已报道138个高肌虫属种，本文证明有103个有效种，其中82个已在中国发现。在我国寒武纪10个沉积区中，有5个发现有高肌虫（Xiang *et al.*，1981）（即华北、祁连、塔里木、扬子和江南区）（图4a）。这些区又可归入两大生物地理域：华北域，包括华北和祁连；超扬子域，包括华南、塔里木和哈萨克斯坦（图3）。扬子板块（=华南），包括江南，是世界上高肌虫化石最丰富的地区，出产超过半数的已知高肌虫种。根据高肌虫、三叶虫生物群的地理分布格局和沉积相研究，扬子板块可划分为3个生物地理亚区或生物群落（图4b），从西北到东南呈相互平行的条带状分布，分别为：西扬子生物群落（近岸碎屑岩相），以高肌虫 *Kunmingella – Hanchungella – Nanchengella* 组合为主（图5d，e，m）；中扬子生物群落（离岸碳酸盐岩相），以高肌虫 *Tsunyiella – Dabashanella* 组合群为主（图5n，o—r）；东扬子生物群落（相对深海相），包括扬子和江南沉积区东部，以浮游三叶虫为主，也包括一些新发现的高肌虫（Shu，1990b）。过去的两三年中，在东扬子生物群落最先发现了高肌虫，全世界鲜为人知的奥陶纪高肌虫类也首次在中国被发现（图6a—m）。有关高肌虫的生物地理分布，一个有趣的现象是，西、中扬子生物群落毗邻，却拥有不同的高肌虫生物组合，其实这并不奇怪。相反，虽然哈萨克斯坦和塔里木亚域（或区）与中扬子生物群落相距数千千米，它们却拥有一样的 *Tsunyiella – Dabashanella* 生物群。为何会如此？许多底栖动物，如高肌虫和三叶虫的分布受到环境的严格控制，因此，即使是不同的区，如果具有相似的环境，也可能出现相似的生物组合或是生物群落。这也许就是华南、塔里木和哈萨克斯坦区共有 *Tsunyiella – Dabashanella* 生物组合的主要原因。

高肌虫类的分布

已知最古老的高肌虫类 *Meishucunella*，*Nanchengella* 和 *Hanchiangella*（图5a—c）出现在西扬子沉积亚区（生物群落）。它们很快演化出中扬子生物群落的新类型，如 *Tsunyiella*。随后，*Tsunyiella* 进入塔里木和哈萨克斯坦地区。尽管我们对高肌虫的展布规律并未完全掌握，但根据不同地区的高肌虫系列的出现，目前已识别出了四条主要的散布路径（图2）。

（1）高肌虫最早出现在我国华南的早寒武世时期，且早中寒武世在本区内得以繁盛。在澳大利亚，寒武纪时期虽然也发现有高肌虫，但直到中寒武世才普及（Öpik，1968）。在早寒武世的早期到中期，华南就已经出现 *Zepaera*，但在澳大利亚，直到早寒武世晚期才出现（图f，g，h）。这也许暗示了高肌虫从华南向澳大利亚的迁徙过程。然而，*Zepaera* 及其近缘种在华北南缘于早寒武世中期出现，这可能暗示了另一条迁徙的路线。

（2）具有软躯体构造的纳罗虫（*Naraoia*）在华南地区的云南省最早被发现（早寒武世早中期），也发现于美国爱达荷州（中寒武世早期）、加拿大不列颠哥伦比亚省（中寒

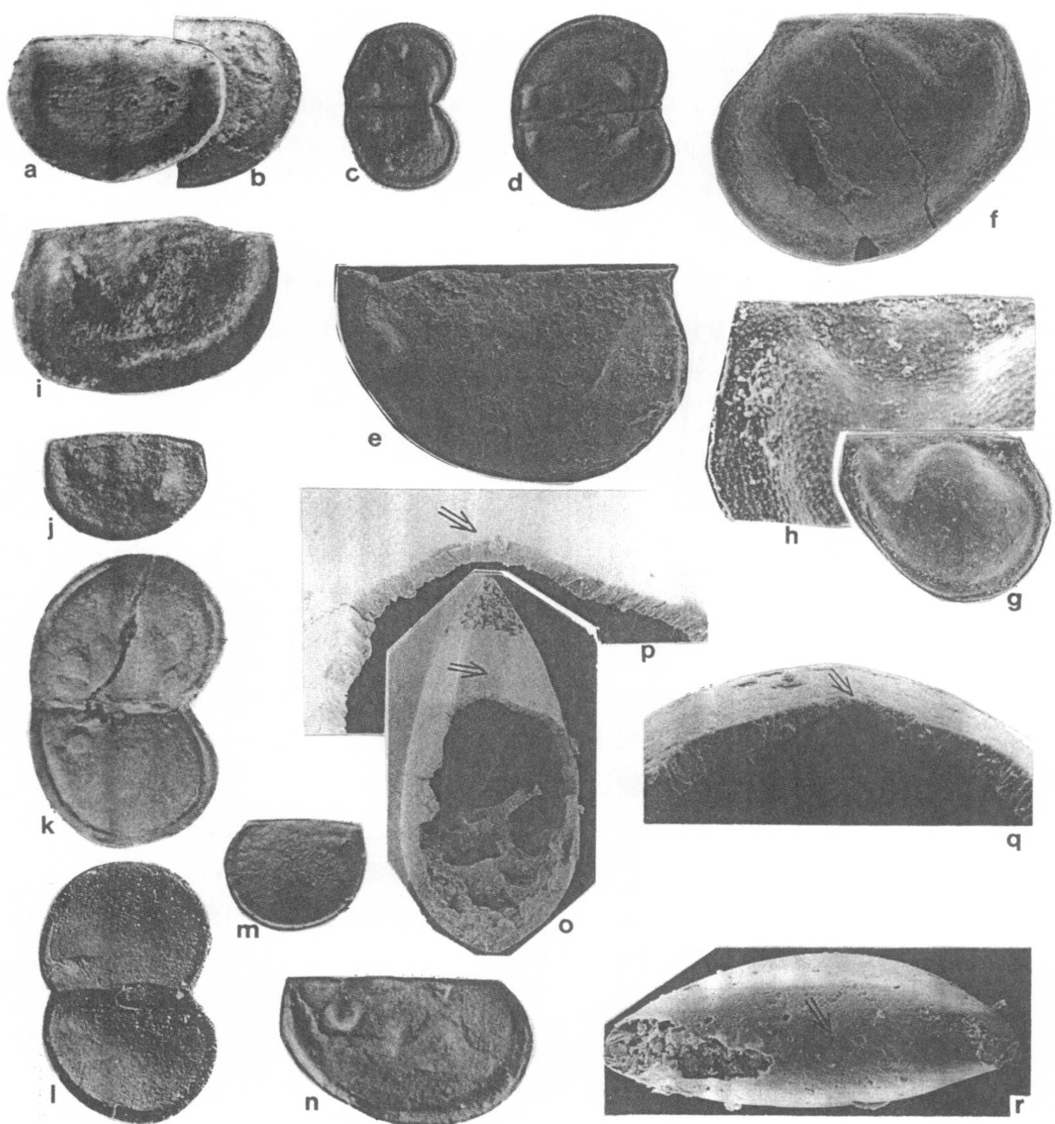

图 5　a,b,*Meishucunella processa*,云南下寒武统,a×15,b×20。c,*Hanchiangella minor*,云南下寒武统,×7。d,*Kunmingella diandongensis*,云南下寒武统,×7。e,*Kunmingella xiaovangensis*,陕西下寒武统,×30。f,*Zepaera rete*,澳大利亚昆士兰中寒武统,×40。g,h,*Zepaera primitiva*,陕西下寒武统,g×32,h×130。i,j,*Cambria chinensis*,四川下寒武统,×3。k,*Ovaluta usualis*,贵州下寒武统,×16。l,*Ovaluta burgessensis*,加拿大不列颠哥伦比亚省中寒武统,×10。m,*Hanchungella rotundata*,陕西下寒武统,×7。n,*Tsunyiella luna*,贵州下寒武统,×10。o,p,q,r,*dabashanellids*,陕西下寒武统,单壳,缺少真正的铰合线,壳体背部箭头显示没有铰合构造。o×100,p×300,q×650,具有假铰合构造,r×110。

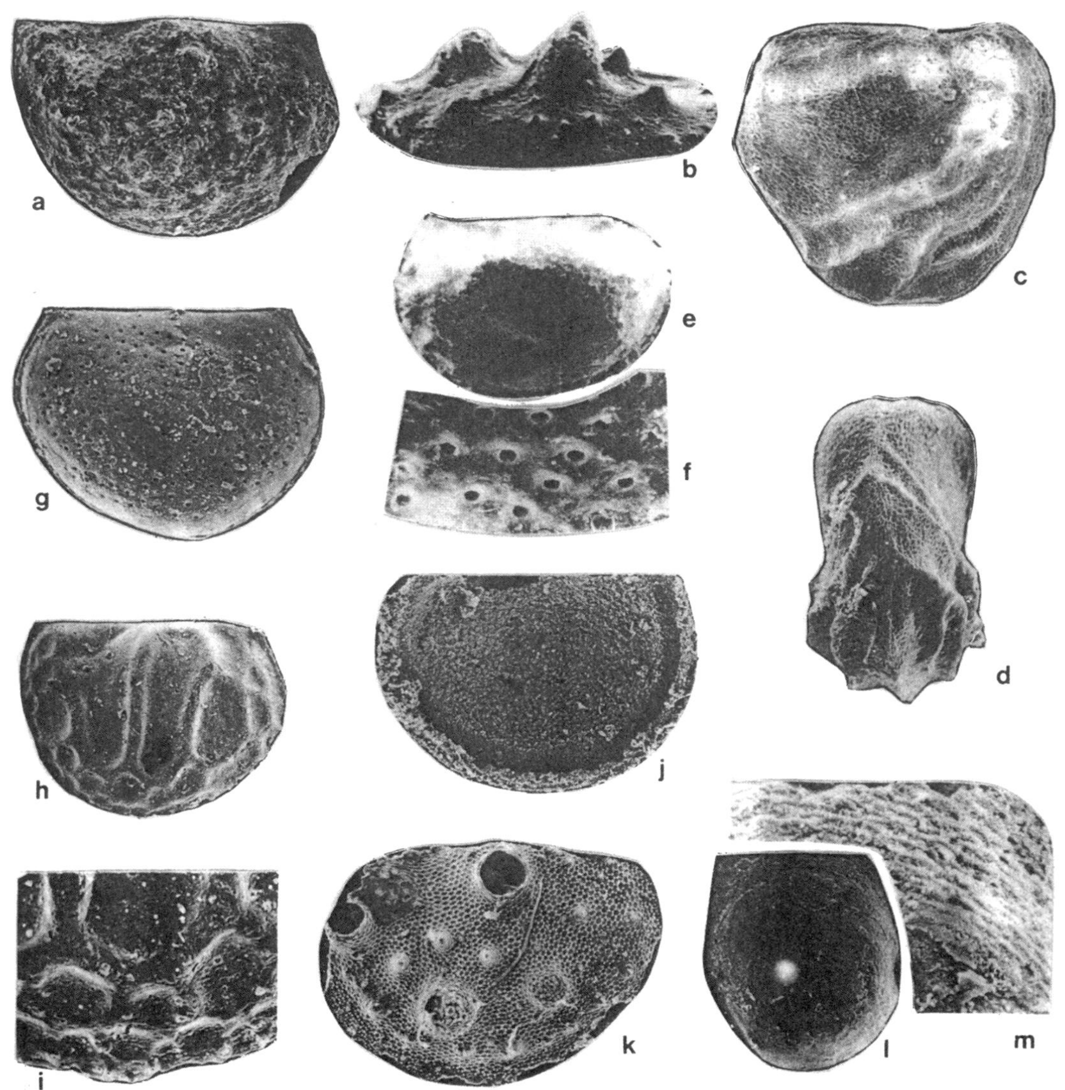

图 6 a,b,*Duibianella elongata*,浙江中寒武统,a×60,b×80。c,d,*Polycostalis reticulata*,浙江下奥陶统,×70。c 为左边侧面,d 为前部。e,f,*Zhexiella venusta*,浙江下奥陶统,e×70,f×320。g,*Euzepaera hunanensis*,湖南上寒武统,×70。h,i,*Haoia shaanxiensis*,陕西下寒武统,h×37,i×140。j,*Falites aff. angustiduplicata*,下寒武统,×50。k,*Neoduibianella bella*,浙江上寒武统,×70。l,m,*Xiangzheella alta*,浙江上寒武统,l×60,m×320。

武世中期)以及美国犹他州(中寒武世晚期)。Zhang 和 Hou(1985)指出,纳罗虫可能起源于华南,之后迁徙至北美。同样,最早的尖头虫类(alutids)高肌虫(如 *Ovaluta*)在早寒武世早期出现在华南,而在北美最早出现是在中寒武世,这就意味着高肌虫可能与纳罗虫有着一样的迁徙路线(图 4k,l)。

(3)在西伯利亚,所有尖头虫(alutids)和 *Cambria* 都不晚于早寒武世早期的玻托米阶(Botomian Stage)。因此,它们可能是华南阿特达班阶(Atdabanian Stage,筇竹寺阶下部)祖先高肌虫类的后裔(图4i, j)。

(4)由于欧洲界的高肌虫类和“4A”界不同,因此也无法进行一对一的比较。然而,阿瓦隆尼亚大陆(Avalonia)发现的最早的高肌虫类比华南的要晚许多(Ulrich and Bassler, 1931; Öpik, 1968)。这就暗示了高肌虫类可能以直接或某种间接的方式由华南开始进行由冷—凉水界的迁徙。所谓的西米里(Cimmeria)位于华南与北非之间,将来对此地区高肌虫类的研究有望为这种迁徙方式提供进一步的证据。

总而言之,以上所述高肌虫类的四条迁徙路线,从华南至澳大利亚和华北、西伯利亚和北美,主要都是“4A”界内的地理隔离所致。至于欧洲界的迁徙路线,则更加复杂,必须经历纬度分异形成冷—凉水动物群的迁徙,我们对此知之甚少。

结论

高肌虫是动物界中一个不大的类群,但因其具有生物地理分布的地方性特征,对于寒武纪古地理和构造研究意义重大。寒武纪全球高肌虫生物地理由两个大界组成:一个是较小的欧洲界冷—凉水动物群,包括阿瓦隆尼亚大陆、波罗的海以及可能的北非地区;另一个是较大的“4A”界暖水动物群,包括五个域:超扬子、华北、西伯利亚、劳伦大陆以及澳洲—南极洲。寒武纪劳伦大陆的生物地理之前被认为属于澳洲—南极洲界之外,但根据两者共同的低纬度位置以及相似的生物群,如今劳伦大陆也被归入“4A”界。哈萨克斯坦(至少其中、南部)、塔里木和华南很可能相互毗邻,甚至在寒武纪时期曾形成一个独立的古板块。

致谢

本工作由德国洪堡基金和中国国家自然科学基金资助。非常感谢主编和几位评审,尤其感谢 A. Palmer 教授,A. Boucot 教授和 R. Lundin 教授为我们提出的宝贵意见。

参考文献

1. Abushik, A. F., 1990. Guidebook on Microfauna of USSR, Vol. 4: Palaeozoic Ostracoda. Dept. of Geology, USSR, Leningrad (in Russian).
2. Bengtson, S., Conway Morris, S., Cooper, B. J., Jell, P. A. & Runnegar, B. N., 1990. Early Cambrian Fossils from South Australia. Assoc. Aus. Palaeont., Brisbane.
3. Berdan, J. M., 1990. Silurian and early Devonian biogeography of ostracodes in North America. In: Palaeozoic Palaeogeography and Biogeography (Edited by Mckerrow, W. S. & Scotese, C. R.). Mem. 12, pp. 223-232. Geol. Soc., London.
4. Chen, J., Hou, X. & Lu, H., 1989a. Lower Cambrian Leptomitids (Demospongea), Chengjiang, Yunnan. Acta Palaeont. Sinica 28, 17-31.
5. Chen, J., Hou, X. & Lu, H., 1989a. Early Cambrian Hock glass-like rare sea animal Dinoschus (Entoprocta) and its ecological features. Acta Palaeont. Sinica 28, 58-71.
6. Cocks, L. R. M. & Fortey, R. A., 1990. Biogeography of Ordovician and Silurian faunas. In: Palaeozoic Palaeogeography and Biogeography (Edited by Mckerrow, W. S. and Scotese, C. R.), Mem. 12, pp. 97-104. Geol. Soc., London.
7. Conway Morris, S., 1990. Burgess Shale. In: Palaeobiology – A Synthesis (Edited by Briggs, D. E. G. and Crowther, P. R.), pp. 270-273. Blackwell, Oxford.
8. Cowie, J. W., 1971. Lower Cambrian faunal provinces. Geol. J. Spec. Issue 4, 31-46.
9. Ergaliev, G., 1980. Middle and late Cambrian trilobites from Maly Karatau, Alma-Ata. Sci. Kaz. USSR. (in Russian).
10. Hou, X., 1987. Early Cambrian large bivalved arthropods from Chengjiang, eastern Yunnan. Acta

Palaeont. Sinica 26, 286-298.

11. Huo, S. & Shu, D., 1985. Cambrian Bradoriida of South China. NW University Press, Xi'an (in Chinese).

12. Huo, S., Shu, D. & Cui, Z., 1991. Cambrian Bradoriida of China. Geol. Publ. House, Beijing (in Chinese).

13. Jell, P. A., 1974. Faunal provinces and possible planetary reconstruction of the middle Cambrian. J. Geol. 82, 319-350.

14. Jell, P. A., Gravestock, D. I. & Zhuravlev, A. Yu., 1990. Yorke Peninsula (South Australia) Lower Cambrian Section: A Key to China Siberia Correlation. 3rd Int. Symp. on Cambrian System (Abstract) (Edited by Repina, L. N. & Zhuravlev, A. J.), Novosibirsk, p. 117.

15. Jones, P. J. & Mckenzie, K. G., 1980. Queensland middle Cambrian Bradoriida (Crustacea): new taxa, palaeobiogeography and biological affinities. Alcheringa, 4, 203-225.

16. Kobayashi, T., 1971. The Cambro-Ordovician faunal provinces and the international correlation discussed with special reference to the Trilobites in Eastern Asia. J. Fac. Sci. Univ. Tokyo, sect. 2, 18 pt. 1, 129-299.

17. Lin, J., Fuller, M. & Zhang, W. 1985. Palaeogeography of the North and South China blocks during the Cambrian. J. Geodynamics 2, 91-114.

18. Lu, Y., Zhu, Z., Qian, Y., Lin, H., Zhou, Z. & Yuan, K. 1974. Bio-environmental control hypothesis and its application to the Cambrian biostratigraphy and palaeozoogeography. Mem. Nanking Inst. Geol. Palaeont. 5, 27-116, (in Chinese).

19. Müller, K. J., 1979. Phosphatocopine ostracodes with preserved appendages from the Upper Cambrian of Sweden. Lethaia, 12, 1-17.

20. Öpik, A. A., 1968. Ordian (Cambrian) Crustacea Bradoriida of Australia. Bull. Bur. Min. Res. Geol. Geophys. Australia, 103, 1-37.

21. Palmer, A. R., 1969. Cambrian trilobite distributions in north America and their bearing on the Cambrian palaeogeography of Newfoundland. Amer. Assoc. Petrol. Geol. Mem. 12, 139-144.

22. Palmer, A. R., 1974. Search for the Cambrian World. Amer. Scientist 62, 216-224.

23. Palmer, A. R., 1981. Cambrian. In: Treatise on Invertebrate Palaeontology (Edited by Moore, R. C.), Introduction, pt. A, pp. 119-135, Geol. Soc. Amer. and Univ. Kansas Press.

24. Rigby, J. K., 1986. Sponges of the Burgess Shale (Middle Cambrian), British Columbia. Palaeontographica Canadiana 2, 1-105.

25. Robinson, R. A. & Richards, B. C., 1981. Larger bivalve arthropods from the Middle Cambrian of Utah. The Univ. of Kansas Paleont. Contrib. Paper 106, 1-19.

26. Ross, C. A. (Editor), 1974. Palaeogeographic provinces and provinciality. Soc. Econ. Paleont. Min. Spec. Pub. 21.

27. Scotese, C. R. & Mckerrow, W. S., 1990. Revised world map and introduction. In: Palaeozoic Palaeogeography and Biogeography (Edited by Mckerrow, W. S. & Scotese, C. R.), Mem. 12, pp. 1-24. Geol. Soc., London.

28. Sengr, A. M. C., 1984. The Cimmeride orogenic system and the tectonics of Eurasia. Geol. Soc. Am. Spec. Paper. 195.

29. Shu, D., 1981. Bradoriids from Guizhou with discussion of several of the principal related problems. Master's thesis, NW Univ., Xi'an. 123-129. (in Chinese).

30. Shu, D., 1987. Bradoriida of South China – new taxa, microstructures and taxonomy. Int. Symp. Term. Precamb. Camb. Geology. Yichang, China 73-74.

31. Shu, D., 1990a. Cambrian and Lower Ordovician Bradoriida from Zhejiang, Hunan and Shaanxi Provinces. NW Univ. Press, Xi'an (in Chinese).

32. Shu, D., 1990b. Cambrian and Early Ordovician "Ostracoda" (Bradoriida) in China. Cour. Forsch. Inst. Senckenberg 123, 315-330.

33. Shu, D. et al., 1992. The Lower Cambrian KIN Fauna of Chengjiang Fossil Lagerstätte from Yunnan, China. J. Northwest Univ. 22, 31-38.

34. Ulrich, E. O. & Bassler, R. S., 1931. Cambrian Bivalved Crustacea of the Order Conchostraca. Proc. USNM 78 (4), 1-103, Washington.

35. Wang, H., Yang, S. & Lin, B., 1990. Tectonopalaeogeography and Palaeobiogeography of China and Adjacent Regions. China Univ. of Geosci. Press, Wuhan.

36. Whittington, H. B., 1977. The Middle Cambrian trilobite Naraoia from Burgess Shale, British Columbia. Phil. Trans. R. Soc. Lond B280, 409-443.

37. Wittke, H. W., 1984. Middle and upper Cambrian trilobites from Iran: their taxonomy, stratgraphy and significance for provincialism. Palaeontographica A183, 91-161.

38. Xiang, L. et al., 1981. Stratigraphy of China (4): The Cambrian System of China. Geol. Publ. House, Beijing (in Chinese).

39. Xing, Y. et al., 1989. Stratigraphy of China (3):

The Upper Precambrian of China. Geol. Publ. House, Beijing (in Chinese).

40. Yang, J., 1987. An attempt at the distribution of Cambrian biogeographical provinces in China. Collected Papers of Lithofacies and Palaeogeography. No. 3, pp. 99-113. Geol. Publ. House, Beijing (in Chinese).
41. Yang, J., 1988. Cambrian. In: Palaeobiogeography of China. (Edited by Yin, H.) pp. 65-89. China Univ. Geosci. Press, Wuhan (in Chinese).
42. Yin, G. & Qian, Y., 1986. Biogeographical divisions of earliest Cambrian small fossils in China. Acta Palaeont. Sinica 25, 338-344.
43. Yin, H., 1988. Palaeobiogeography of China. China Univ. Geosci. Press, Wuhan (in Chinese).
44. Zhang, W. & Hou, X., 1985. Preliminary notes on the occurrence of the unusual trilobite Naraoia in Asia. Acta Palaeont. Sinica 24, 591-595.
45. Zhong, D. & Hao, Y., 1990. Sinian to Permian Stratigraphy and Palaeontology of the Tarim Basin, Xinjiang, pp. 16-40. Nanjing Univ. Press (in Chinese).
46. Ziegler, A. M., Scotese, C. R., Mckerrow, W. S., Johnson, M. E. & Bambach, R. K., 1979. Palaeozoic Palaeogeography. Ann. Earth Planet Sci. 7, 473-502.

（傅东静　译）

澄江化石库(华南早寒武世)中昆明虫(高肌虫纲,节肢动物门)的形态与生活方式研究

舒德干,Jean Vannier*,罗惠麟,陈苓,张兴亮,胡世学

*通讯作者 E-mail: jean. vannier@ univ-lyonl. fr

摘要　根据先前的化石材料以及来自云南澄江和海口地区早寒武世保存有软躯体构造的新材料,我们重建了高肌虫类节肢动物昆明虫(*Kunmingella*)的躯体构型、功能形态和生活方式。昆明虫具有一对单支型的短触角,伸向体前(这种触角型的附肢可能具有感觉功能)。其后的七对附肢(内肢五节,外肢叶状具刚毛)形态分化较低,前三对(内肢有耙状凸起,外肢较小)和最后一对附肢(内肢节细长)略有不同。我们认为,内肢主要用于爬行,可能还兼具携带食物的功能(边缘凸起具刚毛)。叶状的外肢可能用于呼吸。躯体末端短而尖,两侧分叉且露出壳外。身体与外骨骼的连接处可能在头部,但未见明显的闭壳肌。因此,我们推测,昆明虫的生活方式可能与现生的介形虫 *Manawa* 相似,两壳瓣(腹面间距至少 120°)在背部连接,覆盖身体,整个生物体呈背腹扁平状,在沉积物表面爬行。昆明虫可以闭合壳瓣,以抵御危险或是不良的外界条件(如被埋在沉积物中)。壳的前叶很可能容纳视觉器官(或没有透镜体,但能够通过透明的头甲感知外部的光线)。保存的卵或胚胎表明,昆明虫可能在腹面对其后代进行抚育。澄江生物群中的昆明虫数量庞大,且经常出现在一些粪便化石中,这表明昆明虫是一些大型捕食动物的主要食物来源。昆明虫的附肢形态分化较低(如无与捕食有关的附肢),与典型的冠群甲壳动物(包括现生和一些寒武纪类群)不同,也有别于甲壳类早期的干群分支(如磷足类和某些"奥斯坦"类群)。虽然在躯体构型的许多重要方面(如单支型触角、内/外肢的格局),昆明虫与其他澄江真节肢动物很相似,但是它的另一些形态特征(如触角形态、躯干部内肢具五节)表明,它可能是干群甲壳类一个极早的分支。

关键词　节肢动物门;甲壳纲;高肌虫;寒武纪;澄江;中国

研究背景

高肌虫是小型双瓣壳类节肢动物(约 2. 5—17. 5 mm),生活在早寒武世到早奥陶世(Shu, 1990b)。目前的研究涉及华南(Huo and Shu, 1985; Shu, 1990a, b; Huo *et al.*, 1991; Shu and Chen, 1994; Hou, 1997)、北美(Siveter and Willians, 1997)、

格陵兰岛(Siveter *et al.*, 1996)、俄罗斯和前苏联的邻区(Melnikova *et al.*, 1997)、大不列颠(Williams and Siveter, 1998)以及摩洛哥(Hinz-Schallreuter, 1993)。这些研究表明,高肌虫在寒武和奥陶纪时期为全球分布种,形态高度分异,占据了较宽的生态域,生活方式有底栖、底栖游泳和游泳。高肌虫和其他双瓣壳节肢动物,如磷足类(Müller, 1979, 1982)、等刺虫(Shu *et al.*, 1995a; Williams *et al.*, 1996; Vannier *et al.*, 1998b)以及其他类群(Hou and Bergström, 1991, 1997; Hou, 1999)构成了寒武纪近海食物链中的重要角色,既是消费者,同时也是大型捕食者的食物来源,这些都将逐步构成寒武纪之后介形虫类的生态特征(Vannier *et al.*, 1998a)。自从19世纪发现高肌虫以来(Matthew, 1886),这个类群一直被当作介形虫类来描述(Whatley *et al.*, 1993),直到在我国下寒武统的岩石中发现了其软躯体构造,才纠正了以往的错误观点(Hou *et al.*, 1996)。然而,我们目前对高肌虫类的形态和个体生态学的认识还不够全面。虽然对其外部形态如壳体已经有了较深入的研究(Shu, 1990a; Siveter and Williams, 1997; Williams and Siveter, 1998),但是仍然缺乏有关功能形态学的理解。目前,保存有软躯体的标本极为稀少,但是已有的附肢形态证据已经表明,高肌虫的躯体构造模式和壳体形态与现代介形虫类存在明显的差别,甚至可能不属于严格定义的甲壳动物(Crustacea s. l.)(Hou *et al.*, 1996)。然而,由于缺乏一些关键的鉴定特征(如口部、附肢基部、头部触角之后的附肢形态、尾叉、身体连接方式),Hou等人(1996)对于高肌虫的分类研究无法继续。虽然高肌虫的个体数量庞大,约占化石生物总数的80%,但是保存精美软躯体构造的标本依然十分珍贵。幸运的是,在我们的科研团队多年高密度的野外工作中(主要在海口地区,见Luo *et al.*, 1997),收获了不少新的具有软躯体构造的昆明虫标本。本文将对这些新材料进行详细描述,复原昆明虫的个体形态,并对其分类地位和生活方式进行讨论。

高肌虫的附肢构造和生活方式概况

根据五块保存不完整的昆明虫标本,Hou等(1996)首次尝试恢复寒武纪高肌虫的腹面构造。他们给出的复原图包括七对附肢,其中头部四对(短触角+三对具梳状外肢的附肢),躯干部三对(为叶状外肢)。由于缺乏足够的体后信息,因此作者推断身体末端可能具尾叶,也可能没有任何特殊构造(Hou *et al.*, 1996)。此外,Chen等人(1996,图243, 244; Chen and Zhou, 1997,图96, 97)发表的另外四块昆明虫标本,仅有图片,但未做描述,软躯体保存并不理想,因此也没能增加新的信息。另外两个高肌虫属种,格陵兰岛下寒武统的*Petrianna flumenata*(Siveter *et al.*, 1996)和瑞典中寒武统的*Anabarochilina primordialis*(Linnarsson, 1869),其附肢形态与*Kunmingella*相似,且壳体腹面也比较开放(Vannier *et al.*, 1997b)。这与Chen等人(1996,图234)给出的澄江昆明虫复原图相似,壳瓣腹面张开(呈蝴蝶状),这种背腹扁平的姿态可能代表了一种底栖爬行的生活方式。

材料和方法

化石材料

我们的研究团队(Huo and Shu, 1985; Shu *et al.*, 1992, 1993)以及其他的学者(Hou *et al.*, 1996; Chen *et al.*, 1996; Chen and Zhou, 1997)发掘了数千枚保存良好壳体的帽天山昆明虫(*Kunmingella Maotianshanensis* Huo and Shu, 1983)标本。早期生命研究团队(ELI,即中国,西安,西北大学早期生命研究所)在1997—1998年两年中,对云南东部下寒武统沉积地层开展了系统研究,在马龙、宜良、武定和呈贡县,以及安宁和昆明市发现了9个新的澄江型软躯体化石产地,在这些产地中,发现了一些保存有精美的软躯体构造的帽天山昆明虫。加之1991—1996年在澄江地区所采集的标本(Shu *et al.*, 1992, 1993, 1995a, b, 1996a, b),还有罗惠麟和胡世学(云南地质科学研究所)在昆明附近的海口剖面收集的大约20枚具软躯体的帽天山昆明虫标本(Luo *et al.*, 1997),在本研究中所使用的具软躯体的新标本共40枚。标本ELI-1000019—24, 26—29, 51—58采自澄江地区,ELI-1000030—50采自昆明市海口地区。

地层年龄

云南筇竹寺阶和梅树村阶的界面年龄可能是Tommotian晚期(Zang, 1992; Hou and Bergström, 1997)。含有澄江生物群的更年轻的地层被认为可能是Atdabanian期(大约525 Ma—530 Ma;Qian and Bengtson, 1989; Conway Morris, 1998,图56)。

保存方式

高肌虫一般成群地保存在细粒的泥质页岩层面上,壳体通常呈蝴蝶状展开保存(Vannier and Abe, 1992)。大约75%的具软躯体标本为背腹扁平,平行于层面保存。其余个体的软躯体从壳体连接处分离,压在一个壳瓣之上(图1A, B; 2A, C; 3D)。

澄江生物群的沉积环境为大陆架远端,近三角洲前缘地带。海床遭受定期的浊流沉积,致使底栖群落快速埋藏。在这种情况下,基底环境不断被破坏、重建(Chen and Lindström, 1991; Lindström, 1995),进而出现生物群的不断再次入驻。大多澄江底栖生物都属于原地埋藏,极少看到由于死后搬运产生的破坏,如脱节等(Chen and Zhou, 1997)。与其他澄江节肢动物一样,昆明虫的壳体和软躯体保存为偏红、偏棕色,与围岩一致的米色呈鲜明对比。这些指示了软躯体有机物保存在外骨骼和红棕色构造表皮层。许多标本中,表皮层外周保存有浅蓝色的边,可能是具有磷的缘故。即使表皮没有完整保存,这些偏红的颜色也能显示出完整的附肢构造。昆明虫的附肢、内肢(endopod)较外肢(exopod)更易保存,这与澄江其他节肢动物如纳罗虫和林乔利虫往往保存外肢的情况(Hou and Bergström, 1997)截然不同。

研究手段

用细针和小刷对化石材料进行镜下修理,然后用莱卡相机照相(彩色和黑白),相机配有双目显微镜和环状纤维光源。虽然本文未展示彩色图片,但是这些彩色相片可用于精确地确定附肢的外形。

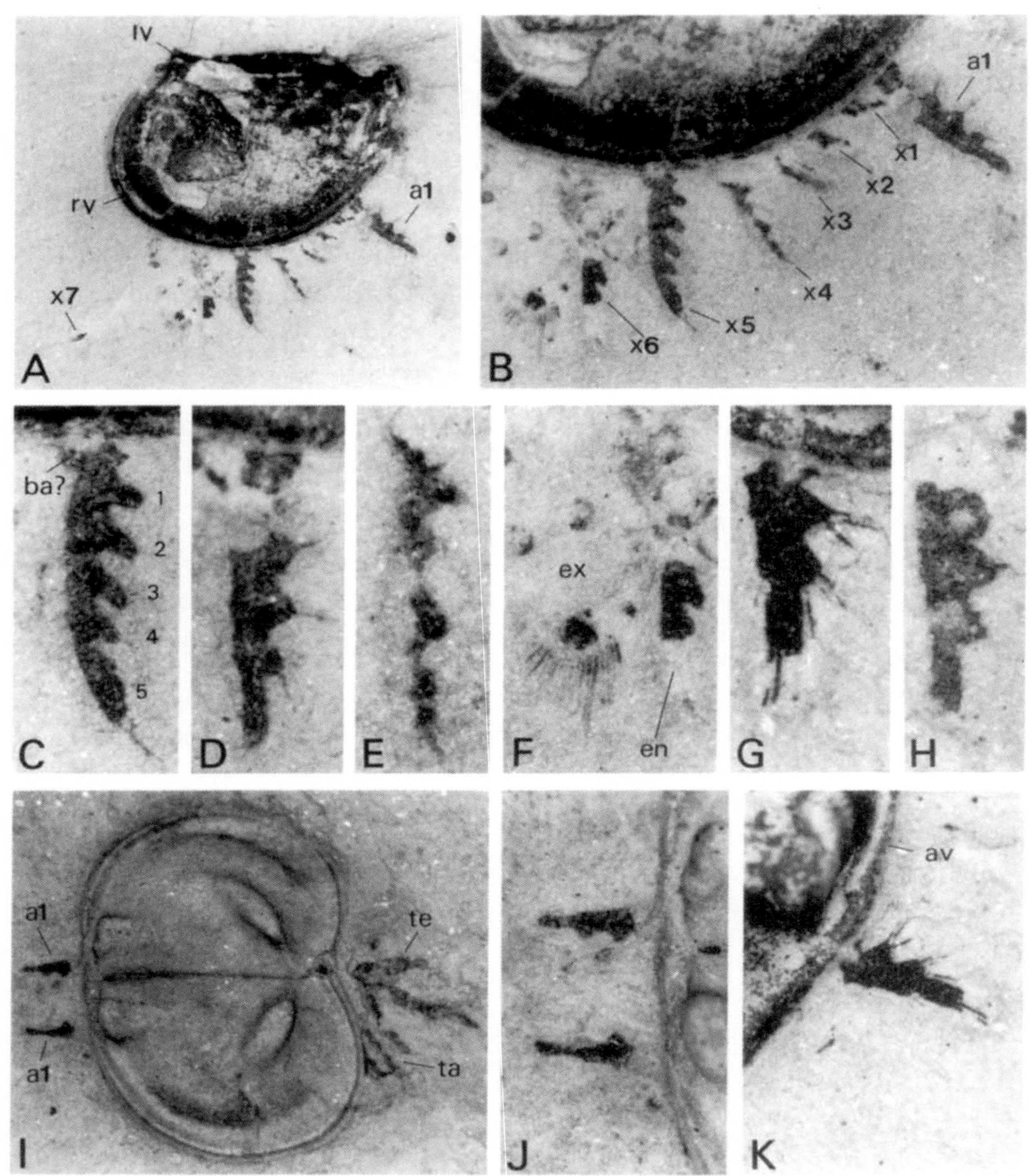

图1　帽天山昆明虫(*Kunmingella maotianshanensis Huo & Shu*, 1983)的附肢,来自中国西南云南昆明地区澄江和海口下寒武统。A—F, ELI-1000028,完整的壳体,(可能)右边一系列附肢(第一触角 +7 对触角之后的附肢 x1—x7)超出右壳腹边缘;A,整体侧面图, ×13;B,附肢特写, ×31;C—F,x5 的内肢、第一触角、第四附肢内肢,x6 内肢和外肢的残余, ×62, ×58, ×98, ×52。G,K, ELI-1000049,不完整壳体并具有保存较好的触角,附肢的细节展示了至少三个足节和刚毛以及全视图。H,ELI-1000042,保存平整的附肢, ×57。I,J, ELI-1000019,完整的与层理面平行的标本,展示了触角和体节后部移位的残留物(x4—x7 的内肢和体节末端);I,整体侧视图, ×15;J,触角特写, ×41。

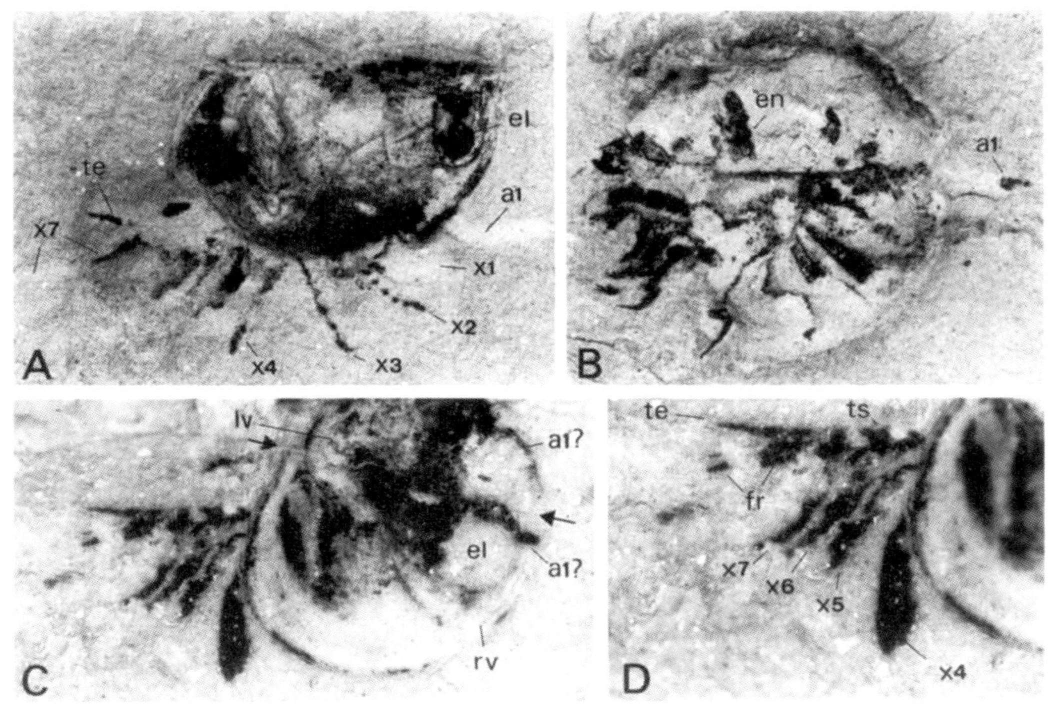

图 2 帽天山昆明虫的附肢,来自中国西南云南昆明地区澄江和海口下寒武统。A, ELI-1000034,侧压标本,展示了右边一系列附肢和躯干末端的一部分, ×17.5。x2 和 x3 展示了足形分节的内肢。B, ELI-1000035,背腹压标本,壳体剥落展示附肢的残余,可能在原来的位置, ×17。C, D, ELI-1000026,标本压平,展示了后部躯干附肢和躯干末端从壳体后部边缘伸出(箭头表示左壳和右壳之间的背线),全视图和特写, ×21.5, ×28。所有的光显微照片,a1,第一触角;el,眼叶;en,内肢;ex,外肢;fr,叉形分支;lv,左壳;rv,右壳;te,躯干附肢;ts,体节;x1—x7,触角之后的附肢(第 1—7 对)。

化石材料贮藏地

所有研究材料都贮藏在中国西安西北大学早期生命研究所(ELI)。图 9A 的标本保存在英格兰牛津博物馆(AY)(见 Hou *et al.*, 1996)。

现生生物的材料

在本文中,我们使用甲壳动物叶虾与昆明虫进行形态对比。*Nebalia bipes* (Fabricius, 1780)(Cannon, 1927, 1960; Dahl, 1985, 1991; Rolfe, 1969; Vannier *et al.*, 1997a)采自法国 Brittany, Roscoff, Traouerch 的潮溏中(北纬 48°42′57″,西经 3°58′05″)。标本被置于 pH 7.0 的缓冲液中进行电镜扫描(SEM, Felgenhauer, 1987)。标本 *Dahlella caldariensis* (Hessler, 1984)(Hessler, 1984; Vannier *et al.*, 1997b)于 1987 年 11 月利用浅水“鹦鹉螺”在 E-Pacific Rise 原地采集(Dive 212, IFREMER, Brest)。

专有术语

“壳(carapace)”是一个很有争议的词

(Dahl, 1991; Walossek, 1993),需要对其作进一步的定义。此处用来描述覆盖高肌虫软躯体,起保护作用的外甲(Shield),也适用于本文中的现生节肢动物(如叶虾、介形虫)。因此,这个词并无演化或是分类学意义。昆明虫触角(a1)后面的附肢称作触角之后的附肢,并依序标记为 x1—x7,依此区别头部和躯干部的附肢。

研究结果:软躯体形态

触角

帽天山昆明虫的标本中,有 7 块保存有最前附肢(ELI-1000019,28, 35, 40, 46a, 49),我们认为这对附肢代表了触角(A1)。在 ELI-1000019,28 和 49 中保存尤为精美。标本 ELI-1000019(图 1I,J)显示,触角为单支型附肢,沿着平行于壳体矢量面的方向向外伸出。两根触角都没有明显的死后搬运形变,在背视标本中,虽然其根部的着生位置不可见,但似乎是从视叶部附近伸出。每根触角保存有 3—4 节,向远体端渐短(图 1D, G, H)。标本 ELI-1000049(图 1G)的右侧 a1 保存较好,从壳体前边缘伸出,显示 3 个或是 4 个节。在两个触角的内边缘,有叶状突起,具粗短的刚毛。外边缘偶尔也可见刚毛,较长(第 2 节的基部,图 1G)。标本 ELI-1000049 中,a1 保存清晰,末节纤细,具一束短刚毛。标本 ELI-1000028(图 1A—F),沿着右侧壳瓣的腹边缘保存有一系列附肢,包括 a1 的 5 节,刚毛与 ELI-1000049 中的保存相似(对比图 1D 和 G)。

触角之后的附肢

触角之后的附肢描述主要依据以下 12 枚标本(ELI-1000026,28,30,33—35,38—42,47a)。其中两枚(ELI-1000026 和 34;图 1A—G, 2A)是侧压保存,附肢压着壳瓣腹部边缘保存,推测展示的是右侧附肢(x1—x7)。有些附肢,在动物死后可能经历了改造,有轻微的分离现象。a1 后面紧随有 3 对附肢(x1—x3),都代表了内肢,且分节,标本显示分节数至少有 5 节(图 1E, 2A)。后面的另外 3 对附肢(x4—x6)都具有多节的内肢,似乎较前 3 对的节更长、更坚硬。标本 ELI-1000028 中,x5 的内肢保存最佳,可见 5 个内肢节,且与可能的基节部分相连(图 1C)。其内肢的外部边缘光滑,略拱起,内边缘具一系列叶状凸起,与单个内肢节对应。有些凸起上保存有刚毛。内肢末端为指状,具刚毛或者极小的爪。x5的基部(基节)完全被壳瓣覆盖,因此无法恢复出它的完整形态。在这块标本中,看不到完整的外肢的连接部。附肢 x6 虽然保存并不完整,但可见 x5 的分节内肢,并且还可见叶状外肢,边缘镶嵌有坚硬的放射状排列的刚毛,其中一根刚毛明显较其他的长(图 1F)。x6 与 Hou 等人(1996,图 3b, 5)研究的标本中(NIGPAS 78184)假设的第三对附肢非常相似。外肢的叶状特征在标本 ELI-1000026 和 38 的附肢 x4 和 x5 中可见。标本 ELI-1000047(图 3D, E, 4)显示了左侧附肢以及右侧附肢的远体端部分,也极有可能是其背部分节的痕迹。虽然保存并不完整,但是最后三对附肢(x4—x6,尤其是 x6)展示了叶状的外肢,边缘具坚硬的放射状刺。位于前面的是另外三对附肢(x1—x3)。其中两对(x3,x2)具有扁平的分叉,虽然其形态与 x4—x6 的外肢形态不同,显得纤细且缺少边缘刺,但此处暂且理解为外肢(图 3E, 4)。同样的外肢形态还可见 ELI-1000035 的

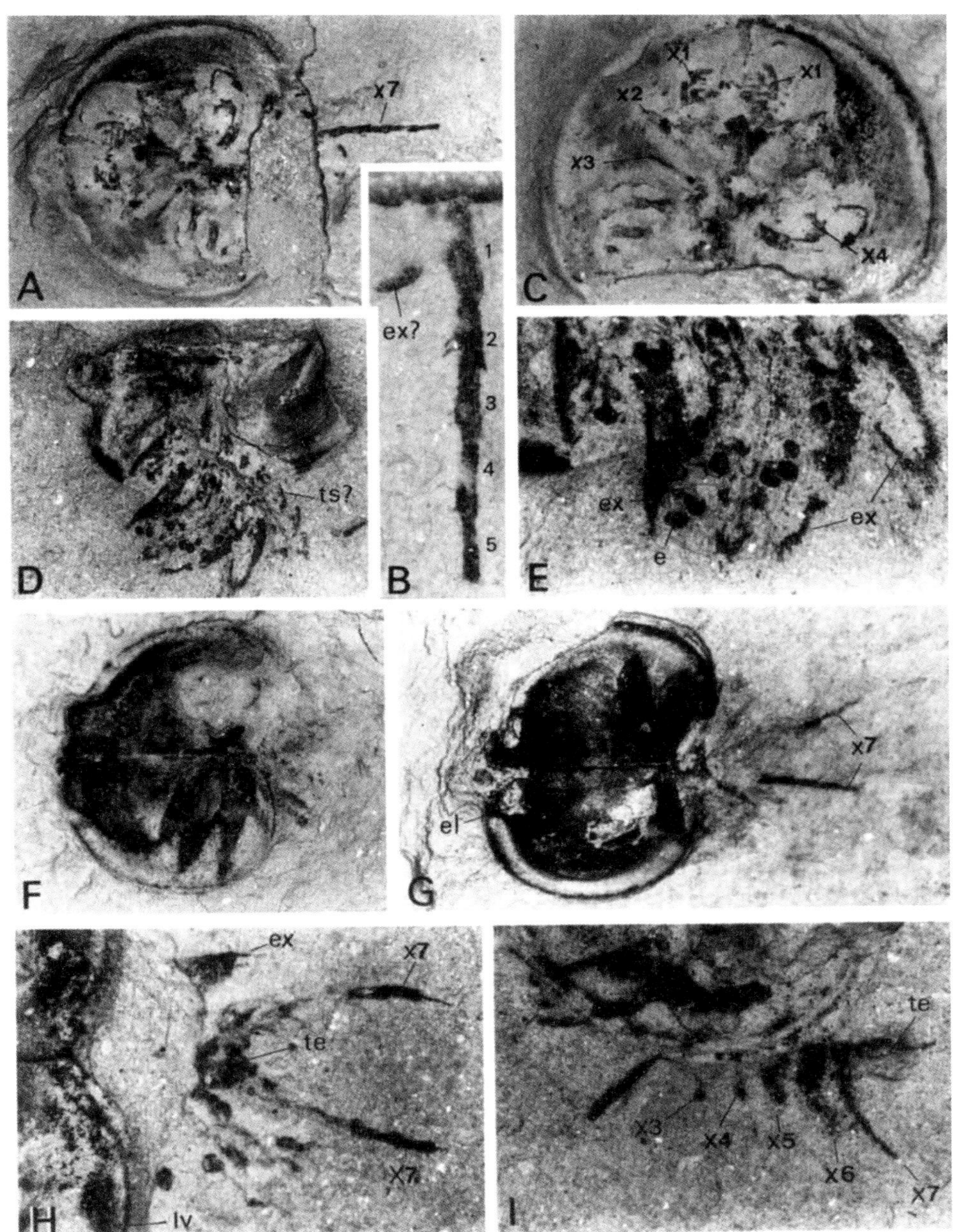

图 3　帽天山昆明虫的附肢和软躯体部分。A—C，ELI-1000043，背腹压标本，壳体剥落展现出下面的软躯体部分残余；A，背视，×12；B，第 7 对附肢内肢特写，×46；C，背视放大图，×38。D，E，ELI-1000047b，侧压，展示分离开的、保存附肢的身体后部，全视图以及软躯体部分细节，展示附肢和被解释为卵或胚胎的球形身体，×10 和×23。F，ELI-1000031，标本背腹式压平，壳体剥落展示出有色的附肢痕迹，×12.5。G，ELI-1000020，标本背腹式压平，展示了身体末端部分，×12.5。H，ELI-1000041，不完整标本后部末端，×38。I，ELI-1000039，不完整的标本，软躯体部分移位（躯干末端和后部附肢），×27。所有的光显微照片，e，推测的卵；el，眼叶；ex，外肢叶；lv，左壳；te，躯干末端；ts?，可能的体节痕迹；x4—x7，第 4—7 对触角之后的附肢；1—5，肢节数，从 1 到 5。

x1 和 x3。除了标本 ELI-1000043 外，其余未见 Hou 等人（1996）报道的头部梳状外肢。标本 ELI-1000043 为背腹扁平保存，壳瓣完全张开，可见大部分软躯体构造。x1 似乎具一对短而曲的分叉，内边缘具梳状构造，朝向身体的矢量面（图 3C）。虽然这个附肢较短，但是其特点与其他内肢一致，且这种梳状构造很可能是内肢的叶状凸起。因此，此处将其理解为内肢，而非外肢。我们的标本（ELI-1000035，43，47a，b）结合 Hou 等人（1996，图 3b）的标本，表明 x1—x3 这种梳状附肢极有可能是内肢。有些标本（ELI-1000047b，图 4）可能保留有 x1—x3 扁平外肢的痕迹。

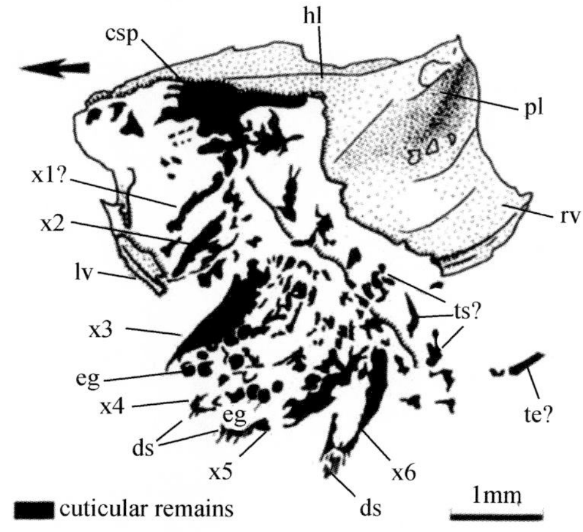

图 4　帽天山昆明虫，来自中国西南云南昆明地区海口下寒武统。ELI-1000047b，（见图 3D，E），化石描图。黑色箭头指向前方，csp，未确定的头部软躯体；ds，刚毛末端；eg，推测的卵；hl，绞合线；rv，右壳（内表面）；te?，推测的躯干末端；ts?，可能的体节痕迹；x1—x6，左边触角之后的附肢（外肢）。

最后一对附肢 x7 至少由 5 节组成，每节细长，一些在其外边缘和内边缘分别具有小刺和短刚毛（ELI-1000043；图 3A，B）。该处刚毛和刺着生于节的基部，并向下伸展。在两块侧压保存的标本（ELI-1000028，34；图 2A）中，x7 的外部轮廓略弯曲，暗示这个附肢比较灵活，整体长度达到 1.5 mm（成体壳瓣长约 3.5 mm）。在所有保存有 x7 的标本中，这个附肢都伸出壳外，并向后腹部伸展。其末端可能带刺，或具小爪（ELI-1000041；图 3H）。在背腹压保存的标本中，如 ELI-1000041（图 3H），x7 的形态与背甲类鳃足动物（如 *Triops*）的长而略弯的尾片很相似（Ruppert and Barnes，1994，p. 753）。然而，昆明虫 x7 中未见多环纹构造，而是有一系列形态相似的管状长节，而且缺少叶状凸起。此处将 x7 的这个分叉理解为内肢。ELI-1000043 的 x7 附肢节最基部保存的表皮状物极可能是外肢（图 3B），但不清楚是否与 x1—x6 的片状外肢形态一致。我们此处对于 x7 的理解与 Hou 等人（1996）的复原基本一致，认为长的分叉是附肢的内肢，而非身体的末端。但是，我们认为这个长内肢属于 x7，而不是 x5。

头/胸界限，身体连接

帽天山昆明虫的头胸界限尚不清楚。但是，很明显，x1—x3 的形态一致，与 x4—x6（叶状外肢）的不同。一些背腹压的标本（如 ELI-1000030—31，两者的外壳均张开；图 5A，3G）显示，软躯体部分保存为偏红色至黑色，与围岩形成反差，可以看出前后两组附肢互相分离保存。虽然这些标本没能提供有价值的软躯体信息，但是却展示了附肢的伸展方向和整体轮廓。x1—x3 较短，向着壳瓣前方伸展；而 x4—x6 相对较长，并向壳后方伸展。x5 可能是最长的附肢。这些就暗示了 x1—x3 和 x4—x6 之间存在着

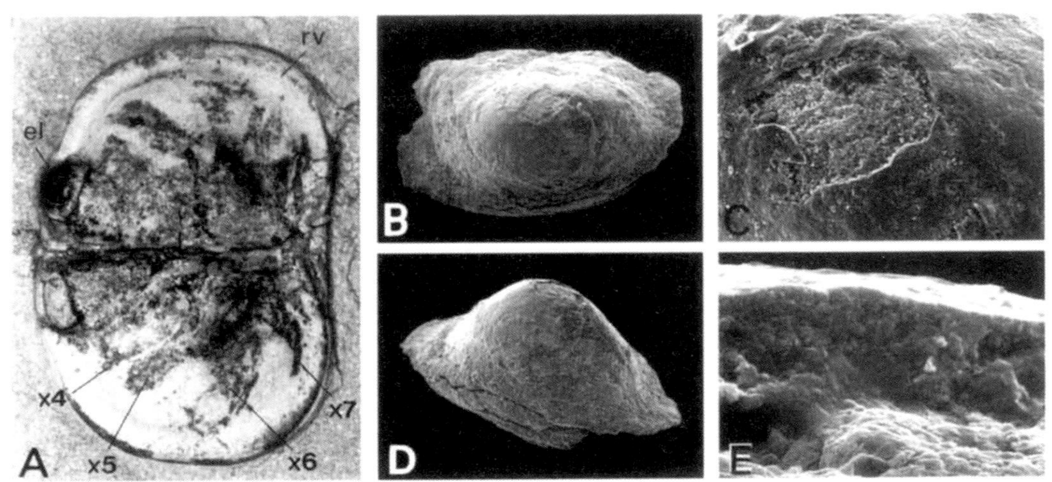

图5 帽天山昆明虫的眼叶,来自中国西南云南昆明地区海口下寒武统。ELI-1000030,背腹压标本,壳体剥落。A,背视,×11.5。B—E,从标本取下的右眼叶扫描电镜显微图像;B,背视,×46;C,顶部展示了可能剥落的角质层,×175;D,侧视,×46;E,可能的角质层切面,×2915(见文中解释)。所有的光显微照片,el,眼叶;rv,右壳;x4—x7,可能的第4—7对附肢痕迹。

躯体分异,而头/躯干的界限可能就在x3和x4之间。这样,a1和x1—x3就属于头部附肢,而x4—x7则属于躯干部附肢。

我们的标本大多数是以蝴蝶姿态保存,内部构造的位置错动有限(如ELI-1000019,30,35,43)。在这种情况下,软躯体被壳瓣覆盖,保护了内部因扰动产生的错动。因此,石化的软躯体相对于壳的轴向方向原地保存,可见昆明虫的软躯体沿着壳的背中线,与壳以一条窄带相连,相接部分从a1至最后一对附肢。然而,在侧压或是半侧压保存的标本中(见ELI-1000026;图2D,4),连接部似乎仅限于身体前部,x4之后的部分可能是自由活动的。

躯干末端

两块标本(ELI-1000026,41;图2C,D;3H)显示了软躯体末端的特征。末端具一个短的三角形尖片,两侧具尾叉。与现生叶虾类(如*Nebalia*)的尾片非常相似(Vannier *et al.*,1997a)。这个构造也与寒武纪动物如Leanchoilia(Hou and Bergström,1997,图30)的尾部构造相似。根据目前的标本,不能确定尾部伸出壳外到底有多长。在许多标本中,软躯体的大部分都因压实作用或水流等的扰动有一定程度的错动。然而,ELI-1000019和ELI-1000026(图2C,D)保存了比较准确的原始布局。这些证据表明,在生活状态下,个体的身体末端和体后附肢(x4—x7)可能伸出壳外(见背侧视复原图,图6)。

其他软躯体构造

标本ELI-1000030的壳瓣几乎弯曲打开,暴露出软躯体部分(图5A)。右侧的眼叶保存为亮偏红色的半球体,扫描电镜(SEM)观察表面的薄层(小于5 μm)含有微晶磷灰石。这一层被认为是矿化的薄层表皮,可能覆盖着球形的视觉器官。然而,没能保存任何节肢动物复眼的典型小眼构

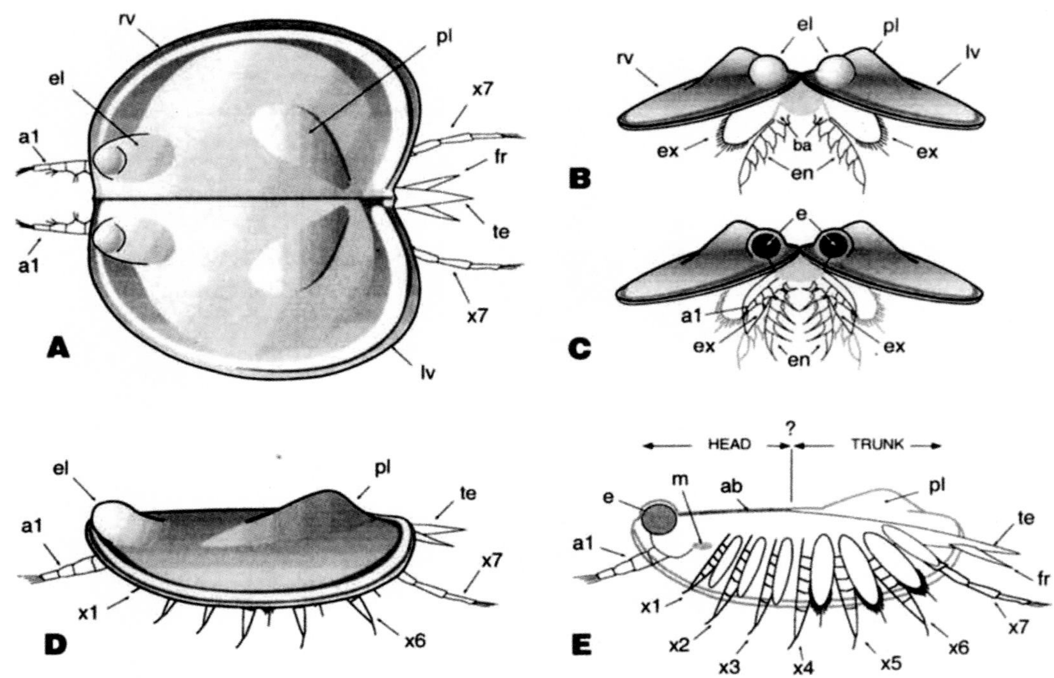

图6 帽天山昆明虫解剖学和推测的生活习性的重建，来自中国西南地区下寒武统，以化石证据为基础（本文所描述的材料和 Hou *et al.*（1996）的材料）。A，以上所见的动物生活习性（背视）。B，理想化的前视图，展示 1 对触角之后的附肢与沉积层接触（第 5 对触角之后的附肢具有足状内肢和桨状外肢）。C，理想化的前视图，展示眼叶可能与视觉器官相适应，第一触角（a1）和一对触角附肢（第 3 对触角之后的附肢的内肢的肢节上发育有刺状物以及短小桨状外肢）；灰色代表后部附肢（见 B）。D，E，侧视，身体被壳体覆盖（D）和没有壳体的左边部分（E）展示了壳体下面的附肢构造；由附肢形态上和大小上的差异可推测出头部和躯干之间的界限（见文中解释）；壳体与头部的连接处、张开的口部和第 7 对触角之后的附肢的外肢都属猜测。ab，身体与壳体连接处；ba，基节；a1，第一触角；e，眼；el，眼叶；en，内肢；ex，外肢；fr，叉形分支；lv，左壳；m，口孔；pl，后叶；rv，右壳；te，躯干末端；x1—x7，触角之后的附肢（第 1—7 对）。

造。出现磷可能是由于原始有机质的早期矿化过程产生的（Briggs *et al.*，1993；Briggs and Kear，1994；Briggs，1995）。昆明虫的眼叶是一对明显的隆起，嵌入第一对触角的旁边（图 1I）。

在标本 ELI-1000047 的旁边保存有几簇球形物，直径约 150 μm，与小型甲壳动物如现代和侏罗纪的壮肢目（myodocopes）介形虫的卵和胚胎非常相似（Vannier *et al.*，1998a；Vannier and Weitschat）。

讨论

昆明虫的躯体构型和功能形态学

触角

在寒武纪双瓣壳节肢动物中，粗短的单支型 a1 形态比较普遍，如加拿大虾（*Canadaspis*）（Briggs，1978，1992；Hou and Bergström，1997），鳃虾（*Branchiocaris*）（Briggs，1976）和等刺虫（*Isoxys*）（Shu *et al.*，1995a），也见于现代的许多非十足类

甲壳动物。现代的壮肢目介形虫类,如底栖游泳的类型(如 *Vargula hilgendorfii*),a1为直杆状,由7个短节组成,在游泳(Vannier and Abe, 1993)和取食的时候都伸出壳瓣前缘(观察拍摄录像;Vannier *et al.*, 1998a)。昆明虫的a1(相对短,远端渐细,末端具刚毛)可能执行同样的感觉功能,用于感知事物、交配和外界的化学性质。这个附肢的大小、形态(没有运动刚毛)以及着生部位与游泳功能无关。

触角之后的附肢

除了x7外,其他触角之后的附肢可能都有运动功能。杆状的内肢可能用于基底表面或内部爬行,也可以搅动沉积物以获得腐烂的有机物和碎屑。这种内肢与早寒武世澄江其他节肢动物的内肢形态相似(如 *Canadaspis*, *Retifacies*, *Misszhouia*, *Forticeps*, *Leanchoilia*;图7)。其中一些是与三叶虫类似的背腹扁平的节肢动物,它们的附肢定向于腹部侧面,身体的构型适合底栖生活。同样,昆明虫也极可能是底栖类型,而游泳能力退化(偶尔可能游泳来逃避敌害)。

内肢内叶凸起的功能还不清楚。但是,由于这些凸起都朝向身体的矢量面(图7A),因此推测其可能与取食有关(如抓取小食物颗粒向口部运送)。如果这种解释是正确的,x1—x3内肢上明显的特化刺,则可能用于像耙子一样收集食物颗粒。但是,目前已有的标本未见特化的取食构造,如基节的内叶(现生的壮肢目;Vannier *et al.*, 1998a)。昆明虫的圆形外肢片与早寒武世许多节肢动物的扁平外肢都很相似(图7)。假如不是保存原因,这种附肢的特点使我们想起了其他一些节肢动物如抚仙湖虫(*Fuxianhuia*,图7B)和林乔利虫(*Leanchoilia*, Hou and Bergström, 1997)的片状外肢。早期节肢动物的这种片状外肢确切的功能目前尚无定论(Hou and Bergström, 1997),但最有说服力的解释应该是具有呼吸和运动功能。例如,周小姐虫(*Misszhouia*, Chen *et al.*, 1997,图7D)的覆瓦状排列的扁平刚毛,相对于现生的近海节肢动物的书鳃(如鲎;Walossek and Müller, 1998),可以提供2倍的呼吸表面积,而外肢(扁平具刚毛的杆,类似一个桨状构造)的鳃片能够增强在水中的运动能力。网面虫(*Retifacies*)的外肢具有20根宽的刚毛,成覆瓦状,围绕圆形的近体片成辐射状排列(图7C)。同样的圆形外肢特征见于加拿大虾(图7E; Hou and Bergström, 1991, 1997; Briggs, 1978, 1992; Briggs *et al.*, 1994),但目前还不清楚这个属的外肢散射状构造是片状刚毛集合还是外肢上简单的沟槽。然而,刚毛集合的假设很值得怀疑,因此周小姐虫外肢的刚毛在外肢杆的平面上不是片状的(Hou and Bergström, 1997,图44)。现生的叶虾类甲壳动物(图8, 9),其胸部附肢的外肢和上肢为叶状,并可见内部的血液循环,因此认定此类扁平的叶状器官具有呼吸功能(视频观察;图9A)。对于昆明虫和寒武纪其他节肢动物化石,其外肢的内部循环特征已无从考证,但是这种片状的外肢很可能具有相似的呼吸功能。除了体表直接摄取氧气外,壳瓣内表面(在具小型壳瓣的甲壳类群中是主要的气体交换场所,见Vannier and Abe, 1995; Abe and Vannier, 1995; Vannier *et al.*, 1996, 1997b)也能进行气体交换,尤其是在应对突发事件如逃跑时可以辅助获取更多的氧气。

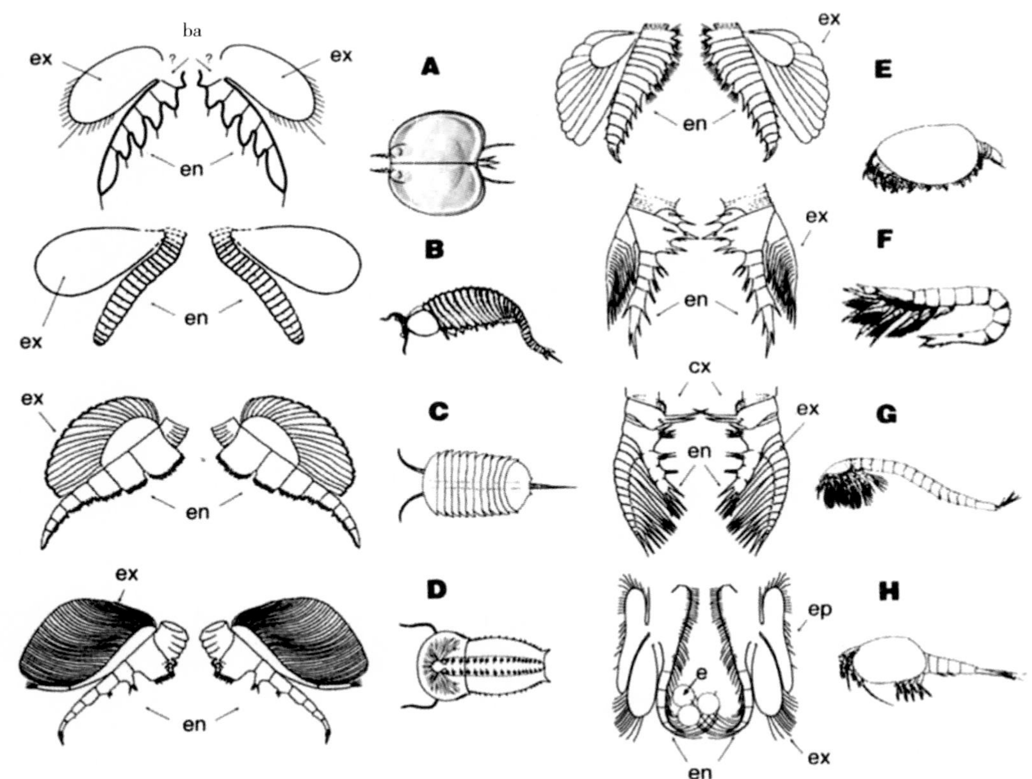

图 7 昆明虫与其他寒武纪和现生节肢动物整体解剖学和附肢构造的比较。A, *Kunmingella maotianshanensis* Huo and Shu, 1983,来自中国西南云南省下寒武统。动物表现出以上推测的生活习性;重建具有足状内肢的躯干附肢和桨状且具有连接在基部的刚毛的外肢(具体形状未知)。B, *Fuxianhuia protensa* Hou, 1987(Proschizoramia, Yunnanata),中国西南下寒武统澄江生物群,具有成对多节内肢的躯干附肢和简单椭圆瓣状的外肢。C, *Retifacies abnormalis* Hou *et al.*, 1989(Lamellipodia, Artiopoda),中国西南澄江生物群下寒武统;成对的具有内肢的躯干附肢(7 个肢节,存在内叶)和一个具有扁平的、辐射的刚毛层的瓣状外肢。D, *Misszhouia longicaudata*(Zhang and Hou, 1985)(Lamellipodia, Artiopoda),中国西南澄江生物群下寒武统;成对的具有内肢的躯干附肢(7 个肢节,存在内叶)和一个瓣状发育有薄片状刚毛的外肢(2 节)。E, *Canadaspis laevigata*(Hou and Bergström, 1991)(Proschizoramia, Paracrustacea),中国西南澄江生物群下寒武统;具有成对多节内肢的躯干附肢和瓣状的外肢。F, *Martinssonia elongata* Müller and Walossek, 1986(甲壳动物干群;见 Walossek and Müller, 1998),瑞典上寒武统“奥斯坦”动物群;第 2 对附肢具有侧翼的内肢(近端内叶 + 基足内叶)和短的多分节内肢。G, *Skara anulata* Müller, 1983(Crustaceomorpha, Crustacean, Maxillopoda),瑞典上寒武统“奥斯坦”动物群;具有内肢的第 3 对附肢(基节具有发育完全的内叶)侧面与多节的外肢相连。H, *Nebalia Leach*, 1814(Crustaceomorpha, Crustacea, Phyllocarida),现生;一对雌性的躯干附肢简化示意图,展示具有终端刚毛的较长内肢,叶状外肢和上肢都参与呼吸作用。Chen *et al.* (1996)(B, D), Hou and Bergström, 1997(C, E), Walossek and Müller, 1998(F, G), Dahl and Wägele, 1996(H)之后的动物重建;除了 D 和 E(背视),其余全部为侧视。Hou and Bergström 1997(B—G), Walossek and Müller 1998(F, G), Dahl and Wägele, 1996(H,修改的)和未发表的实验结果(J. Vannier; H)之后的附肢构造重建。从相同的作者推测出的附肢定向的重建。就像 Hou and Bergström,1997 所描述的寒武纪类群的分类。动物和附肢没有比例尺。a1,第一触角;ba,基部;cx,基节;e,胚胎;en,内肢;ep,上肢;ex,外肢。

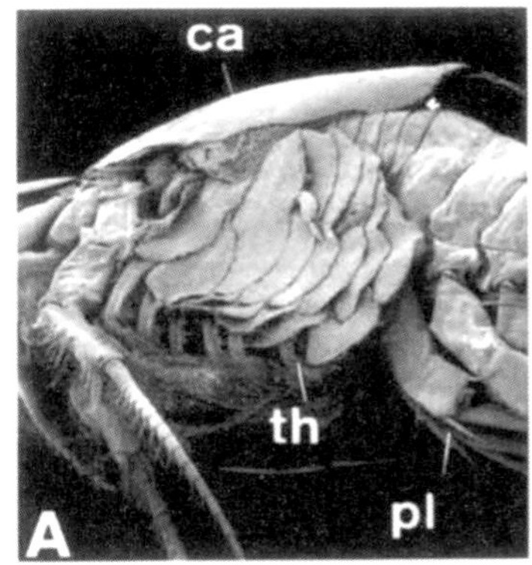

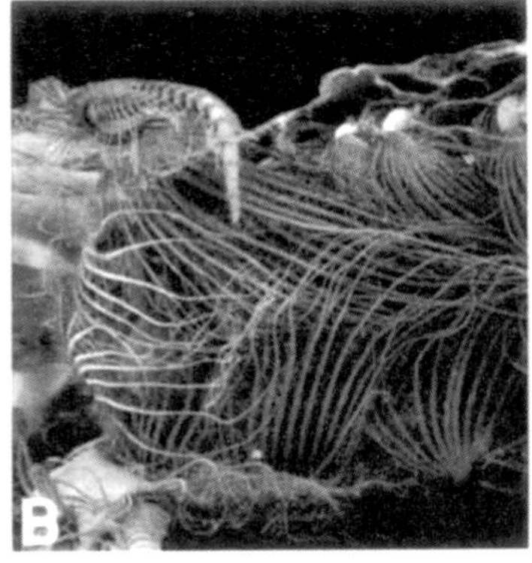

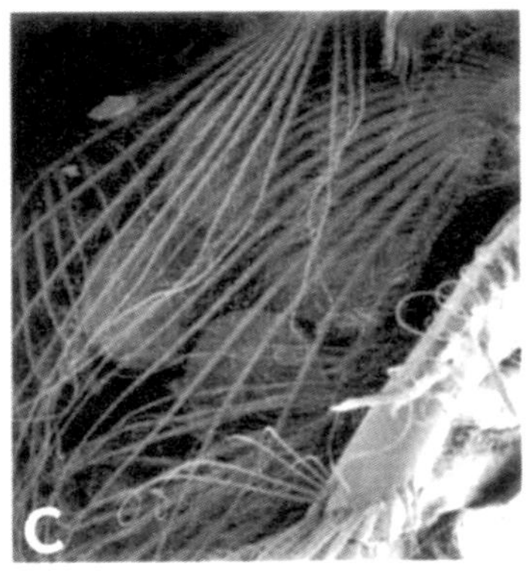

图8　雌性 *Nebalia bipes*（Fabricius，1780）腹部后代抚育器官，现生，来自法国布列塔尼地区北海岸 Roscoff 附近。A，身体前部（移位的左边壳体）展示胸部附肢，侧视，×17.5。B，腹视，展示了胸部附肢内肢刚毛的交叉模式，×41。C，内肢篮子状的刚毛网络携带的胚胎，×58。所有的扫描电镜显微图像，ca，壳体；pl，第一对腹部附肢；th，叶状胸部附肢。

躯体末端

虽然昆明虫的体末部分伸出壳外（图6），但是其形态又短又尖，应该对于个体运动和保持平衡作用不大。昆明虫尾叉较短，形态简单（尖三角），与现生的叶虾类宽大的片状尾叉不同，因此也不可能具有后者尾部桨的功能（Vannier *et al.*，1997a）。相反，其躯干最后一对附肢较长（并具有长节），可能起平衡的作用。

视觉

在我们对昆明虫所作的复原图中（图6），壳瓣上两个明显的前叶（视叶）为容纳视觉器官的部位，这与其他一些背腹扁平的澄江节肢动物相似，如宽跨马虫（*Kunamaia lata* Hou，1987）和月形中华谜虫（*Sinoburius lunaris* Hou *et al.*，1991）。这两类节肢动物具有一对相对巨大的圆形眼点（分别为3 mm和1 mm），明显高于头盖其他部分，但是没有像三叶虫那样聚集的小眼（Clarkson，1979；Fordyce and Cronin，1989），也没有像现代甲壳动物的联立眼（Land，1984）。昆明虫眼叶平滑的表面是否具有视觉构造目前还不清楚。在眼叶之下，未发现任何用以聚光的细微构造，如昆虫的小眼面或是透镜状的视觉构造。在现代一些介形类的方解石眼点下却识别出了这些构造（Kontrovitz and Myers，1984）。更有可能的是，昆明虫所谓的眼，只是一个简单的光线接收器，光线穿过整个透明的头甲或是某一视觉窗口。这些动物可能已经进化出了可以感知光线强弱的器官，并依此判断趋向或是远离光线，参与一些复杂生命活动，如判别昼夜交替或是躲避捕食。现生壮肢目的介形虫，其幼体眼就属于这种类型（Huvard，1990）。昆明虫侧眼的形态与位置可以为个体提供相对较宽的视域，以观察到壳瓣前方以及上方的范围，这对于感知临近水域中潜在捕食者的影子非常关键。

壳瓣

昆明虫的壳瓣保存几乎不脱节，集群保存的时候，壳瓣大小不一。高肌虫在生长过程中要经历几个连续的幼虫期才能达到成熟阶段，与现生的甲壳类如介形虫相似。昆明虫之所以能够保存如此大量的未脱节的壳瓣,有两个因素最关键。其一是纯保存的因素。大多澄江化石在埋藏后外骨骼都不解体。和其他底栖群落的成员一样,高肌虫的群体很可能是被浊流原地活埋,因此没有明显的死后搬运。另一个值得考虑的重要因素是生物因素。高肌虫的壳可能是沿着背中线折叠形成两瓣,而非真正的铰合构造。在现生远洋的介形类中也有类似构造,如皮壳介形属 *Conchecia imbricata*(Vannier *et al.*, 1998b),其外骨骼和韧带在背部连接两个壳瓣,具有相似的厚度(约 3 μm)和超微构造(主要是几丁质层)。皮壳介形属的背部连接非常坚韧,即使被浸泡在 70% 的酒精中,或是在干燥条件下,仍可保持弹性,并能使壳体两瓣平展。这些个体外骨骼的平展姿态与昆明虫和其他相关高肌虫类非常相似(如遵义虫 *Tsunyiella* 和孙氏虫 *Sunella*,见 Huo and Shu, 1985),也与等刺虫类似(William *et al.*, 1996,图 5)。有关高肌虫类是否具有薄而韧、且可能非钙化的头甲还需要进一步超微构造的研究(Shu, 1990a)。

躯体与壳的连接

由于昆明虫缺少闭壳肌,或者与现生介形类软躯体、壳瓣连接可对比的构造,因此认为昆明虫躯体缺少侧面连接壳的构造,而更可能通过背中线与外骨骼相连,这与许多现生以及灭绝的双瓣壳种类都不同。在背腹打开的标本中(图 3A),一团深色物不代表侧面连接,很可能是软躯体部分在壳内表面留下的痕迹。然而,目前还不清楚昆明虫躯体与壳体的连接部分是整个背中线(如磷足类,Müller, 1982),还是仅限于前部。虽然昆明虫的后体似乎可自由活动(图 2C, 3D),但是暂时没有可靠的证据表明,躯体与壳瓣的连接是在头部。

腹面壳间距与生活方式

昆明虫的标本中没有发现闭壳肌。在我们所观察的数千枚标本中都未见闭壳肌,但是大多高肌虫种类确有此构造。在数百枚梁山虫 *Liangshanella burgessensis* 中,仅发现一枚保存近圆形构造,被认为是可能的闭壳肌(Siveter and William, 1997)。现代的双瓣壳甲壳动物具有发育良好的侧面闭壳肌,并且完全被穹隆形的壳瓣紧紧包裹。昆明虫明显缺少这样的侧面保护系统。因此,我们认为昆明虫在通常的环境下,是被背壳覆盖的背腹扁平的生活状态。个体主要以蝴蝶状保存(图 10),说明壳瓣的腹边缘间距较大(至少 120°;图 6),比典型的现代介形类宽很多(约 25°;Abe and Vannier, 1991)。现生的介形类 *Manawa*,其成体壳瓣往往向侧面展开(Swanson, 1989a, b, 1990, 1991; Abe 个人交流),可与之进行比较。虽然昆明虫 *Kunmingella* 与 *Manawa* 的身体构型和附肢形态有显著差别,但两者有相似的生活方式。

昆明虫是否能够控制壳瓣开合的角度还不清楚,完成这样的任务需要有力的闭壳肌或是相应的机制,但这些都未观察到。昆明虫也有可能将壳瓣仅仅闭合,其壳后部较大(图 6),足以容纳躯体后部及附肢。我国除昆明以外的其他地方,如陕西下寒武统的灰岩(Shu, 1990a;图版 9,图 6),昆明虫类的壳体主要是闭合保存,这就支持了上述假设。类比现生的介形类,壳瓣闭合应该是对环境压力(物理化学变化,捕食)的反映,即是一种存活方式。我们认为,这种闭合方式可以在动物死后维持一段时间。高肌虫的保存姿态,或是紧闭,或是蝴蝶状,主要取决于外部环境及埋藏条件。

后代抚育

与其他现生甲壳动物类似，高肌虫的躯干附肢附近发现的一些可能的卵或胚胎（图3A，4），暗示其具后代抚育阶段。在现生的壮肢目介形虫，受精卵在排出卵巢后，由雌性个体携带，保存在背部与壳瓣形成的空腔中。这些包裹在卵壳内的抚育胚胎大小在250—400 μm之间。现代的叶虾类，胸部附肢的内肢刚毛具有交叉网，形成一个筐子状构造保护胚胎，大小约200 μm（图9），这与假设的昆明虫卵的大小相当（图3，4）。然而，我们的化石材料未见如叶虾附肢那样的特别构造。对于昆明虫而言，个体可能在腹部表面直接携带卵。后代抚育在现生以及化石介形类动物中普遍存在，这种机制可以增加卵及幼体在不稳定的环境（Horne *et al.*，1998）中存活的几率。同样的原因，在早寒武世，高肌虫也可能采用了类似的生殖策略。

昆明虫在澄江食物链中的地位

昆明虫可能是一种运动型的表栖动物，其步行足可以在基底爬行，并可搅动表层的泥质沉积物。扁平的躯体可以以近乎平行于基底的姿态，钻入表层之下以避敌害，这一点与现生甲壳动物不同。区别于澄江其他节肢动物，昆明虫类未发现胃部特征，因此无法判断其取食类型。虽然在此时期，微型捕食者确实存在（壮肢目介形虫；Vannier *et al.*，1998a），但是昆明虫不具有抓取的附肢和撕咬猎物的口部特征，因此它不可能是捕食动物。相反，我们认为昆明虫更可能是一种食碎屑动物，取食其他无脊椎动物的软躯体残留（Chen and Zhou，1997），与现代浅海环境的某些介形类的取食方式类似（Vannier *et al.*，1998a）。因此，昆明虫对于寒武纪海洋基底的有机物质循环起到了积极的作用。然而，目前还未发现可以确定这种取食方式的化石材料，如成群的昆明虫围绕在大型的澄江动物周围。

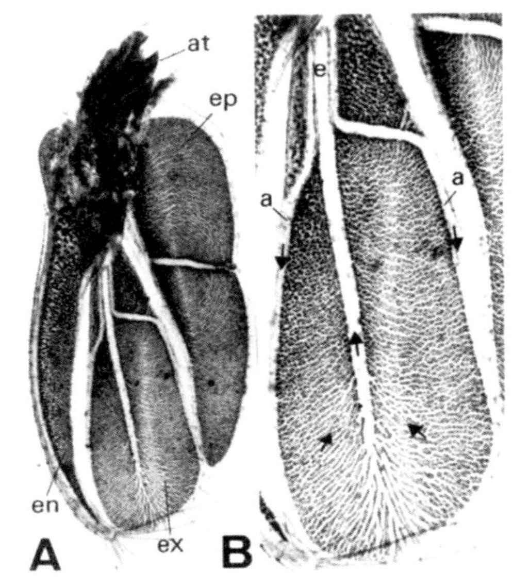

图9　*Dahlella caldariensis* Hessler，1984的胸部附肢上片状呼吸器官，来自北纬12°45′和12°50′之间，深度为2630 m的东太平洋脊。A，第六胸部附肢，×34.5。B，展示了血淋巴窦的汇聚网络和更大的含有血细胞的通道，×68。箭头指示叶状外肢血淋巴的循环方向（通过视频观测；JV未发表）。均为透射显微图像。a，传入通道；at，胸部附肢连接处；e传出通道；en，内肢；ep，上肢；ex，外肢。

在化石粪粒中发现了明显的昆明虫壳体（Chen and Zhou，1997；图10），这表明高肌虫是大型动物的主要食物来源之一。一个大粪化石（宽45 mm，长60 mm；Chen and Zhou，1997）内发现了数十枚昆明虫的壳体，推测这一粪化石应属于相对大型的捕食者(奇虾?),其在基底表面抓取猎物,或是直接将包含猎物的泥质吞咽。现代近海的底栖介形类也遭遇同样被捕食的命运,在对一些鱼类尾部的内容物分析时证实了这一点(Hayashi and Goto, 1979; Morin, 1986; Abe *et al.*, 1995)。在帽天山地区发现的4块保存良好的粪化石大致呈长圆形(ELI-1000055—58)。标本ELI-1000055(图10C)中,40%为昆明虫,同时还有川滇虫。标本ELI-1000055(图10D)中,昆明虫占20%,川滇虫占30%,另有锥管螺和三叶虫。川滇虫虽然不是真正的甲壳动物,但其形态与叶虾非常相似,较昆明虫略大,躯体末端扁平,腹部长,体节可伸缩,明显较昆明虫更具活动力。在云南早寒武世发现了大量粪化石,有关研究正在进行,旨在恢复重建澄江生物群(见Conway Morris(1986)对于布尔吉斯页岩生物群的研究)群落构造中重要的食物链。

昆明虫和高肌虫的分类

是否是甲壳动物?关于高肌虫的分类

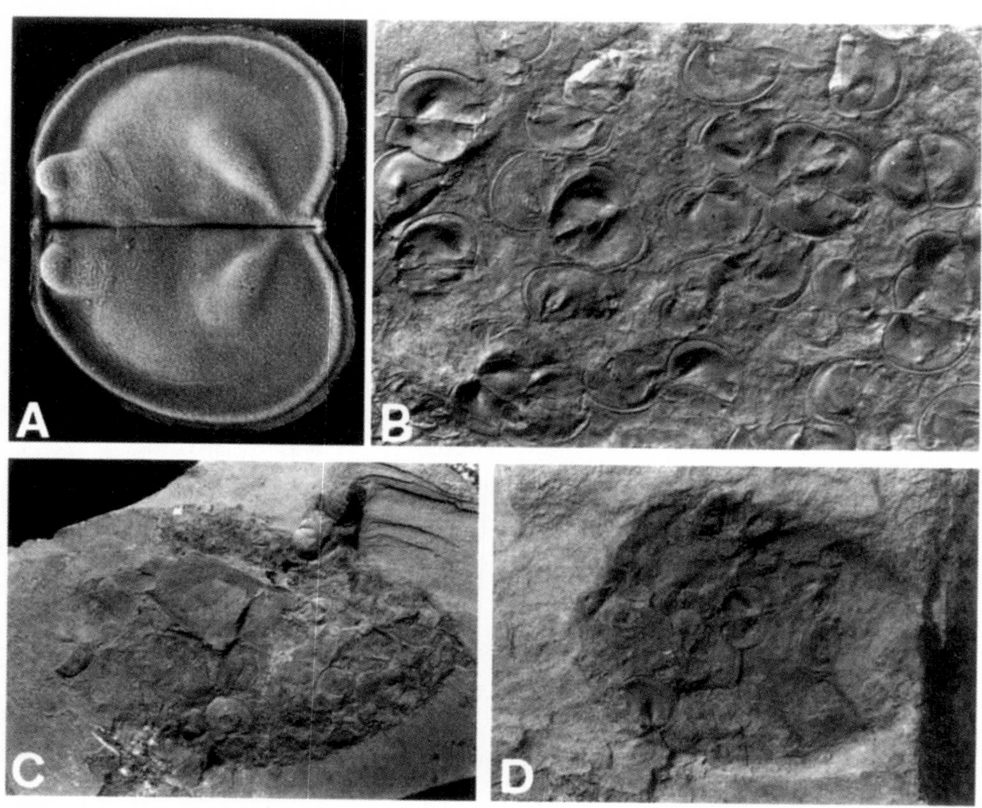

图10 帽天山昆明虫(*Kunmingella maotianshanensis* Hou and Shu, 1983)来自中国西南云南省海口和澄江地区下寒武统。A,具有双瓣连接构造且完整壳体的背视图(AY 33;见Hou *et al.*,1996,图3a;图片感谢M. Williams)。B,ELI-1000053,在岩层表面上连接的和脱节的壳瓣,×3.25。C,ELI-1000057,包含昆明虫和川滇虫(*Kunmingella* and *Chuandianella* Hou and Bergström 1991)壳体的粪化石以及未定的残余物,×1.95。D,ELI-1000055,包含昆明虫、川滇虫和软舌螺(*Kunmingella*, *Chuandianella* and hyolithids)的粪化石,×0.5。除了A图,所有的都是光显微照片(扫描电镜照片)。

地位问题,目前还不能解决。很明显,它们的一些重要的形态特征在早寒武世其他一些节肢动物中也能见到,如单支型触角、触角之后的附肢的形态以及躯干末端的尾节状构造。昆明虫的双支型附肢构造(腿形内肢,叶状外肢)使我们联想起澄江的许多真节肢动物,如抚仙湖虫、网面虫和周小姐虫(图7)。但是昆明虫的附肢又与其他这些节肢动物的不同,形态也并非完全一致,如x1—x3 与 x4—x6 以及特化的 x7。虽然,昆明虫和高肌虫无疑是真正的节肢动物,但是其甲壳动物的分类地位仍存在争议(见 Hou *et al.*, 1996; Walossek, 1999)。昆明虫缺少冠群甲壳动物的典型鉴定特征(Walossek and Müller, 1998),这些特征在现生种类以及寒武纪"奥斯坦型"节肢动物中都存在,如 *Bredocaris* (Maxillopoda; Müller and Walossek, 1988), *Skara* (Maxillopoda; Walossek, 1988)和 *Rehbachiella* (Branchiopoda; Walossek, 1988)。这些缺失的关键构造包括头部五对附肢,分节且高度特化(第二对触角和大颚都具有基节和底节,头部第四对附肢具取食功能)。鉴于以上原因,我们同意 Hou 等人(1996)的观点,昆明虫的分类地位可能在冠群甲壳动物之外,也并非介形类甲壳动物。

严格定义的甲壳动物也包括一些归于干群甲壳动物的类群。这个分类(Walossek and Müller, 1990,1998)包括了大多"奥斯坦型"的节肢动物,它们被认为是干群甲壳动物早期分支的后裔。在甲壳动物谱系的重建中,Walossek(1998,1999), Schram 和 Hof(1998)识别出由干群向冠群演变的三个主要的演化阶段以及两个主要的干群分支:一个演化出磷足类,这是一类微型甲壳动物,与介形类外表相似;另一个衍生出的后代,如 *Henningsmoenicaris*, *Martinssonia*, *Cambropachycope* 和 *Gotiocaris* (Walossek and Müller, 1998)。干群甲壳动物演化中关键的创新点通常都与取食策略有关(Walossek and Müller, 1998)。譬如,触角后外肢刚毛的倾斜以及附肢内侧边缘内叶刚毛的发育,都是与捕获食物颗粒有关的进化。磷足类的第二触角和大颚具典型的多环纹、多刚毛的外肢,一系列颚后附肢具有近体端内叶,并向体后形态逐渐变小(Müller, 1979, 1982)。事实上,昆明虫的附肢形态并没有类似的特化(图9,以及 Hou *et al.*, 1996)。究竟高肌虫类是甲壳动物的早期干群后裔(图11),还是非甲壳类的真节肢动物,这一问题的解决还有待获得更多的有关附肢基部的信息。然而,值得一提的是,Walossek (1998, 1999)所定义的干群甲壳动物初级阶段的两个关键性特征在昆明虫中确实存在:①第一触角杆状分节数目有限,且具刚毛;②触角之后的附肢的内肢最多不超过五节。这虽然不能给出高肌虫类确切的分类地位,但在某种程度上却可以支持它作为原始甲壳动物的观点。

结论

(1)通过对高肌虫化石的新材料进行研究,提出了有关高肌虫类躯体构型的新方案(早期的复原见 Hou *et al.*, 1996)。高肌虫是一类背腹扁平的节肢动物,躯体背覆双瓣壳。躯干两侧有数对附肢:一对简单的单支型触角,具刚毛,其后为六对双支型的触角之后的附肢,内肢五节,具内叶,外肢片状。躯干末端为一尖的尾节,伸出壳瓣之外。

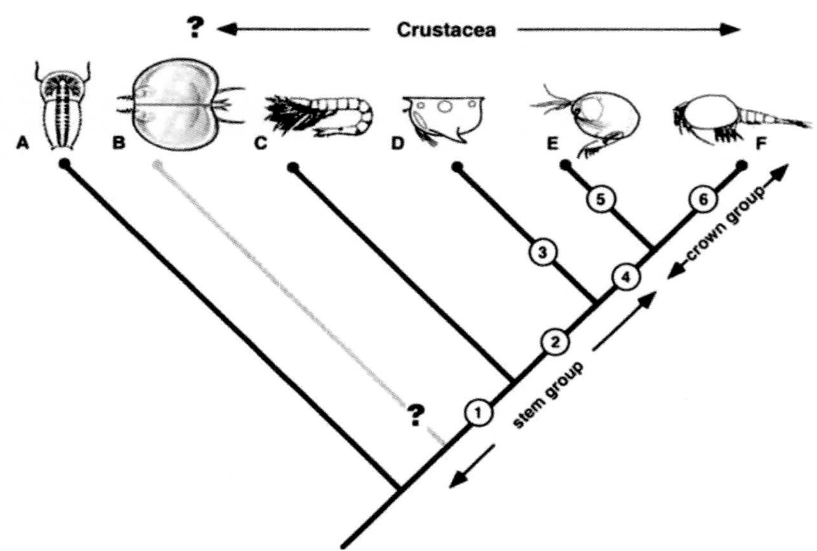

图 11 试验性的系统发育树，高肌虫在其中属于甲壳动物干群的衍生类群。据 Walossek, 1998, 1999 建立模型。A，非甲壳纲节肢动物（外群）；B，高肌虫（Bradoriida）；C，以奥斯坦型（Orsten）干群中的甲壳动物 *Henningsmoenicaris*，*Martinssonia*，*Carnbrocaris*，*Cambropachycope*，*Goticaris* 等为代表的进化枝；D，磷足亚纲（Phosphatocopida）；E，切甲亚纲（Entomostraca，由 Cephalocarida，Branchiopoda 及 Maxillopoda 组成）；F，软甲亚纲（Malacostraca）。E + F，真甲壳类。每枝都由一个典型属种为代表（A—F，naraoid，*Kunmingella*，*Martinssonia*，*Vestrogothia*，myodocopid ostracode，*Nebalia*），而没有系统发育的含义（尤其是 E）。干群生物的独衍特征用数字 1—7 来代表，据 Walossek, 1998, 1999。1，a1 具有限数量的棒状片段；a1 具沿内边缘生长的末端刚毛；a1 用于运动和捕食；触角后的内肢最多有 5 段；触角后的肢体内边缘（底部）具近端的内叶；触角后的外肢可能具多环纹并有均匀变尖的边缘刚毛。2，第二触角后的内叶增大；基节适中地伸入颚基，并且具有倾斜的锯齿状边缘；非骨质的上唇；上唇具后侧的腺状开口；口部位于心房口（atrium oris）的深处；硬化的胸板由触角到第一小颚片段的腹板形成；胸板上的副颚隆起。3，a1 微小；颚底部与基节融合形成同基节（syncoxa）；主甲壳大，呈双瓣；躯干大幅度简化；触角后内肢多为 3 节；触角后内肢的足节适度伸入长的内叶中；幼虫覆有双瓣壳（4 对附肢）。4，a2 具近底部的基节；专用于食物运送的上颚的第一小颚；上唇、心房口（atrium oris）、侧颚基及胸板都被细绒毛所覆盖；躯干的尾部具肛门、锥状的尾节及枝杈；第一幼虫 = 无节幼虫（orthonauplius），具 a1 + 2 肢体。5，a1 具两个远端支；成体上颚具基节及 3 节触须；第一小颚具基节和基部；胸脚（thoracopods）1—8 具基节和基部；胸脚（thoracopods）1—8 的肢体短如内肢；躯干片段可细分为两组；没有真正的无肢腹部（现生类群中最多有 1 种）。6，成体阶段上颚缺少基部及分支；第一小颚具基部（4 片中等的内叶，包括“近端内叶”）；腹部具至少 4 节无肢体节。

躯体分异出现（触角和其后的三对附肢可能属于头部）且最后一对附肢有特化（内肢节变长，向外伸展）。同时，化石证据还表明，高肌虫具有容纳视觉器官的前眼叶，还可能在其腹面存在后代抚育机制。

（2）我们认为，高肌虫属于表栖动物，它能够在基底表面爬行，并能够搅动沉积物表层的泥质（如取食）。高肌虫能够将其壳瓣完全打开(呈蝴蝶状),也能在遇到敌害或是不良环境因素时,将壳瓣紧闭。虽然其躯体构型与现代的介形类有差别,但其生活方式和生态位应该与寒武纪后的介形类甚至某些现代类型相似。

(3)高肌虫是下寒武统底栖群落的重要组成分子。高肌虫类往往群居,并且大量出现在动物粪便中,因此,它们也是大型动物的主要食物来源。

(4)通过与甲壳动物以及非甲壳动物进行细致的形态对比(附肢、躯体构型),我们支持 Hou 等人(1996)的观点,认为高肌虫与现代介形类在附肢构造上存在显著差别,不属于严格定义的甲壳动物。然而,一些关键特征(触角、内肢分节)表明,高肌虫可能与甲壳动物的干群有关。对我们而言,高肌虫与现代介形类的外部形态构造差异,并不能作为质疑两者间系统分类关系(Hou *et al.*, 1996)的可靠证据。近年来,有关介形类祖先的问题一直是争论的焦点(McKenzie *et al.*, 1999),这一问题的最终解决还有待更多的古生物学、生物学(发育、分节)以及分子生物学方面的证据(节肢动物谱系的分异时间,如 Wu *et al.*, 1999;同源基因在不同躯体构型中的起源)。

致谢

本研究工作由中国国家自然科学基金(49672086)、中国科学技术部(攀登计划97-001)、美国国家地理学会(项目号594697)资助。舒德干感谢英国皇家学会、圣约翰学院,尤其感谢 S. Conway Morris 教授,与他一起在剑桥大学进行为期三个月的共同研究。Jean Vannier 感谢 S. Conway Morris 教授为他准备的剑桥访问以及使用其实验室的设备,感谢侯先光(南京地质及古生物研究所)和 Ingelore Hinz-Schallreuter 提供的有关高肌虫的信息。我们感谢 S. Conway Morris 教授和 D. Walossek 教授(乌尔姆大学),以及 A. Parker 博士(澳大利亚博物馆,悉尼)和 M. Williams 博士(诺丁汉地质调查局)对本文的批评性阅读。感谢 Hessler 教授(加利福尼亚大学,圣地亚哥)和 M. D. Ohman 博士(加利福尼亚大学,圣地亚哥)为我们提供最近的完整的叶虾材料。N. Podevigne 先生(里昂第一大学地球科学教学与研究所)和显微扫描中心(CMEABG,里昂第一大学)提供技术帮助。本文对 ERS 2042 古生物研究计划做出贡献(CNRS,里昂第一大学)。

参考文献

1. Abe, K. & Vannier, J., 1991. Mating behavior in the podocopid ostracode Bicornucythere bisanensis (Okubo, 1975): rotation of a fenmale by a male with asymmetric fifth limb. Journal of Crustacean Biology, 11, 250-260.
2. Abe, K. & Vannier, J., 1995. Functional morphology and significance of the circulatory system of Ostracodea, exemplified by Vargula hilgendorfii. Marine Biology, 124, 51-58.
3. Abe, K., Vannier, J. & Tahara, Y., 1995. Bioluminescence of Vargula hilgendorfii (Ostracodea, Myodocopida): its ecological significance and effects of a heart. In Riha J. (ed.): Ostracodea and Biostratigraphy, 11-18. Balkema, Amsterdam.
4. Briggs, D. E. G., 1976. The arthropod Branchiocaris n. gen., Middle Cambrian, Burgess Shale, British Columbia. Geological Survey of Canada Bulletin, 264, 1-29.
5. Briggs, D. E. G., 1978. The morphology, mode of life, and affinities of Canadaspis perfecta (Crustacea: Phyllocarida), Middle Cambrian, Burgess Shale, British Columbia. Phtilosophical Transactions of the Royal Society of London, 281, 439-487.
6. Briggs, D. E. G., 1992. Phylogenetic significance of

the Burgess Shale crustacean Canadaspis. Acta Zoologica (Stockholm), 73, 293-300.

7. Briggs, D. E. G., 1995. Experimental taphonomy. Palaios, 10, 539-550.

8. Briggs, D. E. G. & Kear, A., 1994. Decay and mineralization of shrimps. Palaios, 9, 431-456.

9. Briggs, D. E. G., Kear, A. J., Martill, D. M. & Wilby, P. R., 1993. Phosphatization of soft tissue in experiments and fossils. Journal of the Geological Society, London 150, 1035-1038.

10. Cannon, G., 1927. On the feeding mechanism of Nebalia bipes. Transactions of the Royal Society of Edinburgh, 55, 355-369.

11. Cannon, G., 1960. Leptostraca. In Bronns, H. G. (ed): Klassen und Ordnungen des Tierreichs, Arthropoda. Crustacea. Leptostraca, 5, 1-81.

12. Chen, J. Y. & Lindsträm, M., 1991. Lower Cambrian non-mineralized fauna from Chengjiang, Yunnan China. Geologiska Föreningens i Stockholm Förhandlingar, 113, 79-81.

13. Chen, J. Y. & Zhou, G. Q., 1997. Biology of the Chengjiang Fauna. Bulletin of the National Museum of Natural Science, 10, 1-106.

14. Chen J. Y., Zhou, G. Q., Zhu, M. Y. & Yeh, K. Y., 1996. The Chengjiang Biota unique window of the Cambrian explosion. 222 pp. National Museum of Natural Science, Taichung, Taiwan. [In Chinese].

15. Clarkson, E. N. K., 1979. The visual system of trilobites. Palaeontology, 22, 1-22.

16. Conway Morris, S., 1986. The community structure of the Middle Cambrian Phyllopod Bed (Burgess Shale). Palacontology, 29, 423-467.

17. Conway Morris, S., 1998. The Crucible of Creation: The Burgess Shale and the Rise of Animals. 242 pp. Oxford University Press, Oxford.

18. Dahl, E., 1985. Crustacea Leptostraca, principles of taxonomy and a revision of European shelf species. Sarsia, 70, 103-228.

19. Dahl, E., 1991. Crustacea Phyllopoda and Malacostraca: a reappraisal of cephalic and thoracic shield and folds systems and their evolutionary significance. Philosophical Transactions of the Royal Society of London B, 334, 1-26.

20. Dahl, E. & Wgele, J. W., 1996. Sous Classe des Phyllocarides (Phyllocarida Packard, 1869), 865-896. In Grassé, P. P. (ed.): Traité de Zoologie, Anatomie, Systématique, Biologie. Tome 7: Crustacés; Fascicule 2: Généralités (suite) et systématique. Masson. Paris.

21. Fabricius, O., 1780. Fauna Groenlandica. 354 pp. Leipzig.

22. Felgenhauer, B. E., 1987. Techniques for preparing crustaceans for scanning electron microscopy. Journal of Crustacean Biology, 7, 71-86.

23. Fordyce, D. & Cronin, T. W., 1989. Comparison of fossilized schizochroal compound eyes of phacopid trilobites with eyes of modern marine crustaceans and other arthropods. Journal of Crustacean Biology, 9, 544-569.

24. Hayashi, M. & Goto, Y., 1979. On the seasonal succession and the food habits of the gobioid fishes in the Odawa Bay, Yokosuka, Japan. Science Report of the Yokosuka City Museum, 26, 35-56.

25. Hessler, R. R., 1984. Dahlella caldariensis, new genus, new species: a leptostracan (Crustacea, Malacostraca) from deep-sea hydrothermal vents. Journal of Crustacean Biology, 4, 655-664.

26. Hinz Schallreuter, I., 1993. Cambrian ostracodes mainly from Baltoscandia and Morocco. Archiv für Geschiebekunde, 7, 369-464.

27. Horne, D. J., Danielopol, D. L. & Martens, K., 1998. Reproductive behaviour. In, Martens K. (ed.): Sex and Parthenogenesis: Evolutionary Ecology and Reproductive Modes in Non-marine Ostracodes, 157-195. Backhuys, Leiden.

28. Hou, X., 1987. Three new large arthropods from Lower Cambrian, Chengjiang, eastern Yunnan. Acta Palaeontologica Sinica, 26, 272-285 (In Chinese with English summary).

29. Hou, X., 1997. Bradoriid arthropods from the lower Cambrian of Southwest China. Unpublished PhD dissertation, 104 pp. Uppsala University, Sweden.

30. Hou, X., 1999. New rare bivalved arthropods from the lower Cambrian Chengjiang Fauna, Yunnan, China. Journal of Paleontology, 73, 102-116.

31. Hou, X. & Bergström, J., 1991. The arthropods of the lower Cambrian Chengjiang fauna, with relationships and evolutionary significance. In Simonetta, A. M. & Conway Morris, S. (eds.): The Early Evolution of Metazoan and the Significance of Problematic Taxa, 179-187. Cambridge University Press, Cambridge.

32. Hou, X. & Bergström, J., 1997. Arthropods of the lower Cambrian Chengjiang fauna, Southwest China. Fossils and Strata, 45, 1-116.

33. Hou, X., Siveter, D. J., Williams, M., Walossek. D. & Bergström, J., 1996. Preserved appendages in the arthropod Kunmingella from the early Cambrian of China: its bearing on the systematic position of the Bradoriida and the fossil record of the Ostracodea. Philosophical Transactions of the Royal Society of London B, 351, 1131-1145.

34. Huo, S. & Shu, D., 1985. Cambrian Bradoriida of South China. 252 pp. Northwest University Press. Xi'an, [In Chinese with English summary].

35. Huo, S., Shu, D. & Cui, Z., 1991. Cambrian Bradoriida of China. 249 pp. Geological Publishing House, Beijing [In Chinese with English summary].

36. Huo, S., Shu, D., Zhang, X., Cui, Z. & Tong, H., 1983. Notes on Cambrian bradoriids from Shaanxi, Yunnan, Sichuan, Guizhou, Hubei and Guangdong. Journal of Northwest University, 13, 56-106.

37. Huvard, A. L., 1990. Ultrastructural study of the naupliar eye of the ostracodee Vargula graminicola (Crustacea, Ostracodea). Zoomorphology, 110, 47-51.

38. Kontrowitz, M. & Myers, J. H., 1984. A study of the morphology and dioptrics of some ostracode eye-spots. Transactions of the Gulf Coast Association of Geological Societies, 34, 369-372.

39. Land, M. F., 1984. Crustacea. In Ali, M. A. (ed.): Photoreception and Vision in Invertebrates, 401-438. Plenum Press, New York.

40. Leach, W. E., 1814. The Zoological Miscellany, Being Descriptions of New and Interesting Animals, 149 pp. London.

41. Lindström, M., 1995. The environment of the early Cambrian Chengjiang Fauna. In Chen, J. Y., Edgecombe, G. & Ramsköld, L. (eds.): International Cambrian Explosion Symposium. Programme and Abstracts, 17.

42. Luo, H., Hu, S., Zhang, S. & Tao, Y., 1997. New occurrence of the early Cambrian Chengjiang fauna from Haikou, Kunming, Yunnan Province, and study of Trilobitoidea. Acta Geologica Sinica, 71, 97-104.

43. Mansuy, H., 1912. Etude géologique du Yunan Oriental: 2ème partie. Paléontologie. Mémoire du Service Géologique de l Indochine, 1, 1-23.

44. Matthew, G. F., 1886. Illustrations of the fauna of the St. John Group continued. No. 3: Descriptions of new genera and species. Proceedings and Transactions of the Royal Society of Canada, Series 1, 3 (for 1885), 29-84.

45. McKenzie, K, G., Angel, M., Becker, G., Hinz-Schallreuter, I., Kontrovitz, M., Parker, A., Schallreuter, R. E. L. & Swanson, K., 1999. Ostracods. In Savazzi, E. (ed.): Functional Morphology of the Invertebrate Skeleton, 459-503. Wiley & Sons. Chichester.

46. Melnikova, L. M., Siveter, D. J. & Williams, M., 1997. Cambrian Bradoriida and Phosphatocopida (Arthropoda) of the former Soviet Union. Journal of Micropalaeontology, 16, 179-191.

47. Morin, J. G., 1986. Firefleas of the sea: luminescent signaling in marine ostracodee crustaceans. The Florida Entomologist, 69, 107-121.

48. Müller. K. J., 1979. Phosphatocopine ostracodes wilh preserved appendages from the Cambrian of Sweden. Lethaia, 12, 1-27.

49. Müller, K. J., 1982. Hesslandona unisulcata sp. nov. with phosphatised appendages from Upper Cambrian "Orsten" of Sweden. In Bate, R. H., Robinson, E. & Sheppard, L. M. (eds): Fossil and Recent Ostracodea, 277-304. British Micropalaeontological Society Series. Ellis Horwood, Chichester.

50. Müller, K. J., 1983. Crustacea with preserved soft parts from the Upper Cambrian of Sweden. Lethaia, 16, 93-109.

51. Müller. K. J. & Walossek, D., 1986. Martinssonia elongata gen. et sp. n., a new crustacean-like euarthropod from the Upper Cambrian "Orsten" of Sweden. Zoologica Scripta, 15, 73-92.

52. Müller, K. J. & Walossek, D., 1988. External morphology and larval development of the Upper Cambrian maxillopod Bredocaris admirabilis. Fossils and Strata, 23, 1-70.

53. Parker, A. R., 1995. Discovery of functional iridescence and its coevolution with eyes in the phylogeny of Ostracodea (Crustacea). Proceedings of the Royal Society of London. Biological Sciences B, 262, 349-355.

54. Parker, A. R., 1998. Exoskeleton, disribution, and movement of the flexible setules on the myodocopine (Ostracodea: Myodocopa) first antenna. Journal of Crustacean Biology, 18, 95-110.

55. Qian, Y. & Bengtson, S., 1989. Palaeontology and biostratigraphy of the eady Cambrian Meishucunian Stage in Yunnan Province, South China. Fossils and Strata, 24, 1-156.

56. Rolfe. W. D. I., 1969. Phyllocarida. In Moore, R. C. Teichert, C. (eds): Treatise on Invertebrate Paleontology, Part R. Arthropoda, 4 (1), R296-R331. Geological Society of America and the University of Kansas Press, Boulder, Colorado and Lawrence, Kansas.

57. Ruppert, E. E. & Barnes, R. D., 1994. Invertebrate Zoology, 6th ed., 1056 pp. Saunders College Publishing, Fort Worth.

58. Schram, F. R. & Hof, C. H. J., 1998. Fossils and the interrelationships of major crustacean groups. In Edgecombe, G. D. (ed.): Arthropod Fossils and Phylogeny, 233-302. Columbia University Press, New York.

59. Shu, D., 1990a. Cambrian and Lower Ordavician Bradoriida from Zhejiang, Hunan and Shaanxi Provinces, 90 pp. Northwest University Press, Xi'an.

60. Shu, D., 1990b. Cambrian and Early Ordovician Bradoriida from China. Courier Forschungsinstitut Senckenberg, 123, 315-330.

61. Shu, D. & Chen, L., 1994. Cambrian paleobiogeography of Bradoriida. Journal Southeast Asian Earth Sciences, 9, 289-299.

62. Shu, D., Chen, L. & Zhang, X., 1993. New important findings from Chengjiang Fossil Largerstätte. In: Proceedings of the 1st China Postdoctoral Academic Congress, 2018-2021. National Defence Industry Press, Beijing.

63. Shu, D., Chen, L., Zhang, X., Xing, W., Wang, Z. & Ni, S., 1992. The Lower Cambrian KIN Fauna of Chengjiang fossil Lagerstätte from Yunnan, China. Journal of Northwest University, 22, 31-48.

64. Shu, D., Conway Morris, S. & Zhang, X., 1996. A Pikaia-like chordate from the Lower Cambrian of China. Nature, 384, 157-158.

65. Shu, D., Geyer. G., Chen, L., & Zhang, X., 1995. Redlichiacean trilobites with preserved soft parts from the lower Cambrian Chengjiang Fauna (South China). In Geyer, G. & Landing, E. (eds.): Morocco 95 The lower and Middle Cambrian Standard of West Gondwana, 203-240. Beringaria, Special lssue 2.

66. Shu. D., Zhang, X. & Chen, L., 1996. Reinterpretation of Yunnanozoon as the earliest known hemichordate. Nature, 380, 427-430.

67. Shu, D., Zhang, X. & Geyer, G., 1995. Anatomy and systematic affinities of the Lower Cambrian bivalved arthropod Isoxys auritus. Alcheringa, 19, 333-342.

68. Siveter, D. J. & Williams, M., 1997. Cambrian bradoriid and phosphatocopid arthropods of North America. Special Papers in Palaeontology, 57, 1-69.

69. Siveter, D. J., Williams, M., Peel, J. S. & Siveter, D. J., 1996. Bradoriids (Arthropoda) from the Early Cambrian of North Greenland. Transactions of the Royal Society of Edinburgh: Earth Sciences, 86 (for 1995), 113-121.

70. Swanson, K. M., 1989a. Ostracode phylogeny and evolution – a manawan perspective. Courrier Forschungsinstitut Senckenberg, 113, 11-20.

71. Swanson, K. M., 1989b. Manawa staceyi n. sp. (Punciidae, Ostracodea): soft anatomy and ontogeny. Courrier Forschungsinstitut Senckenberg, 113, 235-249.

72. Swanson. K. M., 1990. The punciid ostracode – a new crustacean evolutionary window. Courrier Forschungsinstitut Senckenberg, 123, 11-18.

73. Swanson, K. M., 1991. Distribution, affinities and origin of the Punciidae (Crustacea, Ostracodea). Memoirs of the Queensland Museum, 31, 77-92.

74. Vannier, J., Abe, K. & Ikuta, K., 1996. The gills of myodocopid ostracodes exemplified by Leuroleberis surugaensis (Cylindrole-berididae) from Japan. Journal of Crustacean Biology, 16, 78-101.

75. Vannier, J. & Abe, K., 1995. Size, body plan and respiration in the Ostracodea. Palaeontology, 38, 843-873.

76. Vannier, J. & Abe, K., 1993. Functional morphology and behaviour of Vargula hilgendorfii (Ostracodea: Myodocopida) from Japan, and discussion of its crustacean ectoparasites: preliminary results from video recordings. Journal of Crustacean Biology, 13, 51-76.

77. Vannier, J. & Abe, K., 1992. Recent and early Palaeozoic myodocope ostracodes: functional morphology, phylogeny, distribution and lifestyles. Palaeontology, 35, 485-517.

78. Vannier, J., Abe, K. & Ikuta, K., 1998. Feeding in myodocopid ostracodes: functional morphology and laboratory observations from videos. Marine Biology, 132, 391-408.

79. Vannier, J. & Shu, D., 1999. The anatomy and lifestyle of bradoriid arthropods exemplified by Kunmingella from the Chengjiang fossil Lagerstätte (Lower Cambrian; SW China). Abstract volume of the International Symposium on the origins of animal body plans and their fossil records, Kunming, 20-25 July 1999, 24-26.

80. Vannier, J, Boissy, Ph. & Racheboeuf, P. R., 1997. Locomotion in Nebalia bipes: a possible model for Palaeozoic phyllocarid crustaceans. Lethaia, 30, 89-104.

81. Vannier, J., Williams, M. & Siveter, D. J., 1997. The Cambrian origin of the circulatory system of crustaceans. Lethaia, 30, 169-184.

82. Vannier, J., Williams, M., Racheboeuf, P., Rushton. A., Servais, Th. & Siveter, D. J., The early colonization of pelagic niches by arthropods. Palaeontology, in press.

83. Vannier, J., Williams, M., Racheboeuf, P., Rushton, A., Servais, Th. & Siveter, D. J., 1998b. The early colonization of pelagic niches by crustaceans and other bivalved arthropods. Fourth International Crustacean Congress, Amsterdam, Proceedings and Abstracts Volume, 201.

84. Walossek, D., 1993. The Upper Cambrian Reh-

bachiella kinnekullensis Müller, 1983 and the phylogeny of Branchiopoda and Crustacea. Fossil and Strata, 32, 1-102.

85. Walossek, D., 1998. Cambrian diversity of Crustacea. Fourth International Crustacean Congress, Amsterdam, Proceedings and Abstracts Volume. 41.

86. Walossek, D., 1999. On the Cambrian diversity of Crustacea, 3- 27. In Schram, F. R. & Vaupel Klein. C. von (eds.): Crustaceans and the Biodiversity Crisis. Brill, Leiden.

87. Walossek, D. & Müller, K. J., 1990. Stem lineage crustaceans from the Upper Cambrian of Sweden and their bearing upon the monophyletic origin of Crustacea and the position of Agnostus. Lethaia, 23, 409-427.

88. Walossek, D. & Müller, K. J., 1998. Early arthropod phylogeny in light of the Cambrian "Orsten" fossils, In Edgecombe, G. D. (ed.): Arthropod Fossils and Phylogeny, 185-231. Columbia University Press, New York.

89. Whatley, R. C., Siveter, D. J. & Boomer, I. D., 1993. Arthropoda (Crustacea: Ostracodea.) In Benton, M. J. (ed.): The Fossil Rerord, 2, 343-356. Chapman & Hall, London.

90. Williams, M. & Siveter, D. J., 1998. British Cambrian and Tremadoc bradoriid and phosphatocopid arthropods. Monograph of the Palaeontographical Society London.

91. Williams, M., Siveter, D. J. & Peel, J. S., 1996. Isoxys (Arthropoda) from the early Cambrian Sirius Passet Lagerstätte, North Greenland. Journal of Paleontology, 70, 947-954.

92. Zang, W. I., 1992. Sinian and Early Cambrian floras and biostratigraphy on the South China Platform. Palaeontographica B, 224, 75-119.

93. Zhang, W. T. & Hou, X., 1985. Preliminary notes on the occurrence of the unusual trilobite Naraioa in Asia. Acta Palaeontologica Sinica, 24, 591-595.

94. Wu, P., Cheng, A. & Yang, Q., 1999. The divergence time of arthropod lineages estimated from 18SrRNA gene sequences. Abstract volume of the International Symposium on the origins of animal body plans and their fossil records. Kunming, 20-25 July 1999, 60-61.

（傅东静　译）

澄江化石库中具眼睛的珍稀叶足动物及其在节肢动物起源上的意义

刘建妮，舒德干*，韩健，张志飞

＊通讯作者 E-mail：elidgshu@nwu.edu.cn

摘要　长久以来，地球上最大的优势类群节肢动物的起源一直是学术界激烈争论的重大论题之一。传统上认为节肢动物与环节动物密切相关，但新的分子生物学资料表明这两大类群分属于原口动物超级谱系中的不同分支。尽管古生物学家多认为节肢动物应该植根于早期一类称作叶足动物的具有成对不分节附肢的蠕虫，但他们却始终未能发现可靠的中间桥梁去联系它们。本文报道一种发现于著名的早寒武世澄江化石库中兼有叶足动物和节肢动物镶嵌特征的珍稀动物。一方面，它具有节肢动物的关键创新特征，例如成对的眼睛和触角所显示的初步头化，以及初级异律分节躯干所显示出的躯干分部性；另一方面，它却保留了叶足动物的典型特征：如蠕虫状的体形、背刺以及叶足状附肢。这一珍稀过渡类型的发现将为节肢动物的起源探索投进新的曙光；这也暗示着，最原始的节肢动物很可能具有成对的单支型附肢，而双支型附肢是后来演化的产物。

关键词　具眼睛的叶足动物；头化作用；节肢动物起源；早寒武世澄江化石库

节肢动物（门或超门）不仅是现生动物中的优势类群（占现生全部动物物种的80%以上），而且也构成寒武纪动物类群的主体（约占其总属种数的一半），因而在生态系统中起着举足轻重的作用。于是，地球动物界中这样一个最大优势类群的起源探索便一直是进化生物学中备受关注的一个重大论题[1-4]。为了探求节肢动物的起源奥秘，各学科的专家曾做了许多工作。传统上认为节肢动物与环节动物密切相关，但新的分子生物学资料表明这两个门类应该分属于原口动物超级谱系内的蜕皮类和触手担轮类两大不同分支[5-7]，而且认为节肢动物是单源的[8,9]；然而形态解剖学、功能学和发育生物学的研究却支持节肢动物的多源性[10]。学术界已经形成共识，尽管现代生物学各分支学科能为包括节肢动物在内的许多动物类群的起源提供十分重要的线索，然而单靠从现生“顶冠类群”（Crown group）所包含的残存历史演化信息去间接推测某一门类久远的真实渊源，显然无法拍板定案，最终的解题钥匙应该赋存在早已灭绝了的“基干类群”（Stem group）的直接化石证据中。几乎所有的前寒武纪节肢动物化石记录都一直未能得到确证，因此，普遍认为节肢动物这一在原口动物谱系中高度分异的类群，与后口动物谱系中的各主要类群一样，很可能起源于寒武纪大爆发这一生命演化史上规模最大的创新事件[11-13]。我国云南省澄江化石库被公认为观察寒武纪大爆发奥秘的最佳科学窗口，它保存了众多动物门类极为精美的软躯体构造化石，而且在时代上非常接近于绝大多数原口动物和后口动物门类起源的“源头”。这样，它不仅为脊椎动物起源和早期后口动物演化研究提供了令人信服的证据[12,14-18]，而且为节肢动物的早期多样性研究做出了不少贡献[19-24]。寒武纪时广泛出现的叶足动物所具有的成对不分节原始附肢，使得许多古生物学家猜测它们很可能是节肢动物的一类原始祖先[25-27]。而且，舒德干、侯先光等人发现的某些早寒武世三叶虫（Shu *et al.*, 1995a）、基干群甲壳动物（Shu *et al.*, 1995b）和其他原始节肢动物（Hou and Bergström, 1997）的主干内肢的确呈叶足状的事实也支持了这一猜想[19,22-24]。然而，人们却始终未能在叶足动物类群中发现具有某些节肢动物创新性状的可靠例证来进一步证实这两大类之间的演化关系。十分有意义的是，本文报道了一种发现于澄江化石库中兼有叶足动物和节肢动物镶嵌特征的珍稀动物神奇啰哩山虫。一方面，它具有节肢动物的关键性创新特征，例如成对的眼睛和触角；另一方面，它却仍然保留着叶足动物的典型性状（如蠕虫状的体形以及叶足状的附肢）。于是，这一珍稀演化过渡类型的发现不仅为节肢动物的起源探索投进了新的曙光，而且使我们不得不重新审视关于节肢动物中单支型附肢与双支型附肢演化关系的传统观念的可靠性。

1. 分类学描述

叶足动物门　Snodgrass, 1938

纲和目未定

神奇啰哩山虫 *Miraluolishania* Liu and Shu gen. nov.（新属）

海口神奇啰哩山虫 *Miraluolishania haikouensis* Liu and Shu gen. et sp. nov.（新种）（图 1—4）

词源：属名源自与其相似的属啰哩山虫（*Luolishania*）；种名来自化石产地海口（Haikou）。

模式标本：ELI-M0020 正模和负模（图 1a—c）。

产地和层位：云南昆明海口地区，尖山剖面，下寒武统筇竹寺阶，玉案山段，始莱德利基三叶虫化石带，与海口鱼产地和层位相同[28]。

特征：虫体分为明显的头部区域和躯干两部分，头部具一对眼睛和触角，口位于前腹部。躯干由 14 个体节组成，每节具一对腹侧向延伸的附肢，附肢上具若干细密的环纹。根据每个体节的长度及附肢的排列方式来看，神奇啰哩山虫的躯干已具有了初步的分化并能辨识出前、中、后三部分。前躯干的附肢上具两排刺，躯干最后部具有一小尾突，肠道直而简单。

描述：本属种成体长约 14 mm（图 1e, f）。明显具有一椭圆形的头，头部的前边缘具有一个坚硬的、有时强烈骨化的板片状结构，占据了头部整个区域的 1/4，且向腹面折叠而形成背、腹板双褶结构（图 1a, b; 3c, d）。口位于前腹面的腹板之后（图 2i, j）。在标本 ELI-M0001（图 1e, f），ELI-

M0015(图2i, j)中,有一圆形的软体构造从口中伸出,在大部分情况下,这个软体构造都没有保存。因此,这一构造可能具有扩张和伸缩的能力,像昆虫的咽舌一样[29]。最引人注目的构造便是位于头部中间的两个卵形的黑疤(图1a, b, c—l)。这一构造与海口鱼的眼睛不仅在位置上而且在保存颜色上都非常相似,因此应该被解释为行使同样功能的构造。这一解释更能得到发育生物学的支撑:发育生物学的研究表明果蝇和斑马鱼运用相似的调节基因调节眼睛的发育[30]。头的后部具一对犀牛角状的构造(图1a, b, e, f, i—l; 2e—l)。在背—侧向保存的标本ELI-M0021(图2a—d)中,一个细小的鞭状结构从头部的背后方伸出来。同样的结构也出现在背—腹向保存的标本ELI-M0007中(图2g—h),这一鞭状结构从头的左侧伸出。在腹—背向保存的标本ELI-M0010(图2e—f)中,这一鞭状结构也是从头的左侧伸出,向头前部伸展。因此综合起来看,神奇啰哩山虫很可能具有一对着生于背部的鞭状触角,位于头部的后方,可能是从眼睛和两个犀牛角状构造的中间区域伸出。

蠕虫状躯干的横截面呈圆柱形,由14个体节组成,具初级异律分节性(图1e, f, i, j; 2a—d; 3a; 4)。前6个体节构成前躯干(图1e, f, i, j; 3c, d),第7、8、9个体节构成中躯干(图1e, f, i, j; 3e),第9个体节以后的区域构成后躯干(图1e, f, i, j; 3a, c, e—h)。前躯干各体节的横向宽度和纵长依次呈现出递增的趋势,中躯干各体节的横向宽度和纵长近乎一致,后躯干各体节的横向宽度和纵长依次呈现出递减的趋势。最后一对附肢之后的躯干末端形成一个小尾突(图1e, f, i, j; 3a)。

虫体躯干具明显横纹,但仅分布于相邻附肢之间的区域,附肢着生的躯干部位不具横纹,而形成一个条带(图1i, j; 2g, h)。每一个条带上均具一对横向排列的背刺,并且每个刺都有一个强壮的底盘作为附着点(图1g—j; 2a—h; 3a, b, g)。可能是由于保存的原因,在大部分情况下只有刺的底盘可以观察到(图1a, b, e, f; 2k, l)。

各体节环纹数量从1条到6条不等(图1a, b, i, j; 2k, i),其数量与体节的纵长成正比。第一体节的环纹只有1—2条,到第6体节可增至4条。中躯干各体节环纹为4—6条。后部5个体节中除最后一体节没有显示横向环纹外,均具环纹,且环纹的数量由前部的5条向后端逐渐减少为2条。

附肢圆柱形,向末端逐渐收缩,基部最宽,似乎强有力地附着在躯干上(图1a, b),但并未见颚基等特殊构造。附肢末端只见1个爪(标本ELI-M0003(图1d),ELI-M0039A(图3d))。

附肢的长度在躯干各部也有变化。第一对附肢最长,大约是其对应体节横向宽度的6倍(图2a—d),除第一对附肢外,前躯干的其余5对附肢几乎等长,大约是其对应体节横向宽度的4倍(图1e—j; 2e, f);中躯干的附肢通常保存较差。在标本ELI-M0019A,B和ELI-M0052A(图1i, j; 3e)中,中躯干的附肢有幸得以保存,这3对附肢几乎等长,与前躯干附肢相比,它们短而弱,大约是其对应体节横向宽度的3倍。后躯干的附肢比前躯干附肢短得多,大约是其对应体节宽度的2.5倍(图1e, f, i, j; 2a—d; 3a, e, f)。附肢的密度在躯干各部也有变化,前躯干和后躯干的附肢排列紧密,中躯干附肢排列疏松(图 1e, f, i, j; 3a)。由此看来,神奇啰哩山虫的躯干及附肢都已显示了初步的分化。

神奇啰哩山虫的所有附肢均发育了细

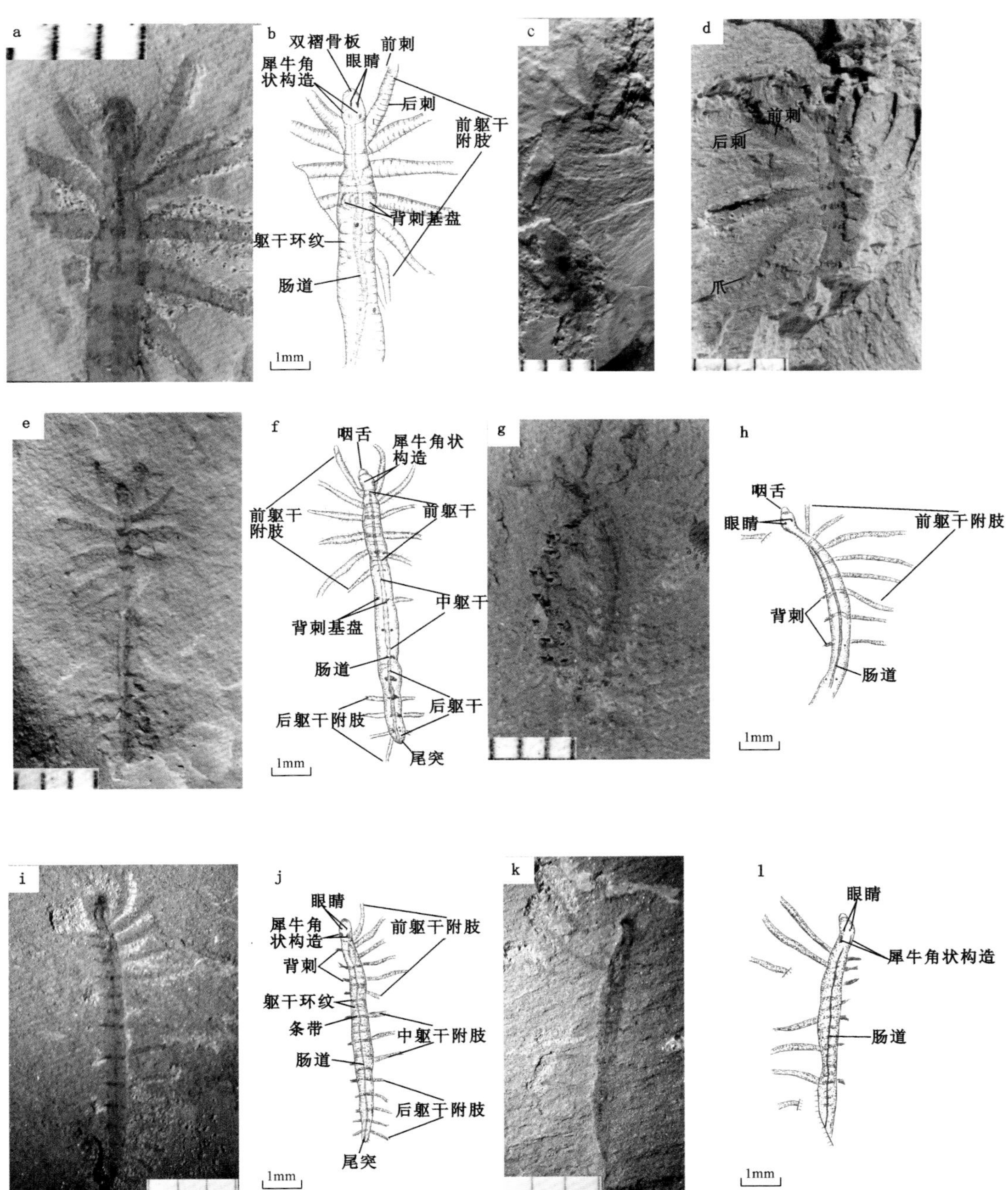

图 1　海口神奇啰哩山虫(*Miraluolishania haikouensis* gen. et sp. nov.)。a—c,模式标本;d,背刺及爪;e, f, i—l,完整及近乎完整的标本;e—h,口部构造。

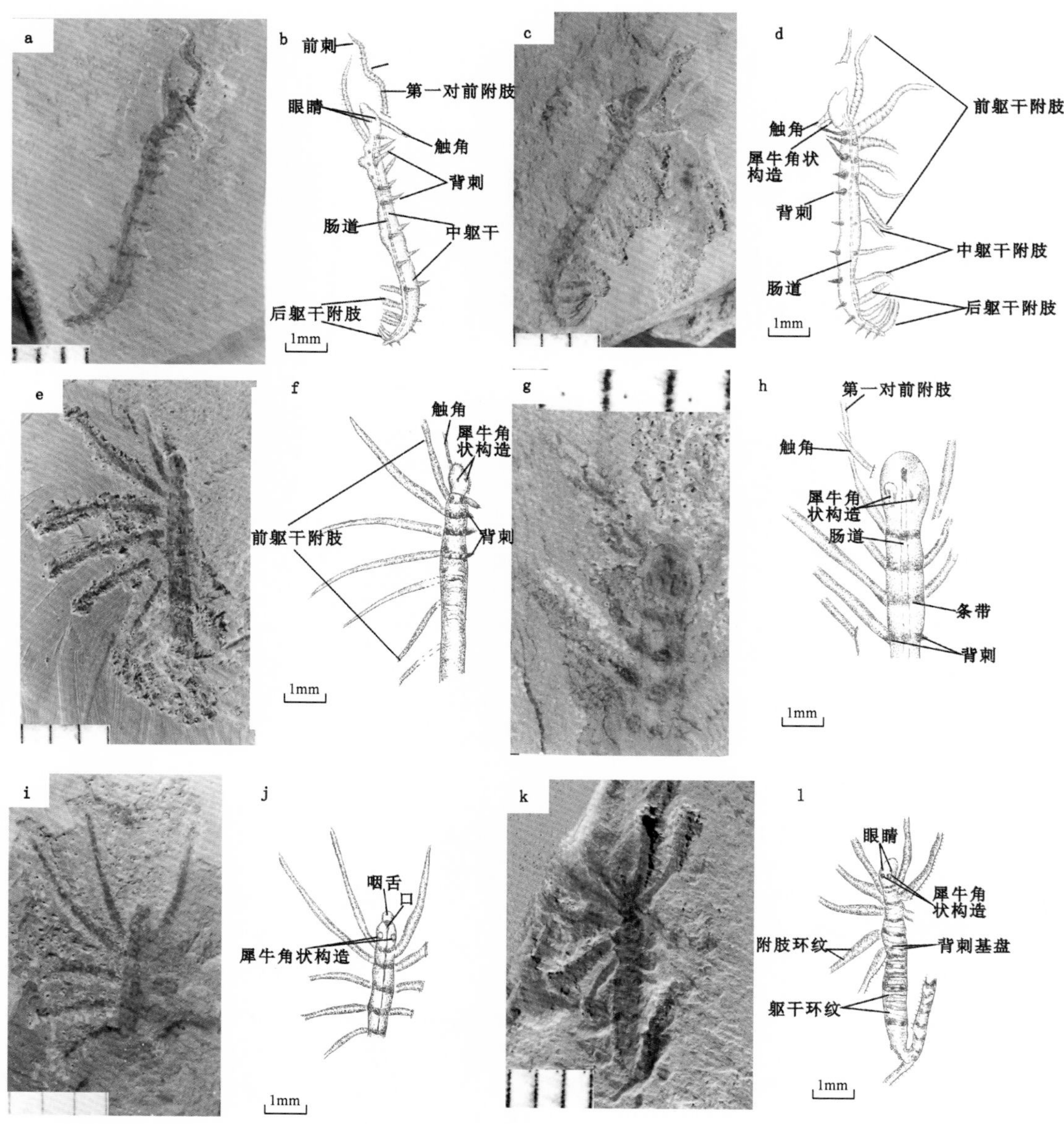

图 2　海口神奇啰哩山虫(*Miraluolishania haikouensis* gen. et sp. nov.)。a—h,主要显示触角;i—l,前部构造。

密的横纹。横纹的数目与附肢的长度成正比(图 2k, l; 3c, d)。前躯干的附肢上具两排细刺,分别位于前后边缘(图 1a, b, d; 2a, b; 3a);中、后躯干的附肢上皆未见刺。

肠道直而简单(图 1a, b, e—l; 2a—d; 3b),呈黑色条带状,位于腹方略靠边缘,未见肛门。

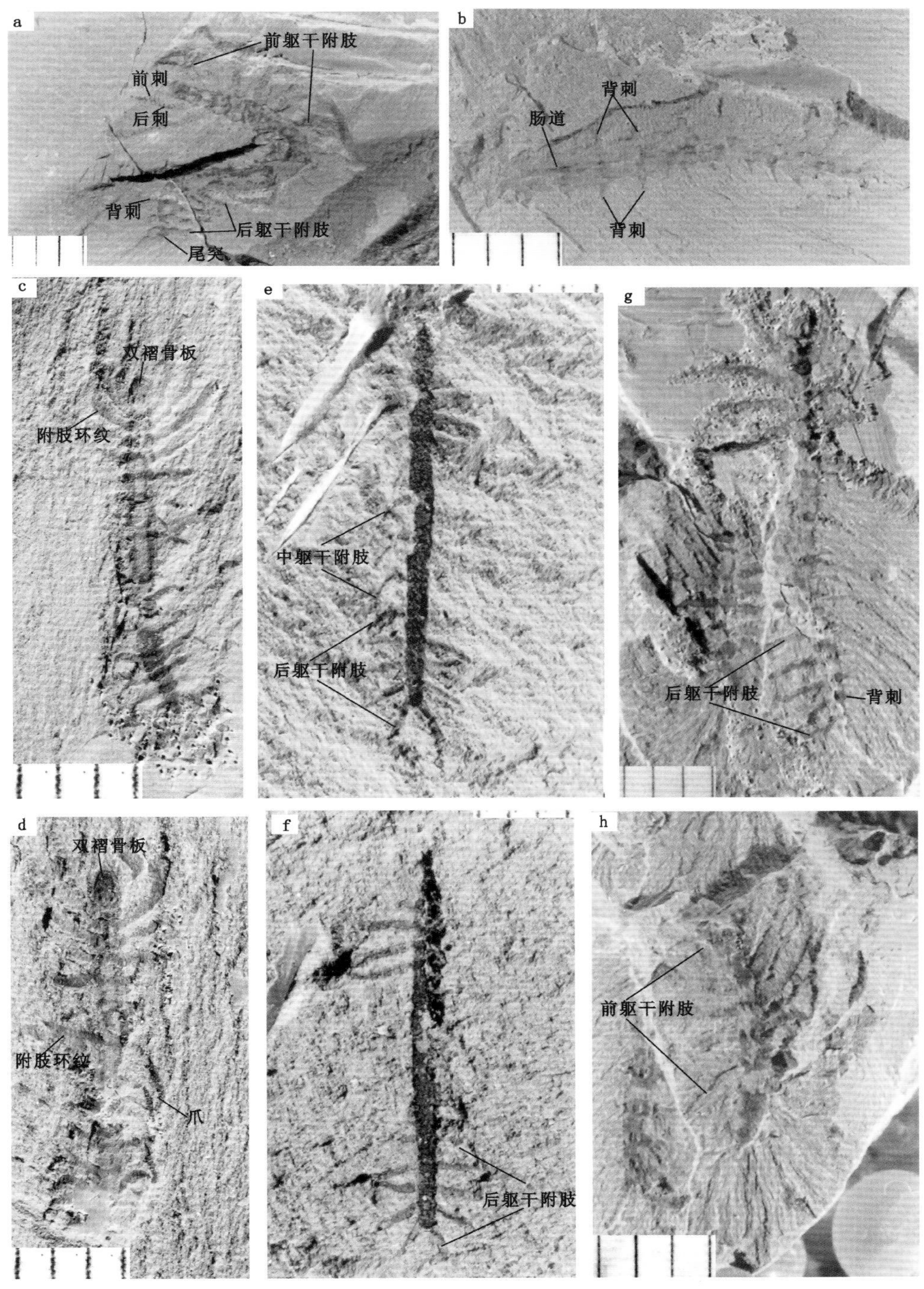

图3 海口神奇啰哩山虫(*Miraluolishania haikouensis* gen. et sp. nov.)。a, c—h,躯干的原始分部;b,两排背刺;d,爪。

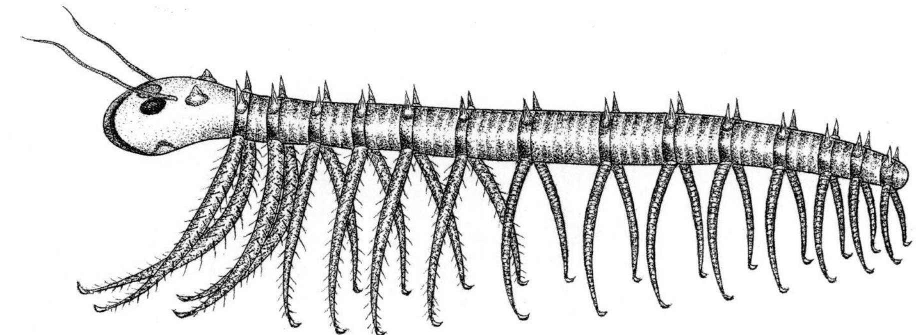

图 4 海口神奇啰哩山虫(*Miraluolishania haikouensis* gen. et sp. nov.)的复原图。

2. 比较和讨论

比较

神奇啰哩山虫与啰哩山虫表面上相似,两者都有一个细长的躯干和尾突,并且躯干都已显示出初步的分化。然而,它们之间的区别也很明显:①神奇啰哩山虫具有一对眼睛和触角,而啰哩山虫没有这些构造。值得指出的是,Ramsköld 和 Chen 曾经误将犀牛角样的构造(即他们的所谓"瘤点")解释为可能是腿、眼睛或触角[4];②神奇啰哩山虫只具 14 个躯干体节,但啰哩山虫却具有 16 个躯干体节;③尽管啰哩山虫的躯干已经显示了初步的分化,但其前部 6 对附肢不具刺状构造;④神奇啰哩山虫在附肢的着生处的躯干上具两排背刺,而后者在其相应位置具 3 个小瘤点;⑤神奇啰哩山虫的附肢末端只见一爪,然而啰哩山虫的附肢末端可见 4—5 个爪。由此可见,神奇啰哩山虫应该代表着一个新的属种,并且比啰哩山虫要进步一些。由于具有较为发达的视觉器官,且前部附肢又武装了锐利的刺,显然,神奇啰哩山虫在运动和捕食能力上皆优于啰哩山虫。

谱系意义

53 块标本中,红褐色虫体保存在土黄色的围岩中(其中约有 1/3 的标本上的虫体几近完整),背部的简单眼、可能的触角、前腹部的口以及前躯干明显聚合的体节,都是神奇啰哩山虫的特有新征。眼睛和触角的出现表明:①神奇啰哩山虫的前脑和中脑已有一定程度的发育。②触角基因的激活并不比眼睛晚,这已得到现生有爪类发育生物学的验证[31]。③神奇啰哩山虫的触角是最靠前方的附肢,这一点与具有前附肢的 *Kerygmachela*[32], *Pambdelurion*[26], *Aysheaia*[33] 等叶足动物不同。另一方面,神奇啰哩山虫的触角却很像 *Fuxianhuia*, *Naraoia*, *Xandarella*[19] 等一些真节肢动物基干类群的触角。尽管这些动物的触角都位于腹面,但它们都是最靠前方的附肢。这些事实表明,触角在节肢动物的系统发育中应该是一个同源特征。④神奇啰哩山虫的触角和眼睛与现生的有爪类动物栉蚕(*Peropetus*)的对应构造很相似。因此,背生眼和触角应该是节肢动物的原始特征而不是衍生特征[19]。

澄江的节肢动物化石提供了节肢动物头化形成过程的许多信息,触角体节之后头部的形成仅仅是将其后的体节逐步融合到头部体节的一个问题[18]。分子生物学表明，真节肢动物的前5—7对具附肢的体节发育为头部[34,35]。Wallossek和Müller所研究的上寒武统Orsten化石库的甲壳动物的头部形成为这一理论提供了证据[36]。神奇啰哩山虫具6对附肢的前躯干体节的聚合现象，不仅为这一理论提供了有力的支撑，而且表明它很可能代表着叶足动物和节肢动物之间的一种原始纽带。此外，神奇啰哩山虫躯干上的条带表明其几丁质表皮具有了某种程度的骨化或硬化，就像节肢动物的几丁质表皮一样。而且，神奇啰哩山虫长长的附肢也暗示着其躯干可能具有了真分节[37]。将这些创新特征综合起来看，神奇啰哩山虫已开始一步步向节肢动物迈进了(图5)。

尽管神奇啰哩山虫具有一系列形态解剖学上的独创新征，但它也在很大程度上保留了寒武纪叶足动物(如*Aysheaia*[33]，*Xenusion*[38]，微网虫[14]，怪诞虫[40]，啰哩山虫[41]，爪网虫[20]，贫腿虫[42])及现生的有爪动物栉蚕的一些原始共征：①背刺，②附肢具刺，③躯干具环纹，④未分节的单支型

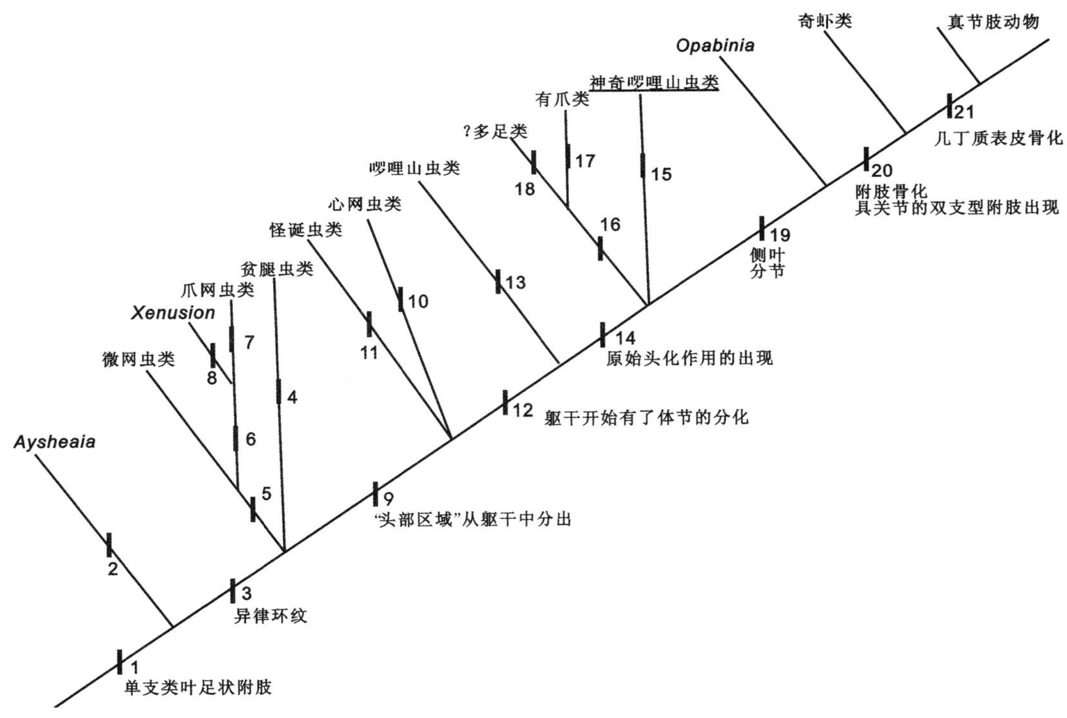

图5　依据海口神奇啰哩山虫的特征和形态学以及分子生物学信息提出的叶足动物的演化谱系[25,32,46,47,53,54,55]。重要的特征有：2. 捕食的前附肢。4. 附肢强有力地附着在躯干上。5. "武装的"节点。6. 腿刺。7. 躯干上具附属物。8. 巨大的体形。10. 长长的躯干，附肢末端具4—5个爪。11. 短的躯干，躯干上具强烈刺化的骨板。12. 躯干具有了原始分区。13. 长而细的叶足状附肢，每个体节背部具三个节点。15. 简单眼，单支类触角，前腹位的口。16. ?全肢的颚。17. 黏液腺，口乳突。18. 坚硬的几丁质表皮，单支类附肢。

附肢，⑤附肢强有力地附着在躯干上而无关节相连。神奇啰哩山虫的第一个原始特征与怪诞虫很相似，两者均具有一排侧背刺，显然行使相似的防卫功能。第二个特征与欧美的 *Aysheaia* 和 *Xenusion* 相似。尽管附肢上刺的位置和数目不同，但它们可能是同源的。最后一个特征与贫腿虫相似，后者的附肢也是强有力地附着在躯干上。神奇啰哩山虫前五对附肢与火把虫的五对附肢很相似[43]。我们可以想象，如果将神奇啰哩山虫的中躯干和后躯干上的附肢去掉，那么它比任何其他叶足动物更像火把虫[44]。因此，火把虫很有可能与神奇啰哩山虫具某种联系。除此之外，神奇啰哩山虫的第一对躯干附肢与 Budd 所指的 AOPK（*Anomalocaris*[45] – *Opabinia*[46] – *Pambdelurion*[26] – *Kerygmachela*[32]）类群的前附肢有几分相像。尽管两者在前附肢的位置和形状上不同，但这一特征似乎暗示了两者之间的某种关系。

总的说来，神奇啰哩山虫背部的简单眼、前部聚合的六对体节、前腹位的口以及可能的单支型触角都表明了它与节肢动物的同源性。同时，它的背刺以及未分节的单支型附肢又显示其与叶足动物密切相关。此外，神奇啰哩山虫的第一对躯干附肢与 AOPK 类群的前附肢的相似性也暗示了它和双支型叶足动物类群具某种关系。这些都表明神奇啰哩山虫是一个具有镶嵌特征的珍稀演化过渡类型。神奇啰哩山虫可能朝两个方向演化：一种可能是 Budd 的猜想：神奇啰哩山虫的单支型附肢一步步发展为 AOPK 类群所具有的“双支型附肢”，然后再演化为真节肢动物的双支型附肢[46]。然而，单支类如何演化为双支类一直是节肢动物起源问题中的争论焦点。关于双支类与单支类间的演化关系研究，有过许多假说，但没有一个得到公认[10,47-50]。显然，直接的化石证据对于验证和修正这些假说是至关重要的。神奇啰哩山虫的另一个可能的演化方向便是直接朝单支型节肢动物演化。分子生物学资料也表明，单支型多足类在单系的节肢动物体系中处于最原始的位置[51,52]。此外，12SrRNA 数据也表明单支型附肢最原始[52]。神奇啰哩山虫所具有的原始单支型附肢刚好为这些理论提供了关键性的化石证据。Manton 曾经假设单支型节肢动物在登陆以前便具有了一定程度的头化，并且可能具有多种类型头部的初级分化。这一假说也得到神奇啰哩山虫原始头化作用的支撑。

致谢

诚谢肖书海等两位评审专家的建设性意见。感谢郭洪祥、姬严兵、程美蓉、翟娟萍在野外和室内工作中的诸多帮助。本研究受国家自然科学重点基金（批准号：40332016）、面上基金（批准号：30270207）和国家重点基础研究发展规划项目（G2000077702）的资助。

参考文献

1. Willmer, P., 1990. Invertebrate Relationships Patterns in Animal Evolution. Cambridge: Cambridge: University Press.
2. Fryer, G., 1996. Reflections on arthropod evolution. Biol. J. Linnean Soc., 58, 1-55.
3. Fortey, R. A. & Thomas, R. H. eds., 1997. Arthropods Relationships. London: Chapman and Hall.
4. Edgecombe, G. D., 1998. Arthopods Fossils and Phylogeny. New York: Columbia University Press.
5. Halanych, K. M., Bacheller, J. D., Aguinaldo, A.

M. A. et al., 1997. Evidence from 18SrDNA that the lophophorates are protostome animals. Science, 267, 1641-1643.

6. Aguinaldo, A. M. A., Turbeville, J. M., Linford, L. S. et al., 1997. Evidence for a clade of nematodes, arthropods and other moulting animals. Nature, 387, 489-498.

7. Adoutte, A., Balavoine, G., Latillot, N. et al., 2000. The new animal phylogeny: Reliability and implications. Proc. Natl. Acad. of Sci. USA, 97, 4453-4456.

8. Briggs, D. E. G. & Forty, R. A., 1989. The Early Radiation and Relationships of the Major Arthropod Groups. Science, 246, 223-225.

9. Wheeler, W. C., Cartwright, P. & Hayashi, C. Y., 1993. Arthropod phylogeny: A combined approach. Cladistics, 9, 1-39.

10. Manton, S. M., 1977. The Arthropods: Habits, Functional Morphology, and Evolution. Oxford: Oxford University Press.

11. Lipps, J. H. & Signor, P. W., 1992. Origin and Early Evolution of the Metazoan. New York and London: Plenum Press.

12. Shu, D. G., Luo, H. L., Conway Morris, S. et al., 1999. Lower Cambrian vertebrates from south China. Nature, 402, 42-46.

13. Chen, J. Y. & Zhou, G. Q., 1997. Biology of the Chengjiang fauna. Bull Natl. Mus. Nat. Sci., 10, 11-115.

14. 舒德干. 2003. 脊椎动物实证起源. 科学通报, 48(6), 541-550.

15. Shu, D. G., Conway Morris S., Zhang X. L. et al., 1996. A *Pikaia*-like chordate from the Lower Cambrian of China. Nature, 384, 157-158.

16. Shu, D. G., Chen, L., Han, J. et al., 2001. The early Cambrian tunicate from South China. Nature, 411, 472-473.

17. Chen, J. Y., Dzik, J., Edgecombe, G. D. et al., 1995. A possible early Cambrian chordate. Nature, 377, 720-722.

18. Shu, D. G., Conway Morris, S., Han, J. et al., 2001. Primitive deuterostomes from the Chengjiang Lagerstätte (Lower Cambrian, China). Nature, 414, 419-424.

19. Hou, X. G. & Bergström, J., 1997. Arthropods of Lower Cambrian Chengjiang Fauna, Southwest China. Fossils and Strata, 45, 1-116.

20. Hou, X. G., Ramsköld, L. & Bergström, J., 1991. Composition and preservation of the Chengjiang fauna – a lower Cambrian soft-bodied biota. Zoologics Scripts, 20, 395-411.

21. Shu, D. G., Vannier, J., Luo H. L. et al., 1999. Anatomy and life style of *Kummingella* (Arthropoda, Bradoriida) from the Chengjiang fossil Lagerstätte (Lower Cambrian; South China). Lethaia, 32, 279-298.

22. Shu, D. G., Geyer, G., Chen, L. et al., 1995. Redlichiacean trilobites with preserved soft-parts from the Lower Cambrian Chengjiang fauna, *Beringaria*. Special Issue, 2, 203-241.

23. Shu, D. G., Zhang, X. L. & Geyer, G., 1995. Anatomy and systematic affinities of Lower Cambrian bivalved arthropod *Isoxys auritus*. Alcheringa, 19, 333-342.

24. Chen, J. Y., Edgecombe, G. D., Ramsköld, L. et al., 1995. Head segmentation in Early Cambrian *Fuxianhuia*: Implications for arthropod evolution. Science, 268, 1339-1343.

25. Budd, G. E., 1990. The morphology and phylogenetic significance of *Kerygmachela kierkegaardi* Budd. Trans, R. Soc. Edinb. Earth Sci., 89, 249-290.

26. Budd, G. E., 1997. Stem group arthropods from the Lower Cambrian Sirius Passet fauna of North Greenland (eds. Forty, R. A., Thomas, R. H.). Arthropod relationships. London: Chapman & Hall, 125-138.

27. Hou, X. G. & Bergström, J., 1995. Cambrian lobopodians-ancestors of extant onychophorans? Zool. J. Linnean Soc., 114, 3-19.

28. Shu, D. G., Conway Morris, S., Han, J. et al., 2003. Head and backbone of the Early Cambrian vertebrate *Haikouichthys*. Nature, 421, 526-529.

29. 任淑仙. 1990. 无脊椎动物学. 北京:北京大学出版社.

30. Andrew, P. J., 2001. Introduction: Development genetics of the animal eye. Cell & Dev. Biol., 12, 467.

31. Eriksson, B. J., Tait, N. N. & Budd, G. E., 2003. Head development in the onychophoran *Euperipatoides kanangrensis* with particular reference to the central nervous system. J. Morphol., 255, 1-23.

32. Budd, G. E., 1993. A Cambrian gilled lobopod from Greenland. Nature, 364, 709-717.

33. Whittington, H. B., 1978. The lobopodian animal *Aysheaia pedunculata* Walcott, Middle Cambrian, Burgess Shale, British Columbia. Phil. Trans. R. Soc. Lond., B284, 165-197.

34. Müller, W. A., 1996. Developmental Biology. New York: Springer.

35. Wim, G. M., Damen, M. H., Ernst-August S. et al., 1998. A conserved mode of head segmentation in arthropods revealed by the expression pattern of

Hox genes in a spider. Proc. Natl. Acad. Sci. USA, 95, 10665-10670.

36. Müller, K. J. & Walossek, D., 1998. External morphology and larval development of the Upper Cambrian maxillopod *Bredocaris admirabilis*. Fossils Strata, 23, 1-19.
37. Budd, G. E., 2001. Why are arthropods segmented? Evolution & Development, 3(5), 332-342.
38. Budd, G. E., 1996. The morphology of *Opabinia regalis* and the reconstruction of the arthropod stem group. Lethaia, 29, 1-14.
39. Shubin, N., Tabin, C. & Carroll, S., 1997. Fossils, genes and the evolution of animal limbs. Nature, 388, 639-648.
40. Hwang, U. W., Friedrich, M., Tautz, D. et al., 2001. Mitochondrial protein phylogeny joins myriapods with chelicerates. Nature, 154-157.
41. Giribet, G., Edgecombe, G. E. & Wheeler, W. C., 2001. Arthropod phylogeny based on eight molecular loci and morphology. Nature, 413, 157-161.
42. Ramsköld, L., 1992. Homologies in Cambrian Onychophora. Lethaia, 25, 443-460.
43. Dzik, J. & Krumbiegel, G., 1998. The oldest "onychophoran" *Xenusion*: A link connecting phyla? Lethaia, 22, 169-181.
44. Ramsköld, L. & Hou, X. G., 1991. New early Cambrian animal and onychophoran affinities of enigmatic metazoans. Nature, 251, 225-228.
45. Bengtson, S., Matthews, S. C., Missarzhevski, V. V. et al., 1986. The Cambrian netlike fossil *Microdictyon*. In: Hoffman, A., Nitecki, M. H., eds. Problematic Fossil. New York: Oxford University Press, 97-115.
46. 侯先光,陈均远. 1989. 云南澄江早寒武世节肢类与环节类中间性生物——*Luolishania* gen. nov. 古生物学报,28,208-213.
47. Chen, J. Y., Zhou, G. Q. & Ramsköld, L., 1995. A new Early Cambrian onychophoran-like animal, *Paucipodia* gen. nov., from the Chengjiang fauna, China. Trans. R. Soc. Edinb. Earth Sci., 85, 275-282.
48. 陈均远,侯先光. 1989. 云南澄江早寒武世带触手的蠕形动物——*Facivermis* gen. nov. 古生物学报,28,32-42.
49. Delle Cave, L. & Simonetta, A. M., 1991. Early Palaeozoic Arthropods and problems of arthropod phylogeny; with some notes on taxa of doubtful affinities. In: Simonetta, A. M, Conway Morris S., eds. The early Evolution of Metazoa and the Significance of Problematic Taxa (Proc. Int. Symp. Univ. Camerino 27-31 March 1989). Cambridge: Cambridge University Press, 189-244.
50. Hou, X. G., Bergström, J. & Ahlberg, P., 1995. Anomalocaris and other large animals in the Lower Cambrian Chengjiang fauna of Southwest of China. Geologisk Foreningens i Stockholm Forhandlingar, 117,163-183.
51. Kukalova-Peck, J., 1992. The "Uniramia" do not exist: The ground plan of the Pterygota as revealed by Permian Diaphanopterodea from Russian (Insect: Paleodichtyopteroidea). Can J Zool, 70, 236-255.
52. Shear, W. A., 1992. End of the "Uniramia" taxon. Nature, 359, 427-429.
53. Panganiban, G., Sebring, A., Nagy, L. et al., 1995. The development of Crustacean limbs and the evolution of arthropods. Science, 270, 1363-1366.
54. Turbeville, J. M., Pfeifer, D. M., Field, K. G. et al., 1991. The phylogenetic status of the arthropods, as inferred from 18S rRNA sequences. Molec Biol Evol, 8, 669-686.
55. Ballard, J. W. O., Olsen, G. J., Faith, D. P. et al., 1992. Evidence from 12S ribosomal RNA sequences that onychophorans are modified arthropods. Science, 258, 1345-1348.

(刘建妮　译)

中国发现具有“节肢”的早寒武世叶足动物

刘建妮*，Michael Steiner，Jason A. Dunlop，Helmut Keupp，舒德干，欧强，韩健，张志飞，张兴亮

*通讯作者 E-mail：liujianni@126.com

摘要　寒武纪所保存的软躯体化石库对我们认识后生动物起源作出了重大的贡献[1-3]。叶足动物在寒武纪的海洋中是一个特别有趣的家族，它们的家族成员多种多样且非常繁荣。由于它们非常类似于“长腿的蠕虫”，并且演化出了有爪动物门（天鹅绒虫）[4-6]和缓步动物门（水熊）[7,8]以及真节肢动物，因而长期以来吸引了学术界的关注。在这里，我们描述一个来自中国云南寒武系第三阶澄江化石库的武装了的叶足动物——仙人掌滇虫 *Diania cactiformis*。虽然它与其他典型的叶足动物外形相似，但它却是独一无二的，因为它拥有健壮的和可能硬化的附肢，附肢具有关节。据我们所知，它在附肢形态方面比任何一个已报道过的叶足动物更接近节肢动物的状态。谱系分析显示它的位置更接近节肢动物，因此，它是叶足动物中一个更接近节肢动物的奇特类型。更明确地说，仙人掌滇虫暗示着节肢动物附肢的分节明显早于身体的分节。比较仙人掌滇虫与其他叶足动物化石 *Kerygmachela*[9,10]，*Jianshanopodia*[13]和 *Megadictyon*[12]的附肢形态，更进一步证实了叶足动物是一个并系类群，不同类群表达了“节肢化”的不同进程。

叶足动物门 Lobopodia Snodgrass，1938

Xenusia 纲 Xenusia Dzik and Krumbiegel，1989

仙人掌滇虫 *Diania cactiformis* gen. et sp. nov.（新属新种）

词源：“滇”是云南省的简称，著名的澄江化石库所在地；*cactiformis* 指其整体形态像仙人掌，为此，我们给了它一个昵称——“行走的仙人掌”。

模式标本：ELI-WT006A，B（图 1a—d），完整标本，正负模，2006 年采自云南海口尖山地区。ELI 是西北大学早期生命研究所的缩写。

层位：玉案山（黑林铺）组（*Wutingaspis-Eoredlichia* 地带），寒武纪第 3 阶。

属征：武装的叶足动物，10 对附肢。躯干 9 个体节，轴部具成排的横向环纹，环纹上具瘤点。每个体节都有一对多刺的、强壮的、已呈现出原始关节的骨化附肢。躯干前部膨大，形成吻部。躯干后部具有一个小尾突。

目前已知的仙人掌滇虫有正负模相对应的 3 个完整标本，和其他约 30 个不完整的标本（详见方法部分）。完整的标本长约 6 cm，吻部有一些皱纹，这与其他具吻部的叶足动物 *Xenusion*[14] 或 *Microdictyon*[6]

不同。与躯干相比,仙人掌滇虫的吻部轻微膨胀,并且在尖端没有任何收缩的迹象。标本未观察到口部(图 2a—e,3)。躯干后端有一个小小的突起(图 2a—c,3)。躯干亚圆形,9 个体节,每个体节具 5 个近乎平行的环纹,相邻环纹之间具 10—12 个带刺的小乳突(图 1a, b)。可能由于埋藏原因,这种微小的刺保存不甚完好,大多数情况下我们只能观察到刺基(小乳突)(图 1a, b; 2b—c)。

仙人掌滇虫躯干的每个体节均具有一对强壮的武装的附肢,从躯干腹侧部伸出,强有力地附着在它相对修长柔软的躯干上。在每个体节的中部,有一个坚硬的、圆盘状的结构,每对附肢只有一个这样的圆盘(图 1a, b;2a—c, g),这点与其他叶足动物如怪诞虫不同,后者具有成对的圆盘状结构。在仙人掌滇虫躯干中部的这些圆盘状结构上我们还可以看到一些线状结构。我们认为这是附肢附着处的肌肉的痕迹(图 1a, b; 2a—c, g)。圆盘附着部的体节略膨大一些。大部分附肢保存不完整,然而正模标本的右侧第 7 个附肢保存完好,其由具有若干环纹的基部及 16 个强壮的骨化的体节组成(图 1a, b)。值得注意的是,相邻体节之间显示了关节化“铰合”的结构(图 1a, b; 2f, h, i—l),每个体节在其背部及两侧分别具有两个刺(图 1a, b; 2h—k)。附肢终端也有两个刺(图 2j)。这些刺,特别是两个背刺以其圆盘状的基底(图 1a, b; 2h—k)有力地附着在附肢上。然而,可能是由于附肢背腹扁平,两个背刺通常受到挤压,相比两边的侧刺显得略短一些。这些荆棘一样的刺最长 2.2 mm,基底宽度 1.1 mm。这些刺非常硬,呈圆锥状,它们的顶部和基底构成的三角形面的锥角约 30°(图 2h—k)。在三角形的底部和附肢的边缘之间有折叠状结构(图 1a, b; 2j, l),这表明侧刺也是有力地连接到附肢的。特别要说明的是:从前到后,附肢和躯干之间的角度是不同的。在正模标本中,第一对附肢和躯干之间的角度是 5°,第二对附肢增加到 10°,第三对附肢增加到 20°,第四对附肢再增加到 40°,继而陡增,后续附肢和躯干的角度接近直角(图 1a, b;3)。这意味着仙人掌滇虫前部和后部的附肢可能行使不同的功能。前部附肢主要位于躯干腹侧,因而更适合从基底抓握(猎物),而后部附肢主要位于躯干两侧,因而承担更多的运动功能。在标本 ELI-WD001A 中,有一条浅浅的黑色条带从附肢基部延伸到尖端,我们认为这是体腔的扩展或者消化腺的延伸(图 2f),并且对应于附肢的各个体节,体腔或者消化腺也被分成若干小部分,由关节相连(图 2i—l),这与现生的真节肢动物是十分类似的。在标本 ELI-WD0026A,B 中,躯干后端可观察到长 2 mm、宽1 mm的延伸物(图 2a—c,3),相应的结构也出现在神奇啰哩山虫[11]和怪诞虫[6]的尾部,我们把这个构造解释为尾突。

最近有爪类(天鹅绒虫)在谱系分析中经常被认为是节肢动物的外群,与节肢动物共享了许多特征(审查文献 15)。因为叶足动物与现生有爪类相似性很多[5,6,16],因而它们是软躯体蜕皮类群到完全骨化的节肢动物演化过程中的一个珍稀的过渡环节。节肢化过程中关键的创新表现在眼睛的形成、躯干的分节以及附肢的分节。真节肢动物的定义不外乎是具有独特的头部、附肢双分、内肢由少数几个体节组成。

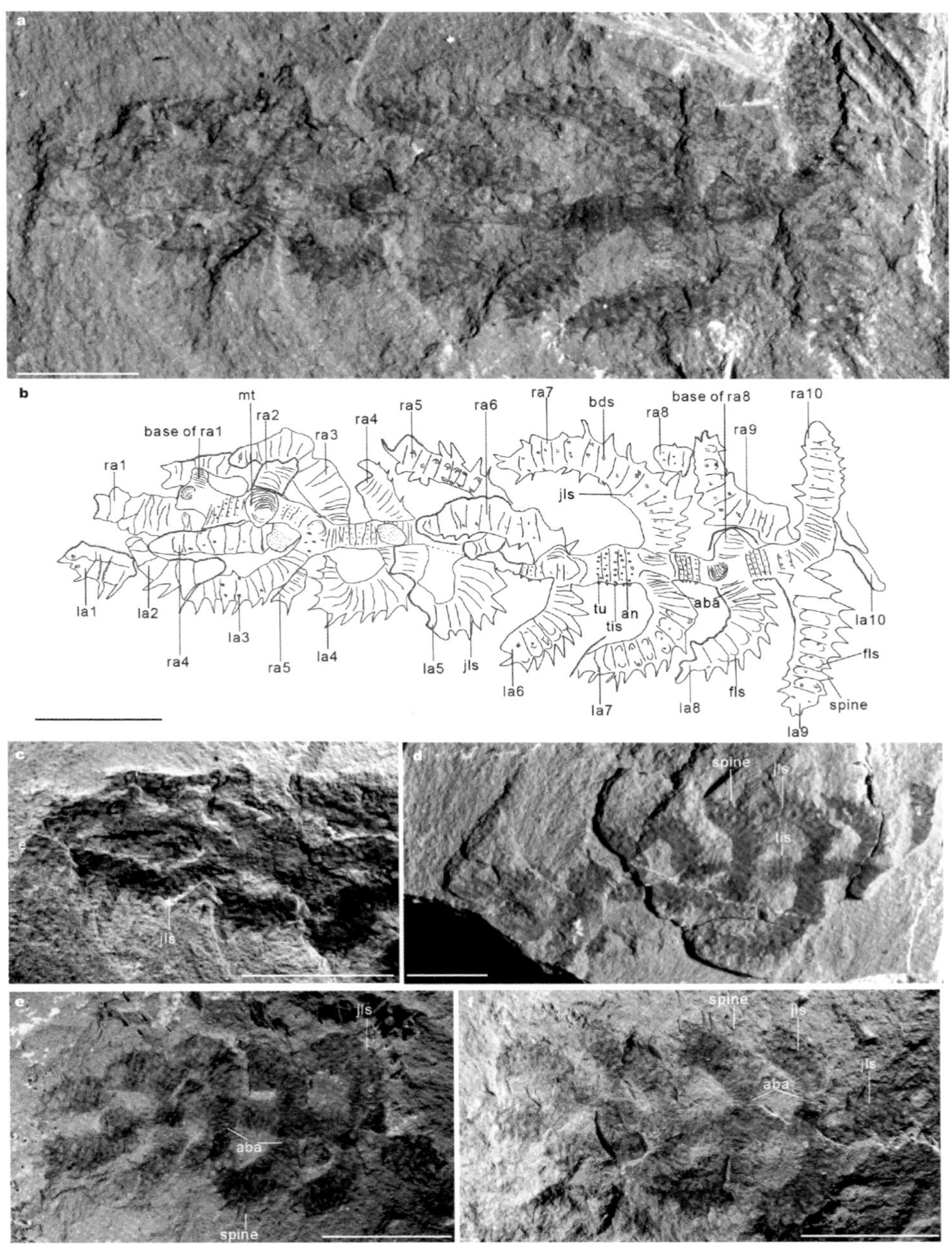

图1　仙人掌滇虫 *Diania cactiformis*，早寒武世，澄江化石库，中国云南昆明。a—d，模式标本 ELI-WD006A，B。a，100% 乙醇浸泡下的正模标本照片，几乎显示出仙人掌滇虫所有的形态学特征，标本前部扭曲，附肢位置略显混乱，尤其是右侧第四个附肢和第五个附肢分别过躯干下方和上方，均延伸到躯干左侧。b，正模标本解译图。c，a 图所示正模标本前部的放大，显示附肢并没有保存在同一个平面上，标本很可能在一定程度上是三维立体保存的。d，负模标本。e，f，标本 ELI-WT002A，B，虽然标本不完整，但是附肢的基部的环纹和关节结构很清晰。aba，附肢基部的环纹；an，环纹；bds，背刺的基盘；dls，圆盘状结构；fls，折痕状结构；jls，关节状结构；la，左侧附肢；mt，肌肉组织；pr，吻部；ra，右侧附肢；pp，尾突；tis，小刺；tu，瘤点；wr，褶皱。比例尺：10 mm。

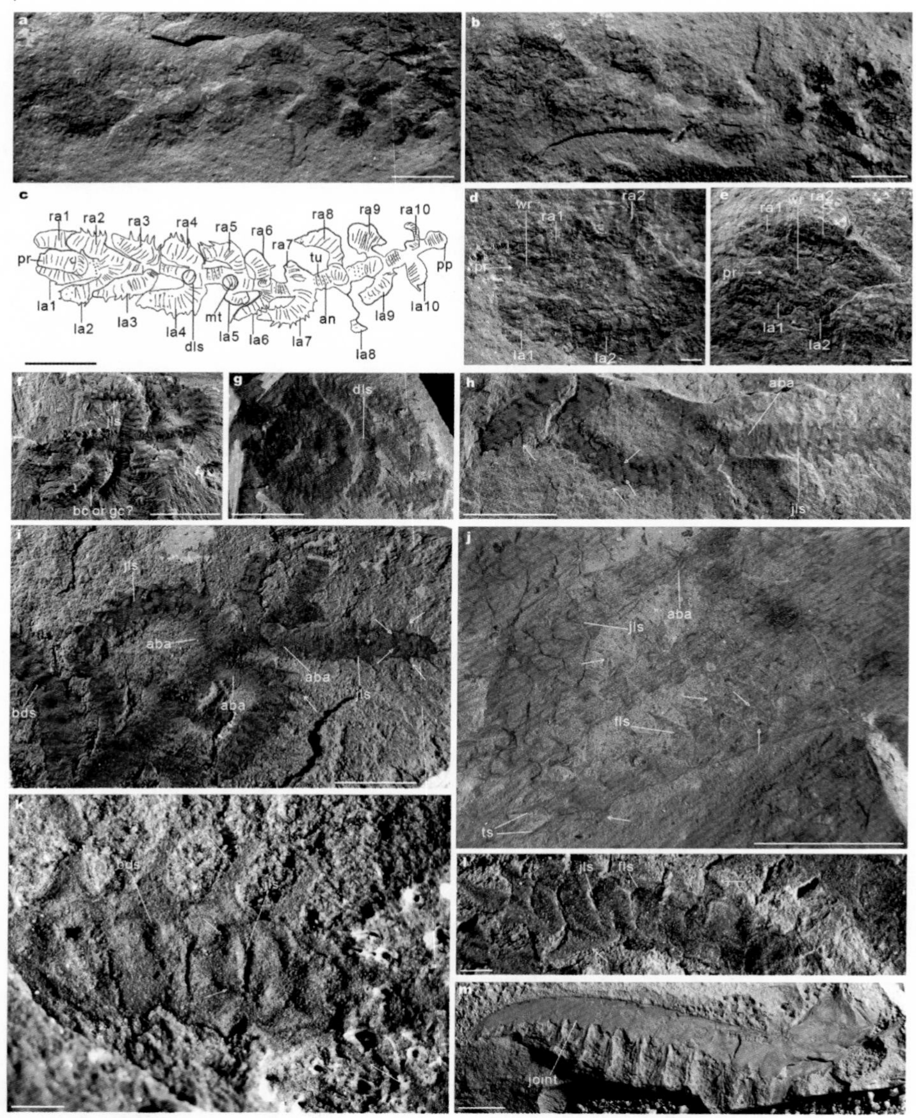

图 2 仙人掌滇虫 *Diania cactiformis* 标本以及其与 *Anomalocaris* 前附肢的比较。a, b,完整的标本 ELI-WD0026A, B,显示吻部、小尾突及 10 对附肢。c, b 图照片的解译图,吻部、小尾突均清晰可见。d, e 是 a 和 b 的前部放大图,示出褶皱的吻部及前两对附肢,前两对附肢在大多数情况下覆盖了吻部。f,ELI-WD001A,显示体腔或者消化腺在附肢内的延伸,并且被体节分成若干部分。g,标本 S1,显示躯干上圆盘状的结构以及躯干和附肢之间的夹角。h—i,标本 ELI-EJ08-0690A, B,显示附肢基部的环纹以及其后的关节状结构。j,标本 S2B,标本浸入乙醇的照片,显示附肢基部的环纹以及其后的关节状结构、背刺及其圆盘状基底、侧刺的褶皱状结构及附肢终端的两个刺。k,标本 ELI-WD008B,显示保存完好的关节的铰合结构。l,标本 S2B 的附肢放大,显示附肢的关节、侧刺与躯干结合处的褶皱状结构。m,脱落的奇虾大前附肢,标本来自昆明海口二街,显示关节结构,与图 k 对比非常类似。这意味着仙人掌滇虫 *Diania cactiformis* 的附肢的确已经节肢化了。bc,体腔;dls,圆盘状结构,gc,肠消化腺,ts,终端刺。空心白色箭头指向背刺,实心白色箭头指向侧刺。其他相关缩写见图 1。比例尺:a—c, f—j 及 m 是 10 mm;d, e, k 和 l 是 1 mm。

长久以来，叶足动物化石与节肢动物祖先的相似性一直是一个争论的热点问题。然而值得一提的是，现生有爪类在附肢尖端具有完全硬化了的爪子，许多叶足动物化石却保存了被刺和骨板全副武装着的躯干[6]。这就引出了一个问题，叶足动物向节肢动物演化过程中到底是附肢先节肢化，还是躯干先分节化？在节肢化之后，体节化和头化再进一步进行[19]？一些学者认为，躯干的分节化应该早于附肢的节肢化[20]。

我们的新化石解决不了这个问题的全部，但它们证明寒武纪叶足动物附肢的形态比我们之前认识的更加多样。在这些早期的动物类群中，依然呈现出演化的等级，低级的是附肢短粗且柔软、附肢末端具成对的爪子，例如现生的有爪类和布尔吉斯页岩的*Aysheaia*；略高级的是附肢仍然柔然但是较细长、具环纹的类型，如怪诞虫和微网虫；我们的仙人掌滇虫的附肢则更高级一些，全副武装并且非常有力，附肢基部具有细密的环纹（图1a, b;2h—j），其余部分是独立的、圆环状的结构（见前文）。这显然是更接近节肢动物的状态，并且与“原始”节肢动物的附肢、节肢动物基干类群如*Fuxianhuia*[21]的附肢或者*Anomalocaris*[22]的大前附肢（图2m）非常类似。

从化石中我们很难断定仙人掌滇虫的附肢是完全骨化还是通过清晰的关节彼此相连的，然而，重要的是，如图2k所示，相邻附肢分节之间的连接方式非常类似于节肢动物的关节构造，这更进一步证实了仙人掌滇虫的附肢已经具有关节了。尽管如此，我们还要在这里重申，据我们所知，仙人掌滇虫是我们迄今为止发现的具有最强壮的分节附肢的叶足动物。由于仙人掌滇虫的躯干未显示任何背甲或腹甲的证据（或者实际上任何形式的体节分化），因而我们大胆推测，在叶足动物向节肢动物演化的过程中，附肢的分节明显早于躯干的分节。

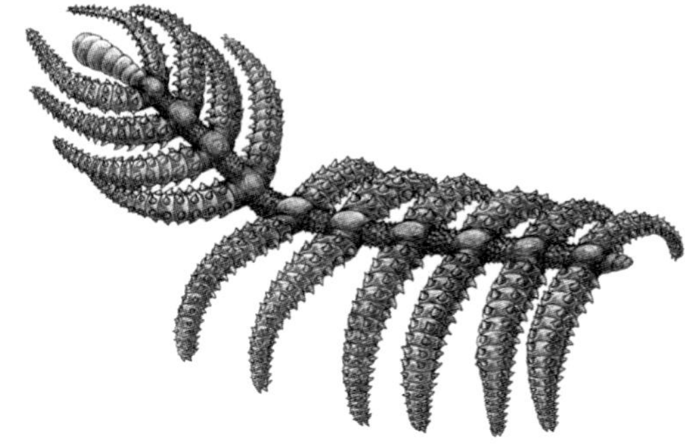

图3 仙人掌滇虫 *Diania cactiformis* 的背侧向复原图

这个“附肢的分节早于躯干的分节”的假设是否也适用于节肢动物？在某种程度上，这又回到了叶足动物是一个单系类群还是并系类群的问题上了[10,18]。叶足动物和相关节肢动物基干类群的分支系统学分析（图4）显示其的确是一个并系系群，一支通往有爪类，另一支走向节肢动物。在这里，基于它分节的附肢这一独创新征，仙人掌滇虫在严格一致的谱系分析树中处在节肢动物的姐妹类群。仙人掌滇虫和节肢动物的外群是类似于恐虾[18,23]的一个化石组合，其中包括具有特殊“鳃”的叶足动物*Kerygmachela*、节肢动物的基干类群*Pambdelurion*以及*Opabinia*、*Anomalocaris*等相似类群。然而，必须注意的是：仙人掌滇虫、恐虾以及其他可能的节肢动物基干类群通常具有叶足动物和节肢动物的镶嵌特征，这使得以一种单一、简单的动物树方式解决节肢动物的起源相当困难。事实上，仙人掌滇虫处于*Radiodonta*和*Schinderhannes*[24]之间的位置是令人惊讶的。仙人掌滇虫、

Schinderhannes 和其余的节肢动物都具有分节的附肢，并且仙人掌滇虫的躯干四肢类似于奇虾和相关类群的前附肢（它们的躯干附肢缺失）。如果奇虾等节肢动物躯干附肢缺失是二次演化的产物，那么相对于 *Radiodonta*、*Schinderhannes* 和节肢动物而言，仙人掌滇虫实际上可能占据一个更基底的位置，这正和它们相对单一的身体形态是非常一致的（见附件材料）。

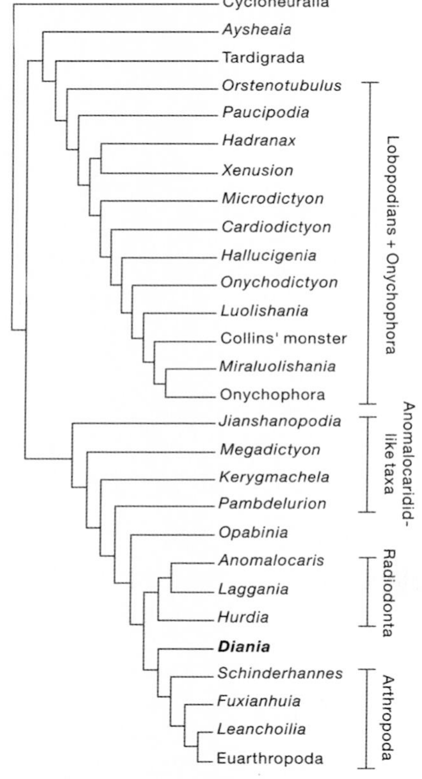

图 4 寒武纪叶足动物及相关节肢动物基干类群的分支系统学的分析。这是运用分支界定法得出的严格一致树。树长 130，一致性指数（CI）0.61；保守指数（RI）0.52。外群是环神经类。相关信息见附件材料中的图 1 和表 1。

此外，相比于仙人掌滇虫，*Kerygmachela* 和 *Pambdelurion* 不具备典型的关节化的附肢，但共享了 *Opabinia* 和 *Radiodonta* 的独创新征——侧叶。有关这些侧叶的最理想的假设是它们最终演化成了节肢动物双支类的外肢，但仙人掌滇虫并不具有这样的侧叶。因此我们未来的研究重点是：①确定节肢动物附肢的骨化是否早于躯干的骨骼化；②与外肢相关的内肢是何时出现并演化的？

仙人掌滇虫，不管它的确切位置如何，其粗壮带刺的附肢附着在柔软的蠕虫状身体上，显示它仍然是一个极不寻常的生物。我们很难将它想象成任何现生节肢动物类群的祖先，但它可能来自一类叶足动物，这一类群叶足动物已经获得一个关键的进化革新——骨化的具关节的附肢开始演化，而这也正是"节肢动物"名称的由来。

方法概要

模式标本和前缀 ELI 的标本收藏在中国西安西北大学早期生命研究所。前缀 S 的标本收藏在柏林自由大学的地球科学系。大多数化石照片是通过安装在莱卡显微镜 MZ75 上的 dhs3.3 照相系统拍摄的；其他的是将化石浸入 100% 的乙醇中由尼康 D300 拍摄的（细节见图释）。化石解译图通过 LeicaMZ75 立体显微镜的描绘筒绘制。图片制作使用软件 Adobe Photoshop 7，CoralDraw 9 和 Adobe Illustrator Artwork 13。

附件材料请见网站：www.nature.com/nature.

致谢

本工作受德国洪堡基金会、中国国家自然科学基金（批准号 40802011 和 40830208）、西北大学大陆动力学国家重点实验室及德国科学基金会基金的资助。同时,我们衷心感谢池明光绘制化石复原图,J. Evers 和孙明远协助照相及制图以及云南地区化石采集工人的辛苦劳动。

参考文献

1. Hou, X. G., Ramsköld, L. & Bergström, J., 1991. Composition and preservation of the Chengjiang fauna – a lower Cambrian soft-bodied biota. Zool. Scr., 20, 395-411.
2. Shu, D. G., Luo, H. L., Conway Morris, S. et al., 1999. Lower Cambrian vertebrates from south China. Nature, 402, 42-46.
3. Chen, J. Y. & Zhou, G. Q., 1997. Biology of the Chengjiang fauna. Bull. Natl. Mus. Nat. Sci., 10, 11-115.
4. Whittington, H. B., 1978. The lobopod animal *Aysheaia pedunculata* Walcott, Middle Cambrian, Burgess Shale, British Columbia. Phil. Trans. R. Soc. B, 284, 165-197.
5. Hou, X. G. & Bergström, J., 1995. Cambrian lobopodians – ancestors of extant onychophorans? Zool. J. Linn. Soc., 114, 3-19.
6. Ramsköld, L. & Chen, J. Y., 1998. In *Arthropod Fossils and Phylogeny*. (ed. Edgecombe, G.) 77-93 (Columbia University Press, New York).
7. Delle Cave, L. & Simonetta, A. M., 1975. Notes on the morphology and taxonomic position of *Aysheaia* (Onychophora?) and of *Skania* (undetermined phylum). Monit. Zool. Ital., 9, 67-81.
8. Budd, G. E., 2001. Tardigrades as "stem-group arthropods": the evidence from the Cambrian fauna. Zool. Anz., 240, 265-279.
9. Budd, G. E., 1993. A Cambrian gilled lobopod from Greenland. Nature, 364, 709-711.
10. Budd, G. E., 1999. The morphology and phylogenetic significance of *Kerygmachela kierkegaardi* Budd (Buen Formation, Lower Cambrian, N Greenland). Trans. R. Soc. Edinb. Earth Sci., 89, 249-290.
11. Liu, J. N., Shu, D. G., Han, J. et al., 2004. A rare lobopod with well-preserved eyes from Chengjiang Lagerstätte and its implications for origin of arthropods. Chinese Sci. Bull., 49, 1063-1071.
12. Liu, J. N., Shu, D. G., Han, J. et al., 2007. Morpho-anatomy of the lobopod *Megadictyon cf. haikouensis* from the Early Cambrian Chengjiang Lagerstätte, South China. Acta Zool., 88, 279-288.
13. Liu, J. N., Shu, D. G., Han, J. et al., 2006. A large xenusiid lobopod with complex appendages from the Chengjiang Lagerstätte (Lower Cambrian, China). Acta Palaeont. Pol., 51, 215-222.
14. Dzik, J. & Krumbiegel, G., 1989. The oldest "onychophoran" *Xenusion*: A link connecting phyla? Lethaia, 22, 169-181.
15. Edgecombe, G. D., 2010. Arthropod phylogeny: An overview from the perspectives of morphology, molecular data and the fossil record. Arth. Struc. Develop., 39, 74-87.
16. Maas, A., Mayer, G., Kristensen, R. M. et al., 2007. A Cambrian micro-lobopodian and the evolution of arthropod locomotion and reproduction. Chinese Sci. Bull., 52, 3385-3392.
17. Waloszek, D., Chen, J. Y., Maas, A. et al., 2005. Early Cambrian arthropods – new insights into arthropod head and structural evolution. Arth. Struc. Develop., 34, 189-205.
18. Ma, X. Y., Hou, X. G. & Bergström, J., 2009. Morphology of *Luolishania longicruris* (Lower Cambrian, Chengjiang Lagerstätte, SW China) and the phylogenetic relationships within lobopodians. Arth. Struc. Develop., 38, 271-291.
19. Willmer, P., 1991. *Invertebrate Relationships: Patterns in Animal Evolution*. 273-296 (Cambridge University Press, Cambridge).
20. Wang, X. Q. & Chen, J. Y., 2004. Possible developmental mechanisms underlying the origin of crown lineages of arthropods. Chinese Sci. Bull., 49, 49-53.
21. Bergström, J., Hou, X. G., Zhang X. G. et al., 2008. A new view of the Cambrian arthropod *Fuxianhuia*. GFF, 130, 189-201.
22. Hou, X. G., Bergström, J. & Ahlberg, P., 1995. *Anomalocaris* and other large animals in the Lower Cambrian Chengjiang fauna of southwest China. GFF, 117, 163-183.
23. Collins, D., 1996. The "evolution" of *Anomalocaris* and its classification in the arthropod class Dinocarida (nov.) and order Radiodonta (nov.). J. Palaeont., 70, 280-293.
24. Kühl, G., Briggs, D. E. G. & Rust, J. A., 2009. A Great-Appendage arthropod with a radial mouth from the Lower Devonian Hunsruck Slate, Germany. Science, 323, 771-773.

(刘建妮 译)

寒武纪叶足动物与现代有爪动物揭露泛节肢动物头部早期演化之谜

欧强*,舒德干,Georg Mayer*

*通讯作者 E-mail: ouqiang@ cugb. edu. cn;gmayer@ onychophora. com

摘要　寒武纪叶足动物对于探索节肢动物的演化历史具有举足轻重的作用。然而,尽管在一些化石库中叶足动物能保存软组织,它们的头部构造特征目前仍不明朗。本文描述来自华南早寒武世的一种叶足动物——凶猛爪网虫(*Onychodictyon ferox*)新材料,并揭露其不为人知的头部构造。这些新发现包括该叶足动物头部的顶端口、吻突、弧形骨片、一对单眼以及一对分支的触角状头附肢。通过与其他叶足动物的对比,这些新发现指示了已绝灭的叶足动物与现生的泛节肢动物之最近共祖的头部仅由一个头节(视节)组成,且该头节具吻突和顶端口。鉴于凶猛爪网虫缺乏特化的口器,而有爪类、缓步类和节肢动物具有不同源的口器,本文认为成形的口孔在泛节肢动物各类群中的起源相互独立,而胚胎期的口道至少在有爪类和节肢动物中可能同源。

节肢动物的躯体构型具有异乎寻常的多样性,尤其反映在它们的头部具有千变万化的"建筑风格"。这些多样性也许在泛节肢动物三大类群——有爪类(栉蚕)、缓步类(水熊)和节肢类(蜘蛛、蜈蚣、昆虫等)——分道扬镳之时(早寒武世或甚至前寒武纪[1-3])就开始出现了。泛节肢动物的最近共祖的躯干解剖学特征很可能与寒武纪叶足动物、现代有爪动物和缓步动物类似,都具有同律分节的体节、柔软的角皮(而非硬化外骨骼)和不分节的附肢(叶足)[4-7]。尽管泛节肢动物各类群的躯干具有这些相似性,但它们头部的结构和组成却高度分异,以至于让我们难以相信它们的头部具有一个共同的演化起源。对寒武纪海生叶足动物的头部进行深入研究可能有助于解译泛节肢动物头部多样性的早期演化历史。然而,迄今为止,主要由于化石保存不完整[8-14],这些已绝灭的叶足动物的头部构造仍然鲜为人知。

鉴于此,我们深入研究早寒武世一种特异保存的叶足动物——凶猛爪网虫[15],并将其头部特征与其他早期叶足动物及现代泛节肢动物进行比较。此外,通过对一种现代有爪动物——罗氏真栉蚕(*Euperipatoides rowelli*)口部发育过程的研究,我们为泛节肢动物各类群的口孔的同源性提出新的证据。

1. 研究结果

1.1　概述

由 Snodgrass 创建的高阶类群“叶足动物门”[16]很可能并非一个单系群[1,4,12,13]，该类群代表泛节肢动物超门、有爪动物门、缓步动物门和节肢动物门的基干类群。凶猛爪网虫在泛节肢动物(非环神经类蜕皮动物)超门中所处的精确谱系位置至今仍悬而未决[11-14,17]。

1.2　凶猛爪网虫修订特征

“铠甲武装”的叶足动物;头区具一个球茎状吻突、一对侧眼、与侧眼相伴随的一对附着于背—侧部位的羽状触角(触角状头附肢)和一个弧形的骨片;口部位于前端,其后与口管相连,口管向后延至一个膨大的咽球,肠道紧随咽球并延至躯干末端;躯干包含有 12 个同律的体节,每个体节具一对不分节的行走叶足,每个叶足末端具一对钩爪;躯干背侧具 10 对硬化骨板(第 1 对和第 12 个躯干体节无对应的骨板);最后一对叶足在躯干后端愈合;体壁和附肢具密集的环纹并由角质薄层(而非外骨骼)覆盖;躯干及附肢表面均发育细长的乳突。

1.3　凶猛爪网虫躯干解剖学特征

凶猛爪网虫新材料(186 枚化石标本;附表 1)显示其躯干解剖学特征与前人所描述的[15,18]一致——完整标本显示 10 对具长刺的硬化背骨板及 12 对具环纹的叶足,且每个叶足表面具纵向排列的乳突和一对镰刀状的钩爪(图 1,2a—c)。最末端两对(第 11 和 12 对)叶足的基部紧密毗邻,而躯干末端与最后一对叶足基部愈合(向后无延伸)。数目繁多的指状乳突(通常仅保存基部印痕)沿着躯干左右两侧及腹侧纵向排列,腹侧的乳突更显著且末端朝下(图 2a)。

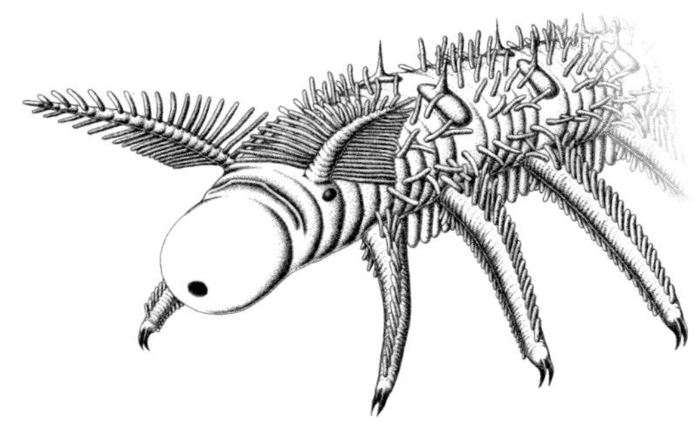

图 1　凶猛爪网虫(*Onychodictyon ferox*)躯体前段复原图。其中最显著的头部构造是羽状分支的触角(触角状头附肢)、吻突、顶端口以及位于触角基部附近的单眼。

1.4　凶猛爪网虫头部解剖学特征

新材料显示凶猛爪网虫的前端具有更复杂的特征(图 1;2a—h;附图 1—6),与前人所描述[15,18]的“短而圆的”头部[15]明显不同。新材料揭露了其头部最前端具有一个球茎状的吻突,吻突后端具环状收缩区。口部位于吻突的最顶端,向后与内部的口管相连(图 1;2c, f;附图 1—3)。在部分侧压标本中,头区略朝腹侧弯曲(图 2a, e—h;附图 1—4),因此可解释为何我们在其他位态保存的标本中未观察到吻突(图 2b, d;附表 1),也可解释为何吻突在前人研究中未被发现[15,18]。紧随吻突之后为第一个体节,该体节包含一对眼睛和一对触角状头附肢。位于头部背—侧部位的眼点状暗色碳质薄膜代表该叶足动物的单眼。与单眼毗邻的是一对具环纹及众多分支的触角状附肢(图 1;2c—h;附图 1—5)。

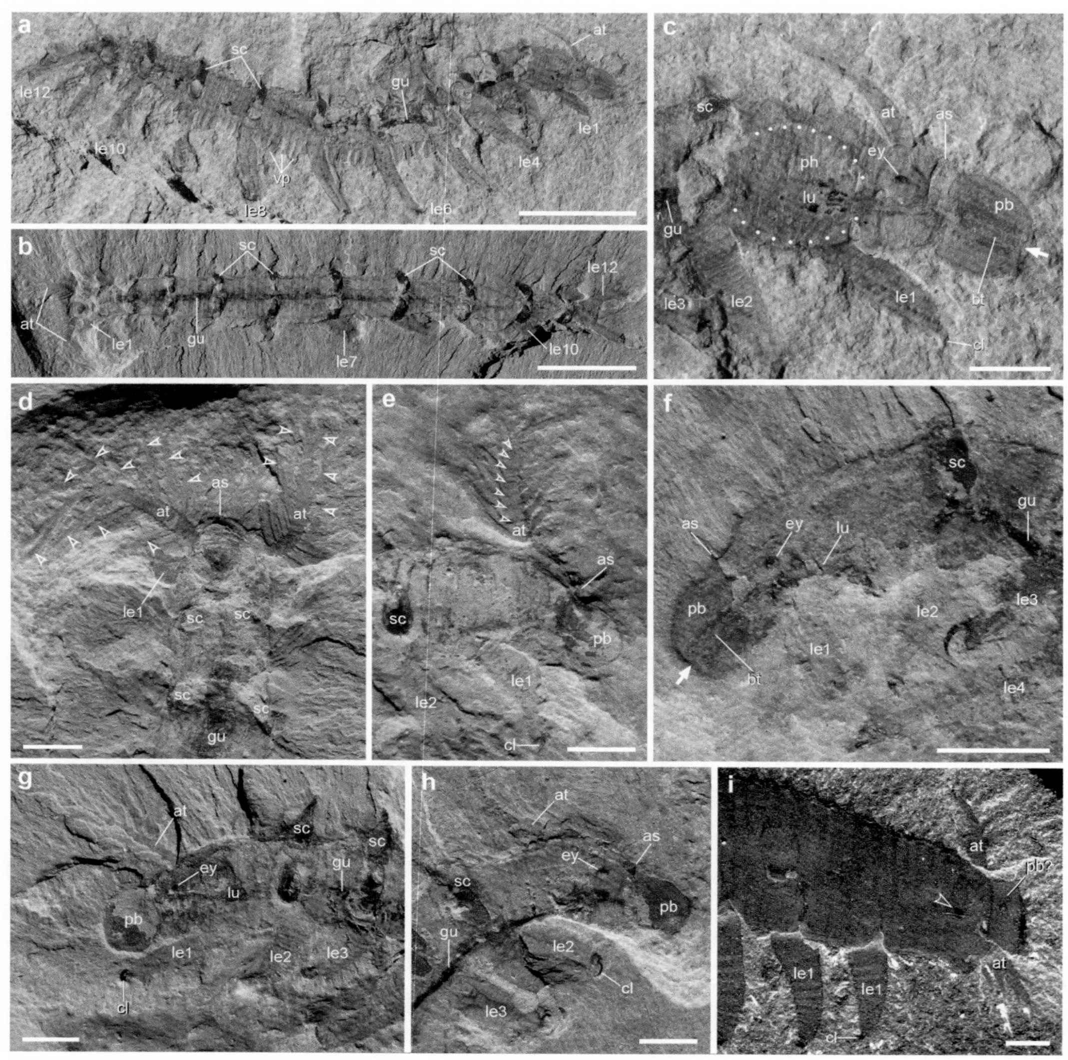

图 2 寒武纪叶足动物凶猛爪网虫(*Onychodictyon ferox*)和具足埃舍虫(*Aysheaia pedunculata*)的解剖学特征。a—h 为凶猛爪网虫。a 是完整的侧压标本(ELEL-SJ101888A),前端朝右。b 是完整的背压标本(ELEL-EJ100329A),前端朝左。c 为 a 的头部放大,显示头部构造及咽球的轮廓(点线),箭头指向口部。d 为 b 的头部放大,显示一对分支的触角状头附肢(箭头指示触角的分支)。e 为侧压标本 ELEL-SJ102011A,显示左侧一个分支的触角状头附肢,注意头附肢的环纹(箭头指示)及第一对行走叶足末端的钩爪。f 为侧压标本 ELEL-SJ100307B,显示一个具透镜状构造的侧眼,箭头指示口部。g, h 分别为标本 ELEL-SJ100635 和 ELEL-SJ100546A,显示头部的吻突、单眼、弧形骨片、分支触角等构造。i 为具足埃舍虫,显示分支的触角、可能的吻突和视觉器官(箭头指示)。缩写说明:as,弧形骨片;at,触角状头附肢;bt,口管;cl,爪;ey,眼;gu,肠;le1—le12,第 1—12 对叶足;lu,咽管;pb,吻突;ph,咽;sc,背骨板;vp,腹乳突。比例尺:1 cm(a, b);2 mm(c—i)。

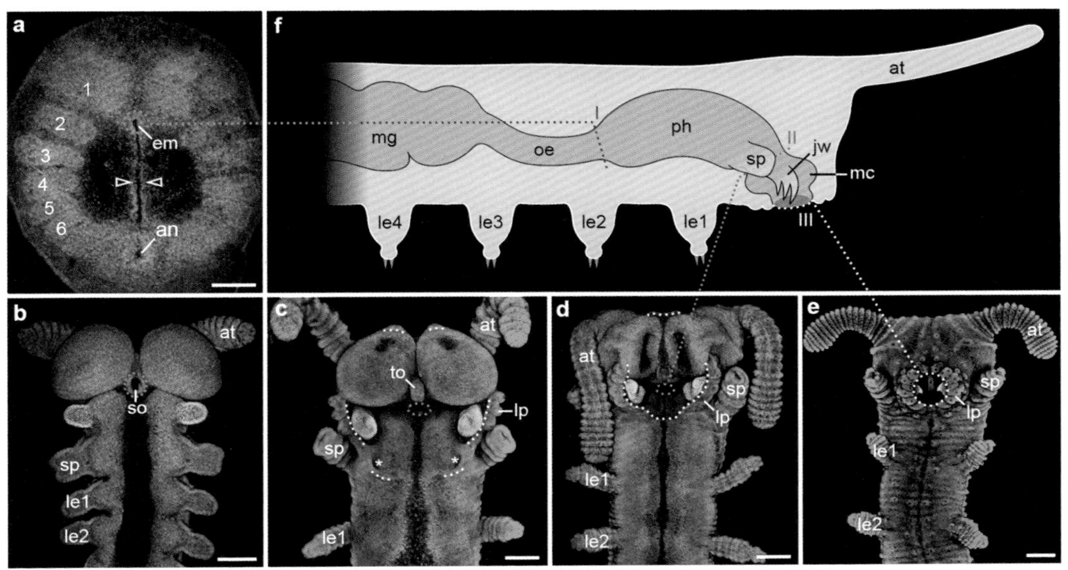

图3　一种现代有爪动物(*Euperipatoides rowelli*)的口部发育过程。注意在发育过程中连续出现的三个口孔分别用绿色、红色和白色线条指示。a—e为胚胎发育不同阶段[52]的激光共聚焦显微图像(腹视),胚胎经DNA染料(Hoechst)标记[60],前端朝上,预定的颚人工染成黄色。a是胚胎发育第一阶段晚期,注意初级口(em)形成于裂隙状胚孔的前端,发育中的体节用数字标注,箭头指示即将闭合的胚孔唇。b是胚胎发育第四阶段早期(仅显示胚胎前端),注意口道(次级口)形成于触角节的后边缘。c是胚胎发育第四阶段晚期(仅显示胚胎前端),注意口唇从三个不同的体节(白色点线)开始成形,星号指示预定的唾液腺孔。d是胚胎发育第五阶段(仅显示胚胎前端),显示成形的(第三级)口部,注意口道、颚及舌的胚基均已包含到口腔内。e是胚胎发育第七阶段(仅显示胚胎前端),口部已完全发育,口唇包围着环形口孔。f为有爪类成体的示意图,点线及罗马数字Ⅰ—Ⅲ指示三个连续发育的口孔在消化道中对应的位置,背部朝上,前端朝右。缩写说明:an,发育中的肛门;at,触角;em,初级口部(胚孔衍生物);jw,颚;le1—le4,第1—4对叶足;lp,发育中的口唇;mc,口腔;mg,中肠;oe,食道;so,口道(次级口);sp,黏液乳突;to,预定的舌。比例尺:200 μm(a—e)。

头部的另一个显著特征是位于吻突之后、属于第一体节的一个弧形骨片(图1;2c—f, h;附图1,6)。第二体节无对应的硬化骨板或骨片,与第一及其余体节形成鲜明对比。第一对行走叶足附着于第一体节(图1;2c—h;附图1—4)。第二体节的一个显著特征是其内部容纳有一个球茎状的构造,该构造内部具膨大的通道及暗色填充物,并在前端与口管相连、在后端与消化道相连(图2c,附图1)。鉴于该球茎状构造的形态及所处位置与现代缓步类和有爪类的咽球[19,20](附图7)非常相似,我们将其解释为吸咽。

1.5　有爪动物口部发育

在胚胎发育期,罗氏真栉蚕(*E. rowelli*)的腹侧先后出现三个口孔(图3a—f)。当胚孔侧唇通过双孔式闭合时,初级口出现在胚盘腹侧的前部(图3a)。进一步发育过程中,围绕初级口的外胚层内陷并形成次级口(口道),口道最终将发育为成体的咽部[21-23](图3b,附图7)。在口道发育过程中，初级口孔内陷至预定咽部的后边界（图3a，f）。口道最初位于第一和第二体节之间（图3b），随着发育的进行，围绕口道的外胚层凹陷到胚胎内部，该过程使口道以及颚和舌的胚基包含到新形成的口腔之内（图3c—f）。该口腔持续存在，成体时向外开口为成形的（第三级）口部（图3e，附图7）。在发育过程中，第三级口部通过源自三个体节（触角节、颚节和黏液乳突节）的口唇逐渐向中央聚积形成，口唇环绕着第三级口孔（图3c—e）。当胚胎发育结束时，口道完全消失于口腔之内，其位置正对应着预定咽部的前边界（图3d—f，附图7）。

2. 讨论

根据我们的发现，凶猛爪网虫头部与视节相伴随的一对触角状附肢与用于行走的叶足不同，表现在以下方面：①触角状附肢末端不具钩爪；②触角状附肢两侧具细长、朝远端变短的分支状突起；③触角状附肢的基部附着于视节的背—侧部位，而叶足基部位于躯干的腹—侧部位。前人研究对凶猛爪网虫第一对附肢的属性一直存在争议[15,17,18,24]。它们最初被认为可能代表触角[15]，随后研究者抛弃了这一观点[15,18,25]，但后来又有学者赞同这对触角的存在[17]。此外，第一对具钩爪的叶足曾被解释为一对头附肢[18,24]。然而，我们的新材料表明第一对叶足与其后的其他对叶足相比，并不存在本质的区别——它们的附着部位一致、都具环纹及纵向排列的乳突、末端都具钩爪，共同组成了一系列同律的躯干附肢。因此这对触角状头附肢位于第一对具爪叶足之前。由于这对附肢位于视节，我们认为它们与具足埃舍虫（*Aysheaia pedunculata*）的分支状前附肢[9]（图2i）、秀丽触角棘足虫的第一对不分支的触角状头附肢（*Antennacanthopodia gracilis*）[26]以及现代有爪动物的触角[23]同源。

相比之下，由于学术界对节肢动物头部组成及演化持有多种不同观点[5,27-36]，将凶猛爪网虫的触角状头附肢与冠群节肢动物体节附肢进行同源对比存在困难。爪网虫的第一对附肢在现代节肢动物中可能已经不复存在，因为后者的第一个体节未出现典型的特化附肢[33,34,37]。或者，所谓的“上唇”也许是爪网虫这对附肢的同源构造或退化器官[32,38,39]。然而，这种观点取决于上唇属于第一个体节（视节）还是属于第三个体节（闰节）[27,28]，或属于眼区之前的一个独立的形态构造/单元/体节[29,40]。上唇的体节属性甚至在六足类某一物种的研究中也不确定，遑论在节肢动物四大类群（螯肢类、多足类、甲壳类、六足类）中被称为“上唇”的各种构造的同源对比。事实上，一些研究者认为真正的上唇仅存在于甲壳纲的“上唇类”（Labrophora）[30,31]。因此，我们认为不应盲目地将冠群节肢动物各类群中所谓的“上唇”都归属为同源构造。

同样，干群和冠群节肢动物之间的各种头附肢的同源性也存在很多争议。主要的争论涉及所谓的“大附肢（great appendages）”——该对附肢曾被归属到第一[32]、第二[5,33-35]或第三个头节[36]。存在争议的其中一个原因可能源于我们从节肢动物化石记录中所获得的头部发育信息不够充分。正如我们所熟知的，如果不进行基因表达方式及胚胎发育的分析，现代节肢动物第一对头附肢的体节属性难以确定[41,42]。因此，要对泛节肢动物各类群（复杂且复合的）头部“大附肢”的同源性进行推测似乎为时尚早。相比之下,由于干群泛节肢动物头部结构相对简单,它们头部的早期演化历史可能相对容易理解。根据我们的发现,凶猛爪网虫最前端的触角状附肢与有爪动物的触角同源[23,37-39]。因此,这对附肢可被认为是“第一对触角”,而与“第二对触角”(等同于有颚类的第一对触角)[33]相对应的是凶猛爪网虫的第一对未特化的行走叶足。本文报道的凶猛爪网虫的单眼状视觉器官,也出现于同时代的海口神奇啰哩山虫(*Miraluolishania haikouensis*)[43]、长足啰哩山虫(*Luolishania longicruris*)[12]、秀丽触角棘足虫(*Antennacanthopodia gracilis*)[26]等寒武纪叶足动物头部以及现代的有爪动物[44]头部。此外,该视觉器官还出现在具足埃舍虫[9](图 2i)及现代缓步动物[45]头部。现代有爪类的神经分布模式[44]及视蛋白[46]表明单眼为泛节肢动物的祖征(原始性状),而复眼在节肢动物中才演化出现。该假说得到了叶足动物化石证据的支持(假定叶足动物谱系并非单系群且位于泛节肢动物树的底部[2,6,12,13])。因此我们认为,早期叶足动物与现代有爪类具有同源的视觉器官,而且,对于这两个类群的最近共祖,单眼是唯一的视觉器官类型。该视觉器官可能一直保留下来,在现生节肢动物头部作为中央的单眼[44],后期经历多重化及特化形成了小眼及复眼[47,48]。

凶猛爪网虫头部具有一个弧形骨片,其位置及近直立的位态指示该构造可能为吻突的肌肉组织提供附着之处。该构造在其他早期叶足动物中一直未有报道,可能代表了凶猛爪网虫的衍征。值得一提的是,我们对布尔吉斯页岩动物群中的具足埃舍虫重新观察后发现,该叶足动物可能也具有一个球茎状的吻突,其后端同样也出现一个环状收缩区(图 2i;文献 8;但文献 9 持不同观点)。考虑到叶足动物可能代表一个并系群[1,4,6,12,13],而且具足埃舍虫可能为出现最早的叶足动物之一[6,12],因此,我们认为寒武纪叶足动物与现代泛节肢动物的最近共祖存在一个顶端具口、非体节的吻突。吻突构造与海蜘蛛类的吻突[49,50]或环神经类部分属种的内翻体[51](也具顶端口)是否同源,这一问题仍有待讨论。

一些学者试图将早期叶足动物(以及环神经类)的顶端口与有爪类的腹侧口解释为同源构造(该观点存在争议),并认为口孔仅是简单地由叶足动物的顶端位置迁移至有爪类祖先的腹侧[38]。然而,有爪类胚胎发育过程显示了三个不同口孔的出现。由此引出一个问题:其中哪个口孔与其他泛节肢动物的口孔同源?我们的资料显示有爪动物的成体口部具有一个非常独特的发育命运——其发育涉及其他泛节肢动物类群所没有的一些构造(包括口唇、舌和颚)。有爪类环绕口孔的口唇起源于触角节、颚节和黏液乳突节[21,22,52]。因此,有爪类口部由最前端的三个体节衍生而来,而凶猛爪网虫的口部位于吻突的顶端,也就是触角之前的非体节区(图 4)。我们的数据进一步揭示凶猛爪网虫的口部不存在由附肢演化形成的口器,而有爪类口腔内具有一对颚。有爪类的颚由第二个体节特化形成,与凶猛爪网虫的第一对行走叶足同源。鉴于此,成体口部位置(体节属性)及口腔内部组成特征都不支持有爪类与凶猛爪网虫口部的同源性。

同样,由于口孔位置不同且发育涉及不

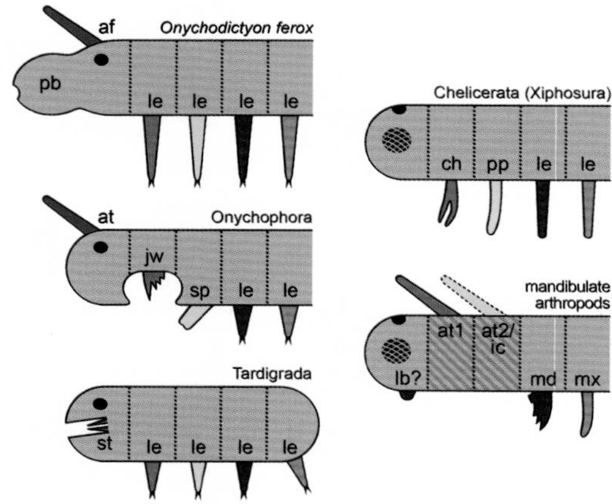

图4 寒武纪叶足动物(凶猛爪网虫)与现代泛节肢动物前端体节及附肢同源对比图。同源附肢用相同颜色标注。垂向的点线指示体节边界。黑色椭圆和网格椭圆分别代表单眼和复眼。缓步类头节根据口针与叶足远端同源的假说[20]划分。注意节肢动物上唇所涉及的体节属性及同源性在学术界存在争议[30,31,33,40]。有颚类节肢动物示意图的阴影部分为不参与成体口部形成的体节。注意凶猛爪网虫和现代泛节肢动物各类群的成体口部所涉及体节及构造的非同源性。缩写说明:af,触角状头附肢;at,触角;at1,第一对触角;at2,第二对触角(轮廓为虚线,因其仅出现于甲壳类中);ch,螯肢;ic,闰节(在多足类及六足类中无附肢);jw,颚;lb,上唇(问号代表该构造在体节属性及同源性方面的不确定);le,行走附肢/叶足;md,大颚;mx,小颚;pb,吻突;pp,须肢;sp,黏液乳突;st,口针。

同体节,有爪类和凶猛爪网虫的口部似乎都与节肢动物及缓步类的口部(图4)不同源。许多节肢动物(包括海蜘蛛类、剑尾类及昆甲类节肢动物)不存在具特化口器的口部,而多足类、六足类和软甲类甲壳动物的口部由数对特化的附肢形成。这些特化的附肢包括大颚和小颚[33,53];对于内颚类六足动物来说,小颚被包含在头部的附生囊内。缓步类口管内的口针可能由附肢的远端部分衍生而来[20],指示了缓步类的口腔内至少有一对特化的体节附肢。我们将缓步类的口针解释为第一对体节附肢的衍生构造(图4),因为该类群的头部[54]未发现任何其他体节的证据。因此,口针和大颚(或小颚)所附属的体节都不与有爪类口部所属的体节同源(图4)。当与凶猛爪网虫、有爪类以及其他泛节肢动物成体的口部进行对比时,由于它们在位置上、构造上或其他方面都不能满足同源匹配标准,因此我们认为这些类群的口部并不同源,具有各不相同的演化历史。

相比之下,有爪动物和节肢动物胚胎期的口道很可能是同源的。口道在发育过程中都出现在这两个类群的腹侧的同一位置——第一与第二体节的分界处(附图8),并随后发育为相应的外胚层前肠构造[21-23,58]。尽管口道位置及发育命运的一致性支持这两个类群的口道为同源构造,但从此发育阶段之后,有爪动物与节肢动物(甚至不同节肢动物类群)口部的形态发生过程则有根本的区别[31,49,53,58]。与节肢动物不同的是,有爪类成体口部的发育过程很保守,因此可能重演了有爪类口部的演化历史。我们认为有爪类的口部演化并非简单地从原始的顶端位置迁移至腹侧[38],而是还经历了外胚层的内陷并围绕原始的口孔、此后第二对附肢发生特化并被整合到口腔内部的演化过程。在迁移过程中,第二对附肢演化为有爪类特有的一对颚。因此,有爪类成形的口部与寒武纪叶足动物(包括凶猛爪网虫)的顶端口并不等同,而我们对这两种口部的演化过程的了解有待过渡化石类型的发现。因此，我们相信，对更多早期叶足动物头部形态进行详细描述（正如本文对凶猛爪网虫的头部描述）将为现代泛节肢动物各分支类群及其寒武纪相关类群的口部复杂性及多样性的演化历史提供更多的证据。

研究方法

寒武纪叶足动物标本。凶猛爪网虫（*Onychodictyon ferox*）新材料（2008—2010）采集于澄江动物群的产出层位——中国云南下寒武统黑林铺组（原筇竹寺组；距今约520 Ma）。标本共计186枚，其中84枚保存有吻突，34枚保存有顶端口，44枚保存有口道，36枚保存有咽球，32枚保存有眼睛，95枚保存有触角中轴，65枚保存有触角分支，114枚保存有弧形骨片（附表1）。以上所有标本保存于中国地质大学（北京）早期生命演化实验室。

现代叶足动物标本。有爪类罗氏真栉蚕（*Euperipatoides rowelli*）的收集、处理及描述与传统方法[59,60]一致。现代缓步类大生熊虫未定种（*Macrobiotus* sp.）收集于德国萨克森州 Groβsdeuben 人民公园内的苔藓植物中；使用鬼笔环肽—罗丹明进行染色，染色方法与有爪类的染色方法[60]一致。

显微成像及处理。凶猛爪网虫化石标本使用普通单反数码相机（Canon 5D Mark Ⅱ）进行光学照相；化石细节使用德国蔡司型体式显微镜（Zeiss Stemi-2000C；配置Canon 450D数码相机）进行观察及显微照相。有爪类（*E. rowelli*）及缓步类（*Macrobiotus* sp.）标本使用共聚焦激光扫描显微镜（Zeiss LSM 510 META 和 Leica TCS STED）进行分析。激光共聚焦扫描图像与显微镜配套的软件（Zeiss LSM IMAGE BROWSER v4.0.0.241 和 Leica AS AF v2.3.5）进行处理。本文图版和示意图的设计软件为 Adobe、Photoshop CS4 和 Illustrator CS4。

作者贡献

欧强采集并修复凶猛爪网虫（*O. ferox*）化石标本，Georg Mayer 处理现代有爪动物（*E. rowelli*）和缓步动物（*Macrobiotus sp.*）标本并完成爪网虫线条复原图。Georg Mayer 与欧强分析数据并撰写论文。欧强、舒德干、Georg Mayer 共同讨论研究结果并完成最后初稿。

附件材料请见网站：http://www.nature.com/naturecommunications.

致谢

欧强和舒德干在本项研究中获得中国国家自然科学基金委员会（NSFC，项目编号：41102012，陕-2011JZ006）和中央高校基本科研业务费专项资金（FRCU，项目编号：2010ZY07，2011YXL013，2012097）的资助。Georg Mayer 获得德国研究基金会（DFG，项目编号：Ma 4147/3-1）及德国研究基金会埃米·诺特项目（Emmy Noether Programme）资助。感谢澳大利亚新南威尔士森林工作人员允许我们采集有爪动物标本；感谢 Paul Sunnucks 和 Noel Tait 在有爪动物采集工作中付出的努力；感谢 Susann Kauschke 和 Jan Rüdiger 对缓步动物标本进行染色；感谢张兴亮和刘建妮提供具足埃舍虫的照片；感谢 Simon Conway Morris 对本文的初稿提供了有益的评论。

参考文献

1. Maas, A. & Waloszek, D., 2001. Cambrian derivatives of the early arthropod stem lineage, pentastomids, tardigrades and lobopodians – an "Orsten" perspective. Zool. Anz, 240, 451-459.
2. Edgecombe, G. D., 2010. Arthropod phylogeny: an overview from the perspectives of morphology, molecular data and the fossil record. Arthropod Struct. Dev., 39, 74-87.
3. Erwin, D. H. et al., 2011. The Cambrian conundrum: early divergence and later ecological success in the Early history of animals. Science, 334, 1091-1097.
4. Budd, G. E., 2001. Why are arthropods segmented? Evol. Dev., 3, 332-342.
5. Waloszek, D., Chen, J., Maas, A. et al., 2005. Early Cambrian arthropods – new insights into arthropod head and structural evolution. Arthropod Struct. Dev., 34, 189-205.
6. Edgecombe, G. D., 2009. Palaeontological and molecular evidence linking arthropods, onychophorans, and other Ecdysozoa. Evo. Edu. Outreach, 2, 178-190.
7. Maas, A., Mayer, G., Kristensen, R. M. et al., 2007. Cambrian micro-lobopodian and the evolution of arthropod locomotion and reproduction. Chin. Sci. Bull, 52, 3385-3392.
8. Delle Cave, L. & Simonetta, A. M., 1975. Notes on the morphology and taxonomic position of *Aysheaia* (Onychophora?) and of *Skania* (undetermined phylum). Monitore Zoologico Italiano, 9, 67-81.
9. Whittington, H. B., 1978. The lobopod animal *Aysheaia pedunculata* Walcott, middle Cambrian, Burgess Shale, British Columbia. Philos. Trans. R. Soc. Lond. B Biol. Sci., 284, 165-197.
10. Dzik, J. & Krumbiegel, G., 1989. The oldest "onychophoran" *Xenusion*: a link connecting phyla? Lethaia, 22, 169-181.
11. Bergström, J. & Hou, X. G., 2001. Cambrian Onychophora or xenusians. Zool. Anz., 240, 237-245.
12. Ma, X., Hou, X. & Bergström, J., 2009. Morphology of *Luolishania longicruris* (lower Cambrian, Chengjiang Lagerstätte, SW China) and the phylogenetic relationships within lobopodians. Arthropod Struct. Dev, 38, 271-291.
13. Liu, J. et al., 2011. An armoured Cambrian lobopodian from China with arthropod-like appendages. Nature, 470, 526-530.
14. Dzik, J., 2011. The xenusian-to-anomalocaridid transition within the lobopodians. Boll. Soc. Paleontol. Ital, 50, 65-74.
15. Ramsköld, L. & Hou, X., 1991. New early Cambrian animal and onychophoran affinities of enigmatic metazoans. Nature, 351, 225-228.
16. Snodgrass, R. E., 1938. Evolution of the Annelida, Onychophora and Arthropoda. Smithson. Misc. Coll, 97, 1-159.
17. Liu, J., Shu, D., Han, J. et al., 2008. The lobopod *Onychodictyon* from the Lower Cambrian Chengjiang Lagerstätte revisited. Acta Palaeontol. Pol., 53, 285-292.
18. Ramsköld, L. & Chen, J., 1998. In *Arthropod Fossils and Phylogeny* (ed. G. D. Edgecombe) Columbia University Press, 107-150.
19. Schmidt-Rhaesa, A., Bartolomaeus, T., Lem-burg, C. et al., 1998. The position of the Arthropoda in the phylogenetic system. J. Morphol., 238, 263-285.
20. Halberg, K. A., Persson, D., Møbjerg, N. et al., 2009. Myoanatomy of the marine tardigrade *Halobiotus crispae* (Eutardigrada: Hypsibiidae). J. Morphol., 270, 996-1013.
21. von Kennel, J., 1888. Entwicklungsgeschichte von *Peripatus edwardsii* Blanch. und *Peripatus torquatus* n. sp. II. Theil. Arb. Zool.-Zootom. Inst. Würzburg, 8, 1-93.
22. Mayer, G., Bartolomaeus, T. & Ruhberg, H., 2005. Ultrastructure of mesoderm in embryos of *Opisthopatus roseus* (Onychophora, Peripatopsidae): revision of the "long germ band" hypothesis for Opisthopatus. J. Morphol., 263, 60-70.
23. Mayer, G. & Koch, M., 2005. Ultrastructure and fate of the nephridial anlagen in the antennal segment of *Epiperipatus biolleyi* (Onychophora, Peripatidae) – evidence for the onychophoran antennae being modified legs. Arthropod Struct. Dev, 34, 471-480.
24. Ramsköld, L., 1992. Homologies in Cambrian Onychophora. Lethaia, 25, 443-460.
25. Hou, X. G. et al., 2004. The Cambrian Fossils of Chengjiang, China. The Flowering of Early Animal Life (Blackwell Publishing).
26. Ou, Q. et al., 2011. A rare onychophoran-like lobopodian from the Lower Cambrian Chengjiang Lagerstätte, Southwest China, and its phylogenetic

implications. J. Paleontol, 85, 587-594.

27. Haas, M. S., Brown, S. J. & Beeman, R. W., 2001. Pondering the procephalon: the segmental origin of the labrum. Dev. Genes Evol., 211, 89-95.

28. Boyan, G. S., Williams, J. L. D., Posser, S. et al., 2002. Morphological and molecular data argue for the labrum being non-apical, articulated, and the appendage of the intercalary segment in the locust. Arthropod Struct. Dev., 31, 65-76.

29. Urbach, R. & Technau, G. M., 2003. Early steps in building the insect brain: neuroblast formation and segmental patterning in the developing brain of different insect species. Arthropod Struct. Dev., 32, 103-123.

30. Siveter, D. J., Waloszek, D. & Williams, M., 2003. An early Cambrian phosphatocopid crustacean with three-dimensionally preserved soft parts from Shropshire, England. Special Papers in Palaeontology, 70, 9-30.

31. Liu, Y., Maas, A. & Waloszek, D., 2009. Early development of the anterior body region of the grey widow spider *Latrodectus geometricus* Koch, 1841 (Theridiidae, Araneae). Arthropod Struct. Dev., 38, 401-416.

32. Budd, G. E,. 2002. A palaeontological solution to the arthropod head problem. Nature, 417, 271-275.

33. Scholtz, G. & Edgecombe, G. D., 2006. The evolution of arthropod heads: reconciling morphological, developmental and palaeontological evidence. Dev. Genes Evol., 216, 395-415.

34. Scholtz, G. & Edgecombe, G. D., 2005. In Crustacea and Arthropod Phylogeny 16 (eds Koenemann, S., Jenner, R. & Vonk R.). CRC Press, 139-165.

35. Chen, J., Waloszek, D. & Maas, A., 2004. A new "great appendage" arthropod from the lower Cambrian of China and homology of chelicerate chelicerae and raptorial anteroventral appendages. Lethaia, 37, 3-20.

36. Cotton, T. J. & Braddy, S. J., 2004. The phylogeny of arachnomorph arthropods and the origin of the Chelicerata. Trans. R. Soc. Edinb. Earth Sci., 94, 169-193.

37. Mayer, G., Whitington, P. M., Sunnucks, P. et al., 2010. A revision of brain composition in Onychophora (velvet worms) suggests that the tritocerebrum evolved in arthropods. BMC Evol. Biol., 10, 255.

38. Eriksson, B. J. & Budd, G. E., 2000. Onychophoran cephalic nerves and their bearing on our understanding of head segmentation and stem-group evolution of Arthropoda. Arthropod Struct. Dev., 29, 197-209.

39. Eriksson, B. J., Tait, N. N., Budd, G. E. et al., 2010. Head patterning and Hox gene expression in an onychophoran and its implications for the arthropod head problem. Dev. Genes Evol., 220, 117-122.

40. Posnien, N., Bashasab, F. & Bucher, G., 2009. The insect upper lip (labrum) is a nonsegmental appendage-like structure. Evol. Dev., 11, 480-488.

41. Damen, W. G. M., Hausdorf, M., Seyfarth, E. A. et al., 1998. A conserved mode of head segmentation in arthropods revealed by the expression pattern of Hox genes in a spider. Proc. Natl. Acad. Sci. USA, 95, 10665-10670.

42. Jager, M. et al., 2006. Homology of arthropod anterior appendages revealed by Hox gene expression in a sea spider. Nature, 441, 506-508.

43. Liu, J., Shu, D., Han, J. et al., 2004. A rare lobopod with well-preserved eyes from Chengjiang Lagerstätte and its implications for origin of arthropods. Chin. Sci. Bull, 49, 1063-1071.

44. Mayer, G., 2006. Structure and development of onychophoran eyes – what is the ancestral visual organ in arthropods? Arthropod Struct. Dev., 35, 231-245.

45. Greven, H., 2007. Comments on the eyes of tardigrades. Arthropod Struct. Dev., 36, 401-407.

46. Hering, L. et al., 2012. Opsins in Onychophora (velvet worms) suggest a single origin and subsequent diversification of visual pigments in arthropods. Mol. Biol. Evol., 29, 3451-3458.

47. Bitsch, C. & Bitsch, J., 2005. In Crustaceans and Arthropod Relationships (ed. Koenemann, S.) CRC Press, Taylor & Francis Book Inc., 81-111.

48. Land, M. F. & Nilsson, D. E., 2012. Animal Eyes 2nd edn, Oxford University Press.

49. Vilpoux, K. & Waloszek, D., 2003. Larval development and morphogenesis of the sea spider *Pycnogonum litorale* (Ström, 1762) and the tagmosis of the body of Pantopoda. Arthropod Struct. Dev., 32, 349-383.

50. Dunlop, J. A. & Arango, C. P., 2005. Pycnogonid affinities: a review. J. Zool. Sys. Evol. Res. ,43, 8-21.

51. Nielsen, C., 2012. Animal Evolution: Interrelationships of the Living Phyla 3rd edn, Oxford University Press.

52. Walker, M. H. & Tait, N. N., 2004. Studies on embryonic development and the reproductive cycle in ovoviviparous Australian Onychophora (Peripatopsidae). J. Zool., 264, 333-354.

53. Ungerer, P. & Wolff, C., 2005. External morphology of limb development in the amphipod *Orchestia*

cavimana (Crustacea, Malacostraca, Peracarida). Zoomorphology, 124, 89-99.

54. Gabriel, W. N. & Goldstein, B., 2007. Segmental expression of Pax3/7 and Engrailed homologs in tardigrade development. Dev. Genes Evol., 217, 421-433.
55. Remane, A., 1952. Die Grundlagen des natürlichen Systems, der vergleichenden Anatomie und der Phylogenetik. Theoretische Morphologie und Systematik. Akademische Verlagsgesellschaft Geest & Portig.
56. Patterson, C., 1982. In Problems of phylogenetic reconstruction (eds Joysey, K. A. & Friday, A. E.) Academic Press, 21-74.
57. Richter, S., 2005. Homologies in phylogenetic analyses - concept and tests. Theory Biosci, 124, 105-120.
58. Anderson, D. T., 1973. Embryology and Phylogeny in Annelids and Arthropods. Pergamon Press.
59. Mayer, G. & Whitington, P. M., 2009. Velvet worm development links myriapods with chelicerates. Proc. R. Soc. B Biol. Sci, 276, 3571-3579.
60. Mayer, G. & Whitington, P. M., 2009. Neural development in Onychophora (velvet worms) suggests a step-wise evolution of segmentation in the nervous system of Panarthropoda. Dev. Biol, 335, 263-275.

(欧强　译)

附图

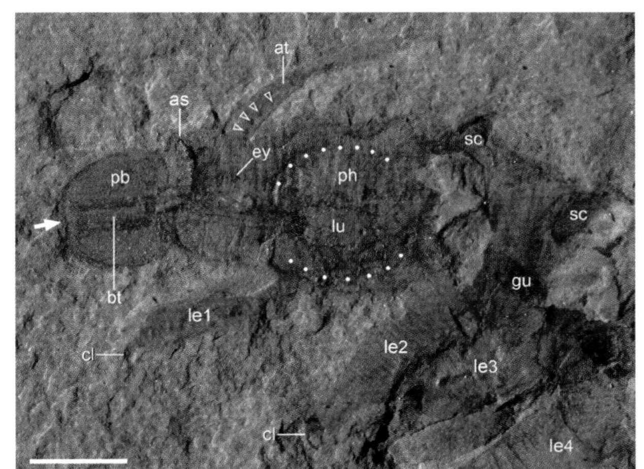

图 1

凶猛爪网虫(*Onychodictyon ferox*)身体前部的解剖学特征。侧压标本(ELEL-SJ101888A)显示顶端口(箭头指示)、吻突、弧形骨板、眼睛、触角状头附肢、触角分支的附着部位(三角箭头指示)以及咽球(点线指示轮廓)。缩写说明:as,弧形骨板;at,触角状头附肢;bt,口管;cl,爪;ey,眼睛;gu,肠;le1—4,第 1—4 个行走叶足;lu,咽管;pb,吻突;ph,咽;sc,硬化骨板。比例尺:2 mm。

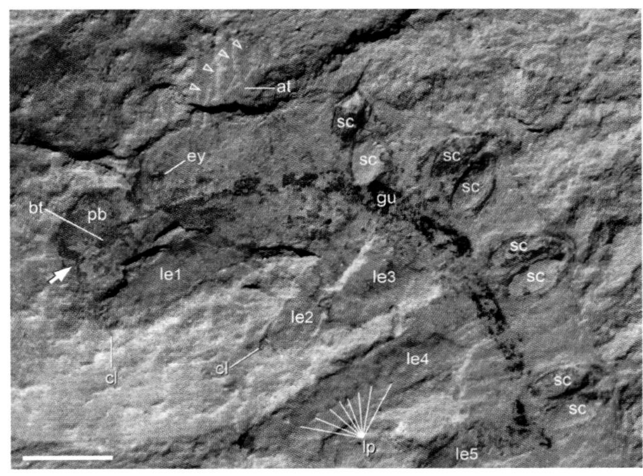

图 2

凶猛爪网虫(*Onychodictyon ferox*)身体前部的解剖学特征。背侧压标本(ELEL-SJ100272A)显示顶端口(箭头指示)、吻突、具分支的触角状头附肢(三角箭头指示)以及第 4 个叶足表面的乳突附着部位。缩写说明:at,触角状头附肢;bt,口管;cl,爪;ey,眼睛;gu,肠;le1—5,第 1—5 个行走叶足;lp,乳突附着部位;pb,吻突;sc,硬化骨板。比例尺:2 mm。

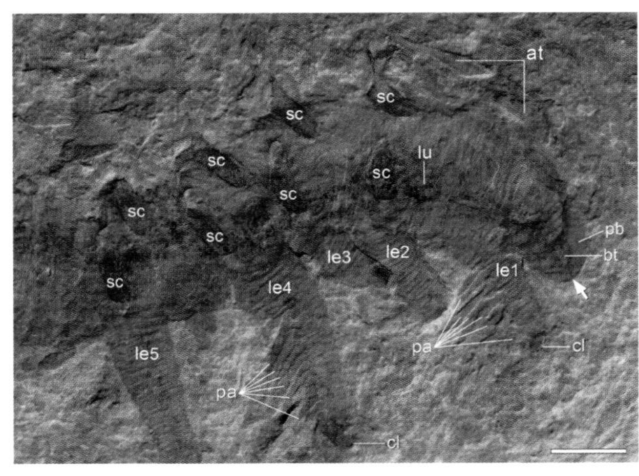

图 3

凶猛爪网虫(*Onychodictyon ferox*)头部构造及叶足乳突。背侧压标本(ELEL-SJ101703A)显示顶端口(箭头指示)、吻突、触角状头附肢以及第 1 和第 4 个叶足表面一排指状长乳突。缩写说明:at,触角状头附肢;bt,口管;cl,爪;le1—5,第 1—5 个行走叶足;lu,咽管;pa,叶足乳突;pb,吻突;sc,硬化骨板。比例尺:2 mm。

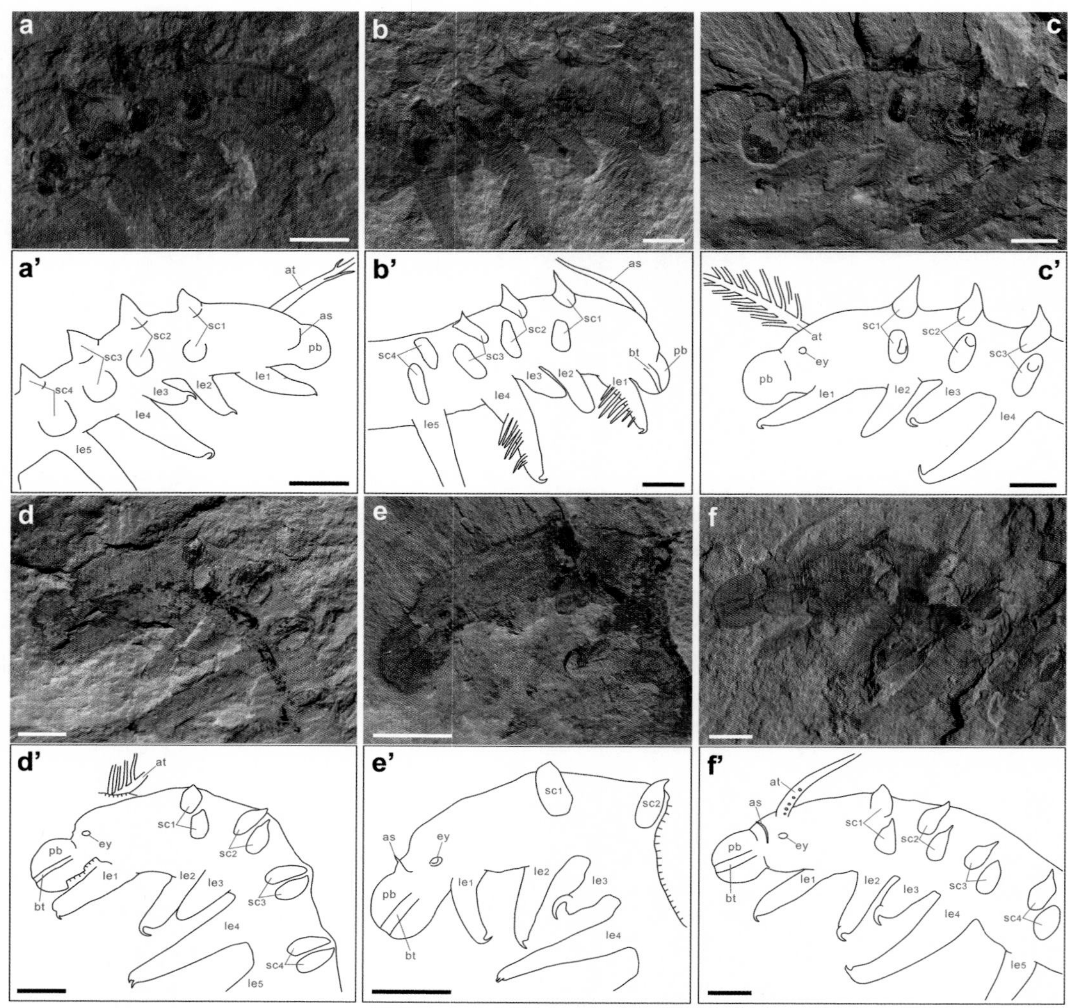

图4 凶猛爪网虫(*Onychodictyon ferox*)身体前部的解剖学特征。注意第一个具叶足的体节缺少背骨板。a—f 分别为标本 ELEL-SJ101436A、ELEL-SJ101703A、ELEL-SJ100635、ELEL-SJ100272A、ELEL-SJ100307B、ELEL-SJ101888B 的身体前部。a'—f' 分别为 a—f 的线条解译图(省略消化道以突出重点)。缩写说明:as,弧形骨板;at,触角状头附肢;bt,口管;ey,眼睛;le1—5,第 1—5 个行走叶足;pb,吻突;sc1—4,第 1—4 个硬化骨板。比例尺:2 mm。

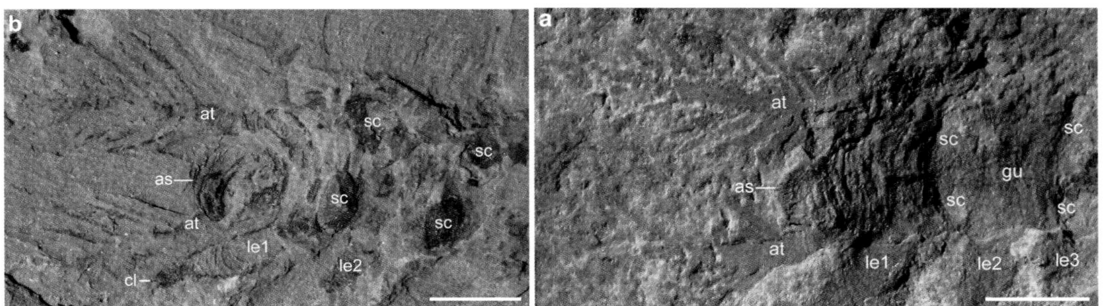

图5　凶猛爪网虫(*Onychodictyon ferox*)背压标本头部的一对分支的触角状头附肢。吻突不可见。a 为标本 ELEL-SJ101703A。b 为标本 ELEL-SJ100862A。缩写说明:as,弧形骨板;at,触角状头附肢;cl,爪;gu,肠;le1—3,第 1—3 个行走叶足;sc,硬化骨板。比例尺:2 mm。

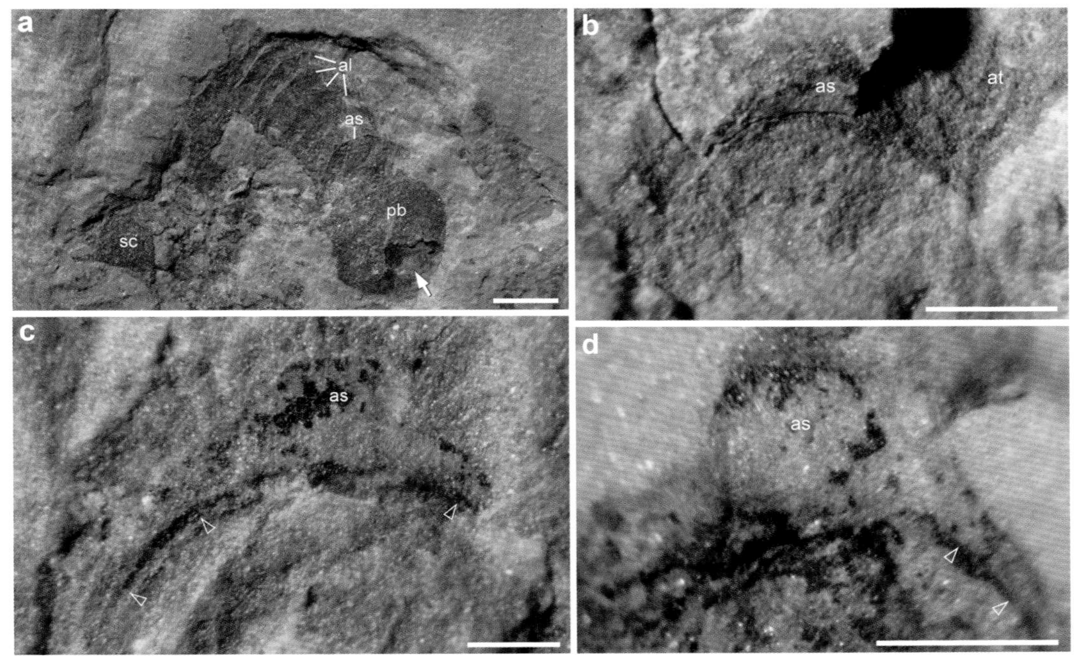

图6　凶猛爪网虫(*Onychodictyon ferox*)头部弧形骨板的形态及位置。a 为身体扭曲标本 ELEL-SJ100910A 的前端显示顶端口(箭头指示)、吻突及位于背侧的弧形骨板。b—d 分别为背压标本 ELEL-SJ101534A、ELEL-SJ100917A、ELEL-SJ101842B,显示弧形骨板的细节。注意暗色的弧形内边缘(三角箭头指示)。缩写说明:al,体表环纹;as,弧形骨板;at,触角状头附肢;pb,吻突;sc,硬化骨板。比例尺:1 mm(a);200 μm(c);500 μm(b, d)。

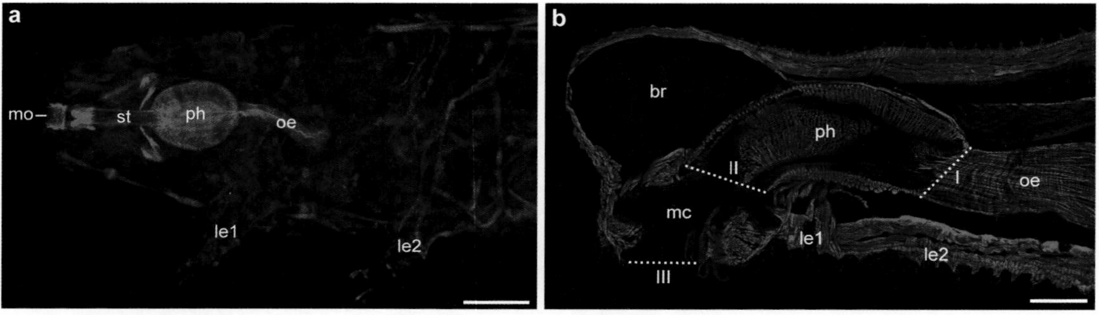

图7 缓步类与有爪类的前肠构造对比。注意这两个类群的前肠都具有球状吸咽。使用鬼笔环肽—罗丹明标记染色的激光共焦图像。a 为缓步动物 *Macrobiotus* sp. 的身体前端(侧视图)。b 为有爪动物 *Euperipatoides rowelli* 的身体前端切片。点线及罗马数字Ⅰ—Ⅲ指示胚胎期第一(部分胚孔)、第二(口道)和第三级口孔(即最后发育成形的口孔)的相应区域。缩写说明:br,脑;le1—2,第1—2个叶足的位置;mc,口腔;mo,口孔;oe,食道;ph,咽;st,口针。比例尺:25 μm(a),300 μm(b)。

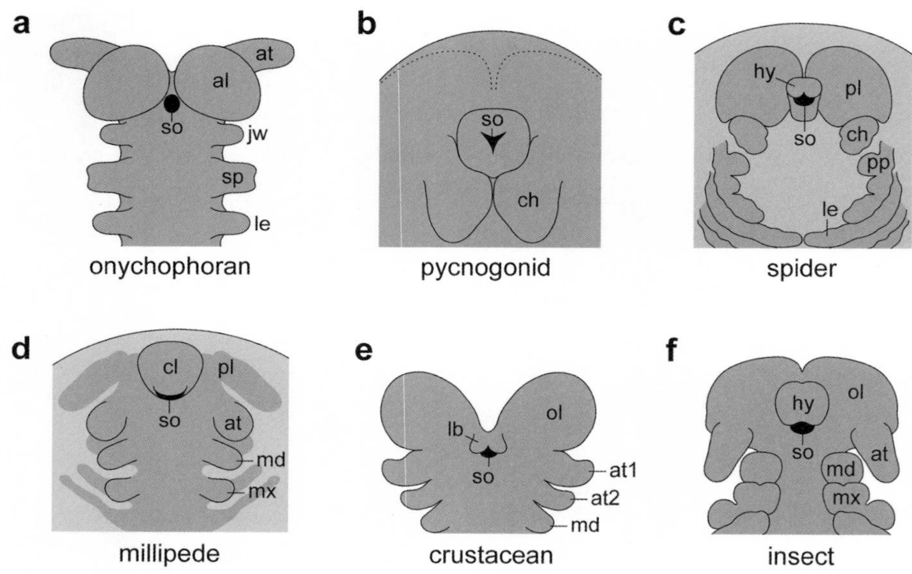

图8 有爪类和节肢动物胚胎的口道位置示意图(均显示身体前端的腹侧)。a 为有爪动物 *Euperipatoides rowelli*(对比正文图 3b)。b 为海蜘蛛 *Pseudopallene* sp.(根据 Brenneis 等 2011 年发表于 Genes Evo. 221: 309—328 的共焦图像)。c 为蜘蛛 *Latrodectus geometricus*(根据 Liu 等发表于 Arthropod Struct. Dev. 38: 401—416 的扫描电镜图像)。d 为千足虫 *Glomeris marginata*(根据 Dhole 1964 年发表于 Zool. Jb. Anat. 81: 241—310 的插图)。e 为甲壳类 *Gammarus pulex*(根据 Weygoldt 1959 年发表于 Zool. Jb. Anat. 77: 51—110 的插图)。f 为蟋蟀 *Gryllus assimilis*(根据 Liu 等 2010 年发表于 Antropod Struc. Dev. 39: 382—395 的扫描电镜图像)。缩写说明:al,触角叶;at,触角;at1—2,第1和第2对触角(仅对于甲壳类);ch,螯肢;cl,额板;hy,口板;jw,颚;lb,上唇;le,腿;md,大颚;mx,小颚;ol,视叶;pl,前脑叶;pp,须肢;so,口道;sp,黏液乳突。

早寒武世澄江化石库中鳃曳形目的早期祖先

韩健*,舒德干,张志飞,刘建妮

*通讯作者 E-mail: hanjianelle@263.net

摘要　本文对澄江化石库中鳃曳虫科的最古老的直接祖先 *Xiaoheiqingella peculiaris* 以及 *Yunnanpriapulus halteroformis* 进行深入研究,认为二者很可能为同物异名,其躯干之后存在一对而不是一个尾附肢,肛前区发现可能的生殖管。本文还报道了一个极为稀有的化石鳃曳动物新属种 *Paratubiluchus bicaudatus* gen. nov., sp. nov.(双尾拟管尾虫),其特征为:25 列吻突,明显的颈区,无环纹的躯干以及之后的一对尾附肢,虫体各部分的比例与现生鳃曳动物的兜甲幼虫以及幼虫型鳃曳动物 Palaeopriapulitidae 科比较接近,推测为 Tubiluchidae 科的直接祖先之一,从而揭示了双支型的尾附肢可能为 Priapulidae 科和 Tubiluchidae 科的共祖衍征。*Paratubiluchus* gen. nov. 很可能起源于具 25 列吻突的幼虫型鳃曳动物,而且恰好处于兜甲幼虫型鳃曳动物与成虫型鳃曳动物的中间环节。

关键词　早寒武世; 澄江化石库;鳃曳动物;小黑箐虫;拟管尾虫

1. 引言

现生动物各门类,包括一些小门类如鳃曳动物的代表在寒武纪辐射时就已经出现的预言大部分已经被证实[1-10]。许多类似于鳃曳动物的化石蠕虫属种在寒武纪化石库如早寒武世澄江化石库[11-16]、中寒武世布尔吉斯页岩[17]以及中寒武世凯里动物群[18]等均先后被发现和报道。其中包括一些古蠕虫类,或被认为是鳃曳动物干群[19],或是线虫形动物[20-21],其系统位置未定。石炭纪宾夕法尼亚中统发现的鳃曳动物 *Priapulites konecniorum*[22] 曾被认为与现生 Priapulidae 科(鳃曳虫科)最为相似,其尾附肢的单偶至今仍有争议[17],在鳃曳动物中的系统位置亦需重新考虑。最近在早寒武世澄江化石库又发现了最古老的鳃曳动物的祖先——*Xiaoheiqingella peculiaris*(奇特小黑箐虫)[12],从而首次建立起跨越 5.3 亿年历史长河与现生鳃曳动物直接对话的通道。但因为标本数量少(仅 5 枚),最初被错误地描述为"翻吻(introvert),披有 16 列吻突(scalids),躯干之后具一个尾附肢(caudal appendage)"。最近 *Xiaoheiqingella* 被纠正为其翻吻具 25 列吻突,并且从中识别出另一个属种 *Yunnanpriapulus halteroformis*[23]。这两个属种均被归入 Priapulidae 科,并对该科的演化趋势进行了探讨。据来自于模式标本附近产地的化石材料观察,*Yunnanpriapulus* 很可

能为 *Xiaoheiqingella* 的同物异名，而且应为双支型尾附肢。本文报道了一个新属种 *Paratubiluchus bicaudatus* gen. nov., sp. nov.（双尾拟管尾虫，新属新种）和一个未定种 A，其身体各部分的比例与现生鳃曳动物的兜甲幼虫（loricate larva）以及幼虫型鳃曳动物 Palaeopriapulitidae 科（古鳃曳虫科，包括 *Sicyophorus rara* Hu[12]、*Palaeopriapulites parvus* Hou *et al.*[11] 和 *Palaeopriapulites* sp.[18]）比较接近，从而为探讨鳃曳动物早期演化提供了关键的材料。

2. 材料及保存

50 块标本中有 3 块标本的口部近于垂直层面，20 块躯干斜交层面，其余基本平行层面保存。其中的 13 块（ELI-0001250—ELI-0001262）用于本文。所有标本采自于云南昆明海口云龙寺剖面（ELI-0001257）以及海口尖山剖面，分别位于模式标本产地耳材村剖面东 1 km 和西 3 km[16,24]。所有标本保存在西北大学地质系早期生命研究所。

Paratubiluchus gen. nov. 绝大部分体表呈灰白色，看似近于透明；而咽刺和吻突这些坚硬的构造，颜色接近红褐色。未定种 A 吻突和颈区折痕颜色较其他区域更为清晰。虫体表皮厚度大的构造或区域所呈现的颜色更深一些。而 *Xiaoheiqingella* 躯干表面环纹细密，颜色重于 *Paratubiluchus* gen. nov. 和未定种 A，故推测其表皮相对较厚；其尾附肢的颜色一般浅于身体其他部分，亦因尾附肢表皮较薄的缘故。这些标本所呈现的颜色均浅于澄江化石库中的呈红褐色或黑褐色保存的古蠕虫类（palaeoscolecidans），所以，推测澄江动物群中这些确定无疑的鳃曳动物的表皮厚度可能小于古蠕虫类。

布尔吉斯页岩动物群中的鳃曳动物 *Ottoia prolific* 可观察到肌肉、可能的生殖腺（gonad）和神经索（仅见于两枚标本，见参考文献 17，图版 12，图 2—5 以及插图 61—62）。澄江动物群中神经索和生殖腺构造早先仅见于后口动物云南虫类[5-6]，已知仅一枚鳃曳动物标本发现腹神经索[23]，本文有一枚标本（ELI-0001252）保存了可能的生殖腺或肌肉，另有三块标本（ELI-0001257，ELI-0001259，ELI-0001260）保存了较清晰的呈红褐色的神经索，说明澄江动物群软躯体构造保存的完好程度并不逊色于布尔吉斯页岩动物群。

3. 系统古生物学

鳃曳动物门 Phylum Priapulida Delage et Herouard, 1897

鳃曳形目　Order Priapulomorpha Salvini-Plawen, 1974

鳃曳虫科　Family Priapulidae Gosse, 1855

小黑箐属　Genus *Xiaoheiqingella* Hu, 2002

修改的特征：可伸缩的虫体分为前部的吻部、颈部和具细密环纹的圆柱形躯干以及后部一对尾附肢。倒梨形翻吻披覆 25 列吻脊及其上的 25 列刺状吻突，每列具 9 个吻突。躯干肛前区具有约 14 圈错行排列的刺状环疣，1 对尾附肢光而长。

模式标本：奇特小黑箐虫 *Xiaoheiqingella peculiaris* Hu, 2002

时代及分布：早寒武世，滇东地区。

奇特小黑箐虫 *Xiaoheiqingella peculiaris* Hu, 2002（图 1，2）

特征：同属征。

描述：虫体从前向后可分为吻部（proboscis）、颈部（neck）和具细密环纹的躯干以及一对尾附肢。翻吻与躯干的比例为1:3至1:4。

吻部从后向前可进一步分为翻吻、领（collar）和咽（pharynx）。翻吻呈倒梨形，最大宽度位于其中后部。翻吻前1/3的表面可观察到25列耸起的纵脊以及25列吻突（图1a—g；2a，b，e，g）。每列吻突9个，前7个吻突几乎等间距位于纵脊之上，而每列的最后2个吻突一般分布于光滑的翻吻的中后部，间距明显大于前7个。吻突近于垂直翻吻表面，故靠前的吻突向前指向。领呈锥管状向前迅速变窄，表面光滑（图1f）。咽通常压扁保存在翻吻的内部，表面装饰有斜列状密集排列的刺状咽齿，单面每个斜列至少有5个咽齿（图1b，2f）。依据当前的标本，推测虫体在休息状态时咽通常停留在翻吻的内部，这一习性也与现生鳃曳动物类似[25]。

标本ELI-0001252和ELI-0001255可以看出颈部为躯干与翻吻之间一很窄的收缩的界面（constriction）（图1c，d；2g），而并非一明显的颈区（neck area）[23]，所谓的“具环纹的颈区”应当为躯干的前部。躯干表面的细密环纹起伏较低，后1/4—1/6处的躯干环纹更为清晰，间距、起伏较大，这一段躯干可称为肛前区（preanal region）。肛前区直径通常大于躯干其他部位，均略小于翻吻，表面披覆14圈刺状的环疣（ring papillae），每圈约16—20个。前面几圈环疣更为显著，在横向上错行排列（图1c；2a，b，d，g，j）。环疣在钻孔过程中很可能起着增加摩擦力的作用。另外，现生鳃曳动物的生殖腺、生殖管一般位于肛前区的内腔中[25]，所以这一部分的膨大也与容纳这些器官有关。

一对较长的管状尾附肢或尾附器连接在半球形的躯干末端侧后方（图1d，e，g，h；2a，b，h，d，j），其单个尾附肢宽度约为躯干肛前区的2/3。所以，标本侧向压扁保存时，两个尾附肢常保存在不同的层面或呈叠压状态保存在同一个层面。当两个尾附肢保存在不同的层面的化石被劈开后，通常仅可观察到一个管状尾附肢，容易被误认为该动物尾附肢为单支型（如模式标本所示），但这个尾附肢并没有连接到躯干的末端轴心位置而是偏于一侧，预示存在另外一个尾附肢，通过细心修理即可发现后一个尾附肢位于前一个所处的层面之下。而当两个尾附肢看似为一个整体共同出现在同一个层面时，其总体宽度接近或大于躯干的直径，但是接近尾附肢长轴位置隐约可见一条纵线，证明它由两个独立的部分组成（图1h）。尾附肢表面光滑无饰，末端圆滑收缩（图2b）。

可能因肌肉的收缩以及相应引起的体腔液的流动，虫体各部分的形态、大小变化较大，如翻吻的宽度可同于躯干，也可达到躯干的两倍；躯干中间部分可粗可细，但绝不膨大呈长卵形；肛前区直径可小于躯干其他部分；尾附肢亦可宽可窄、可长可短。

肠管呈现为一黑色、红色或灰白色的窄带在躯干和吻部的内腔中漂移，并可弯曲或略为盘绕（图1f；2c，d，i，j），这一形态特征与*S. rara*和现生的鳃曳动物*Tubiluchus corallicola*的幼虫一致[26]。肠管无泥质充填时直径前后基本一致，但咽之后的前肠区有时更为粗大（图1c，f；2g），可能为

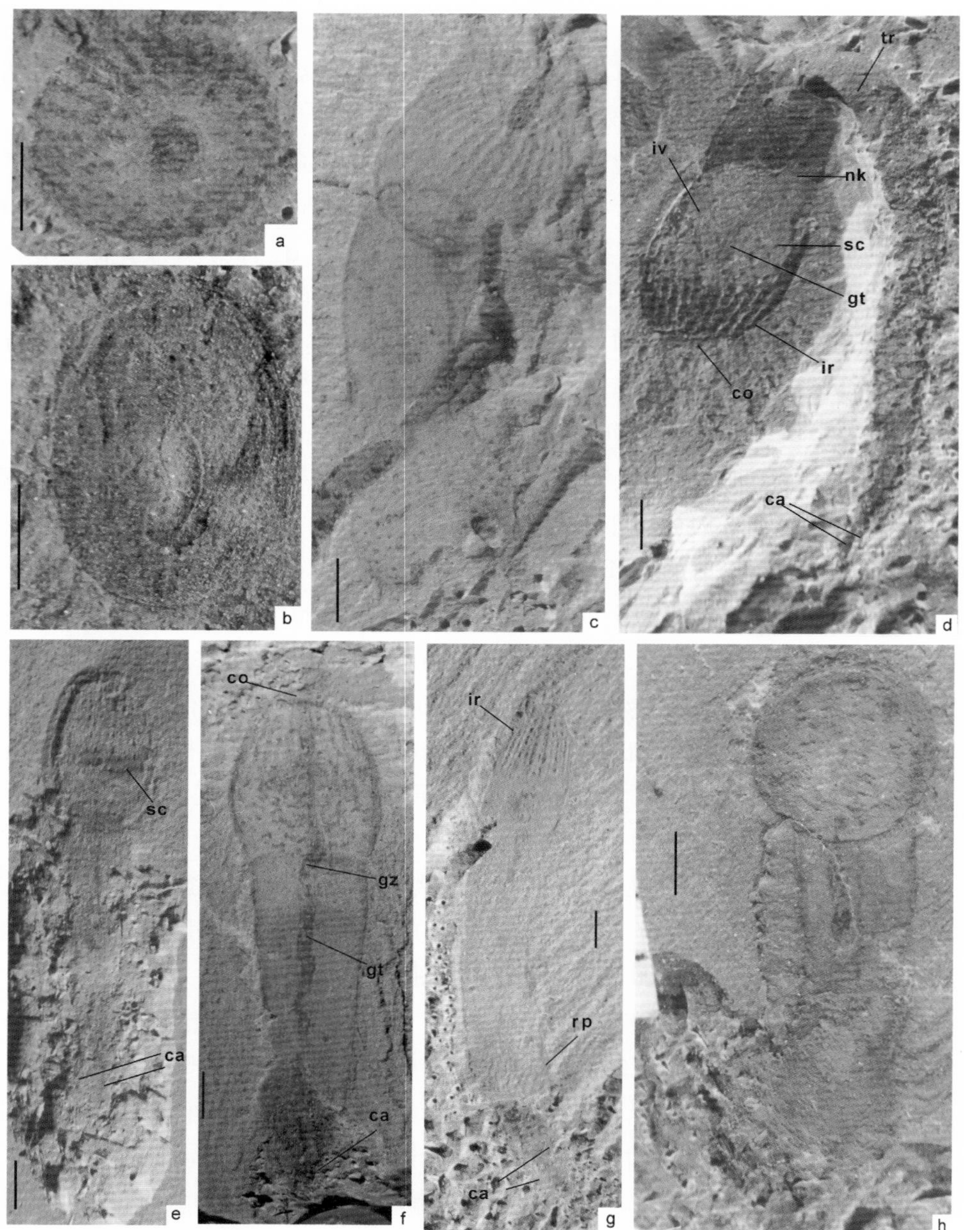

图 1 *Xiaoheiqingella peculiaris* Hu，早寒武世黑林铺组玉案山段，云南昆明海口尖山剖面。标尺每格 1 mm。a，ELI-0001250，翻吻近于垂直岩石层面，所有吻突列可见；b，ELI-0001251，吻部，示斜列状排列的咽齿；c，ELI-0001252A，示可能的生殖管以及胃、食管，口部略向上，颈部为翻吻与躯干之间一界限，吻突列及躯干后段环疣清晰；d，ELI-0001253，完整标本，虫体穿越几个层面，躯干看似硬于翻吻和颈部，一对尾附肢长而细；e，ELI-0001254，示一对尾附肢；f，ELI-0001255，翻出的领颜色较浅，其前的咽颜色略深，说明咽有咽饰，细节不清，尾附肢未完全修理出；g，ELI-0001256，完整标本，吻脊见于整个翻吻，躯干后段环疣清晰，尾附肢未完全修理出；h，ELI-0001257，吻部，示弯曲的肠管及较直的神经索。

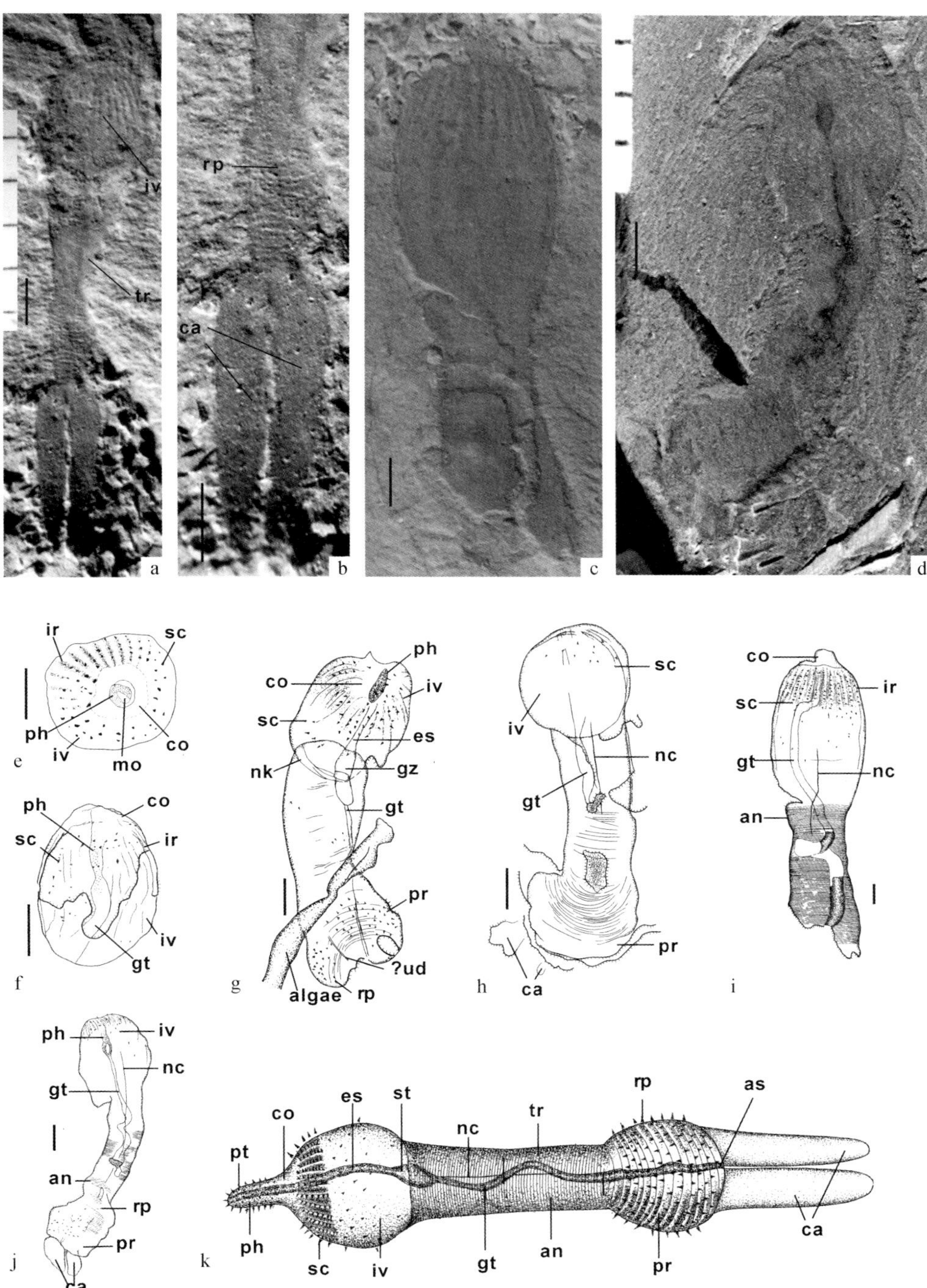

图 2 *Xiaoheiqingella peculiaris* Hu，早寒武世黑林铺组玉案山段，云南昆明海口尖山剖面。标尺每格 1 mm。a，ELI-0001258，完整标本，示翻吻、躯干以及尾附肢；b，ELI-0001258，一对尾附肢，躯干后段环疣清晰可见；c，ELI-0001259，示弯曲的肠管及较直的神经索；d，ELI-0001260，示弯曲的肠管及较直的神经索，尾附肢所处层面远低于躯干，未完全修出；e—j 分别为图 1a，b，c，h 和图 2c，d 的解译图；k 为 *Xiaoheiqingella peculiaris* 的复原图。

胃(gizzard),胃之前咽之后为食管(esophagus)。肛门位于躯干末端和两个尾附肢根部之间。

腹神经索同样表现为一条更细的直线或窄带,但与肠管相比,颜色更接近于虫体的表皮,其走向与躯干的弯曲或扭曲保持一致,这些现象与现生鳃曳动物的腹神经索植于表皮之内这一特征相吻合(图 1h; 2c, d)。躯干肛前区内腔左侧依稀可见一条较短的浅灰色或卵白色的条带(图 1c, 2g),可解释为生殖管(urogenital duct),但不排除为后收缩肌(posterior retractor muscle)的可能性。

产地与层位:下寒武统黑林铺组玉案山段(始莱德利基虫带),晋宁梅树村剖面及昆明海口尖山剖面、耳材村剖面及云龙寺剖面。

比较与讨论:黄迪颖[23]认为 *Xiaoheiqingella* 与 *Yunnanpriapulus* 的区别在于:①*Yunnanpriapulus* 翻吻后部具吻突,而 *Xiaoheiqingella* 无吻突;②*Xiaoheiqingella* 单个尾附肢细长,而 *Yunnanpriapulus* 则较短;③*Yunnanpriapulus* 具明显颈区,而 *Xiaoheiqingella* 仅为翻吻和躯干之间一收缩界面。但文中存在明显矛盾之处,如确定为 *Xiaoheiqingella* 的最为完整的标本 EC60301(见参考文献 23,图 2a,3a)翻吻后部明显可见至少一个吻突,与其定义相违;而确定为 *Yunnanpriapulus* 的模式标本 EC60381(见参考文献 23,图 4a,5a)肛前区具有明显的环疣,但是翻吻中、后部却未观察到吻突。根据我们的标本观察,这两个属种之间的这几点区别均不成立:穿层保存的标本虫体通常前粗后细(图 1d—f),肛前区和尾附肢的直径大大减小,翻吻后段吻突以及肛前区的环疣均不明显,均体现为 *Xiaoheiqingella* 的形态特征;而平行层面保存的标本则更多地体现为 *Yunnanpriapulus* 的特征(图 1c; 2a, b, d, g, j)。保存双支型尾附肢的标本,而且无论尾附肢长短,翻吻后部均具有吻突,颈部均表现为翻吻和躯干之间的收缩面(图 1c, d, g; 2a, b, d, g, j)。所以本文认为 *Y. halteroformis* 很可能为 *X. peculiaris* 的同物异名,其复原图见图 2k。

现生鳃曳动物 Priapulidae 科中的 *Acanthopriapulus horridus* 有吻突 25 列,中后部的吻突较小,松散排列,而且略微偏离前面整齐的吻突列[27],这种排列方式与 *Xiaoheiqingella* 最为接近,但 *Xiaoheiqingella* 中后部的吻突看起来与前面成列的吻突大小并无较大差异。现生鳃曳动物吻部以及身体其他部分的装饰形态多样,而 *Xiaoheiqingella* 肛前区的刺状环疣与翻吻表面的刺状吻突以及刺状咽齿均呈错行斜列,形态并无二致,说明现生鳃曳动物表面的这些装饰的原始形态可能是形态简单的小刺。这些小刺呈错行或斜列状的排列方式为 *Xiaoheiqingella* 的咽、翻吻和躯干所共同拥有,所以,错行斜列这一特征可能是鳃曳动物的一个原始特征。

管尾虫科 Tubiluchidae van der Land, 1970

拟管尾虫属 Genus *Paratubiluchus* gen. nov.

词源:新属与现生鳃曳动物 *Tubiluchus* 较为相似。

特征:倒梨状翻吻表面具 25 列吻突,每列 6—7 个吻突,每列最后一个吻突近于成圈排列。颈区宽,卵形的躯干表面无环纹,可见一些疣突，一对较短的尾附肢具横纹。

讨论：Tubiluchidae 科最初的定义为：咽具有等大的梳状的咽齿；具多板构造；20 列吻突；躯干无环纹；幼虫具辐射对称的兜甲[28]。Adrionov 等[27]给予的定义更为详尽，还包括有：微型个体；具明显颈部；颈部具颈折或颈板；躯干表面具有一些小的乳突，无环纹；尾附肢单支型，表面无囊泡和小管；而且吻突应为 25 列。其他研究证实该科确实具有 25 列吻突[28-29]。但是 *Meiopriapulus* 同样具有微型个体以及多板构造这两个特征，并且缺乏任何尾附肢，曾被归入 Tubiluchidae 科[30]，所以，Adrionov 等提出的定义过于详细。总体上看来，*Paratubiluchus* gen. nov. 除了具一对尾附肢外，与 Tubiluchidae 科的基本定义完全符合。一根管状尾附肢应该为 *Tubiluchus* 的特征之一，而不宜作为该科定义的标准。

双尾拟管尾虫 Paratubiluchus bicaudatus gen. nov. , sp. nov.（图 3a—d）

词源：种名指尾附肢为一对。

特征：同属征。

模式标本：ELI-0001261。

描述：虫体分为 4 部分，吻、颈、躯干和尾附肢，4 部分比例约为 2:1:3:1.5。

吻可分为翻吻、领和咽 3 部分，翻吻呈倒梨形，后半部直径最大。翻吻前半部单面可观察到 13 列刺状吻突，所以，整个翻吻表面应具有 25 列吻突。每列吻突 7 个，间距向后逐渐增加，而最后一个吻突与前 6 个相距较远，所以，每列最后一个吻突近于成圈排列。领呈锥管状向前强烈收缩，表面光滑。咽呈管状内缩于翻吻之内，其颜色较重，表明其表面具有咽刺（图 3a，b，d）。

颈部直径明显小于翻吻和躯干，表面可见一些横向折痕以及几个小瘤点，这些折痕明显不同于规则的环纹。躯干近卵形，前 1/3 处直径最大。整个躯干表面未发现任何环纹，中部一侧区域可见一些小瘤点（图 3a，b）。

躯干之后紧随一对较短的尾附肢，尾附肢呈管状，前宽后窄，末端浑圆，表面可发现一些很弱的横纹。从模式标本看来，两个尾附肢后段呈叠压状态保存（图 3c）。

肠管表现为一条灰白色的条带，肛门可能位于躯干末端和两个尾附肢之间。两个尾附肢的内侧可观察到两条与尾附肢等长的颜色近于肠道的灰白色条带，宽仅为尾附肢的 1/4，分别从肠道末端向侧后方分出且伸入尾附肢（图 3a，b，c）。现生鳃曳动物无相关对应的构造，暂且解释为尾收缩肌。

比较：*Paratubiluchus* gen. nov. 同现生 Priapulidae 科以及 *Xiaoheiqingella* 最大的差别在于其躯干表面无环纹而具疣突；而相似之处在于每列最后一两个吻突与前面的吻突相距较远，尾附肢都为一对。同 *Tubiluchus* 相比，*Paratubiluchus* gen. nov. 的躯干相对更短，个体更大，尾附肢数目不同。

与未定种 A 的主要差别在于吻突列的排列方式和尾附肢的有无；相似之处在于二者躯干表面都没有环纹，都具有明显的颈区，身体各部分（尾附肢除外）比例都接近于具兜甲的现生鳃曳动物幼虫以及 *S. rara*。

Priapulidae 科、Tubiluchidae 科以及 Halicryptidae 科各属种的个体发育都经历 1—6 期兜甲幼虫阶段，第 1 期兜甲幼虫翻吻具 20 列吻突，以后增加到 25 列[26]。所以依据 *Paratubiluchus* gen. nov. 的性状组

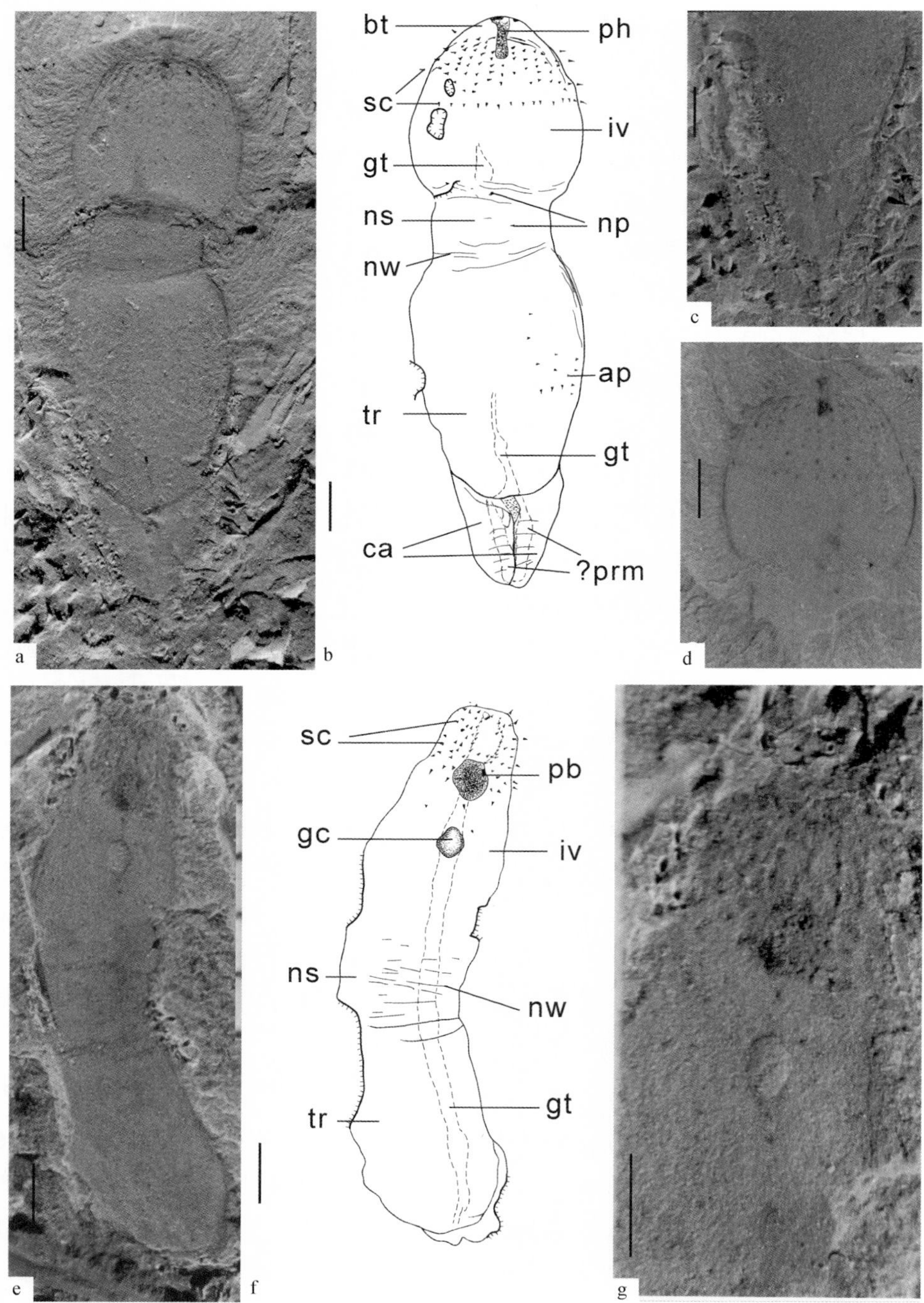

图3 a—d,*Paratubiluchus bicaudatus* gen. nov., sp. nov. 标尺每格 1 mm,ELI-0001261A;b 为 a 的解译图;c,放大显示 a 后部;d 为 ELI-0001261B,正模,示吻部构造。e—g,未定种 A,翻吻前 1/4 表面具 18—20 列吻突,其后另有一些零散的吻突,翻吻后半部表面光滑;颈区宽度小,表面具横向折痕;长卵形躯干无环纹,未发现尾附肢;吻腔内咽球表面具刺状装饰,直径大于肠管。标尺每格 1 mm。e,ELI-0001262。f 为 e 的解译图。g,显示翻吻、吻突以及咽球的详细特征。

合可推测其最近的早期祖先可能为具25列吻突的兜甲幼虫型鳃曳动物，其形态与现生兜甲幼虫中被公认为保留更多原始性状的*Tubiluchus*的后期幼虫最为相似。进一步的推论包括该起源于具20列吻突的与*S. rara*和第1期兜甲幼虫相似的祖先类型，而*Paratubiluchus* gen. nov.应处于兜甲幼虫型鳃曳动物与成虫型鳃曳动物的中间环节。

产地与层位：下寒武统黑林铺组玉案山段（三叶虫始莱德利基虫带），昆明海口尖山剖面。

4. 早期鳃曳动物躯体构型的演化特征

鳃曳动物躯体构型的演化特征以及演化趋势的研究证据均来自于现生鳃曳动物个体发育、化石鳃曳动物的形态研究以及相关门类的形态学对比。长期以来这些门类的相互关系以及鳃曳动物各科之间的系统位置始终未有定论[31]，尤其是古蠕虫类，其演化级别低于冠群鳃曳动物[19]，但因其分类位置暂未敲定[32]，所以下文讨论未涉及其演化特征。

翻吻

Palaeopriapulitidae科具20列吻突，Priapulidae科、Tubiluchidae科、Halicryptidae科[29]以及Chaetostephanidae科[33]具25列吻突（包括触手），Meiopriapulidae吻突列更多[34-35]，所以吻突列数目少应为原始特征。吻突主要位于翻吻前部应为鳃曳动物的原始特征之一，而吻突覆盖整个翻吻为衍征[23]。

颈部

具明显的颈区应为原始特征[23]。在Priapulomorpha目之内，对于“颈部为特化的躯干”这一观点[23]，笔者不敢苟同。因为翻吻、颈部、躯干这些虫体主要组成部分亦存在于与鳃曳动物相关的其他头吻动物（cephalorhynchs）中[31]，如动吻动物（kinorhynchs）和兜甲动物（loriciferans），所以，应仅仅在一个门类中探讨颈部的起源和分化。

躯干

躯干短较躯干呈长管状更为原始。幼虫具兜甲较无兜甲原始。具躯干亚区为高级特征[23]。Priapulidae科（包括*Xiaoheiqingella*）和Halicryptidae科的躯干末段的成圈环疣与*Maccabeus*的围肛钩[33]可能为同源构造。

尾附肢

Priapulidae、Tubiluchidae、Halicryptidae以及Chaetostephanidae这几个科尾端形态多样，如Chaetostephanidae科中的*Maccabeus*具围肛钩，无尾附肢，但肛门旁边具有两个小的管状突起（tubuli-like processes）[34]；Halicryptidae科亦无尾附肢，但是相应位置却有一对特别大的刚毛（setae）[25]；而Tubiluchidae科的*Tubiluchus*为单支型尾附肢；Priapulidae科中*Priapulopsis*两个种和*Priapulus atlantisi*[36]为双支型。Adriano和Malakhov[27]认为鳃曳动物尾附肢的演变顺序为：单支型—双支型，双支型为*Priapulopsis*的自形特征（autapomorphy）之一；同时认为

Priapulopsis 是 Priapulidae 科演化级别最高的属。但是依据当前具尾附肢的两个化石属种，我们认为双支型尾附肢应是 Priapulidae 科和 Tubiluchidae 科的共祖衍征(synapomorphy)，而并非 *Priapulopsis* 的自形特征。*Priapulopsis australis* 的双支型尾附肢大小并不对称，右边的尾附肢较小[27]，所以推测双支型通过退化可成为单支型。这种粗大的管状尾附肢与 *Maccabeus* 的管状突起以及 Halicryptidae 的刚毛很可能为同源构造。

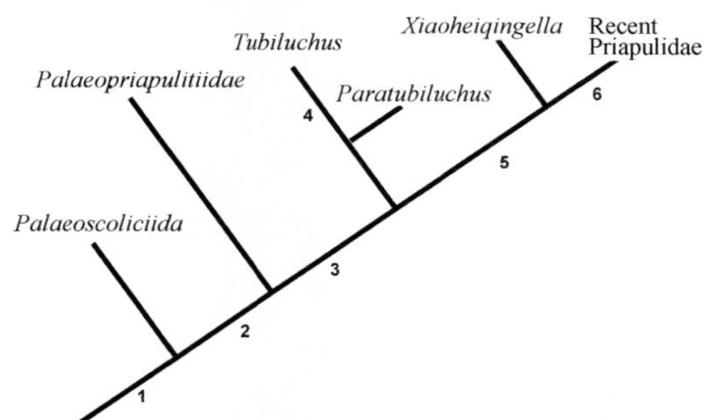

图 4 化石鳃曳动物与现生类型的谱系简图(改自文献 23)。1. 咽刺、吻突斜列状排列；2. 体三分：翻吻前部具 20 列吻突，具颈区，卵形躯干具辐射对称的兜甲；3. 体四分：25 列吻突，成虫躯干无环纹和兜甲，双型尾附肢；4. 微型个体，单型尾附肢；5. 管状躯干表面具细密环纹，具躯干亚区，颈区退化为翻吻—躯干—界面；6. 吻突覆盖整个翻吻，幼虫兜甲背腹分化。

肠管

已知 Tubiluchidae、Meiopriapulidae[26,27]、Palaeopriapulitidae 科中各属种与未定种 A(图 3e—g)均具有咽球或多板(polythyridium)构造，所以推测保持咽球或多板为祖征，缺失咽球或多板为衍征。

腹神经索

从现有标本观察到的腹部神经索同现生鳃曳动物并无二致，为表皮神经索，但并无实际属种分类意义。

黄迪颖等指出，鳃曳动物 Priapulidae 科在长期的地史演化过程中并无多大改变[23]，而 *P. bicaudatus* gen. nov., sp. nov. 的发现证明 Tubiluchidae 科也显示这一特点。现生 Priapulomorpha 目与化石鳃曳动物相比并无宏观创新构造，所以，进化上的保守性至少可以应用于整个 Priapulomorpha 目。

5. 运动方式

与 *Priapulus caudatus* 用于呼吸的气泡状的尾附肢相比[25]，*Xiaoheiqingella* 与 *P. bicaudatus* gen. nov., sp. nov. 的尾附肢主要功能应为调节体腔液。*Xiaoheiqingella* 的运动方式很可能与鳃曳动物的运动方式相同[37]。*Xiaoheiqingella* 虫体可与岩石层面呈 30°—40°斜交，口部可近垂直层面保存(图 1d)。考虑到泥岩的压实比率，推测 *Xiaoheiqingella* 能够在泥质基底中垂直运动。*Xiaoheiqingella* 有时可发现与 *S. rara* 共同埋葬在同一岩石层面，说明二者处于相近的生态位。现生鳃曳动物躯干表皮所呈现的环纹对应于表皮下的环肌[27]，所以，呈现规则稳定的环纹表示躯干纵向收缩和伸展能力更为强劲。未定种 A 与 *Paratubiluchus* gen. nov. 躯干表面无环纹，二者的运动能力可能远逊于 *Xiaoheiqingella*。*S. rara* 的颈区非常显著，可以大角度弯曲，所以在运动过程中可以改变方向。而 *Xiaoheiqingella* 和现生的 Priapulidae 科颈部退化为翻吻与躯干之间的收缩界面,所以其虫体的弯曲主要是通过躯干来体现的。在颈部的弯曲程度方面,未定种 A 与 *Paratubiluchus* gen. nov. 应处于这两者之间的过渡类型。

黄迪颖[23]认为 *Xiaoheiqingella* 同现生的鳃曳动物 *Priapulus caudtus* 食性相近,以肉食为主,偶尔泥食。*Paratubiluchus* gen. nov. 的食性应当与 *Xiaoheiqingella* 接近,而未定种 A 因为具有咽球,所以泥食的比重应当更大一些。

6. 古生态

节肢动物大约占据现生动物界 80% 的属种比例,整个地史时期它们的统治地位从未动摇过,这个认识在寒武纪的一些化石库也得到充分证实[38-39]。与鳃曳动物相关的古蠕虫类的早古生代属种分异度、形态分异度和个体丰度相当高。澄江化石库中的古蠕虫类总计 10 个属种,在各个剖面中其个体数量仅次于节肢动物[24,38,40],约占底栖群落的 10% ,与中寒武世布尔吉斯页岩动物群的种群结构比较接近[1,7]。志留纪之后尚无古蠕虫类的化石记录[32]。与现生鳃曳动物幼虫形态接近的有 *S. rara* 和 *Palaeopriapulites parvus* 以及 *Palaeopriapulites* sp. [11,16,18],作为鳃曳动物的干群,前两者在昆明海口地区较为常见,中寒武世以后未见报道。归属于 Priapulomorpha 目的 *Xiaoheiqingella* 和 *Paratubiluchus* gen. nov. 在澄江化石库个体数量极少,在其他化石库也未见报道。由此看来,在以早寒武世澄江动物群和中寒武世布尔吉斯页岩动物群为代表的海洋生态群落中,鳃曳动物的其他相关类群远比 Priapulomorpha 目的代表占据更为重要的地位。Priapulomorpha 目在早寒武世以及现代的海洋生态系统中,其属种分异度(仅 2 + 18 个种)和个体丰度都非常小[38],所以推测 Priapulomorpha 目自早寒武世以来的地史时期一直保持极小的丰度和分异度。

总之,Priapulomorpha 目的祖先在经历寒武纪辐射之后,其形态、食性、运动方式以及生态地位并没有实质性的改变[12],产生鳃曳动物各大支系的辐射演化很可能出现在早寒武世。

致谢

感谢云南地质科学研究所罗惠麟、胡世学、陈良忠允许参观模式标本;感谢张兴亮、胡世学提出的宝贵的意见和建议;感谢成秀贤、程美蓉、翟娟萍、郭洪祥、姬严兵在室内照相和野外工作上的诸多帮助。衷心感谢国家自然科学基金(批准号:40332016 和 30270207)和国家重点基础研究发展规划项目(批准号:2000077702)资助。

参考文献

1. Briggs, D. E. G., Erwin, D. H. & Collier, F. J., 1994. The Fossils of the Burgess Shale. Washington: Smithsonian Institution Press. 114-125.
2. Shu, D. G., Conway Morris, S., Han, J. et al., 2001a. Primitive deuterostomes from the Chengjiang Lagerstätte, Lower Cambrian, China. Nature, 41(4), 419-424.
3. Shu, D. G., Luo, H. L., Conway Morris, S. et al., 1999. Lower Cambrian vertebrates from South China. Nature, 402, 42-46.
4. Shu, D. G., Chen, L., Han, J. et al., 2001b. An Early Cambrian tunicate from China. Nature, 411, 472-473.
5. Shu, D. G., Conway Morris, S., Zhang, Z. F. et al., 2003. A new species of Yunnanozoan with implications for Deuterostome Evolution. Science, 299,

1380-1384.

6. Chen, J. Y., Dzik, J., Edgecombe, G. D. et al., 1995. A possible Early Cambrian chordate. Nature, 377, 720-722.
7. Conway Morris, S., 1998. The Crucible of Creation: The Burgess Shale and the Rise of Animals. Oxford: Oxford University Press. 1-242.
8. 陈均远,周桂琴,朱茂炎,等. 1996. 澄江生物群——寒武纪大爆发的见证. 台中:台湾自然科学博物馆,1-222.
9. Chen, J. Y. & Zhou, G. Q., 1997. Biology of the Chengjiang fauna, Bulletin of the National Museum of Natural Science, 10, 33-37.
10. Chen, J. Y. & Huang, D. Y., 2002. A possible Lower Cambrian Chaetognath (arrow worm). Science, 298 (4), 187.
11. 侯先光,杨·伯格斯琼,王海峰,等. 1999. 澄江动物群——5.3 亿年前的海洋动物. 昆明:云南科技出版社. 53-64.
12. 陈良忠,罗惠麟,胡世学,等. 2002. 云南东部早寒武世澄江动物群. 昆明:云南科技出版社. 163-166.
13. Han, J., Zhang, X. L., Zhang, Z. F. et al., 2003. A new platy-armored worm from the Early Cambrian Chengjiang Lagerstätte, South China. Acta Geologica Sinica, 77(1), 1-6.
14. 侯先光,孙卫国. 1988. 澄江动物群在云南晋宁梅树村的发现. 古生物学报,27(1),1-12.
15. 孙卫国,侯先光. 1987. 云南澄江早寒武世蠕虫化石——*Maotianshania* gen. nov. 古生物学报,26(3),299-305.
16. 罗惠麟,胡世学,陈良忠,等. 1999. 昆明地区早寒武世澄江动物群. 昆明:云南科技出版社. 76-83.
17. Conway Morris, S., 1977. Fossil priapulid worms. Special Papers in Palaeontology, London, 20, 1-95.
18. Zhao, Y. L., Yang, R. D., Yuan, J. L. et al., 2001. Cambrian Stratigraphy at Balang, Guizhou province, China: Candidate section for a global unnamed series and stratotype section for the Taijiangian stage, in the Cambrian System of South China (eds. Peng, S., Babcock, L. E., Zhu, M.). Palaeoworld, 10, 189-208.
19. Dong, X. P., Donoghue, P. C. J., Cheng, H. et al., 2004. Fossil embryos from the Middle and Late Cambrian period of Hunan, south China. Nature, 427, 237-240.
20. Hou, X. G. & Bergström, J., 1994. palaeoscolecid worms may be nematomorphs rather than annelids. Lethaia, 27, 11-17.
21. Budd, G. E., 2001. Why are arthropods segmented? Evolution & Development, 3(5), 332-342.
22. Schram, F. R., 1973. Pseudocoelomates and a nemertine from the Illinois Pennsylvanian. Journal of Paleontology, 47, 985-989.
23. Huang, D. Y., Vannier, J. & Chen, J. Y., 2004. Recent Priapulidae and their Early Cambrian ancestors: comparisons and evolutionary significance. Geobios, 37, 217-228.
24. Zhang, X. L., Shu, D. G., Li, Y. et al., 2001. New sites of Chengjiang fossils: Crucial windows on the Cambrian explosion, Journal of the Geological Society. London, 158, 211-218.
25. Land, V. D. J., 1970. Systematics, zoogeography and ecology of the Priapulida. Zoologische Verhandelungen, Leiden, 112, 1-118.
26. Kirsteuer, E., 1976. Notes on adult morphology and larvae development of *Tubiluchus corallicaola* (Priapulida), based on *in vivo* and scanning electron microscopic examinations of specimen from Bermuda. Zoologica Scripta, 5, 239-255.
27. Adrianov, A. V. & Malakhov, V. V., 1996. Priapulida: Structure, Development, Phylogeny, and Classification. Moscow: KMK Scientific Press. 1-268.
28. Calloway, C. B., 1975. Morphology of the introvert and associated structures of the priapulid *Tubiluchus corallicola* from Bermuda. Marine Biology, 31, 161-174.
29. Lemburg, C., 1995. Ultrastructure of the introvert and associated structures of the larvae of *Halicryptus spinulosus* (Priapulida). Zoomorphology, 115, 11-29.
30. Land, J. van der, & Nørrevang, A., 1985. Affinities and intraphyletic relationships of the Priapulida, in the Origins and Relationships of Lower Invertebrates (eds. Conway Morris, S., George, J. D., Gibson, R. et al.). Oxford: Oxford University Press. 261-273.
31. Nielsen, C., 2001. Animal Evolution: Interrelationships of the Living Phyla. New York: Oxford University Press Inc., 1-563.
32. Conway Morris, S., 1997. The cuticle structure of 495 Myr-old type species of the fossil worm Palaeoscolex, *P. pricatorum* (? Priapulida). Zoological Journal of the Linnean Society, 119, 69-82.
33. Por, F. D., 1983. Class Seticoronaria and phylogeny of the phylum Priapulida. Zoologica Scripta, 12, 267-272.
34. Will, M. A., 1998. Cambrian and Recent disparity: the picture from priapulids. Paleobiology, 24, 177-199.
35. Morse, M. P., 1981. *Meiopriapulus fijiensis* n. gen., n. sp.: An interstitial priapulid from coarse sand in Fiji. Transactions of the American Microscroscopy Society, 100, 239-252.

36. Sanders, H. L. & Hessler, R. R., 1962. *Priapulus atlantisi and Priapulus profundus*, Two new species of priapulids from bathyal and abyssal depth of the North Atlantic. Deep Sea Research, 9, 125-130.
37. Hammond, R. A., 1970. The burrowing of *Priapulus caudatus*. Journal of Zoology London, 162, 469-480.
38. Briggs, D. E. G., Fortey, R. A. & Wills, M. A., 1992. Morphological disparity in the Cambrian. Science, 256, 1670-1673.
39. Budd, G. E., 2001. Ecology of nontrilobite arthropods and lobopods in the Cambrian, in the Ecology of the Cambrian Radiation (eds. Zhuravlev, A. Y., Riding, R.). New York: Columbia University Press. 404-427.
40. Zhu, M. Y., Zhang, J. M., Hu, S. X. et al. 2001. The Early Cambrian Chengjiang Biota: New quarry and discoveries near Earcaicun, Haikou town, Kunming county, Yunnan province, China, in the Cambrian System of South China (eds. Peng, S., Babcock, L. E., Zhu, M.). Palaeoworld, 10, 236-238.

（韩健　译）

华南早寒武世舌形贝类腕足动物软躯体化石

张志飞*,韩健,张兴亮,刘建妮,舒德干
*通讯作者 E-mail: zhangelle@ sina. com. cn

摘要 纤毛环和消化系统是腕足动物高级分类的两个重要特征,因此在腕足系统分类中起着重要的作用,然而它们却很少保存为化石。马龙舌孔贝(*Lingulellotreta malongensis*)是舌孔贝科(Lingulellotretidae)中已知最早的化石属种,也是澄江化石库中数量最为丰富的舌形贝类。在澄江动物群腕足动物研究过程中,作者发现马龙舌孔贝许多标本保存有精美的壳体内部软体组织,主要包括纤毛环和消化道,其纤毛环总体轮廓螺旋形,有时保存有清晰的纤毛触手结构,在发育上相当于螺腕发育的早期阶段;其消化道 U 形,包括口、食道、膨大的胃、肠和前置的肛门。该消化系统与澄江小舌形贝的消化系统总体外形相似,呈 U 形,不同的是后者缺乏膨大的胃而具有现代舌形贝类似的环状肠道部分。另外,本文对马龙舌孔贝的外套腔和内脏腔的相对排列也做了分析和描述。这些化石的研究表明早寒武世阿特达班阶(Atdabanian)腕足动物已经发育高级的形态特征,同时表明纤毛环和开放型的 U 形肠道是腕足动物的原始性状,即祖征(Plesiomorphies)。

关键词 舌型贝超科;纤毛环;消化道;早寒武世;澄江化石库;中国

引言

我国云南省的早寒武世澄江化石库是与加拿大布尔吉斯页岩化石库相媲美的特异型保存化石库(Conway Morris, 1998, p. 129—155),并已成为研究寒武纪生物大爆发的一个重要科学窗口(Zhang *et al.*, 2001; Chen *et al.*, 1996; Hou *et al.*, 1999; Luo *et al.*, 1999)。该化石库保存了显生宙以来已知最早的、最为丰富的软躯体化石生物群(Bergström, 2000; Shu *et al.*, 2001; Han *et al.*, 2003),特别是精美地保存了许多早期后口动物的进化创新特征,引起了国际学术界的极大关注(Shu, 2003; Shu *et al.*, 2003a, b)。澄江化石库的腕足动物化石数量丰富,是澄江动物群重要的组成部分,这些腕足动物主要以具有肉茎的舌形贝类群为特色(Jin *et al.*, 1993; Zhang, Han *et al.*, 2003)。马龙舌孔贝(*Lingulellotreta malongensis*)(Holmer *et al.*, 1997)是澄江动物群腕足动物中最为丰富的化石形式(Jin *et al.*, 1991, 1993)。早在 1991 年(Jin *et al.*, 1991),金玉玕院士就对马龙舌孔贝的古生态进行了研究,并认为马龙舌孔贝的生活方式与现代的舌形贝类相似。之后,其又对马龙舌孔贝和现生舌形贝的肉茎进行了形态比较研究，进一步支持了寒武纪舌形贝与现生类群生活方式的相似性（Jin *et al.*，1993）。接着，Holmer *et al.*（1997）对马龙舌孔贝的形态又做了进一步的研究，主要描述了它们的脉管系统和主肌痕信息。

毋庸置疑，分子生物学的研究进展正极大地推进着我们对腕足动物进化的理解和认识（Cohen *et al.*，1998；Cohen，2000），但新的化石材料的发现在解译腕足动物门的起源和辐射的过程中，仍发挥着无可取代的重要作用（Holmer *et al.*，2002；Conway Morris and Peel，1995；Skovsted and Holmer，2003）。纤毛环和消化道是进行腕足动物高级分类阶元系统分析的两大关键特征（Rowell，1982；Popov *et al.*，1993；Gorjansky and Popov，1986），但它们通常难以保存为化石。马龙舌孔贝是已知最早的舌孔贝类腕足动物。本文主要报道了在澄江化石库发现的特异型保存的舌孔贝型腕足动物化石。在这些化石上，我们发现了特异性保存的精美的具有丝状触手的纤毛环取食器官和原位保存的U形消化道。这些化石的发现为理解寒武纪早期（Atdabanian阶）不同谱系腕足动物的纤毛环取食器官和消化系统的性状特征提供了直接的化石证据，并对理解腕足动物的早期进化有重要的科学意义。

材料和方法

化石采自中国云南昆明市海口镇早寒武世筇竹寺组玉案山段灰绿和灰黄色的泥岩。化石产地和地层信息Jin *et al.*（1993）和Zhang *et al.*（2001）已经做了详尽的描述和讨论，本文不再赘述。迄今，西北大学早期生命研究所研究团队在澄江化石库的不同产地采集马龙舌孔贝标本已逾400枚。该属种的详细描述和鉴定特征详见Holmer *et al.*（1997）和Jin *et al.*（1993）。在澄江化石库中，马龙舌孔贝的绝大多数标本都保存为棕红色的印模和外模，标本与周围黄绿色的围岩颜色反差较大，易于识别。在对这些标本的观察中发现40多个标本保存有纤毛环细节特征。有些标本在收集过程中，两壳正好沿着缝合线组成的平面直接裂开，因此直接显示了纤毛环的形态（图1A，F）。另外一些标本由于受到后期成岩压实作用的影响，纤毛环在背壳内膜标本上显示为成对的螺旋状的印痕（图1B—E，G；2）。消化道由于泥质沉积物的充填可以成为立体保存的管状结构（图4A，B），其保存特点与澄江动物群中其他动物的肠道类似，如节肢动物纳罗虫（Vannier and Chen，2002）、古虫动物门中的地大动物属和古虫属（Shu *et al.*，2001）。迄今，我们共有8块标本显示了部分或完全保存的消化道。特异保存的壳体内部组织表明了这些动物可能是受到泥质风暴的作用而被活埋的，或者是风暴致死后快速埋藏的。与布尔吉斯页岩化石库相似，尽管早期的磷酸盐矿化和随后的黏土矿物交代在特异型化石保存中起着重要作用，但活埋或快速埋藏可能是澄江型特异保存的关键（Orr *et al.*，1998；Butterfield，2000）。

所有的标本都是通过奥林巴斯体式显微镜观察，通过尼康体式显微系统拍照。为了提高照片的质量和对比度采用了不同的光线和照明设施。对于不到10 mm的标本直接使用目镜显微尺测量。研究的所有标本保存于中国陕西省西安市西北大学早期生命研究所，标本号码缩写为ELI。

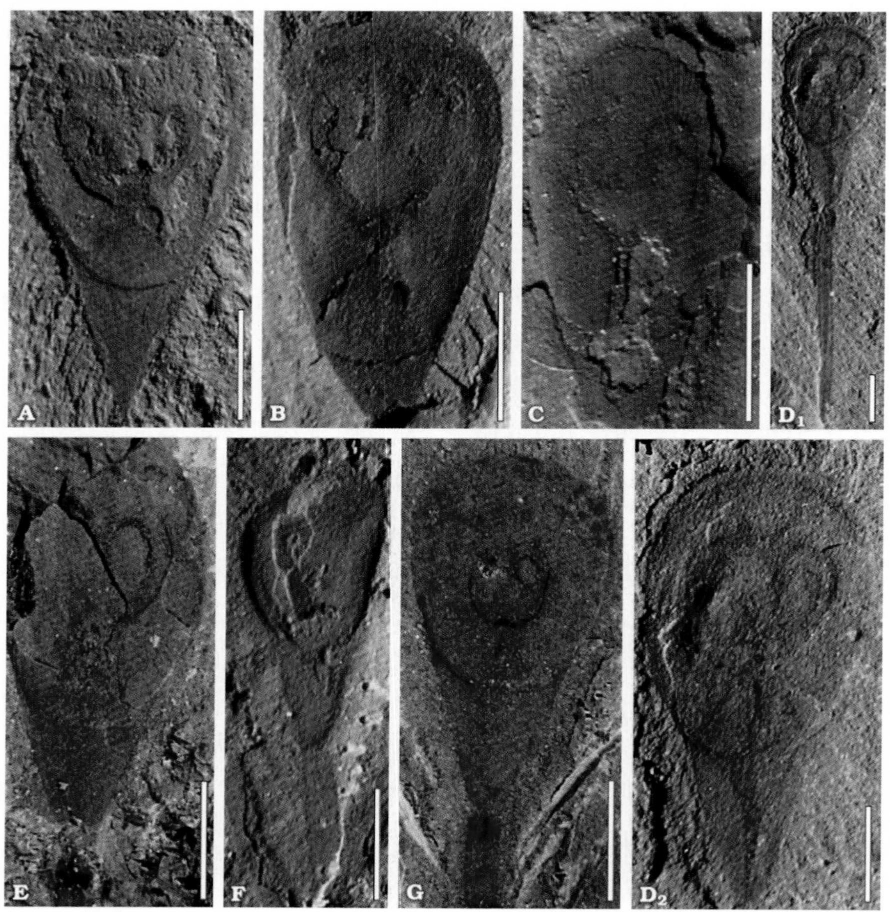

图 1 中国早寒武世筇竹寺组玉案山段马龙舌孔贝的纤毛环。A，ELI-L-0014A，背视腹壳内部，显示三维保存于壳体间沉积物中的带一系列定向纤毛的纤毛环。B，ELI-L-0033，显示了成对的纤毛环臂和内脏区的印痕。C，ELI-L-0052A，强烈压平的标本，显示具纤毛的纤毛环。D，ELI-L-0056A，D_1，标本具有强烈压平的平直肉茎和成对的螺旋纤毛环臂印痕，D_2 为 D_1 纤毛环臂印痕的细节。E，ELI-L-0073，强烈压平标本的斜侧视，显示中空纤毛环臂管的细节。F，ELI-L-0101，三维保存于壳体间沉积物中的纤毛环的斜侧视。G，ELI-L-0081，可能为强烈压平的幼壳标本，注意相对较小的纤毛环臂。比例尺：2 mm。一些解译图见图 2。

系统古生物学

舌形贝目（Lingulida）Waagen，1885

舌形贝超科（Linguloidea）Menke，1828

舌孔贝科（Lingulellotretidae）Koneva and Popov，1983

舌孔贝属（*Lingulellotreta*）Koneva（in Gorjansky and Koneva），1983

Lingulellotreta malongensis Rong，1974.

Lingulepis malongensis Rong；Rong 1974：114，图版 44：27，32.

Lingulepis malongensis Rong；Jin *et al.* 1993：794，图 5.1，5.6，5.7，8.1—

8.4, 9.4.

Lingulepis malongensis Rong; Luo *et al.* 1994：图版 37，图 11—14.

Lingulepis malongensis Rong; Chen *et al.* 1996：135，图 165—167.

Lingulellotreta malongensis; Homer *et al.* 1997，图 4.1—4.14.

Lingulellotreta malongensis Rong; Holmer and Popov 2000：72，图 1a—d.

纤毛环

壳体小，腹壳长 2.28—8.09 mm（见表 1），平均长度为 6.32 mm。腹假铰合面向前延伸到壳长约 30%—40% 处。在标本 ELI-L-0014A 中，一条红棕色波浪状的线状结构可能为前体腔壁（图 1A，2A），它将壳体分为两部分，前部应代表外套膜腔（大约占体积和长度的 80%），后部 20% 代表内脏腔。在外套膜腔中，纤毛环为一对耳形的螺旋状腕臂，沿壳体中线对称排列（图 1，2）。这对腕臂向前侧延伸，然后向内卷曲。标本观察显示，腕臂保存为一对平行弯曲的棕红色线状印痕（图 1E，D_2），明显中空或呈管状。腕臂有时以印模的形式保存于背壳的内膜上（图 1B—D，E，G；2B，C），有时直接保存在壳体外套膜腔内充填的泥质沉积物层面上（图 1A，F；2A）。正是在外套腔中充填的泥质沉积物中纤毛环的丝状触手才被很好地立体地保存下来（图 1A，2A）。这些触手沿着螺旋的腕臂向外伸出，并在向前侧方呈弓形弯曲（图 1A，C；2A，B）。观察发现，单个腕臂上大约可以清楚看到 23—34 只触手（图 1A，C；2A，B）。它们明显以单排向外排列，这些纤毛触手长而较粗，迄今已在 4 个标本上清晰可辨（如图 1A，C；2A，B；4A）。但在其他标本上只有腕臂保存（图 1B，D—F，G）。成对腕臂的底部保存有一个圆形的疤痕（图 1A—D，G；2A—C），这个疤痕可能代表了口部所在的位置。在超过 40 块具有纤毛环的标本中，未见有任何纤毛环骨骼支持系统。因此，我们推测这些舌形贝类的纤毛环像现代舌形贝一样仅仅通过流体动力骨骼支持。

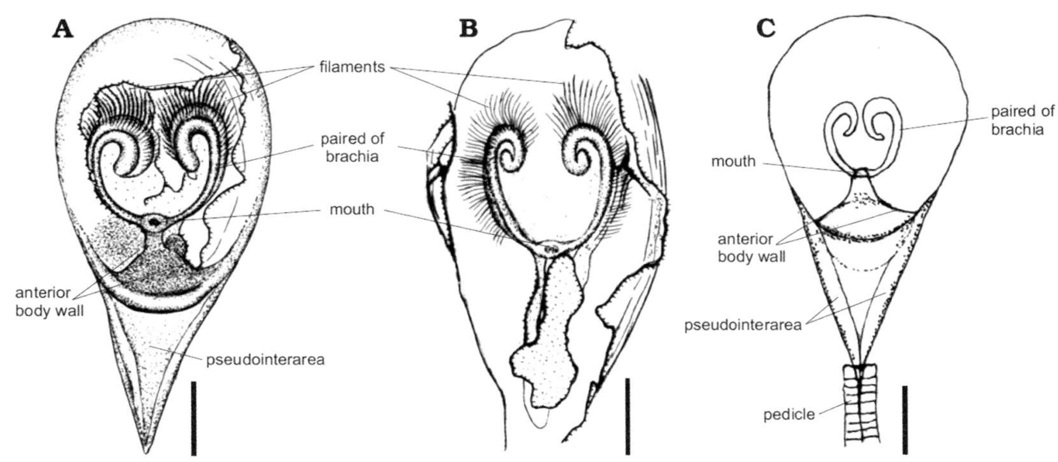

图 2　图 1 中马龙舌孔贝内壳的解译图。A 为图 1A 的解译图。B 为图 1C 的解译图。C 为图 1G 的解译图。比例尺：1 mm。

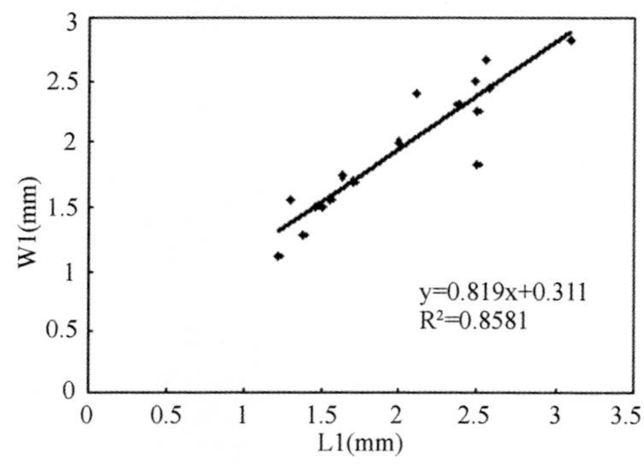

图3 马龙舌孔贝成对的纤毛环臂间的最大长度/最大宽度比值的点状图，统计基于 ELI 采集于中国云南昆明市海口镇的早寒武世澄江动物群标本。测量的位置见图5。

消化系统

马龙舌孔贝的消化道完美地显示在一个精美的标本上（图4A，B）。消化道保存为泥质充填的弯曲的管状结构，呈立体状，且凸度明显（图4A，B）。纤毛环基部的圆形疤痕可能指示了口的位置（图1,2,4A）。口之后为一个短的食道（图4A），食道向后延伸成为一个囊状的胃。一个横向带状穿过胃的印痕可能代表肠系膜带（图4A）。在胃的后半部分及其附近具有一些小小的突起，可能代表消化腺体的位置（图4A）。在胃之后，消化道继续向后延伸为一泥质充填的狭窄肠道，然后，在后体腔壁之前反转，向前延伸至右前体腔壁，最后肛门在离口后侧部一些距离处开口（图4A，B）。

比较

现代舌形贝 *Lingula* 的纤毛环为螺腕型，两个腕臂位于背侧，并向内螺旋排列形成腕螺，螺顶向内相对。未过滤的水流由腕臂从两侧进入，由纤毛环过滤后由中部流出（Cohen *et al.*，2003）。纤毛环完全通过主腕管内的液压支撑（Williams *et al.*，2000；Clarkson，1998）。

马龙舌孔贝与现代舌形贝类的纤毛环总体外形相似。比较发现这两个不同时期的舌形贝纤毛环具有以下共同特点：①总体外形相似，都由一对螺腕构成，螺腕对称排列在口的两侧；②缺乏任何骨骼支撑；③触手单排。而舌形贝纤毛环化石不同于现代舌形贝纤毛环的特征在于：①在壳体内所占的比例不同；②化石纤毛环腕壁螺旋复杂程度低于现代舌形贝的纤毛环。

与现代舌形贝相似，马龙舌孔贝的消化道成U形，口位于纤毛环基部，肛门前置。澄江小舌形贝（Jin *et al.*，1993）是澄江化石库中另一个常见的舌形贝类腕足动物。其位于壳体内部后1/3处的U形消化道也以泥质充填的连续狭窄细管的形式（图4C）保存于几个标本上（图4C，D）。总体来说，马龙舌孔贝的消化道排列方式与澄江小舌形贝相似，两者均为U形。从化石上看，前者与后者的主要区别在于：马龙舌孔贝缺乏小舌形贝朝左的一个肠道环，而具有一个膨大的胃。澄江小舌形贝的消化道与现代的舌形贝 *Lingula* 基本相似（Williams，2000，图90.2，6），不同的是现代舌形贝 *Lingula* 的肠道环（loop of intestine）较小。相比之下，马龙舌孔贝的消化道较为简单，从胃向右弯曲，结束在右体腔壁的前置肛门，这种排列与平圆贝（*Discinisca*）的消化道具有一些相似之处（Williams，2000，图90.1，5）。

讨论

早前的腕足动物研究认为，肛门的出现与否是区分无铰腕足和有铰腕足的重要标志。但是由于肠道通常不保存于化石中，所

表1　马龙舌孔贝的数据统计，统计基于ELI采集于中国云南昆明市海口镇的早寒武世澄江动物群标本。测量数据的位置见图5。

	壳长	背壳长	壳宽	纤毛环长度	纤毛环宽度	体长	体长:背壳长
数量	64	55	47	57	18	18	43
平均值	2.28	1.46	0.39	2.2	1.22	1.12	0.22
最大值	8.09	5.5	3.65	4.36	3.1	2.8	1.12
最小值	6.32	4.2	1.4	3.22	1.97	1.92	0.33
平均方差	1.03	0.65	0.45	0.48	0.56	0.43	0.13

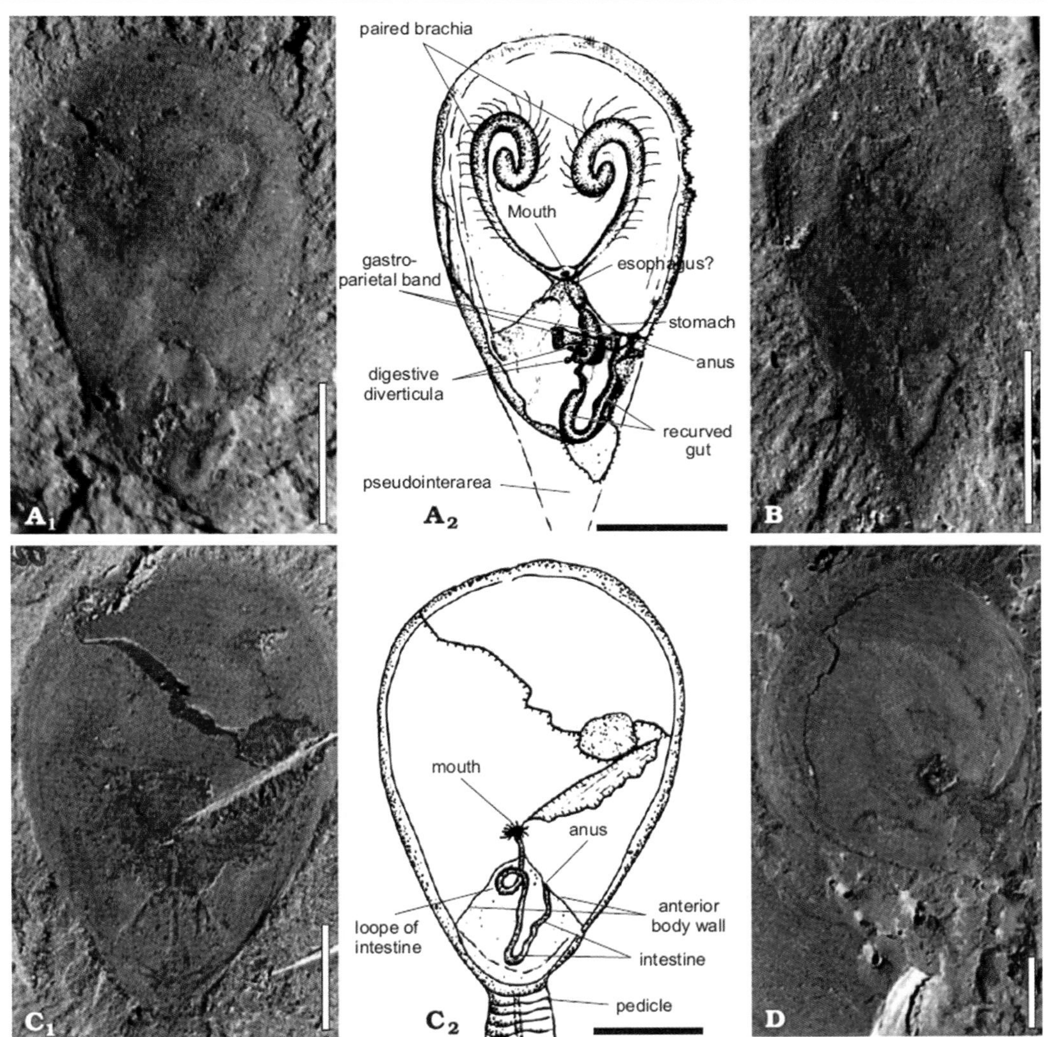

图4　中国南部早寒武纪筇竹寺组玉案山段的马龙舌孔贝和澄江小舌形贝。A，马龙舌孔贝，ELI-L-0017。A_1，背右侧视照片，显示内部消化系统和成对的纤毛环臂印痕；A_2，解译图。B，ELI-L-0091A，平行层面的马龙舌孔贝，注意微弱的纤毛环臂轮廓和消化道痕迹。C，澄江小舌形贝，ELI-L-0029。C_1，背内壳（背视），显示带有前置肛门的消化道和内脏区印痕；C_2，解译图。D，澄江小舌形贝，ELI-C-0027，前背部压平标本，显示口的位置。比例尺：2 mm。

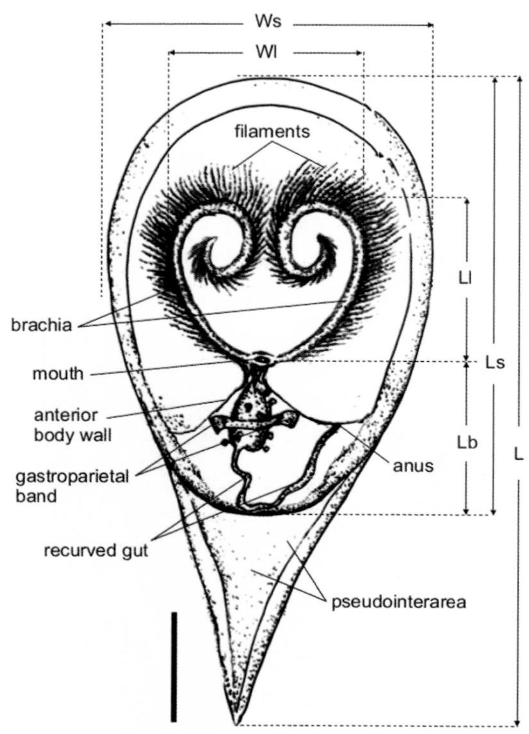

图 5 澄江动物群中的马龙舌孔贝的内壳复原图，基于标本 ELI-L-0014 和 ELI-L-0017，显示了纤毛环、消化道以及表 1 的测量位置。缩写：L，壳长；Lb，体长；Ll，纤毛环长度；Ls，背壳的长度；Wl，纤毛环的宽度；Ws，壳宽。比例尺：1 mm。

以无铰腕足是否一定存在肛门尚需求证。然而我们发现的化石表明在早寒武世至少有两类无铰腕足具有 U 形的消化道和前置的肛门。结合腕足单系起源学说的分子生物学证据（Cohen *et al.*，1998），我们认为这些特征属于祖征，现代舌形贝和平圆贝从共同的干群祖先中将这些性状继承了下来，而有铰腕足没有肛门则是在演化过程中丢失了这些性状。类似的，无铰腕足的弯折肠道和单层绒毛的纤毛环也是祖征。然而通过比较化石舌形贝和现生舌形贝我们发现舌形贝在形态上自早寒武世以来变化很大，而不像一些作者声称的几乎没有变化（Emig 2003；Biernat and Emig，1993）。一些显著的区别是早期舌形贝具有相对小并靠后部的内脏腔以及结构更简单的纤毛环。在化石舌形贝中内脏区只占到壳内空间的 20%—30%（图 1，2；表 1），这可能限制了肌肉系统的广泛分布和发育，使其实现复杂的掘穴运动。另外，马龙舌孔贝的假铰合面大，且伸出壳的后边缘较长（图 1，2）。这样的假铰合面可能阻碍了壳体间的相对运动，并像现生 Glottidia 一样难于钻入基质中，不能进行掘穴生活（Emig 2000；Thayer and Steele-Petrovich，1975）。再者，早寒武世舌形贝刚毛的分布和水流方式也与现代舌形贝的三簇假虹吸式（由本团队准备中）相异。因此，我们的化石材料可能是一些浮游幼壳或是底表栖类群（有些为较大的壳体），而不是掘穴。这些化石相对简单的纤毛环可能也意味着它们的捕食水流相对较弱并可能在气体交换方面比较低效。这些情况也与底表栖的腕足相对于掘穴的腕足只需要较少的氧气的情况相符。最后，舌形贝类化石壳体部分和肉茎的主要部分保存在同一个层面上（图 1D，F，G）可能也是其底表栖生活的间接证据。

本文描述的早寒武世（Atdabanian）的腕足化石提供了最早存在于腕足中的纤毛环和消化道的直接证据。这些新发现意味着无铰腕足在早中寒武世已经具有高等的形态特征，这也意味着大量的形态进化发生于更早的时期。另外，不同种类腕足中不同种类的纤毛环（Zhang，Hou and Emig，2003）和多样的弯曲肠道有力地表明在寒武纪开始之际无铰腕足已经有了很大的分异度。如果上述推论成立，腕足的干群和最早的祖先可能存在于晚元古代或者更早。然而腕足化石还尚未被发现于前寒武时期。

致谢

本项目由中国国家自然科学基金(40332016和30270207)和中国科学技术部(G. 2000077702)共同资助。感谢 Bernard L. Cohen 和 Sean P. Robson 博士帮助修改手稿和英语润色。感谢 Lars E. Holmer 教授有益的建议。尤其感谢 Leonid Popov 和 Christian Emig 教授在研究过程中的讨论,以及 Simon Conway Morris 的建议。同时感谢西北大学的蒙世杰教授、云南地质研究所的胡世学博士在研究过程中的帮助。感谢郭洪祥、姬严兵和程美蓉在野外化石采集和室内整理过程中的帮助,感谢翟娟萍在化石照相过程中的帮助。

参考文献

1. Bergström, J. , 2000. Chengjiang. *In*: D. E. G. Briggs and P. R. Croether (eds.). Palaeobiology II, 337-340, Blackwell Science, London.
2. Biernat, G. & Emig, C. C. , 1993. Anatomical distinctions of the Mesozoic lingulide brachiopods. Acta Palaeontologica Polonica, 38, 1-20.
3. Butterfield, N. J. , 2000. Interpreting axial structures in Burgess Shale-type fossils. Abstract of oral presentations, 44th Annual Meeting of the Palaeontological Association, Edinburgh. Newsletter of the Palaeontological Association, 45, 8.
4. Chen, J. Y. , Zhou, G. , Zhu, M. et al. , 1996. The Chengjiang biota, *A unique window of the Cambrian Explosion* [In Chinese with English summary]. 222 pp. National Museum of Natural Science, Taichung.
5. Clarkson, E. N. K. , 1998. Brachiopods. *In*: Clarkson, E. N. K. (ed.). *Invertebrate palaeontology and evolution*, 158-196. Fourth edition. Blackwell science, London.
6. Cohen, B. L. , 2000. Monophyly of brachiopods and phoronids: reconciliation of molecular evidence with Linnaean classification (the subphylum Phoroniformea nov.). Proceedings of the Royal Society, London B, 267, 225-231.
7. Cohen, B. L. , Gawthrop, A. & Cavalier-Smith, T. , 1998. Molecular phylogeny of brachiopod and phoronids based on nuclear-encoded small subunit ribosomal RNA gene sequences. Proceedings of the Royal Society, London, 353, 2039-2061.
8. Cohen, B. L. , Holmer, L. E. & Luter, C. , 2003. The brachiopod fold: a neglected body plan hypothesis. Palaeontology, 46, 59-65.
9. Conway Morris, S. , 1998. *The Crucible of creation.* 265 pp. Oxford University Press, Oxford.
10. Conway Morris, S. & Peel, J. S. , 1995. Articulated halkieriids from the Lower Cambrian of North Greenland and their role in early protostome evolution. Philosophical Transactions of the Royal Society of London B, 347, 305-358.
11. Emig, C. C. , 2003. Proof that Lingula (Brachiopoda) is not a living-fossil, and emended diagnoses of the Family Lingulidae. Carnets de Gélogie / Notebooks on Geology, Maintenon, Letter 1, 1-8.
12. Emig, C. C. , 2000. Ecology of inarticulated brachiopods. *In*: R. L. Kaesler (ed.), *Treatise on Invertebrate Paleontology*, *Part H*, *Brachiopoda*. Vol. 1, 473-495. Geological Society of America and University of Kansas, Boulder, Colorado, and Lawrence, Kansas.
13. Gorjansky, V. Ju. [Gorânskij, V. Û.] & Koneva, S. P. , 1983. Lower Cambrian inarticulate brachiopods of the Malyi Karatau Range (southern Kazakhstan) [in Russian]. Trudy Instituta Gologii i Geofiziki Sibirskogo otdeleniâ AN SSSR, 541, 128-138.
14. Gorjansky, W. J. & Popov, L. E. , 1986. On the origin and systematic position of the calcareous-shelled inarticulate brachiopods. Lethaia, 19, 233-240.
15. Han, J. , Zhang, X. L. , Zhang, Z. F. et al. , 2003. A new platy-armored worm from the Early Cambrian Chengjiang Lagerstätte. Acta Geologica Sinica (English Edition), 77(1), 1-6.
16. Holmer, L. E. & Popov, L. E. , 2000. Lingulata. *In*: R. L. Kaesler (ed.), *Treatise on Invertebrate Paleontology*, *Part H*, *Brachiopoda. Vol.* 2, 30-146. Geological Society of America and University of Kansas, Boulder, Colorado, and Lawrence, Kansas.
17. Holmer, L. E. , Popov, L. E, Koneva, S. P. et al. , 1997. Early Cambrian *Lingulellotreta* (Lingulata, Brachiopoda) from South Kazakhstan (Malyi Karatau Range) and South China (Eastern Yunnan). Palaeontology, 71 (4), 577-584.
18. Holmer, L. E. , Skovsted, C. B. & Williams. A. , 2002. A stem group brachiopod from the Lower

Cambrian: support for a *Micrina* (Halkieriid) ancestry. Palaeontology, 45 (5), 875-882.

19. Hou, X. G., Bergstrom, J., Wang, H. F. et al., 1999. The Chengjiang Fauna: *Exceptionally Well-preserved Animals From* 530 *Million Years Ago* [In Chinese with English summary]. Yunnan Science and Technology Press, Kunming, China. 177pp.
20. Jin, Y. G., Hou, X. G. & Wang, H. Y., 1993. Lower Cambrian pediculate lingulids from Yunnan, China. *Journal of* Palaeontology, 67(5), 788-798.
21. Jin, Y. G., Wang, H. Y. & Wang, W., 1991. Palaeoecological aspects of brachiopods from Chiungchussu Formation of Early Cambrian age, Eastern Yunnan, China. *In*: Jin, Y. G., Wang, J. G., and Xu, S. H. (ed.). Palaeoecology of China, 1, 25-47. Nanjing University Press, Nanjing, China.
22. Koneva, S. P., & Popov, L. E., 1983. On the some new lingulids from the Upper Cambrian and Lower Ordovician of Malyi Karatau Rangel [in Russian]. *In*: M. K. Apollonov, S. M. Bandaletov, and N. K. Ivŝhin (eds.), Stratigrafiâ i paleontologiyâ nižhnego paleozoâ Kazakhstana. 112-124. Nauka, Alma-Ata.
23. Luo, H. L., Hu, S. X, Chen, L. Z. et al., 1999. *Early Cambrian Chengjiang Fauna From Kunming Region, China* [In Chinese with English summary]. 129pp. Yunnan Science and Technology Press, Kunming, China.
24. Luo, H. L., Jiang, Z. W. & Tang, L. D., 1994. *Stratotype Section For Lower Cambrian Stages in China* [In Chinese with English summary]. 183pp. Yunnan Science and Technology Press, Kunming, China.
25. Menke, C. T., 1828. Synopsis methodica molluscorum generum omnium et specierum earum quae in Museo Menkeano adservantur. G. Uslar. Pyrmonti. xii + 91pp.
26. Orr, P. J., Briggs, D. E. G. & Kearns, S. L., 1998. Cambrian Brugess Shale animals replicated in clay minerals. Science, 281, 1173-1175.
27. Popov, L. E., Bassett, M. G. & Laurie, J., 1993. Phylogenetic analysis of higher taxa of Brachiopoda. Lethaia, 26, 1-5.
28. Rong, J. Y., 1974. Cambrian brachiopods. *In*: Nanjing Institute of Geology, Academia Sinica (ed.), *Handbook of Palaeontology and Stratigraphy of Southwest China*, 113-114. Sciences Press, Beijing.
29. Rowell, A. J., 1982. The monophyletic origin of the Brachiopoda. Lethaia, 15, 299-307.
30. Shu, D. G., 2003. A paleontological perspective of vertebrate origin. Chinese Science Bulletin, 48 (8), 725-735.
31. Shu, D. G., Conway Morris. S, Han, J. et al., 2001. Primitive deuterostomes from the Chengjiang Lagerstätte (Lower Cambrian, China). Nature, 414, 419-424.
32. Shu, D. G., Conway Morris. S., Han, J. et al., 2003b. Head and backbone of the Early Cambrian vertebrate *Haikouichthys*. Nature, 421, 526-529.
33. Shu, D. G., Conway Morris. S, Zhang, Z. F. et al., 2003a. A new species of yunnanozoan with implications for deuterostome evolution. Science, 299, 1380-1384.
34. Skovsted, C. B. & Holmer, L. E., 2003. The Early Cambrian (Botomian) stem group brachiopod *Mickwitzia* from Northeast Greenland. Acta Palaeontologica Polonica, 48, 1-20.
35. Thayer, C. W. & Steele-Petrovich, H. M., 1975. Burrowing of the lingulid brachiopod *glottidia pyramidata*: Its ecologic and paleoecologic significance. Lethaia, 8, 209-221.
36. Vannier, J. & Chen, J. Y., 2002. Digestive system and feeding mode in Cambrian naraoiid arthropods. Lethaia, 35, 107-120.
37. Waagen, W., 1885. Salt Range fossils, Vol. I, part 4. Productus Limestone fossils, Brachiopoda. Memoirs of the Geological Survey of India, Palaeontologia Indica, 13 (3-4), 547-728.
38. Williams, A., James, M. A, Emig, C. C. et al., 2000. Anatomy. *In*: R. L. Kaesler (ed.), *Treatise on Invertebrate Paleontology*, Part H, Brachiopoda, 7-188. Geological Society of America and University of Kansas, Boulder, Colorado, and Lawrence, Kansas.
39. Zhang, Z. F, Han, J, Zhang, X. L. et al., 2003. Pediculate brachiopod *Diandongia pista* from the Lower Cambrian of South China. Acta Geologica Sinica (English Edition), 77(3), 288-293.
40. Zhang, X. G, Hou, X. G. & Emig, C. C., 2003. Evidence of lophophore diversity in Early Cambrian Brachiopoda. Proceedings of the Royal Society, London B, (Supplement), 270, S65-S68.
41. Zhang, X. L., Shu, D. G., Li. Y. et al., 2001. New sites of Chengjiang fossils: crucial windows on the Cambrian explosion. Journal of the geological Society, London, 158, 211-218.

（张志飞　译）

华南早寒武世澄江化石库软躯体保存的小嘴贝型腕足动物

张志飞*，舒德干，Christian Emig，张兴亮，韩健，刘建妮，李勇，郭俊锋

* 通讯作者 E-mail：zhangelle@ sina. com. cn

摘要　顾脱贝是全球分布的小嘴贝型腕足动物，大量出现于早寒武世，在中寒武世末期绝灭。因此，与其相关的任何壳体内部解剖信息都对理解这些奇异而短命的生物的演化以及它们与相关现生类群的对比研究有着极大的系统学意义。这些信息通常只能在特异保存的软躯体化石中保存。本文记述了华南澄江化石库发现的一个顾脱贝新种——澄江顾脱贝（新种）。澄江顾脱贝的描述代表着原始有铰类钙质壳腕足动物在澄江化石库的首次发现。更重要的是，这些标本还特异保存了一些软躯体信息，如纤毛环、消化道和肉茎。这些软躯体信息在之前的古生代钙质腕足动物化石研究中少有发现。研究发现其纤毛环与早期螺腕类形态相似，很可能与同期的舌形贝类纤毛环同源。消化道由口、食管、膨大的胃、肠和一个末端肛门构成。肉茎长而粗大，从两壳之间向后伸出，表面饰有环状的同心层状结构，肉茎轴心中央包含一个中空的体腔。澄江顾脱贝具有碳酸钙质壳腕足动物干群的多重特点，同时显示了寒武纪磷酸质壳和碳酸钙质壳腕足动物形态解剖上的相似性，从而支持了腕足动物门的单系起源。

关键字　早寒武世；澄江化石库；腕足；纤毛环；消化道；肉茎；软组织保存

现代海洋环境中，腕足动物门个体数量相对稀少，在生态上虽然并不重要，但却在古生代海洋底栖群落中发挥着重要作用，其化石丰富、形态多样性高，化石记录连续。最近分子系统学研究表明帚虫动物门应该重新划归到腕足动物门，可以作为一个无壳的腕足动物亚门或者纲（Cohen，2000；Cohen and Weydmann，2005）。但是，现在权威学者普遍认为腕足动物门分类上仍应限于三个亚门：舌形贝型亚门、髑髅贝型亚门、小嘴贝型亚门。其中，小嘴贝型亚门多样性最高，由五个纲组成，但只有小嘴贝纲毫无疑问存在现生类群。碳酸钙质壳腕足动物最早出现于早寒武世，之后个体数量迅速膨大，自晚寒武世之后几乎成为腕足动物的主要类群。然而，碳酸钙质壳的小嘴贝型腕足动物化石往往仅有壳体保存。因此，有关这些灭绝类群的解剖信息只有依赖于与其现生相关类群的类比研究，但是这种类比研究是否正确，最终还是亟须精美干群类型化石发现的检验和修订（Sutton *et al.*，2005）。最近，特异型软躯体化石的发现为理解早期

不同腕足动物分支类型的形态和系统学提供了新的信息(Zhang Z. F. *et al.*, 2003, 2004a, b, 2005, 2006, 2007a, b; Zhang X. G. *et al.*, 2003; Sutton *et al.*, 2005; Holmer and Caron, 2006)。

澄江化石库是泥质保存的特异型化石库,因独特的保存,富含已知最早的、数量最为丰富、多样性最高的显生宙软躯体化石动物群而闻名,目前其声誉甚至已超过中寒武世布尔吉斯页岩(Shu *et al.*, 2001, 2003, 2004, 2006; Hou *et al.*, 2004)。此外,澄江化石库还发现了数量丰富的不同类型的非铰合类舌形贝型腕足动物化石,它们极其精美地保存了化石上很难见到的腕足动物软躯体信息,主要包括纤毛环、消化道以及不同类型的脉管系统。然而,在澄江化石库中小嘴贝型腕足动物数量相对稀少,远远少于它的近亲舌形贝型。因此,小嘴贝型腕足动物迄今在早寒武世澄江化石库中还未有报道。

在对中国西南云南昆明附近的澄江化石库不断发掘的过程中,发现了些许小嘴贝型腕足动物标本。经研究认为这些腕足动物隶属于顾脱贝属,基于其壳体的轮廓和形态特征被鉴定为一个新种——澄江顾脱贝。与格陵兰、俄国、哈萨克斯坦以及澳大利亚同时代其他顾脱贝属壳体化石不同(Rowell, 1977; Popov and Tikhonov, 1990; Popov, 1992; Popov *et al.*, 1997; Popov and Williams, 2000; Skovsted and Holmer, 2005),我们的标本保存了明显的软组织信息,包括肉茎、脉管系统、纤毛环、消化道以及壳体边缘的刚毛。尽管带有软躯体的有铰类腕足动物最近在英国的志留纪赫里福郡特异埋藏化石库中被发现,但之前却没有寒武纪小嘴贝型腕足动物软组织化石的发现。因此,5.20 亿—5.25 亿年前的这些澄江动物群腕足动物化石为研究小嘴贝型腕足动物的解剖学特征提供了新证据,开启了阐明腕足动物在寒武纪大爆发期间的辐射和形态功能演化的第一步。

材料与保存

大部分标本发现于海口尖山剖面(图 1A—B)。在这个剖面,我们早期发现了已知最早的无颌类脊椎动物海口鱼(Shu *et al.*, 2003)和一系列不同躯体构型的后口动物类群,如古虫动物类(Shu *et al.*, 2001)、棘皮动物干群古囊动物类(Shu *et al.*, 2004)以及最近一次报道的早寒武世发现的文德生物类型(Shu *et al.*, 2006)。此外,有 10 枚标本采自云南昆明西南30 km的安宁市山口村剖面,有 8 枚标本采自昆明晋宁二街镇附近的二街剖面。二街剖面位于昆阳磷矿梅树村剖面附近(图 1A)。梅树村剖面也是国际前寒武系—寒武系界限的候选层型剖面(罗惠麟等,1984)。

澄江动物群的化石产出层位属于玉案山段(始莱德利基虫—武定虫三叶虫化石带),也就是早寒武世黑林铺组(早期称为筇竹寺组)上部(图 1B)。

在昆明附近,该地层出露广泛(罗惠麟等,1999),与西伯利亚地层对比普遍认为属于阿特达班阶晚期(late Atdabanian)(Qian and Bengtson 1989; Bengtson *et al.*, 1990; Zhu *et al.*, 2001a),是一套滨前到远基滨外环境沉积的、周期性受到风暴影响的环境下沉积的泥岩和粉砂质泥岩(Zhu *et al.*, 2001b; Hu, 2005)。到目前为止,早期生命研究所团队在这些发掘点共采集澄江顾脱贝化石标本六十多枚，所有标本均保存于中国西安西北大学早期生命研究所（标号为 ELI-BK-001—BK-062；正模和负模分别以 A 和 B 作为后缀加以区分）。其中的 25 块标本不同程度地保存了肉茎（图 2A—C，G；3A—F；4D—H；5A—C）；6 块标本保存有部分或成对的纤毛环印痕（图 2A—H，5A—D）；此外有些标本还发现稍微凸起的边缘刚毛（图 4A—C）；5 块标本还极其异常地保存了向背弯曲的消化道，该消化道具有一个可能的背末肛门，该肛门位于壳体背后端，接近肉茎近端（图 2C，F—I；3C—E）。

澄江顾脱贝标本通常发现为背腹扁平的模状化石（图 1—3）。其壳体主要由黏土成分交代保存，原始钙质成分完全消失，壳体的外形在不同的标本中变化较大。软组织的保存表明大量完整的壳体是在活着的时候被掩埋的个体，而不是搬运聚集而来的壳体。在大多数情况下，它们表现为被压扁的背、腹复合模（图 2A—C，G；3A—G；4A—H；5A—C，E）。当我们把背壳移开时，腹壳就会被揭示出来（图 4D—F）。在 ELI-BK-038A 标本中，背、腹壳由于保存因素的影响多少显示出相互错动的痕迹（图 2B，E；5C）。在极个别的几个标本上壳体侧向挤压保存，能很好观察到壳体侧貌的形态（图 4J）。在 ELI-BK-037A，B 标本中，壳体的前缘很明显地被压扁（图 4I）。有趣的是，保存在泥岩中的腕足化石被劈开时，裂缝通常是沿着背壳表面所延伸的层面（图 1—2，4A—F）。这可能是由于背、腹壳凸起程度的差异引起的，壳体凸度往往在背壳表现强烈（图 4J）。这个较大的凸度使得背

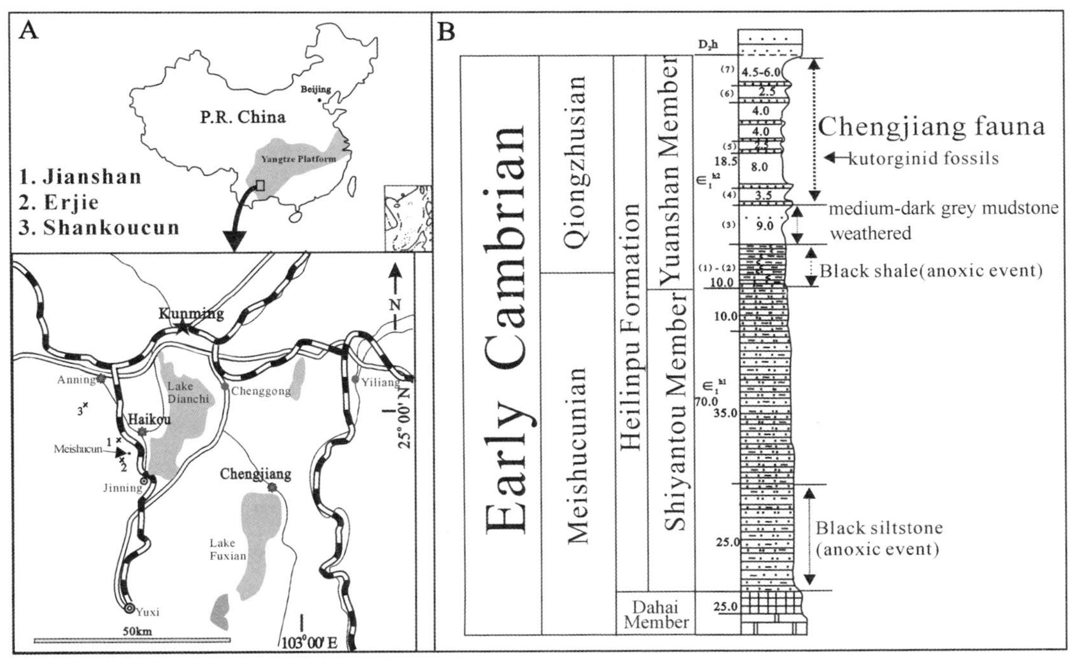

图 1　A，昆明地区地图，显示了早寒武世新种——澄江顾脱贝采集的地点。B，海口镇尖山剖面早寒武世地层，显示了本文所描述的腕足动物的层位。

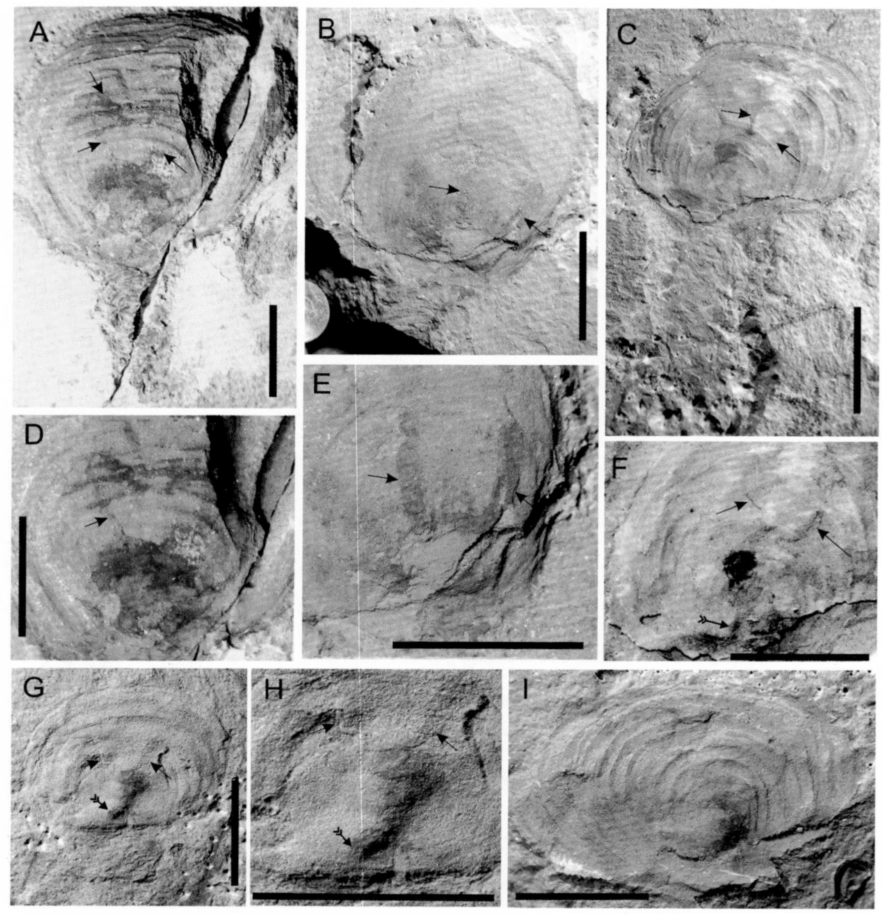

图2 澄江顾脱贝。采自中国南部澄江化石库，显示出纤毛环印痕（单箭头）和消化道（羽尾箭头）。比例尺代表5 mm。A，D，正模标本，ELI-BK-042。A，一个正模标本的全视图，显示出纤毛环印痕、内脏区和肉茎（图同5A）。D，放大的纤毛环和内脏区。B，E，ELI-BK-038A，侧向扭曲的标本显示出错动的铰合壳体。B，全视图，可见临近的纤毛环印痕和肉茎（图同5C）。E，纤毛环放大。C，F，ELI-BK-001。C，受后期压实影响形成的扁平标本，见成对的腕臂和消化道（图同5B）。F，纤毛环和肠道的细节。G—H，ELI-BK-002A，扁平的背壳内模，显示出食道的印模和？纤毛环。G，全视图（图同5D）。H，放大图。I，ELI-BK-003A，扁平的背壳内模，显示出食道的残留物。

壳在薄层的泥岩挤压保存过程中，增加了劈开泥岩采集化石时出露背壳的频率。

精细的壳体形态细节，如壳体表面的精细纹饰，在已有的化石上未见保存（图4D—L），这可能是由于与磷酸盐化保存相比，这些腕足动物壳体是保存在相对粗糙的黏土矿物中。然而与之不同，壳体内部特征如纤毛环的排列（图2A—H，4A—C，5A—D），脉管系统（图3F—G，5E）和肉茎（图2A—C，G；3A—F；4D—H；5）却得到很好的保存。很值得注意的是，澄江顾脱贝的肉茎不是沿着层面平行伸展，而是弯曲向下延伸到沉积物之中（图2A—C，G；3A—F；4D—H；5A—C，E）。肉茎的这种保存方式表明这些顾脱贝是在其生活时被原地埋藏的。由于大多数肉茎在化石机械劈开后只是部分可见(图 2A—C, G; 3A—F; 5A—C),因此需要一些尖针和小刷子对部分标本进行必要的机械修理。澄江顾脱贝的纤毛环既可能由于化石正好沿着两壳之间的缝合面劈开后直接显现出来(图 4A—B),也可能在化石埋藏后期压扁保存过程中透过扁平的背壳挤压保存为成对的螺旋形印痕(图 2A—H, 5A—D)。消化道也在背壳的内模上保存为红褐色印痕(图 2C, F—I; 3C—E; 5B)。然而,澄江顾脱贝边缘刚毛比同期寒武纪舌形贝型腕足动物的刚毛保存得要差一些(Zhang, Z. F. *et al.*, 2005, 2006)。

系统古生物学

小嘴贝型亚门 RHYNCHONELLIFORMEA Williams, Carlson, Brunton, Holmer and Popov, 1996

顾脱贝纲 KUTORGINATA Williams, Carlson, Brunton, Holmer and Popov, 1996

顾脱贝超科 KUTOGINOIDEA Schuchert, 1893

顾脱贝科 KUTORGINIDAE Schuchert, 1893

顾脱贝属 KUTORGINA Billings, 1861

模式种 *Kutorgina cingulata* Billings, 1861, from the Lower Cambrian of Labrador, Canada。

特征:见 Popov *et al.*, 1997, p. 346。

新种 澄江顾脱贝 *Kutorgina chengjiangensis* sp. nov. 图 2—5

词源:种命源于华南澄江化石库,并暗示了软组织的保存。

正模和化石层位:ELI-BK-042(图 2A, 5A),中国南部云南省早寒武世黑林铺组玉案山段(始莱德利基虫—武定虫三叶虫化石带)。

种征

壳体强烈背双凸型,轮廓呈次卵圆形或横向亚圆形;前边缘较方;壳体表面饰有强力的外缘型壳层纹饰,无明显可见的精细颗粒状纹饰;腹壳存在可能的顶部肉茎孔;背壳后缘较直、背壳前中位置向前略微发育一折状凹痕。腹铰合面斜倾型,背铰合面较小、不发育;背侧脉管羽状,中脉管在中部分叉;肌痕保存较差;纤毛环有轻微的螺旋但缺少任何支撑结构。肉茎粗大、圆柱形。消化道由口、食道、膨胀的胃和一个背末端功能肛门构成。

描述

壳体

贝体背双凸型,轮廓呈亚椭圆形至近方形;壳体最大长度为 15 mm,最大宽度可达 17 mm,位于壳体长度的前 1/3 位置。壳体的长宽比约为 0. 72—0. 97 之间(平均为 0. 84;大小统计见下文)。背壳凸起强烈,最大高度位于壳体中部;腹壳稍微凸起,在壳体后 1/4 处达到最大高度(图 4I—J)。三维立体保存的腹壳(图 4I)观察显示很可能具有一个顶部肉茎孔。壳体表面由紧密排列的同心生长层组成,平均以 0. 6—0. 8 mm 相互间隔开;这些纹饰在背壳上发育良好(图 4D—F),而在腹壳上相对微弱(图 4G—J)。从现有的标本观察未发现任何放射纹饰(图 4K—L)。

腹铰合面斜倾型，稍微凸起于壳面，中间具有宽而高凸的假三角板（图 2A—C；5A—C）。背铰合面不发育，铰合线直（图 2A—C，G；3A—D；5A—D）。背、腹铰合面在强烈压扁的壳体上表现为扁平的三角形印痕（图 4D—F）。背壳内后两侧向前发育倾斜排列的条纹状印痕，解释为背铰合沟（图 4E）。

肉茎

肉茎从腹窗板和背三角孔之间的缝隙向后伸出，通常保存为压扁的印模状，陡然弯曲深入更深的沉积物微层（图 2A—C，G；3A—F；4D—H；5）。肉茎从壳体的后缘伸出，以恒定的直径延续成柱状，表面装饰沟状的环纹，末端呈圆盘状。寒武纪顾脱贝的肉茎末端并没有发现许多现生有铰类具有的肉茎丝，也不像澄江龙潭村贝一样可以固着在其他动物的壳体上（Zhang，Z. F. *et al.*，2006，2007a）。肉茎的最大长度达 13 mm，在 ELI-BK-037A，B 标本中最大直径达 3.1 mm（图 4I）。与澄江舌形贝类相比，澄江顾脱贝的肉茎看起来更加粗壮（Jin *et al.*，1993；Zhang，Z. F. *et al.*，2005，2006，2007a，b）。某些标本的表面具有同心盘状的环纹，每个环纹间隔约 0.6—1.0 mm。目前虽然不能确定澄江顾脱贝粗壮的肉茎内部是否充满结缔组织，但其内部可能存在一个空腔。肉茎中央一条黑色的线痕可能表明了肉茎腔的位置（图 3C—E）。顾脱贝的肉茎腔可能与在其他澄江化石库舌形贝类腕足动物上发现的肉茎腔同源。在标本 ELI-BK-051A 中，这个肉茎腔似乎保存为黄棕色的黄铁矿化的印痕，从壳体后缘向后延伸约 5 mm（图 3B）。

内脏区和消化道

内脏区的形态在几个标本上保存得很好（图 2A—I，5A），在背壳内后中位置保存为棕红色的梨形凹痕，向前延伸稍微超越壳体长度的后 1/3。有意思的是澄江顾脱贝完整的消化道在化石上也异常地保存下来了（图 2），其细节和形态请查阅解译图 5B 和 D。腕足动物的研究认为其消化道开口于口，通常位于纤毛环的基部。口之后，向背后延伸的线状印痕可能为食道的位置（图 5B），食道之后显示为一膨大的深黑色囊状结构，表明了胃的位置。胃之后，消化道继续向后延伸缩小为紫红色的线状肠道，最后终结于一个背后中的肛门。在化石上这个背中肛门保存为一个圆形的疤痕，位于壳体后端中央，临近肉茎近端的位置（图 2C，F—I；3C—E）。

纤毛环

研究发现顾脱贝纤毛的保存质量变化较大。在标本 ELI-BK-042 中，成对的纤毛环臂印痕从内脏前壁中央向前侧方伸出（图 5A），并弯曲成弓形向内卷曲，对称地排列在壳体中央两侧。这种保存现象在许多标本中都可以观察到（图 2A—H，4A—C，5A—D）。在标本 ELI-BK-016A-B 中，纤毛环印痕在壳体内部呈三维立体状态保存（图 4A—C）。在图 2C，F 中腕臂保存为一对看似不十分对称的印痕状，这主要是因为受到壳体的侧向挤压所致，在颜色上纤毛环印痕与扁平的背壳表面形成微弱的反差，从而易于辨识（图 2C，5B）。在一些标本上由于强烈的侧向压扁作用而仅仅显示出成对纤毛环的近端部分（图 2B，E；5C）。这些成对的印痕状结构(图2C, F; 5B)在化石上显示出明显的柔韧性,它们简单的螺旋形形态进一步支持了它们最可能代表纤毛环的腕臂,而非任何类型的纤毛环支持结构。这些简单螺旋状的纤毛环印痕表明澄江顾脱贝的纤毛环进入了螺腕发育的早期阶段。

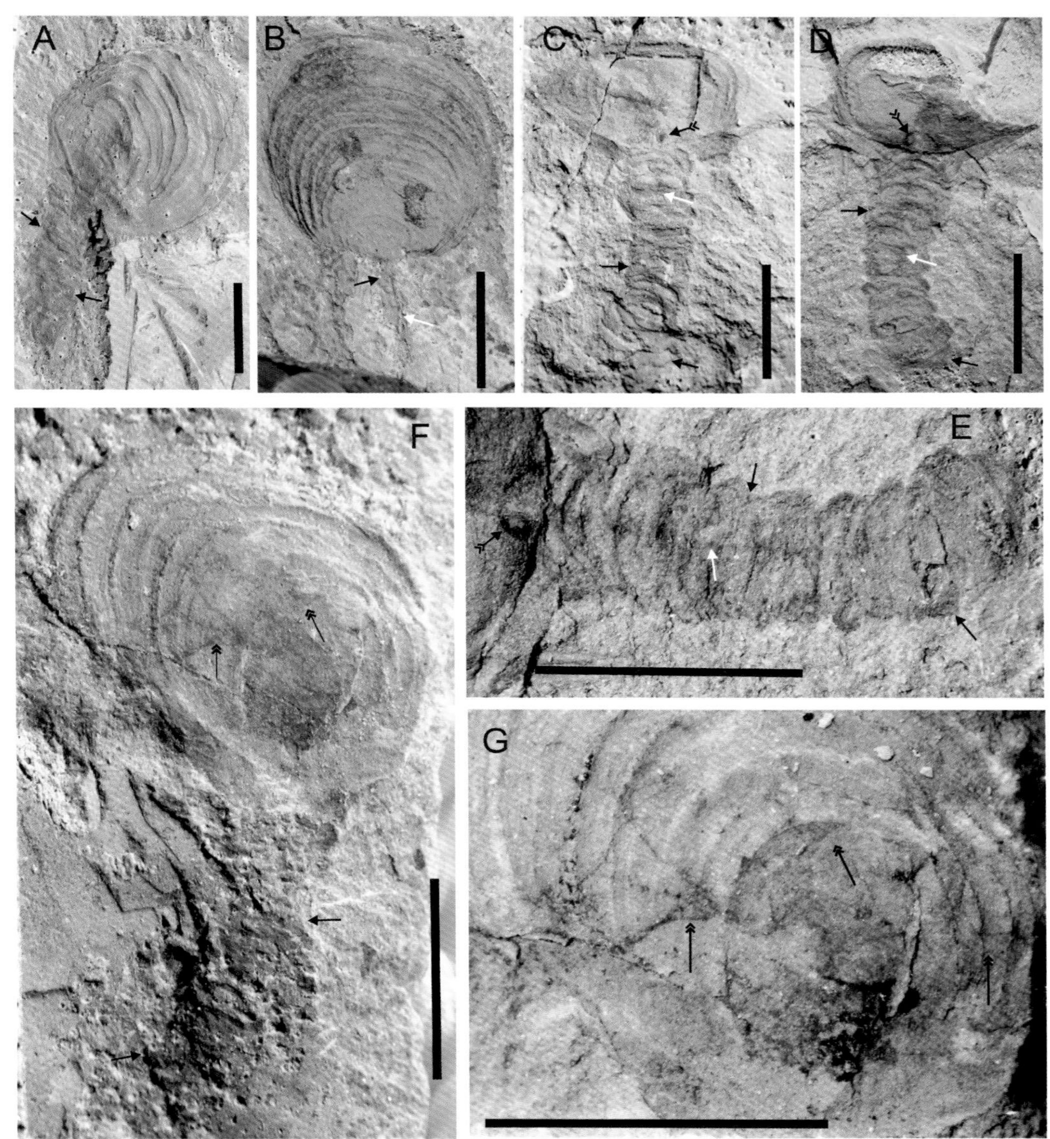

图3　澄江顾脱贝。采自中国南部澄江化石库,显示出肉茎(黑箭头)、可能的肉茎孔(白箭头)、脉管(双头箭头)、可能的背壳末端肛门(羽尾箭头)。比例尺为5 mm。A, ELI-BK-010,标本扁平,可见肉茎向下延伸。B, ELI-BK-051A,延伸至背壳外部的肉茎,其可能的茎孔为黄铁矿所填充。C, ELI-BK-037B,压碎的背壳内膜,带有三维保存的肉茎和直的空腔(白箭头);示肛门口处的黑色印痕。D—E, ELI-BK-037A。D,全视图;E,放大的肛门和肉茎腔(白箭头)。F—G, ELI-BK-036。F,压扁标本的全视图,带有扁平而长的肉茎,显示出背脉管(图同5E)。G,对图F中的脉管的放大。

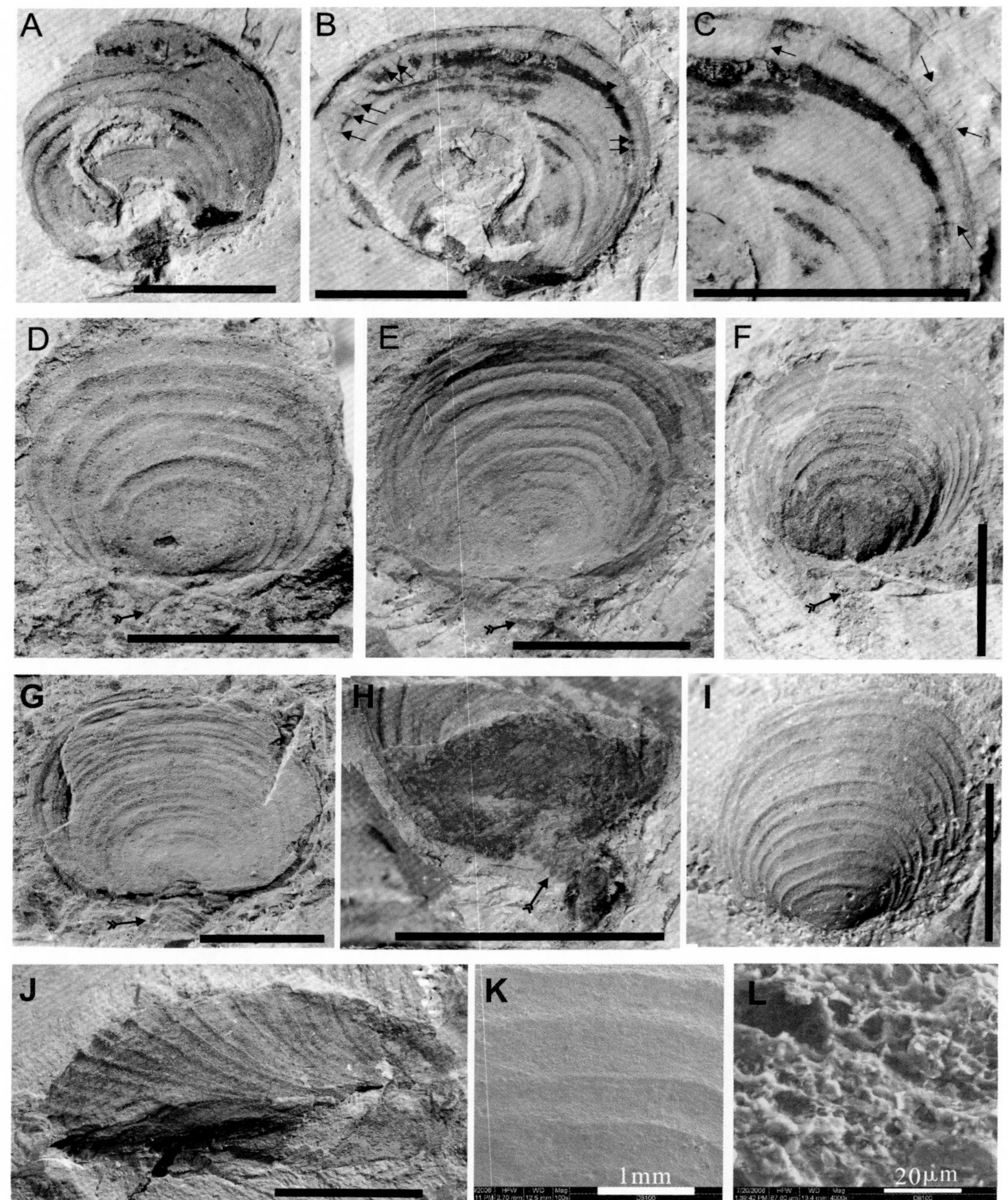

图4 澄江顾脱贝。采自中国南部澄江化石库,见末端的肉茎(羽尾箭头)向后伸展。比例尺:除 K(=1 mm)、L(=20 μm)外,其余均为 5 mm。A, ELI-BK-016A,部分背壳内部显示了三维保存的腕骨。B—C 为 A 的负模;B,全视图;C,边缘刚毛放大(单箭头)。D, ELI-BK-062,带有部分肉茎的背模,背视图。E, ELI-BK-056A,背壳内模显示出铰合沟。F, ELI-BK-039A,带有部分末端肉茎的背壳外模。G, ELI-BK-050A,带有部分肉茎的背腹壳铰合化石,腹视图。H, ELI-BK-051A,一个肉茎在两壳间伸出的不完整标本。I, ELI-BK-014A,外模化石。J, ELI-BX-027,一个显示出壳体轮廓的侧向保存标本。K—L, ELI-BX-045,壳体表面的扫描电镜图片。

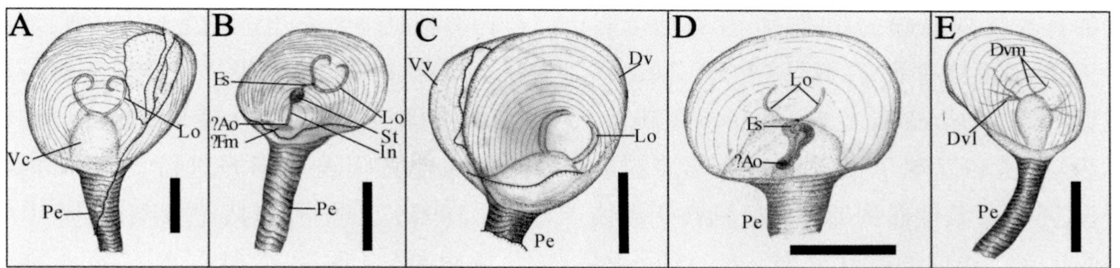

图 5　A—E，澄江顾脱贝解译图，分别在图 2A，C，B，G 和 3F 中被描述。比例尺为 5 mm。缩写：? Ao，? 肛门开口；Dv，背壳；Dvm，背中脉管；Dvl，背侧脉管；Es，食道；? Fm，? 排泄物；In，肠道；Lo，纤毛环；St，胃；Pe，肉茎；Vc，内脏腔；Vv，腹壳。

尽管澄江化石库中的舌形贝类腕足动物精美地保存了纤细的纤毛环触手（Zhang X. G. *et al.*，2003；Zhang，Z. F. *et al.*，2004a，b，2005），但是这样的组织构造在目前研究的顾脱贝标本上还未得到任何信息。当然，对澄江化石中的相关材料进行进一步的研究可能有望解决相关问题。

脉管系统

腕足动物化石的脉管通常保存为沟状或脊状，并在壳体中部两侧或多或少地呈对称分布。澄江顾脱贝的背脉管在背壳内模上呈红褐色印痕保存（图 3F—G）。在侧向压扁的标本（图 3F—G，5E）左侧，在体壁前侧部位出现了三条线状印痕，而在右侧则很微弱，其形态可能与左侧相似。背中脉管显示为双分叉状。但根据目前的标本，我们还没有看到腹脉管的相关形态。

刚毛

刚毛是所有腕足动物的典型特征。在不同的腕足动物类群中，壳体边缘的刚毛在其长度和宽度以及沿着边缘的排列方式上都显示出一定差异。根据目前的研究，澄江化石库发现的所有舌形贝型腕足动物都具有刚毛。与之相比，澄江顾脱贝的刚毛保存明显较差，在化石上其刚毛呈红色的线痕，等距离沿着壳体边缘排列，沿着外套膜边缘向外伸出，长度可达 1.7 mm（图 4A—C）。

大小统计（mm）

	最大值	最小值	数量	平均值	方差
壳长	15	6.44	15	9.7	2.38
壳宽	17	5.22	19	11.12	2.69
长/宽	0.97	0.72	15	0.84	0.082

讨论

顾脱贝目是寒武纪钙质壳腕足动物群最为常见的化石种类。根据目前的研究，这些腕足动物化石具有明显的同心状生长层，腹壳具有可能的肉茎孔，这些特征是顾脱贝属的典型特征。因此，基于这些特征的发现和研究，我们认为澄江化石库发现的这个新的腕足动物类型应属于顾脱贝属。另外，顾脱贝属在形态上种间差异很大（Popov *et al.*，1997），因此我们暂时将这些化石归属于这一属。

与其他描述的顾脱贝种相比，澄江顾脱贝个体相对较大，其背壳凸度明显较大，而腹壳凸起相对较缓，壳体表面未见任何可见显微纹饰。与此相反，早期描述的四个顾脱贝种有着强烈凸起的腹壳，而背壳凸度较平，壳体表面饰有发育的显微纹饰。网格顾脱贝（*K. reticulata*）是 Poulsen（1932, p. 29）描述和发现于格陵兰东北部艾拉岛组，其不同于其他属种的主要区别在于壳体表面具有六边形的瘤状纹饰。*K. cingulata* Billings, 1861 与 *K. catenata* Koneva, 1979 很像，均具有颗粒状微细装饰，发现于哈萨克斯坦与吉尔吉斯斯坦下寒武统（Popov *et al.*, 1997），但两者的区别在于前者发育有一个腹中槽，具有很好识别的背窗板平台，背铰合面内的三角沟有十分发育的脊。第四个种为 *K. perugata* Walcott, 1905（Walcott, 1912; Rowell, 1977）。它的壳体表面装饰有菱形颗粒状微细纹饰。此外，在以色列内盖夫南部早寒武世 Nimra 组发现的 *Trematosia undulate*（Cooper, 1976），由于壳体具有微小的顶部肉茎孔状结构，腹壳铰合面斜倾型，具有凸起的三角孔，腹铰合面曲面不发育，因此被认为与顾脱贝属存在一定的亲缘关系（Popov *et al.*, 1997）。

比较与讨论

腕足动物的化石纤毛环结构是在寒武纪舌形贝型腕足动物和志留纪有铰类腕足动物中发现的，本文首次发现了寒武纪钙质壳腕足动物的纤毛环取食器官的形态细节。值得讨论的是澄江顾脱贝化石显示其外套腔相对较大，而内脏腔明显较小，同时本文发现的纤毛环臂螺旋结构简单，占据外套腔的很小部分空间。相对简单螺旋的纤毛环结构表明该类腕足动物产生的滤食流相对较弱，在进行气体交换过程中或许并不十分有效。因此，寒武纪腕足动物拥有一个比现今种类相对较大的外套腔就十分必要，从而利于其身体的氧气呼吸。而在现生腕足动物中，身体组织氧气的运输和交换主要在纤毛环和外套膜表皮细胞进行（Williams *et al.*, 1997）。此外，寒武纪大气/环境中氧含量很低，几乎只有现在大气氧含量的15%（Holland, 1994）。因此，为了一定的氧气需求，早寒武世腕足动物必须具有一个相对较大的外套腔，外套腔与内脏腔的比例自然也就相对较高，这一点也就相对容易理解。从外套腔和内脏腔的相对比例来看，寒武纪钙质壳腕足动物与同时代的舌形贝型腕足动物具有很大的相似性（Zhang, Z. F. *et al.*, 2004a, 2005, 2006, 2007a, b），很可能反映了这些生物对相同环境的反馈适应效应。

很明显澄江顾脱贝的纤毛环不具有任何骨骼式支撑结构。卷曲排列的纤毛环保持了螺腕纤毛环发育的早期阶段。因此可以推测与现今的舌形贝类一样，寒武纪顾脱贝的纤毛环由流体动力骨骼支撑。该纤毛环结构与寒武纪—现今舌形贝类腕足动物的纤毛环结构具有极大的相似性，两者具有相似的外形，都由一对沿中轴线呈对称排列的螺旋所组成，同时也无任何骨骼支撑（Emig, 1992; Zhang X. G. *et al.*, 2003; Zhang, Z. F. *et al.*, 2004a）。这些相似性支持了磷酸钙质壳和碳酸钙质壳腕足动物的纤毛环结构是同源的。结合早期寒武纪各种舌形贝类所描述的纤毛环，碳酸钙质壳顾脱贝腕足动物中发现的纤毛环进一步表明寒武纪初期早期螺腕型是腕足动物纤毛环滤食结构的最普遍类型。寒武纪舌形贝类如澄江小舌形贝和马龙舌孔贝（Zhang, Z. F. *et al.*, 2004a, b, 2005）的纤毛环，包括轮腕型、裂腕型和复杂程度较低的螺腕型。纤毛环的这种发育过程在现生舌形贝类的个体发育中也能观察到。因此，螺腕型纤毛环的早期发育阶段可以看成一种原始性状特征，从腕足动物的早期祖先类型演化而来。

纤毛环的轮腕期—裂腕期—早期螺腕期发育阶段在腕足动物门的整个历史过程中普遍存在（Emig，1992；Zhang，Z. F. *et al.*，2004b）。螺腕型纤毛环是舌形贝型亚门和髑髅贝型亚门的最后发育形态。但在小嘴贝型腕足动物中，自裂腕纤毛环之后可以演化出三种类型，即：螺腕型、形态更有效的褶腕型（Rudwick，1970；Emig，1992）和叶状的锯腕型（Rudwick，1970；Grant，1972）。

在腕足动物研究中，肛门的有无曾是腕足动物高级分类的重要依据，是早期区分有铰纲和无铰纲的重要区别。如上所述，虽然消化道在寒武纪舌形贝型腕足动物中发现，但目前还未发现任何有铰类腕足动物消化道的化石证据。唯一可能的间接化石证据根据美国犹他州西部中寒武统 Marjum 石灰岩中的硅质小嘴贝类顾脱贝槽状艾苏贝（*Nisusia sulcata*）化石推测而来。在这些标本中，研究人员发现了一些硅化保存的肠状构造从槽状艾苏贝两壳之间的空隙处向后突出来（Rowell and Caruso，1985；Popov and Williams，2000）。当时将这些香肠状的柄状结构解释为排泄物或粪便，因此他们得出结论认为顾脱贝纲中的艾苏贝属具有一个开放的功能肛门。然而，这些香肠状的构造表面显示饰有横向凹沟环纹，观察到的最大长度可达 6 mm（Rowell and Caruso，1985；Cohen *et al.*，2003）。它们的总体外形以及从背三角孔和腹三角孔之间向后伸出的方式都表明它们可能代表着石化保存的腕足动物肉茎。的确，Cohen *et al.*（2003）在他们的研究中曾推测这种被鉴定为排泄物的香肠状构造应该属于腕足动物的肉茎。该假说目前明显得到了澄江顾脱贝化石的支持和证实。因为澄江顾脱贝的肉茎在总体形态上与 Rowell 和 Caruso（1985）描述的表面饰有沟状环纹的香肠状构造十分相似。因此，早期学者有关有铰类顾脱贝腕足动物具有开放的消化道的讨论明显不再有用，是缺乏证据支持的。

因此，本文为研究碳酸钙质壳腕足动物消化系统的排列提供了直接的化石证据。研究澄江顾脱贝化石发现其消化道开口于纤毛环基部的口的位置，然后明显向后延伸，最后终结于肉茎近端的功能肛门。虽然从化石上看存在一个肠道的可能不能完全排除，但是在背壳内模化石上明显存在一个圆形的疤痕，并在背壳后边缘附近零星分散着一些铁锈物质。另外，一些化石上消化道的印痕明显显示一定的凸起，毫无疑问最后终结于一个黑灰色的圆形开口，开口正好位于壳体后边缘中前方。通过以上化石证据的分析，我们最终倾向认为可以排除存在一个盲肠的可能性，从而支持顾脱贝像现生的髑髅贝一样存在一个后置的肛门。

据文献报道，所有的现生小嘴贝型腕足动物都具有一个盲肠。相比而言，寒武纪顾脱贝化石中发现的肛门让我们相信腕足动物的功能性肛门是其原始特征，这个原始特征之后被小舌形贝型和髑髅贝型腕足动物从其原始祖先类群继承下来。从目前的研究看，舌形贝型腕足动物消化道的 U 形排列方式最早出现在寒武纪。因此，小嘴贝型腕足动物中盲肠的出现必须被看成是一个新的后期获得性性状特征,即衍征。

顾脱贝科和艾苏贝科形态相似,两者都具有原始的铰合结构,无铰齿和铰窝结构(Popov and Tikhonov, 1990; Popov *et al.*, 1997),因此这两个科被认为是系统相关的,从而属于同一个顾脱贝目。对顾脱贝和艾苏贝铰合构造的研究(Rowell and Caruso, 1985; Popov and Tikhonov, 1990)表明,顾脱贝目可能代表最为原始的有铰类腕足动物(Popov *et al.*, 1997)。顾脱贝化石中最显著的特征是具有大而凸起的假三角板,存在一个微小的超顶部肉茎孔。传统的观点认为腹壳顶部存在的圆形的孔洞为腕足动物的肉茎孔,即肉茎伸出的通道。然而,新的化石表明顾脱贝拥有一个大而粗壮的肉茎,从而提供了一个可靠的锚定支点。很难想象这样粗大的肉茎能够从这么一个微小的顶孔伸出,这个微小的顶孔在顾脱贝模式种 *Kutorgina cingulata* 中得到了很好的图示(Popov *et al.*, 1997,图版 1,图 1—12)。因此,我们可以断定顾脱贝腹壳的超顶部开口并不是肉茎伸出的通道。这个结论与来自于犹他州西部中寒武世硅化的立体艾苏贝化石相一致(Rowell and Caruso, 1985; Popov and Williams, 2000),其硅化的肉茎最初被误解为腕足动物的粪便排泄物(见上文),这个硅化的肉茎明显地从背三角板和腹三角板之间的孔隙向后凸起(Rowell and Caruso, 1985,图 5, 6, 8.1, 9.4, 9.6—8, 9.7, 9.11)。而且,犹他州西部的硅化的腕足动物腹壳顶部明显也存在一个超顶部微孔。因此,从上面的化石分析可以看出腹壳顶部的微孔是腕足动物肉茎伸出的通道的传统观点并不一定成立。在这一点上,最为重要的是如何诠释和理解顾脱贝腹壳顶部的微顶孔的功能。很可能就是由于解释超顶部微孔存在的困难才让 Rowell and Caruso(1985, p. 1234)拒绝将他们在艾苏贝化石中发现的香肠状构造解释为肉茎。根据目前的研究,有一种可能的解释,就是这个开口可能代表了原始的流体动力学开壳机制的雏形(Popov, 1992)。

根据目前的文献,几乎所有的腕足动物都是通过肉茎固着在海洋基质营表栖生活。现生的有铰类和非铰合类腕足动物的肉茎在结构、功能和胚胎起源上存在明显的差别。非铰合类腕足动物的肉茎是从后体壁向后延伸,所以仅与腹壳相关;而有铰类腕足动物的肉茎初级物是两壳外套叶初级物的延伸,因此与背壳和腹壳都有关系。目前,肉茎形态和发育起源的不同从系统学研究上还不知道如何解释。在和澄江舌形贝类的肉茎对比时(Jin *et al.*, 1993; Zhang, Z. F. *et al.*, 2005, 2006, 2007a; Holmer and Caron, 2006),澄江顾脱贝的肉茎显然粗大而坚硬,可能充满着结缔组织,肉茎中央还具有中空的体腔,这一点更类似于现生的舌形贝类(Williams *et al.*, 1997)。虽然某些现今的小嘴贝类的肉茎和澄江顾脱贝的一样粗壮,但是它们的长度更短(Richardson, 2000)。这些肉茎中有许多末端吸盘状的瘤突和细根状结构,这些构造在澄江顾脱贝是不存在的。相比之下,澄江顾脱贝的肉茎相对较大,末端缺乏根系结构,但肉茎中央具有中空的体腔。虽然目前还不能确定在其他有铰类腕足动物化石上是否存在中空的体腔,但澄江顾脱贝的肉茎在总体形态上和表面纹饰上与志留纪发现的有铰类腕足动物的肉茎相似,两者都存在同心状的环纹或脊状构造。此外,寒武纪小嘴贝型腕足动物在纤毛环的结构、消化道和肉茎的解剖上与舌形贝型分支存在的相似性又进一步支持了腕足动物是单系起源的假说(Hyman, 1959; Rowell, 1982; Emig, 1997),目前该单系起源假说得到了分子系统学研究的证实(见 Cohen *et al.*, 1998; Passamaneck and Halanych, 2006)。

致谢

本研究受国家自然科学基金(G40332016和40602003)、国家科技部基础研究规划973项目(2006CB806401)、长江学者奖励计划、教育部创新研究群体项目和高等学校博士点项目(张志飞和刘建妮)联合资助。张志飞感谢卡迪夫地质博物馆 Leonid Popov 教授的重要讨论和有益建议。同时感谢胡世学博士(昆明)、李国祥研究员(南京)以及郭宏祥、姚妍春的野外帮助,翟娟萍、程美蓉女士在化石整理过程中给予了很大帮助,弓虎军帮助扫描电镜,在此一并表示感谢。最后要感谢 Nestor J. Sander(美国)和两个匿名评委的有益评论和讨论。感谢编辑 P. D. Lane 的耐心编辑,他在论文定稿、英语润色修改中做了大量工作。

参考文献

1. Bengtson, S., Conway, M. S., Cooper, B. J. et al., 1990. Early Cambrian fossils from South Australia. Memoir of the Association of Australasian Paleontologists, 9, 1-364.
2. Billings, E. H., 1861. On some new or little known species of Lower Silurian fossils from the Potsdam Group (Primordial zone). Palaeozoic fossils, Volume 1, No. 1. Canadian Geological Survey, Dawson Brothers, Montreal, pp, 1-18.
3. Briggs, D. E. G., Erwin, D. H., Frederick, J. et al., 1994. *The fossils of the Burgess Shale*. Washington, DC, Smithsonian Institution Press, 236 pp.
4. Cohen, B. L., 2000. Monophyly of brachiopods and phoronids, reconciliation of molecular evidence with Linnaean classification (the subphylum Phoroniformea nov.). Proceedings of the Royal society, London, Series B, 267, 225-231.
5. Cohen, B. L., Gawthrop, A. & Cavalier-Smith. T., 1998. Molecular phylogeny of brachiopod and phoronids based on nuclear-encoded small subunit ribosomal RNA gene sequences. Proceedings of the Royal society, London, Series B, 353, 2039-2061.
6. Cohen, B. L., Holmer, L. E. & Lüter, C., 2003. The brachiopod fold, a neglected body plan hypothesis. Palaeontology, 46, 59-65.
7. Cohen, B. L. & Weydmann. A., 2005. Molecular evidence that phoronids are a subtaxon of brachiopods (Brachiopoda, Phoronata) and that genetic divergence of metazoan phyla began long before the early Cambrian. Organism, Diversity and Evolution, 5, 253-273.
8. Cooper, G. A., 1976. Lower Cambrian brachiopods from the Rift Valley (Israel and Jordan). Journal of Paleontology, 50, 269-289.
9. Emig, C. C., 1992. Functional disposition of the lophophore in living Brachiopods. Lethaia, 25, 291-302.
10. Emig, C. C., 1997. Les Lophophorates constituent-ils un embranchement? Bulletin de la Société zoologique de France, 122, 279-288.
11. Grant, R. E., 1972. The lophophore and feeding mechanism of the productidina (Brachiopoda). Journal of Paleontology, 46, 213-249.
12. Holland, H. D., 1994. Early Proterozoic atmospheric change. 237-244. *In* Bengton, S. (ed.). *Early life on Earth*. Nobel Symposium no. 84. Columbia University Press, New York, NY, 517 pp.
13. Holmer, L. E. & Caron, J. B., 2006. A soft-shelled spinose stem group brachiopod with pedicle from the Middle Cambrian Burgess Shale. Acta Zoologia, 87, 273-290.
14. Hou, X. G., Aldridge, R. J., Bergsröm, J. et al., 2004. *The Cambrian fossils of Chengjiang, China: the flowering of early animal life*. Blackwell publishing, Oxford, 222p.
15. Hu, S. X., 2005. Taphonomy and Palaeoecology of the Early Cambrian Chengjiang Biota from Eastern Yunnan, China. Berliner paläobiologische Abhandlungen, 7, 1-197.
16. Hyman, L. H., 1959. Brachiopoda. 517-609. *In* Hyman, L. H. (eds). The invertebrates: smaller coe-

lomate groups; Chaetognatha, Hemichordata, Pogonophora, Phoronida, Ectoprocta, Brachiopoda, Sipunculida, the Coelomate Bilateria. vol. 5. McGraw-Hill, New York, NY, 783pp.

17. Jin, Y. G., Hou, X. G. & Wang. H. Y., 1993. Lower Cambrian pediculate lingulids from Yunnan, China. Journal of Paleonology, 67, 788-798.

18. Koneva, S. P., 1979. Stenothecoids and inarticulate brachiopods from the Lower and lower Middle Cambrian of central Kazakhstan. Nauka, Alma-Ata, 123 pp. [In Russian]

19. Luo, H. L., Hu, S. X., Chen, L. Z. et al., 1999. *Early Cambrian Chengjiang fauna from Kunming Region, China*. Yunnan Science and Technology Press, Kunming, 129 pp. [In Chinese, English abstract].

20. Luo, H. L., Jiang, Z. W., Wu, X. C. et al., 1984. *Sinian-Cambrian boundary stratotype section at Meishucun, Jinning, China*. People's Publishing House, Yunnan, 154 pp. [In Chinese, English summary].

21. Passamaneck, Y. & Halanych, K. M., 2006. Lophotrochozoan phylogeny assessed with LSU and SSU data. Evidence of lophophorate polyphyly. Molecular Phylogenetics and Evolution, 40, 20-28.

22. Popov, L. E., 1992. The Cambrian radiation of brachiopods. 399-423. *In* Lipps, J. H. and Signor, P. W. (eds). *Origin and early evolution of the Metazoa*. Plenum Press, New York, NY, 570 pp.

23. Popov, L. E., Rowell, A. J. & Peel. J. S., 1997. Early Cambrian brachiopods from North Greenland. Palaeontology, 40, 337-354.

24. Popov, L. E. & Tiknonov, Y. A., 1990. Early Cambrian brachiopods from southern Kirgizia. Paleontologicheskii Zhurnal, 3, 33-46. [In Russian].

25. Popov, L. E. & Williams, A., 2000. *Kutorginata*. H208-H215. *In* Kaesler, R. L. (ed.). *Treatise on invertebrate paleontology, Part H, Brachiopoda, vol.* 2, *Revised*. Geological Society of America, Boulder, CO, and University of Kansas Press, Lawrence, KS, 423 pp.

26. Poulsen, C., 1932. The Lower Cambrian faunas of East Greenland. Mdddeleser om Grφnland, 87, 1-66p.

27. Qian, Y. & Bengtson, S., 1989. Palaeontology and biostratigraphy of the Early Cambrian Meishucunian Stage in Yunnan Province, South China. Fossils and Strata, 24, 1-156.

28. Richardson, J. R., 2000. Ecology of articulated brachiopods. 441-471. *In* Kaesler, R. L. (ed.). *Treatise on invertebrate paleontology, Part H, Brachiopoda, vol.* 1, *Revised. Brachiopoda (Introduction)*. Geological Society of America, Boulder, CO, and University of Kansas Press, Lawrence, KS, 539 pp.

29. Rowell, A. J., 1977. Early Cambrian brachiopods from the southwestern Great Basin of California and Nevada. Journal of paleontology, 51, 68-85.

30. Rowell, A. J., 1982. The monophyletic origin of the Brachiopoda. Lethaia, 15, 299-307.

31. Rowell, A. J. & Caruso, N. E., 1985. The evolutionary significance of *Nisusia sulcata*, an early articulate brachiopod. Journal of Paleontology, 59, 1227-1242.

32. Rudwick, M. J. S., 1970. Living and Fossil Brachiopods. Hutchinson, London, 199 pp.

33. Schuchert, C., 1893. Classification of the Brachiopoda. American Geologist, 11, 141-167, 5 pls.

34. Shu, D. G., Conway, Morris. S., Han, J. et al., 2001. Primitive deuterostomes from the Chengjiang Lagerstätte (Lower Cambrian, China). Nature, 414, 419-424.

35. Shu, D. G., Conway, Morris. S., Han, J. et al., 2006. Lower Cambrian Vendobionts from China and Early Diploblast Evolution. Science, 312, 731-734.

36. Shu, D. G., Conway Morris, S., Han, J., et al., 2004. Ancestral echinoderms from the Chengjiang deposits of China. Nature, 430, 422-428.

37. Shu, D. G., Conway, Morris. S., Han, J. et al., 2003. Head and backbone of the Early Cambrian vertebrate *Haikouichthys*. Nature, 421, 526-529.

38. Skovsted, C. B. & Holmer, L. E., 2005. Early Cambrian brachiopods from north-east Greenland. Paleontology, 48, 325-345.

39. Sutton, M. D., Briggs, D. E. G., Siveter, D. J. et al., 2005. Silurian brachiopods with soft-tissue preservation. Nature, 436, 1013-1015.

40. Walcott, C. D., 1905. Cambrian Brachiopoda with descriptions of new genera and species. United States National Museum, Proceedings, 25, 669-695.

41. Walcott, C. D., 1912. Cambrian Brachiopoda. Monograph of the United States Geological Survey, 51 (two volumes), 872 pp., 104 pls.

42. Williams, A., Carlson, S. J., Bunton, C. H. C. et al., 1996. A supra-ordinal classification of the Brachiopoda. Philosophical Transactions of the Royal Society of London, Series B, 351, 1171-1193.

43. Williams, A., James, M., Emig C. C. et al., 1997. Anatomy. 7-188. *In* Kaesler, R. L. (ed.). *Treatise on invertebrate paleontology, Part H, Brachiopoda, vol.* 1. *Revised. Brachiopoda*. Geological Society of America, Boulder, CO, and University of Kansas

Press, Lawrence, KS, 539 pp.

44. Zhang, X. G., Hou, X. G. & Emig, C. C., 2003. Evidence of lophophore diversity in Early Cambrian Brachiopoda. Proceedings of the Royal Society of London, Series B, 270, S65-S68.

45. Zhang, Z. F., Han, J., Zhang, X. L. et al., 2003. Pediculate brachiopod *Diandongia pista* from the Lower Cambrian of South China. Acta Geologica Sinica. (English Edition), 77, 288-293.

46. Zhang, Z. F., Han, J., Zhang, X. L. et al., 2004a. Soft tissue preservation in the Lower Cambrian linguloid brachiopod from South China. Acta Palaeontologica Polonica, 49, 259-266.

47. Zhang, Z. F., Shu, D. G. & Han, J. et al., 2004b. New data on the lophophore anatomy of Early Cambrian linguloids from the Chengjiang Lagerstätte, Southwest China. Carnets de Géologie – Notebooks on Geology, CG2004_L04, 1-7.

48. Zhang, Z. F., Shu, D. G. & Han, J. et al., 2005. Morpho-anatomical differentces of the Early Cambrian Chengjiang and Recent lingulids and their implications. Acta Zoologia, 86, 277-288.

49. Zhang, Z. F., Shu, D. G. & Han, J., 2006. New data on the rare Chengjiang (Lower Cambrian, South China) linguloid brachiopod *Xianshanella haikouensis*. Journal of Paleontology, 80, 203-211.

50. Zhang, Z. F., Shu, D. G. & Han, J., 2007a. A gregarious lingulid brachiopod Longtancunella chengjiangensis from the lower Cambrian, South China. Lethaia, 40, 11-18.

51. Zhang, Z. F., Han, J., Zhang, X. L. et al., 2007b. Note on the gut preserved in the Lower Cambrian *Lingulellotreta* (Lingulata, Brachiopoda) from South China. Acta Zoologica, 88, 65-70.

52. Zhu, M. Y., Li, G. X., Zhang, J. M. et al., 2001a. Early Cambrian stratigraphy of east Yunnan, Southwestern China, A synthesis. Acta Palaeontologica Sinica, 40 (Supplement), 4-39.

53. Zhu, M. Y., Zhang, J. M. & Li, G. X., 2001b. Sedimentary enviroments of the Early Cambrian Chengjiang biota. Sedimentology of the Yu'anshan Formation in Chengjiang country, Eastern Yunnan. Acta Palaeontologica Sinica, 40 (Supplement), 80-105.

(张志飞 译)

寒武纪早期具骨骼干群内肛动物的发现及其意义

张志飞*, Lars E. Holmer, Christian B. Skovsted, Glenn A. Brock, Graham E. Budd, 傅东静, 张兴亮, 舒德干, 韩健, 刘建妮, 王海洲, Aodhán Butler, 李国祥

*通讯作者 E-mail: zhangelle@sina.com.cn

摘要 冠轮类超门包括形态不同的具触手、营底栖固着生活的原口动物门类。地质记录表明该超门在寒武纪大爆发可能大量涌现,但缺乏确凿的化石证据。本文描述了澄江化石库发现的大量特异保存的瘤状杯形虫化石,并将其重新解释为干群的内肛动物。其内肛动物亲缘关系得到了其固着躯体造型及内部组织解剖的支持。研究表明其身体由三个部分构成,即上萼部和长的固着柄以及固着柄末端的吸附盘。化石解剖研究表明瘤状杯形虫身体内具有U形的肠道,肠道洞开于口和反口面的肛门,口和肛门均被萼部边缘的柔韧触手所环绕。这些特征与现生的内肛动物完全相似,但与现生内肛动物相比,瘤状杯形虫个体较大,身体表面覆盖有许多疏松排列的外骨片。澄江化石库瘤状杯形虫的重新研究将冠轮(又译为触手担轮类)超门中内肛动物门的祖先追溯到寒武纪大爆发时期,因此对理解整个冠轮类超门的早期演化有重要意义。

现生内肛动物门的所有种类均个体微小,营底栖固着悬浮滤食生活,身体由三部分组成,包括萼部、固着柄和固着柄基部的附着盘,但其身体无任何骨骼系统[1]。根据目前的研究唯一公认的化石内肛动物发现于侏罗纪[2]。著名的布尔吉斯页岩化石库和澄江化石库发现的寒武纪高足杯虫早期研究曾建议将其置于内肛动物门[3,4],然而高足杯虫的取食器官由许多苞片组成,看起来十分坚硬,无任何证据可以表明其触手与现生内肛动物相似且可以自由收缩[2,5]。瘤状杯形虫(*Cotyledion tylodes*)(Luo et Hu, 1999)是澄江化石库的重要化石,早期的文献将其置于疑难类群[6],本文首次报道了瘤状杯形虫可能具有内肛动物的生物属性。瘤状杯形虫身体下部具有一强壮有力的固着柄,身体上部由一个杯形的萼部构成,萼部包含一个U形的消化道,消化道两端分别洞开于口和一个凸起的肛门,口和肛门同时环绕在长而柔韧、可自由伸缩的环状触手内。因此,瘤状杯形虫的总体形态和内部解剖结构与现生的内肛动物十分相似。然而,与现生的冠群内肛动物相比较,瘤状杯形虫身体相对较大(8—56 mm,而现生的内肛动物身体长度通常0.1—7.0 mm)。除了个体大小的区别之外,最大的不同在于

瘤状杯形虫的身体外表面覆盖有许多排列紧密的、保存为黄铁矿颗粒的骨片状结构，这些外部骨片最初可能是生物矿化的结构。结合最近在干群腕足动物门/帚虫动物门研究中发现的托莫特壳（Tommotiids）类铰合标本和材料，该研究表明外部骨片可能在冠轮超门的干群祖先类型中广泛分布，并提出了现生冠轮超门的祖先可能根植于寒武纪大爆发最早期的小壳化石（SSFs）中，这大大超出人们早期对冠轮超门祖先的猜想和预测。

研究结果

系统古生物学

冠轮类总群

内肛动物干群

瘤状杯形虫 Luo et Hu, 1999

研究材料

ELI-C0001—0418，所有的研究标本现均保存于西北大学地质学系早期生命研究所和西北大学大陆动力学国家重点实验室内（缩写为 ELI）。

地点和地层

黑林铺组（早期又名筇竹寺组），玉案山段（始莱德利基虫—武定虫三叶虫化石带，通常与西伯利亚晚阿特达班阶或波特莫阶相对比），属于最新国际地层委员会公布的寒武系第三阶。目前 162 个标本采于昆明海口镇尖山剖面，大约位于昆明市西南方约 48 km 处。其余的标本大多数采自于海口镇西南约 24 km 的二街剖面。

修订特征

动物固着型，身体双分，身体上部包括一个杯状的萼部，下部由具有吸盘的固着柄构成，萼部和固着柄的外表面覆盖有矿化的或骨骼化的卵圆形骨片。萼部中空，内含一U 形消化道，消化道由口、食道、胃和一个弯曲的肠道构成，口腔稍微下凹，食道狭窄，从口腔基部向下延伸，胃部稍有膨大，肠道弯曲向上，最后洞开于一肛门开口。口和肛门同时环绕在一环形触手之内。触手柔韧，可收缩，从萼部顶部边缘向上伸出。固着柄长度变化较大，末端具有一圆形的吸附盘，用以吸附在硬的基质上。

化石新材料

自从瘤状杯形虫的早期发现和报道以来，西北大学早期生命研究所坚持常年的野外工作和长期的化石采集，发现了许多重要的新化石材料。目前，海口尖山和晋宁二街剖面采集的所有标本总体上可归属于同一属种。大多数标本为扁平挤压保存的内模或外模标本，其中部分标本在保存过程中受到了强烈的挤压，仅保存为扁平的红棕色印痕，但却显示了特异保存的动物内部组织解剖特征（标本数量 26 个）。

瘤状杯形虫总体外形为高脚杯形（图 1a—h），由一个杯状的萼部和下部的圆柱状的固着柄组成。萼部在化石中通常挤压保存，但横剖面为椭圆形（图 2a—d；附图 S2a, S4a）。萼部长 4. 3—42 mm（平均长度 13. 3 mm，标本 292 个），杯体直径宽度 3—23 mm，平均直径 8. 82 mm（标本 292 个）（附图 S1）。杯体最大高度和宽度的比率 1. 05—2. 25（平均 1. 61）（附表 S1）。在几个标本上，杯体内明显显示泥质沉积物充填，泥质充填物在杯体的上部明显更加凸起（附图 S2a）。充填的泥质沉积物表明杯体内部中空，包含一个大的体腔，其间很可能容纳诸如消化道在内的内脏器官。

在标本 ELI-C-0359B（图 1c，d）中，一个弯曲的管状结构由波动的两条平行弯曲的黑色线痕勾勒而成，我们将其解释为 U 形的消化道。这个 U 形的消化道既可以保存为扁平的管状黑色印痕，也可以保存为部分或完全泥质充填的管子（图 1h—i），有时显示一定的凸起（附图 S2b—d）。一个膨大的肾形区域解释为消化道中胃所在的位置，其长度约占 U 形消化道的下 2/3 部分（图 1c—e）。膨大的胃的上面出现一个缩小的、狭窄的黑色管子，解释为食道，食道向前连接一个半球形的泥质充填的腔室（图 1c—d；附图 S2b，f，g）。这种 U 形的消化道在负模标本 ELI-C-0359A（图 1e）中仍旧清晰可见。这个半球形的泥质充填的腔室可解释为瘤状杯形虫的口腔（图 1c—e）。在膨大的胃所在的位置之后，这个 U 形的消化道突然收缩为一个尖缩的椎管，然后再反向弯曲向上形成一个管状的肠道，末端伸到萼部顶端。最终，消化道向上洞开于稍微凸起的肛门开口，很明显肛门位于杯体顶孔之内（图 1a—b）。在几个扁平保存的标本中（图 1f，h），漏斗状的口腔和肛门开口明显相互分开，两者都有泥质充填，显示出 U 形消化道的两端开口，即口和肛门。口和肛门分别位于椭圆形的萼部长轴的两端，应该分别代表了该动物的消化道的前端和后端（图 1a—i）。

萼杯顶部边缘长有一圈柔软的触手，在滑腻的泥质微层面上保存为红棕色的扁平带状印痕（图 2；附图 S2e—g）。触手的基部在萼部显示为波状或锯齿状排列的印痕，镶嵌在萼部的膜状缢痕（图 2c—d）。每一触手都起源于膜状触手冠的锯齿状疤痕，向外伸出的长度约 1.6—3.2 mm（图 2e，附图 S3）。因此，每个红色的锯齿状疤痕应该为每个触手在膜状触手冠的伸出位置。在图 2e 上仅能清楚看到 9 个保存很好的触手，但在一个前后扁平挤压保存的标本上，可看到 13 个分开保存的触手，分别向外伸出形成半圆形（图 2f）。这些触手分布均匀，每毫米距离大约排列 6 个触手。根据目前的研究材料观察，萼杯边缘最多分布触手 34 个（附图 S3）。这些触手形态上明显两侧平直，从杯体边缘向外伸出（图 2）。在个别标本上（附图 S4a），这些触手明显远离杯体中央，向四周散开。相比之下，一些标本弯曲的触手明显收缩，向杯体中央汇聚（附图 S3c，S4b—c，I；同时见 Clausen *et al.*，2010：图 2.3—4[11]）。在这些标本中，杯体上部的膜带状触手冠明显收缩，致使萼部的最大直径略低于杯体上部边缘（附图 S4b—c）。

杯体高度和宽度比率的变化很可能是由于保存挤压程度不同导致的结果。杯体截面卵圆形，几个沿着固着柄方向挤压的标本很好地显示了一个卵圆形的触手冠（附图 S4a，c）。我们发现在标本 ELI-C-0370 上萼部杯体可能是沿着口—肛门方向挤压保存，化石杯体明显显示出两侧平直的舌形轮廓（附图 S4d）。

萼部杯体的基部中央向下直接连接一延伸的固着柄，固着柄的末端通常附着在其他生物的骨骼碎屑上（图 1a，c；附图 S4d—h）。化石显示瘤状杯形虫既可以单个，也可以多个一起附着在其他硬的生物碎屑表面(图 1a—d, 2a, b;附图 S4d—h)。碰巧的是,几个标本显示固着柄的末端附着的生物碎屑脱离,从而完好地揭示了固着柄末端附着盘的形态(附图 S4j—k)。固着柄的长度变化较大,约 2.7—38.1 mm,其杯体高度变化从 0.8—3 mm(见附表 S1)。固着柄的中央具有一个暗黑色的柔软线状印痕(图 1a—b;附图 S4g, l),可能代表了萼部杯体体腔在固着柄内向后的延伸。

化石观察表明萼部和固着柄的外表面都覆盖有稀疏排列的圆形或椭圆形的骨片,在化石上显示明显的凸起或瘤(图 3a—e)。

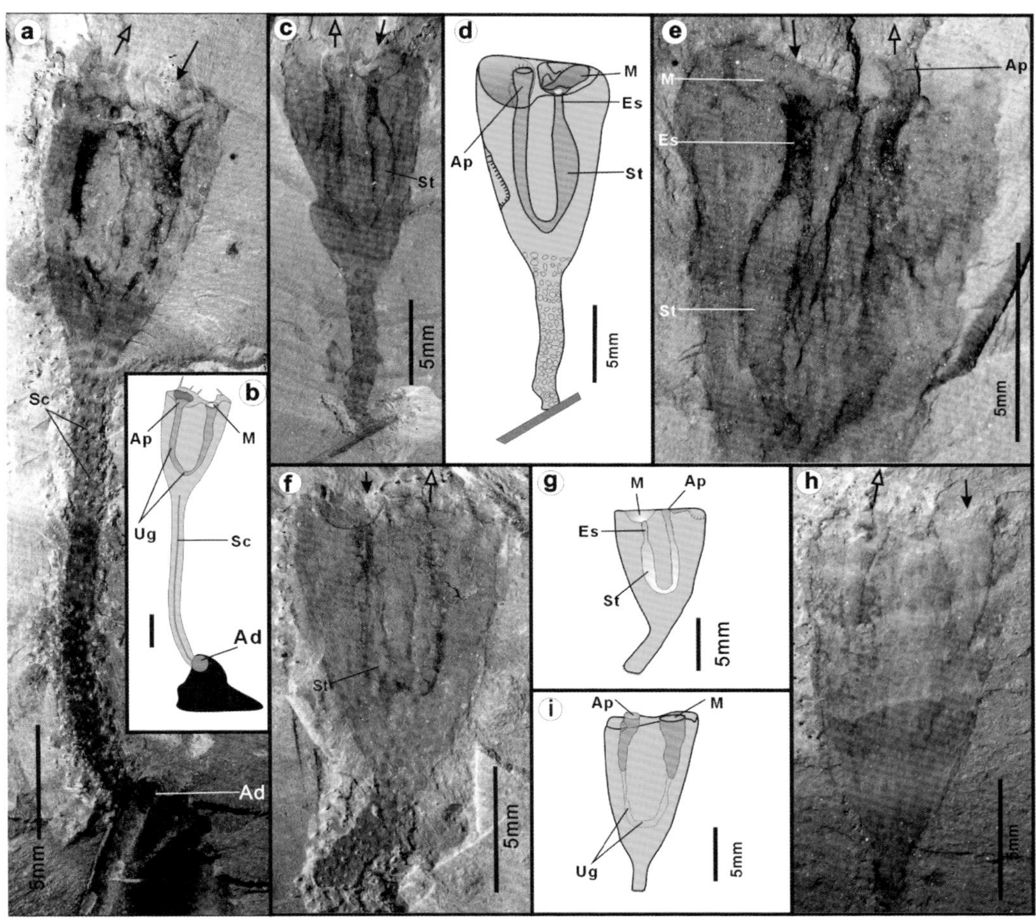

图 1　寒武纪第三期澄江生物群(中国云南)发现的瘤状杯形虫。半圆形的口腔和口(前)以及延长的肛椎(后)分别用实箭头和空箭头表示。a,ELI-C-0369,一个完整扁平保存的个体通过长的固着柄附着在三叶虫骨片上,圆形的附着盘由 Ad 标出;b,图 a 的解译图;c,ELI-C-0359A,一个侧向挤压的个体附着在三叶虫的颊刺上,显示保存的 U 形消化道、立体保存的口腔和延长的肛管;d,图 c 的解译图;e,ELI-C-0359B,图 c 标本的对面,放大显示 U 形的肠道、立体保存的口腔和肛椎;f,ELI-C-0334A,一个扁平保存的个体,显示其保存的 U 形消化道;g,图 f 的解译图;h,ELI-C-0338A;i,扁平保存的个体,显示泥质充填保存的口腔和肛管。缩写:Es,食道;M,口;Sc,固着柄中央体腔;St,膨大的胃;Ug,U 形的消化道。

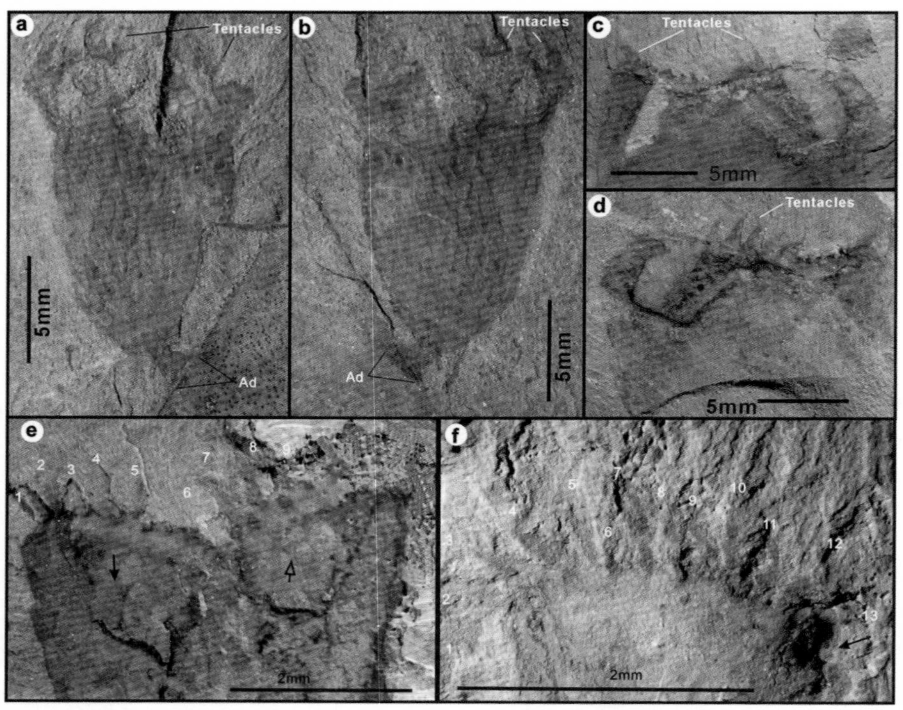

图2 寒武纪第三期澄江生物群(中国云南)发现的瘤状杯形虫。a—b,ELI-C-0340AB,正面和反面标本,一个小的个体通过固着柄末端的附着盘(Ad)固着在不明生物的骨片上,注意其卵圆形的触手冠。c—d,ELI-C-0358AB,正面和反面标本,顶视挤压和变形的触手冠及其环绕的基部触手。e,ELI-C-0107A,示带状的触手冠内模保存点状的触手基部印痕,触手的数量用数字标出;以及泥质充填的口腔和肛椎的位置,分别用实箭头和空箭头标注。f,ELI-C-0361A,外示触手冠及其周围展开的触手。

化石扫描电镜观察显示这些骨片主要由黄铁矿的假晶构成,分析为草莓状黄铁矿(附图 S5c—f)。骨片的长度约在 0.2—2.8 mm 之间,平均大小 0.7 mm(统计数量 769 个)。统计发现这些骨片外形并不完全一致,可能主要受到化石保存过程中挤压和变形的影响(图 1a, c, f, h)。但总体观察显示这些骨片具有一定的规律性,主要沿着生物表面纵向排列。不同的标本显示瘤状杯形虫杯体表面骨片从 39 个到 203 个不等。杯体和固着柄上的骨片在长度和宽度上十分相似。成排的骨片从杯体基部辐射状向上排列,并与固着柄上的三排骨片相连(图 3a—c)。随着锥形杯体的扩大,其表面的骨片从杯体基部向上排列数量有逐渐增加的趋势。从化石观察(图 3a, b),萼部杯体的基部至少有三列骨片,从杯体基部之上 2 mm处新一列的骨片开始出现,穿插在早期骨片的排列之中。在化石上,我们发现最大的骨片位于萼部杯体的上部边缘,可能代表了同列骨片中的两个没有分开的骨片(图 3d)。从杯体的内膜标本观察,骨片保存为稀疏排列的浅痕(图 3e;附图 S2e—f, S5a—b)。有意思的是,在图 3f 上单个骨片的外表面还发现了一系列紧密分布的线痕,该线痕可能代表了这些骨片的生长痕,表明了它们的加积分泌生长模式。很有可能,这种半圆形的生长线的发现表明这些骨片主

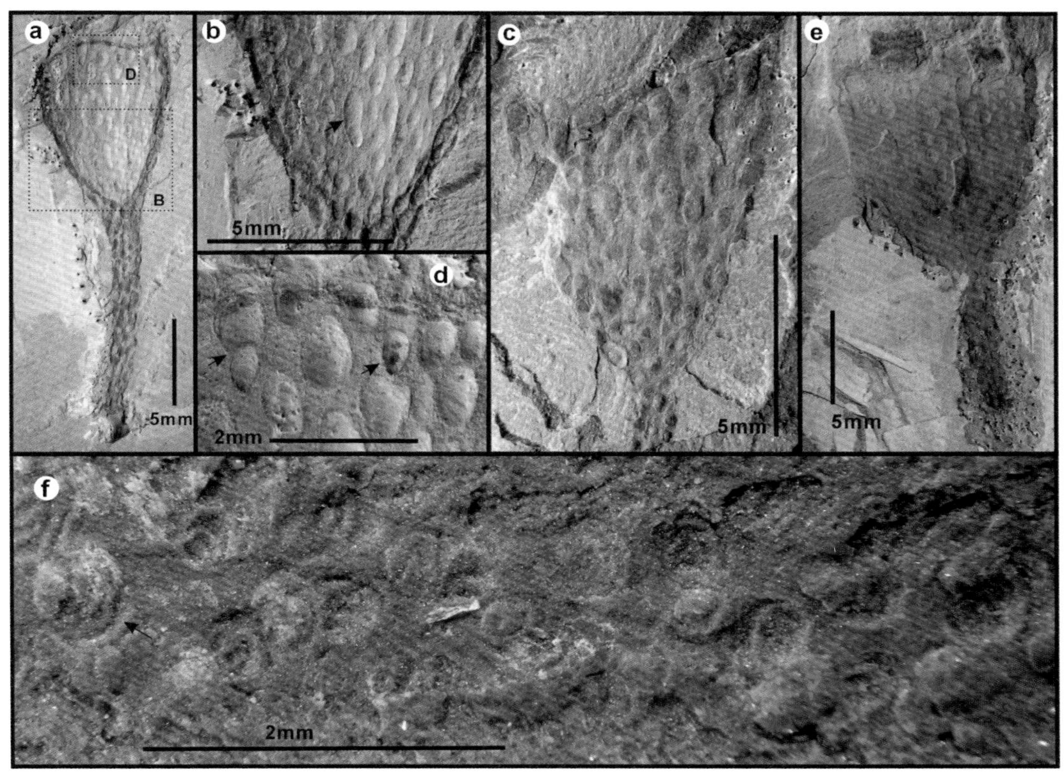

图 3　图示云南澄江化石库发现的干群内肛动物瘤状杯形虫身体表面的骨片状构造。a, ELI-C-0211A, 示成排增加的骨片，虚线框标示图 b 的位置；b, 图 a 部分放大显示，箭头标出延伸的大骨片；c, ELI-C-0344B, 外模标本，示杯体表面突起的骨片；d, 图 a 部分放大，箭头标示两个融合没有分开的骨片；e, ELI-C-0186A, 杯体内模，内视骨片印痕；f, ELI-C-0069A, 放大显示固着柄表面的骨片及其同心生长层。

要朝着杯体的上部单向生长，这种解释当然还需要更多的证据加以证实。

讨论

瘤状杯形虫的首次发现是基于两个不完整的标本，由于研究材料的限制该化石动物当时暂置于疑难类群。后来，西北大学张兴亮等 2001 年[12]发现了一个保存十分精美的标本，揭示了该动物萼部上边缘长有一圈柔软的触手，从而提出了该动物是一类亲缘关系不明的具触手的滤食型生物。2010 年，法国学者 Clausen *et al.* 对南京地质古生物研究所的 27 枚标本进行了重新研究，结果认为瘤状杯形虫应该属于干群的刺胞动物，但具体的内部形态解剖并没有涉及。最近，我们对西北大学早期生命研究所采集的 400 多枚标本进行了研究。结果在这些标本中发现了许多全新的形态和解剖信息，从而为该类疑难动物化石的重新研究奠定了材料基础。重新研究表明瘤状杯形虫是一类用触手悬浮滤食的海洋底栖固着动物（图 4）。其身体主要由两部分构成，下部是一个杆状的固着柄，其末端通常固着或群体附着在一些硬的生物碎屑壳体表面；其上部为一杯形的萼部，杯体内含一个 U 形的消化道，上端长有一圈冠状的触手，柔软的触手将口和肛门环绕在触手冠内(图1,2)。U形消化道的发现表明瘤状杯形虫绝对不可能属于基础动物中的刺胞动物,而可能隶属底栖固着的冠轮类动物(lophotrochozoa)[13,14]。同时应该强调的是,与冠轮类不同,悬浮滤食的后口动物如棘皮动物或其基干类群,通常拥有双分叉的触手[15]。

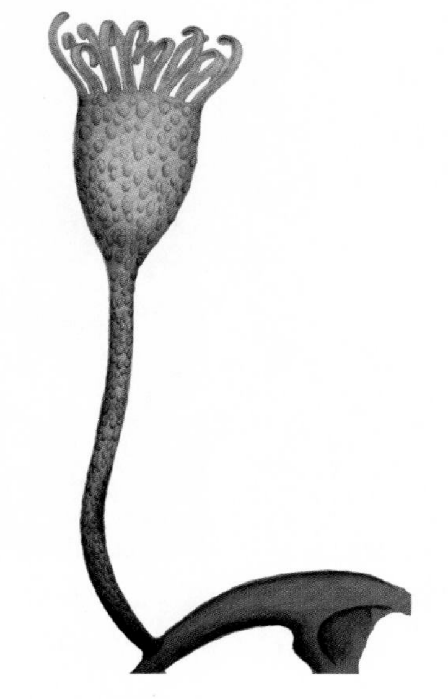

图4　原位生活的瘤状杯形虫(Luo & Hu)复原图

冠轮类超门代表一支形态多样、解剖差别较大的螺旋形动物,通常包括许多不同的动物门类,特别是环节动物、软体动物和几个不同的固着触手冠动物类型:如苔藓动物门、环口动物门、腕足动物门、内肛动物门和帚虫动物门[10]。在解剖上,内肛动物门与其他触手冠动物门截然不同,因为其消化道两端,即口和肛门,均位于触手冠之内。内肛动物通常因为卵裂模式、体腔的有无[17]和构成不同而被置于触手冠动物超门(Lophophorata)[18]之外。然而,最近的分子系统学研究却证实了内肛动物为单系起源[19],并总是位于冠轮类动物分支之内,其结果不是与环口动物形成姊妹群,就是在一定的程度上与苔藓动物构成了一个新的群居虫分支(Polyzoa)[14,16,20]。

随着分子生物学的发展,冠轮类分支在生物构成和内涵上已相对稳定,但该超门分支内部不同动物之间的系统关系以及它们之间的系统演化关系却难以确定。出现这些问题的主要原因在于现生冠轮分支动物大小区别很大,形态解剖迥异。因此,通过化石来研究这些现生动物的演化就成为理解这个最大生物类群早期演化历史的必要途径。目前化石生物学基本信息的获得主要是基于布尔吉斯页岩和澄江化石库等的特异型保存化石的发现[15,21]。根据目前的布尔吉斯页岩型化石库的研究,特异型保存的具触手类化石包括伊尔东类[22]、火炬虫[6]和最近发现的Herpetogaster[15]。它们具有一些共同的典型特征,主要包括卷曲的消化道和成对的双分叉的触手。其触手环绕着口,而并不围绕肛门。根据这些特征,国际权威学者认为上述化石动物最可能属于原始的后口动物,而不可能属于任何冠轮分支[15],当然也不可能属于内肛动物。因为现生的内肛动物具有典型的柔软、不分叉的触手,触手成环状,将口和肛门一起环绕在触手冠内[5]。在早期的研究中,有学者将寒武纪发现的高足杯虫与现生的内肛动物相类比,但这种认识后来受到不同学者的质疑,主要是因为高足杯虫缺乏柔顺、可收缩的触手[2],另外缺乏进一步的内部解剖证据支持。

瘤状杯形虫的系统分类位置虽然还不能精准确定,但其U形消化道的发现为解决这个寒武纪疑难化石提供了关键证据,从而排除了其为刺胞动物的可能性,进而支持了瘤状杯形虫是一类两侧对称的触手冠动物。其形态解剖特征，如高足杯状的身体外形、U形的肠道和环绕在触手冠内的口和肛门，以及其底栖固着的生活方式都表明瘤状杯形虫具有与内肛动物相似的动物属性。根据最新的分子系统学研究结果，内肛动物祖先应该具有海洋表栖固着的成年生活阶段，瘤状杯形虫化石的内肛动物属性正好与这个分子系统学研究结果不谋而合[19]。除此之外，化石形态研究和功能分析表明瘤状杯形虫的触手可以自由伸缩，在一些化石上明显收缩到膜状的触手冠之内（附图S4a—c）。瘤状杯形虫触手不同程度上的收缩能力与现生内肛动物的触手在形态和功能上相一致。除了触手之外，瘤状杯形虫的内肛动物特征还包括裂口状的口以及漏斗状的口腔（图1）。然而，与化石相比，现生内肛动物个体微小，个体高度0.3—30 mm，萼部高度通常处于0.2—1.2 mm之间，这明显小于瘤状杯形虫的个体高度（8—56 mm）和杯体高度（4.3—42 mm）。此外，现生的内肛动物是假体腔动物，假体腔内分布着内脏器官，弥散着许多阿米巴细胞和间叶细胞以及一些狭小体腔残余的原始缝隙。

值得讨论的是寒武纪大爆发期间发现的许多动物形态奇异，通常拥有现生动物从未出现过的一些奇特形态和解剖特征[21,24]。然而，在利用化石进行生物系统学研究的过程中，思考的要点并不是那些不可逾越的形态鸿沟，而要将讨论重点放在这些化石与现生动物具有的共同特征或者同源特征上。发现的相似性特征的同源性即使较差，也可以为讨论这些疑难类群如瘤状杯形虫的系统位置提供一些关键的支撑，同时帮助我们恢复寒武纪动物特征获得的顺序，有利于确定现生类群哪些特征是获得性特征，哪些特征是后期演化过程中通过特征丢失形成的。因此，瘤状杯形虫虽然与现生内肛动物存在不同，其个体较大、杯体内有更宽广的体腔空间、体表覆盖有矿化的骨骼组织，但同时它却与现生的内肛动物拥有许多相似的特征，如吸附盘、固着柄和杯状的萼部构成的体躯，杯体顶部长有触手，口和肛门皆包围在环状的触手冠内，杯体内具有U形的消化道等。瘤状杯形虫的这些形态解剖特征皆只有发现在现生的内肛动物中。在综合对比现生内肛动物后，笔者认为瘤状杯形虫至少应该置于内肛动物的干群。

将瘤状杯形虫解释为内肛动物干群对理解整个冠轮动物分支的演化有几个重要的意义。虽然现生内肛动物的成体相对瘤状杯形虫个体相当微小，但现生内肛动物的微型身体可以用小型化假说来解释，因为小型化在动物界是一种普遍存在的生物现象[25]。根据目前的研究，动物小型化不仅涉及动物体形大小的变化，而且涉及体形极端缩小情况下动物形态解剖、生态及其生活史发生的相应变化[25]。寒武纪瘤状杯形虫的发现正好是小型化发生的最好例证。在瘤状杯形虫的固着柄中央（图1a，b；附图S4g）有一条暗色的纵线，可能代表了固着柄内存在一个中央管状结构，这个结构可解释为萼部杯体体腔的延伸。根据最新的分子系统学研究，内肛动物与苔藓动物和环口动物等真体腔动物一起属于同一个系统分支，因此很可能瘤状杯形虫杯体和固着柄内存在的空腔代表着一个真体腔。这样，现生内肛动物中真体腔的丢失可能代表着一个后期的获得性性状，或离征。现生内肛动物体形的减小和解剖构造的简化可能是该类生物祖先在小型化过程作用下的共同结果[25]，同时也是对其群居生活适应的结果。此外，值得讨论的是现生内肛动物的体壁很薄，萼壁透明，通常只是覆盖一层夹杂微量几丁质的糖蛋白表皮[25]。但是瘤状杯形虫截然不同，其身体外表面具有明显的骨片用以加硬和稳定萼部和固着柄的形态（图 3，4）。这种骨片化加厚的身体无疑可防止大型的碎壳型捕食动物的侵袭[26]，但同时却阻止了瘤状杯形虫像现生内肛动物那样进行点头状的运动。因此，现生内肛动物的单层表皮型体壁可能代表了该类化石小型化发生的另一种结果。同时，化石证据表明瘤状杯形虫具有单体、表栖固着生活的特性，其身体末端通常固着在其他生物的碎屑表面（图 1a，c；附图 S4c，e—g）。综合以上讨论的形态特征的演化，单体固着的生活方式（solitary life）相对现生内肛动物的群体生活（colonial life）为原始特征，即祖征。这个假说目前得到了英国晚侏罗世群体内肛动物化石的支持。这样，寒武纪干群内肛动物瘤状杯形虫的发现就表明匍匐枝附着生活可能是内肛动物门群居虫目（Coloniales）的获得性特征（离征）。因此，在寒武纪第三期的地层中发现干群的内肛动物极大地延伸了内肛动物总群的地史范围，为内肛动物躯体造型与其他冠轮类动物的分歧演化提供了最小的地质时间框架，为了解早期冠轮类动物的骨骼型躯体构型的演化提供了化石证据。

身体表皮发育骨片化的骨骼系统是瘤状杯形虫的另一个重要特点，也是瘤状杯形虫与现生内肛动物存在的重要差别。然而，瘤状杯形虫与现生内肛动物在解剖和外部形态方面的一致性表明现生内肛动物躯体构型（body plan）在寒武纪早期已经建立，不同的是寒武纪大爆发期间的内肛动物身体覆盖有骨片化的骨骼系统。有意思的是，根据目前的研究，干群的环节动物[27]、软体动物[21,28,29]、腕足动物[8]和帚虫动物[9]都可能具有骨骼化的躯体构型。在这一点上，瘤状杯形虫与上述冠轮类其他动物相似。因此，身披骨片的干群内肛动物——瘤状杯形虫的发现进一步支持了冠轮类动物的单系起源，同时表明不同形式骨骼化的身体可能是早期冠轮类动物干群的共同特点。更重要的是，在寒武纪早期小壳化石（Small Skeletal Fossils）中发现的各种不同的骨片和骨骼如 Siphogonuchitids、Sachitids 和 Halkieriids，均被解释为环节动物或软体动物等不同冠轮类动物分支的基干类群[21,27－29]，同时一些磷酸盐化的椎管状化石托莫特壳类已被解译为帚虫动物[9]和腕足动物[7,8]的基干类群。从系统比较来看，瘤状杯形虫的骨骼体系（特别是固着柄）与托莫特壳偏心囊形虫（*Eccentrotheca*）最为相似[9,30]，两者都为骨骼化的椎管状，由不同形态的骨片组合而成。虽然有证据可以表明瘤状杯形虫身体表面的骨片可能存在分泌生长的可能，但其原始矿化形式还有待证实。瘤状杯形虫在骨片的具体外形和排列形式上与偏心囊形虫（*Eccentrotheca*）明显不同，前者外形多为圆形或椭圆形，排列疏松；而后者环环相扣，组织有序。详细研究表明偏心囊形虫（*Eccentrotheca*）的骨片主要为横向、环状排列，在个体发育过程中才逐渐融合[9,30]。与之不同的是，瘤状杯形虫的骨片总体上纵向排列，骨片之间普遍分开。此外，瘤状杯形虫的骨片（图 3）总体上还存在单方向生长趋势（图 3f）。经过以上的分析和比较，瘤状杯形虫当然不可能属于托莫特壳类(Tommotiids),这样瘤状杯形虫的固着柄与托莫特壳类偏心囊形虫在形态结构上的相似性只能是表面上的。综合考虑早期研究中发现的帚虫动物门[9]、腕足动物门[7,8]、环节动物门[27]和软体动物门[21,28,29]干群化石,干群内肛动物瘤状杯形虫身体表面骨片的研究表明,寒武纪大爆发期间骨骼化躯体构型在不同动物门的发生比早期认识到的更为普遍,很可能也是寒武纪早期出现的冠轮类动物超门的原始特征。尽管瘤状杯形虫在组织形态、生长方式和化学构成上与现生类型存在一定的差异,但发现瘤状杯形虫是一种具骨骼的内肛动物,进一步加强了人们关于绝大多数冠轮类超门的根或基干类群都可以在寒武纪早期的小壳化石(SSFs)中发现的猜测,这无疑对研究冠轮类动物的早期起源有重要意义。

研究方法

瘤状杯形虫的所有研究材料系西北大学早期生命研究所采自早寒武世黑林铺组上部的玉案山段(始莱德利基虫—武定虫三叶虫化石带)。张志飞观察化石并照相。化石的大小通过毫米尺直接测量。化石电镜扫描在西北大学大陆动力学国家重点实验室进行,部分分析在英国卡威尔斯国家博物馆 Leonid Popov 教授的帮助下在卡迪夫完成。

出版术语

该研究及其术语已在动物银行、国际动物术语在线登记系统注册(ICZN)。动物银行中的生命科学识别码(LSIDs)在论文发表过程中已经登记,相关信息可在网上查询(http://zoobank.org/)。

urn:lsid:zoobank.org:pub:4810D25C-02BB-4674-B508-5D5D67DEF9EE

urn:lsid:zoobank.org:act:51669C19-D7EC-469D-A537-DDA51655E4FA

作者贡献

所有作者均参与了化石的讨论和分析。西北大学早期生命研究所在舒德干教授的指导下完成野外考察和化石采集。张志飞统计化石,组织并设计了该项工作。张志飞起草手稿,L. E. Holmer, G. A. Brock 和 C. B. Skovsted 先后修改并提出了重要意见,G. Budd 统校英语,对最终定稿有较大帮助。张志飞、傅东静和韩健先后对瘤状杯形虫的复原、定稿和上色做了大量工作。

附件材料详见相关网站:http://www.nature.com/srep/2013/130117/srep01066/extref/srep01066 – s1.pdf.

致谢

该研究受国际自然科学基金项目(项目编号:41072017 和 40830208)和中国科技部基础发展研究规划项目(2013CB835002)、中国高校引智计划项目(P201102007)、瑞典科学研究会(2009-4395,2012-1658)、澳大利亚科学研究会发现项目(120104251)以及南京地质古生物研究所古生物学与地层学国家重点实验室研究项目(123117,KZCX2-EW-115)联合资助。张志飞的研究工作同时得到了教育部新世纪人才项目(NCET-11-1046)、全国优博作者专项(FANEDD 200936)、博士后研究基金(2011M501273)、陕西省科技新星

(2011kjxx37)和教育部霍英东优秀教师研究课题(G121016)等人才项目的联合资助。在此,同时对西北大学早期生命研究所翟娟萍、程美蓉女士在化石整理和实验室相关技术方面给予的支持和帮助表示感谢。

参考文献

1. Wasson, K., 2002. A review of the invertebrate phylum Kamptozoa (entoprocta) and synopsis of Kamptozoan diversity in Australia and New Zealand. Transactions of the Royal Society of S. Aust., 126, 20.
2. Todd, J. A. & Taylor, P. D., 1992. The first fossil Entoproct. Naturwissenschaften, 79, 311-314.
3. Chen, J. Y. & Zhou, G. Q., 1997. Biology of the Chengjiang fauna. Bulletin of the National Museum of Natural science, 10, 11-106.
4. Conway Morris, S., 1977. A new entoproct-like organism from the Burgess Shale of British Columbia. Paleontology, 20, 833-845.
5. Nielsen, C., 2001. *Animal evolution-interrelationships of the Living phyla (2nd edition)*. Oxford University press.
6. Luo, H. L., Hu, S. X., Chen, L. Z. et al., 1999. *Early Cambrian Chengjiang Fauna from Kunming Region, China* 129. Yunnan Science and Technology Press.
7. Skovsted, C. B. et al., 2009. The scleritome of *Paterimitra*: an Early Cambrian stem group brachiopod from South Australia. P R Soc B, 276, 1651-1656.
8. Holmer, L. E., Skovsted, C. B., Brock, G. A. et al., 2008. The Early Cambrian tommotiid *Micrina*, a sessile bivalved stem group brachiopod. Biol Letters, 4, 724-728.
9. Skovsted, C. B., Brock, G. A., Paterson, J. R. et al., 2008. The scleritome of *Eccentrotheca* from the Lower Cambrian of South Australia: Lophophorate affinities and implications for tommotiid phylogeny. Geology, 36, 171-174.
10. Erwin, D. H. et al., 2011. The Cambrian Conundrum: Early Divergence and Later Ecological Success in the Early History of Animals. Science, 334, 1091-1097.
11. Clausen, S., Hou, X. G., Bergström, J. et al., 2010. The absence of echinoderms from the Lower Cambrian Chengjiang fauna of China: Palaeoecological and palaeogeographical implications. Palaeogeography, Palaeoclimatology, Palaeoecology, 294, 133-141.
12. Zhang, X. L., Shu, D. G., Li, Y. et al., 2001. New sites of Chengjiang fossils: crucial windows on the Cambrian explosion. J. geol. Soc., Lond, 158, 211-218.
13. Paps, J., Baguna, J. & Riutort, M., 2009. Lophotrochozoa internal phylogeny: new insights from an up-to-date analysis of nuclear ribosomal genes. P R Soc B, 276, 1245-1254.
14. Giribet, G., 2008. Assembling the lophotrochozoan (=spiralian) tree of life. Philos T R Soc B, 363, 1513-1522.
15. Caron, J. B., Morris, S. C. & Shu, D. G., 2010. Tentaculate Fossils from the Cambrian of Canada (British Columbia) and China (Yunnan) Interpreted as Primitive Deuterostomes. Plos One, 5, A189-A201.
16. Dunn, C. W. et al., 2008. Broad phylogenomic sampling improves resolution of the animal tree of life. Nature, 452, 745-U745.
17. Wanninger, A., 2009. Shaping the Things to Come: Ontogeny of Lophotrochozoan Neuromuscular Systems and the Tetraneuralia Concept. Biol Bull-Us, 216, 293-306.
18. Nielsen, C., 2002. The phylogenetic position of Entoprocta, Ectoprocta, Phoronida, and Brachiopoda. Integr Comp Biol., 42, 685-691.
19. Fuchs, J., Iseto, T., Hirose, M. et al., 2010. The first internal molecular phylogeny of the animal phylum Entoprocta (Kamptozoa). Mol Phylogenet Evol., 56, 370-379.
20. Edgecombe, G. D. et al., 2011. Higher-level metazoan relationships: recent progress and remaining questions. Org Divers Evol., 11, 151-172.
21. Conway Morris, S. & Caron, J. B., 2007. Halwaxiids and the early evolution of the lophotrochozoans. Science, 315, 1255-1258.
22. Zhu, M. Y., Zhao, Y. L. & Chen, J. Y., 2002. Revision of the Cambrian discoidal animals *Stellostomites eumorphus* and *Pararotadiscus guizhouensis* from South China. Geobios-Lyon, 35, 165-185.
23. Peng, J., Zhao, Y. L. & Lin, J. P., 2006. Dinomischus from the Middle Cambrian Kaili Biota, Guizhou, China. Acta Geol Sin-Engl, 80, 498-501.
24. Shu, D. G., Morris, S. C., Zhang, Z. F. et al., 2010. The earliest history of the deuterostomes: the importance of the Chengjiang Fossil-Lagerstätte. P R Soc B, 277, 165-174.
25. Hanken, J. & Wake, D. B., 1993. Miniaturization of Body-Size – Organismal Consequences and Evolu-

tionary Significance. Annu Rev Ecol Syst, 24, 501-519.

26. Zhang, Z. F. et al., 2011. First record of repaired durophagous shell damages in Early Cambrian lingulate brachiopods with preserved pedicles. Palaeogeography, Palaeoclimatology, Palaeoecology, 302, 206-212.

27. Vinther, J., Van Roy, P. & Briggs, D. E. G., 2008. Machaeridians are Palaeozoic armoured annelids. Nature, 451, 185-188.

28. Conway Morris, S. & Peel, J. S., 1995. Articulated Halkieriids from the Lower Cambrian of North Greenland and Their Role in Early Protostome Evolution. Philos T Roy Soc B, 347, 305-358.

29. Vinther, J. & Nielsen, C., 2005. The Early Cambrian *Halkieria* is a mollusc. Zool Scr, 34, 81-89.

30. Skovsted, C. B., Brock, G. A., Topper, T. P. et al., 2011. Scleritome Construction, Biofacies, Biostratigraphy and Systematics of the Tommotiid *Eccentrotheca Helenia* sp. nov. from the Early Cambrian of South Australia. Palaeontology, 54, 253-286.

（张志飞　译）

寒武大爆发时的人类远祖

Ancestors from
Cambrian Explosion

第四部分

基础动物亚界

基础动物亚界

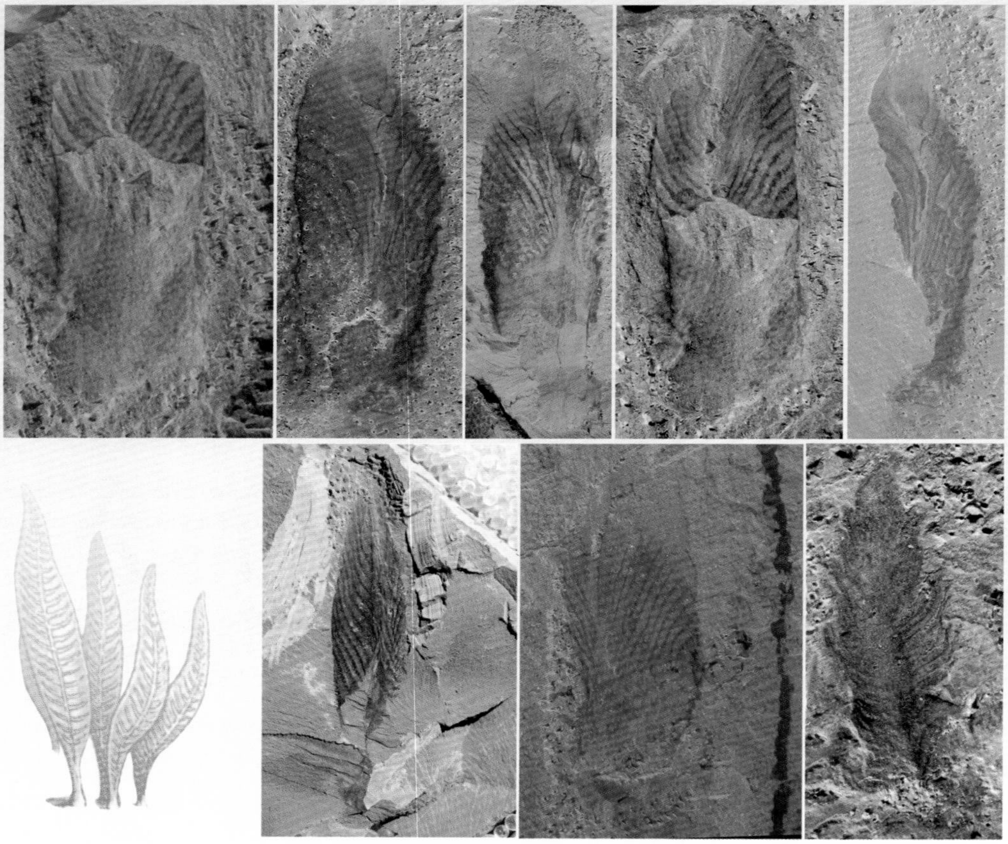

早寒武世文德动物

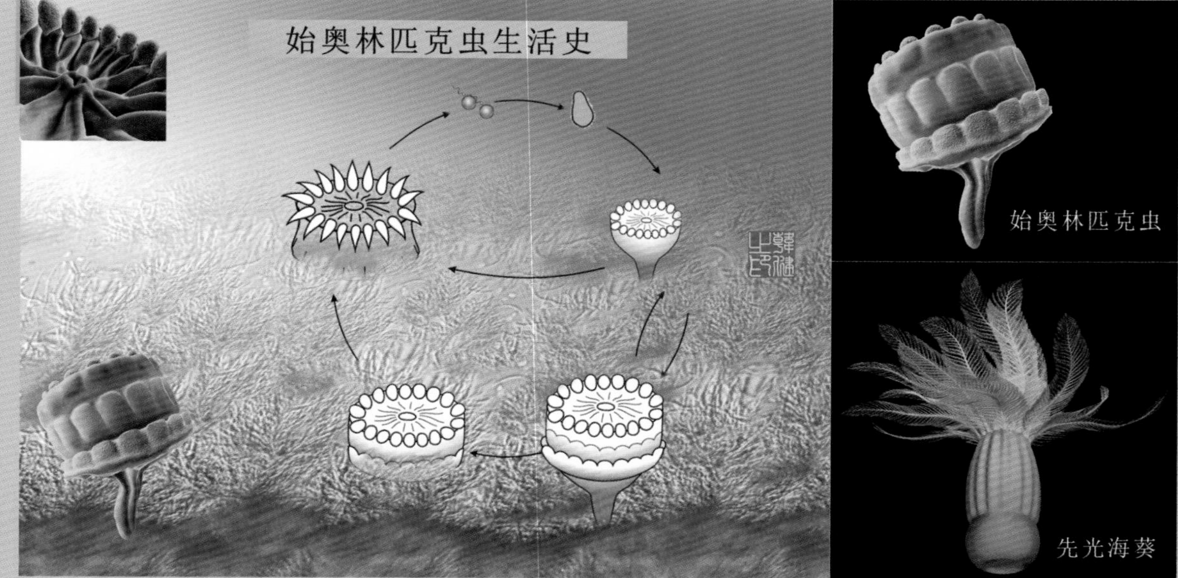

中国下寒武统文德生物化石及早期双胚层动物演化

舒德干*, Simon Conway Morris*, 韩健, 李勇, 张兴亮, 华洪, 张志飞, 刘建妮, 郭俊锋, 姚洋, Kinya Yasui

* 通讯作者 E-mail: elidgshu@nwu.edu.cn; sc113@esc.cam.ac.uk

摘要　埃迪卡拉化石组合的出现恰好早于寒武纪动物大爆发，并在这次辐射中发挥了至关重要的作用。不过，它们令人困惑的宽泛的亲缘关系仍然难以整合到早期后生动物的演化谱系中去。在这里，我们描述了一个产自于早寒武世中国云南澄江化石库中的与埃迪卡拉纪文德生物具有惊人相似性的蕨叶状化石——美妙春光虫（*Stromatoveris psygmoglena* 新属新种）。它精致地保存了密集的带有纤毛的羽枝，可能代表了栉水母的栉板的前身。因此，这一发现对研究这一门类和相关的双胚层动物的早期演化具有重要影响，其中有些栉水母可能独立地进化出蕨叶型固着地生活习性。

埃迪卡拉化石组合代表地球生命史上最早的复杂的宏体生命形式[1]。它们缺乏硬体骨骼但类型多样化[1,2]，具有一个确定的居群结构[3]，并具有全球分布[2]。然而，其生物属性的解释仍然极具争议性。比较激进的观点将其归入地衣[4]或真菌[5]，但这一观点鲜有人支持[1,6]；较为传统的观点[7]仍有问题。少数几个类群可以不同程度地与已知动物门类相关，诸如海绵[8]、刺细胞动物[9]、软体动物[10]和节肢动物[11]。但是绝大多数类型因为与现代动物门类及其干群难以精确对比，所以其分类位置仍然悬而未决。具有挑战性的文德生物假说[12-14]是基于其独一无二的由多层次模块拼合构建的躯体构型和可能的多核细胞体，旨在将截然不同的分类群收入囊中，甚至包括有些曾经归入刺细胞动物或节肢动物的类型。如果这一假说是正确的，它将会产生两个问题。第一，是否至少有一些文德生物独立地从原生动物演变而来；第二，它们是否是现代动物的姊妹群[15]，甚或属于双胚层动物？在这一方面非常关键的是，各种蕨叶状化石中，有一些和刺细胞动物尤其是海笔[7,16]可以对比，而其他类型则清楚地与其他文德生物相一致[12,17]。

这里我们描述了 8 枚产自于云南省昆明市早寒武世澄江化石库的美妙春光虫（*Stromatoveris psygmoglena*）标本[18]，并将其解释为新的文德生物（图 1,2）。其中 5 枚标本，包括模式标本，产自晋宁梅树村附

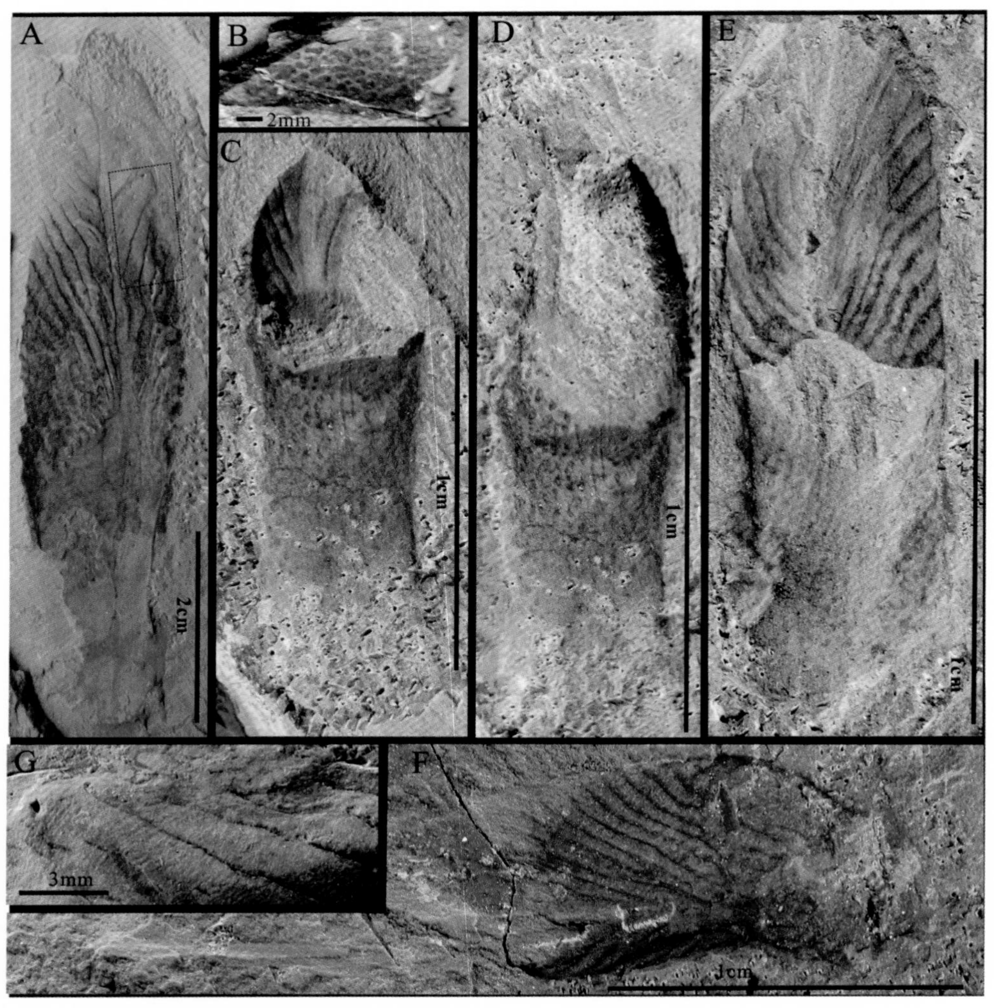

图 1 寒武系文德生物美妙春光虫(*S. psygmoglena* 新属新种)。A,B,G 为正模,ELI-Vend-05-001。A 为上表面,B 为反面标本的下表面,G 为 A 的方框区域扩大显示。C,D 为 ELI-Vend-05-002。C 为上、下表面复合照片,D 为去除上表面远端以显示下表面。E 为 ELI-Vend-05-003,正反面标本复合照片,显示叶状体上、下表面。F 为 ELI-Vend-05-004,正反面标本复合照片,显示上表面以及上、下表面之间的轴杆状结构。

近,而其他 3 枚采自昆明海口尖山剖面。这些标本的保存方式与典型的澄江化石相同,因此能够提供详细的形态信息。推测它们因风暴事件而快速埋葬,并且大多数标本相对于岩石层面低角度保存。因此,被劈开的化石正面和反面自然斜穿虫体,在构想每个标本的完整结构时要考虑到这一点(图 1C—E;2B,C)。

虫体呈叶片状,具有一个末端较钝的固着柄,但缺乏明显的固着器(图 1A,C,D,F;2A,B,D)。虫体长度在 2.5—7.5 cm 之间。为方便起见,采用上下定向,但并不意味着与其他生物的定向同源。上部和下部表面显然不同。上部具有十分明显的突起的羽枝。大多数标本因为不太完整其羽枝难以精确计数(每枝大约 1 mm 宽),在模式标本上中线两侧各有5个羽枝。中线是相对较窄的槽(图1A;2A,E)。羽枝的始端沿着一条逐渐远离轴线的倾斜线产出,所有羽枝近乎平行向外延伸,在其远端呈扇形分支,且与中轴呈小角度相交。羽枝大多单支型,偶见不规则的分叉和愈合现象(图1A;2A,E)。一些标本羽枝内充满泥沙,暗示在生活期间羽枝呈空心状。羽枝的侧边缘显示短尖头形,这可能表示羽枝之间或在羽枝内部互相连接。羽枝数量随着体型增大而略有增加,较大的标本中的羽枝相对较宽意味着单个羽枝可以连续增长。接近羽枝远端可以产生新的羽枝(图1A;2A,E)。

羽枝显然牢固地附着在叶状体上,但一些羽枝略显重叠。羽枝具有横向紧密排列的条痕(图1A,G;2A,B;附图1A,D),但没有虫体个员的任何迹象。羽枝之间的区域有窄沟,一些标本的窄沟伴有黑线(图1A,C,E—G;附图1A,B,F,G)。这些黑线可能代表分离结构,也可能代表位于体壁之内的水道。黑线边缘不规则(图1E),可能与叶状体其他部位相接。羽枝远端所对应的蕨叶体边缘表面光滑,在此区域中轴表现为一个狭窄的蜿蜒走向的浅槽(图1A,2A)。这个区域相当长(附图1,2D),在生活时这一部分可能呈快速尖缩状。羽枝下部中轴区迅速加宽,对应于或多或少光滑的柄部。

柄部大致可以分为两段。更远端呈卵形的中央平滑区域强烈凹陷(图1,2B),相邻的近端具有低缓的纵脊与叶状体边缘斜交,但是在标本上表面其延伸方向和羽枝正好相反。另外,其表面分布有大致呈卵形的装饰。在更靠近基部的区域,叶状体表面至少在边缘附近具有和缓的肋状物和突出的豹皮装饰(图1B,2A)。下表面向底部方向更为光滑。有一个标本(附图1C,E)的茎部显示醒目的弧形结构,这些可能代表另一种类型的表面装饰,在此解释为体壁支持物,可能为胶原蛋白。

叶状体内部包含大量泥沙填充(图1C—E;2C,D;附图1B),尤其在茎部,暗示其截面接近圆形,但在刀片状的上部有所压扁。这表明在生活期间其内部大部分是空心的并充满液体。有一个宽约0.4 mm的呈铁质保存的杆状结构(ca.跨0.4 mm),位置接近叶状体上表面。在另一个内部部分解剖开的标本(图1F,2D)中也有一个类似结构,但呈横向延伸,可能因为腐解导致其原有定向发生旋转。

叶状体通过茎部嵌入海底之中营底栖生活。在生活状态时是直立或倾伏尚不甚明了,其轴部的坚硬性倾向于支持前者,但下表面卵形的强烈凹陷的光滑区域(图1,2B)则支持斜躺模式。该动物取食模式纯属推测,部分取决于系统学的比较研究。由于没有明确的虫体个员,一种可能性是羽枝上的纤毛通过羽枝间的窄沟运输食物颗粒。和典型的悬浮滤食者相比,采用一定密度的纤毛滤食是高度有效的。羽枝之间的连接物(图1A,E,G;2A,D)大概是连接内外的交换系统。在生活期间叶状体内部可能充满了液体或凝胶状组织。其中轴(图1F,2D)类似于海笔,可能提供额外的支持作用,除此之外未见其他内部器官。

从整体上看来,春光虫类似于一些埃迪卡拉纪蕨叶状的化石类型,但无法归入任何已知的属。春光虫看似与Khatyspytia[19]更为相似,但后者更为细长,且有更多的较短的羽枝。当然春光虫与蕨叶状的

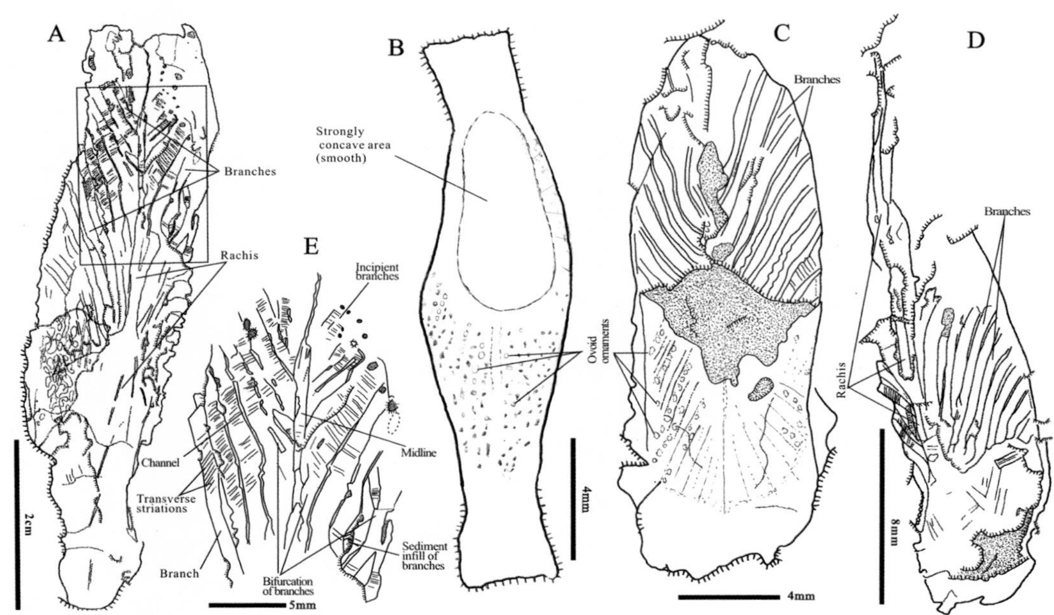

图 2 通过绘图臂绘制的美妙春光虫(*S. psygmoglena*)解译图(对应于图 1)。解译图属于复合型,将标本反面颠倒后叠加到正面标本上。两图对应如下所示:A 和 E 对应于图 1A、B 和 G(E 是 A 的扩大显示),B 对应于图 1C 和 D,C 对应于图 1E,D 对应图 1F。

Vaizitsinia[19]、*Charniodiscus*[16,20]、*Glaessnerina*[16]甚至 *Charnia*[19,20]都存在一般意义上的相似。这些埃迪卡拉纪的蕨叶状生物的谱系位置颇具争议[21],要么归入刺细胞动物海笔类[7,16],要么归入文德生物[12,14]。解决其分类位置的关键点在于羽枝附着在叶状体上的方式以及是否真正缺乏虫体个员,这两项均与海笔假说不符。海笔的轴向结构基本两边对称,但功能学上也有可能是趋同所致。春光虫与可能的埃迪卡拉生物群幸存者、中寒武世的 *Thaumaptilon*[22]也有一些相似之处。因为后者具有虫体个员,这个类型当前暂定为珊瑚纲海笔类。

澄江化石库发现的更令人信服的海笔化石(附图 2)表明,如果 *Thaumaptilon* 是刺胞动物(假设个员能够正确鉴定),那么它应代表比珊瑚虫类更为原始的类型(图 3)。在任何情况下,*Thaumaptilon* 和春光虫都无任何牵连。后者分类上缺乏明显的个员,并具有明显不同的分支模式。此外,春光虫羽枝显示不规则的分支现象(这种现象与较不受约束的形态发生程序相符合[21])和可能的羽枝间的连接物;最重要的是,新羽枝在羽枝远端的增生位于上表面边缘,这与海笔或者其他群体类型的增长方式迥然不同。虽然这种生长方式在其他文德生物上也可见到,但仍需要复审,因为至少其他一些类型显示独特的分形式生长[17]。春光虫(和其他的埃迪卡拉化石)的组织化程度似乎远远超越了原生动物的复杂性,因此目前所知的文德生物[12,14]可能不是单系群。诸如 *Ernietta* 和 *Pteridinium*,由简单的模块化单位组成,很可能是内栖生活的巨型原生动物[14]。这些蕨叶状的化石在此解释为双胚层动物(图 3)。双胚层动物内,刺

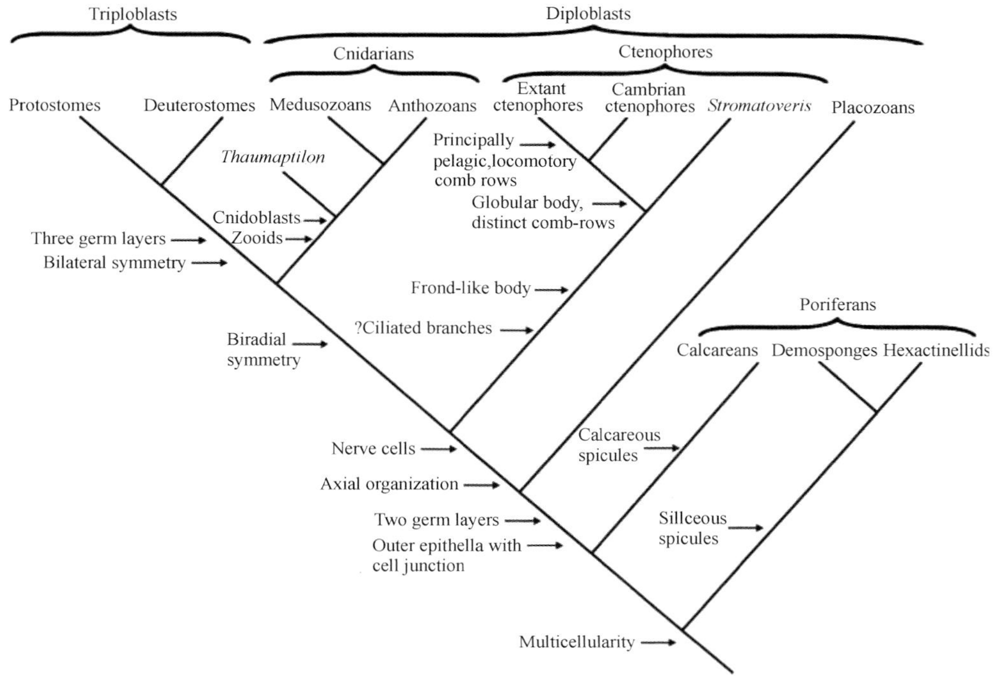

图 3　后生动物谱系轮廓图，分别标注了春光虫和 *Thaumaptilon*[22] 作为原始栉水母和刺细胞动物的位置，意味着蕨叶状体型的出现可能是趋同演化的结果。后生动物亲缘关系仍然处于争议状态，在这里将海绵作为基底类群，而钙质海绵可能是其他后生动物的姊妹群[28]。扁盘动物的位置也有争议，在此将其视为原始双胚层动物[29]，在神经细胞[30]的发明之前已经出现。栉水母是单系群[31]，将其视为刺胞动物和三胚层动物的姊妹群[28]。文中已有讨论，原始的栉水母在获得球形外表和分离的栉板以营浮游生活之前，它们呈蕨叶状（文德型生物）。虽然栉水母呈两辐对称，但其独特的旋转元素的获得与原始刺细胞动物的两辐对称显然没有牵连。刺细胞动物也是单系群，分为珊瑚虫纲和水母超纲[32]。虽然先前曾经认为栉水母是所有两侧对称动物的姊妹群，但是这一角色被广泛接受的却是刺细胞动物[33]。三胚层动物由后口动物和原口动物组成。

细胞动物和栉水母虽具有明显的差别，但其早期演化仍处于猜想阶段。然而，Dzik[23] 推测埃迪卡拉纪的蕨叶状生物和寒武系栉水母之间存有过渡类型。如果把 *Dickinsonia* 和 *Thaumaptilon* 等类型考虑在内，这个方案很难让人接受。尽管躯体构型迥然不同，但春光虫羽枝上精细的横纹结构类似于寒武系的栉水母（图 3）。春光虫的纤毛羽枝密切排列并附在叶状体之上，而寒武系的栉水母羽枝相互分离且身体呈球状。虽然二者都以底栖的方式使用纤毛滤食生活，但相比之下现存的栉水母高度演化，包括从底栖到浮游生活方式的转变、充满胶质的躯体构型、觅食和运动过程中纤毛的协调运动。

春光虫当属于埃迪卡拉纪的幸存者[22－25]。相比那些保存在典型埃迪卡拉式的粗糙围岩中的早寒武世幸存者而言[24,25]，新的研究材料显示一些新颖的特征，其保存质量不亚于 *Thaumaptilon*[22]，但需指出两个类群之间的相似之处很有可能为趋同演化所致（图 3）。前人报道的在澄江化石库发现的埃迪卡拉幸存者[26]和当前标本没有相似之处，其分类位置尚难以确定。

致谢

我们感谢姬严兵、程美蓉和翟娟萍在野外和室内的帮助；感谢剑桥大学 S. Last, S. Capon 和 V. Brown 在技术上的帮助；感谢 N. Butterfield 和三位匿名评审专家有益的建设性意见。本工作受国家自然科学基金、科技部基金、长江学者和创新团队发展计划（PCSIRT）、英国剑桥大学的 Cowper-Reed 基金及圣约翰学院基金资助。

参考文献

1. Narbonne, G. M., 2005. Annu. Rev. Earth Planet. Sci., 33, 421.
2. Grazhdankin, D., 2004. Paleobiology, 30, 203.
3. Clapham, M. E., Narbonne, G. M. & Gehling, J. G., 2003. Paleobiology, 29, 527.
4. Retallack, G. J., 1994. Paleobiology, 20, 523.
5. Peterson, K. J., Waggoner, B. & Hagadorn, J. W., 2003. Integr. Comp. Biol., 43, 127.
6. Waggoner, B. M., 1995. Paleobiology, 21, 393.
7. Glaessner, M. F., 1984. *The Dawn of Animal Life: A Biohistorical Study* (Cambridge Univ. Press, Cambridge).
8. Gehling, J. G. & Rigby, J. K., 1996. J. Paleontol., 70, 185.
9. Ivantsov, A. Y. & Fedonkin, M. A., 2002. Palaeontology, 45, 1219.
10. Fedonkin, M. A. & Waggoner, B. M., 1997. Nature, 388, 868.
11. Zhang, X. L., Han, J., Zhang, Z. F. et al., 2003. Palaeontology, 46, 447.
12. Seilacher, A., 1992. J. Geol. Soc. London, 149, 607.
13. Zhuravlev, A. Yu., 1993. Neues Jahrb. Geol. Pal? ontol. Abh., 180, 299.
14. Seilacher, A., Grazhdankin, D. & Legouta, A., 2003. Paleontol. Res., 7, 43.
15. Buss, L. W. & Seilacher, A., 1994. Paleobiology, 20, 1.
16. Jenkins, R. J. F. & Gehling, J. G., 1978. Rec. South Aust. Mus., 17, 347.
17. Narbonne, G. M., 2004. Science 305, 1141 (2004); published online 15 July (10. 1126/science. 1099727).
18. 系统古生物学如下所示：
   栉水母干群（包括部分文德生物）
   “Charniomorpha”目（27）
   Stromatoveridae 科 新科 舒、康威・莫里斯和韩
   Stromatoveris 属 新属舒、康威・莫里斯和韩
   Stromatoveris psygmoglena 种 新种 舒、康威・莫里斯和韩。
   词源：属名复合结构，基于床垫（希腊文 stromatos）和春天（拉丁文 veris），另指昆明市（绰号“春城”）附近发现的垫状的化石；种名意指精彩（希腊文 glenos）和扇状的（希腊文 psygma）。
   模式标本：ELI-Vend-05-001。
   其他材料：ELI-Vend-05-002—008。
   地层学和产地：黑林铺组（原筇竹寺组）、玉案山段（Eoredlichia 带）、下寒武统。标本产自于晋宁梅树村和昆明海口尖山地区。
   鉴定：叶片形，分为基部的具有圆角末端的茎部和较扁的向远端收缩的叶状体。身体沿上强烈区分，不仅体现在上表面和下表面，还体现在沿轴的上下部分。上表面中区具有突出以锐角插入羽轴的羽枝，羽枝之间由浅槽分隔，并在远端区域的表面分生。羽枝具精细的横向结构。茎部和远端顶部表面光滑。从下表面远端椭圆光滑区域发出的射线具有卵形装饰。茎部具有和缓的肋纹和突出的卵形装饰，但向茎部末端变得更为光滑。
19. Fedonkin, M. A., 1990. in *The Vendian System*, B. S. Sokolov, A. B. Iwanowski, Eds. (Springer-Verlag, Berlin), vol. 1, pp., 71-120.
20. Ford, T. D., 1958. Proc. Yorks. Geol. Soc., 31, 211.
21. Runnegar, B. N., 1995. Neues Jahrb. Geol. Pal? ontol. Abh., 195, 303.
22. Conway Morris, S., 1993. Palaeontology, 36, 593.
23. Dzik, J., 2002. J. Morphol., 252, 315.
24. Jensen, S., Gehling, J. G. & Droser, M. L., 1998. Nature, 393, 567.
25. Hagadorn, J. W., Fedo, C. M. & Waggoner, B. M., 2000. J. Paleontol., 74, 731.
26. Zhang, W. T. & Babcock, L., 2001. Acta Palaeontol. Sinica, 40 (Suppl.), 201.
27. The phylogenetic questions associated with Ediacaran taxa have largely precluded a higher-level taxonomy. This ordinal designation would include both the taxon described here and such genera as *Char-*

niodiscus, *Glaessnerina*, *Khatyspytia*, *Vaizitsinia*, and possibly *Charnia*.

28. Medina, M., Collins, A. G., Silberman, J. D. et al., 2001. Proc. Natl. Acad. Sci. U. S. A, 98, 9707.
29. Ender, A. & Schierwater, B., 2003. Mol. Biol. Evol., 20, 130.
30. Hadrys, T., DeSalle, R., Sagasser, S. et al., 2005. Mol. Biol. Evol., 22, 1569.
31. Podar, M., Haddock, S. H. D., Sogin, M. L. et al., 2001. Mol. Phyl. Evol., 21, 218.
32. Collins, A. G. et al., 2006. Syst. Biol., 55, 97.
33. Peterson, K. J., McPeek, M. & Evans, D. A. D., 2005. Paleobiology, 2 (Suppl.), 36.

（韩健　译）

附图

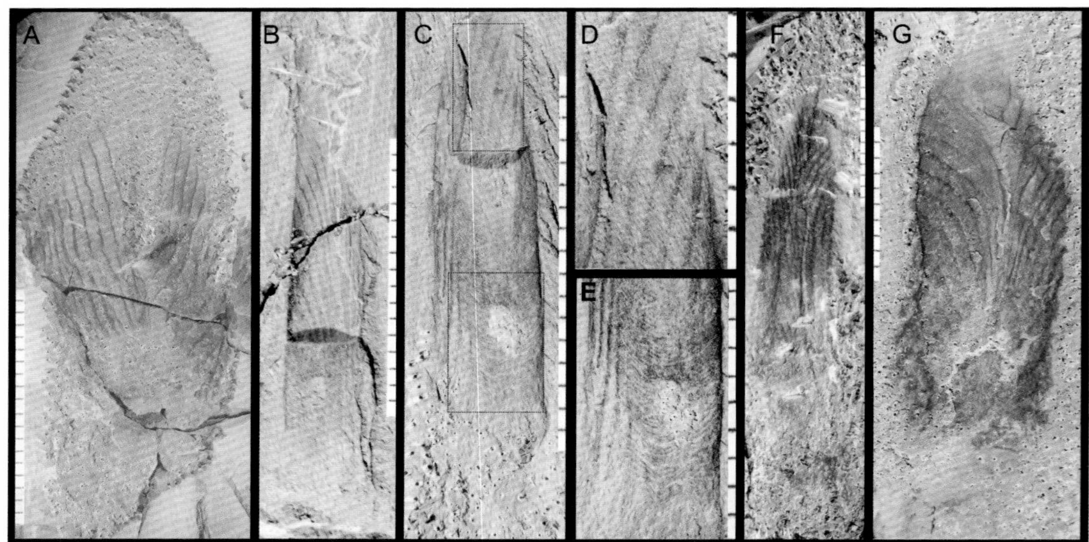

图1 寒武纪文德动物美妙春光虫(新属新种)。A,ELI-Vend-05-005; B—E, ELI-Vend-05-006;B 和 C 分别是标本正反面;D 为 C 右上表面(即 C 上部方框中)的放大图,显示羽枝上的横纹;E 为 C 下表面(即 C 下部方框中)的放大图,显示表面横线状纹饰;F, ELI-Vend-05-007,正、反面标本复合图,示标本上部区域;G, ELI-Vend-05-008, 正、反面标本复合图,除了上表面纹饰,右方一小块区域可见下表面纹饰。比例尺为 1 mm。

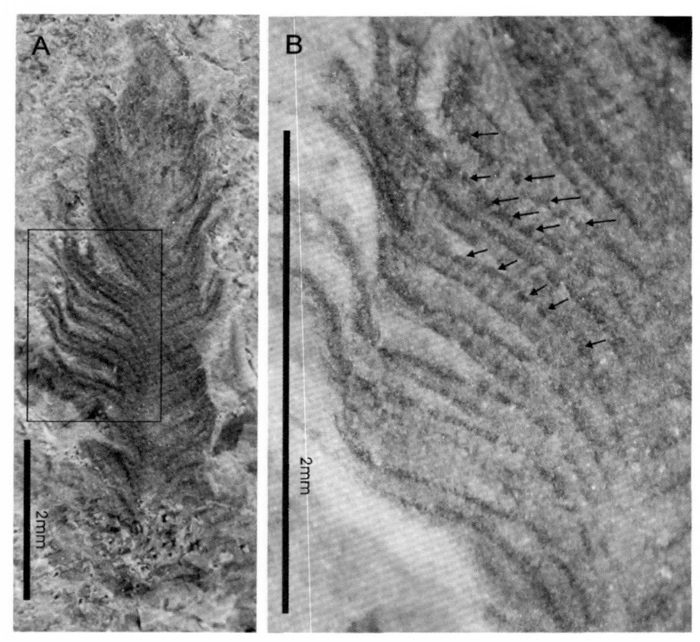

图2 A,B 为未命名的早寒武纪海笔,ELI-Seapen-05-001。A,正、反面标本复合图,左右两边在中轴部位呈"人"字形交叉排列。B,图 A 框中区域放大显示,单个羽枝个员呈行排列。比例尺为 2 mm。

华南早寒武世五辐对称立方水母化石

韩健[*]，Shin Kubota，李国祥，姚肖永，杨晓光，舒德干，李勇，
Shunchi Kinoshita，Osamu Sasaki，Tsuyoshi Komiya，闫刚
*通讯作者 E-mail：elihanj@nwu.edu.cn

摘要

背景：现存的立方水母是贪婪的捕食类型，它们都拥有一个箱状外形、四条（丛）均匀排列的触手和比较发达的眼点。目前已知的立方水母化石仅发现于美国中寒武世犹他州 Marjum 组和石炭纪著名的 Mazon Creek 组。虽然一般认为现生所有的动物门类的代表，尤其是那些基础动物在早寒武世早期都已经出现，但这一时期无可争议的立方水母化石尚不为人所知。

方法与发现：我们用传统醋酸浸泡的方法处理陕南下寒武统宽川铺组中的磷灰岩样品，之后在显微镜下人工分离出微体化石。然后我们从中挑选出了七个五辐对称的微体胚胎化石进行分析，进一步通过扫描电镜和 Micro-CT 观察，在每一个微体胚胎化石中都发现了五对呈五辐对称排列的触手芽。

结果：基于微体化石表面光滑的卵膜和精美保存的五辐射对称排列的内部结构，上述七个标本毫无疑问属于动物胚胎化石，与现代刺胞动物尤其是水母超纲的动物类型可以直接对比。这些微体胚胎化石所呈现的一系列内部结构，除了受系带支持的拟缘膜以外，还包括屏状膜、性腺、下系膜等，都仅见于现代立方水母的躯体构型中。不仅如此，这些立方水母化石的消化循环腔中还史无前例地发育了一些从隔板衍生而来的新的膜状结构和胃囊，表明这些祖先类型的立方水母在寒武纪大爆发的黎明时期已经进化出了高度发达并且非常复杂的内部结构。这些立方水母化石胚胎发育晚期所呈现的内胚膜和胃囊与立方水母的幼态水母的内部结构非常相似，而不同于螅态幼体。因此这类化石的生命周期缺乏典型的完整的刺胞动物世代交替阶段（如浮游浮浪幼体和底栖固着的螅态幼体），而属于罕见的直接发育过程。

关键词　早寒武世；宽川铺组；刺胞动物门；立方水母；胚胎

简介

刺细胞动物门是一种由众多类别构成的双胚层动物，其显著特征就是具有高度分化的刺细胞。躯体与呈两侧对称的固着类型的水螅状的珊瑚相比，水母超纲的不同之处在于四辐射对称的体型和特殊的生命周期，包括浮游的浮浪幼虫、固着或者匍匐滑动的水螅体以及自由游泳的水母体三个阶段。当前水母超纲分为水螅纲、钵水母纲、

十字水母纲和立方水母纲[1]。立方水母，俗称"立方水母"或者海黄蜂，特点是具有盒子形状的外观，四束间辐位的触手基垫(pedalia)，四个发达的眼点，并有一个圆形的拟缘膜受到四条垂直的正辐系带支撑[1,2](图1A—B)。在其内部发育有屏状膜以及四对间辐位的叶状的性腺伸入正辐囊之中[3](图1C)。虽然立方水母的进化谱系位置仍有争议，但一般认为它是钵水母纲的姐妹群[4-6]。与其他类别的水母情形

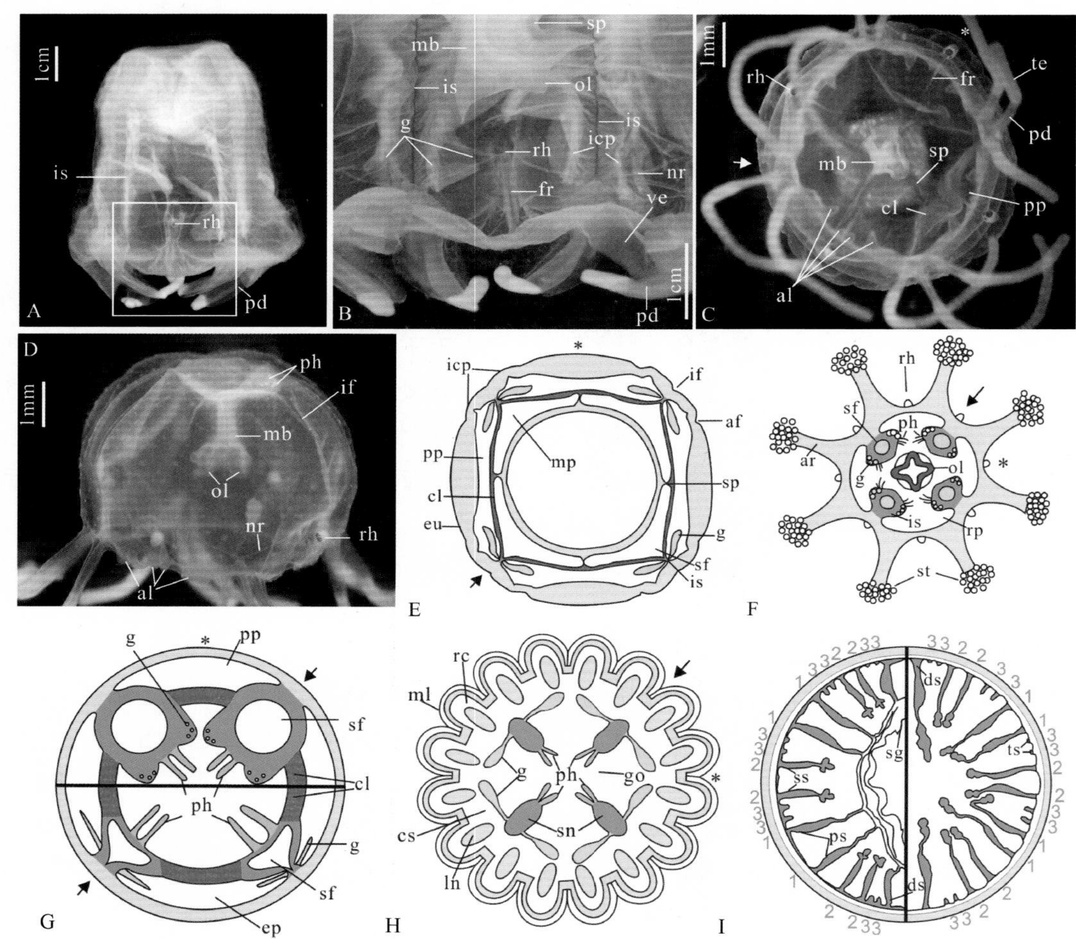

图1 现代刺胞动物(珊瑚、十字水母、钵水母纲冠水母目、立方水母(不包括水螅纲))的基本形态及内部结构。A,产自日本的立方水母 *Morbakka virulenta*(Kishinouyea, 1910)(Charybdeida)的成年个体，侧视图。B,图A中方框区域的放大，示基垫、系带、支持膜间辐板和性腺。C—D, *Tripedalia cystophora* Conant, 1897(Charybdeida, Cubozoa)幼年个体，产自日本；C为口视图，示三角形缘瓣，四对在正辐位，八个在从辐位，请注意基垫尚未发育成形；D为侧视图。E, *Tripedalia cystophora* 截面图，示内部结构，包括性腺、支持膜，改自文献17的图23。F,十字水母口视图。G,立方水母(上半图)和十字水母(下半图)横截面，示二者性腺位置的不同，改自文献3的图2—3。H,冠水母结构图，示贝壳状伞缘和内部性腺(改自文献3,Thiel, 1966)。I,六射珊瑚截面图，左半图代表咽部截面，右半图代表咽下方截面，图中数字代表新的隔膜产生顺序，改自文献2。doi: 10.1371/journal.pone.0070741.g001.

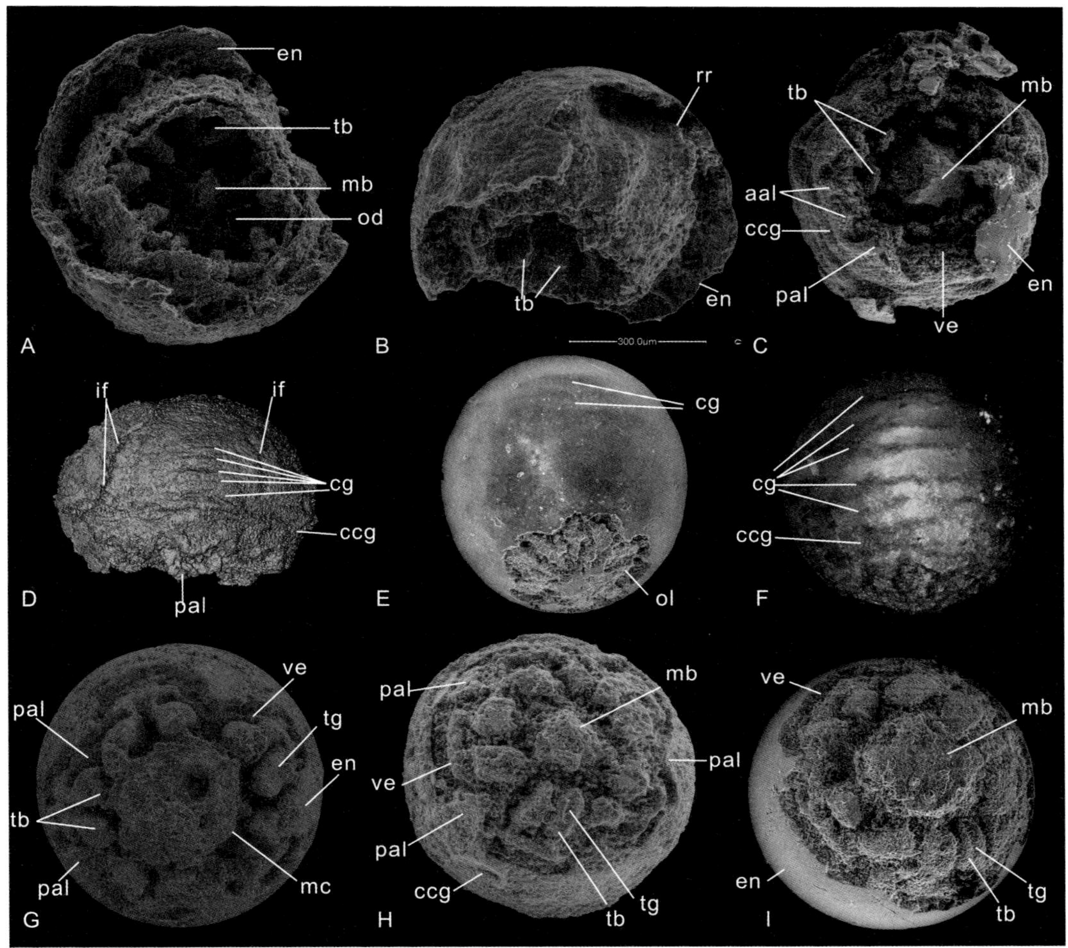

图 2　陕南下寒武统宽川铺组立方水母胚胎化石。A—B，ELI-SN31-5 的扫描电镜图像。A，口视图；B，侧视图。C—D，ELI-SN108-343。C，扫描电镜图像，口视图；D，标本的 Micro-CT 重建外形。E—F，ELI-SN96-103。E，扫描电镜图像，近侧视；F，Micro-CT 重建标本外部轮廓，侧视图。G，ELI-SN66-15 的扫描电镜图像。H，ELI-SN25-79。I，ELI-SN35-42。以上图片共享比例尺（300 μm）。doi: 10. 1371/journal. pone. 0070741. g002.

类似，立方水母化石十分罕见[7,8]。一些可能的简单并且无支链的立方水母化石在美国中部的宾夕法尼亚州的马宗溪地层和美国西部犹他州中寒武世 Marjum 被发现[8]。

最近几年，在中国陕南寒武纪宽川铺组（纽芬兰统，好运阶 541 Ma—529 Ma 前）中发现了大量多种类型的磷酸盐化的微观化石和胚胎化石。这些化石包括带有许多丝状触手的钵水母水螅体[9]、一些海葵状的刺胞动物[10]，还有一些五辐射对称的胚胎[11,12]。其中一些胚胎被认为与伴存的 *Punctatus emeiensis* 和 *Olivooides* 有关，可能属于钵水母纲冠水母目[11,12]。最近，在宽川铺组中发现了三枚保存非常完好的与 *Olivooides* 有关的五辐射胚胎化石，其中包括一枚碟状幼体和一枚保存完好内部结构的标本。后一枚标本显示了双壁结构、辐叶（radial lobe）、辐管（radial canal）以及曲壁(recurved wall)和可能的垂管,但是缺乏棘皮动物特有的钙质骨骼、水管系统和前后通透的消化道,可以证实这些化石与刺胞动物的结构非常吻合,而与棘皮动物不存在任何亲缘关系[13]。

在当前的研究中,我们发现七个五辐射对称的胚胎标本(ELI-SN31-5,ELI-SN108-343, ELI-SN96-103, ELI-SN66-14, ELI-SN66-15,ELI-SN25-79,ELI-SN35-42),其特点是五对触手围绕着一个位于身体中轴的垂管(图2A—I),有别于前人报道的化石类型。尤其是标本ELI-SN31-5和ELI-SN104-343保存了结构复杂的内胚层起源的膜状构造和胃囊,其结构和立方水母非常吻合,并非钵水母纲冠水母目。这些样品的内胚层起源的膜状构造似乎直接由微晶磷灰石所交代,未经碳酸盐化干扰[11,14]。

术语

本文所采用的术语很多来自于前人文章[2,3,15,16]。其中一些内部结构是现存水母所没有的,因此在这里我们采用了一些新术语。所有图中缩略词的术语如下:?al,?缘瓣(?apertural lappet); aal,从辐位缘瓣(adradial apertural lappets); afr,从系带(adradial frenulum); af,从辐沟(adradial furrow);aigp,从辐间腺囊(adradial intra-gonad pocket); apcp,从辐屏状膜围囊(adradial peri-claustral pocket); ar,口腕(arm); as,从隔板(accessory septum); bsp,底隔膜囊(basal septal pocket); ccg,冠状沟(coronal circumferential groove); ccl,雀头膜(cockscomb-lamella); cg,冠沟(coronal groove); cl,屏状膜(claustrum); clp,屏状膜突(claustral projections); cs,冠状胃囊(coronal stomach); csc,中央胃腔(central stomach cavity); ds,主隔膜(directive septum); dwpf,双壁五角形漏斗(double-walled pentagonal funnel); en,卵膜(egg envelope); ep,外囊(exogonial pocket); es,咽(esophagus); eu,外伞(exumbrella); fepf,第一个五边形隔膜漏斗(first endodermic pentagonal funnel); fr,系带(frenulum); g,性腺(gonad); gc,消化腔(gastric cavity); gl,腺膜(gonad-lamella); go,胃小孔(gastric ostium); icp,间枕突(interradial corner pillar); if,间辐沟(interradial furrow); igl,内腺膜(inner gonad-lamella); ip,间辐囊(interradial pocket); ipep,间辐位食管围囊(interradial peri-esophageal pocket); is,间隔板(interradial septa); lbl,下喙膜(lower beak-lamella); ln,缘瓣节(lappet node); map,边缘从辐囊(marginal adradial pocket); mb,垂管(manubrium); mc,垂管角(manubrial corner); mcg,中环沟(middle circumferential groove); ml,缘瓣(marginal lappet); mp,中辐囊(mesogonial pockets); mr,垂管纵脊(manubrial ridge); nl,颈膜(neck-lamellae); nr,神经环(nerve ring); od,口盘(oral disc); ogl,外腺膜(outer gonad-lamella); ol,口唇(oral lips); pal,正辐缘瓣(perradial apertural lappet); pd,基垫(pedalia); pep,围咽囊(peri-esophageal pocket); pgp,围腺囊(peri-gonad pocket); ph,纤毛束(phacellus (gastric filament)); pigp,正辐腺膜间囊(perradial intra-gonad pocket); pmp,正辐中辐囊(perradial mesogonial pockets); pp,正辐囊(perradial pocket);

ppcp，正辐屏状膜围囊（perradial periclaustral pocket）；ppep，正围咽囊（perradial peri-esophageal pocket）；ps，初级隔板（primary septa）；rc，辐管（radial canal）；rh，感觉器（rhopaloids）；rm，收缩肌（retractor muscle）；rp，辐囊（radial pocket）；rr，辐脊（radial ridge）；scg，近顶环沟（sub-apical circumferential groove）；sepf，第二五边形漏斗（second endodermic pentagonal funnel）；sf，隔膜漏斗（septal funnel）；sg，口道沟（siphonoglyph）；sn，感觉位（septal nodes）；sp，支持膜（suspensorium）；sph，纤毛束根（stalk of phacellus）；srt，触手隔膜根（septal roots of tentacles）；ss，二级隔板（secondary septa）；ssp，二级支持膜（secondary suspensorium）；st，二级触手（secondary tentacles）；su，下伞（subumbrella）；sve，次级假缘膜（secondary velarium）；svt，次级假缘膜突（secondary velarial teeth）；tb，触手芽（tentacular bud）；te，触手（tentacle）；tepf，第三个五边形隔膜漏斗（third endodermic pentagonal funnel）；tg，触手沟（tentacle groove）；ts，三级隔板（tertiary sept）；ubl，上喙膜（upper beaklamella）；vc，缘膜管（velarial canal）；ve，假缘膜（velarium）；*，正辐位（perradius）；+，从辐位（adradius）；R，间辐位（interradius）。

材料和方法

化石预处理和扫描电镜以及 Micro-CT 研究方法见参考文献 10。所获得的数百枚标本在日本 Spring-8 采用同步辐射检查分析。文中的 Micro-CT 数据以及视频由 X-strata 公司的 Micro-XCT-400 无损断层扫描所获得，并用 VGStudio 2.2 软件进行分析。我们用 Photoshop 7.0 把现生和化石水母的不同部分涂上不同的颜色以示区别。所有的标本均来自于第一作者，并且捐赠给西北大学早期生命研究所永久保存。我们已经获得早期生命研究所的许可来研究这些化石。

研究结果

标本 ELI-SN31-5 的内部结构

扫描电镜显示该标本被近乎球形的光滑的受精卵卵膜所包裹，我们手工去除一部分卵膜以方便观察其胚胎表面。卵膜内部所包裹的胚胎呈半球形，最大直径约 520 μm。反口面示五个纵脊（rr）与五个纵沟相间排列，并在反口极聚合（图 2A—B）。口端可见五对由内伞面延伸出来的触手芽（tb）原基均匀地围绕轴心分布（图 2A—B）。中心部位的垂管是一个小型锥状体，其末端水平位置略低于触手顶端。表面看来，该标本是一个处于胚胎发育阶段的水母。

X 射线断层摄影图像显示，标本 ELI-SN31-5 具有毫无争议的内部双胚层结构（图 3），包括外伞（eu）和内伞（su）。内、外伞之间宽大的消化循环腔由一系列隔膜和胃囊组成。从反口部到口部连续的截面显示该标本的内部结构随着位置不同变化明显（图 3—4）。

在反口部胃腔部分，口极—反口极轴的正交的断面显示了其外轮廓呈五角星形结构。星形的五个顶点对应于正辐位（标记为“*”）的五个纵脊，纵脊之间为五条辐射状

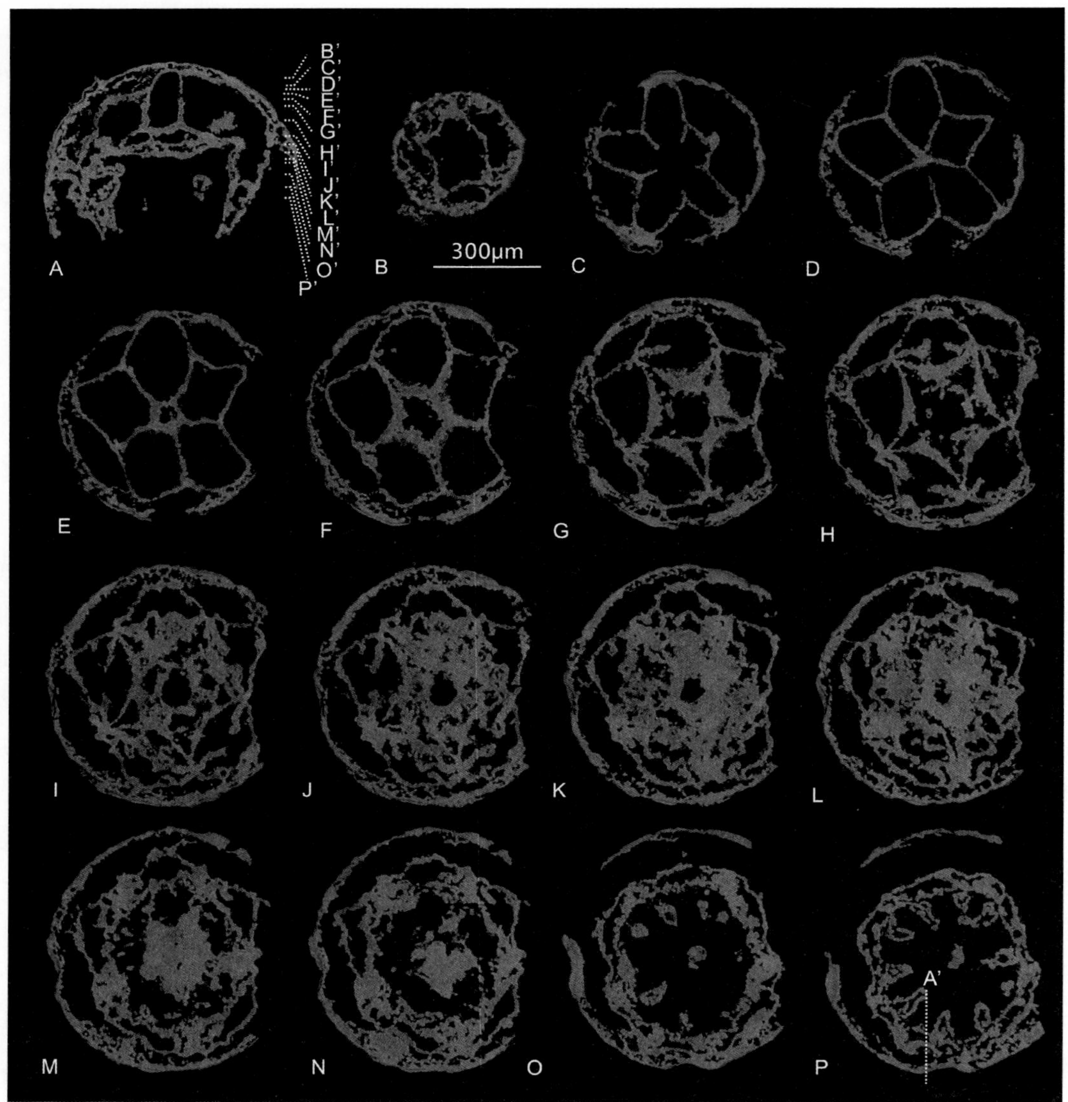

图3 陕南下寒武统宽川铺组立方水母胚胎化石(ELI-SN31-5)Micro-CT 图像切片。A,垂直切片,其位置以虚线标识于图 P。B—P,自反口部向口部连续过渡的横向切片,其水平位置以虚线标识于图 A。doi:10.1371/journal.pone.0070741.g003.

的纵沟(图 2B,4B—C)。纵脊向口极方向逐渐减弱,最后在水母体中间部位消失(图 4I—J)。在五角星形的每个内陷角的部分,分别有一个短小呈薄片状的间隔板(is),厚度大约为 15 μm。向口极方向隔板变长,并在中心融合。因为这些隔板在现生水母中都生长在水母的间辐位(标记为"→"),所以理所当然地称之为间隔板或间隔膜(图 4A—B)。因为这些间隔板从外伞面开始向内呈辐射状逐渐生长(图 4C),并在中心处愈合(视频 S1),所以就将单个的消化腔初步分割成五个菱形正辐囊(pp)(图 4D)。这五个正辐囊可在胃腔底部经胃小孔(go)连通(视频 S2)。向口极方向,聚合在一起的间隔膜在轴心位置分裂形成一个小型的中央胃腔(csc)(图4E),接着每个间隔膜分裂成两个纵向的瓣膜,即弓形的屏状膜(cl)。在现代十字水母和立方水母中,屏状膜是一个源于内胚层的双层组织连接相邻的间隔膜[3]。向口极方向,屏状膜扩张愈来愈趋向新月形,并且导致小型胃腔显著增大(图4G—H)。与屏状膜在同一个水平,一个短小的茎从每个屏状膜的内侧中间点(相当于正辐位)长出(图4G—H),并且每个小茎上均长出两排长长的胃丝(图4E—H),这些胃丝长度大约75 μm(图4F—H)。

在五角星形的外伞内部,五个屏状膜围成一个较大的五星结构,在水母体的中部高度形成一个更为宽大的形似海星的胃腔(图4F—I,视频S1)。随着胃丝末端和环形食管壁的连接,这个胃腔分为五个远轴的位于间辐位的隔板漏斗(sf)和五个近轴的正辐食管边缘囊(ppep)。在这一高度,屏状膜的内侧围绕食管构成了第一个源自内胚层的五角形隔膜漏斗(fepf)(图4I)。食管的内腔最大直径达80 μm,在到达口盘前,食管逐渐缩小并最终消失(图4M,视频S2)。

屏状膜在构建水母体中的作用显得愈发重要,因为许多其他内胚膜均与其有接触或者愈合关系。比如,在屏状膜出现时,性腺膜也从间隔膜的根部与外伞接触的位置的两侧产生(图4F—I)。这一情形可见于现存的立方水母,所以化石中的性腺膜在位置上相当于现代立方水母典型的位于外辐囊(exogonial pocket)的性腺(文献3,图4)。向口部方向,每个性腺膜不断伸长并指向正辐囊的中心;在接近口盘的位置,同一个正辐囊里面的两个相邻的性腺膜的末端分别和一个与其最近的从屏状膜中点近轴位长出的屏状膜突(clp)相连接(图4K—J),从而在截面上形成了五对奇特的形似眼镜框结构的从辐屏状膜边缘囊(apcp)(图4K),同时形成五个正辐屏状膜边缘囊(ppcp)(图4L)和第二个边缘呈"之"字形的源自内胚层的五角形漏斗(图4K—L,视频S1),这个五角形漏斗正好环绕着五角形的屏状膜(图1E,4K)。每两个从辐屏状膜边缘囊和一个正辐屏状膜边缘囊正好在口盘的下方融合成一个更大的正中辐囊(pmp)(图4L)。

在接近咽部上端的水平,从间辐沟(if)到正辐脊之间1/3或1/4长度的位置,在外伞的内侧面上开始长出五对短小的纵壁。五对纵壁正好位于间隔膜的两侧,因此解释为从隔板(as)(图4K—L)。这些从隔板指向正辐囊的中心,类似于性腺膜初次出现的情形。从水母体外部观察,这些从隔板对应于间辐沟两侧微弱的纵沟。在更接近口部的水平位置,每个伸长的从隔板的末端都与毗邻的性腺和增厚的主要间辐膜相联合,从而形成了五个小的底隔板囊(图4K—L)。在接近口盘的位置,这种联合构成了第三个大体上具有较直边缘的源自内胚层组织的五角形隔膜漏斗(tepf)(图4M—N)。以上所提及的这三个五角形漏斗都是由间隔板相连,而第二和第三个漏斗额外由正辐位支持膜加强连接。

在略低于口盘处,第一个五角形漏斗与第二个五角形漏斗失去正辐支持膜和间隔板的支持而脱离开来(图4L—M)。从而第一个五角形漏斗与食管相愈合并最终结合在一起,发展成一个垂管;同时,第二和第三个五角形漏斗与表皮相结合,最终形成水母

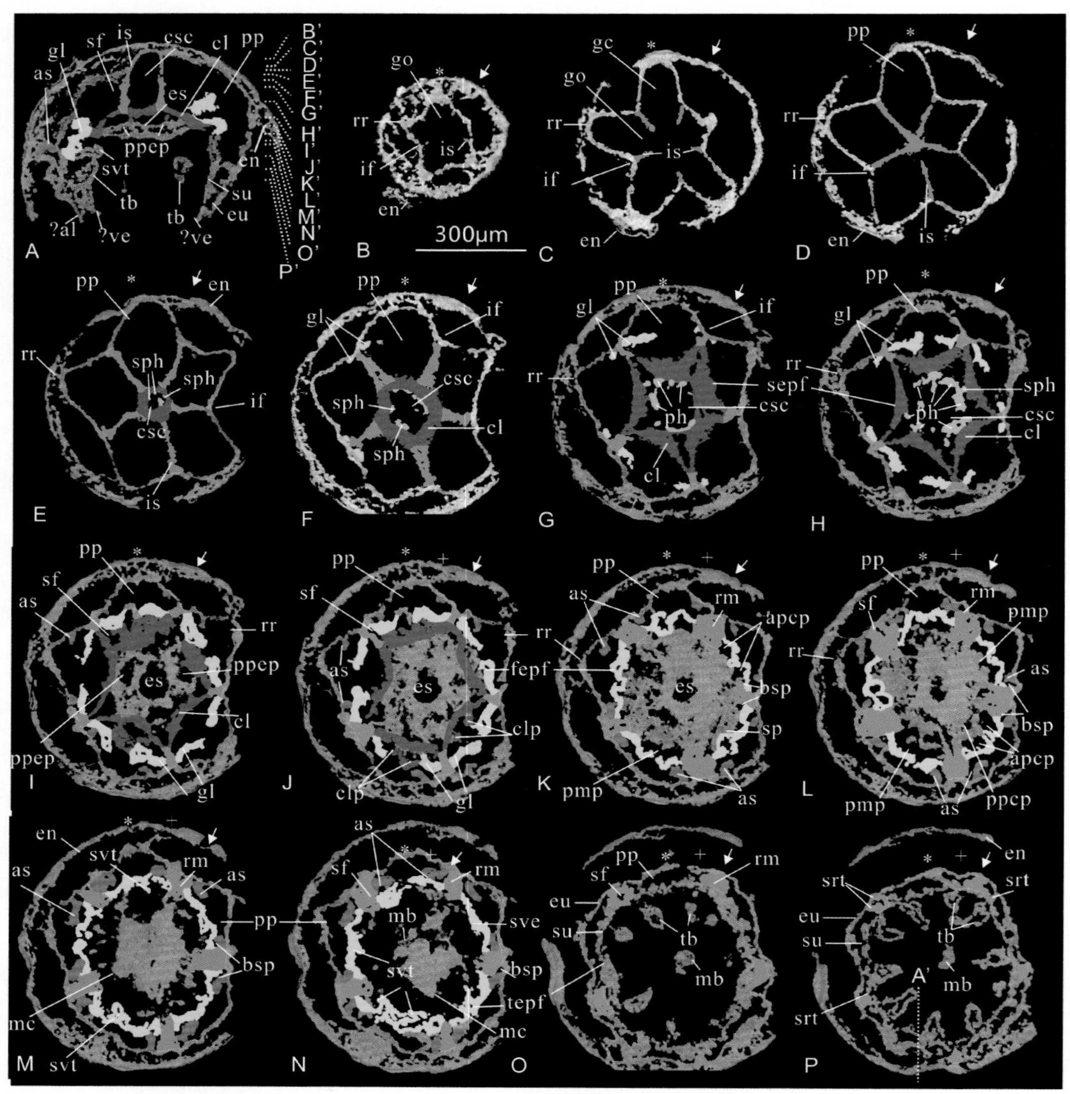

图4 陕南下寒武统宽川铺组立方水母胚胎化石(ELI-SN31-5)Micro-CT 图像切片解译图。原图来自于图3。标尺共享。doi:10.1371/journal.pone.0070741.g004.

的内伞的内胚层部分(图 4M—O)。从横截面上看来,垂管的基部和内伞的最上部都是五角形的(视频 S2)。除了在水母伞缘,外伞和内伞是通过间隔板来固定的(图 4M—N)。

从侧截面看,水母体的伞缘的一边具有两个模糊的尖锐小突起,可能分别代表缘瓣和拟缘膜(图 4A,视频 S2)。除了伞缘拟缘膜之外,在内伞壁 1/3 高度处还有一个具有五对正辐位突起物的环状结构,这里分别解释为第二拟缘膜(sve)及第二拟缘膜突起(图 4A,N;视频 S2)。这两个不同类型的拟缘膜很有可能在水母浮游过程中具有支撑并加固水母体的作用。

次级拟缘膜和下伞的其他部分通过间隔板与外伞连接,这一位置的间隔板已经大大加厚,并且包含一个纵向的隔膜漏斗,位于相邻的正辐囊间。这些正辐囊在反口极形态基本上呈阔菱形，向口部方向随着新的囊腔的逐次形成，它们渐变成三角形（图4I），最后缩减成新月形（图4I—O）。在水母体口缘位置，这些新月形的空间依然存在于外伞和下伞之间。那些可能附有收缩肌（rm）加厚的间辐隔膜，由于5对靠近间辐位的空心触手原基的出现而变得不明显。这些触手原基正是从隔板漏斗腔上方的下伞面产生的（图2P；视频S1，S3）。触手原基的中空内腔与正辐囊相连通。

综上所述，这个处于胚胎发育阶段的水母具有一系列隔膜结构，包括源自内胚层的间隔板、性腺膜、从隔板和源自外胚层的咽管以及它们的衍生物。这些膜状结构使得消化循环腔分为由7个单元组成的45个胃囊：5个正辐囊（pp）、正辐位屏状膜边缘囊（ppcp）、正中囊（pmp）、间辐位隔膜漏斗（sf）、正辐位食管边缘囊（ppep）和5对从辐位屏状膜边缘囊（ppcp）、底隔板囊（bsp）。由于内胚膜的增生、分化和重组，水母体的外部轮廓在不同的水平截面形态各异：从反口端开始为一个简单的五角星形；在中部转化成五边形，最后在伞体上缘变成十边形（图4C—N）。

标本 ELI-SN 108-343 的内部结构

这个半球的胚胎化石大约有620 μm宽，450 μm高，除了有一小块还被卵膜包裹外，整个胚胎几乎是全部裸露的（图2C，D；4）。与ELI-SN31-5明显不同的是，这枚标本的正辐位口缘具有5个明显的三角形的叶状缘瓣指向体轴，每个缘瓣长度大约60 μm。此外，在较大的正辐位缘瓣（pal）之间还有5对较小的从辐位缘瓣（aal），长约30 μm。所有的缘瓣均有一个加厚边缘，组成了一个完整的水母体伞缘。这枚标本宽约60 μm的拟缘膜（文献17，图版16，28）与伞缘紧邻（图2C）。位于体轴的粗大垂管被5对位于内伞面间辐位的触手所环绕，触手和拟缘膜处在同一个水平面上。另外，从三维复原图和侧视面上可观察到（视频S6），在近口部的外伞面上，有3—4条水平环绕的环沟，这些环沟都被纵向的间辐沟所切割（图2D）。

X射线断层扫面成像显示，标本ELI-SN108-343的胃囊解剖结构远比ELI-SN31-5复杂得多（图5）。

虽然水母的反口端呈半球形，但在横截面中却是一个圆角的正五边形，包含5个窄的正辐囊和5个短的间隔板（图6B）。与ELI-SN31-5相比，它的屏状膜来自于间隔板在接近体轴部分的融合，其位置更靠近顶端，而且正辐囊的空间更为狭窄。如同ELI-SN31-5，每对大胃丝都源自每个屏状膜中间的位置（图6E）。

在中环沟（mcg）附近，水母体直径最大。在这个水平高度，中央胃腔（图6B—C）和周围的正辐囊被划分为许多小囊。性腺膜和从隔板也非常靠近反口端（图6F—H）。每个性腺膜都分叉为两部分（图6F—H），一个远轴的外腺膜（ogl）和一个近轴的内腺膜（igl）；在更靠近口部的位置，内外两个性腺在每个正辐囊中又融合到一起，并通过一个正辐支持膜（sp）相连，这个连接导致形成5对从辐内性腺囊（aigp），在横截面上看起来像眼镜框结构（图6G，视频S4）。值得注意的是，内腺膜非常接近屏状膜，甚至与之平行，在这两者之间形成了5对从辐屏状膜边缘囊（apcp），后者在ELI-SN31-5中也可见到。然而，在向着口端的连续横截面中，这些

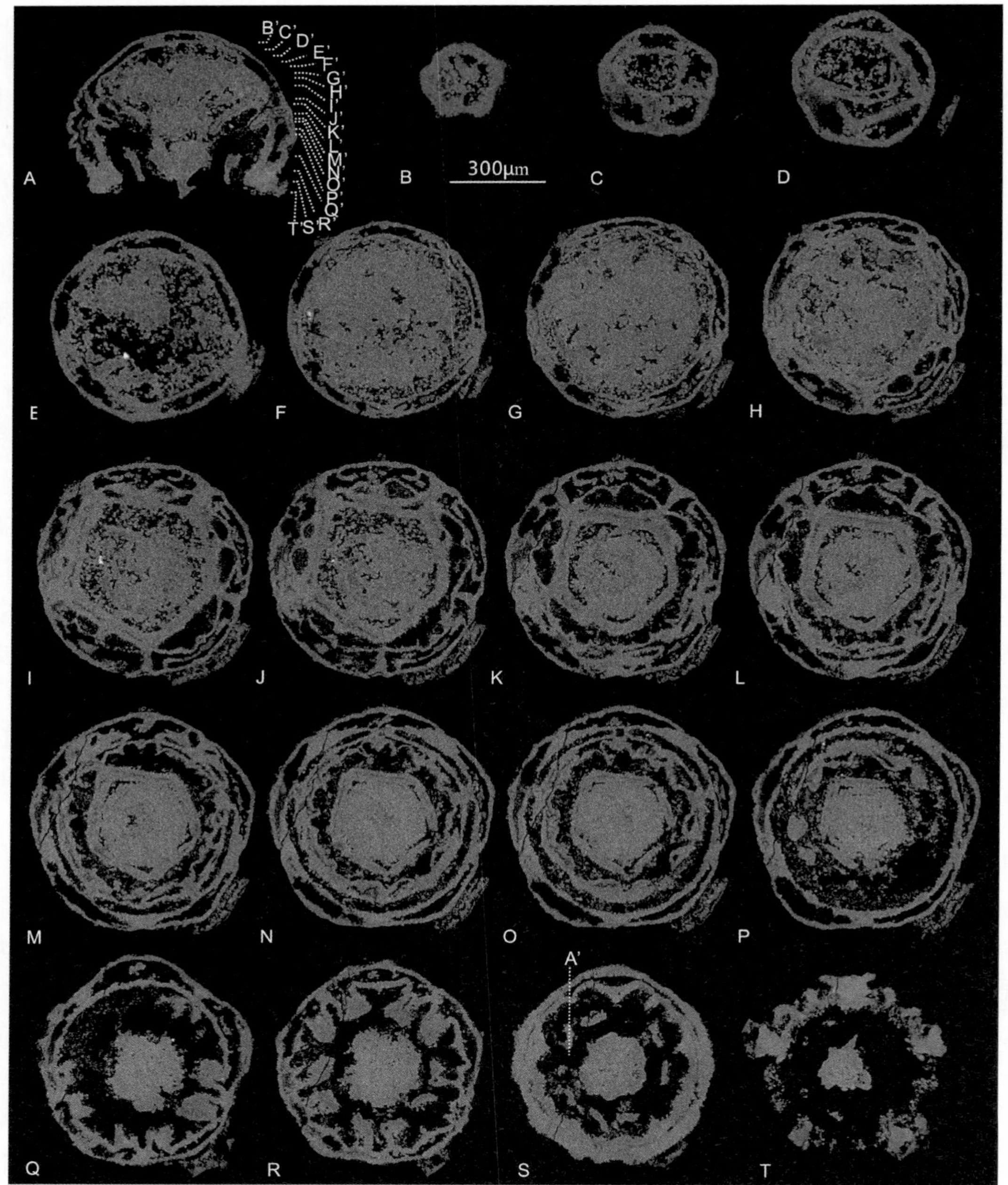

图 5 陕南下寒武统宽川铺组立方水母胚胎化石(ELI-SN108-343)的 Micro-CT 图像切片。A,垂直切片,其位置以虚线标识于 S。B—T,自反口部向口部连续过渡的横向切片,其水平位置以虚线标识于 A。标尺 300 μm。doi:10.1371/journal.pone.0070741.g005.

囊的数量大大减少,表现为 5 条不显眼的细窄的直缝(图 6H—T,视频 S4)。

内腺膜和屏状膜的联合形成了一个双壁的五角形漏斗,这个漏斗通过间隔膜与外伞固定在一起(图 6A)。间隔膜呈长倒钉形,以钉底扎根在外伞之中,因而成为水母

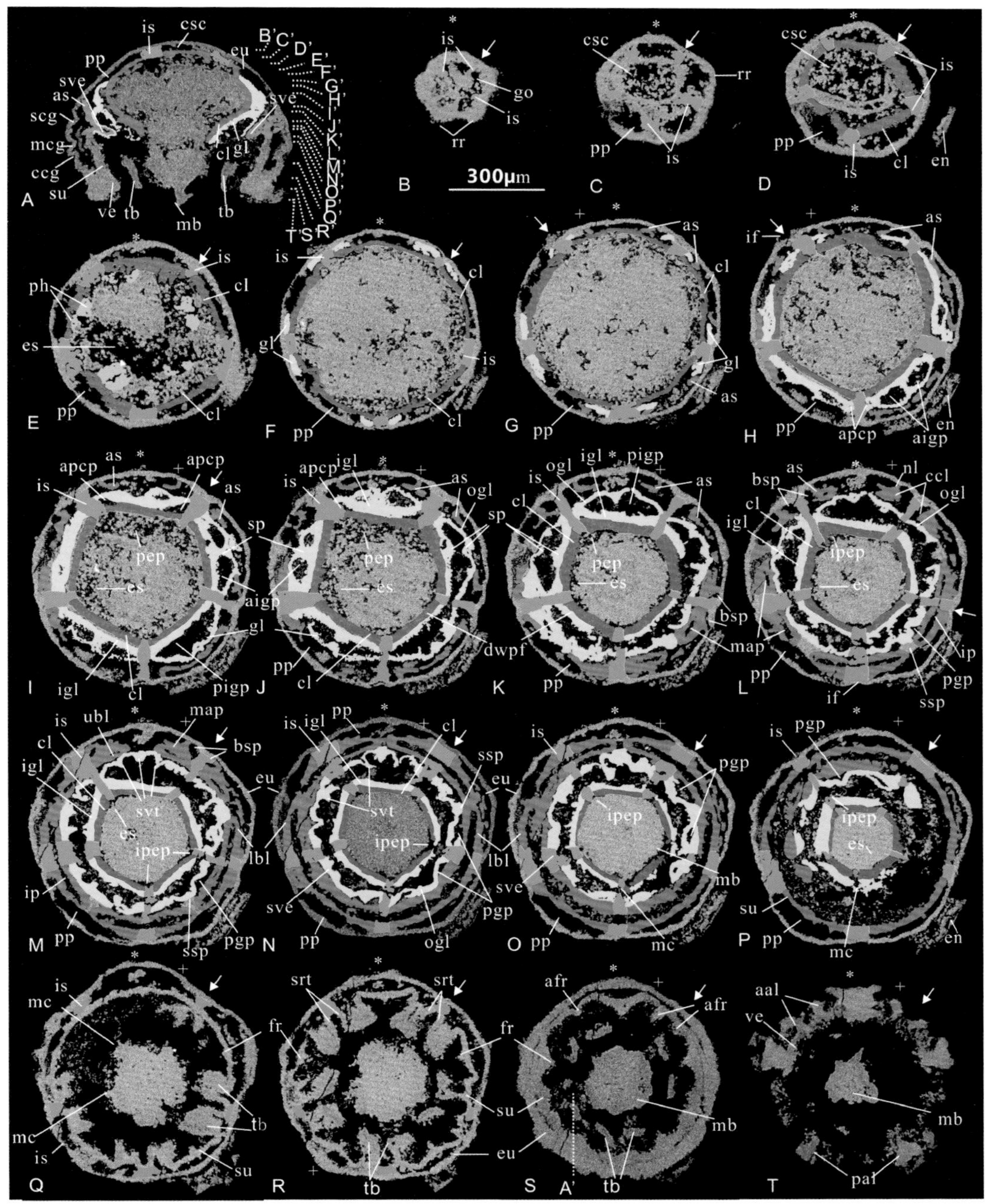

图 6　陕南下寒武统宽川铺组立方水母胚胎化石(ELI-SN108-343)的 Micro-CT 图像切片解译图。原图来自于图 5。标尺共享。doi:10.1371/journal.pone.0070741.g004.

体最为重要的框架,支撑水母体内部其他的构件。双壁五角形漏斗向口端宽度变小,包围垂管的基部。与 ELI-SN31-5 中的正辐围咽囊不同的是,在 ELI-SN108-343 中(视频 S4),五个围咽囊位于间辐位(ipep)。伸入内伞腔中的近于圆柱形的垂管内腔空间非常有限。

在向口部连续过渡的截面上，随着每个支持膜裂成了两个小的三角形部分，每对被分隔开来的从辐内腺囊很快会合并成一个更大的正辐腺膜间囊（pigp）（图 6G，视频 S4）。在 ELI-SN31-5 和现存的立方水母的支持膜中，如 *Charybdea xaymacana*（文献 17，图 10）和 *Tripedalia cystophoa*（文献 17，图 23），也可以见到相似的结构。值得注意的是，化石中的支持膜和现存立方水母的支持膜赋存于不同的内胚膜，这可能代表了一种功能上的趋同现象，以增强水母体间歇收缩式游泳的效率。

在向口部连续过渡的截面上，每对从隔板的形状变化很大。在与垂管基部齐平的位置，从隔板开始出现，呈带状与外伞壁斜交。在更靠近口部的位置，从隔板在截面上变成拐杖形，较短的近端与外伞壁垂直而较长的远端垂直于间隔膜。在随后的截面上，它们变成一个形似孔雀头轮廓的四分支结构（图 6G）。每个从隔板的基段和孔雀头的顶部这两个短支，分别称为颈膜和雀头膜（图 6H—J）。从隔板的远端，孔雀头喙部的两个分支在这里被相应地称为近轴的上喙膜和远轴的下喙膜（图 6J—L）。在顶环沟的水平高度，颈膜（nl）和雀头膜（ccl）与相邻的间隔板桥接，构成了一个微小的基底隔板囊（bsp）（图 6L）。每个上喙膜（ubl）和下喙膜（lbl）相接构成了一个从辐性腺边缘囊。随着间隔板在内外性腺膜之间位置的断开，这个囊与相邻的从辐性腺边缘囊进一步融合成一个间辐性腺边缘囊（图 6L）。相对较厚的上喙膜和下喙膜形成了五对从辐边缘囊；在稍微靠近口部处，两个连续的边缘从辐囊（map）融合成一个更大的间辐囊（图 6M）。在更靠近口部的地方，相邻的间辐性腺边缘囊和间辐囊分别被五个次级支持膜（ssp）分隔开来。每个次级支持膜都是由一个初级支持膜（sp）和两个从隔板的末端联合而构成（图 6M—N，视频 S4）。次级支持膜起着连接外腺膜、内喙膜和外喙膜的作用。在中环沟（mcg）的水平高度，间隔囊（ip）和正辐囊如同新月状（图 6M），并且这使得外伞面的轮廓看起来是一个圆角的五边形。在更接近口部的位置，间隔囊和正辐囊变得更小。

第二拟缘膜也是一个源自内伞面较深位置的双壁的环状结构，它向内和向外指向，其高度略低于顶环沟（视频 S5）。它的双壁结构来自于从隔板的上喙膜和外腺膜，被间隔板和次级支持膜固定在内伞壁上（图 6M—N）。随着间辐囊的融合，第二拟缘膜的远端离开内伞呈游离状态（图 6A，M—P；视频 S4）。

从截面上来看，口部的拟缘膜是由与其垂直的正辐位五个坚固的三角形系带和许多小的从系带（afr）来支撑的。所有这些系带都起到加固拟缘膜的作用[18]。特别需要提及的是，正系带和从系带在形状和位置上都与相邻的口缘缘瓣保持一致。这些系带的内腔直接与正辐囊的上部相连，所以与次级拟缘膜的内腔来源有明显的不同。

在组织学上，内伞的内胚层和从隔板的下喙膜是连续的。在中环沟附近，五对位于间辐位的空心触手着生于内伞的深处。在横截面上，每个触手都包括两个“根部”和一个较大的“头部”，而相邻成对触手的根部（srt）似乎直接位于间隔板上（图 6Q，R；视频 S4）。因此，从组织学上来讲，每个触手都是内伞与外伞的内胚层综合衍生物。

在水母体边缘,成对的触手根部起到了连接内、外伞的作用。类似的触手根部同样出现在 ELI-SN31-5 中(图 4O)。触手分为三部分:一个鞍形基部、一个大头状的中间部分和一个扁平的顶部。鞍形基部垂直于内伞壁并指向垂管部,而扁平的顶部长轴方向却平行于内伞壁。在触手根部附近水平,正辐囊之间是彼此相通的。冠状沟将拟缘膜和缘瓣的口端与水母体的其他部分明显区分开来,口部内、外伞壁明显增厚,因此正辐囊的尺寸大大缩减,形似一圈许多不连续的拱形细缝(图 6S)。

中央胃腔和食管腔由固体物质所填充(图6A,E—T;视频 S5),这里解释为未被消耗的卵黄粒,这与封闭的和未发育成熟的垂管开口的状态相一致。

综上所述,标本 ELI-SN108-343 的消化循环腔总共可见 70 个被分割的囊腔且可以归并为 9 个单元:正辐囊、间辐囊、正间内腺囊和间位围咽囊各有 5 个;从辐围屏膜囊、从辐间腺囊、从辐围腺囊、底隔膜囊和边缘从辐囊各有 5 对。

其他标本描述

许多其他样本也显示五对触手。然而,我们很难鉴定它们的内部解剖结构,因为它们的胃腔被一大堆未使用的卵黄粒所占据。

ELI-SN96-103 是一个具有很厚的卵膜的呈椭球状的胚胎,仅暴露有限的口部特征(图 2E,5A;视频 S7,S8,S9)。这个标本具有五个指向中轴的尖锐风筝状的正辐位位于垂管末端的口唇,口唇的远端在垂管的中轴汇集(图 7B—C)。Micro-CT 显示,卵膜组织比封闭的软组织更为明亮。它有一个五角棱边的长而粗壮的垂管,长度大约为水母体的一半。这个垂管被五对分布相当均匀的间辐位的触手、五个大的三角状正辐缘瓣和五对小的从辐缘瓣所包围(图 7C—E)。大部分的胃腔以及口盘下面的食管内充满卵黄(图 7A,F)。口唇不但见于垂管末端,而且向反口部延伸至外到达食管,与口盘位置齐平。在这个垂管的横截面上,五个小的三角状的间辐位纵脊与五个长但尖锐的正辐位纵脊相间排列。间辐位纵脊向外延伸至内伞成对触手之间(图 7D,视频 S7)。显然,这些间辐位垂管纵脊与在 ELI-SN31-5 和 ELI-SN108-343 上所见到的间辐位垂管纵脊在方位上明显不同,但都类似于现存立方水母中的正辐位支持膜(图 1)[19,20]。除了冠状沟还有其他几条环沟,与在 ELI-SN108-343 表面所看到的情形不同,它们并没有被间隔板所切割(图 2E—F)。

ELI-SN66-15 的外部形状呈球形,一个呈锥形的垂管末端具有一个略微膨大的口部。垂管长度小于水母体的一半高度(视频 S10)。在横截面上看,垂管的基部形似一个坚实的五边形,其垂管纵脊在正辐位与内伞相连(图 7J—K,视频 S11),其位置类似于 ELI-SN96-103。垂管截面的五边形的每个边都平行于五边形的内伞和外伞(图 7K)。在垂管中央部分,五个小的间辐位垂管纵脊开始出现,并在靠近垂管顶端处更长,因此垂管顶部横截面看起来好似一个有十个角的五边形(图 7H)。

在 ELI-SN66-15 中,垂管口唇也位于正辐位。与 ELI-SN108-343 类似的是,每对较浅的内伞触手共享两个近于融合的加厚的间隔板“根部”(图 7I)。具体来说,这些触手远口端表面上有一条浅的纵向凹槽(tg)。拟缘膜很宽并且向内延伸,在正辐位被五个

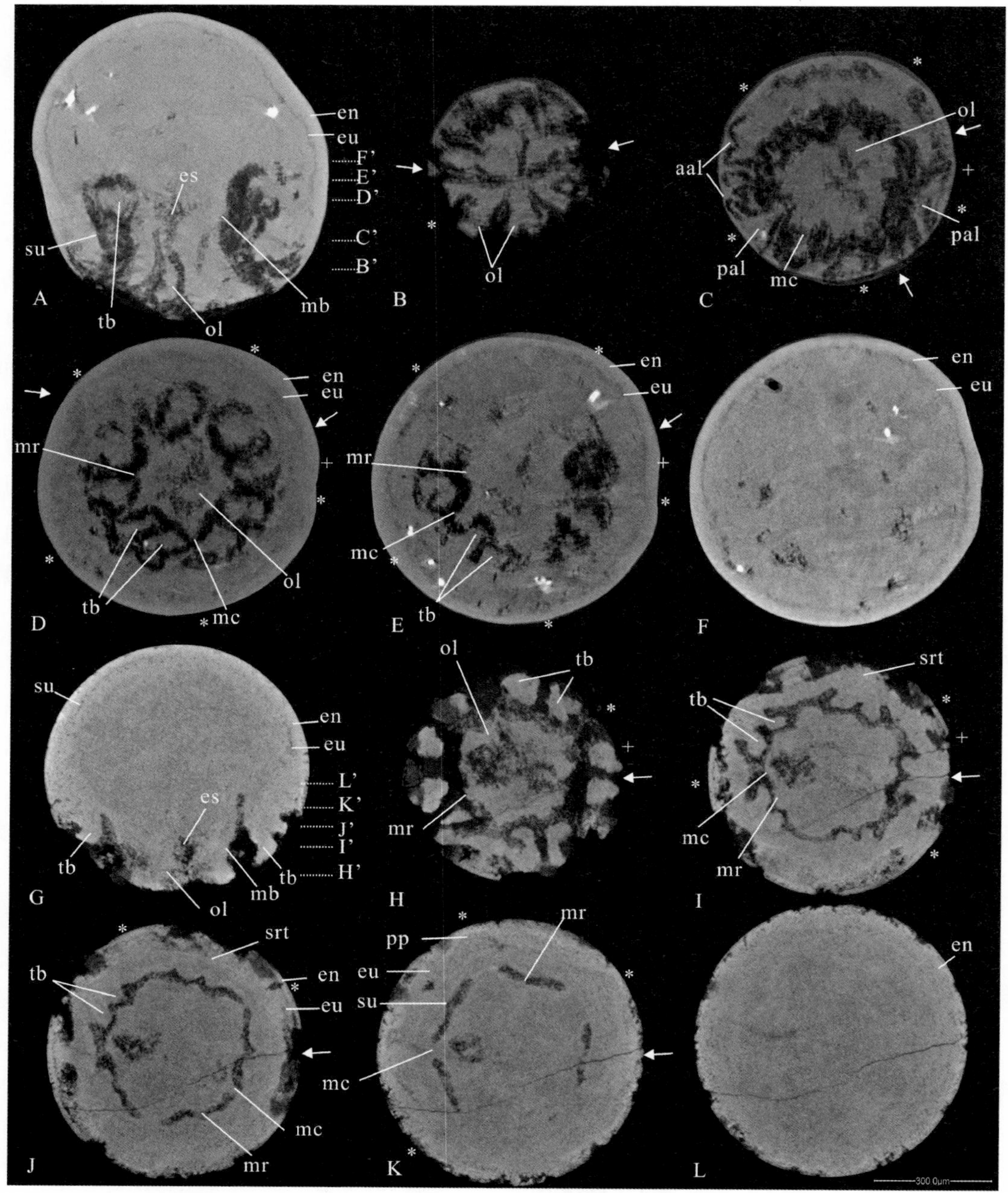

图 7 陕南下寒武统宽川铺组具五对触手的立方水母胚胎化石。A—F，ELI-SN96-103。A，纵截面；B—F，横截面。G—L，ELI-SN66-15。G，纵截面；H—L，横截面。标尺长 300 μm。doi：10.1371/journal.pone.0070741.g007.

三角形的且看似强韧的缘瓣所围绕（视频S10，S12）。与 ELI-SN108-343 和 ELI-SN96-103 不同的是，在 ELI-SN66-15 中并没有发现从辐位缘瓣。虽然消化循环腔内填充了卵黄，但是在两伞之间接近垂管根部的水平位置上仍然可以识别三角状的正辐囊（图

7J—K)。从反口端向上,由于体壁的增厚和间辐囊触手的增长,内外伞的五边形边角也从正辐位转换到间辐位(图7H—I)。

与其他样本相比,ELI-SN66-14、ELI-SN25-79和ELI-SN35-42同ELI-SN66-15更相似,都有一个封闭式的球状壳(视频S13,S14)。同ELI-SN108-343相似,它们大头状的触手末端截面的长轴方向都平行于内伞壁(图2G—I)。尤其值得注意的是所有标本的触手都靠近伞缘,都具有五个正辐缘瓣,并在触手表面都具有纵向浅槽。不同之处在于它们的垂管宽度明显不同[21]。

讨论

化石形态的比较

尽管所有这些五辐对称的化石均具有五对触手,这些触手也都源自内伞壁,而且也可能代表一个目一级分类单元的单系群,但它们显然不属于同一个属种。ELI-SN108-343与ELI-SN31-5无论在外部形态还是内部结构上都有很明显的不同,尤其是胃囊组织和位于内伞的内胚层衍生物。在ELI-SN108-343内伞的内胚层与从隔板的上部相连,而在ELI-SN31-5的相同位置上,其内伞的内胚层大致源于性腺膜。ELI-SN108-343与其他很多标本相似,都有正辐和从辐缘瓣、长而结实的垂管;然而,鉴于以上讨论部分,它们之间还是有些细微差别,例如垂管纵脊的位置和触手的形态。触手在内伞壁的位置和垂管的形状可能属于个体发育变化的范畴,如垂管在ELI-SN108-343和ELI-SN66-15中是锥形的,而在ELI-SN96-103中呈现喇叭形。

ELI-SN108-343与GMPKU3089相比具有更多的相似性,因为它们的口部都有同心状排列的五个正辐缘瓣和十条小的从辐缘瓣(文献13,图3C)。而且,在GMPKU3089(文献13)内部,其内壁、外壁、辐壁、成对的辐叶、弯壁、多边轴状结构和间辐脊,都与ELI-SN108-343中的内伞、外伞、间隔板、成对的触手、从隔板、垂管和系带相对应(图S1)。GMPKU3089上部的近辐脊对应于第二拟缘膜。GMPKU3089(文献13,图3I)内壁下部的屏状膜在ELI-SN108-343也可以看到。在两个样本中,垂管纵脊也都在间辐位(附图1),并且明显收缩的水母体伞口显示存在拟缘膜。二者仍有明显区别:①在样本GMPKU3089中所有的系带内似乎都具有一个空心辐管,而在ELI-SN108-343中看不到类似特征;②GMPKU3089中的辐凹结构不同于ELI-SN108-343中呈眼镜框结构的从辐屏状膜围囊;③ELI-SN108-343的屏状膜很靠近内腺膜(图4I—P);④GMPKU3089中屏状膜上的脊突与ELI-SN108-343下系膜的远轴的部分相对应(附图1);⑤ELI-SN108-343中双壁漏斗由屏状膜和部分围绕在垂管四周的内腺膜构成,而这一特征在GMPKU3089中观察不到。虽然两个样本的垂管呈闭合状态,但依然显示未孵化的胚胎发育阶段,这两个标本显然代表了两个不同的种类,而不是同一物种的不同发育阶段。

本文所示的标本,包括GMPKU3089,可能既不属于*Olivooides multisulcatus*也不属于*Punctatus emeiensis*的胚胎。①*Punctatus emeiensis*的胚胎是酒坛状,具有一个小的高帽状的坛口[22,23];②二者胚胎的围鞘在很多不同的发育阶段都具有星状装饰;③本文所示的这些标本都是裸露的,在胚胎发育晚期也没有见到任何围鞘和星状结构出现；④这些围鞘虽然初始成分是有机质的，但作为一种外骨骼比软体组织更能抗拒埋藏腐烂和成岩作用的破坏。宽川铺段化石的星状结构和受精卵膜往往保存完好[11,13]，相反 *Punctatus emeiensis* 的胚胎软体组织非常稀有，迄今为止只有在样本GMPKU3087 中有所发现[13]，却没有保存完整的内部结构。如果胚胎化石保存详细的内部软组织结构和由表皮所分泌的围鞘，并且这两部分都被卵膜所包裹，那么化石的围鞘很有可能被保存下来。

尽管已知的化石内部结构差异很大，但考虑到内部结构保存完整的化石数量稀少，而且有些可能代表物种个体发育的不同阶段，再加上某些埋藏学因素的影响，所以目前还不能根据这些标本建立一些新属。

亲缘关系

与棘皮动物的亲缘关系

棘皮动物是有名的五辐对称动物，其典型特征表现在由小骨铰合而成的钙质外骨骼、具管足的水循环系统、在口部和肛门之间或直或弯曲的肠道。其个体发育方面的证据很好地支持了棘皮动物成体的五辐对称是在两侧对称幼虫的基础上身体沿着口极—反口极的轴扭曲而成，并且其水管系统源于左侧的体腔。棘皮动物化石记录也很好地支持了这一点[24]。棘皮动物及其干群在寒武系第三阶呈两侧对称或者不对称[25,26]，在寒武系第四或者第五阶其后代才演化出三辐或者五辐对称结构[27,28]。迄今为止，棘皮动物还没有在寒武纪纽芬兰统被发现[27]。

董熙平等人在文中[13]已经有力地证实了宽川铺组的五辐对称化石的确不是棘皮动物，因为在该组发现的化石其外壳是柔软的有机质外壳，而不是通常所见到的钙质外壳，其水循环系统也没有管足，也没有发现口—肛门相通的肠道。另外，胃囊内的各种胃膜，包括在间辐位的隔板、成对的性腺、成对的触手，在正辐位的支持膜、系带、缘瓣以及环状拟缘膜也都为支持这一观点提供了不可或缺的重要证据。

尽管如此，如本文所示化石所代表的情形，呈直接发育的在发育阶段不取食的幼虫在棘皮动物胚胎直接发育的过程中非常常见。假设有一种极端的情况，如果说有些直接发育的五辐射的胚胎化石就是棘皮动物，那其钙质骨针在这一生长阶段应该已经开始初步发育，但没能保存为化石，而其后来的水血管系统在此时还没有长出管足，那么区分棘皮动物和水母的胚胎就比较困难了。在这个极端的情形中，化石的身体内腔可以作为区分水母与棘皮动物的一个线索。辐射对称的刺胞动物，其消化腔是唯一的且只有一个开口，这个开口既是口部，也是肛门；而在棘皮动物的相同发展阶段，其两侧对称的幼虫有几个独立的内腔，包括一个消化腔和几对分隔的体腔（文献 24，图 28-4）。

考虑到一些棘皮动物幼虫的纤毛环带难以保存为化石，这样一来海胆、海星、海蛇尾等动物的幼虫阶段在形态上就更加类似于当前的水母化石，所以有必要在这里进一步阐述它们之间的若干差别。

如果未能鉴定口部和肛门，那么其表面具有 4—5 条伸长的腕臂的棘皮动物海胆的幼虫粗略地看来与当前化石较为相似。但是在海胆具有 2、4、6、8 或者 10 条腕臂的个体发育阶段[29]，其躯体都是呈两侧对称的，而且几对腕臂之间的长度也是不同的。如果当这些腕臂内发育了方解石骨骼，那就更易区分。在有些属种中，海胆幼虫的口前叶很像水母的垂管[29]。但是，棘皮动物的口前叶是扁状的，而水母的垂管却是多边形的。尤其是在立方水母中，其锥状或者喇叭状的垂管通过4—5条支持膜与内伞壁相连。另外，棘皮动物的口前叶顶端也不会长成水母垂管末端的具有口唇的开口。而且，棘皮动物的口前叶虽然被管足环绕，却并不在口端中心位置。

在几个具孵育行为的海星中，其中间幼体(mesogens)也是直接发育的。和那些没有星状结构的 *Olivooides* 的相似之处在于海星中间幼体具半球形的口部以及具有5个辐脊和相间排列的辐沟的反口部[30]，口部与反口部被一条较深的环沟所分隔。二者的区别之处在于中间幼体的管足由此环沟长出。

五辐对称是海蛇尾纲卵黄营养的幼虫的明显标志，其口部被5个三角状的骨片和一些口部管足包围[31]，与 ELI-SN108-343 和 GMPKU3089 中的伞口端缘瓣极其相似。然而，海蛇尾纲幼虫具有一个大的口前叶，这与水母明显不同。

与刺胞动物的亲缘关系

根据当前化石五辐对称的体型和多边形的垂管，我们可以排除它们与两侧对称的珊瑚纲的亲缘关系，而与水母超纲更加吻合(图1)。水螅纲具有缘膜但是没有系带[2]；即使长有间隔膜，其远端也没有胃丝；它们的触手是实心的。而且，在水螅纲中未见屏状膜和缘瓣。

十字水母的主要特征是8个或者4对从辐腕，每个腕具有很多大头状的次级触手。现代分子生物学研究证据表明，它是水母超纲谱系树中最早分化出来的类群[32]。因此，其许多特征诸如具有成对性腺的间隔膜、胃丝、屏状膜等在十字水母和立方水母中都可见到。尤其是十字水母的 Cleistocarpidae[33] 目的屏状膜与立方水母的屏状膜是同源构造[20]。在这个目中，如果屏状膜存在的话，性腺一般位于中辐囊而不是外辐囊[3](图1F—G)。

显然，文中所有的标本，除了 ELI-SN31-5，都具有5或者10个同心状排列的三角形缘瓣，这个特征未见于十字水母。在 ELI-SN108-343 中，性腺膜分布于外辐囊。而最为有力的特征就是位于间辐位的成对的触手，十字水母没有类似构造(图1F)。

上文曾经提及，间隔膜在体轴中心愈合并形成正辐囊的现象在十字水母的茎部非常常见[20,34]。考虑到十字水母在水母谱系树中占据较低的位置，我们认为 ELI-SN31-5 比其他几枚标本的反口端保存了更多原始特征。这进一步支持了前人的一个类似观点[17]，就是以胃丝为界的反口端的消化循环腔在所有的水母中都是同源的。十字水母的茎部与立方水母的反口端是相当的。十字水母和立方水母之间的差异在于反口端形态的差异，当然也包括钵水母[20]，很可能是各自对底栖以及浮游的生活方式的适应。

我们有大量证据可以证明这些新化石，包括 GMPKU3089，是祖先型的立方水母。①在间辐位集中的成对触手仅见于十字水母；②根据目前标本的屏状膜的特点，排除了它们与珊瑚、水螅以及钵水母之间的亲缘关系，与十字水母有更多的共同点(图1E，G)；③性腺膜的形态和位置(性质)与十字水母不同，但与钵水母和立方水母更为相似

(图 1E,H)[3];④支持膜和受系带支撑的拟缘膜只出现在现存立方水母中(图 1B—D);⑤可能由于当前的化石标本处在胚胎状态或者属于一种埋葬学假象,未能观察到在所有的现存水母中存在的感觉器;⑥现存立方水母仅有被屏状膜所分开的内辐囊和外辐囊,缺乏在胚胎化石中所呈现出来的许多新的隔板派生膜和众多胃囊,所以这些新结构很可能是从内辐囊和外辐囊衍生而来[3](图 1E);⑦现生立方水母中也可见到内胚膜和内胚囊的分离和融合现象[17](图 1E)。

总而言之,以上所提及的这些特征都支持当前的化石属于立方水母。现生立方水母在所有的水母当中,其结构和行为都是最为复杂的,所以代表了刺胞动物发育和演化的顶峰类型[35],但是当前所见到的立方水母化石远远比现存类型结构更加复杂[36],对于这些化石内部结构的分析将为研究水母超纲的早期辐射和立方水母的特征演化提供不可估量的信息。

化石立方水母的特征讨论

成对的内伞触手

这些立方水母胚胎化石最显著的特点是成对的触手。这些触手表面上看来是从内伞衍生出来的,但从组织学看来,这些触手实质上源于内伞和外伞(图 2Q,3Q—R)。通常,成年十字水母的边缘都具有基垫和可收缩的触手(图 1A—B)。然而从现存立方水母和钵水母的个体发育看来,它们的触手着生于内伞[17,37,38],并且基垫也不是从幼年最早阶段生长的[20,39];同样在现存立方水母中,拟缘膜、触手和感觉器都是由内伞表皮加上胃皮构成的[2]。值得注意的是,内伞触手也可见于同层位产出的海葵状化石 *Eolympia*[10] 和一枚未鉴定的刺胞动物水螅体[9]。基于所有这些证据,我们认为触手着生于内伞可能代表了立方水母的一种相当原始的状态。

现存立方水母包括两个目:chirodropids 和 carybdeids[1,40]。Chirodropids 的每个基垫与多条触手相连,而 carybdeids 的每个基垫上只有一条触手[1];并且在 *Tripedalia binata* 水母体的间辐位边缘有两条触手[41]。立方水母化石的触手,包括那些来自犹他州和马宗溪的化石[8],与 carybdeids 的“一个基垫一个触手”的模式更为接近。值得注意的是,目前所有胚胎化石的触手都派生于或者都与间隔板有着密切的关系,这种情形与现存立方水母有直接相似之处[17]。因此,相对于触手来说,在立方水母及其现生胚胎中,间隔板是水母体更为基本的组成部分,这与初级隔膜在珊瑚和水母个体发育的最早期出现这一现象非常吻合。

隔板及其衍生物

新的微体化石空前地保存了精美复杂的结构,目前只有在现存立方水母中才能见到,包括与屏状膜联合的间隔板、隔板漏斗、性腺膜、支持膜、系带、拟缘膜以及许多内胚囊。另外,各种内胚膜还包含次级支持膜(ssp)、内伞内壁和拟缘膜、第二拟缘膜,等等,这些结构基本上都直接或者间接地与隔板和从隔板有关。因此隔板及其衍生物在这些立方水母胚胎的分类与系统分析上具有根本作用,分析这些内胚膜将为研究水母的进化史提供新的视角。

屏状膜,一个由双层内胚膜和中胶层组成的纵膜,其发育注定晚于初级隔板[33](图

7A—B；文献 34，图 6—11）。其与初级隔板结合在一起，在化石水母的分类中具有重要意义。

在现代水母中，成对的性腺通常位于间隔板两侧[3]。特别是在立方水母和钵水母中，性腺已经发展成了一对叶状膜，在中辐囊中与间隔板边缘相接（文献 3，图 3；文献 2，图 167A—B）。立方水母的性腺中充满精子和卵子，组织学上这些性腺由两层内胚层和中间的中胶层组成[20]，因此，这些性腺可以被视为一种可以产生配子的内胚膜。考虑到当前的化石处于未孵化的胚胎状态，而性腺在较大个体的现生立方水母中出现较晚[20]，所以当前的胚胎化石不可能在这一时期产生配子。现生立方水母性腺具有自由的远端，与相邻的内胚膜不会融合，即使在一些较大个体中性腺在同一正辐囊中相互重叠也不会融合[20]。在这些化石中，性腺膜在反口端也同样具有自由的末端；但在更接近口端处，它们进一步产生若干分支，并最终与相邻内胚膜相融合，展现了一种与相邻隔板和从隔板类似高度的灵活性。这些性腺膜在构建水母消化循环系统中扮演了非常重要的角色，在功能上并不仅仅局限于产生配子。总而言之，将其称为"性腺膜"比称为"性腺"或"准性腺"更为合理。

如果成功受孕，雌性个体的性腺将很有可能生产出体形较大的卵并发育成当前我们所见到的化石胚胎。值得注意的是，现生立方水母的受精卵由一层胶质膜所包裹[17]，这层胶质膜在胚胎从垂管处释放到外界时会被溶解。我们认为当前化石的卵膜对应于现代立方水母的胶质膜。目前仍难以确定从隔板能否产卵。

这些化石中出现从间隔板是非常意外的。在一些现存立方水母的侧视图上，我们可以见到间隔板两侧具有八条纵向从辐枕突和从辐沟（图 1B），但未见从隔板发育。据我们所知，在现存的其他水母中，所有的隔板及其他内胚膜（包括性腺）都直接来源于四个主要的间隔板，内伞壁并没有其他新的隔板。然而，产生新的隔板在珊瑚中（例如皱襞珊瑚（rugosozoans）和六射珊瑚（hexacorallians））是常见的，它们常以序生或周生的方式补充进来，这些后生的隔板与初级隔板在时空上有着间接关系[42,43]（图 1I）。珊瑚纲和水母超纲这两者之间的一个主要差别在于，珊瑚的隔板总是简单的板状或片状（图 1I），而水母的隔板在分支、分化和组合上体现了更大的灵活性，但这反过来又抑制了新隔板的形成。因此，这反映了珊瑚和水母在增加胃腔表面积以提高消化效率和增加躯体强度以适应增大的体型方面展示了两种完全不同的策略。

这是我们可以体会到的化石立方水母和现存类型之间的一个共同点，即新的内胚层元素总是依赖于已有的内胚膜。此外，这些内胚膜被不可避免地分配到两个系统中：位于中央的垂管系统和水母体的边缘系统。

辐脊和缘瓣

在目前的立方水母化石中，尤其是 ELI-SN31-5 中，内部结构与外部纵脊或纵沟的对应性是显而易见的。有两种对应模式适应于水母的口部与反口部。在反口部，正辐囊对应于拱起的纵脊，而间隔板对应于或浅或深的纵沟。这种对应模式在十字水母[34]及一部分珊瑚的基部能得到很好的体现[2]。这种模式仅仅适用于 ELI-SN108-343 和现存立方水母的顶部，其口部匹配于另外一种模式。因为在口部的体壁，尤其是间辐位的中胶层会增厚并向外鼓起以容纳触手，所以间辐位在外观上看似间辐脊。然而，这些间辐脊与正辐脊易于区分，原因是间辐脊的中间常会发育一个间辐沟。后一种模式可见于 ELI-SN31-5，ELI-SN108-343 及现存立方水母[16]。

现代立方水母中缺乏见于立方水母化石中的正辐和从辐缘瓣这一对应结构。但是现生的 *Chiropsella bart*（Chirodropida）（文献 16，图 3A）的伞缘可见到与其相似的三角形缘瓣（图 1C—D）。化石缘瓣似乎与现代水母幼体的拟缘膜管也有一定的可比性[20]。拟缘膜管在相当年幼的水母中主要呈三角状，八个在从辐位，另外有四对分布在正辐位系带的两侧（文献 17，20，图 74—78）。随着水母的成长，这些拟缘膜管将分叉为两支，并且在成年水母体的拟缘膜中成为其膜内通道。但是有一点不同之处，这些拟缘膜管均源于内伞，其内腔与正辐囊相同；而当前实心的化石缘瓣则位于外伞，二者可能并非同源构造。

发展模式与生命周期

众所周知，刺胞动物的发育模式主要取决于蛋黄物质是否丰富[44-46]。绝大多数钵水母会生产直径小于 300 μm 的受精卵，这些受精卵在发育成水母之前通常会经历一个由固着水螅体释放的碟状幼体[45,46]。但是一些罕见的种类会从较大的受精卵直接发育成水母体，中间没有固着的水螅阶段，因此呈现一种终生浮游的生命周期，这种水母通常会产生较大的卵（直径在 300 μm 左右）。

和钵水母相比，关于立方水母的个体发育我们仍然知之甚少。已知所有的立方水母受精卵或者胚胎的直径都在 50—200 μm 之间[35,36,47,48]。通常情况下，卵子会从性腺释放进入到正辐囊，通过胃小孔进入中央腔，在中央腔中受精后经垂管释放到外部水体，从而转变成浮浪幼虫。这些浮浪幼虫随后转变成固着或者匍匐滑动[49]的具有四个初级触手的水螅体[15,35]。与其他钵水母的横裂生殖不同，立方水母的水螅体会完全转为一个立方水母的水母体[39]。直接发育在立方水母中尚未见报道。但是有一种立方水母在离开卵膜（直径大约为 100 μm）之前[48]，其浮浪幼虫或者具有初级触手的水螅体会转变成具有茎部的水螅体，这表明立方水母的浮浪幼虫并不总是需要在卵膜之外发育，其个体发育模式在不同类型之间也是有所变化的。如果受精卵卵黄足够多，其受精卵直接发育成水母而无需经历水螅体阶段也不是不可能的。

当前所有的胚胎直径都在 450—600 μm 之间，从而表明胚胎中有足够的蛋黄物质维系其卵黄营养这一发育模式。化石立方水母消化循环腔内的复杂结构、未开口的垂管，特别是卵膜的存在，都清楚地表明它们处在胚胎发育的最后阶段。根据受精卵的大小以及容纳卵子的性腺尺寸可以推测，体型最小的成年水母的宽度至少为 6 mm。

根据当前的极完好的但是有限的立方水母化石，我们仍然难以断定胚胎发育阶段之后的情形。我们假设有三种情况：第一，长成固着水螅（ⅰ）；第二，长成固着水母（ⅱ）；或者第三，浮游水母（ⅲ）（图 8）。考虑到现存立方水母初级水螅体的发育情形，第一种假设似乎难以成立。我们知道，现存 *Tripedalia* 的初级水螅体缺少胃部隔板、胃囊以及隔板漏斗，仅在其功能性的口锥周围生长了一圈初级触手[39,50]。这些初级触手将转变为正辐位感觉器。随后,在水螅内部各元素(如隔板、屏状膜、成对的性腺)呈四辐对称排列,水螅体完全变态发育转成水母之前,其间辐位的触手将在感觉器质之间出现[39]。因此,当前的化石胚胎在形态和解剖学方面更加对应于不成熟的水母体而不是水螅体。所以其发育过程并不经历浮浪幼虫和水螅体这两个阶段[39]。

我们更倾向于第三种假设,一个简短的终生浮游的生命周期(图8)。刚孵化出的幼年个体,将直接生长成一个更大的浮游型水母,在其性成熟后,随之生产出精子或者从性腺生产出带有充足卵黄物质的卵。而后受精卵将直接孵化成水母。然而,如果孵化的幼年个体用它们的反口端固着在海底,并以类似于 *Punctatus*[11] 的方式沿体轴中环沟连续重复生长,那么第二种假设也不能被排除,最后固着生长的水母会呈现出无性生殖[2]或离开基底营浮游生活。

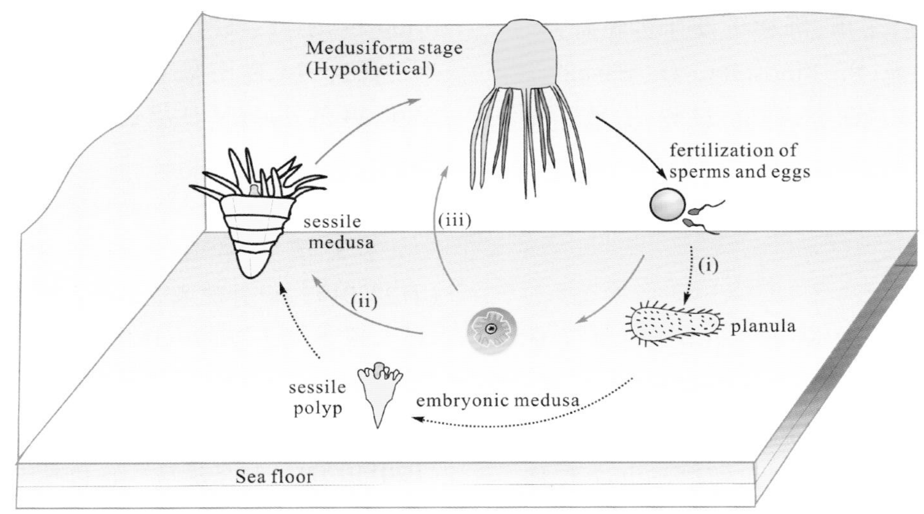

图8　推测的寒武纪立方水母生命史。(ⅰ),典型的双相模式,具浮浪幼虫和水螅体阶段;(ⅱ),孵化后的幼体经历固着水母阶段;(ⅲ),缩减的生命史,无水螅和浮浪幼虫阶段。doi:10.1371/journal.pone.0070741.g008.

对称模式的演变

除典型四辐射对称之外,一些现代水母也呈五辐对称模式。这种五辐对称主要基于基因上的稳定性,而不是因为基因突变产生的发育畸形[51,52]。显然,这里所描述的化石胚胎无论从外部结构还是内部结构上,都展现了严格的五辐对称模式。因此,五辐对称模式不再仅仅是棘皮动物冠群的一个特征[12,13,53]。如果外形与内部软组织结构是对应的,那么以上这种认识将为解决像 *Punctatus* 及其亲缘关系不明的类群[12]的亲缘关系问题提供有益线索。它还意味着,水母的祖先很有可能具有多种辐射对称形式。在埃迪卡拉—寒武纪过渡时期发现的外骨骼呈三辐射对称结构的 Anabaritids 化石,很可能也是刺胞动物的干群之一[12,54]。

总之,尽管这些胚胎化石仍然处于未孵化阶段,展示了刺胞动物罕见的五辐对称形式,但是基于这些经历了特殊的磷酸盐矿化作用且具有高保真的内部结构的化石,我们可以断定这些早寒武世的胚胎化石是已知最早的立方水母化石。五辐对称不再是棘皮动物冠群的独有特征,还见于多种类型的化石立方水母。这些胚胎化石在外形和内部结构上更接近于未成熟的水母而不是水螅体,因此可以进一步证明其直接发育的过程未经历浮浪幼虫和水螅体阶段。由于新的内胚膜的愈合和分离,这些寒武纪立方水母化石比现存的形式结构更为复杂。

作者贡献

韩健、李勇、舒德干设计实验研究;闫刚、杨晓光、S. Kinoshita, O. Sasaki, T. Komiya 实验研究;韩健、杨晓光、姚肖永分析数据;韩健、S. Kubota 提供研究材料;韩健、李国祥、S. Kubota 撰文。

附件:

附图一:*Olivooides* 状化石胚胎(GMP-KU3089)的虚拟切片的重新解译。图 A—D 分别对应于文献 13 中的图 3f, 3j, 3k, 3l。

视频 S1,陕南宽川铺组产出标本 ELI-SN31-5 的连续横向虚拟切片(MP4 格式)

视频 S2,陕南宽川铺组产出标本 ELI-SN31-5 的连续纵向虚拟切片(MP4 格式)

视频 S3,陕南宽川铺组产出标本 ELI-SN31-5 的外形(MP4 格式)

视频 S4,陕南宽川铺组产出标本 ELI-SN108-343 的连续横向虚拟切片(MP4 格式)

视频 S5,陕南宽川铺组产出标本 ELI-SN108-343 的连续纵向虚拟切片(MP4 格式)

视频 S6,陕南宽川铺组产出标本 ELI-SN108-343 的外形(MP4 格式)

视频 S7,陕南宽川铺组产出标本 ELI-SN96-103 的连续横向虚拟切片(MP4 格式)

视频 S8,陕南宽川铺组产出标本 ELI-SN96-103 的连续纵向虚拟切片(MP4 格式)

视频 S9,陕南宽川铺组产出标本 ELI-SN96-103 的外形(AV 格式)

视频 S10,陕南宽川铺组产出标本 ELI-SN66-15 的外形(MP4 格式)

视频 S11,陕南宽川铺组产出标本 ELI-SN66-15 的连续横向虚拟切片(MP4 格式)

视频 S12,陕南宽川铺组产出标本 ELI-SN66-15 的连续纵向虚拟切片(MP4 格式)

视频 S13,陕南宽川铺组产出标本 ELI-SN66-14 的连续横向虚拟切片(MP4 格式)

视频 S14,陕南宽川铺组产出标本 ELI-SN66-14 的外形(MP4 格式)

致谢

本文受国家自然科学基金项目(41272019)、中科院基金项目(KZCX2-EW-115)、博士点基金(20116101130002)、科技部“973”项目(2013CB835002, 2013CB837100),外专局引智计划(P201102007)联合资助。我们感谢西北大学孙洁、刘娜、罗娟和代西会在化石预处理方面所付出的劳动。感谢中国地质大学(北京)欧强博士和德国波恩 Brigitte Schoenemann 博士,以及一位匿名评委的意见和建议。感谢西北大学大陆动力学实验室弓虎军博士、程美蓉女士在野外和室内研究上的技术支持,感谢布里斯班 S. Turner 博士在语言文字方面的帮助。

参考文献

1. Daly, M., Brugler, M., Cartwright, P. et al., 2007. The phylum Cnidaria: a review of phylogenetic patterns and diversity 300 years after Linnaeus. Zootaxa, 1668, 127-182.

2. Hyman, L. H., 1940. The Invertebrates. New York: McGraw Hill. 726 p.

3. Thiel, H., 1966. The evolution of Scyphozoa: A review. The Cnidaria and their evolution Academic, London, 77-117.

4. Collins, A. G., 2009. Recent insights into cnidarian phylogeny. Smithsonian Contributions to the Marine Science, 38, 139-149.

5. Collins, A., 2002. Phylogeny of Medusozoa and the evolution of cnidarian life cycles. Journal of Evolutionary Biology, 15, 418-432.

6. Marques, A. C. & Collins, A. G., 2004. Cladistic analysis of Medusozoa and cnidarian evolution. Invertebrate Biology, 123, 23-42.

7. Young, G. A. & Hagadorn, J. W., 2010. The fossil record of cnidarian medusae. Palaeoworld, 19, 212-221.

8. Cartwright, P., Halgedahl, S., Hendricks, J. et al., 2007. Exceptionally preserved jellyfishes from the Middle Cambrian. PLoS One, 2, e1121.

9. Steiner, M., Li, G. X., Qian, Y. et al., 2004. Lower Cambrian Small Shelly Fossils of northern Sichuan and southern Shaanxi (China), and their biostratigraphic importance. Geobios, 37, 259-275.

10. Han, J., Kubota, S., Uchida, H. et al., 2010. Tiny sea anemone from the Lower Cambrian of China. PLoS One, 5, e13276.

11. Yue, Z. & Bengtson, S., 1999. Embryonic and post-embryonic development of the Early Cambrian cnidarian *Olivooides*. Lethaia, 32, 181-195.

12. Bengtson, S. & Yue, Z., 1997. Fossilized metazoan embryos from the earliest Cambrian. Science, 277, 1645-1648.

13. Dong, X. P., Cunningham, J. A., Bengtson, S. et al., 2013. Embryos, polyps and medusae of the Early Cambrian scyphozoan *Olivooides*. Proceedings of the Royal Society B: Biological Sciences, 280.

14. Qian, Y., Li, G., Jiang, Z., et al. 2007. Some phosphatized cyanobacterian fossils from the basal Cambrian of China. Acta Micropalaeontologica Sinica, 24, 222-228.

15. Werner, B., 1973. New investigations on systematics and evolution of the class Scyphozoa and the phylum Cnidaria. Publ Seto Mar Biol Lab, 20, 35-61.

16. Gershwin, L. A. & Alderslade, P., 2006. *Chiropsella bart* n. sp., a new box jellyfish (Cnidaria: Cubozoa: Chirodropida) from the Northern Territory, Australia. The Beagle, 22, 15-21.

17. Conant, F. S., 1898. The Cubomedusæ: a memorial volume. Baltimore: The Johns Hopkins Press, 61 p.

18. Satterlie, R. A., Thomas, K. S. & Gray, G. C., 2005. Muscle organization of the cubozoan jellyfish *Tripedalia cystophora* Conant 1897. The Biological Bulletin, 209, 154-163.

19. Gershwin, L. A., 2005. *Carybdea alata auct.* and *Manokia stiasnyi*, reclassification to a new family with description of a new genus and two new species. Memoirs of the Queensland Museum, 51, 501-523.

20. Uchida, T., 1929. Studies on the Stauromedusae and Cubomedusae, with special reference to their metamorphosis. Japanese Journal of Zoology, 2, 103-193.

21. Chapman, D. M., 1999. Microanatomy of the bell rim of Aurelia aurita (Cnidaria: Scyphozoa). Canadian Journal of Zoology, 77, 34-46.

22. Hua, H., Chen, Z. & Zhang, L. Y., 2004. Early Cambrian phosphatized blastula- and gastrula-stage animal fossils from southern Shaanxi. China. Chinese Science Bulletin, 49, 487-490.

23. Dong, X. P., 2009. The anatomy, affinity and developmental sequences of Cambrian fossil embryos. Acta Palaeontologica Sinica, 48, 390-401.

24. Ruppert, E. E., Fox, R. S. & Barnes, R. D., 2004. Invertebrate Zoology: A Functional Evolutionary Approach. Brooks. Cole Publishing, Belmont, CA.

25. Shu, D. G., Morris, S. C., Han, J. et al., 2004. Ancestral echinoderms from the Chengjiang deposits of China. Nature, 430, 422-428.

26. Caron, J. B., Morris, S. C. & Shu, D. G., 2010. Tentaculate fossils from the Cambrian of Canada (British Columbia) and China (Yunnan) interpreted as primitive deuterostomes. Plos One, 5, e9586.

27. Smith, A., 2005. The pre-radial history of echinoderms. Geological Journal, 40, 255-280.

28. Zhao, Y., Sumrall, C. D., Parsley, R. L. et al., 2010. *Kailidiscus*, a new plesiomorphic edrioasteroid from the basal middle Cambrian Kaili Biota of Guizhou Province, China. Journal Information, 84.

29. Emlet, R., Young, C. & George, S., 2002. Phylum echinodermata: echinoidea. New York: Acdemic Press, 531-552 p.

30. McEdward, L., Jaeckle, W. & Komatsu, M., 2002. Phylum Echinodermata: Asteroidea; Young, C. M., Rice, M. E., Sewell, M. A., editors. New York: Academic Press, 499-512 p.

31. Byrne, M. & Selvakumaraswamy, P., 2002. Phylum Echinodermata: Ophiuroidea; Young, C. M., Rice, M. E., Sewell, M. A., editors. New York: Aca-

demic Press, 481-498 p.

32. Collins, A. G., Schuchert, P., Marques, A. C. et al., 2006. Medusozoan phylogeny and character evolution clarified by new large and small subunit rDNA data and an assessment of the utility of phylogenetic mixture models. Systematic Biology, 55, 97-115.
33. Berrill, M., 1963. Comparative functional morphology of the Stauromedusae. Canadian Journal of Zoology, 41, 741-752.
34. Uchida, T. & Hanaoka, K. I., 1933. On the morphology of a stalked medusa, *Thaumatoscyphus distinctus* Kishinouye. Journal of the Faculty of Science Hokkaido Imperial University (Series VI Zoology), 2, 135-153.
35. Lewis, C. & Long, T. A., 2005. Courtship and reproduction in *Carybdea sivickisi* (Cnidaria: Cubozoa). Marine Biology, 147, 477-483.
36. Hartwick, R., 1991. Observations on the anatomy, behaviour, reproduction and life cycle of the cubozoan *Carybdea sivickisi*. Hydrobiologia, 216, 171-179.
37. Morandini, A. C., Silveira, F. L. & Jarms, G., 2004. The life cycle of *Chrysaora lactea* Eschscholtz, 1829 (Cnidaria, Scyphozoa) with notes on the scyphistoma stage of three other species. Coelenterate Biology, 2003, 347-354.
38. Chapman, D. M., 2001. Development of the tentacles and food groove in the jellyfish *Aurelia aurita* (Cnidaria: Scyphozoa). Canadian Journal of Zoology, 79, 623-632.
39. Werner, B., Cutress, C. E. & Studebaker, J. P., 1971. Life cycle of *Tripedalia cystophora* Conant (Cubomedusae). Nature, 232, 582-583.
40. Bentlage, B., Cartwright, P., Yanagihara, A. A. et al., 2010. Evolution of box jellyfish (Cnidaria: Cubozoa), a group of highly toxic invertebrates. Proceedings of the Royal Society B: Biological Sciences, 277, 493-501.
41. Moore, S., 1988. A new species of cubomedusan (Cubozoa: Cnidaria) from northern Australia. The Beagle: Records of the Museums and Art Galleries of the Northern Territory, 5, 1-4.
42. Scrutton, C. T., 1999. Paleozoic corals: Their evolution and palaeoecology. Geology Today, 15, 184-193.
43. Stanley, G. D., 2003. The evolution of modern corals and their early history. Earth-Science Reviews, 60, 195-225.
44. Jarms, G., Bamstedt, U., Tiemann, H. et al., 1999. The holopelagic life cycle of the deep-sea medusa *Periphylla periphylla* (Scyphozoa, Coronatae). Sarsia, 84, 55-65.
45. Berrill, N., 1949. Developmental analysis of Scyphomedusae. Biological Reviews, 24, 393-409.
46. Byrum, C. & Martindale, M., 2004. Gastrulation in the Cnidaria and Ctenophora. Stern, C. D. (ed) Gastrulation: From Cells to Embryo Cold Spring Harbor Laboratory Press, Cold Spring Harbor, New York, 33-50.
47. Yamaguchi, M. & Hartwick, R., 1980. Early life history of the sea wasp, *Chironex fleckeri* (Class Cubozoa). Development and Cellular Biology of Coelenterates, 11-16.
48. Toshino, S., Miyake, H., Ohtsuka, S. et al., 2013. Development and polyp formation of the giant box jellyfish *Morbakka virulenta* (Kishinouye, 1910) (Cnidaria: Cubozoa) collected from the Seto Inland Sea, western Japan. Plankton & Benthos Research, 8, 1-8.
49. Hartwick, R., 1991. Distributional ecology and behaviour of the early life stages of the box-jellyfish *Chironex fleckeri*. Coelenterate Biology: Recent Research on Cnidaria and Ctenophora: Springer, pp, 181-188.
50. Chapman, D., 1978. Microanatomy of the cubopolyp, *Tripedalia cystophora* (Class Cubozoa). Helgolaender Wissenschaftliche Meeresuntersuchungen, 31, 128-168.
51. Uchida, T., 1928. Short notes on medusae. 1. Medusae with abnormal symmetry. Annotationes Zoologicae Japonenses, 2, 373-376.
52. Burkenroad, M., 1931. A new pentamerous Hydromedusa from the Tortugas. The Biological Bulletin, 61, 115-119.
53. Yao, X., Han, J. & Jiao, G., 2011. Early Cambrian epibolic gastrulation: A perspective from the Kuanchuanpu Member, Dengying Formation, Ningqiang, Shaanxi, South China. Gondwana Research, 20, 844-851.
54. Kouchinsky, A., Bengtson, S., Feng, W. et al., 2009. The Lower Cambrian fossil anabaritids: affinities, occurrences and systematics. Journal of Systematic Palaeontology, 7, 241-298.

(韩健　译)